2025 대비 최신 개정판

소방안전관리자 1급

핵심이론 + 실전모의고사

모아합격전략연구소

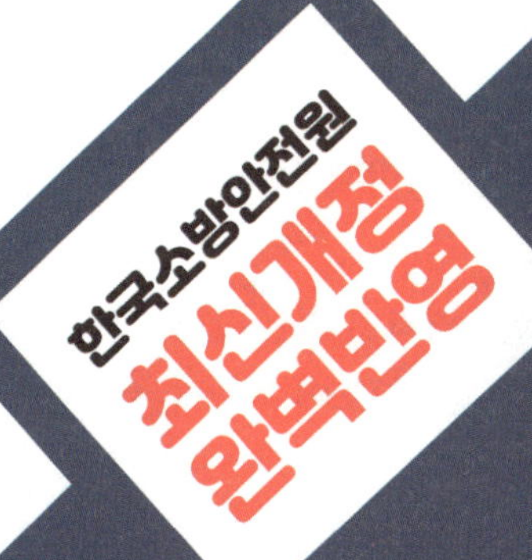

소방안전관리자란?

• 수행직무

소방계획서의 작성, 자위소방대 및 초기대응체계의 구성 · 운영 · 교육, 피난 및 방화시설의 유지 · 관리, 소방훈련 및 교육, 소방시설의 유지 · 관리, 화기취급의 감독 업무를 수행한다.

• 진로 및 전망

소방안전관리자는 소방안전관리대상물(전국 약 32만 개소)에 의무적으로 선임하도록 법으로 규정되어 있으며, 고층 건축물 화재 등 대형재난에 효과적으로 대응하기 위한 안전관리 인력의 수요는 지속적으로 증가할 것으로 예상된다.

응시자격

가. 「고등교육법」 제2조 제1호부터 제6호까지 규정 중 어느 하나에 해당하는 학교(이하 "대학"이라 한다) 또는 「초 · 중등교육법 시행령」 제90조 제1항 제10호 및 제91조에 따른 고등학교(이하 "고등학교"라 한다)에서 소방안전관리학과를 전공하고 졸업한 사람(법령에 따라 이와 같은 수준의 학력이 있다고 인정되는 사람을 포함한다)으로서 해당 학과를 졸업한 후 2년 이상 2급 소방안전관리대상물 또는 3급 소방안전관리대상물의 소방안전관리자로 근무한 실무경력(법 제24조 제3항에 따라 소방안전관리자로 선임되어 근무한 경력은 제외한다. 이하 이 표에서 같다)이 있는 사람

나. 다음의 어느 하나에 해당하는 요건을 갖춘 후 3년 이상 2급 소방안전관리대상물 또는 3급 소방안전관리대상물의 소방안전관리자로 근무한 실무경력이 있는 사람

1) 대학 또는 고등학교에서 소방안전 관련 교과목을 12학점 이상 이수하고 졸업한 사람

2) 법령에 따라 1)에 해당하는 사람과 같은 수준의 학력이 있다고 인정되는 사람으로서 해당 학력 취득 과정에서 소방안전 관련 교과목을 12학점 이상 이수한 사람

3) 대학 또는 고등학교에서 소방안전 관련 학과를 전공하고 졸업한 사람(법령에 따라 이와 같은 수준의 학력이 있다고 인정되는 사람을 포함한다)

다. 소방행정학(소방학 및 소방방재학을 포함한다) 또는 소방안전공학(소방방재공학 및 안전공학을 포함한다) 분야에서 석사 이상 학위를 취득한 사람

라. 5년 이상 2급 소방안전관리대상물의 소방안전관리자로 근무한 실무경력이 있는 사람

마. 법 제34조 제1항 제1호에 따른 강습교육 중 이 영 제33조 제1호 및 제2호에 해당하는 사람을 대상으로 하는 강습교육을 수료한 사람

바. 2급 소방안전관리대상물의 소방안전관리자로 선임될 수 있는 자격을 갖춘 후 특급 또는 1급 소방안전관리대상물의 소방안전관리보조자로 5년 이상 근무한 실무경력이 있는 사람

사. 2급 소방안전관리대상물의 소방안전관리자로 선임될 수 있는 자격을 갖춘 후 2급 소방안전관리대상물의 소방안전관리보조자로 7년 이상 근무한 실무경력(특급 또는 1급 소방안전관리대상물의 소방안전관리보조자로 근무한 실무경력이 있는 경우에는 이를 포함하여 합산한다)이 있는 사람

아. 산업안전기사 또는 산업안전산업기사의 자격을 취득한 후 2년 이상 2급 소방안전관리대상물 또는 3급 소방안전관리대상물의 소방안전관리자로 근무한 실무경력이 있는 사람

자. 특급 소방안전관리대상물의 소방안전관리자 시험응시 자격이 인정되는 사람

시험과목 및 배점

1과목	2과목
1. 소방안전관리자 제도 2. 소방관계법령 3. 건축관계법령 4. 소방학개론 5. 화기취급감독 및 화재위험작업 허가·관리 6. 공사장 안전관리 계획 및 감독 7. 위험물·전기·가스 안전관리 8. 종합방재실 운영 9. 피난시설, 방화구획 및 방화시설의 관리 10. 소방시설의 종류 및 기준 11. 소방시설(소화경보·피난구조·소화용수·소화활동설비)의 구조	1. 소방시설(소화설비, 경보설비, 피난구조설비·소화용수설비·소화활동설비)의 점검·실습·평가 2. 소방계획 수립이론·실습·평가(화재안전취약자의 피난계획 등 포함) 3. 자위소방대 및 초기대응체계 구성 등 이론·실습·평가 4. 작동기능점검표 작성 실습·평가 5. 업무수행기록의 작성·유지 및 실습·평가 6. 구조 및 응급처치 이론·실습·평가 7. 소방안전 교육 및 훈련 이론·실습·평가 8. 화재 시 초기대응 및 피난 실습·평가

시험방법	배점	문항수	시간
객관식 (선택형, 4지 1선택)	1문제 4점	50문항 (과목별 25문항)	1시간(60분)

* 합격기준 : **모든 과목 100점 만점 기준으로 40점 이상, 전 과목 평균 70점 이상 득점한 사람**

시험일정

구분	원서접수, 시험일, 합격자 발표
1급	홈페이지 ➔ 소방안전교육 ➔ 시험신청 ➔ 일정확인

※ 1·2·3급 시험 운영횟수는 지역별 접수인원에 따라 변경될 수 있으며, 세부 시험일정은 등급별 "시험신청 ➔ 시험일정" 페이지에서 확인 가능

응시원서 접수방법

구분	시험 접수방법
강습교육 수료자 또는 재시험 접수 희망자	강습교육 수료 또는 증빙서류를 제출하여 **해당 급수의 자격시험에 응시 이력이 있을 경우** → '시험일정'에서 접수가능
학력, 경력, 자격 등의 응시자격으로 최초 시험접수 희망자	홈페이지 내의 '**응시자격 심사 신청**'에서 해당 응시자격 신청(**증빙자료 첨부 必**) **단, 5 ~ 7일이 소요되며**, 심사완료 후 승인 시 '시험일정'에서 접수 가능

한국소방안전원 시 · 도지부 안내

- 대표번호 : 1899-4819(콜센터)

  ※ 운영시간 : 평일 08:00 ~ 18:00 (점심시간 12:00 ~ 13:00, 토요일, 일요일 공휴일 제외)
- 시 · 도지부 연락처

구분	전화번호	구분	전화번호
서울지부	02) 850-1378	경기지부	031) 257-0131
서울동부지부	02) 850-1392	경기북부지부	031) 945-3118
부산지부	051) 553-8423	강원지부	033) 345-2119
대구경북지부	053) 431-2393	충북지부	043) 237-3119
인천지부	032) 569-1971	전북지부	063) 212-8315
광주전남지부	062) 942-6679	경남지부	055) 237-2071
대전충남지부	042) 638-4119	제주지부	064) 758-8047
울산지부	052) 256-9011	-	-

기타사항

- 응시자격, 시험과목 등은 관련법령 개정에 따라 변경될 수 있습니다.
- 소방안전관리자 강습교육 및 시험과 관련된 자세한 사항은 시 · 도지부로 문의하시기 바랍니다.

10일 단기완성

day 1	part 01 ~ part 04	강의시간 약 3시간, 복습 1시간
day 2	part 05 ~ part 08	강의시간 약 3시간, 복습 1시간
day 3	part 09	강의시간 약 3시간, 복습 1시간
day 4	part 10 ~ part 11	강의시간 약 3시간, 복습 1시간

※ 학습 Comment 소방안전관리자 1급 시험범위는 매우 넓기 때문에 그 내용을 전부 학습하기엔 힘들 수 있습니다. 따라서 우리 교재에 반드시 필요한 개념과 빈번히 출제되는 문제의 내용 위주로 선별하여 정리해 두었습니다. 시간이 부족한 수험생이더라도 처음부터 끝까지 교재의 이론을 한번은 꼭 봐주시기 바랍니다. 이론서에 수록된 내용들만이라도 이해하고 암기하고 가신다면 시험에서 어느 정도 점수를 획득하실 수 있을 겁니다.

day 5	모의고사 1회, 2회	강의시간 약 3시간, 복습 1시간
day 6	모의고사 3회, 4회	강의시간 약 3시간, 복습 1시간
day 7	모의고사 5회, 6회	강의시간 약 3시간, 복습 1시간
day 8	모의고사 7회, 8회	강의시간 약 3시간, 복습 1시간
day 9	모의고사 9회, 10회	강의시간 약 3시간, 복습 1시간

※ 학습 Comment 실제 시험에 출제되는 문제 유형들로 제작된 모의고사입니다. 하루에 2회분씩 총 10회의 모의고사를 풀어보면서 시험에 완벽하게 대비해주시기 바랍니다. 모의고사를 풀 때는 문제와 답뿐만 아니라 상세한 해설과 중요한 개념들을 Tip으로 채워두었으니 해당 부분도 반드시 읽어보고 넘어가시기 바랍니다.

day 10	계산문제 마스터	강의시간 약 1시간, 복습 1시간

※ 학습 Comment 소방안전관리자 1급 시험에는 계산문제가 종종 출제되고 있습니다. 중요한 계산문제 위주로 CHAPTER 01 ~ CHAPTER 07까지 주제별로 선별하여 상세한 풀이를 해두었으니 수포자라고 할지라도 계산문제를 버리지 마시고 꼭! 챙겨 가시길 바랍니다. 또한 계산문제에서 중요한 것은 소수점 이하의 수가 도출되었을 때 절상, 절삭, 반올림 중 어떻게 처리해야 하는지 입니다. 잘 구분하여 학습해주시기 바랍니다.

이 책의 특징

다양한 그림자료로 더 쉽고 빠르게 이해하는 핵심이론

핵심 중의 핵심만 정리, 짧은 시간 안에 학습이 가능하도록 내용을 구성하였으며, **다양한 그림 자료를 제공**함으로써 더 쉽고 빠르게 이해될 수 있도록 하였습니다.

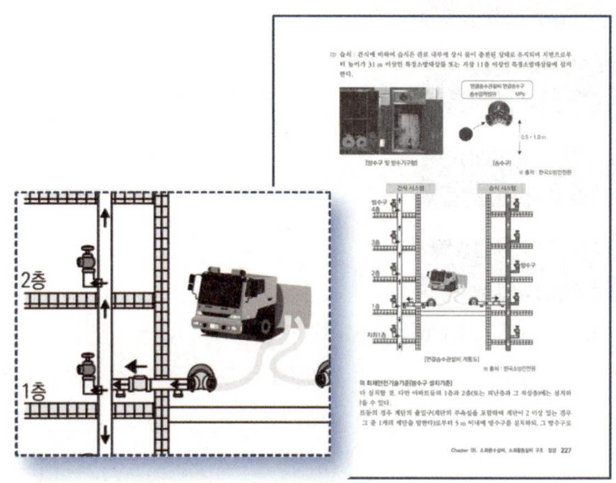

최신 출제경향, 기출유형 완벽 분석

소방안전관리자 자격시험의 **출제경향을 완벽 분석**, 맞춤형 문제를 수록하였으며, 시험 전 막판 실력을 향상시킬 수 있도록 **10회분의 모의고사로 구성**했습니다. 또한 상세한 해설을 통해 문제풀이의 해법과 **문제별 Tip**을 제공하며 **문제풀이의 맥이 되는 핵심적 요소** 역시 놓치지 않도록 하였습니다.

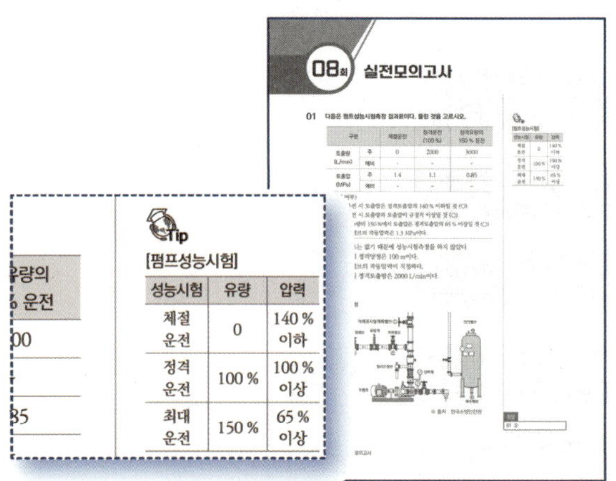

[펌프성능시험]

성능시험	유량	압력
체절 운전	0	140 % 이하
정격 운전	100 %	100 % 이상
최대 운전	150 %	65 % 이상

핵심 계산문제 마스터 문제 풀이

2급 시험에서 자주 출제되는 **계산문제를** 따로 정리했고 **관련 이론과 상세한 해설**을 추가했습니다. 이를 통해 수험생들의 **이해도를** 높이는 데 도움을 줄 수 있도록 하였습니다.

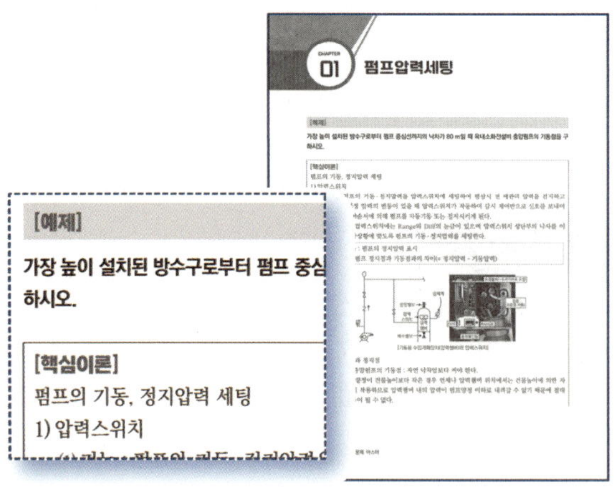

목차

PART 01 소방안전관리제도

PART 02 소방관계법령

PART 03 건축관계법령

PART 04 소방학개론

PART 05 위험물 · 전기 · 가스 안전관리

PART 06 공사장 안전관리 계획 및 화기취급 감독 등

PART 07 종합방재실의 운영

MOAG
MOA education Group

PART 01

소방안전 관리제도

MOAG

CHAPTER 01

소방안전관리자 제도

1. 소방안전관리자의 수행업무

1) 소방계획서의 작성
2) 자위소방대 및 초기대응체계의 구성 · 운영 · 교육
3) 피난 및 방화시설의 유지 · 관리
4) 소방훈련 및 교육
5) 소방시설의 유지 · 관리
6) 화기취급의 감독 업무를 수행

2. 실시기관명

한국소방안전원

소방안전관리자 선임

1. 소방안전관리자의 선임대상물

<table>
<tr><th>특급대상물</th><th>1급대상물</th><th>2급대상물</th><th>3급대상물</th></tr>
<tr><td>[아파트]
• 50층 이상(지하층 제외)
• 높이 200 m 이상
(지상부터)</td><td>[아파트]
• 30층 이상(지하층 제외)
• 높이 120 m 이상
(지상부터)</td><td rowspan="3">• 지하구
• 공동주택(의무관리)
• 보물 · 국보목조건축물
• 옥내 · 스프링클러 · 간이스프링클러 · 물분무등 설치대상(호스릴 제외)</td><td rowspan="3">자동화재 탐지설비 설치된 특정소방 대상물</td></tr>
<tr><td>[아파트 제외한 모든 건축물]
• 30층 이상(지하층 포함)
• 높이 120 m 이상(지상부터)</td><td>[아파트 제외한 모든 건축물]
11층 이상(지하층 제외)</td></tr>
<tr><td>[모든 건축물]
연면적 10만 m^2 이상</td><td>[모든 건축물]
연면적 1만 5천 m^2 이상</td></tr>
<tr><td>-</td><td>[가연성가스]
1000 t 이상</td><td>[가연성가스]
100 ~ 1000 t
가스제조설비 도시가스
허가시설</td><td></td></tr>
<tr><td colspan="2">[제외 장소]
• 지하구
• 위험물 저장 · 처리시설 중 위험물제조소등
• 철강 등 불연물품 저장 · 취급 창고
• 동 · 식물원</td><td>[제외 장소]
호스릴방식의 물분무 등만 설치</td><td></td></tr>
</table>

2. 소방안전관리자 대상물별 자격조건

자격 \ 대상물	특급	1급	2급	3급
소방기술사·관리사	모두 해당			
소방설비기사	1급 대상물 5년 이상 경력	해당	해당	해당
소방설비산업기사	1급 대상물 7년 이상 경력	해당	해당	해당
소방공무원	20년 이상	7년 이상	3년 이상	1년 이상
위험물안전관리자(위험물기능장·위험물산업기사·기능사)	-	-	해당	해당
「기업활동 규제완화에 관한 특별조치법」에 따라 소방안전관리자로 선임된 사람(소방안전관리자로 선임된 기간으로 한정한다)	-	-	해당	해당
소방청장시험 합격자 (소방안전원 주관)	특급 소방안전관리자	1급 소방안전관리자	2급 소방안전관리자	3급 소방안전관리자

3. 소방안전관리보조관리자 선임대상

보조자선임대상 특정소방대상물	최소 선임기준
300세대 이상인 아파트	1명(300세대마다 1명 이상 추가)
연면적이 1만 5천 m^2 이상인 특정소방대상물 (아파트 및 연립주택 제외)	1명(연면적 1만 5천 m^2마다 1명 이상 추가) 다만 특정소방대상물의 종합방재실에 자위소방대가 24시간 상시 근무하고, 소방자동차 중 소방펌프차, 소방물탱크차, 소방화학차, 무인방수차를 운용하는 경우 3000 m^2 초과마다 1명을 추가 선임한다.
1) 공동주택 중 기숙사 2) 의료시설 3) 노유자시설 4) 수련시설 5) 숙박시설(숙박시설로 사용되는 바닥면적의 합계가 1500 m^2 미만이고 관계인이 24시간 상시 근무하고 있는 숙박시설은 제외)	1명 다만 해당 특정소방대상물이 소재하는 지역을 관할하는 소방서장이 야간이나 휴일에 해당 특정소방대상물이 이용되지 않는다는 것을 확인한 경우에는 선임하지 않을 수 있다.

4. 소방안전관리보조자의 자격

1) 특급, 1급, 2급, 3급 소방대상물의 소방안전관리자 자격이 있는 사람
2) 국가기술자격 중에서 행정안전부령으로 정하는 국가기술자격이 있는 사람
3) 공공기관, 특급, 1급, 2급, 3급 소방안전관리 강습교육을 수료한 사람
4) 소방안전관리대상물에서 소방안전 관련 업무에 5년 이상 근무한 경력이 있는 사람

5. 공동 소방안전관리자 선임대상물

1) 복합 건축물(지하층을 제외한 11층 이상 또는 연면적 3만제곱미터 이상인 건축물)
2) 지하가(지하의 인공구조물 안에 설치된 상점 및 사무실, 그 밖에 이와 비슷한 시설이 연속하여 지하도에 접하여 설치된 것과 그 지하도를 합한 것)
3) 판매시설 중 도매시장 및 소매시장
4) 특정소방대상물 중 소방본부장 또는 소방서장이 지정한 대상물

소방안전관리자 교육

1. 소방안전관리자 강습교육 시간

구분	이론	실무		총교육 시간
		일반	실습 및 평가	
특급소방안전관리자	48시간	48시간	64시간	160시간
1급 소방안전관리자(공공기관)	**23시간**	**24시간**	**33시간**	**80시간**
2급 소방안전관리자	11시간	12시간	17시간	40시간
3급 소방안전관리자	7시간	7시간	10시간	24시간

2. 소방안전관리자 실무교육

강습 및 실무교육		내용
실시권자		소방청장(한국소방안전원장에게 위임)
대상자		1) 소방안전관리자 및 소방안전관리보조자 2) 소방안전관리 업무를 대행하는 자를 감독할 수 있는 소방안전관리자 3) 소방안전관리자의 자격을 인정받으려는 자
실무교육 통보		교육실시 30일 전
실무교육 주기		선임된 날부터 6개월 이내, 교육실시 후에는 2년마다 실시 다만 강습교육 또는 실무교육 수료 후 1년 이내에 선임 시, 6개월 교육은 면제된다(즉, 선임 후 2년마다 실무교육 실시).
실무교육 미이행 시	벌칙	과태료 50만 원
	자격정지	1) 처분권자 : 소방청장 2) 1년 이하의 기간을 정하여 자격을 정지시킬 수 있음 ① 1차 : 경고(시정명령) ② 2차 : 자격정지(3개월) ③ 3차 : 자격정지(6개월)

① 소방안전관리 강습교육 또는 실무교육을 받은 후 1년 이내에 소방안전관리자로 선임된 사람은 해당 강습교육을 수료하거나 실무교육을 이수한 날에 실무교육을 이수한 것으로 본다.

② 소방안전관리보조자의 경우 소방안전관리자 강습교육 또는 실무교육이나 소방안전관리보조자 실무교육을 받은 후 1년 이내에 소방안전관리보조자로 선임된 사람은 해당 강습교육을 수료하거나 실무교육을 이수한 날에 실무교육을 이수한 것으로 본다.

3. 소방안전관리자 선임 및 업무

1) 소방안전관리자(보조자) 선임

(1) 선임권자 : 관계인

(2) 선임기한 : 30일 이내에 선임하고, 14일 이내에 소방본부장이나 소방서장에게 신고

선임기준	해당일
신축·증축·개축·재축·대수선 또는 용도변경 시 신규 선임	특정소방대상물의 사용승인일
증축 또는 용도변경	특정소방대상물의 사용승인일 또는 용도변경 사실을 건축물관리대장에 기재한 날
양수하거나 경매, 환가, 압류재산의 매각	해당 권리를 취득한 날 관할 소방서장으로부터 소방안전관리자 선임 안내를 받은 날
공동 소방안전관리대상이 되는 경우	소방본부장 또는 소방서장이 공동 소방안전관리 대상으로 지정한 날
소방안전관리자를 해임, 퇴직 등으로 업무가 종료된 경우	소방안전관리자를 해임, 퇴직 등 근무를 종료한 날
소방안전관리업무를 대행하는 자를 감독하는 자를 소방안전관리자로 선임한 경우로서 그 업무대행 계약이 해지 또는 종료된 경우	소방안전관리업무 대행이 끝난 날
소방안전관리자 자격이 정지 또는 취소된 경우	소방안전관리자 자격이 정지 또는 취소된 날

2) 관계인과 소방안전관리자의 업무

	업무사항	관계인	소방안전관리자
1	피난계획에 관한 사항과 소방계획서의 작성 및 시행		○
2	자위소방대 및 초기대응체계의 구성·운영·교육		○
3	소방훈련 및 교육		○
4	소방안전관리에 관한 업무수행에 관한 기록·관리 (월 1회 이상, 2년간 보관)		○
5	피난시설, 방화구획 및 방화시설의 관리 (업무대행 가능)	○	○
6	소방시설이나 그 밖의 소방 관련 시설의 관리 (업무대행 가능)	○	○
7	화기 취급의 감독	○	○
8	화재 발생 시 초기대응	○	○
9	그 밖에 소방안전관리에 필요한 업무	○	○

4. 소방계획서의 작성

1) 소방안전관리대상물의 위치·구조·연면적·용도 및 수용인원 등 일반 현황
2) 소방안전관리대상물에 설치한 소방시설·방화시설, 전기시설·가스시설 및 위험물시설의 현황
3) 화재 예방을 위한 자체점검계획 및 진압대책
4) 소방시설·피난시설 및 방화시설의 점검·정비계획
5) 피난층 및 피난시설의 위치와 피난경로의 설정, 장애인 및 노약자의 피난계획 등을 포함한 피난계획
6) 방화구획, 제연구획, 건축물의 내부 마감재료 및 방염물품의 사용현황과 그 밖의 방화구조 및 설비의 유지·관리계획
7) 관리의 권원이 분리된 특정소방대상물의 소방안전관리에 관한 사항
8) 소방훈련 및 교육에 관한 계획
9) 특정소방대상물의 근무자 및 거주자의 자위소방대 조직과 대원의 임무(화재안전취약자의 피난보조 임무를 포함)에 관한 사항
10) 화기 취급 작업에 대한 사전 안전조치 및 감독 등 공사 중 소방안전관리에 관한 사항
11) 소화에 관한 사항과 연소 방지에 관한 사항
12) 위험물의 저장·취급에 관한 사항(예방규정을 정하는 제조소 등은 제외)
13) 소방안전관리에 대한 업무수행에 관한 기록 및 유지에 관한 사항(월 1회 이상 작성, 2년간 보관)
14) 화재 발생 시 화재경보, 초기소화 및 피난유도 등 초기대응에 관한 사항
15) 그 밖에 소방안전관리를 위하여 소방본부장 또는 소방서장이 소방안전관리대상물의 위치·구조·설비 또는 관리 상황 등을 고려하여 소방안전관리에 필요하여 요청하는 사항

5. 관계인의 피난계획 수립, 시행

1) 피난계획에 포함되어야 할 사항
   ⑴ 화재경보의 수단 및 방식
   ⑵ 층별, 구역별 피난대상 인원의 현황
   ⑶ 장애인, 노인, 임산부, 영유아 및 어린이 등 이동이 어려운 사람(재해약자)의 현황
   ⑷ 각 거실에서 옥외(옥상 또는 피난안전구역을 포함)로 이르는 피난경로
   ⑸ 재해약자 및 재해약자를 동반한 사람의 피난동선과 피난방법
   ⑹ 피난시설, 방화구획, 그 밖에 피난에 영향을 줄 수 있는 제반 사항
2) 피난계획의 수립 및 시행에 따른 피난유도 안내정보의 제공
   ⑴ 연 2회 피난안내 교육을 실시하는 방법
   ⑵ 분기별 1회 이상 피난안내방송을 실시하는 방법

(3) 피난안내도를 층마다 보기 쉬운 위치에 게시하는 방법
(4) 엘리베이터, 출입구 등 시청이 용이한 지역에 피난안내영상을 제공하는 방법

6. 특정소방대상물의 근무자 및 거주자에 대한 소방훈련과 교육

1) 소방훈련·교육(훈련·교육 실시권자 : 관계인)

구분	내용	
소방훈련·교육	실시권자	관계인
	종류	소화, 통보, 피난 등
	훈련과 교육의 주기	연 1회 이상
	교육실시 결과기록부 보관기한	2년간 보관
소방훈련·교육 특정소방대상물 (대통령령)	① 의료시설, 교육연구시설, 노유자시설 ② 그 밖에 화재 발생 시 불특정 다수의 인명피해가 예상되어 소방본부장 또는 소방서장이 소방훈련·교육이 필요하다고 인정하는 특정소방 대상물	

※ 소방훈련·교육 실시 결과서를 작성하여 소방본부장 또는 소방서장에게 교육 실시일로부터 30일 이내에 제출해야 한다.

2) 소방안전교육 대상자(교육 실시권자 : 소방본부장, 소방서장)
소방훈련 대상이 아닌 것으로서 다음과 같다.

구분	내용
안전교육 대상	소화기 또는 비상경보설비가 설치된 공장·창고 등의 특정소방대상물
	그 밖에 화재에 대하여 취약성이 높다고 관할 소방본부장 또는 소방서장이 인정하는 특정소방대상물

7. 소방안전관리자 현황표

소방안전관리자 현황표 (대상명 :)

이 건축물의 소방안전관리자는 다음과 같습니다.

□ 소방안전관리자 : (선임일자 : 년 월 일)

□ 소방안전관리대상물 등급 : 급

□ 소방안전관리자 근무 위치(화재 수신기 위치) :

「화재의 예방 및 안전관리에 관한 법률」 제26조 제1항에 따라 이 표지를 붙입니다.

소방안전관리자 연락처 :

8. 특정소방대상물의 자체점검자 및 보고

구분	내용
자체점검자	1) 관계인(점유자, 소유자, 관리자) 2) 관리업자 3) 소방안전관리자로 선임된 소방시설관리사 및 소방기술사
중대위반사항	1) 관계인이 발견 시 : 지체 없이 수리 등 필요한 조치 2) 관리업자 등이 발견 시 : 즉시 관계인에게 알려야 함 3) 중대위반사항 ① 소화펌프(가압송수장치를 포함한다) 동력·감시제어반 또는 소방시설용 전원(비상전원을 포함한다)의 고장으로 소방시설이 작동되지 않는 경우 ② 화재 수신기의 고장으로 화재경보음이 자동으로 울리지 않거나 화재수신기와 연동된 소방시설의 작동이 불가능한 경우 ③ 소화배관 등이 폐쇄·차단되어 소화수 또는 소화약제가 자동 방출되지 않는 경우 ④ 방화문 또는 자동방화셔터가 훼손되거나 철거되어 본래의 기능을 못하는 경우
자체점검 결과의 조치	1) 관리업자 또는 소방안전관리자로 선임된 소방시설관리사 및 소방기술사가 자체점검 시, 점검이 끝난 날로부터 10일(공휴일, 토요일 제외) 이내에 관계인에게 보고 2) 1)에 따라 보고서를 제출받은 관계인 또는 스스로 자체점검을 실시한 관계인은 자체점검이 끝난 날로부터 15일(공휴일, 토요일 제외) 소방본부장 또는 소방서장에게 서면이나 소방청장이 지정하는 전산망을 통하여 보고하고 2년간 자체 보관 3) 2)에 따라 보고 받은 소방본부장 또는 소방서장은 다음에 따라 이행계획의 완료 기간을 정하여 관계인에게 통보(이행이 어려운 경우 기간 변경 가능) ① 소방시설등을 구성하고 있는 기계·기구를 수리하거나 정비하는 경우 : 보고일로부터 10일 이내 ② 소방시설등의 전부 또는 일부를 철거하고 새로 교체하는 경우 : 보고일로부터 20일 이내 4) 관계인은 이행을 완료한 날로부터 10일 이내에 이행보고서를 소방본부장 또는 소방서장에게 보고 5) 자체점검 결과 보고를 마친 관계인은 보고한 날로부터 10일 이내에 관련 사항을 특정소방대상물의 출입자가 쉽게 볼 수 있는 장소에 30일 이상 게시해야 한다.

9. 자체점검 구분

1) 작동점검 : 소방시설등을 인위적으로 조작하여 정상적으로 작동하는지를 작동점검표에 따라 점검하는 것

2) 종합점검 : 소방시설등의 작동점검을 포함하여 소방시설등의 설비별 주요 구성 부품의 구조기준이 화재안전기준과 건축법 등 관련 법령에서 정하는 기준에 적합한지 여부를 종합점검표에 따라 점검하는 것

(1) 최초점검 : 소방시설이 신설되는 경우 건축물을 사용할 수 있게 된 날부터 60일 이내 점검

(2) 그 밖의 종합점검 : 최초점검을 제외한 종합점검

10. 종합점검 대상

대상	기준
가. 최초점검 대상물 나. 스프링클러설비가 설치된 특정소방대상물 다. 물분무등소화설비(호스릴방식의 물분무등소화설비만을 설치한 경우는 제외)가 설치된 연면적 5000 m^2 이상인 특정소방대상물(위험물 제조소등은 제외) 라. 다중이용업의 영업장이 설치된 특정소방대상물로서 연면적이 2000 m^2 이상인 것(단란주점과 유흥주점, 영화상영관, 비디오물감상실업, 복합영상물제공업, 노래연습장, 산후조리원, 고시원, 안마시술소) 마. 제연설비가 설치된 터널 바. 공공기관 중 연면적(터널·지하구의 경우 그 길이와 평균폭을 곱하여 계산된 값)이 1000 m^2 이상인 것으로서 옥내소화전설비 또는 자동화재탐지설비가 설치된 것(소방대가 근무하는 공공기관은 제외)	가. 관리업에 등록된 소방시설관리사 나. 소방안전관리자로 선임된 소방시설관리사 또는 소방기술사

11. 자체점검의 회수·시기

점검구분	점검 횟수 및 점검 시기 등
작동점검	작동점검 : 연 1회 이상 실시 1. 종합점검 대상 : 종합점검(최초점검은 제외)을 받은 달부터 6개월이 되는 달에 실시 2. 그 외 : 특정소방대상물의 사용승인일이 속하는 달의 말일까지 실시(다만 건축물관리대장 또는 건물 등기사항증명서 등에 기입된 날이 다른 경우에는 건축물관리대장에 기재되어 있는 날을 기준으로 점검)
종합점검	1. 점검 횟수 가. 연 1회 이상(특급 소방안전관리대상물은 반기에 1회 이상) 실시 나. 우수대상물 : 3년 범위 내 정한 기간 면제(면제기간 중 화재 발생 시 제외) 2. 점검 시기 가. 최초 점검 : 소방시설이 새로 설치되는 경우 건축물을 사용할 수 있게 된 날부터 60일 이내 실시 나. '가.'를 제외한 특정소방대상물 : 건축물의 사용승인일이 속하는 달에 연 1회 이상(특급은 반기에 1회 이상) 실시 학교 : 해당 건축물의 사용승인일이 1 ~ 6월 사이에 있는 경우 6월 30일까지 실시 다. 건축물 사용승인일 이후 다음 항목에 따라 종합점검 대상에 해당하게 된 경우에는 그 다음 해부터 실시 물분무등소화설비[호스릴방식의 물분무등소화설비만을 설치한 경우는 제외]가 설치된 연면적 5000 m^2 이상인 특정소방대상물(제조소등은 제외) 라. 하나의 대지경계선 안에 2개 이상의 점검 대상 건축물등이 있는 경우에는 그 건축물 중 사용승인일이 가장 빠른 연도의 건축물의 사용승인일을 기준으로 점검할 수 있음

12. 건설현장 소방안전관리

건설공사를 하는 공사시공자가 화재발생 및 화재피해의 우려가 큰 건설현장 소방안전관리대상물을 신축·증축·개축·재축·이전·용도변경 또는 대수선하는 경우에는 소방안전관리자 자격증을 발급받은 소방안전관리자로서 건설현장 소방안전관리자 강습교육을 받은 사람을 건설현장 소방안전관리자로 선임해야 한다.

1) 건설현장 소방안전관리대상물
   (1) 신축·증축·개축·재축·이전·용도변경 또는 대수선을 하려는 부분의 연면적 15000 m^2 이상인 것
   (2) 신축·증축·개축·재축·이전·용도변경 또는 대수선을 하려는 부분의 연면적 5000 m^2 이상인 것으로서 다음 어느 하나에 해당하는 것
      ① 지하층의 층수가 2개 층 이상인 것
      ② 지상층의 층수가 11층 이상인 것
      ③ 냉동창고, 냉장창고 또는 냉동·냉장창고
2) 건설현장 소방안전관리자 업무
   (1) 건설현장의 소방계획서 작성
   (2) 임시소방시설설의 설치 및 관리에 대한 감독
   (3) 공사진행 단계별 피난안전구역, 피난로 등의 확보와 관리
   (4) 건설현장의 작업자에 대한 소방안전 교육 및 훈련
   (5) 초기대응체계의 구성·운영 및 교육
   (6) 화기취급의 감독, 화재위험작업의 허가 및 관리
   (7) 그 밖에 건설현장의 소방안전관리와 관련하여 소방청장이 고시하는 업무
3) 선임기간
   소방시설공사 착공 신고일부터 건축물 사용승인일까지 선임
4) 선임신고
   (1) 공사시공자는 선임한 날로부터 14일 이내에 소방본부장 또는 소방서장에게 선임신고해야 한다(종합정보망을 이용한 선임 신고 가능).
   (2) 선임신고 서류
      ① 건설현장 소방안전관리자 선임신고서(시행규칙 별지 제19호 서식)
      ② 소방안전관리자 자격증
      ③ 건설현장 소방안전관리자 강습교육 수료증
      ④ 건설현장 공사 계약서 사본

PART 02

소방관계법령

소방기본법

1. 소방기본법의 목적

1) 화재 예방·경계·진압
2) 화재, 재난·재해, 그 밖의 위급한 상황에서의 구조·구급활동
3) 국민의 생명·신체 및 재산을 보호함으로써 공공의 안녕 및 질서 유지와 복리증진

2. 용어 정의

1) 소방대상물
   (1) 건축물
   (2) 차량
   (3) 선박(항구에 매어 둔 것)
   (4) 산림, 그 밖의 인공구조물 또는 물건
2) 관계지역
   소방대상물이 있는 장소 및 그 이웃 지역으로 화재의 예방·경계·진압, 구조·구급 등의 활동에 필요한 지역
3) 관계인
   소방대상물의 소유자·관리자·점유자
4) 소방대
   화재 진압 및 화재, 재난·재해, 그 밖의 위급한 상황에서 구조·구급활동
   (1) 소방공무원
   (2) 의무소방원
   (3) 의용소방대원
5) 소방본부장
   특별시·광역시·특별자치시·도 또는 특별자치도(이하 "시·도"라 한다)에서 화재의 예방·경계·진압·조사 및 구조·구급 등의 업무를 담당하는 부서의 장
6) 소방대장
   소방본부장 또는 소방서장 등 화재, 재난·재해, 그 밖의 위급한 상황이 발생한 현장에서 소방대를 지휘하는 사람

3. 119종합상황실

1) 종합상황실 설치와 운영

소방청장, 소방본부장 또는 소방서장은 신속한 소방활동을 위한 정보를 수집·전파하기 위하여 종합상황실에 전산·통신요원을 배치하고, 소방청장이 정하는 유·무선통신시설을 갖추고 24시간 운영체제를 유지하여야 한다.

(1) 설치·운영에 필요한 사항 : 행정안전부령

(2) 설치·운영자 : 소방청장, 소방본부장, 소방서장

(3) 설치대상 : 소방청, 소방본부, 소방서

2) 종합상황실

종합상황실의 실장은 다음에 해당하는 상황이 발생하는 때에는 그 사실을 지체 없이 서면·팩스 또는 컴퓨터통신 등으로 소방서의 종합상황실의 경우는 소방본부의 종합상황실에, 소방본부의 종합상황실의 경우는 소방청의 종합상황실에 각각 보고해야 한다.

(1) 다음에 해당하는 화재

① 사망자가 5인 이상 발생한 화재

② 사상자가 10인 이상 발생한 화재

③ 이재민이 100인 이상 발생한 화재

④ 재산피해액이 50억 원 이상 발생한 화재

⑤ 관공서·학교·정부미도정공장·문화유산·지하철 또는 지하구의 화재

⑥ 관광호텔, 층수가 11층 이상인 건축물, 지하상가, 시장, 백화점

⑦ 지정수량의 3천배 이상의 위험물의 제조소·저장소·취급소

⑧ 층수가 5층 이상이거나 객실이 30실 이상인 숙박시설, 층수가 5층 이상이거나 병상이 30개 이상인 종합병원·정신병원·한방병원·요양소

⑨ 연면적 15000 m^2 이상인 공장 또는 화재경계지구에서 발생한 화재

⑩ 철도차량, 항구에 매어둔 총 톤수가 1천 톤 이상인 선박, 항공기, 발전소 또는 변전소에서 발생한 화재

⑪ 가스 및 화약류의 폭발에 의한 화재

⑫ 다중이용업소의 화재

(2) 통제단장의 현장지휘가 필요한 재난상황

(3) 언론에 보도된 재난상황

(4) 그 밖에 소방청장이 정하는 재난상황

3) 종합상황실의 운영에 관하여 필요한 사항 : 소방청장, 소방본부장 또는 소방서장이 각각 정할 것

4. 소방용수시설 및 지리조사

1) 소방용수시설 설치 및 유지관리

(1) 소방용수시설 : 소화전, 급수탑, 저수조

(2) 소방용수시설 설치 · 유지 · 관리 : 시 · 도지사

※ 「수도법」에 따라 소화전을 설치하는 일반수도사업자는 관할 소방서장과 사전협의를 거친 후 소화전을 설치하여야 하며, 설치 사실을 관할 소방서장에게 통지하고, 그 소화전을 유지 · 관리

(3) 시 · 도지사는 소방자동차의 진입이 곤란한 지역 등 화재발생 시에 초기대응이 필요한 지역으로서 "대통령령으로 정하는 지역"에 소방호스 또는 호스릴 등을 소방용수시설에 연결하여 화재를 진압하는 시설이나 장치(비상소화장치)를 설치하고 유지 · 관리할 수 있다.

※ 대통령령으로 정하는 지역 : 화재경계지구, 시 · 도지사가 비상소화장치의 설치가 필요하다고 인정하는 지역

2) 소방용수시설의 설치기준

(1) 공통기준

① 주거지역 · 상업지역 · 공업지역 설치 : 소방대상물과의 수평거리 100 m 이하

② 그 외의 지역 설치 : 소방대상물과의 수평거리 140 m 이하

(2) 소방용수시설별 설치기준

① 소화전

㉠ 상수도와 연결하여 지하식 또는 지상식의 구조로 할 것

㉡ 소화전의 연결금속구 구경 : 65 mm

② 급수탑

㉠ 급수배관 구경 : 100 mm 이상

㉡ 개폐밸브 : 지상에서 1.5 m 이상 1.7 m 이하

③ 저수조

㉠ 지면으로부터의 낙차 : 4.5 m 이하

㉡ 흡수부분 수심 : 0.5 m 이상

㉢ 흡수관 투입구 : 사각형의 경우에는 한 변의 길이 60 cm 이상, 원형의 경우에는 지름 60 cm 이상

㉣ 소방펌프자동차가 쉽게 접근할 수 있도록 할 것

㉤ 흡수에 지장이 없도록 토사 및 쓰레기 등을 제거할 수 있는 설비를 갖출 것

㉥ 저수조에 물을 공급하는 방법 : 상수도에 연결하여 자동으로 급수되는 구조

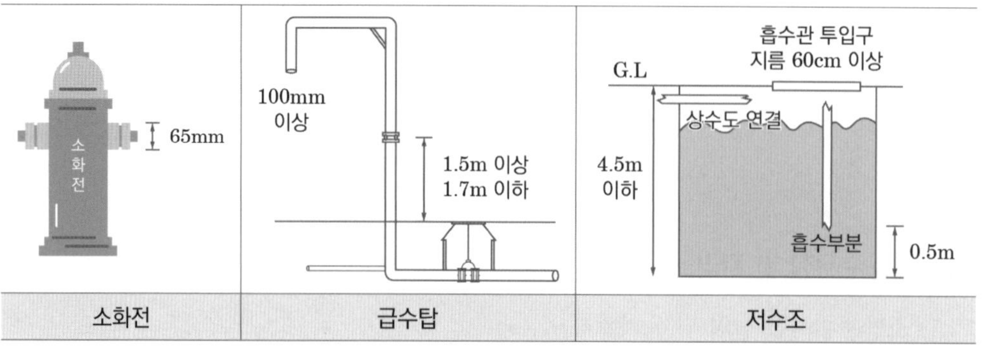

5. 소방교육 및 훈련

소방청장, 소방본부장 또는 소방서장은 소방업무를 전문적이고 효과적으로 수행하기 위하여 소방대원에게 필요한 교육·훈련을 실시하여야 한다.

1) 소방대원에게 실시할 교육·훈련

(1) 횟수 : 2년마다 1회

(2) 기간 : 2주 이상

(3) 교육·훈련 실시자 : 소방청장·본부장·서장

(4) 교육·훈련의 종류 및 대상자

종류	대상자	
화재진압훈련	소방공무원(화재진압 업무)	의무소방원, 의용소방대원
인명구조훈련	소방공무원(구조 업무)	의무소방원, 의용소방대원
응급처치훈련	소방공무원(구급 업무)	의무소방원, 의용소방대원
인명대피훈련	소방공무원	의무소방원, 의용소방대원
현장지휘훈련	소방공무원(소방정, 소방령, 소방경, 소방위)	

6. 소방활동구역

1) 설정

(1) 설정권자 : 소방대장

(2) 소방활동구역을 정하여 소방활동에 필요한 사람으로서 대통령령으로 정하는 사람 외에는 그 구역에 출입하는 것을 제한

(3) 경찰공무원은 소방대가 소방활동구역에 있지 않거나, 소방대장의 요청이 있을 때에는 출입제한 조치를 할 수 있음

2) 출입자

(1) 소방활동구역 안에 있는 소방대상물의 소유자·관리자·점유자

(2) 전기·가스·수도·통신·교통의 업무 종사자로서 소방활동을 위해 필요한 사람

(3) 의사·간호사 그 밖의 구조·구급업무 종사자

(4) 취재인력 등 보도업무 종사자

(5) 수사업무 종사자

(6) 그 밖에 소방대장이 소방활동을 위해 출입을 허가한 사람

7. 소방활동 종사명령, 강제처분, 피난명령

1) 소방활동 종사명령

소방활동을 위해 그 관할구역에 사는 사람 또는 그 현장에 있는 사람을 통해 사람을 구출하는 일 또는 불을 끄거나 불이 번지지 않도록 하는 일

(1) 소방활동 종사명령자 : 소방본부장, 소방서장, 소방대장

(2) 명령대상 : 화재·재난 시 그 관할구역에 사는 사람, 그 현장에 있는 사람

(3) 명령내용 : 사람을 구출하는 일, 불을 끄거나 불이 번지지 않도록 하는 일

(4) 종사 명령 시 소방본부장·서장·대장은 소방활동에 필요한 보호장구 지급하는 등 안전을 위한 조치를 시행할 것

(5) 소방활동에 종사한 사람은 시·도지사로부터 소방활동비용을 지급 받을 수 있음
다만 다음 경우는 제외함

① 소방대상물에 화재, 재난·재해, 그 밖의 위급상황 발생한 경우 그 관계인

② 고의 또는 과실로 화재 또는 구조, 구급활동이 필요한 상황을 발생시킨 사람

③ 화재 또는 구조·구급 현장에서 물건을 가져간 사람

2) 강제처분

(1) 강제처분 실시권자 : 소방본부장, 소방서장 또는 소방대장

(2) 사람을 구출하거나 불이 번지는 것을 막기 위하여 필요할 때에는 화재가 발생하거나 불이 번질 우려가 있는 소방대상물 및 토지를 일시적으로 사용하거나 그 사용의 제한 또는 소방활동에 필요한 처분을 할 수 있다.

(3) 사람을 구출하거나 불이 번지는 것을 막기 위하여 긴급하다고 인정할 때에는 (2)에 따른 소방대상물 또는 토지 외의 소방대상물과 토지에 대하여 (2)에 따른 처분을 할 수 있다.

(4) 소방활동을 위하여 긴급하게 출동할 때에는 소방자동차의 통행과 소방활동에 방해가 되는 주차 또는 정차된 차량 및 물건 등을 제거하거나 이동시킬 수 있다.

(5) (4)에 따른 소방활동에 방해가 되는 주차 또는 정차된 차량의 제거나 이동을 위하여 관할 지방자치단체 등 관련 기관에 견인차량과 인력 등에 대한 지원을 요청할 수 있고, 요청을 받은 관련 기관의 장은 정당한 사유가 없으면 이에 협조하여야 한다.

(6) 시·도지사는 (5)에 따라 견인차량과 인력 등을 지원한 자에게 시·도의 조례로 정하는 바에 따라 비용을 지급할 수 있다.

3) 피난 명령

(1) 피난명령 실시권자 : 소방본부장, 소방서장 또는 소방대장

(2) 화재, 재난·재해, 그 밖의 위급한 상황이 발생하여 사람의 생명을 위험하게 할 것으로 인정할 때에는 일정한 구역을 지정하여 그 구역에 있는 사람에게 그 구역 밖으로 피난할 것을 명할 수 있다.

(3) (2)에 따른 명령을 할 때 필요하면 관할 경찰서장 또는 자치경찰단장에게 협조를 요청할 수 있다.

8. 한국소방안전원

1) 소방안전원의 설립목적

(1) 소방기술과 안전관리기술의 향상 및 홍보

(2) 그 밖의 교육·훈련 등 행정기관이 위탁하는 업무의 수행

(3) 소방 관계 종사자의 기술 향상을 위하여 설치

2) 소방안전원의 업무

(1) 소방기술과 안전관리에 관한 교육 및 조사·연구

(2) 소방기술과 안전관리에 관한 각종 간행물 발간

(3) 화재 예방과 안전관리의식 고취를 위한 대국민 홍보

(4) 소방업무에 관하여 행정기관이 위탁하는 업무

(5) 소방안전에 관한 국제협력

(6) 그 밖에 회원에 대한 기술지원 등 정관으로 정하는 사항

3) 소방안전원의 회원자격

(1) 소방 관련 법령에 따라 등록을 하거나 허가를 받은 사람으로서 회원이 되려는 사람

(2) 소방 관련 법령에 따라 소방안전관리자, 소방기술자 또는 위험물안전관리자로 선임되거나 채용된 사람으로서 회원이 되려는 사람

(3) 그 밖에 소방에 관한 학식과 경험이 풍부한 사람으로서 대통령령으로 정하는 사람 가운데 회원이 되려는 사람

4) 운영경비

(1) 소방기술과 안전관리에 관한 교육·연구 업무수행에 따른 수익금

(2) 회원의 회비, 자산운영 수익금 등

9. 소방자동차의 우선통행 등

1) 모든 차와 사람은 소방자동차(지휘를 위한 자동차와 구조 및 구급차를 포함한다)가 화재진압 및 구조·구급 활동을 위하여 출동을 할 때에는 이를 방해하여서는 아니 된다.

2) 소방자동차가 화재진압 및 구조·구급 활동을 위하여 출동하거나 훈련을 위하여 필요할 때에는 사이렌을 사용할 수 있다.

3) 모든 차와 사람은 소방자동차가 화재진압 및 구조·구급 활동을 위하여 제2항에 따라 사이렌을 사용하여 출동하는 경우에는 다음 각 호의 행위를 하여서는 아니 된다.

1. 소방자동차에 진로를 양보하지 아니하는 행위
2. 소방자동차 앞에 끼어들거나 소방자동차를 가로막는 행위
3. 그 밖에 소방자동차의 출동에 지장을 주는 행위

4) 제3항의 경우를 제외하고 소방자동차의 우선 통행에 관하여는 「도로교통법」에서 정하는 바에 따른다.

화재의 예방 및 안전관리에 관한 법률

1. 목적

화재로부터 국민의 생명·신체·재산을 보호하고 공공의 안전과 복리증진에 이바지함을 목적으로 한다.

2. 용어 정의

구분	정의
예방	화재의 위험으로부터 사람의 생명·신체 및 재산을 보호하기 위하여 화재발생을 사전에 제거하거나 방지하기 위한 모든 활동
안전관리	화재로 인한 피해를 최소화하기 위한 예방, 대비, 대응 등의 활동
화재안전조사	소방청장, 소방본부장 또는 소방서장이 소방대상물, 관계지역 또는 관계인에 대하여 소방시설등이 소방 관계 법령에 적합하게 설치·관리되고 있는지, 소방대상물에 화재의 발생 위험이 있는지 등을 확인하기 위하여 실시하는 현장조사·문서열람·보고요구 등을 하는 활동
화재예방강화지구	시·도지사가 화재 발생 우려가 크거나 화재가 발생할 경우 피해가 클 것으로 예상되는 지역에 대하여 화재의 예방 및 안전관리를 강화하기 위해 지정·관리하는 지역
화재예방안전진단	화재가 발생할 경우 사회·경제적으로 피해 규모가 클 것으로 예상되는 소방대상물에 대하여 화재위험요인을 조사하고 그 위험성을 평가하여 개선대책을 수립하는 것

3. 화재안전조사

1) 조사권자 : 소방관서장
2) 화재안전조사를 실시할 수 있는 경우(다만 개인의 주거에 대한 화재안전조사는 관계인의 승낙이 있거나 화재발생의 우려가 뚜렷하여 긴급한 필요가 있는 때에 한정)
   (1) 자체점검 등이 불성실하거나 불완전하다고 인정되는 경우
   (2) 화재예방강화지구 등 법령에서 화재안전조사를 하도록 규정되어 있는 경우
   (3) 화재예방안전진단이 불성실하거나 불완전하다고 인정되는 경우
   (4) 국가적 행사 등 주요 행사가 개최되는 장소 및 그 주변의 관계 지역에 대하여 소방안전관리 실태를 점검할 필요가 있는 경우
   (5) 화재가 자주 발생하였거나 발생할 우려가 뚜렷한 곳에 대한 점검이 필요한 경우

(6) 재난예측정보, 기상예보 등을 분석한 결과 소방대상물에 화재의 발생 위험이 크다고 판단되는 경우
(7) 그 밖의 긴급한 상황이 발생한 경우 인명 또는 재산 피해의 우려가 현저하다고 판단되는 경우
① 화재안전조사의 항목 : 대통령령(화재안전조사의 항목에는 화재의 예방조치 상황, 소방시설등의 관리 상황 및 소방대상물의 화재 등의 발생 위험과 관련된 사항이 포함)
② 소방관서장은 화재안전조사를 실시하는 경우 다른 목적을 위해 조사권을 남용하지 않은 것

3) 화재안전조사 항목
(1) 화재의 예방조치 등에 관한 사항
(2) 소방안전관리 업무 수행에 관한 사항
(3) 피난계획의 수립 및 시행에 관한 사항
(4) 소화·통보·피난 등의 훈련 및 소방안전관리에 필요한 교육에 관한 사항
(5) 소방자동차 전용구역의 설치에 관한 사항
(6) 소방시설공사업법에 따른 시공, 감리 및 감리원의 배치에 관한 사항
(7) 소방시설의 설치 및 관리에 관한 사항
(8) 건설현장 임시소방시설의 설치 및 관리에 관한 사항
(9) 피난시설, 방화구획 및 방화시설의 관리에 관한 사항
(10) 방염에 관한 사항
(11) 소방시설등의 자체점검에 관한 사항
(12) 「다중이용업소의 안전관리에 관한 특별법」에 따른 안전관리에 관한 사항
(13) 「위험물안전관리법」에 따른 위험물 안전관리에 관한 사항
(14) 「초고층 및 지하연계 복합건축물 재난관리에 관한 특별법」에 따른 초고층 및 지하연계 복합건축물의 안전관리에 관한 사항
(15) 그 밖에 소방대상물에 화재의 발생 위험이 있는지 등을 확인하기 위해 소방관서장이 화재안전조사가 필요하다고 인정하는 사항

4. 화재안전조사방법·절차

1) 방법
(1) 종합조사 : 화재안전조사 항목 전부를 확인하는 조사
(2) 부분조사 : 화재안전조사 항목 중 일부를 확인하는 조사

2) 화재안전조사 절차
(1) 소방관서장은 화재안전조사를 실시하려는 경우 사전에 관계인에게 조사대상, 조사기간 및 조사사유 등을 우편, 전화, 전자메일 또는 문자전송 등을 통하여 통지하고 이를 대통령령으로 정하는 바에 따라 인터넷 홈페이지나 전산시스템 등을 통하여 7일 이상 공개하여야 한다. 다만 다음 각 호의 어느 하나에 해당하는 경우에는 그러하지 아니하다.
① 화재가 발생할 우려가 뚜렷하여 긴급하게 조사할 필요가 있는 경우

② 제1호 외에 화재안전조사의 실시를 사전에 통지하거나 공개하면 조사목적을 달성할 수 없다고 인정되는 경우

(2) 소방관서장은 사전 통지 없이 화재안전조사를 실시하는 경우에는 화재안전조사를 실시하기 전에 관계인에게 조사사유 및 조사범위 등을 현장에서 설명해야 한다.

(3) 소방관서장은 화재안전조사를 위하여 소속 공무원으로 하여금 관계인에게 보고 또는 자료의 제출을 요구하거나 소방대상물의 위치 · 구조 · 설비 또는 관리 상황에 대한 조사 · 질문을 하게 할 수 있다.

3) 화재안전조사 결과에 따른 조치명령 : 소방관서장

(1) 소방대상물의 개수 · 이전 · 제거

(2) 사용의 금지 또는 제한, 사용폐쇄

(3) 공사의 정지 또는 중지

4) 소방관서장은 화재안전조사 결과 소방대상물이 법령을 위반하여 건축 또는 설비되었거나 소방시설등, 피난시설 · 방화구획, 방화시설등이 법령에 적합하게 설치 또는 관리되고 있지 아니한 경우에는 관계인에게 조치를 명하거나 관계 행정기관의 장에게 필요한 조치를 하여 줄 것을 요청할 수 있다.

5) 화재안전조사 연기

관계인은 연기의 사유 및 기간 등을 적어 제출 : 화재안전조사 시작 3일 전까지

※ 연기의 사유

(1) 재난이 발생한 경우

(2) 관계인의 질병, 사고, 장기출장의 경우

(3) 권한 있는 기관에 자체점검기록부, 교육 · 훈련일지 등 화재안전조사에 필요한 장부 · 서류 등이 압수되거나 영치되어 있는 경우

(4) 소방대상물의 증축 · 용도변경 또는 대수선 등의 공사로 화재안전조사를 실시하기 어려운 경우

※ 소방관서장은 화재안전조사의 연기를 승인한 경우라도 연기기간이 끝나기 전에 연기사유가 없어졌거나 긴급히 조사를 해야 할 사유가 발생하였을 때는 관계인에게 미리 알리고 화재안전조사를 할 수 있다.

5. 화재안전조사 결과 공개

1) 소방관서장은 화재안전조사를 실시하려는 경우 사전에 관계인에게 조사대상, 조사기간 및 조사사유 등을 우편, 전화, 전자메일 또는 문자전송 등을 통하여 통지하고 이를 대통령령으로 정하는 바에 따라 인터넷 홈페이지나 전산시스템 등을 통하여 공개하여야 한다.

2) 소방관서장은 화재안전조사를 실시한 경우 다음 각 호의 전부 또는 일부를 인터넷 홈페이지나 전산시스템 등을 통하여 공개할 수 있다.

(1) 소방대상물의 위치, 연면적, 용도 등 현황

(2) 소방시설등의 설치 및 관리 현황

(3) 피난시설, 방화구획 및 방화시설의 설치 및 관리 현황

(4) 그 밖에 대통령령으로 정하는 사항

① 제조소등 설치 현황

② 소방안전관리자 선임 현황

③ 화재예방안전진단 실시 결과

3) 공개 절차, 공개 기간 및 공개방법 등에 필요한 사항 : 대통령령

4) 소방청장은 화재안전조사 결과를 체계적으로 관리하고 활용하기 위하여 전산시스템을 구축·운영하여야 한다.

5) 소방청장은 건축, 전기 및 가스 등 화재안전과 관련된 정보를 소방활동 등에 활용하기 위하여 전산시스템과 관계 중앙행정기관, 지방자치단체 및 공공기관 등에서 구축·운용하고 있는 전산시스템을 연계, 구축할 수 있다.

6) 소방관서장의 화재안전조사 결과 공개 : 30일 이상 해당 소방관서 인터넷 홈페이지나 전산시스템을 통해 공개

7) 소방관서장은 화재안전조사 결과를 공개하려는 경우 공개기간, 공개내용 및 공개방법을 해당 소방대상물의 관계인에게 미리 알려야 한다.

8) 소방대상물의 관계인은 공개 내용 등을 통보받은 날부터 10일 이내에 소방관서장에게 이의신청을 할 수 있다.

9) 소방관서장은 이의신청을 받은 날부터 10일 이내에 심사·결정하여 그 결과를 지체 없이 신청인에게 알려야 한다.

10) 화재안전조사 결과의 공개가 제3자의 법익을 침해하는 경우에는 제3자와 관련된 사실을 제외하고 공개해야 한다.

6. 화재예방강화지구

화재 발생 우려가 크거나 화재가 발생할 경우 피해가 클 것으로 예상되는 지역에 대하여 화재의 예방 및 안전관리를 강화하기 위해 지정·관리하는 지역

1) 지정권자 : 시·도지사

2) 화재예방강화지구 지정 요청 : 소방청장

3) 화재예방강화지구

(1) 시장지역

(2) 공장·창고가 밀집한 지역

(3) 목조건물이 밀집한 지역

(4) 노후·불량건축물이 밀집한 지역

(5) 위험물의 저장 및 처리 시설이 밀집한 지역

(6) 석유화학제품을 생산하는 공장이 있는 지역

(7) 산업입지 및 개발에 관한 법률에 따른 산업단지
(8) 소방시설·소방용수시설·소방출동로가 없는 지역
(9) 물류단지
(10) (1) ~ (9)까지 준하는 지역으로서 소방관서장이 화재예방강화지구로 지정할 필요가 있다고 인정하는 지역

4) 시·도지사가 화재예방강화지구로 지정할 필요가 있는 지역을 화재예방강화지구로 지정하지 아니하는 경우 소방청장은 해당 시·도지사에게 해당 지역의 화재예방강화지구 지정을 요청할 수 있다.

5) 소방관서장은 대통령령으로 정하는 바에 따라 화재예방강화지구 안의 소방대상물의 위치·구조 및 설비 등에 대하여 화재안전조사를 하여야 한다.

6) 소방관서장은 화재안전조사를 한 결과 화재의 예방강화를 위하여 필요하다고 인정할 때에는 관계인에게 소화기구, 소방용수시설 또는 그 밖에 소방에 필요한 설비(이하 "소방설비등"이라 한다)의 설치(보수, 보강을 포함한다. 이하 같다)를 명할 수 있다.

7) 소방관서장은 화재예방강화지구 안의 관계인에 대하여 대통령령으로 정하는 바에 따라 소방에 필요한 훈련 및 교육을 실시할 수 있다.

8) 시·도지사는 대통령령으로 정하는 바에 따라 화재예방강화지구의 지정 현황, 화재안전조사의 결과, 소방설비등의 설치 명령 현황, 소방훈련 및 교육 현황 등이 포함된 화재예방강화지구에서의 화재예방에 필요한 자료를 매년 작성·관리하여야 한다.

7. 소방안전관리자와 특정소방대상물 소방관계인의 업무

1) 소방안전관리자의 업무
(1) 피난계획 관련 사항과 대통령령으로 정하는 사항이 포함된 소방계획서 작성 및 시행
(2) 자위소방대 및 초기대응체계 구성·운영·교육
(3) 피난시설, 방화구획, 방화시설의 관리
(4) 소방훈련 및 교육
(5) 소방시설이나 그 밖의 소방 관련 시설의 관리
(6) 화기 취급의 감독
(7) 소방안전관리에 관한 업무수행에 관한 기록·유지((3), (5), (6)항 업무)
(8) 화재 발생 시 초기대응
(9) 그 밖에 소방안전관리에 필요한 업무

2) 특정소방대상물 관계인의 업무
(1) 피난시설, 방화구획, 방화시설의 관리
(2) 소방시설이나 그 밖의 소방 관련 시설의 관리
(3) 화기 취급의 감독
(4) 화재 발생 시 초기대응

(5) 그 밖에 소방안전관리에 필요한 업무

3) 소방계획서의 포함사항

(1) 소방안전관리대상물 위치 · 구조 · 연면적 · 용도 · 수용인원 등 일반 현황
(2) 소방안전관리대상물에 설치한 소방 · 방화 · 전기 · 가스 · 위험물 시설 현황
(3) 화재 예방을 위한 자체점검계획 및 대응대책
(4) 소방시설 · 피난시설 · 방화시설 점검 · 정비계획
(5) 피난층 · 피난시설 위치, 피난경로 설정, 화재안전취약자의 피난계획 등을 포함한 피난계획
(6) 방화구획, 제연구획, 건축물 내부 마감재료 · 방염물품 사용현황, 방화구조 및 설비유지 · 관리계획
(7) 관리의 권원이 분리된 특정소방대상물의 소방안전관리에 관한 사항
(8) 소방훈련 · 교육에 관한 계획
(9) 소방안전관리대상물의 근무자 및 거주자의 자위소방대 조직과 대원의 임무(화재안전취약자의 피난 보조 임무를 포함)에 관한 사항
(10) 화기 취급 작업에 대한 사전 안전조치 및 감독 등 공사 중 소방안전관리에 관한 사항
(11) 소화에 관한 사항과 연소 방지에 관한 사항
(12) 위험물의 저장 · 취급에 관한 사항(예방규정을 정하는 제조소등은 제외)
(13) 소방안전관리에 대한 업무수행에 관한 기록 및 유지에 관한 사항(월 1회 이상 작성. 2년간 보관)
(14) 화재 발생 시 화재경보, 초기소화 및 피난유도 등 초기대응에 관한 사항
(15) 그 밖에 소방본부장 또는 소방서장이 소방안전관리대상물의 위치 · 구조 · 설비 또는 관리상황 등을 고려하여 소방안전관리에 필요하여 요청하는 사항

4) 소방안전관리업무의 대행

대통령령으로 정하는 소방안전관리대상물의 관계인은 관리업자로 하여금 소방안전관리업무 중 대통령령으로 정하는 업무를 대행하게 할 수 있다. 이 경우 선임된 소방안전관리자는 관리업자의 대행업무 수행을 감독하고 대행업무 외의 소방안전관리업무는 직접 수행하여야 한다.

(1) 소방안전관리업무 대행 대상(대통령령으로 정하는 소방안전관리대상물)
① 지상의 층수가 11층 이상인 1급 소방안전관리대상물(연면적 15000 m^2 이상인 특정소방대상물과 아파트 제외)
② 2급 소방안전관리대상물
③ 3급 소방안전관리대상물

(2) 소방안전관리대행 업무(대통령령으로 정하는 업무)
① 피난시설, 방화구획 및 방화시설의 관리
② 소방시설이나 그 밖의 소방 관련 시설의 관리

[소방안전관리등급 및 설치된 소방시설에 따른 대행인력의 배치등급]

소방안전관리 대상물의 등급	설치된 소방시설의 종류	대행인력의 기술등급
1급 또는 2급	스프링클러설비, 물분무등소화설비 또는 제연설비	중급점검자 이상 1명 이상
	옥내소화전설비 또는 옥외소화전설비	초급점검자 이상 1명 이상
3급	자동화재탐지설비 또는 간이스프링클러설비	초급점검자 이상 1명 이상

8. 관리의 권원이 분리된 특정소방대상물의 소방안전관리

1) 관리의 권원이 분리된 특정소방대상물의 소방안전관리 : 대통령령

2) 소방안전관리자 선임 대상

(1) 복합건축물(지하층 제외한 층수가 11층 이상 또는 연면적 3만 m^2 이상)

(2) 지하가(지하 인공구조물 안에 설치된 상점 및 사무실, 그 밖에 이와 비슷한 시설이 연속하여 지하도에 접하여 설치된 것과 그 지하도를 합한 것)

(3) 판매시설 중 도매시장, 소매시장 및 전통시장

3) 선임된 소방안전관리자 및 총괄소방안전관리자는 공동소방안전관리협의회를 구성하고, 해당 특정소방대상물에 대한 소방안전관리를 공동으로 수행하여야 한다. 이 경우 공동소방안전관리 협의회의 구성·운영 및 공동소방안전관리의 수행 등에 필요한 사항은 대통령령으로 정한다.

4) 공동소방안전관리 협의회 업무사항 구성 및 운영

(1) 공동소방안전관리협의회는 선임된 소방안전관리자 및 총괄소방안전관리자로 구성

(2) 총괄소방안전관리자 등은 공동소방안전관리 업무를 협의회의 협의를 거쳐 다음 업무를 공동으로 수행

① 특정소방대상물 전체의 소방계획 수립 및 시행에 관한 사항

② 특정소방대상물 전체의 소방훈련 및 교육의 실시에 관한 사항

③ 공용 부분의 소방시설 및 피난·방화시설의 유지·관리에 관한 사항

④ 그 밖에 공동 소방안전관리업무 수행에 필요한 사항

(3) 협의회는 공동소방안전관리 업무의 수행에 필요한 기준을 정하여 운영할 수 있다.

9. 소방안전 특별관리시설물

1) 소방안전 특별관리 : 소방청장

2) 소방안전 특별관리시설물

(1) 공항시설

(2) 철도시설·도시철도시설

(3) 항만시설

(4) 지정문화유산 및 천연기념물인 시설
(5) 산업기술단지 · 산업단지
(6) 초고층 건축물 · 지하연계 복합건축물
(7) 수용인원 1000명 이상 영화상영관
(8) 전력용 · 통신용 지하구
(9) 석유비축시설
(10) 천연가스 인수기지 및 공급망
(11) 대통령령으로 정하는 점포가 500개 이상인 전통시장
(12) 그 밖의 대통령령으로 정하는 시설물
 ① 발전소
 ② 물류창고로서 연면적 10만 m^2 이상
 ③ 가스공급시설

3) 소방청장은 특별관리를 체계적이고 효율적으로 하기 위하여 시 · 도지사와 협의하여 소방안전 특별관리기본계획을 기본계획에 포함하여 수립 및 시행하여야 함

4) 시 · 도지사는 소방안전 특별관리기본계획에 저촉되지 않는 범위에서 관할 구역에 있는 소방안전 특별관리시설물의 안전관리에 적합한 소방안전 특별관리시행계획을 세부시행계획에 포함하여 수립 및 시행하여야 함

5) 특별관리기본계획 및 특별관리시행계획의 수립 · 시행에 필요한 사항 : 대통령령

소방시설 설치 및 관리에 관한 법률

1. 소방시설법의 목적

특정소방대상물 등에 설치하여야 하는 소방시설등의 설치·관리와 소방용품 성능관리에 필요한 사항을 규정함으로써 국민의 생명·신체 및 재산을 보호하고 공공의 안전과 복리 증진에 이바지함을 목적으로 한다.

2. 용어의 정의

구분	정의
소방시설	소화설비, 경보설비, 피난구조설비, 소화용수설비, 소화활동설비(대통령령)
소방시설등	소방시설과 비상구, 그 밖에 소방 관련 시설(방화문, 자동방화셔터)(대통령령)
특정소방대상물	건축물등의 규모·용도 및 수용인원 등을 고려하여 소방시설을 설치하여야 하는 소방대상물(대통령령)
소방용품	소방시설등을 구성하거나 소방용으로 사용되는 제품 또는 기기(대통령령)
화재안전성능	화재를 예방하고 화재발생 시 피해를 최소화하기 위하여 소방대상물의 재료, 공간 및 설비 등에 요구되는 안전성능
성능위주설계	건축물등의 재료, 공간, 이용자, 화재 특성 등을 종합적으로 고려하여 공학적 방법으로 화재 위험성을 평가하고 그 결과에 따라 화재안전성능이 확보될 수 있도록 특정소방대상물을 설계하는 것
화재안전기준	성능기준 : 화재안전 확보를 위하여 재료, 공간 및 설비 등에 요구되는 안전성능(소방청장 고시)
	기술기준 : 성능기준을 충족하는 상세한 규격, 특정한 수치 및 시험방법 등에 관한 기준(소방청장 승인)

1) 무창층

지상층 중 다음 각 목의 요건을 모두 갖춘 개구부의 면적의 합계가 해당 층의 바닥면적의 30분의 1 이하가 되는 층

(1) 크기는 지름 50 cm 이상의 원이 통과할 수 있는 크기일 것

(2) 해당 층의 바닥면으로부터 개구부 밑 부분까지의 높이가 1.2 m 이내일 것

(3) 도로 또는 차량이 진입할 수 있는 빈터를 향할 것

(4) 화재 시 건축물로부터 쉽게 피난할 수 있도록 창살이나 그 밖의 장애물이 설치되지 아니할 것

(5) 내부 또는 외부에서 쉽게 부수거나 열 수 있을 것

2) 피난층 : 곧바로 지상으로 갈 수 있는 출입구가 있는 층

무창층 기준 해석

[지름 50 cm 이상의 원이 통과할 수 있을 것 관련 개구부 크기 기준]

1) 쉽게 파괴가 불가능한 개구부

문이 열리는 부분(공간)이 지름 50 cm 이상의 원이 통과할 수 있는 경우에만 개구부로 인정

2) 쉽게 파괴가 가능한 개구부

유리를 일부 파괴하고 내·외부로부터 개방할 수 있는 부분이 지름 50 cm 이상의 원이 통과할 수 있는 경우에만 개구부로 인정

※ 지름산정 시 창틀은 포함하지 않으며 파괴가 가능한 유리부분의 지름만을 인정

3) 일반 유리창

바닥으로부터 1.2 m 이내에 파괴가 가능하거나 문이 열리는 부분(공간)이 지름 50 cm 이상의 원이 내접할 수 있는 경우에만 개구부로 인정

4) 프로젝트창

하부창이 바닥으로부터 1.2 m 이내에 파괴가 가능하거나 문이 열리는 부분(공간)이 지름 50 cm 이상의 원이 통과할 수 있는 경우로서 상부창이 쉽게 부술 수 있는 유리의 종류에 해당하고 지름 50 cm 이상의 원이 통과할 수 있는 경우에는 상·하부창 모두를 인정

['바닥면으로부터 개구부 밑 부분까지의 높이가 1.2 m 이내일 것' 관련 개구부의 밑부분에 대한 해석]

지름 50 cm 이상의 원이 통과할 수 있는 개구부의 하단이 바닥으로부터 1.2 m 이내에 있어야 함

[도로 폭에 대한 기준]

일반도로 : 4 m

막다른 도로 : 2 m

[쉽게 파괴 또는 개방할 수 있을 것으로 볼 수 있는 경우]

- 쉽게 부술 수 있는 유리의 종류
  - ① 일반유리 : 두께 6 mm 이하
  - ② 강화유리 : 두께 5 mm 이하
  - ③ 복층유리
    - 일반유리 두께 6 mm 이하 + 공기층 + 일반유리 두께 6 mm 이하
    - 강화유리 두께 5 mm 이하 + 공기층 + 강화유리 두께 5 mm 이하
  - ④ 기타 소방서장이 쉽게 파괴할 수 있다고 판단되는 것

3. 소방시설의 종류

1) 소화설비
2) 경보설비
3) 피난구조설비
4) 소화용수설비
5) 소화활동설비

4. 주택의 소방시설

1) 주택용 소방시설의 종류
   소화기 및 단독경보형 감지기
2) 주택용 소방시설의 적용대상
   단독주택, 공동주택(아파트 및 기숙사는 제외)

5. 주택용 소방시설의 설치기준

특별시 · 광역시 · 특별자치시 · 도 또는 특별자치도의 조례

6. 방염

1) 정의
   불에 잘 타지 않거나 불이 붙어 번지지 않도록 가연물을 처리하는 것
2) 방염성능기준 이상의 실내장식물 등을 설치해야 하는 특정소방대상물
   (1) 근린생활시설 중 의원, 조산원, 산후조리원, 체력단련장, 공연장 및 종교집회장, 치과의원, 한의원
   (2) 건축물의 옥내에 있는 시설
      ① 문화 및 집회시설
      ② 종교시설
      ③ 운동시설(수영장 제외)
   (3) 의료시설
   (4) 교육연구시설 중 합숙소
   (5) 노유자시설
   (6) 숙박이 가능한 수련시설
   (7) 숙박시설
   (8) 방송통신시설 중 방송국 및 촬영소
   (9) 다중이용업소
   (10) 층수가 11층 이상인 것(아파트 제외)

3) 방염대상물품

(1) 제조·가공 공정에서 방염처리한 물품

① 창문에 설치하는 커튼류(블라인드 포함)

② 카펫

③ 벽지류(두께 2 mm 미만인 종이벽지 제외)

④ 전시용 합판·목재 또는 섬유판, 무대용 합판·목재 또는 섬유판(합판·목재류의 경우 불가피하게 설치 현장에서 방염처리한 것을 포함한다)

⑤ 암막·무대막(영화상영관 스크린, 가상체험체육시설의 스크린 포함)

⑥ 섬유류, 합성수지류 등을 원료로 하여 제작된 소파·의자(단란주점영업, 유흥주점, 노래연습장업의 영업장에 설치하는 것만 해당)

(2) 건축물 내부의 천장이나 벽에 부착하거나 설치하는 것

다만 가구류(옷장·찬장·식탁·식탁용 의자·사무용 책상·사무용 의자·계산대 등)와 너비 10 cm 이하 반자돌림대등과 내부 마감재료는 제외

① 종이류(두께 2 mm 이상)·합성수지류·섬유류를 주원료로 한 물품

② 합판, 목재

③ 공간 구획하는 간이 칸막이(접이식 등 이동 가능한 벽체나 천장 또는 반자가 실내에 접하는 부분까지 구획하지 않는 벽체를 말한다)

④ 흡음(吸音)을 위하여 설치하는 흡음재(흡음용 커튼을 포함한다)

⑤ 방음(防音)을 위하여 설치하는 방음재(방음용 커튼을 포함한다)

(3) 방염처리된 물품의 사용을 권장할 수 있는 경우

① 다중이용업소, 의료시설, 노유자시설, 숙박시설 또는 장례식장에서 사용하는 침구류·소파 및 의자

② 건축물 내부의 천장 또는 벽에 부착하거나 설치하는 가구류

4) 방염성능기준

구분	내용	기준
잔염시간	버너의 불꽃을 제거한 때부터 불꽃을 올리며 연소하는 상태가 그칠 때까지 시간	20초 이내
잔신시간	버너의 불꽃을 제거한 때부터 불꽃을 올리지 아니하고 연소하는 상태가 그칠 때까지 시간	30초 이내
탄화면적 탄화길이	잔염, 잔신시간 내에 탄화한 면적과 길이	50 cm^2 이내 20 cm 이내
접염횟수	불꽃에 완전히 녹을 때까지 불꽃의 접촉횟수	3회 이상
연기밀도	소방청장의 고시한 방법으로 발연량 측정 시 최대연기밀도	400 이하

5) 방염성능의 검사

(1) 방염대상물품 성능검사자 : 소방청장

현장에 설치된 합판, 목재 성능검사자 : 시·도지사

(2) 방염처리업의 등록을 한 자는 방염성능검사를 할 때에 거짓 시료를 제출하여서는 아니 된다.

(3) 방염성능검사의 방법과 검사 결과에 따른 합격 표시 등에 필요한 사항 : 행정안전부령

방염물품의 종별	표시의 양식(단위 : mm)
합판, 섬유판, 소파·의자 등 합격표시를 바로 붙일 수 있는 것	 KC 8
커튼 등 합격표시를 가열하여 붙일 수 있는 것	 KC 5

[소방용품의 품질관리 등에 관한 규칙 별표 2] – 합격표시 및 표지의 모양

구분		색채	검인	글자	규격 및 표시내용	부착위치
카페트, 소파·의자, 섬유판		백색 바탕	남색	남색	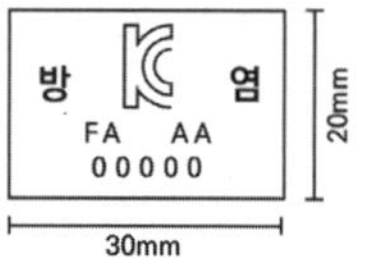 방 KC 염 FA AA 00000 20mm 30mm	1. 합격표시는 시공·설치 이후에 확인이 용이한 위치에 부착하여야 한다. 2. 포장단위가 두루마리인 방염물품의 경우 제품 폭의 끝으로부터 중앙 방향으로 최소 20 cm 이상 떨어진 지점에 부착하여야 한다. 3. 그 밖의 방염물품(포장단위가 장인 경우) 및 시공·설치 과정에서 합격표시 훼손의 우려가 없는 경우 합격표시 훼손의 우려가 없는 경우 제품 폭의 끝으로부터 20 cm 이내에 부착할 수 있다. 4. 섬유류는 표면에 가열부착한다.
합성수지 벽지류 (비닐벽지, 인테리어필름, 천연재료벽지), 합성수지 시트		은색 바탕	검정색	검정색	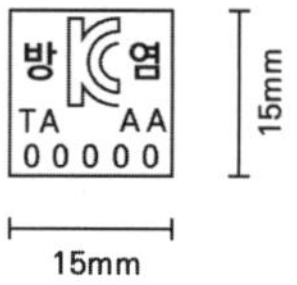 방 KC 염 TA AA 00000 15mm 15mm	
합판, 목재, 합성수지판, 목재 블라인드		금색 바탕	검정색	검정색	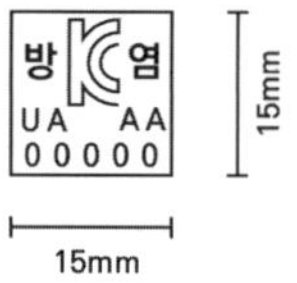 방 KC 염 UA AA 00000 15mm 15mm	
섬유류	세탁 가능	은색 바탕	검정색	검정색	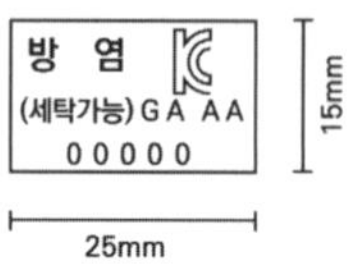 방 염 KC (세탁가능) GA AA 00000 15mm 25mm	
	세탁 불가	투명 바탕	검정색	검정색	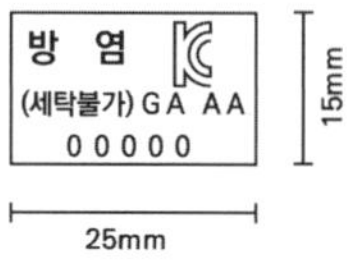 방 염 KC (세탁불가) GA AA 00000 15mm 25mm	

6) 건축허가등의 동의

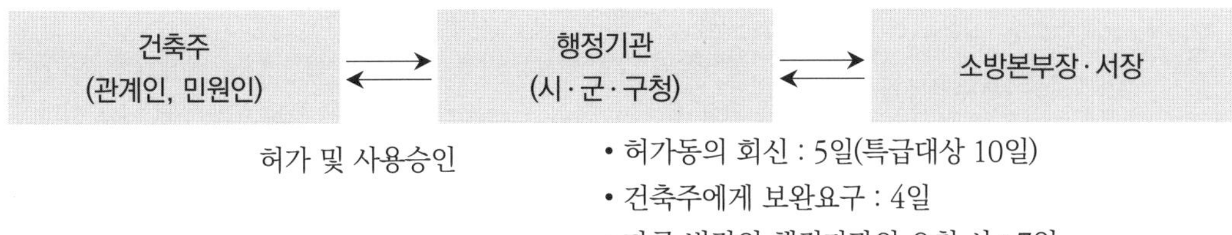

※ 보완기간(4일)은 회신기간(5일 또는 10일)에 산입하지 않음. 기간은 ~ 이내

7. 자동차에 설치 또는 비치하는 소화기

1) 소화기 설치(비치)대상 : 자동차를 제작·조립·수입·판매하려는 자, 해당 자동차의 소유자
   (1) 5인승 이상의 승용자동차
   (2) 승합자동차
   (3) 화물자동차
   (4) 특수자동차
2) 설치기준 : 행정안전부령
3) 국토교통부장관은 자동차검사 시 차량용 소화기의 설치 또는 비치 여부 등을 확인하여야 하며, 그 결과를 매년 12월 31일까지 소방청장에게 통보
4) 차량용 소화기의 설치(비치)기준

자동차의 종류		설치 또는 비치 기준
승용자동차(5인승 이상)		능력단위 1 이상의 소화기 1개 이상
승합자동차	경형 승합자동차	능력단위 1 이상의 소화기 1개 이상
	승차정원 15인 이하	능력단위 2 이상인 소화기 1개 이상 또는 능력단위 1 이상인 소화기 2개 이상을 설치(이 경우 승차정원 11인 이상 승합자동차는 운전석 또는 운전석과 옆으로 나란한 좌석 주위에 1개 이상을 설치)
	승차정원 16인 이상 35인 이하	능력단위 2 이상인 소화기 2개 이상을 설치(이 경우 승차정원 23인을 초과하는 승합자동차로서 너비 2.3 m를 초과하는 경우에는 운전자 좌석 부근에 가로 600 mm, 세로 200 mm 이상의 공간을 확보하고 1개 이상의 소화기를 설치)
	승차정원 36인 이상	능력단위 3 이상인 소화기 1개 이상 및 능력단위 2 이상인 소화기 1개 이상을 설치(다만 2층 대형 승합자동차의 경우에는 위층 차실에 능력단위 3 이상인 소화기 1개 이상을 추가 설치)

자동차의 종류		설치 또는 비치 기준
화물자동차 (피견인자동차 제외)	중형 이하	능력단위 1 이상인 소화기 1개 이상
	대형 이상	능력단위 2 이상인 소화기 1개 이상 또는 능력단위 1 이상인 소화기 2개 이상을 사용하기 쉬운 곳에 설치
특수자동차 (위험물 또는 고압가스 운송)		무상의 강화액 8 L 이상, 이산화탄소 3.2 kg 이상, CF_2ClBr 2 L 이상, CF_3Br 2 L 이상, $C_2F_4Br_2$ 1 L 이상, 분말소화기 3.3 kg 이상 중에서 2개 이상

8. 피난시설 · 방화구획 및 방화시설의 관리

1) 명령권자 : 소방본부장, 소방서장

2) 금지행위

(1) 피난시설, 방화구획, 방화시설 폐쇄 · 훼손 행위

(2) 피난시설, 방화구획, 방화시설 주위에 물건을 쌓아 두거나 장애물을 설치하는 행위

(3) 피난시설, 방화구획, 방화시설 용도에 장애를 주거나 소방활동에 지장을 주는 행위

(4) 피난시설, 방화구획, 방화시설 변경 행위

9. 자체점검 장비

소방시설	점검 장비	규격
모든 소방시설	방수압력측정계, 절연저항계(절연저항측정기), 전류전압측정계	
소화기구	저울	
옥내소화전설비 옥외소화전설비	소화전밸브압력계	
스프링클러설비 포소화설비	헤드결합렌치(볼트, 너트, 나사 등을 죄거나 푸는 공구)	
이산화탄소소화설비 분말소화설비 할론 소화설비 할로겐화합물 및 불활성기체 소화설비	검량계, 기동관누설시험기, 그 밖에 소화약제의 저장량을 측정할 수 있는 점검기구	
자동화재탐지설비 시각경보기	열감지기시험기, 연(煙)감지기시험기, 공기주입시험기, 감지기시험기연결막대, 음량계	
누전경보기	누전계	누전전류 측정용
무선통신보조설비	무선기	통화시험용
제연설비	풍속풍압계, 폐쇄력측정기, 차압계(압력차 측정기)	

소방시설	점검 장비	규격
통로유도등 비상조명등	조도계(밝기 측정기)	최소눈금이 0.1 럭스 이하인 것

1) 관계인은 자체점검 결과 소화펌프 고장 등 대통령령으로 정하는 중대위반사항이 발견된 경우에는 지체 없이 수리 등 필요한 조치를 하여야 함
   (1) 소화펌프 고장 등 대통령령으로 정하는 중대위반사항 경우
      ① 소화펌프(가압송수장치를 포함한다. 이하 같다), 동력·감시 제어반 또는 소방시설용 전원(비상전원을 포함한다)의 고장으로 소방시설이 작동되지 않는 경우
      ② 화재 수신기의 고장으로 화재경보음이 자동으로 울리지 않거나 화재 수신기와 연동된 소방시설의 작동이 불가능한 경우
      ③ 소화배관 등이 폐쇄·차단되어 소화수(消火水) 또는 소화약제가 자동 방출되지 않는 경우
      ④ 방화문 또는 자동방화셔터가 훼손되거나 철거되어 본래의 기능을 못하는 경우
2) 관리업자 등은 자체점검 결과 중대위반사항을 발견한 경우 즉시 관계인에게 알려야 한다. 이 경우 관계인은 지체 없이 수리 등 필요한 조치를 하여야 함
3) 관계인은 자체점검을 한 경우에는 그 점검 결과를 행정안전부령으로 정하는 바에 따라 소방시설등에 대한 수리·교체·정비에 관한 이행계획(중대위반사항에 대한 조치사항을 포함)을 첨부하여 소방본부장 또는 소방서장에게 보고하여야 함. 이 경우 소방본부장 또는 소방서장은 점검 결과 및 이행계획이 적합하지 아니하다고 인정되는 경우에는 관계인에게 보완을 요구할 수 있음
4) 관리업자 또는 소방안전관리자로 선임된 소방시설관리사 및 소방기술사(이하 "관리업자 등"이라 한다)는 자체점검을 실시한 경우에는 점검이 끝난 날부터 10일 이내에 소방시설등 자체점검 실시결과 보고서(전자문서로 된 보고서 포함)에 소방청장이 정하여 고시하는 소방시설등 점검표를 첨부하여 관계인에게 제출해야 함
5) 자체점검 실시결과 보고서를 제출받거나 스스로 자체점검을 실시한 관계인은 자체점검이 끝난 날부터 15일 이내에 소방시설등 자체점검 실시결과 보고서(전자문서로 된 보고서 포함)에 다음의 서류를 첨부하여 소방본부장 또는 소방서장에게 서면이나 소방청장이 지정하는 전산망을 통하여 보고해야 함
   (1) 첨부서류
      ① 점검인력 배치확인서(관리업자가 점검한 경우만 해당)
      ② 소방시설등의 자체점검 결과 이행계획서
   (2) 자체점검 실시결과의 보고기간에는 공휴일 및 토요일은 산입하지 않음
   (3) 소방본부장 또는 소방서장에게 자체점검 실시결과 보고를 마친 관계인은 관계인은 소방시설등 자체점검 실시결과 보고서(소방시설등 점검표 포함)를 점검이 끝난 날부터 2년간 자체 보관

6) 소방시설등의 자체점검 결과 이행계획서를 보고받은 소방본부장 또는 소방서장은 이행계획의 완료 기간을 정하여 관계인에게 통보해야 한다. 다만 소방시설등에 대한 수리·교체·정비의 규모 또는 절차가 복잡하여 다음 기간 내에 이행을 완료하기가 어려운 경우에는 그 기간을 달리 정할 수 있음

(1) 소방시설등을 구성하고 있는 기계·기구를 수리하거나 정비하는 경우 : 보고일부터 10일 이내

(2) 소방시설등의 전부 또는 일부를 철거하고 새로 교체하는 경우 : 보고일부터 20일 이내

7) 이행계획을 완료한 관계인은 이행을 완료한 날부터 10일 이내에 소방시설등의 자체점검 결과 이행완료 보고서(전자문서로 된 보고서 포함)에 다음 각 호의 서류(전자문서 포함)를 첨부하여 소방본부장 또는 소방서장에게 보고해야 함

(1) 이행계획 건별 전·후 사진 증명자료

(2) 소방시설공사 계약서

8) 특정소방대상물의 관계인은 천재지변이나 그 밖에 대통령령으로 정하는 사유로 이행계획을 완료하기 곤란한 경우에는 소방본부장 또는 소방서장에게 대통령령으로 정하는 바에 따라 이행계획 완료를 연기하여 줄 것을 신청할 수 있다. 이 경우 소방본부장 또는 소방서장은 연기 신청 승인 여부를 결정하고 그 결과를 관계인에게 알려주어야 함

9) 소방본부장 또는 소방서장은 관계인이 이행계획을 완료하지 아니한 경우에는 필요한 조치의 이행을 명할 수 있고, 관계인은 이에 따라야 함

[소방시설등 자체점검기록표[시행규칙 별표 5]]

소방시설등 자체점검기록표

•대상물명 :

•주　　소 :

•점검구분 : [ ] 작동점검 [ ] 종합점검

•점 검 자 :

•점검기간 : 년 월 일 ~ 년 월 일

•불량사항 : [ ] 소화설비 [ ] 경보설비 [ ] 피난구조설비 [ ] 소화용수설비 [ ] 소화활동설비 [ ] 기타설비 [ ] 없음

•정비기간 : 년 월 일 ~ 년 월 일

년 월 일

「소방시설 설치 및 관리에 관한 법률」 제24조제1항 및 같은 법 시행규칙 제25조에 따라 소방시설등 자체점검결과를 게시합니다.

비고 : 점검기록표의 규격은 다음과 같다.

가. 규격 : A4 용지(가로 297mm × 세로 210mm)

나. 재질 : 아트지(스티커) 또는 종이

다. 외측 테두리 : 파랑색(RGB 65, 143, 222)

라. 내측 테두리 : 하늘색(RGB 193, 214, 237)

마. 글씨체(색상)

1) 소방시설 점검기록표 : HY헤드라인M, 45포인트(외측 테두리와 동일)

2) 본문 제목 : 윤고딕230, 20포인트(외측 테두리와 동일)

본문 내용 : 윤고딕230, 20포인트(검정색)

3) 하단 내용 : 윤고딕240, 20포인트(법명은 파랑색, 그 외 검정색)

10. 수용인원의 산정

대상	용도	수용인원의 산정
숙박시설이 있는 대상물	침대가 있는 숙박시설	종사자 수 + 침대 수
	침대가 없는 숙박시설	$\text{종사자수} + \frac{\text{바닥면적의 합계}}{3}[m^2]$
그 외 특정소방대상물	강의실·교무실·상담실·실습실·휴게실 용도	$\frac{\text{바닥면적의 합계}}{1.9}[m^2]$
	강당, 문화 및 집회시설, 운동시설, 종교시설	$\frac{\text{바닥면적의 합계}}{4.6}[m^2]$
		고정식 의자 수
		$\frac{\text{고정식 긴 의자}}{4.5}[m]$
	그 밖의 특정소방대상물	$\frac{\text{바닥면적의 합계}}{3}[m^2]$

1) 바닥면적 산정 시 복도, 계단 및 화장실은 바닥면적을 포함하지 않는다.

2) 소수점 이하의 수는 반올림한다.

다중이용업소의 안전관리에 관한 특별법

1. 목적

화재 등 재난이나 그 밖의 위급한 상황으로부터 국민의 생명·신체 및 재산을 보호하기 위하여 다중이용업소의 안전시설등의 설치·유지 및 안전관리와 화재위험평가, 다중이용업주의 화재배상책임보험에 필요한 사항을 정함으로써 공공의 안전과 복리 증진에 이바지함을 목적

2. 용어의 정의

1) 다중이용업 : 불특정 다수인이 이용하는 영업 중 화재 등 재난 발생 시 생명·신체·재산상의 피해가 발생할 우려가 높은 것으로서 대통령령으로 정하는 영업
2) 안전시설등 : 소방시설, 비상구, 영업장 내부 피난통로, 그 밖의 안전시설로서 대통령령으로 정하는 것
3) 실내장식물 : 건축물 내부의 천장 또는 벽에 설치하는 것으로서 대통령령으로 정하는 것
4) 화재위험평가 : 다중이용업의 영업소(이하 "다중이용업소"라 한다)가 밀집한 지역 또는 건축물에 대하여 화재 발생 가능성과 화재로 인한 불특정 다수인의 생명·신체·재산상의 피해 및 주변에 미치는 영향을 예측·분석하고 이에 대한 대책을 마련하는 것
5) 밀폐구조의 영업장 : 지상층에 있는 다중이용업소의 영업장 중 채광·환기·통풍 및 피난 등이 용이하지 못한 구조로 되어 있으면서 대통령령으로 정하는 기준에 해당하는 영업장
6) 영업장의 내부구획 : 다중이용업소의 영업장 내부를 이용객들이 사용할 수 있도록 벽 또는 칸막이 등을 사용하여 구획된 실(室)을 만드는 것

3. 다중이용업의 범위

업종	요건
휴게음식점영업 제과점영업 일반음식점영업	• 지하층 : 바닥면적의 합계가 66 m^2 이상 • 지상층 : 바닥면적의 합계가 100 m^2 이상 • 단, 주 출입구가 1층 또는 지상과 직접 접하는 층에 설치되고 영업장의 주된 출입구가 건축물 외부의 지면과 직접 연결된 경우 제외
단란주점영업 유흥주점영업	층별, 면적 구분 없이 적용
휴게음식점영업 제과점영업 일반음식점영업	• 공용주방을 운영하는 영업 • 지하층 : 바닥면적의 합계가 66 m^2 이상 • 지상층 : 바닥면적의 합계가 100 m^2 이상 • 단, 주 출입구가 1층 또는 지상과 직접 접하는 층에 설치되고 영업장의 주된 출입구가 건축물 외부의 지면과 직접 연결된 경우 제외
영화상영관 비디오물감상실업 비디오물소극장업 복합영상물제공업	층별, 면적 구분 없이 적용
학원	• 수용인원 300명 이상인 것 • 수용인원 100명 이상 300명 미만인 것 중 다음 각 호에 해당하는 것 단, 건축법 시행령 제46조에 따른 방화구획으로 나누어진 경우 제외 ① 하나의 건축물에 학원과 기숙사가 함께 있는 학원 ② 하나의 건축물에 학원이 2 이상 있는 경우로서 학원의 수용인원이 300명 이상인 학원 ③ 하나의 건축물에 다중이용업과 학원이 함께 있는 경우
목욕장업	• 일반목욕장업 : 층별, 면적 구분 없이 수용인원 100명 이상(찜질방 형태의 시설을 갖춘 부분만 산정) • 찜질방 형태의 목욕장업 : 층별, 면적 구분 없이 적용
게임제공업 인터넷컴퓨터게임 시설제공업 복합유통게임제공업	층별, 면적 구분 없이 적용 단, 게임제공업 및 인터넷컴퓨터게임시설제공업은 1층 또는 피난층에 면한 장소는 제외
권총사격장	층별, 면적 구분 없이 적용(실내사격장에 한정하며, 같은 조 제1항에 따른 종합사격장에 설치된 경우를 포함한다)
가상체험 체육시설업	층별, 면적 구분 없이 적용(실내에 1개 이상의 별도의 구획된 실을 만들어 골프 종목의 운동이 가능한 시설을 경영하는 영업으로 한정한다)
안마시술소	층별, 면적 구분 없이 적용
노래연습장업	층별, 면적 구분 없이 적용
산후조리업	층별, 면적 구분 없이 적용

업종	요건
고시원업, 전화방업 화상대화방업 수면방업, 콜라텍업, 방탈출카페업	층별, 면적 구분 없이 적용
키즈카페업	실내공간에서 어린이에게 놀이를 제공하는 영업
	실내에 어린이놀이시설을 갖춘 영업
	휴게음식점영업으로서 실내공간에서 어린이에게 놀이를 제공하고 부수적으로 음식류를 판매·제공하는 영업
만화카페업	만화책 등 다수의 도서를 갖춘 다음의 영업(다만 도서를 대여·판매만 하는 영업인 경우와 영업장으로 사용하는 바닥면적의 합계가 50제곱미터 미만인 경우는 제외) • 휴게음식점영업 • 도서의 열람, 휴식공간 등을 제공할 목적으로 실내에 다수의 구획된 실을 만들거나 입체 형태의 구조물을 설치한 영업

4. 안전시설등

1) 소방시설

(1) 소화설비

① 소화기 또는 자동확산소화기

② 간이스프링클러설비(캐비닛형 간이스프링클러설비를 포함한다)

(2) 경보설비

① 비상벨설비 또는 자동화재탐지설비

② 가스누설경보기

(3) 피난설비

① 피난기구

㉠ 미끄럼대 ㉡ 피난사다리

㉢ 구조대 ㉣ 완강기

㉤ 다수인 피난장비 ㉥ 승강식 피난기

② 피난유도선

③ 유도등, 유도표지 또는 비상조명등

④ 휴대용 비상조명등

2) 비상구

3) 영업장 내부 피난통로

4) 그 밖의 안전시설

(1) 영상음향차단장치

(2) 누전차단기
(3) 창문

5. 실내장식물

건축물 내부의 천장이나 벽에 붙이는(설치하는) 것으로서 다음 각 호의 어느 하나에 해당하는 것을 말한다. 다만 가구류(옷장, 찬장, 식탁, 식탁용 의자, 사무용 책상, 사무용 의자 및 계산대, 그 밖에 이와 비슷한 것을 말한다)와 너비 10센티미터 이하인 반자돌림대 등과 「건축법」 제52조에 따른 내부마감재료는 제외한다.

1) 종이류(두께 2밀리미터 이상인 것을 말한다)·합성수지류 또는 섬유류를 주원료로 한 물품
2) 합판이나 목재
3) 공간을 구획하기 위하여 설치하는 간이 칸막이(접이식 등 이동 가능한 벽체나 천장 또는 반자가 실내에 접하는 부분까지 구획하지 아니하는 벽체를 말한다)
4) 흡음(吸音)이나 방음(防音)을 위하여 설치하는 흡음재(흡음용 커튼을 포함한다) 또는 방음재(방음용 커튼을 포함한다)

6. 밀폐구조의 영업장

지상층에 있는 다중이용업소의 영업장 중 채광·환기·통풍 및 피난 등이 용이하지 못한 구조로 되어 있으면서 개구부의 면적의 합계가 영업장으로 사용하는 바닥면적의 30분의 1 이하가 되는 것

7. 소방안전교육

1) 다중이용업주와 그 종업원 및 다중이용업을 하려는 자는 소방청장, 소방본부장 또는 소방서장이 실시하는 소방안전교육을 받아야 한다. 다만 다중이용업주나 종업원이 그 해당연도에 다음 각 호의 어느 하나에 해당하는 교육을 받은 경우에는 그러하지 아니하다.
   (1) 소방안전관리자 강습 또는 실무교육
   (2) 위험물안전관리자 교육
      ※ 다중이용업주는 소방안전교육 대상자인 종업원이 소방안전교육을 받도록 하여야 한다.
      ※ 소방청장, 소방본부장 또는 소방서장은 제1항에 따라 소방안전교육을 받은 사람에게는 교육 이수를 증명하는 서류를 발급하여야 한다.
      ※ 소방안전교육의 대상자, 횟수, 시기, 교육시간, 그 밖에 교육에 필요한 사항은 행정안전부령으로 정한다.
2) 교육대상자
   (1) 다중이용업을 운영하는 자(이하 "다중이용업주"라 한다)
   (2) 다중이용업주 외에 해당 영업장(다중이용업주가 둘 이상의 영업장을 운영하는 경우에는 각각의 영업장을 말한다)을 관리하는 종업원 1명 이상 또는 「국민연금법」 제8조 제1항에

따라 국민연금 가입의무대상자인 종업원 1명 이상

(3) 다중이용업을 하려는 자

3) 교육통보

소방청장·소방본부장 또는 소방서장은 소방안전교육을 실시하려는 때에는 교육 일시 및 장소 등 소방안전교육에 필요한 사항을 교육일 30일 전까지 소방청·소방본부 또는 소방서의 홈페이지에 게재해야 한다. 이 경우 다음 각 호에서 정하는 시기에 교육대상자에게 알려야 한다.

(1) 신규교육 대상자 중 안전시설등의 설치신고 또는 영업장 내부구조 변경신고를 하는 자 : 신고 접수 시

(2) 수시 교육 및 보수 교육 대상자 : 교육일 10일 전

4) 소방청장·소방본부장 또는 소방서장이 소방안전교육을 하려는 때에는 다중이용업과 관련된 직능단체 및 민법상의 비영리법인과 협의하여 다른 법령에서 정하는 다중이용업 관련 교육과 병행하여 실시할 수 있다

5) 수시교육 : 다중이용업주와 교육대상 종업원은 위반행위가 적발된 날부터 3개월 이내

6) 보수교육 : 신규 교육 또는 직전의 보수 교육을 받은 날이 속하는 달의 마지막 날부터 2년 이내에 1회 이상

7) 교육시간 : 4시간 이내

8) 교육과정

(1) 화재안전과 관련된 법령 및 제도

(2) 다중이용업소에서 화재가 발생한 경우 초기대응 및 대피요령

(3) 소방시설 및 방화시설(防火施設)의 유지·관리 및 사용방법

(4) 심폐소생술 등 응급처치 요령

8. 피난안내도의 비치 또는 피난안내영상물의 상영

1) 피난안내도 비치 대상 : 다중이용업의 영업장. 다만 다음 각 목의 어느 하나에 해당하는 경우에는 비치하지 않을 수 있다.

(1) 영업장으로 사용하는 바닥면적의 합계가 33제곱미터 이하인 경우

(2) 영업장내 구획된 실이 없고, 영업장 어느 부분에서도 출입구 및 비상구를 확인할 수 있는 경우

2) 피난안내 영상물 상영 대상

(1) 영화상영관 및 비디오물소극장업의 영업장

(2) 노래연습장업의 영업장

(3) 단란주점영업 및 유흥주점영업의 영업장. 다만 피난안내 영상물을 상영할 수 있는 시설이 설치된 경우만 해당한다.

(4) 피난안내 영상물을 상영할 수 있는 시설을 갖춘 영업장

3) 피난안내도 비치 위치 : 다음 각 목의 어느 하나에 해당하는 위치에 모두 설치할 것

(1) 영업장 주 출입구 부분의 손님이 쉽게 볼 수 있는 위치

(2) 구획된 실의 벽, 탁자 등 손님이 쉽게 볼 수 있는 위치

(3) 인터넷컴퓨터게임시설제공업 영업장의 인터넷컴퓨터게임시설이 설치된 책상. 다만 책상 위에 비치된 컴퓨터에 피난안내도를 내장하여 새로운 이용객이 컴퓨터를 작동할 때마다 피난안내도가 모니터에 나오는 경우에는 책상에 피난안내도가 비치된 것으로 본다.

4) 피난안내 영상물 상영 시간 : 영업장의 내부구조 등을 고려하여 정하되, 상영 시기(時期)는 다음 각 목과 같다.

(1) 영화상영관 및 비디오물소극장업 : 매 회 영화상영 또는 비디오물 상영 시작 전

(2) 노래연습장업 등 그 밖의 영업 : 매 회 새로운 이용객이 입장하여 노래방 기기(機器) 등을 작동할 때

5) 피난안내도 및 피난안내 영상물에 포함되어야 할 내용 : 다음 각 호의 내용을 모두 포함할 것. 이 경우 광고 등 피난안내에 혼선을 초래하는 내용을 포함해서는 안 된다.

(1) 화재 시 대피할 수 있는 비상구 위치

(2) 구획된 실 등에서 비상구 및 출입구까지의 피난 동선

(3) 소화기, 옥내소화전 등 소방시설의 위치 및 사용방법

(4) 피난 및 대처방법

6) 피난안내도 및 피난안내 영상물에 사용하는 언어 : 피난안내도 및 피난안내영상물은 한글 및 1개 이상의 외국어를 사용하여 작성하여야 한다.

7) 장애인을 위한 피난안내 영상물 상영 : 영화상영관 중 전체 객석 수의 합계가 300석 이상인 영화상영관의 경우 피난안내 영상물은 장애인을 위한 한국수어·폐쇄자막·화면해설 등을 이용하여 상영해야 한다.

9. 다중이용업주의 안전시설등에 대한 정기점검 등

1) 다중이용업주는 다중이용업소의 안전관리를 위하여 정기적으로 안전시설등을 점검하고 그 점검결과서를 작성하여 1년간 보관하여야 한다. 이 경우 다중이용업소에 설치된 안전시설등이 건축물의 다른 시설·장비와 연계되어 작동되는 경우에는 해당 건축물의 관계인(「소방기본법」 제2조 제3호에 따른 관계인을 말한다. 이하 같다) 및 소방안전관리자는 다중이용업주의 안전점검에 협조하여야 한다.

2) 다중이용업주는 제1항에 따른 정기점검을 행정안전부령으로 정하는 바에 따라 「소방시설 설치 및 관리에 관한 법률」 제29조에 따른 소방시설관리업자에게 위탁할 수 있다.

3) 안전점검의 대상, 점검자의 자격, 점검주기, 점검방법, 그 밖에 필요한 사항은 행정안전부령으로 정한다.

10. 안전점검의 대상, 점검자의 자격 등

1) 안전점검 대상 : 다중이용업소의 영업장에 설치된 안전시설등

2) 안전점검자의 자격 : 다음 각 목의 어느 하나에 해당하는 자
   (1) 해당 영업장의 다중이용업주 또는 다중이용업소가 위치한 특정소방대상물의 소방안전관리자(소방안전관리자가 선임된 경우에 한한다)
   (2) 해당 업소의 종업원 중 다음의 어느 하나에 해당하는 사람
      ① 소방안전관리자 자격을 취득한 사람
      ② 소방시설관리사 자격을 취득한 사람
      ③ 소방기술사 · 소방설비기사 또는 소방설비산업기사 자격을 취득한 사람
   (3) 소방시설관리업자

3) 점검주기 : 매 분기별 1회 이상 점검. 다만 자체점검을 실시한 경우에는 자체점검을 실시한 그 분기에는 점검을 실시하지 아니할 수 있다.

4) 점검방법 : 안전시설등의 작동 및 유지 · 관리 상태를 점검한다.

초고층 및 지하연계 복합건축물 재난관리에 관한 특별법

1. 목적

1) 초고층 및 지하연계 복합건축물과 그 주변지역의 재난관리를 위하여 재난의 예방·대비·대응 및 지원 등에 필요한 사항을 정하여 재난관리체제를 확립함으로써 국민의 생명, 신체, 재산을 보호하고 공공의 안전에 이바지함

2) 국내에는 최고 높이의 서울 롯데타워 및 26개의 초고층건축물이 운집해 있는 부산 마린시티를 비롯하여 107개의 초고층 건축물이 위용을 드러내고 있으며, 대도시의 지하교통수단의 발전과 고속열차와 더불어 역세권의 도약에 따른 지하연계 복합건축물의 발전은 다양한 재난 유형의 복합화 양상을 띠게 되었음

2. 용어의 정의

1) 초고층 건축물 : 층수가 50층 이상 또는 높이가 200미터 이상인 건축물

2) 지하연계 복합건축물 : 지하부분이 지하역사 또는 지하도상가와 연결된 건축물로서 다음 각 목의 요건을 모두 갖춘 것을 말한다(다만 화재 발생 시 열과 연기의 배출이 쉬운 구조를 갖춘 건축물로서 대통령령으로 정하는 건축물은 제외).

  ⑴ 층수가 11층 이상이거나 용도별 바닥면적 등을 고려하여 대통령령으로 정하는 산정기준에 따른 수용인원이 5천명 이상인 건축물

  ⑵ 건축물 안에 「건축법」 제2조 제2항 제5호에 따른 문화 및 집회시설, 같은 항 제7호에 따른 판매시설, 같은 항 제8호에 따른 운수시설, 같은 항 제14호에 따른 업무시설, 같은 항 제15호에 따른 숙박시설, 같은 항 제16호에 따른 위락(慰樂)시설 중 유원시설업(遊園施設業)의 시설 또는 대통령령으로 정하는 용도의 시설이 하나 이상 있는 건축물

3) 관계지역 : 건축물 및 시설물(이하 "초고층 건축물등"이라 한다)과 그 주변지역을 포함하여 재난의 예방·대비·대응 및 수습 등의 활동에 필요한 지역으로 대통령령으로 정하는 지역

4) 일반건축물등 : 관계지역 안에서 초고층 건축물등을 제외한 건축물 또는 시설물

5) 관리주체 : 초고층 건축물등 또는 일반건축물등의 소유자 또는 관리자(그 건축물등의 소유자와 관리계약 등에 따라 관리책임을 진 자를 포함한다)

6) 관계인 : 해당 초고층 건축물등 또는 일반건축물등의 소유자·관리자 또는 점유자

7) 총괄재난관리자 : 해당 초고층 건축물등의 재난 및 안전관리 업무를 총괄하는 자

8) 유해·위험물질 : 인체급성유해성물질·인체만성유해성물질·생태유해성물질·독성가스·가연성가스·위험물 등 사람에게 유해하거나 화재 또는 폭발의 위험성이 있는 물질로서 그 종류 및 범위는 대통령령으로 정함[시행일 : 2025.8.7.]

3. 피난안전구역 설치

1) 초고층 건축물 : 피난층 또는 지상으로 통하는 직통계단과 직접 연결되는 피난안전구역을 지상층으로부터 최대 30개 층마다 1개소 이상 설치할 것

2) 30층 이상 49층 이하인 지하연계 복합건축물 : 피난층 또는 지상으로 통하는 직통계단과 직접 연결되는 피난안전구역을 해당 건축물 전체 층수의 2분의 1에 해당하는 층으로부터 상하 5개층 이내에 1개소 이상 설치할 것

   ⑴ 16층 이상 29층 이하인 지하연계 복합건축물 : 지상층별 거주밀도가 제곱미터당 1.5명을 초과하는 층은 해당 층의 사용형태별 면적의 합의 10분의 1에 해당하는 면적을 피난안전구역으로 설치할 것

   ⑵ 초고층 건축물등의 지하층이 문화·집회시설, 판매시설, 운수시설, 엄무시설, 숙박시설, 위락시설 중 유원시설업 시설 등의 용도로 사용되는 경우 : 해당 지하층에 별표 2의 피난안전구역 면적 산정기준에 따라 피난안전구역을 설치하거나, 선큰[지표 아래에 있고 외기(外氣)에 개방된 공간으로서 건축물 사용자 등의 보행·휴식 및 피난 등에 제공되는 공간을 말한다. 이하 같다]을 설치할 것

4. 총괄재난관리자의 자격

1) 건축사의 자격을 취득한 사람

2) 「국가기술자격법」에 따른 건축·기계·전기·토목 또는 안전관리 분야 기술사의 자격을 취득한 사람

3) 「화재의 예방 및 관리에 관한 법률 시행령」 에 따라 특급 소방안전관리대상물의 소방안전관리자로 선임될 수 있는 자격을 갖춘 사람

4) 「국가기술자격법」에 따른 건축·기계·전기·토목 또는 안전관리 분야 기사 또는 기능장의 자격을 취득한 후 재난 및 안전관리에 관한 실무경력이 5년 이상인 사람

5) 「국가기술자격법」에 따른 건축·기계·전기·토목 또는 안전관리 분야 산업기사의 자격을 취득한 후 재난 및 안전관리에 관한 실무경력이 7년 이상인 사람

6) 「공동주택관리법」에 따른 주택관리사의 자격을 취득한 후 재난 및 안전관리에 관한 실무경력이 5년 이상인 사람

   ⑴ 초고층 건축물등의 관리주체는 다음 각 호의 구분에 따른 날부터 30일 이내에 총괄재난관리자를 선임해야 한다.

   ① 초고층 건축물등을 신축·증축·개축·재축·이전 또는 대수선한 경우 : 「건축법」 제22

조에 따른 사용승인 또는 「주택법」 제49조에 따른 사용검사 등을 받은 날

② 건축물 또는 시설물이 증축 또는 용도변경으로 인하여 초고층 건축물등이 된 경우 : 「건축법」 제22조에 따른 사용승인이나 「주택법」 제49조에 따른 사용검사 등을 받은 날 또는 용도변경 사실을 건축물대장에 기록한 날

③ 초고층 건축물등을 양수하거나 「민사집행법」에 따른 경매, 「채무자 회생 및 파산에 관한 법률」에 따른 환가, 「국세징수법」·「관세법」 또는 「지방세징수법」에 따른 압류재산의 매각, 그 밖에 이에 준하는 절차에 따라 초고층 건축물등을 인수한 경우 : 양수 또는 인수한 날

④ 총괄재난관리자를 해임하였거나 총괄재난관리자가 퇴직한 경우 : 해임 또는 퇴직한 날

(2) 초고층 건축물등의 관리주체는 총괄재난관리자를 선임한 경우 해당 총괄재난관리자를 선임한 날부터 14일 이내에 행정안전부령으로 정하는 바에 따라 특별자치시장·특별자치도지사 또는 시장·군수·구청장에게 등록해야 한다.

(3) 초고층 건축물등의 관리주체는 해당 초고층건축물등의 시설·전기·가스·방화 등의 재난·안전관리 업무 종사자 중에서 총괄재난관리자와 협의하여 미리 지명한 사람을 총괄재난관리자의 대리자로 지정해야 한다. 이 경우 총괄재난관리자의 업무를 대행하는 기간은 30일을 초과할 수 없다.

(4) 시·도지사 또는 시장·군수·구청장은 총괄재난관리자의 업무 정지를 명할 때에는 그 사실을 시·도 또는 시·군·구의 공보에 공고하고, 소방청장에게 통보해야 한다.

5. 총괄재난관리자의 지정 및 등록

1) 초고층 건축물등의 관리주체는 다음 각 호의 구분에 따른 날부터 30일 이내에 총괄재난관리자를 지정하여야 한다.

(1) 초고층 건축물등을 건축한 경우 : 「건축법」 제22조에 따른 건축물의 사용승인 또는 「주택법」 제29조에 따른 사용검사 등을 받은 날

(2) 용도변경 또는 용도변경에 따른 수용인원 증가로 초고층 건축물등이 된 경우 : 용도변경 사실을 건축물대장에 기록한 날

(3) 초고층 건축물등을 양수하거나 「민사집행법」에 따른 경매, 「채무자 회생 및 파산에 관한 법률」에 따른 환가, 「국세징수법」·「관세법」 또는 「지방세기본법」에 따른 압류재산의 매각, 그 밖에 이에 준하는 절차에 따라 초고층 건축물등을 인수한 경우 : 양수 또는 인수한 날. 다만 초고층 건축물등을 양수 또는 인수한 관리주체가 종전의 총괄재난관리자를 다시 지정한 경우는 제외한다.

(4) 총괄재난관리자를 해임하였거나 총괄재난관리자가 퇴직한 경우 : 해임한 날 또는 퇴직한 날

2) 초고층 건축물등의 관리주체는 총괄재난관리자를 지정한 날부터 14일 이내에 총괄재난관리자 지정 등록 신청서를 시·군·구재난안전대책본부의 본부장(이하 "시·군·구본부장"이라 한다)에게 제출하여야 한다.

6. 총괄재난관리자에 대한 교육

총괄재난관리자는 총괄재난관리자로 지정된 날부터 6개월 이내에 다음 각 호의 사항을 포함하는 교육을 받아야 하며, 그 후 2년마다 1회 이상 보수교육(補修教育)을 받아야 한다.

1) 재난관리 일반
2) 법 및 하위법령의 주요 내용
3) 재난예방 및 피해경감계획 수립에 관한 사항
4) 관계인, 상시근무자 및 거주자에 대하여 실시하는 재난 및 테러 등에 대한 교육·훈련에 관한 사항
5) 종합방재실의 설치·운영에 관한 사항
6) 종합재난관리체제의 구축에 관한 사항
7) 피난안전구역의 설치·운영에 관한 사항
8) 유해·위험물질의 관리 등에 관한 사항
9) 그 밖에 소방청장이 필요하다고 인정하는 사항

7. 통합안전점검의 실시

초고층 건축물등의 관리주체는 다음 각 호의 안전점검을 통합안전점검으로 시행하고자 하는 경우 계획을 수립하여 시·도지사 또는 시장·군수·구청장에게 시행을 요청할 수 있으며, 초고층 건축물등의 관리주체는 통합안전점검을 요청하려면 통합안전점검을 희망하는 날 30일 전까지 초고층 및 지하연계 복합건축물 통합안전점검 신청서를 시·도지사 또는 시장·군수·구청장에게 제출하여야 한다.

1) 「고압가스 안전관리법」 제16조의2에 따른 정기검사
2) 도시가스사업법」 제17조에 따른 정기검사
3) 「전기안전관리법」 제11조에 따른 정기검사와 같은 법 제13조에 따른 여러 사람이 이용하는 시설 등에 대한 전기안전점검
4) 「승강기 안전관리법」 제32조 제1항 제1호에 따른 정기검사
5) 「에너지이용 합리화법」 제39조에 따른 검사
6) 「어린이놀이시설 안전관리법」 제12조 제2항에 따른 정기시설검사

8. 초기대응대의 구성 · 운영

1) 초기대응대는 해당 초고층 건축물등에 상주하는 5명 이상의 관계인으로 구성한다. 다만 공동주택은 3명 이상의 관계인으로 구성할 수 있다.

2) 초기대응대는 다음 각 호의 역할을 수행한다.
   (1) 재난 발생 장소 등 현황 파악, 신고 및 관계지역에 대한 전파
   (2) 거주자 및 입점자 등의 대피 및 피난유도
   (3) 재난 초기대응
   (4) 구조 및 응급조치
   (5) 긴급구조기관에 대한 재난정보 제공
   (6) 그 밖에 재난예방 및 피해경감을 위하여 필요한 사항

3) 총괄재난관리자는 초기대응대에 대하여 다음 각 호의 내용을 포함한 교육 및 훈련을 매년 1회 이상 하여야 한다. 이 경우 초기대응대에 대한 교육 및 훈련은 제6조 제1항에 따른 교육 및 훈련과 함께 할 수 있다.
   (1) 재난 발생 장소 확인방법
   (2) 재난의 신고 및 관계지역 전파 등의 방법
   (3) 초기대응 및 신체방호방법
   (4) 층별 거주자 및 입점자 등의 피난유도방법
   (5) 응급구호방법
   (6) 소방 및 피난시설 작동방법
   (7) 불을 사용하는 설비 및 기구 등의 열원(熱源) 차단방법
   (8) 위험물품 응급조치방법
   (9) 소방대 도착 시 현장 유도 및 정보 제공 등
   (10) 안전방호방법
   (11) 그 밖에 재난 초기대응에 필요한 사항

4) 초기대응대는 거주자 등의 피난유도, 구조 및 응급조치, 불을 사용하는 설비 및 기구 등의 열원 차단 등에 필요한 장비를 갖추어야 한다.

9. 총괄재난관리자의 선임

1) 초고층 건축물등의 관리주체는 다음 각 호의 업무를 총괄·관리하게 하기 위하여 총괄재난관리자를 선임하여야 한다. 이 경우 총괄재난관리자는 다른 법령에 따른 안전관리자를 겸직할 수 없다.
   (1) 재난예방 및 피해경감계획의 수립 · 시행
   (2) 협의회의 구성 · 운영
   (3) 교육 및 훈련
   (4) 종합방재실의 설치 · 운영

⑸ 종합재난관리체제의 구축·운영
⑹ 피난안전구역의 설치·운영
⑺ 유해·위험물질의 관리 등
⑻ 초기대응대의 구성·운영
⑼ 대피 및 피난유도
⑽ 그 밖에 재난 및 안전관리에 관한 업무로서 행정안전부령으로 정하는 사항

행안부령으로 정한 사항 초고층 건축물등의 유지·관리 및 점검, 보수 등에 관한 사항 통합안전점검 실시에 관한 사항 홍보계획의 수립·시행에 관한 사항 방범, 보안, 테러 대비·대응 계획의 수립 및 시행에 관한 사항

2) 초고층 건축물등의 관리주체는 다음 각 호의 어느 하나에 해당하는 경우에는 대통령령으로 정하는 바에 따라 총괄재난관리자의 대리자를 지정하여 일시적으로 그 업무를 대행하게 하여야 한다.

⑴ 총괄재난관리자가 여행·질병이나 그 밖의 사유로 일시적으로 그 업무를 수행할 수 없는 경우
⑵ 총괄재난관리자의 해임 또는 퇴직과 동시에 다른 총괄재난관리자가 선임되지 아니한 경우

3) 총괄재난관리자는 해당 초고층 건축물등의 시설·전기·가스·방화 등의 재난·안전관리 업무 종사자를 지휘·감독한다.

4) 총괄재난관리자는 행정안전부령으로 정하는 바에 따라 소방청장이 실시하는 교육을 받아야 한다.

5) 시·도지사 또는 시장·군수·구청장은 총괄재난관리자가 제4항에 따른 교육을 받지 아니하면 교육을 받을 때까지 그 업무의 정지를 명할 수 있다.

6) 총괄재난관리자의 자격, 등록, 업무정지의 절차 및 총괄재난관리자의 대리자의 대행 기간 등에 관하여 필요한 사항은 대통령령으로 정한다.

재난 및 안전관리 기본법

1. 목적

각종 재난으로부터 국토를 보존하고 국민의 생명·신체 및 재산을 보호하기 위하여 국가와 지방자치단체의 재난 및 안전관리체제를 확립하고, 재난의 예방·대비·대응·복구와 안전문화활동, 그 밖에 재난 및 안전관리에 필요한 사항을 규정

2. 용어의 정의

1) 재난 : 국민의 생명·신체·재산과 국가에 피해를 주거나 줄 수 있는 것으로서 자연재난과 사회재난으로 구분한다.
   (1) 자연재난 : 태풍, 홍수, 호우(豪雨), 강풍, 풍랑, 해일(海溢), 대설, 한파, 낙뢰, 가뭄, 폭염, 지진, 황사(黃砂), 조류(藻類) 대발생, 조수(潮水), 화산활동, 「우주개발 진흥법」에 따른 자연우주물체의 추락·충돌, 그 밖에 이에 준하는 자연현상으로 인하여 발생하는 재해
   (2) 사회재난 : 화재·붕괴·폭발·교통사고(항공사고 및 해상사고를 포함한다)·화생방사고·환경오염사고·다중운집인파사고 등으로 인하여 발생하는 대통령령으로 정하는 규모 이상의 피해와 국가핵심기반의 마비, 「감염병의 예방 및 관리에 관한 법률」에 따른 감염병 또는 「가축전염병예방법」에 따른 가축전염병의 확산, 「미세먼지 저감 및 관리에 관한 특별법」에 따른 미세먼지, 「우주개발 진흥법」에 따른 인공우주물체의 추락·충돌 등으로 인한 피해
2) 해외재난 : 대한민국의 영역 밖에서 대한민국 국민의 생명·신체 및 재산에 피해를 주거나 줄 수 있는 재난으로서 정부차원에서 대처할 필요가 있는 재난
3) 재난관리 : 재난의 예방·대비·대응 및 복구를 위하여 하는 모든 활동
4) 안전관리 : 재난이나 그 밖의 각종 사고로부터 사람의 생명·신체 및 재산의 안전을 확보하기 위하여 하는 모든 활동
5) 안전기준 : 각종 시설 및 물질 등의 제작, 유지관리 과정에서 안전을 확보할 수 있도록 적용하여야 할 기술적 기준을 체계화한 것을 말하며, 안전기준의 분야, 범위 등에 관하여는 대통령령으로 정함

6) 재난관리책임기관

(1) 중앙행정기관 및 지방자치단체

(2) 지방행정기관·공공기관·공공단체(공공기관 및 공공단체의 지부 등 지방조직을 포함한다) 및 재난관리의 대상이 되는 중요시설의 관리기관 등으로서 대통령령으로 정하는 기관

7) 재난관리주관기관 : 재난이나 그 밖의 각종 사고에 대하여 그 유형별로 예방·대비·대응 및 복구 등의 업무를 주관하여 수행하도록 대통령령으로 정하는 관계 중앙행정기관

8) 긴급구조 : 재난이 발생할 우려가 현저하거나 재난이 발생하였을 때에 국민의 생명·신체 및 재산을 보호하기 위하여 긴급구조기관과 긴급구조지원기관이 하는 인명구조, 응급처치, 그 밖에 필요한 모든 긴급한 조치

9) 긴급구조기관 : 소방청·소방본부 및 소방서를 말한다. 다만 해양에서 발생한 재난의 경우에는 해양경찰청·지방해양경찰청 및 해양경찰서

3. 국가안전관리기본계획의 수립 등

1) 국무총리는 대통령령으로 정하는 바에 따라 5년마다 국가의 재난 및 안전관리업무에 관한 기본계획(이하 "국가안전관리기본계획"이라 한다)의 수립지침을 작성하여 관계 중앙행정기관의 장에게 통보하여야 한다.

2) 수립지침에는 부처별로 중점적으로 추진할 안전관리기본계획의 수립에 관한 사항과 국가재난관리체계의 기본방향이 포함되어야 한다.

3) 관계 중앙행정기관의 장은 제1항에 따른 수립지침에 따라 5년마다 그 소관에 속하는 재난 및 안전관리업무에 관한 기본계획을 작성한 후 국무총리에게 제출하여야 한다.

4) 국무총리는 제3항에 따라 관계 중앙행정기관의 장이 제출한 기본계획을 종합하여 국가안전관리기본계획을 작성하여 중앙위원회의 심의를 거쳐 확정한 후 이를 관계 중앙행정기관의 장에게 통보하여야 한다.

5) 중앙행정기관의 장은 제4항에 따라 확정된 국가안전관리기본계획 중 그 소관 사항을 관계 재난관리책임기관(중앙행정기관과 지방자치단체는 제외한다)의 장에게 통보하여야 한다.

6) 국가안전관리기본계획을 변경하는 경우에는 1)부터 5)까지를 준용한다.

7) 국가안전관리기본계획과 집행계획, 시·도안전관리계획 및 시·군·구안전관리계획은 「민방위기본법」에 따른 민방위계획 중 재난관리분야의 계획으로 본다.

8) 국가안전관리기본계획에는 다음 각 호의 사항이 포함되어야 한다.

(1) 재난에 관한 대책

(2) 생활안전, 교통안전, 산업안전, 시설안전, 범죄안전, 식품안전, 안전취약계층 안전 및 그 밖에 이에 준하는 안전관리에 관한 대책

4. 집행계획

1) 관계 중앙행정기관의 장은 통보받은 국가안전관리기본계획에 따라 매년 그 소관 업무에 관한 집행계획을 작성하여 조정위원회의 심의를 거쳐 국무총리의 승인을 받아 확정한다.

2) 관계 중앙행정기관의 장은 확정된 집행계획을 행정안전부장관, 시·도지사 및 재난관리책임기관의 장에게 각각 통보하여야 한다.

3) 재난관리책임기관의 장은 통보받은 집행계획에 따라 매년 세부집행계획을 작성하여 관할 시·도지사와 협의한 후 소속 중앙행정기관의 장의 승인을 받아 이를 확정하여야 한다. 이 경우 그 재난관리책임기관의 장이 공공기관이나 공공단체의 장인 경우에는 그 내용을 지부 등 지방조직에 통보하여야 한다.

5. 재난관리책임기관의 장의 재난예방조치

재난관리책임기관의 장은 소관 관리대상 업무의 분야에서 재난 발생을 사전에 방지하기 위하여 다음 각 호의 조치를 하여야 한다.

1) 재난에 대응할 조직의 구성 및 정비
2) 재난의 예측 및 예측정보 등의 제공·이용에 관한 체계의 구축
3) 재난 발생에 대비한 교육·훈련과 재난관리예방에 관한 홍보
4) 재난이 발생할 위험이 높은 분야에 대한 안전관리체계의 구축 및 안전관리규정의 제정
5) 국가핵심기반의 관리
6) 특정관리대상지역에 관한 조치
7) 재난방지시설의 점검·관리
8) 재난관리자원의 관리
9) 그 밖에 재난을 예방하기 위하여 필요하다고 인정되는 사항

6. 국가재난관리기준의 제정·운용 등

행정안전부장관은 재난관리를 효율적으로 수행하기 위하여 다음 각 호의 사항이 포함된 국가재난관리기준을 제정하여 운용하여야 한다.

1) 재난분야 용어정의 및 표준체계 정립
2) 국가재난 대응체계에 대한 원칙
3) 재난경감·상황관리·유지관리 등에 관한 일반적 기준
4) 재난에 관한 예보·경보의 발령 기준
5) 재난상황의 전파
6) 재난 발생 시 효과적인 지휘·통제 체제 마련

7) 재난관리를 효과적으로 수행하기 위한 관계 기관 간 상호협력 방안

8) 재난관리체계에 대한 평가 기준이나 방법

9) 그 밖에 재난관리를 효율적으로 수행하기 위하여 행정안전부장관이 필요하다고 인정하는 사항

7. 재난분야 위기관리 매뉴얼 작성·운용

재난관리책임기관의 장은 재난을 효율적으로 관리하기 위하여 재난유형에 따라 다음 각 호의 위기관리 매뉴얼을 작성·운용하고, 이를 준수하도록 노력하여야 한다. 이 경우 재난대응활동계획과 위기관리 매뉴얼이 서로 연계되도록 하여야 한다.

1) 위기관리 표준매뉴얼 : 국가적 차원에서 관리가 필요한 재난에 대하여 재난관리 체계와 관계 기관의 임무와 역할을 규정한 문서로 위기대응 실무매뉴얼의 작성 기준이 되며, 재난관리주관기관의 장이 작성한다. 다만 다수의 재난관리주관기관이 관련되는 재난에 대해서는 관계 재난관리주관기관의 장과 협의하여 행정안전부장관이 위기관리 표준매뉴얼을 작성할 수 있다.

2) 위기대응 실무매뉴얼 : 위기관리 표준매뉴얼에서 규정하는 기능과 역할에 따라 실제 재난대응에 필요한 조치사항 및 절차를 규정한 문서로 재난관리주관기관의 장과 관계 기관의 장이 작성한다. 이 경우 재난관리주관기관의 장은 위기대응 실무매뉴얼과 제1호에 따른 위기관리 표준매뉴얼을 통합하여 작성할 수 있다.

3) 현장조치 행동매뉴얼 : 재난현장에서 임무를 직접 수행하는 기관의 행동조치 절차를 구체적으로 수록한 문서로 위기대응 실무매뉴얼을 작성한 기관의 장이 지정한 기관의 장이 작성하되, 시장·군수·구청장은 재난유형별 현장조치 행동매뉴얼을 통합하여 작성할 수 있다. 다만 현장조치 행동매뉴얼 작성 기관의 장이 다른 법령에 따라 작성한 계획·매뉴얼 등에 재난유형별 현장조치 행동매뉴얼에 포함될 사항이 모두 포함되어 있는 경우 해당 재난유형에 대해서는 현장조치 행동매뉴얼이 작성된 것으로 본다.

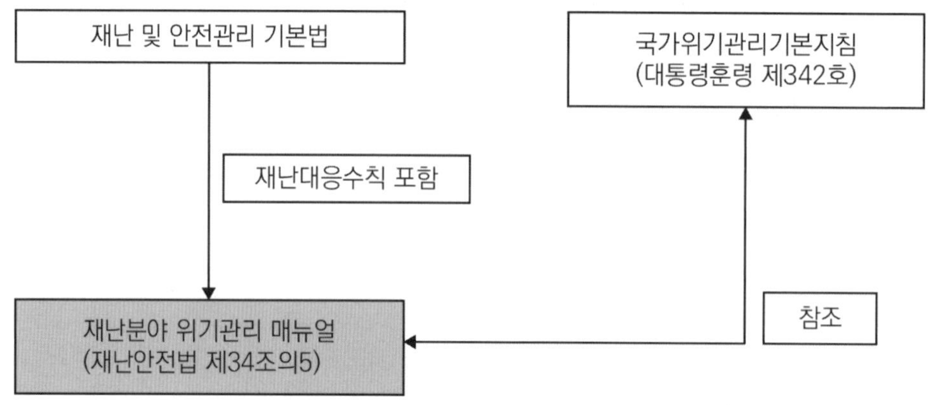

※ 출처 : 한국소방안전원

8. 재난의 대응

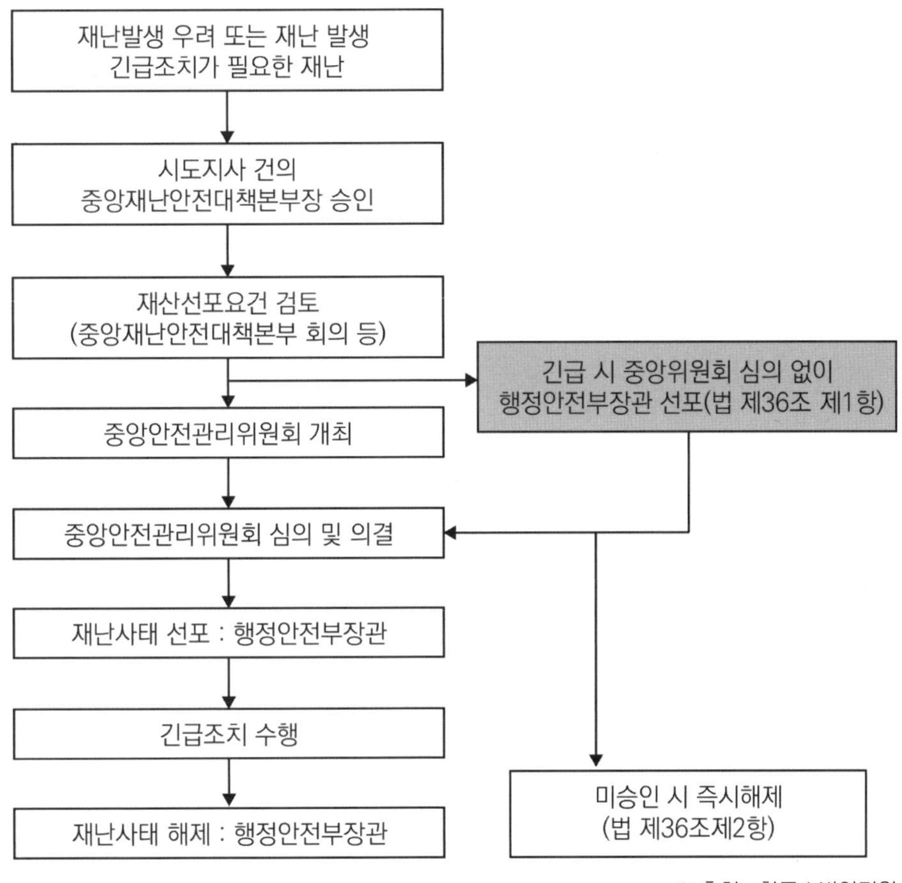

※ 출처 : 한국소방안전원

9. 재난사태 선포

1) 행정안전부장관은 대통령령으로 정하는 재난이 발생하거나 발생할 우려가 있는 경우 사람의 생명·신체 및 재산에 미치는 중대한 영향이나 피해를 줄이기 위하여 긴급한 조치가 필요하다고 인정하면 중앙위원회의 심의를 거쳐 재난사태를 선포할 수 있다. 다만 행정안전부장관은 재난상황이 긴급하여 중앙위원회의 심의를 거칠 시간적 여유가 없다고 인정하는 경우에는 중앙위원회의 심의를 거치지 아니하고 재난사태를 선포할 수 있다.

2) 행정안전부장관은 제1항 단서에 따라 재난사태를 선포한 경우에는 지체 없이 중앙위원회의 승인을 받아야 하고, 승인을 받지 못하면 선포된 재난사태를 즉시 해제하여야 한다.

3) 제1항에도 불구하고 시·도지사는 관할 구역에서 재난이 발생하거나 발생할 우려가 있는 등 대통령령으로 정하는 경우 사람의 생명·신체 및 재산에 미치는 중대한 영향이나 피해를 줄이기 위하여 긴급한 조치가 필요하다고 인정하면 시·도위원회의 심의를 거쳐 재난사태를 선포할 수 있다. 이 경우 시·도지사는 지체 없이 그 사실을 행정안전부장관에게 통보하여야 한다.

4) 제3항에 따른 재난사태 선포에 대한 시·도위원회 심의의 생략 및 승인 등에 관하여는 제1항 단서 및 제2항을 준용한다. 이 경우 "행정안전부장관"은 "시·도지사"로, "중앙위원회"는 "시·도위원회"로 본다.

5) 행정안전부장관 및 지방자치단체의 장은 제1항 또는 제3항에 따라 재난사태가 선포된 지역에 대하여 다음 각 호의 조치를 할 수 있다.
   1. 재난경보의 발령, 재난관리자원의 동원, 위험구역 설정, 대피명령, 응급지원 등 이 법에 따른 응급조치
   2. 해당 지역에 소재하는 행정기관 소속 공무원의 비상소집
   3. 해당 지역에 대한 여행 등 이동 자제 권고
   4. 「유아교육법」 제31조, 「초·중등교육법」 제64조 및 「고등교육법」 제61조에 따른 휴업명령 및 휴원·휴교 처분의 요청
   5. 그 밖에 재난예방에 필요한 조치

6) 행정안전부장관 또는 시·도지사는 재난으로 인한 위험이 해소되었다고 인정하는 경우 또는 재난이 추가적으로 발생할 우려가 없어진 경우에는 선포된 재난사태를 즉시 해제하여야 한다.

10. 위기경보의 발령

1) 재난관리주관기관의 장은 대통령령으로 정하는 재난에 대한 징후를 식별하거나 재난발생이 예상되는 경우에는 그 위험 수준, 발생 가능성 등을 판단하여 그에 부합되는 조치를 할 수 있도록 위기경보를 발령할 수 있다. 다만 제34조의5 제1항 제1호 단서의 상황인 경우에는 행정안전부장관이 위기경보를 발령할 수 있다.

2) 1)에 따른 위기경보는 재난 피해의 전개 속도, 확대 가능성 등 재난상황의 심각성을 종합적으로 고려하여 관심·주의·경계·심각으로 구분할 수 있다. 다만 다른 법령에서 재난 위기경보의 발령 기준을 따로 정하고 있는 경우에는 그 기준을 따른다.

3) 재난관리주관기관의 장은 심각 경보를 발령 또는 해제할 경우에는 행정안전부장관과 사전에 협의하여야 한다. 다만 긴급한 경우에 재난관리주관기관의 장은 우선 조치한 후 지체 없이 행정안전부장관과 협의하여야 한다.

4) 재난관리책임기관의 장은 제1항에 따른 위기경보가 신속하게 발령될 수 있도록 재난과 관련한 위험정보를 얻으면 즉시 행정안전부장관, 재난관리주관기관의 장, 시·도지사 및 시장·군수·구청장에게 통보하여야 한다.

11. 재난유형별 대응체계

단계	내용	비고
관심(Blue)	징후가 있으나, 그 활동이 낮으며 가까운 기간 내에 국가 위기로 발전할 가능성이 비교적 낮은 상태	징후활동 감시
주의(Yellow)	징후활동이 비교적 활발하고 국가위기로 발전할 수 있는 일정 수준의 경향성이 나타나는 상태	대비계획 점검
경계(Orange)	징후활동이 매우 활발하고 전개속도, 경향성 등이 현저한 수준으로서 국가위기로의 발전 가능성이 농후한 상태	즉각대응 태세 돌입
심각(Red)	징후활동이 매우 활발하고 전개속도, 경향성 등이 심각한 수준으로서 확실시되는 상태	대규모 인원 피난

12. 특별재난지역의 선포

1) 중앙대책본부장은 대통령령으로 정하는 규모의 재난이 발생하여 국가의 안녕 및 사회질서의 유지에 중대한 영향을 미치거나 피해를 효과적으로 수습하기 위하여 특별한 조치가 필요하다고 인정하거나 지역대책본부장의 요청이 타당하다고 인정하는 경우에는 중앙위원회의 심의를 거쳐 해당 지역을 특별재난지역으로 선포할 것을 대통령에게 건의할 수 있다.
2) 대통령령으로 재난의 규모를 정할 때에는 다음 각 호의 사항을 고려하여야 한다.
   (1) 인명 또는 재산의 피해 정도
   (2) 재난지역 관할 지방자치단체의 재정 능력
   (3) 재난으로 피해를 입은 구역의 범위
3) 특별재난지역의 선포를 건의받은 대통령은 해당 지역을 특별재난지역으로 선포할 수 있다.
4) 지역대책본부장은 관할지역에서 발생한 재난으로 인하여 제1항에 따른 사유가 발생한 경우에는 중앙대책본부장에게 특별재난지역의 선포 건의를 요청할 수 있다.

위험물안전관리법

1. 위험물

인화성 또는 발화성 등의 성질을 가지는 것으로서 대통령령이 정하는 물품

2. 위험물의 분류

구분	성질
제1류 위험물	산화성 고체(강산화성 물질)
제2류 위험물	가연성 고체(환원성 물질)
제3류 위험물	자연발화성·금수성 물질
제4류 위험물	인화성 액체
제5류 위험물	자기반응성 물질
제6류 위험물	산화성 액체

3. 고체 위험물

구분	정의
산화성 고체	산화력의 잠재적인 위험성 또는 충격에 대한 민감성을 판단하기 위하여 소방청장이 정하여 고시하는 시험에서 고시로 정하는 성질과 상태
가연성 고체	화염에 의한 발화의 위험성 또는 인화의 위험성을 판단하기 위하여 고시로 정하는 시험에서 고시로 정하는 성질과 상태
인화성 고체	고형 알코올 그 밖에 1기압에서 인화점이 40℃ 미만인 고체

4. 위험물 지정수량

1) 제1류 위험물(산화성 고체)

위험물	지정수량	위험물	지정수량
아염소산 염류	50 kg	브로민산 염류	300 kg
염소산 염류		질산 염류	
과염소산 염류		아이오드산 염류	
무기과산화물		과망간(과망가니즈)산 염류	1000 kg
-	-	다이크로뮴산염류	

2) 제2류 위험물(가연성 고체)

(1) 지정수량

위험물	지정수량	위험물	지정수량
황화인	100 kg	마그네슘	500 kg
적린		철분	
유황(황)		금속분	
-	-	인화성 고체	1000 kg

(2) 저장 · 취급 공통기준

① 산화제와의 접촉 · 혼합이나 불티 · 불꽃 · 고온체와의 접근 또는 과열 금지

② 철분 · 금속분 · 마그네슘 및 이를 함유한 것에 있어서 물이나 산과의 접촉 금지

③ 인화성 고체에 있어서는 함부로 증기 발생 금지

3) 제3류 위험물(자연발화성 · 금수성 물질)

(1) 지정수량

위험물	지정수량	위험물	지정수량
칼륨	10 kg	알칼리금속 및 알칼리토금속	50 kg
나트륨		유기금속화합물	
알킬알루미늄		금속의 수소화물	300 kg
알킬리튬		금속의 인화물	
황린	20 kg	칼슘 · 알루미늄의 탄화물	

(2) 금수성 물질

① 물과 접촉하여 발화, 가연성 가스 발생

② 소화 : 마른 모래, 팽창질석, 팽창진주암에 의한 질식소화

4) 제4류 위험물(인화성 액체)

위험물		지정수량	위험물		지정수량
특수인화물		50 ℓ	제3석유류	비수용성	2000 ℓ
제1석유류	비수용성	200 ℓ		수용성	4000 ℓ
	수용성	400 ℓ	제4석유류		6000 ℓ
알코올류		400 ℓ	동 · 식물 유류		10000 ℓ
제2석유류	비수용성	1000 ℓ			
	수용성	2000 ℓ			

5) 제5류 위험물(자기반응성 물질)

위험물	위험물	지정수량
유기과산화물	니트로(나이트로)화합물	제1종 : 10 kg 제2종 : 100 kg
질산에스터류	니트로(나이트로)소화합물	
히드록실(하이드록실)아민	아조화합물	
히드록실(하이드록실)아민염류	다이아조화합물	
-	하이드라진유도체	

※ 자기반응성물질의 위험성 유무와 등급에 따라 제1종 또는 제2종으로 분류한다.

6) 제6류 위험물(산화성 액체)

위험물	지정수량
과염소산, 과산화수소, 질산	300 kg

5. 위험물의 저장 및 취급

1) 위험물의 저장·취급

(1) 지정수량 미만인 위험물의 저장·취급에 관한 기술상의 기준 : 시·도의 조례

(2) 지정수량 이상의 위험물을 저장소가 아닌 장소에서 저장하거나 제조소등이 아닌 장소에서 취급해서는 안 된다.

(3) 임시 저장·취급 장소의 위치·구조·설비의 기준 : 시·도의 조례

2) 위험물을 임시 저장·취급하는 경우

(1) 시·도 조례가 정하는 바에 따라 관할소방서장의 승인을 받아 지정수량 이상의 위험물을 90일 이내 기간 동안 임시 저장·취급

(2) 군부대가 지정수량 이상의 위험물을 군사목적으로 임시 저장·취급

6. 위험물 안전관리자

1) 개요

> 제조소등의 관계인은 위험물의 안전관리에 관한 직무를 수행하게 하기 위하여 제조소등마다 대통령령이 정하는 위험물의 취급에 관한 자격이 있는 자(이하 "위험물취급자격자"라 한다)를 위험물안전관리자(이하 "안전관리자"라 한다)로 선임하여야 한다. 다만 제조소등에서 저장·취급하는 위험물이 「화학물질관리법」에 따른 인체급성유해성물질, 인체만성유해성물질, 생태유해성물질에 해당하는 경우 등 대통령령이 정하는 경우에는 당해 제조소등을 설치한 자는 다른 법률에 의하여 안전관리업무를 하는 자로 선임된 자 가운데 대통령령이 정하는 자를 안전관리자로 선임할 수 있다. [시행일 : 2025.8.7.]

(1) 안전관리자 선임권자 : 관계인

(2) 안전관리자 해임 및 퇴직 시 재선임 : 해임 및 퇴직한 날부터 30일 이내 재선임

(3) 선임 신고기간 : 소방본부장, 소방서장에게 선임날부터 14일 이내 신고

(4) 대리자가 안전관리자의 직무대행 기간 : 30일 이내

2) 위험물취급자의 자격

위험물취급자격자	취급할 수 있는 위험물
위험물기능장, 위험물산업기사, 위험물기능사	모든 위험물
안전관리자교육이수자	제4류 위험물
소방공무원 경력 3년 이상	제4류 위험물

7. 예방규정 및 정기 점검·검사

1) 관계인이 예방규정을 정해야 하는 제조소

(1) 지정수량 10배 이상의 위험물을 취급하는 제조소
(2) 지정수량 100배 이상의 위험물을 저장하는 옥외저장소
(3) 지정수량 150배 이상의 위험물을 저장하는 옥내저장소
(4) 지정수량 200배 이상의 위험물을 저장하는 옥외탱크저장소
(5) 암반탱크저장소
(6) 이송취급소
(7) 지정수량 10배 이상의 위험물을 취급하는 일반취급소, 다만 제4류 위험물(특수인화물 제외)만을 지정수량의 50배 이하로 취급하는 일반취급소(제1석유류. 알코올류의 취급량이 지정수량의 10배 이하인 경우에 한함)로서 다음 어느 하나에 해당하는 것은 제외

① 보일러·버너 또는 이와 비슷한 것으로서 위험물을 소비하는 장치로 이루어진 일반취급소
② 위험물을 용기에 옮겨 담거나 차량에 고정된 탱크에 주입하는 일반취급소

2) 정기 점검 대상 제조소

(1) 지정수량 10배 이상의 위험물을 취급하는 제조소
(2) 지정수량 100배 이상의 위험물을 저장하는 옥외저장소
(3) 지정수량 150배 이상의 위험물을 저장하는 옥내저장소
(4) 지정수량 200배 이상의 위험물을 저장하는 옥외탱크저장소
(5) 암반탱크저장소
(6) 이송취급소
(7) 지정수량 10배 이상의 위험물을 취급하는 일반취급소(제4류 위험물만 지정수량 50배 이하로 취급하는 일반취급소)
(8) 지하탱크저장소
(9) 이동탱크저장소
(10) 위험물 취급 탱크로서 지하에 매설된 탱크가 있는 제조소·주유취급소·일반취급소

3) 정기 검사 대상 제조소

액체위험물 저장·취급하는 500000 L 이상의 옥외탱크저장소

4) 특정·준특정 옥외탱크저장소 구조안전점검

(1) 완공검사합격확인증 발급받은 날부터 12년

(2) 최근 정밀정기검사 받은 날부터 11년

(3) 구조안전점검시기 연장신청을 하여 해당 안전조치가 적정한 것으로 인정받은 경우 최근 정밀정기검사 받은 날부터 13년

5) 특정·준특정 옥외탱크저장소 정기검사

(1) 정밀정기검사 : 기간 내 1회

① 특정·준특정옥외탱크저장소의 설치허가에 따른 완공검사합격확인증을 발급받은 날부터 12년

② 최근의 정밀정기검사를 받은 날부터 11년

(2) 중간정기검사 : 기간 내 1회

① 특정·준특정옥외탱크저장소의 설치허가에 따른 완공검사합격확인증을 발급받은 날부터 4년

② 최근의 정밀정기검사 또는 중간정기검사를 받은 날부터 4년

[제조소등의 정기점검 대상범위]

정기점검구분	점검대상	점검자의 자격	점검 기록 보존 연한	횟수
일반점검	정기점검대상	안전관리자 운송자(이동탱크저장소)	3년	연 1회 이상
구조안전점검	특정·준특정 옥외탱크저장소(저장 또는 취급하는 액체위험물의 최대수량이 50만 리터 이상인 것)	소방청장이 고시하는 점검방법에 관한 지식 및 기능이 있는 자	25년	아래 어느 하나에 해당하는 기간 이내 1회 이상

[구조안전점검 기간]

- 제조소등의 설치허가에 따른 완공검사합격확인증을 교부받은 날부터 12년
- 최근의 정밀정기검사를 받은 날부터 11년
- 특정·준특정옥외저장탱크에 안전조치를 한 후 공사에 구조안전점검시기 연장신청을 하여 해당 안전조치가 적정한 것으로 인정받은 경우에는 최근의 정밀정기검사를 받는 날부터 13년

PART 03

건축관계법령

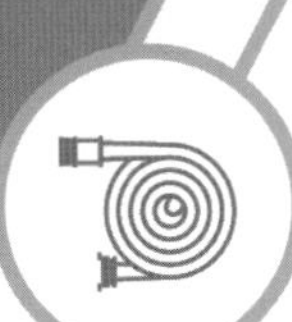

건축관계법령

1. 건축물의 방재계획

구분		내용
공간적 대응	대항성	방화구획, 방연구획, 내화재료 등을 사용하여 초기 소화에 대항성을 가짐
	회피성	불연화, 난연화 등의 내장재의 제한과 소방훈련 및 불조심 등 화재의 확대 가능성을 줄여 위험성을 낮추는 것
	도피성	화재 시 피난자가 위험에 빠지지 않도록 구조적으로 배려하는 것
설비적 대응		1) 공간적 대응(대항성) + 소방시설(스프링클러, 제연설비, 방화문, 방화셔터 등) 2) 도피성 + 유도등, 피난설비 등을 설치하여 보조

2. 건축법의 목적

건축물의 대지 · 구조 · 설비 기준 및 용도 등을 정하여 건축물의 안전 · 기능 · 환경 및 미관을 향상시킴으로써 공공복리의 증진에 이바지하는 것을 목적으로 한다.

3. 용어의 정의

1) 건축물

토지에 정착하는 공작물 중 지붕과 기둥 또는 벽이 있는 것과 이에 딸린 시설물, 지하나 고가의 공작물에 설치하는 사무소 · 공연장 · 점포 · 차고 · 창고, 그 밖에 대통령령으로 정하는 것

2) 건축설비

건축물에 설치하는 전기 · 전화 설비, 초고속 정보통신 설비, 지능형 홈네트워크 설비, 가스 · 급수 · 배수(配水) · 배수(排水) · 환기 · 난방 · 냉방 · 소화 · 배연 및 오물처리의 설비, 굴뚝, 승강기, 피뢰침, 국기 게양대, 공동시청 안테나, 유선방송 수신시설, 우편함, 저수조, 방범시설, 그 밖에 국토교통부령으로 정하는 설비

3) 지하층

건축물의 바닥이 지표면 아래에 있는 층으로서 바닥에서 지표면까지 평균높이가 해당 층 높이의 2분의 1 이상인 것

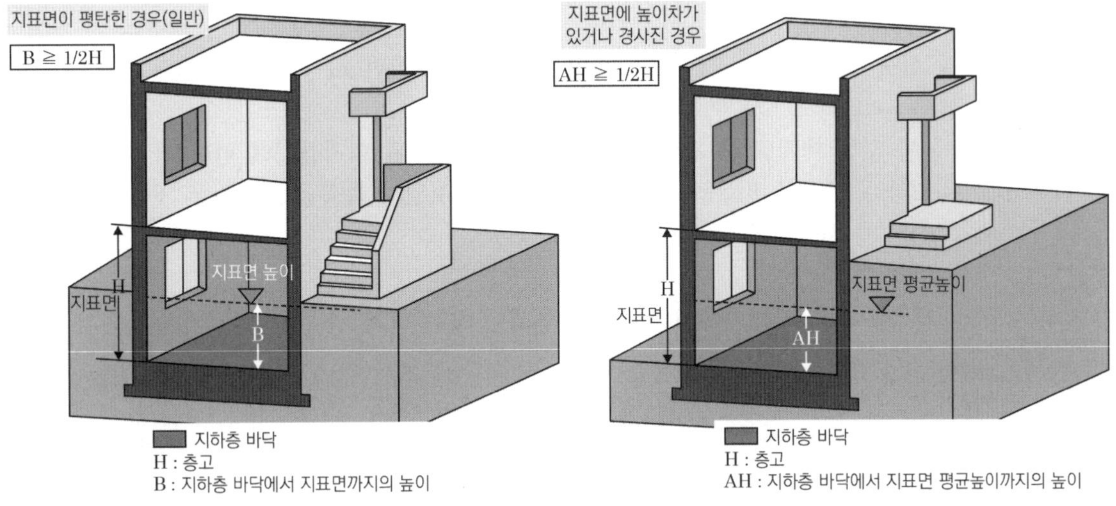

※ 출처 : 한국소방안전원

4) 거실

건축물 안에서 거주, 집무, 작업, 집회, 오락, 그 밖에 이와 유사한 목적을 위하여 사용되는 방

5) 주요구조부

내력벽, 기둥, 바닥, 보, 지붕틀 및 주계단을 말한다. 다만 건축물의 구조상 중요하지 않은 사이 기둥, 최하층 바닥, 작은 보, 차양, 옥외 계단, 그 밖에 이와 유사한 부분은 제외한다.

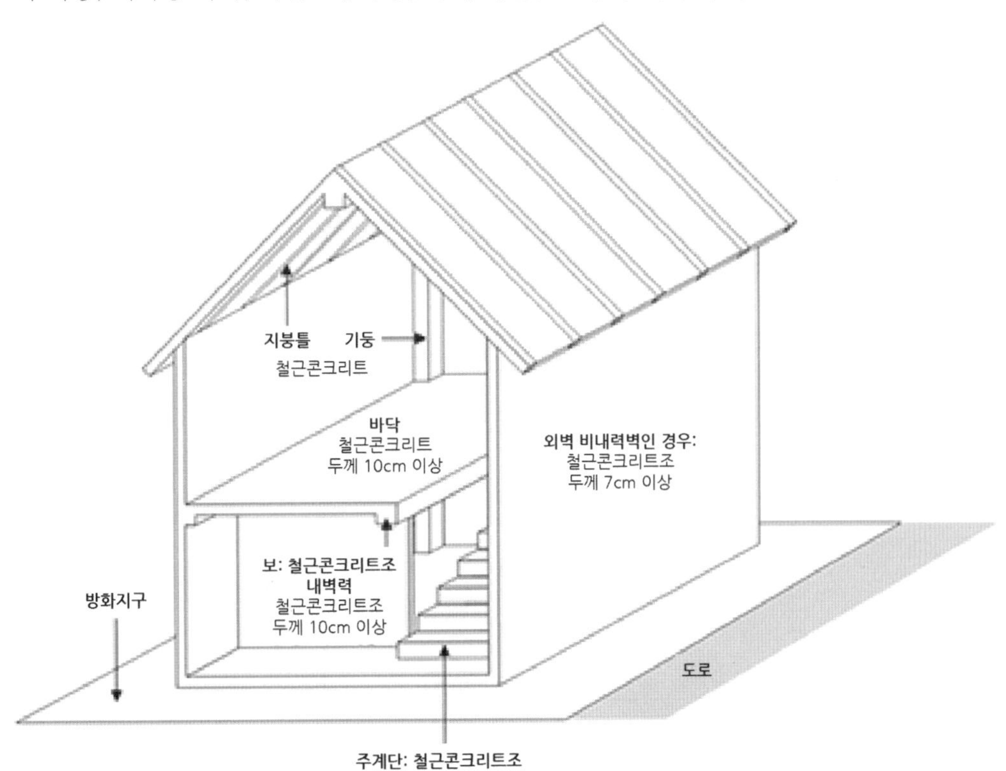

6) 건축

건축물을 신축·증축·개축·재축(再築)하거나 건축물을 이전하는 것을 말한다.

(1) 신축

건축물이 없는 대지(기존 건축물이 해체되거나 멸실된 대지를 포함한다)에 새로 건축물을 축조하는 것(부속건축물만 있는 대지에 새로 주된 건축물을 축조하는 것을 포함하되, 개축 또는 재축하는 것은 제외한다)

(2) 증축

기존 건축물이 있는 대지에서 건축물의 건축면적, 연면적, 층수 또는 높이를 늘리는 것

(3) 개축

기존 건축물의 전부 또는 일부(내력벽·기둥·보·지붕틀 중 셋 이상이 포함되는 경우를 말한다)를 해체하고 그 대지에 종전과 같은 규모의 범위에서 건축물을 다시 축조하는 것

(4) 재축

건축물이 천재지변이나 그 밖의 재해(災害)로 멸실된 경우 그 대지에 다음의 요건을 모두 갖추어 다시 축조하는 것

① 연면적 합계는 종전 규모 이하로 할 것

② 동수, 층수 및 높이는 다음의 어느 하나에 해당할 것

㉠ 동수, 층수 및 높이가 모두 종전 규모 이하일 것

㉡ 동수, 층수 또는 높이의 어느 하나가 종전 규모를 초과하는 경우에는 해당 동수, 층수 및 높이가 건축법령에 모두 적합할 것

(5) 이전

건축물의 주요구조부를 해체하지 아니하고 같은 대지의 다른 위치로 옮기는 것

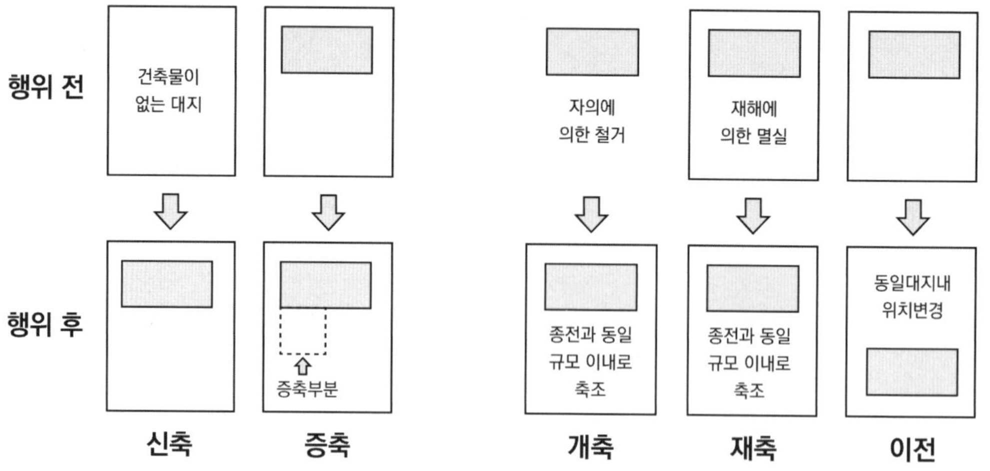

(6) 대수선

건축물의 기둥, 보, 내력벽, 주계단 등의 구조나 외부 형태를 수선·변경하거나 증설하는 것으로서 대통령령으로 정하는 다음 어느 하나에 해당하는 것으로서 증축·개축 또는 재축에 해당하지 아니하는 것을 말한다.

① 내력벽을 증설 또는 해체하거나 그 벽면적을 30 m^2 이상 수선 또는 변경하는 것
② 기둥을 증설 또는 해체하거나 세 개 이상 수선 또는 변경하는 것
③ 보를 증설 또는 해체하거나 세 개 이상 수선 또는 변경하는 것
④ 지붕틀(한옥의 경우에는 지붕틀의 범위에서 서까래는 제외한다)을 증설 또는 해체하거나 세 개 이상 수선 또는 변경하는 것
⑤ 방화벽 또는 방화구획을 위한 바닥 또는 벽을 증설 또는 해체하거나 수선 또는 변경하는 것
⑥ 주계단·피난계단 또는 특별피난계단을 증설 또는 해체하거나 수선 또는 변경하는 것
⑦ 다가구주택의 가구 간 경계벽 또는 다세대주택의 세대 간 경계벽을 증설 또는 해체하거나 수선 또는 변경하는 것
⑧ 건축물의 외벽에 사용하는 마감재료를 증설 또는 해체하거나 벽면적 30 m^2 이상 수선 또는 변경하는 것

(7) 리모델링

건축물의 노후화를 억제하거나 기능 향상 등을 위하여 대수선하거나 건축물의 일부를 증축 또는 개축하는 행위

(8) 도로

보행과 자동차 통행이 가능한 너비 4미터 이상의 도로(지형적으로 자동차 통행이 불가능한 경우와 막다른 도로의 경우에는 대통령령으로 정하는 구조와 너비의 도로)로서 다음 각 목의 어느 하나에 해당하는 도로나 그 예정도로를 말한다.

가. 「국토의 계획 및 이용에 관한 법률」, 「도로법」, 「사도법」, 그 밖의 관계 법령에 따라 신설 또는 변경에 관한 고시가 된 도로

나. 건축허가 또는 신고 시에 특별시장·광역시장·특별자치시장·도지사·특별자치도지사(이하 "시·도지사"라 한다) 또는 시장·군수·구청장(자치구의 구청장을 말한다. 이하 같다)이 위치를 지정하여 공고한 도로

다. 대지와 도로의 관계 : 건축물의 대지는 2 m 이상이 도로(자동차만의 통행에 사용되는 도로는 제외)에 접하여야 한다. 다만 다음의 어느 하나에 해당하면 그러하지 아니하다.
1) 해당 건축물의 출입에 지장이 없다고 인정되는 경우
2) 건축물의 주변에 대통령령으로 정하는 공지가 있는 경우
3) 농막을 건축하는 경우

막다른 도로의 길이	도로의 너비
10 m 미만	2 m
10 m 이상 35 m 미만	3 m
35 m 이상	6 m(도시지역이 아닌 읍·면지역은 4 m)

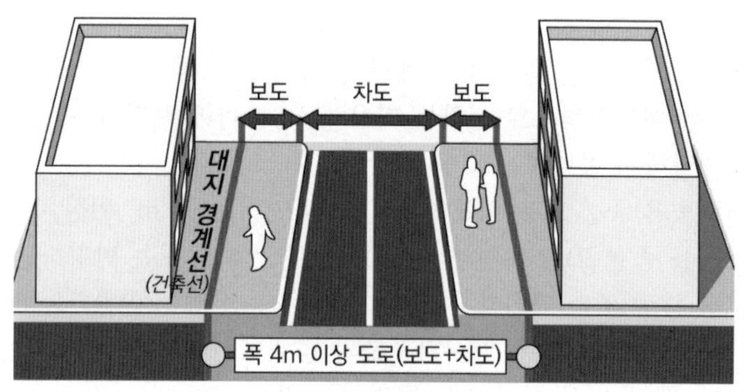

4. 방화에 관한 기준

1) 내화구조의 정의

화재에 견딜 수 있는 성능을 가진 구조를 말하며, 대체로 화재 후에도 재사용이 가능한 정도의 구조이다.

2) 내화구조 적용 대상

문화 및 집회시설, 의료시설, 공동주택 등으로 일정 용도와 면적 등에 해당되는 건축물의 주요구조부와 지붕을 내화구조로 하여야 한다. 다만 막구조 등의 구조는 주요구조부에만 내화구조로 할 수 있고, 연면적이 50 m^2 이하인 단층의 부속건축물로서 외벽 및 처마 밑면을 방화구조로 한 것과 무대의 바닥은 그렇지 않다.

3) 내화구조 기준

(1) 바닥기준

구조	두께
철근 콘크리트조 또는 철골철근 콘크리트조	10 cm 이상
철재로 보강된 콘크리트블록조, 벽돌조 또는 석조로서 철재에 덮은 콘크리트블록	5 cm 이상
철재의 양면을 철망모르타르 또는 콘크리트로 덮은 것	5 cm 이상

(2) 벽기준

구조	두께	외벽 중 비내력벽
철골 콘크리트조 또는 철골철근 콘크리트조	10 cm 이상	7 cm 이상
골구를 철골조로 하고, 그 양면에 철망모르타르	4 cm 이상	3 cm 이상
골구를 철골조로 하고, 그 양면에 콘크리트 블록, 벽돌 또는 석재	5 cm 이상	4 cm 이상
철재로 보강된 콘크리트블록조, 벽돌조 또는 석조	5 cm 이상	4 cm 이상
벽돌조	19 cm 이상	-
고온·고압의 증기로 양생된 경량기포 콘크리트패널 또는 경량기포 콘크리트 블록조	10 cm 이상	-
무근콘크리트조·콘크리트블록조·벽돌조 또는 석조	-	7cm 이상

4) 방화구조의 정의

방화구조는 화염의 확산을 막을 수 있는 성능을 가진 구조를 말하며, 연소확대를 방지할 수 있는 구조로서 [방화구조의 기준]에 정해진 기준에 적합한 것

5) 방화구조 적용 대상

연면적이 1000 m^2 이상인 목조의 건축물은 그 외벽 및 처마 밑의 연소할 우려가 있는 부분을 방화구조로 하되, 그 지붕은 불연재료로 하여야 한다.

6) 방화구조의 기준

구조	두께
철망모르타르	2 cm 이상
석고판 위에 시멘트모르타르를 바른 것	2.5 cm 이상
석고판 위에 회반죽을 바른 것	
심벽에 흙으로 맞벽치기를 한 것	모두 해당
산업표준화법에 의한 한국산업규격이 정하는 바에 의하여 시험한 결과 방화 2급 이상 해당	

5. 건축물의 마감재료

1) 불연재료

불에 타지 아니하는 성질을 가진 재료로서 다음 어느 하나에 해당하는 재료를 말한다.

(1) 콘크리트·석재·벽돌·기와·철강·알루미늄·유리·시멘트모르타르 및 회. 이 경우 시멘트모르타르 또는 회 등 미장재료를 사용하는 경우에는 「건설기술 진흥법」 제44조 제1항 제2호에 따라 제정된 건축공사표준시방서에서 정한 두께 이상인 것에 한한다.

(2) 한국산업표준에 따라 시험한 결과 질량감소율 등이 국토교통부장관이 정하여 고시하는 불연재료의 성능기준을 충족하는 것

(3) 그 밖에 (1)과 유사한 불연성의 재료로서 국토교통부장관이 인정하는 재료
다만 (1)의 재료와 불연성재료가 아닌 재료가 복합으로 구성된 경우를 제외한다.

2) 준불연재료

불연재료에 준하는 성질을 가진 재료로서 한국산업표준에 따라 시험한 결과 가스 유해성, 열방출량 등이 국토교통부장관이 정하여 고시하는 준불연재료의 성능기준을 충족하는 것을 말한다.

3) 난연재료

한국산업표준에 따라 시험한 결과 가스 유해성, 열방출량 등이 국토교통부장관이 정하여 고시하는 난연재료의 성능기준을 충족하는 것을 말한다.

6. 건축물 면적·높이·층수 등의 산정 및 제한

1) 건축물 면적의 산정

(1) 대지면적

대지의 수평투영면적으로 하되 다음에 해당하는 면적은 제외한다.

① 대지 안에 건축선이 정하여진 경우 그 건축선과 도로 사이의 대지면적

② 대지에 도시·군계획시설인 도로·공원등이 있는 경우 그 도시·군계획시설에 포함되는 대지면적

(2) 건축면적

건축물의 외벽(외벽이 없는 경우에는 외곽 부분의 기둥)의 중심선으로 둘러싸인 부분의 수평투영면적으로 한다.

> 건축면적 산정 제한
>
> 1) 지표면으로부터 1미터 이하에 있는 부분(창고 중 물품을 입출고하기 위하여 차량을 접안시키는 부분의 경우에는 지표면으로부터 1.5미터 이하에 있는 부분)
> 2) 기존의 다중이용업소(2004년 5월 29일 이전의 것만 해당한다)의 비상구에 연결하여 설치하는 폭 2미터 이하의 옥외 피난계단(기존 건축물에 옥외 피난계단을 설치함으로써 법 제55조에 따른 건폐율의 기준에 적합하지 아니하게 된 경우만 해당한다)
> 3) 건축물 지상층에 일반인이나 차량이 통행할 수 있도록 설치한 보행통로나 차량통로
> 4) 지하주차장의 경사로
> 5) 건축물 지하층의 출입구 상부(출입구 너비에 상당하는 규모의 부분을 말한다)
> 6) 생활폐기물 보관시설(음식물쓰레기, 의류 등의 수거시설을 말한다. 이하 같다)
> 7) 어린이집(2005년 1월 29일 이전에 설치된 것만 해당한다)의 비상구에 연결하여 설치하는 폭 2미터 이하의 영유아용 대피용 미끄럼대 또는 비상계단(기존 건축물에 영유아용 대피용 미끄럼대 또는 비상계단을 설치함으로써 법 제55조에 따른 건폐율 기준에 적합하지 아니하게 된 경우만 해당한다)
> 8) 장애인용 승강기, 장애인용 에스컬레이터, 휠체어리프트 또는 경사로
> 9) 가축사육시설(2015년 4월 27일 전에 건축되거나 설치된 가축사육시설로 한정한다)에서 설치하는 시설
> 10) 현지보존 및 이전보존을 위하여 매장유산 보호 및 전시에 전용되는 부분
> 11) 처리시설(법률 제12516호 가축분뇨의 관리 및 이용에 관한 법률 일부개정법률 부칙 제9조에 해당하는 배출시설의 처리시설로 한정한다)
> 12) 직통계단 1개소를 갈음하여 건축물의 외부에 설치하는 비상계단(같은 조에 따른 어린이집이 2011년 4월 6일 이전에 설치된 경우로서 기존 건축물에 비상계단을 설치함으로써 법 제55조에 따른 건폐율 기준에 적합하지 않게 된 경우만 해당한다)

(3) 바닥면적

건축물의 각 층 또는 그 일부로서 벽·기둥 기타 이와 유사한 구획의 중심선으로 둘러싸인 부분의 수평투영면적으로 한다.

> **바닥면적 산정에서 제외되는 주요 부분**
> 가. 주택의 발코니 등 건축물의 노대 : 가장 긴 외벽에 접한 노대의 길이에 1.5 m를 곱한 값
> 나. 필로티(벽면적의 2분의 1 이상이 해당 층의 바닥면에서 위층 바닥 아래면까지 공간으로 된 것에 한한다) : 공중이나 차량의 통행 및 주차에 이용되는 필로티, 공동주택의 필로티
> 다. 승강기탑(옥상 출입용 승강장 포함), 계단탑, 장식탑, 다락[층고가 1.5 m(경사진 형태의 지붕인 경우에는 1.8 m) 이하인 것], 건축물의 내부에 설치하는 냉방설비 배기장치 전용 설치공간, 건축물의 외부 또는 내부에 설치하는 굴뚝, 더스트슈트, 설비덕트, 그 밖에 이와 유사한 것, 옥상·옥외 또는 지하에 설치하는 물탱크, 기름탱크, 냉각탑, 정화조, 도시가스 정압기, 그 밖에 이와 비슷한 것을 설치하기 위한 구조물과 건축물 간에 화물의 이동에 이용되는 컨베이어벨트만을 설치하기 위한 구조물

(4) 연면적

하나의 건축물의 각 층의 바닥면적의 합계로 한다. 다만 용적률의 산정에 있어서는 지하층의 면적과 지상층의 주차용(해당 건축물의 부속용도인 경우만 해당)으로 사용되는 면적, 피난안전구역의 면적, 건축물의 경사지붕아래 설치하는 대피공간의 면적은 산입하지 않는다.

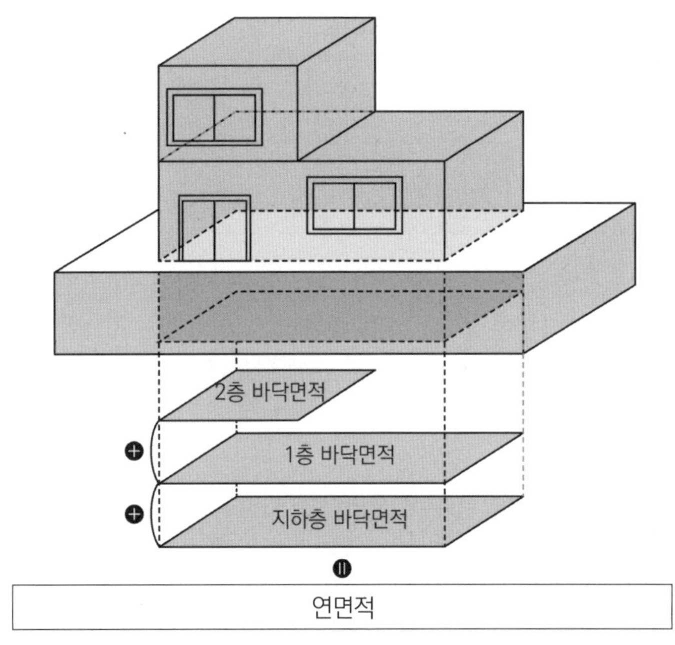

※ 출처 : 한국소방안전원

(5) 건폐율

대지면적에 대한 건축면적(대지에 건축물이 둘 이상 있는 경우에는 이들 건축면적의 합계로 한다)의 비율

(6) 용적률

대지면적에 대한 연면적(대지에 건축물이 둘 이상 있는 경우에는 이들 연면적의 합계로 한다)의 비율

2) 건축물 높이의 산정 및 제한

⑴ 원칙

건축물의 높이는 지표면으로부터 해당 건축물 상단까지의 높이로 한다.

⑵ 건축물의 높이 산정에서 제외되는 부분

① 옥상부분(건축물의 옥상에 설치되는 승강기탑 · 계단탑 · 망루 · 장식탑 · 옥탑 등)으로서 그 수평투영면적의 합계가 해당 건축물 건축면적의 1/8 이하(주택법에 따른 사업계획승인 대상 공동주택으로 세대별 전용면적이 85 m^2 이하인 경우 1/6 이하)인 경우로서 그 부분의 높이가 12 m를 넘는 경우에는 그 넘는 부분만 해당 건축물의 높이에 산입한다.

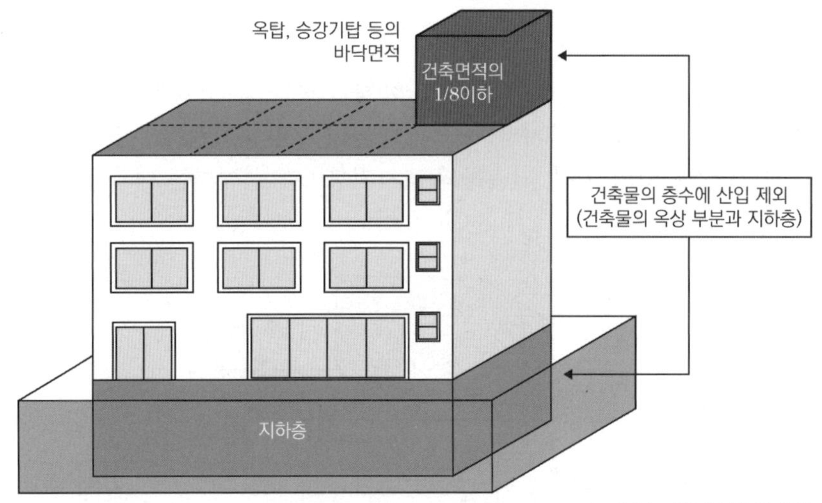

※ 출처 : 한국소방안전원

② 옥상돌출물(지붕마루장식 · 굴뚝 · 방화벽 · 기타 이와 유사한 옥상돌출부)과 난간벽(그 벽면적의 1/2 이상이 공간으로 된 것에 한함)은 해당 건축물 높이에 산입하지 않는다.

3) 건축물 층수의 산정 및 제한

⑴ 원칙

① 건축물의 지상층만을 층수에 산입하며 건축물의 부분에 따라 층수를 달리하는 경우에는 그 중에서 가장 많은 층수를 그 건축물의 층수로 본다.

② 층의 구분이 명확하지 아니한 건축물은 높이 4 m마다 하나의 층으로 산정한다.

⑵ 건축물 층수 산정에서 제외되는 부분

① 지하층

② 건축물의 옥상부분(건축물의 옥상에 설치되는 승강기탑 · 계단탑 · 망루 · 장식탑 · 옥탑 등)으로서 수평투영면적의 합계가 건축물의 건축면적의 1/8 이하(주택법에 따른 사업계획승인 대상 공동주택으로 세대별 전용면적이 85 m^2 이하인 경우 1/6 이하)인 것

4) 방화문

화재의 확대, 연소를 방지하기 위해 방화구획의 개구부에 설치하는 문을 말한다.

(1) 구조

언제나 닫힌 상태를 유지하거나 화재로 인한 연기의 발생 또는 온도의 상승에 따라 자동적으로 닫히는 구조

(2) 방화문의 성능

① 60분+ 방화문 : 연기 및 불꽃을 차단할 수 있는 시간이 60분 이상이고, 열을 차단할 수 있는 시간이 30분 이상인 방화문

② 60분 방화문 : 연기 및 불꽃을 차단할 수 있는 시간이 60분 이상인 방화문

③ 30분 방화문 : 연기 및 불꽃을 차단할 수 있는 시간이 30분 이상, 60분 미만인 방화문

5) 자동방화셔터

방화구획의 용도로, 내화구조로 된 벽을 설치하지 못하는 경우 화재 시 연기 및 열을 감지하여 자동 폐쇄되는 것

(1) 자동방화셔터의 설치기준 및 구조

① 피난이 가능한 60분+ 방화문 또는 60분 방화문으로부터 3 m 이내에 별도로 설치할 것

② 전동방식이나 수동방식으로 개폐할 수 있을 것

③ 불꽃감지기 또는 연기감지기 중 하나와 열감지기를 설치할 것

④ 불꽃이나 연기를 감지한 경우 일부 폐쇄되는 구조일 것

⑤ 열을 감지한 경우 완전 폐쇄되는 구조일 것

(2) 자동방화셔터 성능기준 및 구성

① 자동방화셔터는 상기 1)에 따른 구조를 가진 것이어야 하나, 수직방향으로 폐쇄되는 구조가 아닌 경우는 불꽃, 연기 및 열감지에 의해 완전폐쇄가 될 수 있는 구조여야 한다.

② 자동방화셔터의 상부는 상층 바닥에 직접 닿도록 하여야 하며, 그렇지 않은 경우 방화구획 처리를 하여 연기와 화염의 이동통로가 되지 않도록 하여야 한다.

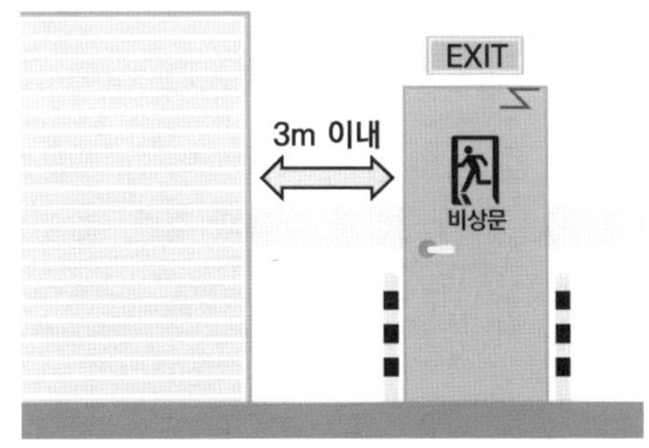

피난시설, 방화구획 및 방화시설의 관리

1. 화재발생방지 : 발화 및 연소 방지를 위해 건축물 "내부와 외벽의 마감 재료"를 규제
2. 화재 확대 방지 : 건축물 내 어느 부분에서 발생한 화재가 인접 공간으로 확대되는 것을 "방화구획"을 통해 제한
3. 화재 시 건축물의 붕괴 방지 : 화재열에 의한 건축 구조부재의 강도 저하 및 붕괴의 위험을 건축물 주요구조부를 "내화구조"로 하여 구조적 안전성을 확보
4. 화재 시 안전한 피난 : 화재 및 재난 시 안전한 피난을 위해 "피난경로 및 대피공간"의 구조적 기준을 정함
   ※ 피난시설 : 피난과 관련된 것으로써 복도, 출입구(비상구), 계단(직통계단, 피난계단 등), 피난용승강기, 옥상광장, 피난안전구역 등
   ※ 방화구획 : 방화구획과 관련된 것으로써 내화구조의 벽·바닥, 60분+ 또는 60분 방화문, 자동방화셔터 등
   ※ 방화시설 : 방화와 관련된 것으로써 내화구조, 방화구조, 방화벽, 마감재료(불연재료, 준불연재료, 난연재료), 배연설비, 소방관 진입창 등

1. 피난시설

1) 계단(건축법)의 종류

계단 종류	설치장소
직통계단	피난층 외의 층에서 피난층, 지상층에 직통으로 통하는 계단
피난계단 및 특별피난계단	5층 이상 또는 지하 2층 이하인 층에 설치
특별피난계단	11층 이상 또는 지하 3층 이하인 층에 설치

(1) 직통계단 설치기준 : 피난층 외의 층에서 거실의 각 부분으로부터 가장 가까운 거리에 있는 1개소이 계단에 이르는 보행거리가 다음과 같은 값 이하가 되도록 설치할 것

구분	보행거리
일반기준	30 m 이하
건축물의 주요구조부 : 내화구조 또는 불연재료	• 50 m 이하 • 층수가 16층 이상인 공동주택의 경우 16층 이상의 층 : 40 m 이하

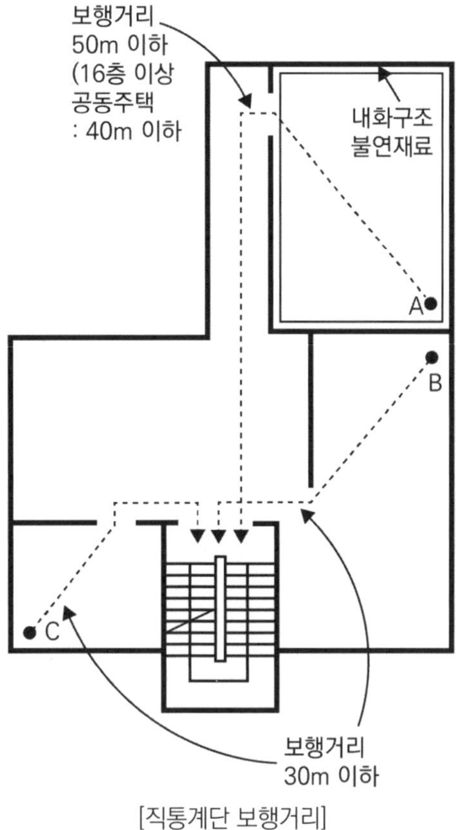

[직통계단 보행거리]

(2) 피난계단 : 건축물의 내부 다른 부분과 방화구획된 구조로 계단실로 화염 및 연기유입을 차단한 직통계단이며 옥내 → 계단실 → 피난층의 동선이다.

(3) 특별피난계단 : 건축물의 내부 다른 부분과 방화구획 및 계단실과 옥내 사이에 노대 또는 부속실을 설치한 직통계단으로 피난계단보다 높은 피난 안전성을 확보한 것이며 옥내 → 노대 또는 부속실 → 계단실 → 피난층의 동선이다.

2) 피난계단 및 특별피난계단의 설치대상 및 제외대상

(1) 5층 이상, 지하 2층 이하의 층에 설치하는 직통계단은 피난계단 또는 특별피난계단으로 설치한다. 다만 건축물의 주요구조부가 내화구조 또는 불연재료로 되어 있는 경우로서 다음 어느 하나에 해당하는 경우에는 그러하지 아니하다.

① 5층 이상인 층의 바닥면적의 합계가 200 m^2 이하인 경우

② 5층 이상인 층의 바닥면적 200 m^2 이내마다 방화구획이 되어 있는 경우

(2) 건축물(갓복도식 공동주택은 제외한다)의 11층(공동주택의 경우에는 16층) 이상인 층(바닥면적이 400 m^2 미만인 층은 제외한다) 또는 지하 3층 이하인 층(바닥면적이 400 m^2 미만인 층은 제외한다)으로부터 피난층 또는 지상으로 통하는 직통계단은 제1항에도 불구하고 특별피난계단으로 설치하여야 한다.

(3) 판매시설의 용도로 쓰는 층으로부터의 직통계단은 그 중 1개소 이상을 특별피난계단으로 설치하여야 한다.

(4) 건축물의 5층 이상인 층으로서 문화 및 집회시설 중 전시장 또는 동·식물원, 판매시설, 운수시설(여객용 시설만 해당한다), 운동시설, 위락시설, 관광휴게시설(다중이 이용하는 시설만 해당한다) 또는 수련시설 중 생활권 수련시설의 용도로 쓰는 층에는 직통계단 외에 그 층의 해당 용도로 쓰는 바닥면적의 합계가 2000 m^2를 넘는 경우에는 그 넘는 2000 m^2 이내마다 1개소의 피난계단 또는 특별피난계단(4층 이하의 층에는 쓰지 아니하는 피난계단 또는 특별피난계단만 해당한다)을 설치하여야 한다.

3) 피난계단의 구조

구분	피난계단의 구조
계단실 구획	계단실은 창문등을 제외한 당해 건축물의 다른 부분과 내화구조의 벽으로 구획할 것
내장재	불연재료
계단실 조명	예비전원에 의한 조명설비
옥내 개구부	망입유리(두꺼운 판유리에 철망을 넣은 유리) 붙박이창으로 1 m^2 이하
옥외 개구부	다른 외벽 개구부와 2 m 이상 이격
출입구	• 출입구 유효폭 0.9 m 이상 • 피난방향으로 열 수 있는 구조 • 언제나 닫힌 상태를 유지하거나 화재로 인한 연기, 온도, 불꽃 등을 가장 신속하게 감지하여 자동적으로 닫히는 구조로 된 60분+ 방화문을 설치할 것. 단 연기 또는 불꽃을 감지하여 자동적으로 닫히는 구조로 할 수 없는 경우에는 온도를 감지하여 자동적으로 닫히는 구조로 할 수 있다. • 60분+ 방화문 설치
계단구조	내화구조로 피난층 또는 지상까지 직접 연결

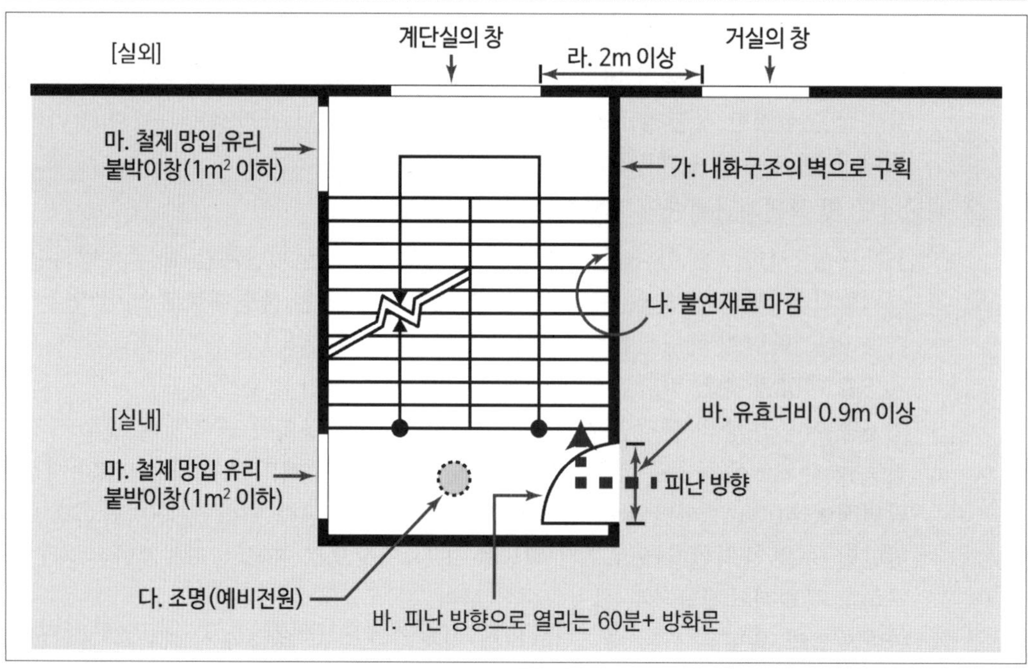

2. 특별 피난계단

1) 설치 대상

(1) 설치대상

① 지하 3층 이상

② 11층 이상의 층

③ 공동주택(아파트) : 16층 이상(단, 갓 복도식 제외)

(2) 설치 면제 : 바닥면적 400 m^2 미만인 층은 제외

(3) 특별피난계단의 구조

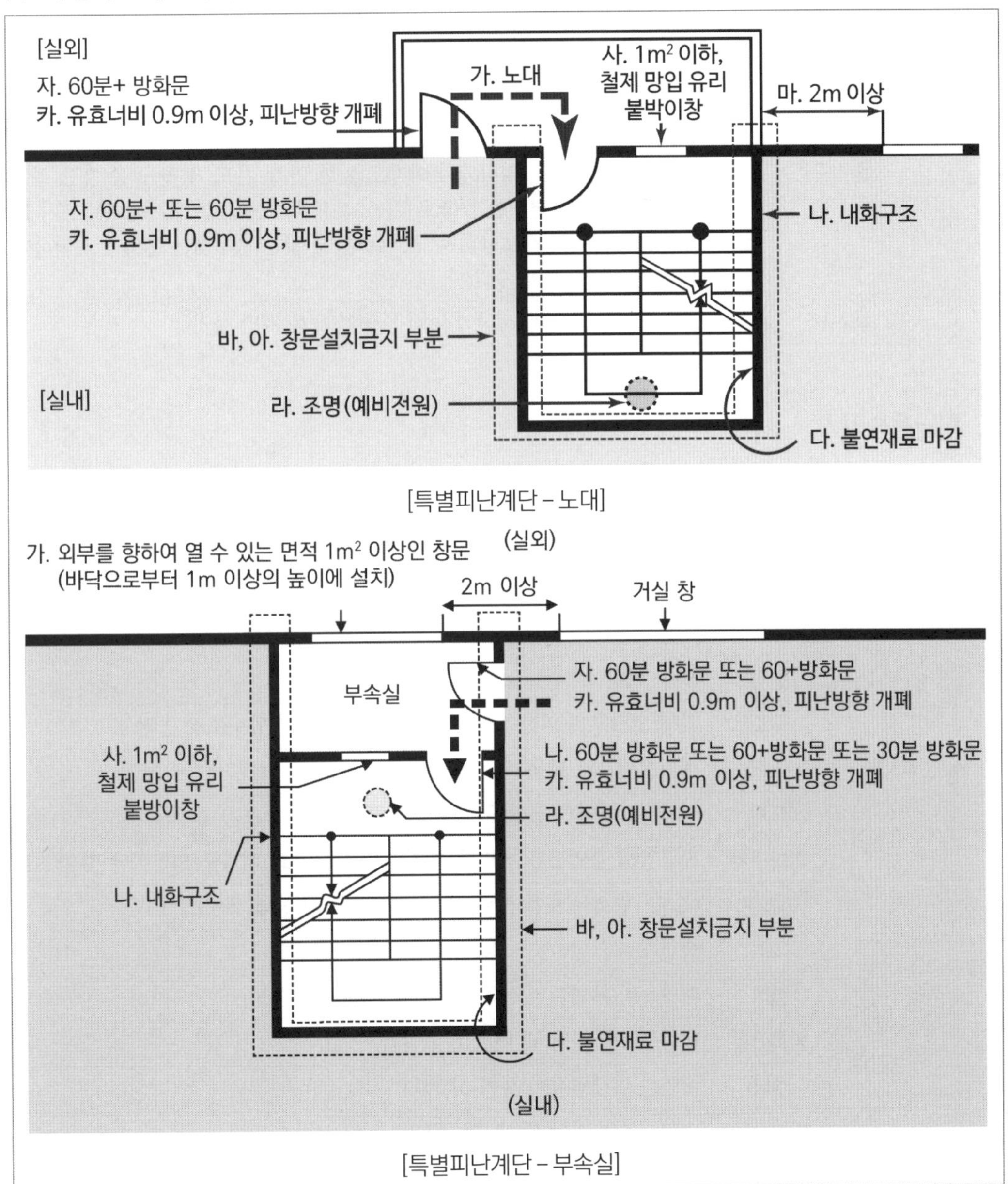

[특별피난계단 – 노대]

[특별피난계단 – 부속실]

2) 설치기준

구분	피난계단의 구조
계단실 구획	내화구조벽으로 구획
내장재	불연재료
계단실 조명	예비 전원에 의한 조명설비
옥내 개구부	• 계단실 옥내 개구부 : 개구부 설치 불가 • 계단실의 노대 또는 부속실 개구부 : 망입유리 붙박이창으로 1 m^2 이하 • 노대 및 부속실의 옥내 개구부 : 설치 불가
옥외 개구부	계단실, 노대, 부속실 : 다른 외벽 개구부와 2 m 이상 이격
출입구	• 출입구 유효폭 0.9 m 이상 • 옥내 출입구 : 60분+ 방화문 • 계단실 출입구 : 60분+ 방화문 또는 60분 방화문 설치 • 언제나 닫힌 상태를 유지하거나 화재로 인한 연기, 온도, 불꽃 등을 가장 신속하게 감지하여 자동적으로 닫히는 구조로 된 60분+ 방화문을 설치할 것. 단, 연기 또는 불꽃을 감지하여 자동적으로 닫히는 구조로 할 수 없는 경우에는 온도를 감지하여 자동적으로 닫히는 구조로 할 수 있다.
계단구조	내화구조로 피난층 또는 지상까지 직접 연결(돌음 계단 불가)

3. 피난용승강기

1) 설치 대상

고층 건축물에 설치하는 승용승강기 중 1대 이상은 피난용 승강기로 설치

2) 설치기준

구분		설치기준
승강장	면적	6 m^2 이상(1대당)
	구조	각 층으로부터 피난층까지 이르는 승강로를 단일구조로 연결
	조명	예비전원으로 작동
	표지	피난용승강기임을 알리는 표지 부착
	방화구획	승강장의 출입구를 제외한 부분은 다른 부분과 내화구조의 바닥 및 벽으로 구획
	출입문	60분+ 방화문 또는 60분 방화문(상시 닫힌 상태 유지)
	마감	불연재료
	설비	배연설비(제연설비 설치 시 제외)
승강로	방화구획	내화구조의 바닥 및 벽으로 구획
	설비	배연설비(제연설비 설치 시 제외)
기계실	방화구획	내화구조의 바닥 및 벽으로 구획
	출입문	60분+ 방화문 또는 60분 방화문

4. 옥상광장

옥상광장 또는 2층 이상인 층에 있는 노대등의 주위에는 높이 1.2 m 이상의 난간을 설치해야 한다. 다만 그 노대등에 출입할 수 없는 구조인 경우에는 그러하지 않는다.

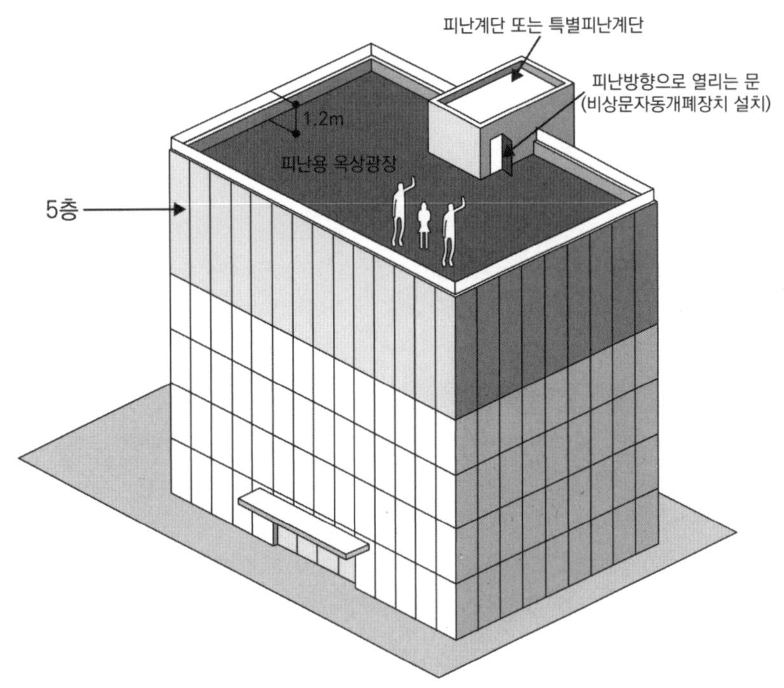

1) 옥상광장 설치대상

(1) 제2종 근린생활시설 중 공연장·종교집회장·인터넷컴퓨터게임시설제공업소(단 해당 용도로 쓰는 바닥면적의 합계가 각각 300 m^2 이상인 경우에만 해당)

(2) 문화 및 집회시설(전시장 및 동·식물원은 제외), 종교시설, 판매시설, 위락시설 중 주점영업 또는 장례시설

2) 비상문자동개폐장치의 설치

다음의 어느 하나에 해당하는 건축물은 옥상으로 통하는 출입문에 「소방시설 설치 및 관리에 관한 법률」에 따른 성능인증 및 제품검사를 받은 비상문자동개폐장치(화재 등 비상시에 소방시스템과 연동되어 잠김 상태가 자동으로 풀리는 장치를 말한다)를 설치해야 한다.

(1) 피난 용도로 쓸 수 있는 광장을 옥상에 설치해야 하는 건축물

(2) 피난 용도로 쓸 수 있는 광장을 옥상에 설치하는 다음 각 목의 건축물

① 다중이용 건축물

② 연면적 1000 m^2 이상인 공동주택

3) 계단과 연결

옥상광장을 설치해야 하는 건축물의 피난계단 또는 특별피난계단은 해당 건축물의 옥상으로 통하도록 설치해야 한다. 이 경우 옥상으로 통하는 출입문은 피난방향으로 열리는 구조로서 피난 시 이용에 장애가 없어야 한다.

4) 옥상공간 확보

층수가 11층 이상인 건축물로서 11층 이상인 층의 바닥면적의 합계가 1만 제곱미터 이상인 건축물의 옥상에는 다음 각 호의 구분에 따른 공간을 확보하여야 한다.

(1) 건축물의 지붕을 평지붕으로 하는 경우 : 헬리포트를 설치하거나 헬리콥터를 통하여 인명 등을 구조할 수 있는 공간

(2) 건축물의 지붕을 경사지붕으로 하는 경우 : 경사지붕 아래에 설치하는 대피공간

[옥상광장 등의 설치(11층 1만 m^2 이상 평지붕 건축물 : 헬리포트)]

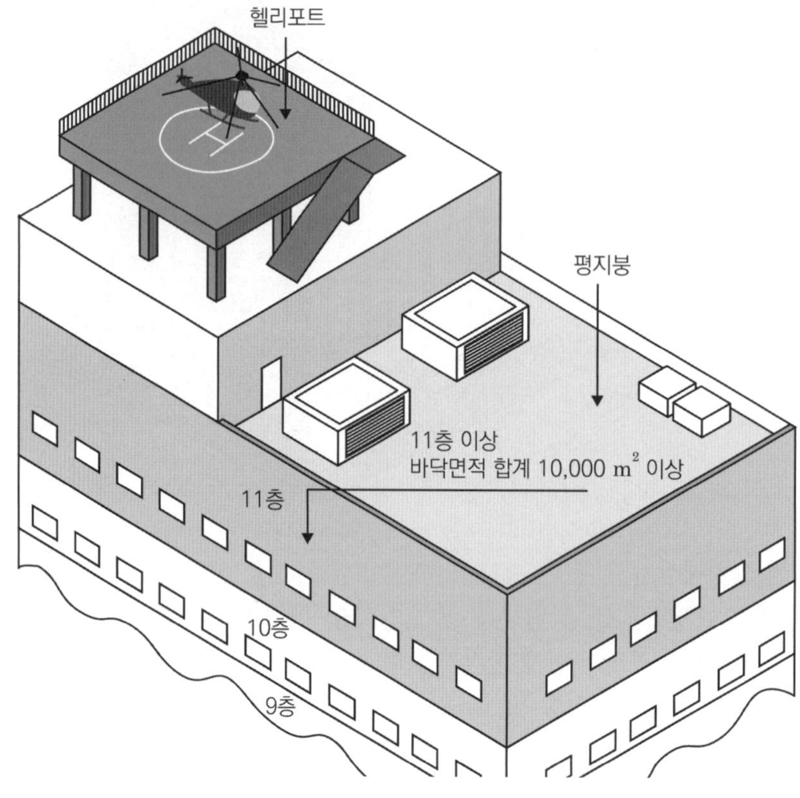

※ 출처 : 한국소방안전원

5) 대지 안의 피난 및 소화에 필요한 통로 설치

건축물의 대지 안에는 그 건축물 바깥쪽으로 통하는 주된 출구와 지상으로 통하는 피난계단 및 특별피난계단으로부터 도로 또는 공지(공원, 광장, 그 밖에 이와 비슷한 것으로서 피난 및 소화를 위하여 해당 대지의 출입에 지장이 없는 것을 말한다. 이하 이 조에서 같다)로 통하는 통로를 다음 각 호의 기준에 따라 설치하여야 한다.

(1) 통로의 너비는 다음 각 목의 구분에 따른 기준에 따라 확보할 것

① 단독주택 : 유효 너비 0.9 m 이상

② 바닥면적의 합계가 500 m^2 이상인 문화 및 집회시설, 종교시설, 의료시설, 위락시설 또는 장례시설 : 유효 너비 3 m 이상

③ 그 밖의 용도로 쓰는 건축물 : 유효 너비 1.5 m 이상

(2) 필로티 내 통로의 길이가 2 m 이상인 경우에는 피난 및 소화활동에 장애가 발생하지 아니하도록 자동차 진입억제용 말뚝 등 통로 보호시설을 설치하거나 통로에 단차(段差)를 둘 것

5. 소방관 진입창

1) 설치대상

2층 이상 11층 이하인 층(직접 지상으로 통하는 출입구가 있는 층은 제외)에 각각 1개소 이상 설치해야 한다. 이 경우 소방관이 진입할 수 있는 창의 가운데에서 벽면 끝까지의 수평거리가 40 m 이상인 경우에는 40 m 이내마다 소방관이 진입할 수 있는 창을 추가로 설치해야 한다.

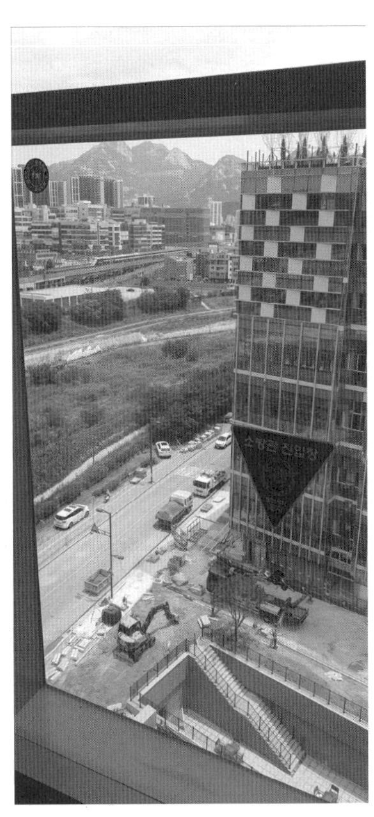

2) 설치기준

(1) 소방차 진입로 또는 소방차 진입이 가능한 공터에 면할 것

(2) 창문의 가운데에 지름 20센티미터 이상의 역삼각형을 야간에도 알아볼 수 있도록 빛 반사 등으로 붉은색으로 표시할 것

(3) 창문의 한쪽 모서리에 타격지점을 지름 3센티미터 이상의 원형으로 표시할 것

(4) 창문유리의 크기는 폭 90센티미터 이상, 높이 1미터 이상으로 하고, 실내 바닥면으로부터 창의 아랫부분까지의 높이는 80센티미터(난간이 설치된 노대등에 설치하는 경우 120 cm) 이내로 할 것

(5) 다음 각 목의 어느 하나에 해당하는 유리를 사용할 것

① 플로트판유리로서 그 두께가 6밀리미터 이하인 것

② 강화유리 또는 배강도 유리로서 그 두께가 5밀리미터 이하인 것

③ ①, ② 유리로 구성된 이중유리로서 그 두께가 24밀리미터 이하인 것

④ ①, ②에 해당하는 유리로 구성된 삼중유리(이 경우 각각의 유리에 비산 방지필름을 부착하는 경우에는 그 필름 두께를 50마이크로미터 이하로 해야 한다)

6. 건축 내장재료

구분	불연재료	준불연재료	난연재료
정의	화재 시 불에 녹거나 적열은 되더라도 연소현상을 일으키지 않고, 건축물의 방화 및 피난상 중요한 부분에 의무 사용	약간의 연기는 발생하나 유독가스는 방생하지 않는 건축재료	연소를 하는 유기물 재료를 약품처리하여 연소하기 어렵게 만든 건축재료
난연등급	난연 1급	난연 2급	난연 3급
종류	콘크리트, 모르타르 석재, 벽돌, 기와, 유리	석고보드, 미네랄텍스 목모시멘트판	난연합판, 난연플라스틱판

7. 방화구획

1) 방화구획

(1) 방화구획은 화재 발생 시 일정 공간 내로 화재를 국한시켜, 화재확산을 방지하는 구조로서 인접구역 재실자의 거주가능시간을 연장하는 데 도움을 줄 수 있다.

(2) 내화구조 바닥 · 벽 · 방화문 등으로 조합하여 화재에 일정시간 견디는 구조로 구성된다.

(3) 고층 건축물, 규모가 큰 일반 건축물이나 공장 등에서의 화재 발생 시 연기 및 화연의 확산 방지를 위한 구획

(4) 방화구획설치대상은 주요 구조부가 내화구조 또는 불연재료로 된 건축물로서 연면적이 1000 m^2를 넘는 것(건축법 시행령 제46조). 단, 주요 구조부가 내화구조 또는 불연재료가 아닌 건축물 중 연면적 1000 m^2 이상인 건축물은 방화벽으로 구획함

2) 방화구획의 기준

구획의 분류	구획단위
면적별	• 지상 10층 이하 : 바닥면적 1000 m^2 이내마다 구획 • 지상 11층 이상 : 바닥면적 200 m^2 이내마다 구획 • 지상 11층 이상 ⇨ 마감재가 불연재료 : 바닥면적 500 m^2 이내마다 구획 • 자동식 소화설비구역은 상기바닥면적 × 3배 이내마다 구획
층별	• 매 층마다 구획할 것(단, 지하 1층에서 지상으로 직접 연결하는 경사로 부위는 제외)
용도별	• 필로티나 그 밖에 이와 비슷한 구조(벽면적의 2분의 1 이상이 그 층의 바닥면에서 위층 바닥 아래면까지 공간으로 된 것만 해당한다)의 부분을 주차장으로 사용하는 경우 그 부분은 건축물의 다른 부분과 구획할 것 • 주요 구조부를 내화구조로 하여야 하는 대상 부분과 기타 부분 사이
수직관통부별	• 수직 관통 부분과 타 부분을 내화성능 벽이나 방화문으로 구획 • 계단실, 승강로, 린넨슈트, 에스컬레이터, 파이프 피트 등

※ 공동주택 중 아파트로서 4층 이상인 층에 대피공간을 설치하는 경우 그 대피공간과 실내의 다른 부분과 방화구획을 해야 함

3) 방화구획방법

(1) 방화구획으로 사용하는 60분+ 방화문 또는 60분 방화문은 언제나 닫힌 상태를 유지하거나 화재로 인한 연기 또는 불꽃을 감지하여 자동적으로 닫히는 구조로 할 것. 다만 연기 또는 불꽃을 감지하여 자동적으로 닫히는 구조로 할 수 없는 경우에는 온도를 감지하여 자동적으로 닫히는 구조로 할 수 있다.

(2) 외벽과 바닥 사이에 틈이 생긴 때나 급수관·배전관 그 밖의 관이 방화구획으로 되어 있는 부분을 관통하는 경우 그로 인하여 방화구획에 틈이 생긴 때에는 그 틈을 다음 각 목의 어느 하나에 해당하는 것으로 메울 것

① 한국산업표준에서 내화충전성능을 인정한 구조로 된 것

② 국토교통부장관이 정하여 고시하는 기준에 따라 내화충전성능을 인정한 구조로 된 것

(3) 환기·난방 또는 냉방시설의 풍도가 방화구획을 관통하는 경우에는 그 관통 부분 또는 이에 근접한 부분에 다음과 같이 적합한 댐퍼를 설치할 것

① 화재로 인한 연기 또는 불꽃을 감지하여 자동적으로 닫히는 구조로 할 것

② 비차열 성능 및 방연성능 등의 기준에 적합할 것

4) 방화구획 중점 확인사항

(1) 방화구획을 관통하는 배관, 덕트, 케이블트레이 등 틈새상태 확인

※ 배관, 덕트, 케이블트레이 등이 방화구획된 벽 등을 관통하여 틈이 생긴 경우 내화충진재로 메워져 있는지 확인

(2) 방화구획을 관통하는 덕트에 방화댐퍼 설치 여부 확인

※ 제연설비의 풍도 등이 내화구조의 벽, 계단, 부속실, 벽 등을 관통할 경우 방화댐퍼의 설치 여부 확인

(3) 필로티 구조 1층 거실의 계단실 부분과 복도의 구획 여부 확인

※ 건축물 내부에서 피난계단의 계단실, 특별피난계단의 노대 및 부속실로 통하는 출입구에 방화문의 설치 여부 확인

(4) 필로티 구조 1층 거실과 승강기의 승강로 부분의 구획 여부 확인

※ 승강로비부분을 포함한 승강기의 승강로 1층 부분이 건축물의 다른 부분과 방화구획으로 되어 있는지 여부 확인

5) 피난시설, 방화구획 및 방화시설의 관리

(1) 피난·방화시설등의 범위

① 피난시설 : 계단(직통계단·피난계단 등), 복도, 출입구(비상구 포함), 그 밖의 피난시설(옥상광장, 피난안전구역, 피난용 승강기 및 승강장 등)

② 피난계단의 종류 및 피난 시 이동경로

종류	피난 시 이동경로
옥내피난계단	옥내 → 계단실 → 피난층
옥외피난계단	옥내 → 옥외계단 → 지상층
특별피난계단	옥내 → 부속실 → 계단실 → 피난층

(2) 방화시설 : 방화구획(방화문, 자동방화셔터, 내화구조의 바닥·벽), 방화벽 및 내화성능을 갖춘 내부마감재 등

(3) 피난시설, 방화구획 및 방화시설 관련 금지 행위

① 관리자 : 관계인

② 다음 행위를 하여서는 안 된다.

㉠ 피난시설, 방화구획 및 방화시설을 폐쇄하거나 훼손하는 등의 행위

㉡ 피난시설, 방화구획 및 방화시설의 주위에 물건을 쌓아두거나 장애물을 설치하는 행위

㉢ 피난시설, 방화구획 및 방화시설의 용도에 장애를 주거나 「소방기본법」 제16조에 따른 소방활동에 지장을 주는 행위

㉣ 그 밖에 피난시설, 방화구획 및 방화시설을 변경하는 행위

> ※ 다음의 해당하는 소방시설을 고장 상태로 방치한 경우(과태료 200만 원)
> ① 소화펌프를 고장 상태로 방치한 경우
> ② 수신반 전원, 동력(감시)제어반 또는 소방시설용 비상전원을 차단하거나, 고장 난 상태로 방치하거나, 임의로 조작하여 자동으로 작동이 되지 않도록 한 경우
> ③ 소방시설이 작동하는 경우 소화배관을 통하여 소화수가 방수되지 않는 상태 또는 소화약제가 방출되지 않는 상태로 방치한 경우

③ 피난시설, 방화구획 및 방화시설의 유지·관리에 대한 조치명령권자 : 소방본부장 또는 소방서장

PART 04

소방학개론

MOAG

화재발생현황

1. 발화요인의 순서

1) 발화요인 순서

부주의(49.7 %) ⇨ 전기적 요인(23 %) ⇨ 기계적 요인(10.2 %) ⇨ 미상(9.3 %) ⇨ 방화

2) 부주의에 의한 발화 중 원인별 순서

담배꽁초(31 %) ⇨ 음식물 조리 중(17 %) ⇨ 쓰레기 소각(13 %) ⇨ 불씨, 불꽃, 화원방치(13 %) ⇨ 용접, 절단, 연마(5 %) ⇨ 가연물 근접 방치(5 %) ⇨ 기타(16 %)

2. 발화요인의 분류

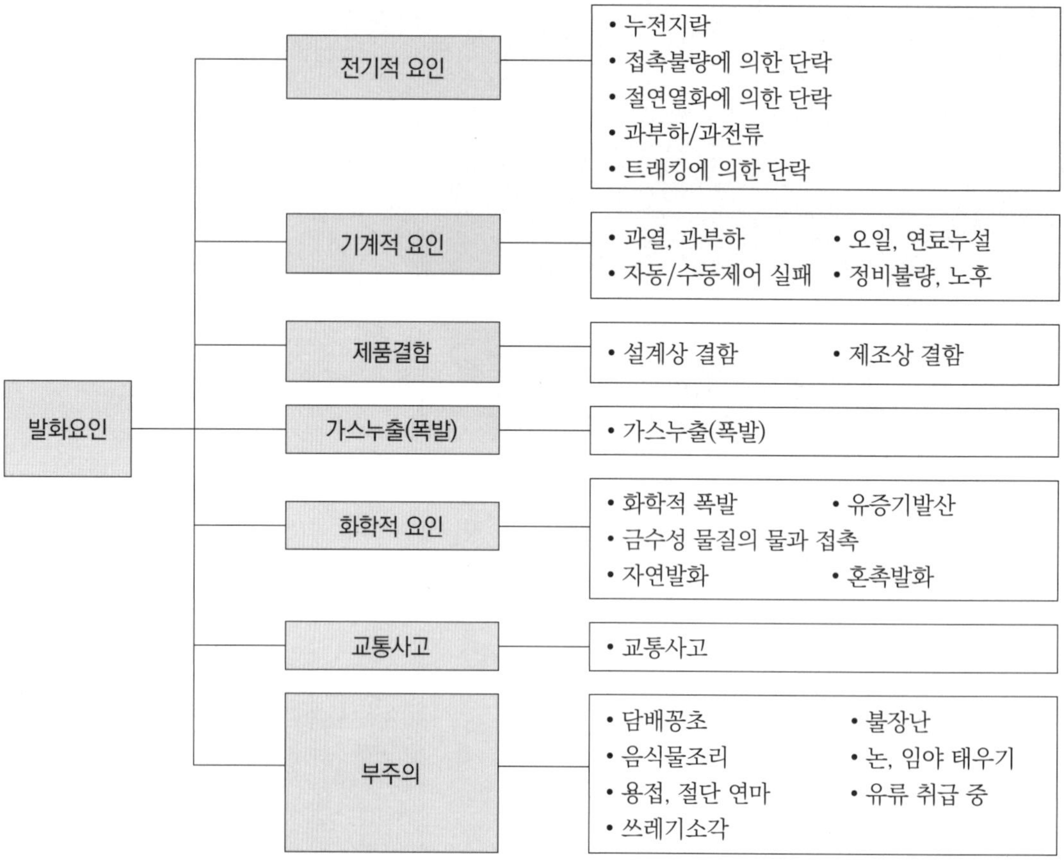

발화요인	분류	세부 내용
발화요인	전기적 요인	• 누전지락 • 접촉불량에 의한 단락 • 절연열화에 의한 단락 • 과부하/과전류 • 트래킹에 의한 단락
	기계적 요인	• 과열, 과부하 • 오일, 연료누설 • 자동/수동제어 실패 • 정비불량, 노후
	제품결함	• 설계상 결함 • 제조상 결함
	가스누출(폭발)	• 가스누출(폭발)
	화학적 요인	• 화학적 폭발 • 유증기발산 • 금수성 물질의 물과 접촉 • 자연발화 • 혼촉발화
	교통사고	• 교통사고
	부주의	• 담배꽁초 • 불장난 • 음식물조리 • 논, 임야 태우기 • 용접, 절단 연마 • 유류 취급 중 • 쓰레기소각

CHAPTER 02

연소이론

1. 연소의 정의

1) 가연물이 공기 중의 산소와 결합하여 빛과 열을 수반하는 산화반응이다.

2) 연소는 발열반응한다.

3) 화학반응이 진행되기 위한 최소한의 활성화에너지가 필요하다.

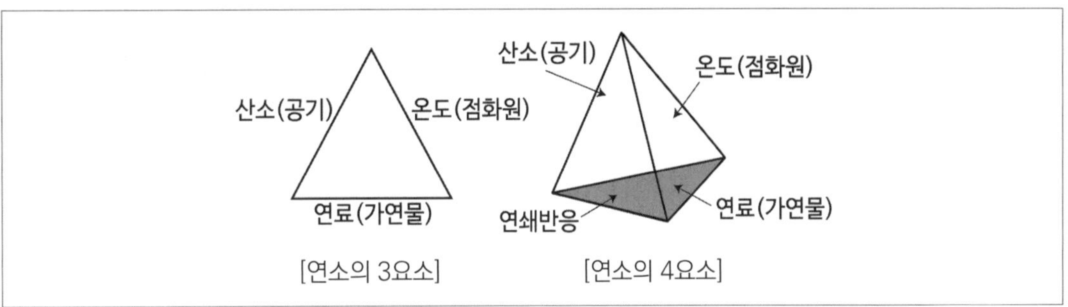

2. 가연물

1) 가연물의 정의

불에 탈 수 있는 물질, 즉 산화반응 시 발열반응을 할 수 있는 물질이다.

2) 가연물이 되기 쉬운 조건

(1) 활성화 에너지가 적어야 한다(작은 에너지로도 연소 가능).

(2) 발열량이 커야 한다.

(3) 열전도도가 작아야 한다(열 축적 용이).

(4) 산소와 친화력이 좋아야 한다.

(5) 산소와 접촉할 수 있는 표면적이 넓어야 한다(비표면적이 커야 한다).

(6) 건조도가 높아야 한다.

(7) 최소산소농도가 낮아야 한다.

3) 가연물의 위험성

작을수록 위험	클수록 위험
열전도도 활성화에너지 인화점 · 착화점 점성 · 비중 끓는점 · 녹는점	온도 · 압력 · 열량 연소속도 연소범위 화학적 활성도 건조도 · 연소열

4) 가연물이 될 수 없는 물질의 종류

구분	해당 물질	이유
산소와 결합하여 더 이상 산소와 반응하지 않는 물질	물(H_2O) 이산화탄소(CO_2) 산화알루미늄(Al_2O_3)	산소와 이미 결합되어 산화반응을 하지 않음 → 완전연소생성물 산소공급원
0족의 불활성 기체	헬륨(He), 네온(Ne) 아르곤(Ar), 크립톤(Kr) 크세논(Xe), 라돈(Rn)	최외곽 전자가 8개로 안정되어 더 이상 화학 반응을 하지 않음
흡열반응 물질	질소(N_2)	열을 흡수하여 주변을 냉각시켜서 화학 반응이 원활하지 않음

3. 산소공급원

1) 공기성분

(1) 산소 : 21 %
(2) 질소 : 78 %
(3) 아르곤 : 0.93 %
(4) 이산화탄소 : 0.04 %
(5) 기타 : 0.03 %

2) 산소함유물질(산화성 물질)

구분	특징
제1류 위험물(산화성 고체)	불연성이지만 자신이 산소를 함유하고 있어 분해 시 산소 방출
제5류 위험물(자기반응성 물질)	폭발성물질로 공기 중 산소와 관계없이 자기연소
제6류 위험물(산화성액체)	불연성이지만 분해 시 산소가 발생

3) 가연성과 조연성 가스

구분	가연성 가스	조연성 가스
정의	자기 자신이 연소하는 가스	자기 자신은 타지 않고 연소를 도와주는 가스
종류	일산화탄소(CO), 수소(H_2), 메탄(메테인, CH_4), 암모니아(NH_3), 부탄(부테인, C_4H_{10})	오존(O_3), 공기, 산소(O_2), 염소(Cl), 불소(F)

4. 점화원(Ignition Source)

1) 점화원의 정의

가연물이 연소를 시작할 때 필요한 에너지를 활성화에너지라 하고, 그 활성화에너지의 공급원을 점화원이라고 한다.

2) 점화원 형태에 의한 분류

구분	종류
전기적 점화원	유도열, 유전열, 저항열, 아크열, 정전기열, 낙뢰에 의한 열
기계적 점화원	단열 압축열, 충격, 마찰 스파크
화학적 점화원	용해열, 분해열, 연소열, 자연 발화열
열적 점화원	고온 표면, 적외선, 복사열 등

5. 연소의 분류

1) 연소의 상태적 분류

(1) 기체의 연소

구분	내용	종류
확산연소	가연성기체가 공기 중으로 확산되며, 공기와 혼합기체를 형성하여 연소	메탄(메테인), 에탄(에테인), 수소
예혼합 연소	가연물과 공기가 미리 혼합된 상태로 점화원에 의해 연소되거나 스스로 연소하는 것	가솔린 엔진, 버너

(2) 액체의 연소

구분	내용	종류
액적연소 (분무연소)	액체연료를 분사하면 안개상으로 분무화되어 공기 접촉 면적을 넓게 하여 연소	벙커C유
증발연소	액체를 가열 시 열에 의해 액체가 증기가 되어 증기가 연소	가솔린, 등유, 경유, 알코올
분해연소	휘발성이 작고, 점성이 큰 액체 가연물이 열분해하여 가스로 분해되어 연소	중유, 아스팔트, 글리세린

(3) 고체의 연소

구분	내용	종류
표면연소 (작열연소)	고체의 표면에서 불꽃을 내지 않고 연소	숯, 코크스, 목탄, 금속분
분해연소	고체 가연물이 온도 상승 시 열분해를 통해 발생하는 가연성가스가 연소	종이, 목재, 플라스틱, 섬유
증발연소	열분해를 일으키지 않고 그대로 증발하여 연소	유황(황), 나프탈렌, 파라핀
자기연소	물질 내부에 산소를 함유하고 있어 외부의 산소 공급 없이 연소	니트로(나이트로)셀룰로스, 니트로(나이트로)글리세린, 질산에스테르(에스터)류

2) 연소의 형태에 의한 분류

(1) 정상연소

연소 시 충분한 공기공급으로 열 발생속도와 확산속도가 균형 있게 연소한다.

(2) 비정상연소

발생열이 급격히 팽창하며 연소하거나, 균형을 취했을 때 연소되지 않는다(폭발, 폭굉, Blow Off 등).

3) 불꽃의 유무에 의한 분류

구분	불꽃이 있는 연소	불꽃이 없는 연소
화재	표면화재	심부화재
물질	고체, 액체, 기체	고체
연소형태	분해, 자기, 증발, 확산, 예혼합, 자연발화	표면연소, 훈소, 작열연소
부촉매 소화	가능	불가능

6. 연소의 기본 용어

1) 인화점(Flash Point)

(1) 정의

① 점화원을 가했을 때 연소가 시작되는 최저온도

② 인화점이 낮을수록 위험도가 크다.

③ 인화성 액체위험물의 위험성척도

(2) 물질의 인화점

물질	인화점	물질	인화점
프로필렌	-107℃	톨루엔	4.4℃
가솔린	-43℃	에틸알코올	13℃
이황화탄소	-30℃	등유	43 ~ 72℃
아세톤	-18℃	경유	50 ~ 70℃

2) 연소점(Fire Point)

(1) 외부 점화원에 의해 발화 후 연소를 지속시킬 수 있는 최저온도

(2) 인화점보다 5 ~ 10 ℃ 높고, 불꽃이 최소 5초 이상 지속되는 온도

3) 발화점(Ignition Point)

(1) 가연성 물질에 불꽃을 접하지 아니하였을 때 연소가 가능한 최저온도

(2) 공기 중에서 스스로 타기 시작하는 온도

(3) 물질의 발화점

물질	발화점	물질	발화점
아세톤	538 ℃	가솔린	300 ℃
프로필렌	497 ℃	등유	210 ℃
톨루엔	480 ℃	경유	200 ℃
에틸알코올	423 ℃	이황화탄소	100 ℃

(4) 발화점이 낮아지는 조건(위험성 ↑)

① 발열량이 클수록

② 산소의 농도가 클수록(산소와 친화력이 클수록)

③ 압력이 높을수록

④ 분자구조가 복잡할수록

⑤ 활성화 에너지가 낮을수록

⑥ 열전도율이 낮을수록

4) 온도(Temperature)

(1) 물질의 뜨겁고 차가운 정도를 수량으로 나타낸 것으로서 분자들의 운동 상태로 결정한다.

(2) 온도의 종류

온도	내용
섭씨온도(℃)	• 표준대기압에서 어는점 [0 ℃], 끓는점을 [100 ℃]로 하여 100등분한 온도 • $℃ = \frac{5}{9}(°F - 32)$
화씨온도°(F)	• 표준대기압에서 어는점 [32 ℉], 끓는점을 [212 ℉]로 하여 180등분한 온도 • $℉ = \frac{9}{5} \times ℃ + 32$
캘빈온도(K)	K = ℃ + 273
랭킨온도(R)	R = ℉ + 460

7. 비열(Specific Heat)

1) 어떤 물체의 단위 중량당 1 kg을 온도 1 ℃만큼 상승시키는 열량

2) 단위 : kcal/kg · ℃

3) 물질마다 비열은 다르나 물은 비열이 커서 냉각효과가 뛰어나다.

8. 잠열과 현열

1) 잠열(Latent Heat) : 온도변화 없이 상태변화에만 필요한 열량

잠열	상태변화
융해잠열	얼음 → 물(80 kcal/kg)
기화(증발)잠열	물 → 수증기(539 kcal/kg)

2) 현열(Sensible Heat) : 물질의 상의 변화는 없고, 온도 변화만 있을 때 필요한 열량

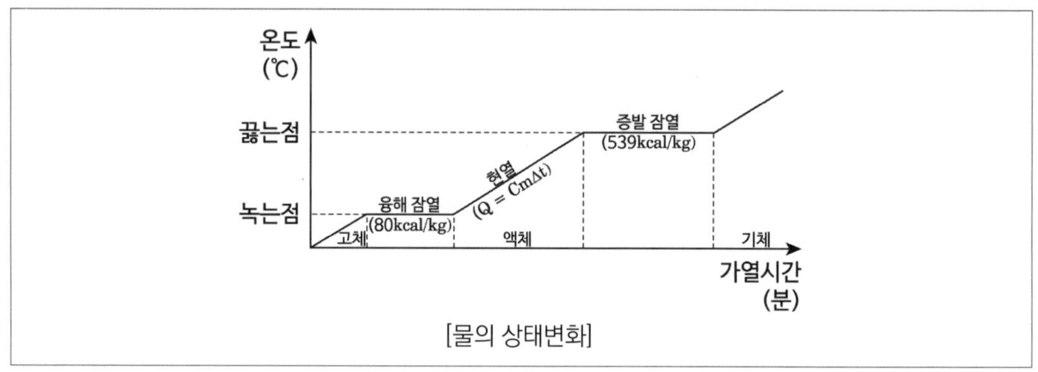

[물의 상태변화]

9. 증기비중

1) 공기에 대한 가스의 무게비(가스무게/공기무게)

증기비중	공기에 대한 무게
증기비중 > 1	공기보다 무겁다.
증기비중 < 1	공기보다 가볍다.

2) 계산식

$$\text{증기비중} = \frac{\text{분자량}}{29} \text{(29 : 공기의 평균 분자량)}$$

CHAPTER 03

연소생성물

1. 정의

1) 연소에 의해서 생성되는 물질

2) 연소가스 + 불꽃(화염) + 연기 + 열 = 연소생성물

2. 연소 시 주요 생성가스

연소가스	특징
일산화탄소 (CO)	• 공기보다 가벼운 무색, 무취인 유독성 가스이다. • 인체 내의 헤모글로빈과 결합하여 인체 내 산소결핍을 방해한다. • 불완전연소 시 발생한다. • 상온에서 염소와 작용하여 포스겐을 생성한다.
이산화탄소 (CO_2)	• 공기보다 무거운 무색, 무취인 가스이다. • 다량 존재 시 산소 부족을 유발하여 질식효과가 있다. • 완전연소 시 발생한다. • 독성은 거의 없으나 호흡속도를 증가시켜 유해가스 흡입을 증가시킨다.
암모니아 (NH_3)	• 눈, 코, 폐 등에 매우 자극성이 큰 가연성가스이다. • 질소함유물인 수지류, 나무 등 연소 시 발생한다. • 상업용, 공업용 냉동시설의 냉매로 많이 사용한다.
포스겐 ($COCl_2$)	• PVC, 수지류 등 연소 시 발생한다. • 맹독성(0.1 ppm) 가스이다.
황화수소(H_2S)	• 달걀 썩는 냄새가 난다. • 황을 포함한 유기화합물의 불완전연소로 발생한다.
아크로레인 (CH_2CHCHO)	• 맹독성(0.1 ppm) 가스이다. • 석유제품, 유지 등의 연소 시 발생한다.
시안화수소 (HCN)	• 무색의 맹독성가스(청산가스)이며. 가연성가스이다. • 석유제품, 유지 등의 연소 시 발생한다. • 일산화탄소와는 다르게 헤모글로빈과 결합하지 않고도 호흡 저해를 통한 질식을 유발한다.

3. 연소 시 기타 생성가스

1) CO에 의한 인체의 영향

최대허용농도	생리적 반응
800 ppm	2 ~ 3시간 내 사망
1600 ppm	1시간 내 사망
3200 ppm	30분 내 사망
6400 ppm	10 ~ 15분 내 사망
12800 ppm	1 ~ 3분 내 사망

2) CO_2에 의한 인체의 영향

최대허용농도	생리적 반응
2 %	불쾌감
4 %	눈의 자극, 두통, 현기증
8 %	호흡 곤란
9 %	구토
10 %	1분 내 의식 상실
20 %	단시간 내 사망(중추신경 마비)

3) CO와 CO_2 비교

구분	CO	CO_2
비중	0.97	1.52
연소성	있다	없다
특성	화재중독사 주원인	화재 시 가장 많이 발생

4. 연소 시 불꽃의 색과 온도

연소의 색	온도
암적색	700 ℃
적색	850 ℃
휘적색	950 ℃
황적색	1100 ℃
백색	1300 ℃
휘백색	1500 ℃

5. Ceiling Jet Flow(천장제트흐름)

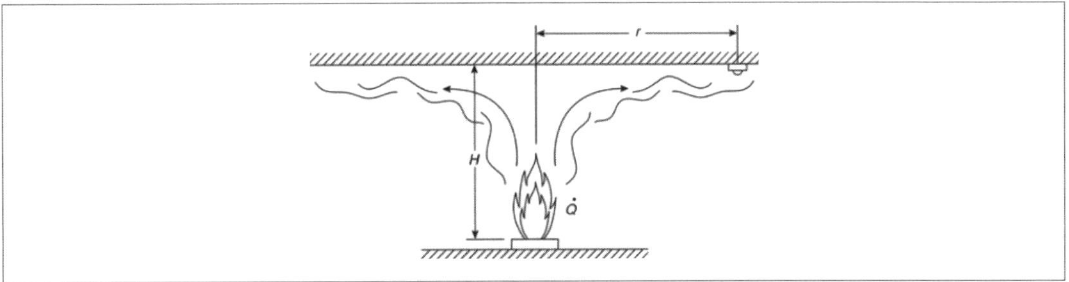

1) 고온의 연소생성물이 부력에 의해 힘을 받아 천장면 아래에 얇은 층을 형성하는 빠른 속도의 가스 흐름을 말한다.
2) 화재감지기 및 스크링클러헤드는 유효범위 내에 설치한다.
3) 천장제트흐름의 두께는 층고의 5 ~ 12 % 정도이다.

6. 연기(Smoke)

1) 연기의 특징
   (1) 연기의 입자크기 : 0.01 ~ 10 μm
   (2) 수소가 많으면 백색, 적으면(탄소가 많으면) 흑색 연기가 발생한다.
   (3) 일반화재의 경우 백색, 유류화재의 경우에는 흑색 연기가 발생한다.
   (4) 유독가스를 다량 함유한다.
   (5) 연기 발생 시 산소농도를 낮추어 산소결핍을 초래한다.
2) 연기의 특성
   (1) 광선을 흡수한다.
   (2) 고열이고, 유동확산이 매우 빠르다.
   (3) 산소의 농도가 낮다. 15 % 이하 시 위험하다.
   (4) 고온의 화염을 수반하고, 화염을 확산시킨다.
   (5) 유독가스를 함유한다(마취성, 자극성, 독성가스).
3) 연기의 유동 원인
   (1) 공조설비(HVAC) : 건축물 내부에 있는 냉·난방, 통풍, 공기조화설비의 영향
   (2) 부력 : 화재실 내 온도가 상승하여 밀도차에 의한 연기 상승
   (3) 바람 : 외부의 바람이 건물 내로 유입하여 압력차 발생
   (4) 연돌효과(Stack Effect) : 건축물 내·외부공기의 온도차로 인한 압력차에 의해 공기가 이동

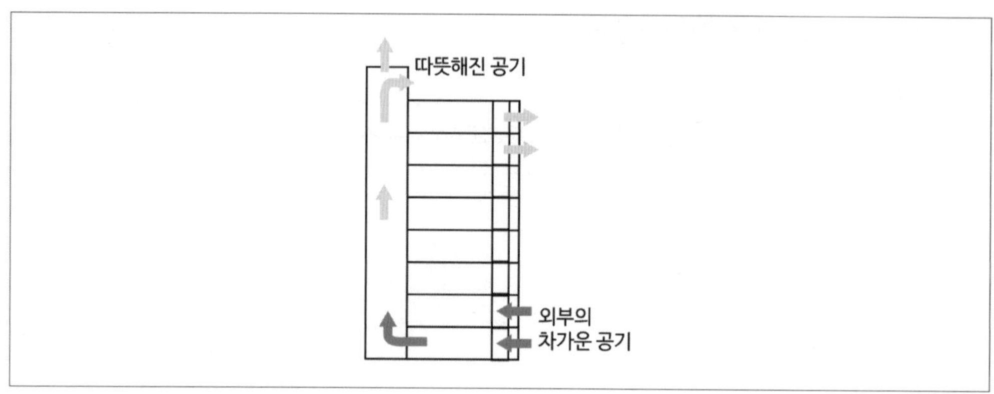

(5) 피스톤 효과 : 승강기 이동으로 인한 교란 발생

(6) 팽창력 : 화재 시 온도 상승으로 인한 가스의 팽창

4) 연기의 이동속도

이동방향	이동속도
수평 방향	0.5 ~ 1.0 m/s
계단실 등 수직 방향(화재 초기)	2 ~ 3 m/s
농연	3 ~ 5 m/s

7. 연기의 제어방식

1) 연기의 제어이론

방법	내용
희석	신선한 공기를 공급하여 연기의 농도를 낮추는 것
배기	건물 내의 압력차에 의하여 연기를 외부로 배출시키는 것
차단	연기가 일정한 장소 내로 들어오지 못하도록 하는 것

2) 연기 제연방식

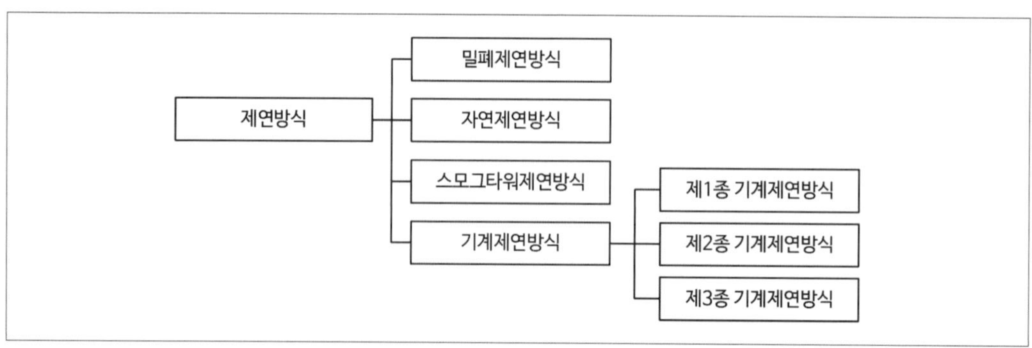

3) 자연제연 및 스모크 - 타워방식

자연제연방식	스모크 - 타워방식
창문이나 배기구를 통해서 연기를 자연적으로 배출	천장에 루프모니터 등이 바람에 의해 작동되면서 흡인력을 이용하여 제연
배출 배기구 급기 급기구	루프모니터 급기 급기구

4) 기계 제연방식(강제 제연방식)

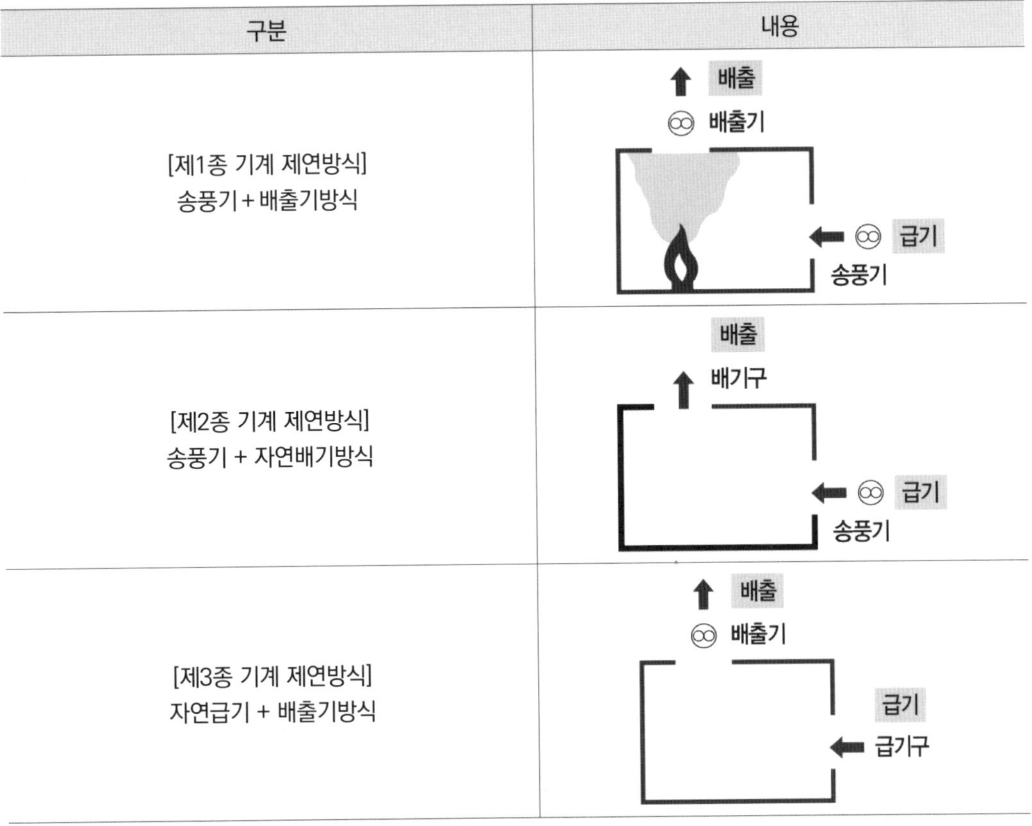

구분	내용
[제1종 기계 제연방식] 송풍기 + 배출기방식	배출 배출기 급기 송풍기
[제2종 기계 제연방식] 송풍기 + 자연배기방식	배출 배기구 급기 송풍기
[제3종 기계 제연방식] 자연급기 + 배출기방식	배출 배출기 급기 급기구

8. 열전달

1) 열전달

(1) 온도차가 발생되어 열이 높은 곳에서 낮은 곳으로 이동하는 것을 말한다.

(2) 전열현상이라고도 하며, 전도·대류·복사로 구분할 수 있다.

2) 열전달의 종류

종류	내용
전도(Conduction)	고체 간의 열전달 현상으로 고온체와 저온체의 직접적인 접촉에 의해 열이 이동한다.
대류(Convection)	유체의 흐름에 의하여 열이 이동한다.
복사(Radiation)	• 열전달 매질이 없이 전자파 형태로 열이 이동한다. • 화재 시 열 이동에 가장 크게 작용하며, 플래시오버에 큰 영향을 미친다.

CHAPTER 04

화재이론

1. 화재의 특징

1) 우발성

2) 확대성

3) 불안정성

2. 화재의 구분

등급	화재	표시색	적응물질
A급 화재	일반 화재	백색	목재, 섬유, 합성섬유
B급 화재	유류 화재	황색	인화성 액체
C급 화재	전기 화재	청색	통전 중인 전기설비, 기기화재
D급 화재	금속 화재	무색	가연성 금속
K급 화재	주방 화재	황색	식용유

3. 일반화재(A급 화재)

1) 나무, 섬유, 종이, 고무, 플라스틱류와 같은 일반가연물이 타고 나서 재가 남는 화재

2) 합성고분자 유기화합물(플라스틱)의 구분

열가소성 수지(열에 의해 변형)	열경화성 수지(열에 의해 변형되지 않음)
PVC수지 폴리에틸렌수지 폴리스틸렌수지	페놀수지 요소수지 멜라민수지

3) 소화 : 물의 냉각효과 이용

4. 유류화재(B급 화재)

1) 인화성 액체, 가연성 액체, 석유 그리스, 타르, 오일, 유성도료, 솔벤트, 래커, 알코올 및 인화성 가스와 같은 유류가 타고 나서 재가 남지 않는 화재

2) 소화 : 주로 포를 사용하나 가스계, 미분무 등 질식효과 이용

5. 전기화재(C급 화재)

1) 전류가 흐르고 있는 전기기기 및 배선과 관련된 화재를 말한다.

2) 전기화재의 원인

구분	내용
과전류	줄의 법칙에 의해 발열
단락(합선)	1000 A 이상의 단락전류
지락	단락전류가 목재, 금속체 등에 흐를 때 발화
누전	절연이 파괴되어 누설전류의 발열
접속부 과열	접촉저항 등 접촉상태가 불완전할 때 발열
스파크	스위치의 ON, OFF 시 스파크에 의한 발열
정전기	부도체의 마찰에 의해 전하가 축적되어 방전, 발화
열적경과	방열이 잘 되지 않는 장소에서의 열 축적
절연열화 또는 탄화	절연체 등이 시간경과에 의해 절연성이 저하되거나 탄화되어 발열
낙뢰	번개 등으로 순간적으로 수 만 A 이상의 전류가 발생

6. 주방화재(K급 화재)

1) 주방에서 동·식물유를 취급하는 조리기구에서 일어나는 화재

2) 인화점과 발화점의 차이가 적고, 재발화 우려

3) 주방화재의 소화방법

(1) 비누화 현상(Saponification Phenomenon)

① 유지를 알칼리로 처리해 글리세린과 비누로 만드는 반응

② 제1종 분말소화약제($NaHCO_3$) : 금속비누 거품의 질식효과로 재발화 방지

(2) K급 소화기

7. 건물화재의 성상

1) 구획화재(Compartment Fire)의 진행

(1) 구획화재

화재가 발생한 공간을 하나의 방이나 건축공간으로 구분

(2) 구획실 화재의 단계

① 발화 : 가연물이 공기 중에서 산소와 반응해 열과 빛을 내는 초기단계

② 성장기 : 성장 초기 백색 연기가 발생하며, 화재 중기에 플래시 오버가 발생하여 검은 연기를 분출한다.

③ 최성기 : 실내온도가 급격히 상승하여 화재가 순간적으로 실내 전체에 확산

④ 감쇠기 : 산소 소진으로 화세가 부분적으로 소멸되고, 연기 발생이 정지

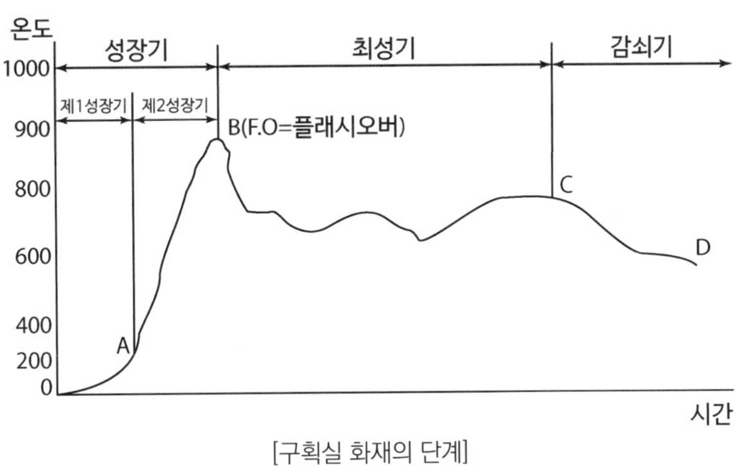

[구획실 화재의 단계]

2) 플래시 오버(Flash Over)

(1) 화재로 인하여 실내의 온도가 급격히 상승하여 화재가 순간적으로 실내 전체에 확산되는 현상

(2) 특징 : 혼합연소, 비정상연소

(3) 발생 시기 : 성장기 ~ 최성기

(4) 실내온도 : 약 800 ~ 900 ℃

(5) 플래시 오버의 대책

① 불연화, 난연화

② 가연물의 양 제한

③ 개구부 제한

3) 백드래프트(Backdraft)

(1) 공기 부족으로 훈소상태에 있을 때 신선한 공기 유입으로 실내의 축적된 가스가 단시간에 연소, 폭발하여 실외로 분출되는 현상

(2) 농연 분출, 파이어볼(Fire Ball), 건물 붕괴

(3) 발생시기 : 감쇠기(소방관의 살인사건이라고 불린다)

(4) 백드래프트의 대책

① 폭발력 억제 : 문을 조금만 열어 다량의 공기 유입을 방지하여 폭발력 억제

② 환기 : 출입문 개방 전에 환기구를 개방

③ 소화 : 방수를 하여 실내 온도를 저하

④ 격리 : 실을 밀폐상태로 두어 온도를 자연적으로 저하

8. 목조건축물의 화재

1) 목재의 성분

셀룰로즈 + 반셀룰로즈 + 리그닌

2) 목재형태에 따른 연소상태

구분	연소가 빠르다	연소 느리다
표면	거친 것	매끄러운 것
크기	작고 얇은 것	크고 두꺼운 것
수분량	매우 작다.	15 % 이상 착화가 어렵다.

3) 목조건축물의 화재진행단계

무염착화 ⇨ 발염착화 ⇨ 출화 (옥내 · 외 출화) ⇨ 최성기 ⇨ 연소낙하 (지붕, 벽 붕괴)

4) 건축물 화재의 특성 비교

구분	목조 건축물	내화 건축물
화재성상	고온, 단기형	저온, 장기형
최성기 온도	1100 ~ 1300 ℃	800 ~ 1000 ℃
건물화재 연소특성	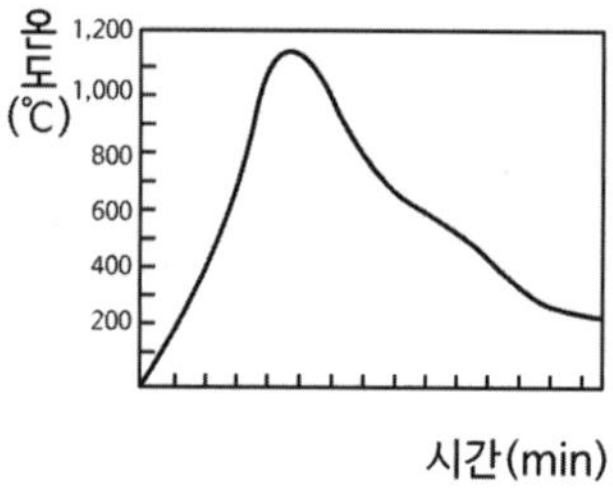 온도(℃) 1,200 1,000 800 600 400 200 시간(min)	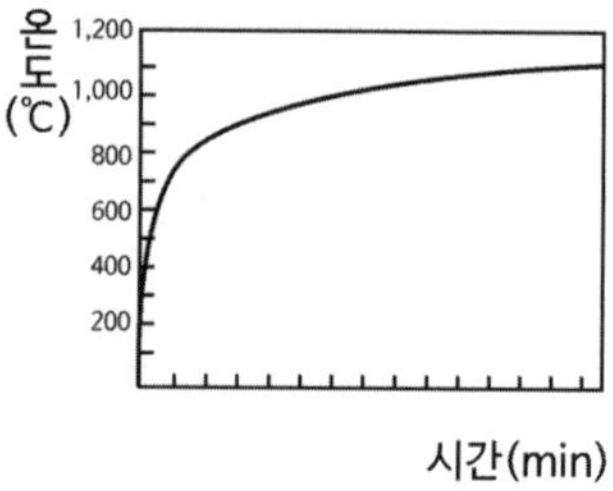 온도(℃) 1,200 1,000 800 600 400 200 시간(min)

CHAPTER

05 소화이론

연소의 3요소 또는 4요소 중 한 가지 이상을 제거하여 더 이상 연소가 진행되지 않도록 하는 것을 말한다.

1. 소화의 원리

연소의 3요소 또는 4요소 중 어느 한 가지를 차단하여 연소가 일어날 수 없도록 한다.

2. 소화의 원리(형태)에 따른 분류

구분	소화	내용
물리적 소화	냉각소화	• 점화원을 냉각하여 소화 • 주수로 물의 증발잠열(기화잠열)을 이용 • CO_2 소화설비 : 줄-톰슨효과에 의한 냉각 • 적용 : 스프링클러설비, 옥내·옥외소화전, 포소화설비 등
	질식소화	• 산소농도를 15 % 이하로 희박하게 하여 소화 • 유류화재에서의 포소화설비 • CO_2 소화설비 : 피복을 입혀 소화 • 적용 : 마른모래, 팽창질석, 팽창진주암
	제거소화	• 가연물을 이동·제거하여 소화 • 적용 : 산림벌목, 촛불 끄기
화학적 소화	부촉매소화	• 연쇄반응 차단에 의한 소화 • 적용 : 할론 소화설비, 청정할로겐 강화액 및 분말소화설비 등

3. 소화약제에 따른 소화효과

1) 소화약제의 분류

분류	소화약제
수계	물, 포소화약제, 강화액, 산·알칼리
가스계	이산화탄소, 할론, 할로겐화합물 및 불활성기체, 분말소화약제

2) 물 소화약제의 주수형태

주수형태	내용	소화설비 적용
봉상주수	막대모양의 물줄기로 주수 냉각효과 및 파괴효과	옥내소화전, 옥외소화전, 연결송수관 설비
적상주수	물방울 형태로 주수(직경 : 0.5 ~ 6 mm) 냉각효과	스프링클러설비, 연결살수설비
무상주수	안개 같은 분무상태로 주수(직경 : 0.01 ~ 1 mm) 공기, 전기가 통하지 않아 B, C급 화재에 적용	물분무 소화설비, 미분무 소화설비

4. 포(Foam) 소화약제

1) 발포기구에 의한 분류

구분	내용
화학포	• 2가지의 소화약제가 화학반응을 일으켜 생성되는 기체를 핵으로 하는 포 • 구조가 간단하고 조작 용이
기계포	• 물과 약제의 혼합액에 공기를 불어 넣어 발생시킨 포 • 수성막포, 내알콜포, 불화단백포 등

2) 포의 소화효과

(1) 소화효과 : 질식효과, 냉각효과

(2) 적응화재 : 일반화재, 유류화재

5. 이산화탄소 소화약제

1) 이산화탄소(CO_2) 소화약제의 특징

(1) 무색, 무취이며 전기적으로 비전도성

(2) 공기보다 1.5배 무겁다.

(3) 상온에서는 기체이지만 고압용기에 액화시켜 보관한다.

(4) 소화효과 : 질식, 냉각, 피복효과

(5) 적응화재 : 전기실, 통신실, 유류화재

2) 이산화탄소(CO_2) 소화약제의 장·단점

구분	내용	
장점	• 전기적으로 비전도성 : 전기실 적응성 • 공기보다 비중이 커서 심부화재 적응성	• 소화 후 오손이 작으므로 증거보존이 용이 • 자체 압력으로도 방사가 가능
단점	• 흡입 시 질식 우려 • 지구온난화에 영향 • 방사 시 큰 소음	• 접촉 시 동상의 우려 • 사람이 상주하는 장소에 사용 제한

3) 이산화탄소(CO_2) 소화효과

(1) 질식효과 : 산소농도를 15 % 이하로 낮춤(가장 큰 효과)
(2) 냉각효과 : 방사 시 기화열에 의한 열 흡수
(3) 피복효과 : 공기비중의 1.5배로 연소물을 덮음

6. 할론소화약제

1) 할로겐(Halogen)족 원소

(1) 주기율표 17족 원소로 F, Cl, Br, I 등이 있다.
(2) 비금속 원소이며, 강한 산화작용을 한다.
(3) 전기음성도 : 원자가 전자를 끌어당기는 정도

$$F > Cl > Br > I$$

(4) 부촉매 효과 : 활성화에너지를 높여 반응 억제로 연쇄반응 차단

$$F < Cl < Br < I$$

2) 할론 소화설비의 종류

종류	분자식	상온·상압
할론 1211	CF_2ClBr	기체
할론 1301	CF_3Br	기체
할론 1011	CH_2ClBr	액체
할론 2402	$C_2F_4Br_2$	액체

3) 할론소화약제의 장·단점

장점	단점
부촉매작용으로 억제효과가 큼	가격이 비싸고, 독성이 있음
금속에 대해 부식성이 적고, 소화약제의 변질이 없음	오존파괴지수(ODP), 지구온난화지수(GWP)가 높아 환경에 악영향
비전도성으로 전기화재에 적응성	생산 중지

MOAG
MOA education Group

PART 05

위험물 · 전기 · 가스 안전관리

MOAG

CHAPTER 01 위험물 안전관리

[위험물 구분]

구분	개요
제1류 위험물	산화성 고체(강산화성 물질)
제2류 위험물	가연성 고체(환원성 물질)
제3류 위험물	자연발화성·금수성 물질
제4류 위험물	인화성 액체
제5류 위험물	자기반응성 물질
제6류 위험물	산화성 액체

1. 제1류 위험물 특징

1) 자신은 불연성이지만 산소를 함유한 강산화제이다.
2) 보관 시 가열, 충격, 마찰을 피해야 한다.
3) 대부분 물에 잘 녹는다(습기주의).
4) 소화방법 : 다량의 물을 사용하여 냉각소화, 무기과산화물은 건조사로 피복소화

2. 제2류 위험물 특징

1) 산소를 함유하지 않는 강 환원성 물질
2) 황화린(황, 물과 반응), 철분·마그네슘·금속분(물과 발열)은 물의 침투에 주의할 것
3) 소화방법
   (1) 주수에 의한 냉각소화
   (2) 철분, 마그네슘, 금속분 : 건조사에 의한 피복 질식소화

3. 제3류 위험물 특징

1) 물과 반응하여 수소 등 가연성 가스를 발생시키거나 발열하는 물질
2) 일부는 공기 중 노출 시 자연 발화, 다른 일부는 물과 접촉하여 발화
3) 보호액 속에 저장한다.
4) 소화방법
   (1) 건조사나 금속 화재용 소화약제에 의한 질식소화
   (2) 황린은 물을 사용하여 냉각효과

4. 제4류 위험물 특징

1) 인화점이 낮아 연소하기 쉽다.

2) 공기 접촉 시 가연성 혼합기 형성

3) 화기엄금, 정전기방지조치

4) 소화방법
   (1) 포, CO_2, 할론, 할로겐화합물 및 불활성기체 소화약제 등으로 질식소화
   (2) 수용성 액체에는 알코올형 포 등으로 소화

5. 제5류 위험물 특징

1) 물질자체가 산소를 함유하고 있어 외부 산소 공급 없이도 연소가 가능

2) 소화방법 - 주수에 의한 냉각소화

6. 제6류 위험물 특징

1) 부식성·유독성이 강한 산화성 액체

2) 물, 피부 접촉에 주의

3) 소화방법
   (1) 건조사, CO_2에 의한 질식소화
   (2) 위급 시(소량 화재 시) 대량의 물로 냉각소화

7. 제조소 등 설치권자

시·도지사

8. 위험물의 취급

1) 지정수량 이상 : 제조소 등에서 취급하며 위험물안전관리법을 적용

2) 지정수량 미만 : 시·도의 조례

9. 위험물안전관리자

1) 선임신고 : 선임한 날부터 14일 이내에 소방본부장 또는 소방서장에 신고

2) 해임, 퇴직 시 : 30일 이내에 재선임

전기 안전관리

1. 발화의 원인

구분	원인	상세내용
1	열축적	전열기구 등에 의한 복사열축적으로 발화
2	과전류	전선의 과전류에 의한 허용온도를 초과 시 피복손상 및 단락 또는 직접 발화
3	단락	1) 기계적인 손상 2) 전선의 노후로 인해 절연체가 손실되어 단락에 의한 발화
4	누전	통전경로를 벗어난 전류가 흐르면 스파크나 줄열의 축적으로 발화
5	접촉불량	전기설비, 전선의 접속상태 불량으로 스파크나 열축적에 의해 발화

2. 전기화재의 예방대책

구분	장소	예방대책
1	전선	• 배선/배선기구 노후상태 확인 • 전선 고정부 손방 여부 • 전선의 압착상태 및 눌림방지 여부
2	콘센트	• 문어발식 사용 여부 • 콘센트의 변형 및 탄흔 여부 • 콘센트 플러그 삽입부분 상태 확인
3	전기설비	• 전열 및 전기기구 전선의 손상 여부 • 전열기구 외관상태 점검 • 차단기 정격전류가 전선 허용전류 이상인지 여부
4	분전함	• 차단기 파손상태 여부 • 누전trip 시험동작 확인 • 내부 습기 제거 및 청결상태 유지 및 관리

CHAPTER 03 가스 안전관리

[액화석유가스와 액화천연가스 비교]

구분	액화석유가스(LPG)	액화천연가스(LNG)
주성분	프로판(프로페인, C_3H_8), 부탄(부테인, C_4H_{10})	메탄(메테인, CH_4)
증기비중	LPG는 공기보다 1.5 ~ 2배 무겁다.	LNG는 공기보다 0.55배(혹은 0.6배) 가볍다.
누출 시 특징	공기보다 무거워 낮은 곳에 체류	공기보다 가벼워 높은 곳에 체류
용도	가정용, 공업용, 자동차 연료	도시가스

[가스사고발생 원인과 대책]

발생원인	안전대책
호스 연결부위 가스 누설	호스 노후 시 교체, 연결부는 호스밴드로 결속처리
환기 불량으로 인한 질식사	가스기구 사용 시 자주 환기조치
밸브나 콕 조작 미숙	작업자 안전교육 실시
용기 교체 후 잔량가스 처리 미숙	용기처리 시 잔량가스
가스충전작업 중 누설화재	신속한 밸브 폐쇄

1. 가스누설경보기

가스누설경보기는 가연성가스가 누설되어 화재나 폭발, 중독사고로 이어질 가능성이 높아 초기경보하여 자동으로 조작밸브의 폐쇄와 관리자에게 경보를 알려주는 장치

2. 종류

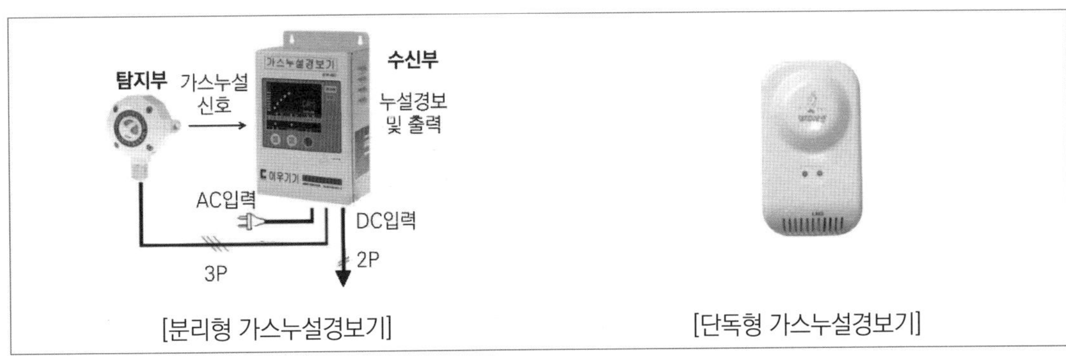

[분리형 가스누설경보기] [단독형 가스누설경보기]

※ 출처 : 한국소방안전원

3. 설치기준

1) 공기보다 무거운 가스의 경우(LPG)
   (1) 가스검지기 상단은 바닥면으로부터 30 cm 이내에 설치
   (2) 연소기 또는 관통부로부터 수평거리 4 m 이내에 설치
2) 공기보다 가벼운 가스의 경우(LNG)
   (1) 가스검지기의 하단은 천정면에서 30 cm 이내에 설치
   (2) 연소기로부터 수평거리 8 m 이내
3) 차단밸브
   (1) 차단기구는 가스주배관에 견고히 부착되었는지 확인
   (2) 가스차단밸브의 정상 개폐 여부 확인

PART 06

공사장 안전관리 계획 및 화기취급 감독 등

공사장 임시소방시설

1. 임시소방시설의 종류와 설치기준

종류		공사의 규모와 종류	유사소방시설
소화기	-	화재위험작업현장에 설치	-
간이 소화장치	물을 방사하여 화재를 진화할 수 있는 장치로서 소방청장이 정하는 성능을 갖추고 있을 것	다음 어느 하나에 해당하는 작업현장 ① 연면적 3000 m^2 이상 ② 지하층·무창층·4층 이상의 층 (이 경우 해당 층의 바닥면적이 600 m^2 이상인 경우만 해당)	소방청장이 정하여 고시하는 기준에 맞는 소화기(연결송수관설비의 방수구 인근에 설치한 경우로 한정한다) 또는 옥내소화전설비
비상 경보장치	화재가 발생한 경우 주변에 있는 작업자에게 화재사실을 알릴 수 있는 장치로서 소방청장이 정하는 성능을 갖추고 있을 것	다음 어느 하나에 해당하는 작업현장 ① 연면적 400 m^2 이상 ② 지하층·무창층(이 경우 해당 층의 바닥면적이 150 m^2 이상인 경우만 해당)	① 비상방송설비 ② 자동화재탐지설비
간이 피난 유도선	화재가 발생한 경우 피난구 방향을 안내할 수 있는 장치로서 소방청장이 정하는 성능을 갖추고 있을 것	바닥면적이 150 m^2 이상인 지하층·무창층의 작업현장에 설치	① 피난유도선 ② 피난구유도등 ③ 통로유도등 ④ 비상조명등
가스 누설 경보기	가연성 가스가 누설 또는 발생된 경우 탐지하여 경보하는 장치로서 소방청장이 실시하는 형식승인 및 제품검사를 받은 것	바닥면적이 150 m^2 이상인 지하층·무창층의 작업현장에 설치	
비상 조명등	화재 발생 시 안전하고 원활한 피난활동을 할 수 있도록 거실 및 피난통로 등에 설치하여 자동 점등되는 조명장치로서 소방청장이 정하는 성능을 갖추고 있을 것	바닥면적이 150 m^2 이상인 지하층·무창층의 작업현장에 설치	

종류		공사의 규모와 종류	유사소방시설
방화포	용접·용단 등 작업 시 발생하는 금속성 불티로부터 가연물이 점화되는 것을 방지해주는 천 또는 불연성 물품으로서 소방청장이 정하는 성능을 갖추고 있을 것	용접·용단 작업이 진행되는 작업장에 설치	

화기취급작업 감독 및 화재위험작업 허가·관리

1. 화기취급작업

화기취급 작업은 용접, 용단, 연마, 땜, 드릴 등 화염 또는 불꽃(스파크)을 발생시키는 작업 또는 가연성 물질의 점화원이 될 수 있는 모든 기기를 사용하는 작업

2. 관련 법규 기준

1) 화재의 예방 및 안전관리에 관한 법률

(1) 제17조(화재의 예방조치 등)

① 누구든지 화재예방강화지구 및 이에 준하는 대통령령으로 정하는 장소에서는 다음 각 호의 어느 하나에 해당하는 행위를 하여서는 아니 된다. 다만 행정안전부령으로 정하는 바에 따라 안전조치를 한 경우에는 그러하지 아니한다.

㉠ 모닥불, 흡연 등 화기의 취급
㉡ 풍등 등 소형 열기구 날리기
㉢ 용접·용단 등 불꽃을 발생시키는 행위
㉣ 그 밖에 대통령령으로 정하는 화재 발생 위험이 있는 행위

(2) 제24조(특정소방대상물의 소방안전관리)

① 특정소방대상물(소방안전관리대상물은 제외한다)의 관계인과 소방안전관리대상물의 소방안전관리자는 다음 각 호의 업무를 수행한다. 다만 제1호·제2호·제5호 및 제7호의 업무는 소방안전관리대상물의 경우에만 해당한다.

㉠ 제36조에 따른 피난계획에 관한 사항과 대통령령으로 정하는 사항이 포함된 소방계획서의 작성 및 시행
㉡ 자위소방대 및 초기대응체계의 구성, 운영 및 교육
㉢ 「소방시설 설치 및 관리에 관한 법률」 제16조에 따른 피난시설, 방화구획 및 방화시설의 관리
㉣ 소방시설이나 그 밖의 소방 관련 시설의 관리
㉤ 제37조에 따른 소방훈련 및 교육
㉥ 화기 취급의 감독
㉦ 행정안전부령으로 정하는 바에 따른 소방안전관리에 관한 업무수행에 관한 기록·유지(제3호·제4호 및 제6호의 업무를 말한다)
㉧ 화재발생 시 초기대응
㉨ 그 밖에 소방안전관리에 필요한 업무

2) 소방시설 설치 및 관리에 관한 법률

(1) 제15조(건설현장의 임시소방시설 설치 및 관리)

① 「건설산업기본법」 제2조 제4호에 따른 건설공사를 하는 자(이하 "공사시공자"라 한다)는 특정소방대상물의 신축·증축·개축·재축·이전·용도변경·대수선 또는 설비 설치 등을 위한 공사 현장에서 인화성 물품을 취급하는 작업 등 대통령령으로 정하는 작업(이하 "화재위험작업"이라 한다)을 하기 전에 설치 및 철거가 쉬운 화재대비시설(이하 "임시소방시설"이라 한다)을 설치하고 관리하여야 한다.

(2) 제18조(화재위험작업 및 임시소방시설 등)

① 법 제15조 제1항에서 "인화성 물품을 취급하는 작업 등 대통령령으로 정하는 작업"이란 다음 각 호의 어느 하나에 해당하는 작업을 말한다.

㉠ 인화성·가연성·폭발성 물질을 취급하거나 가연성 가스를 발생시키는 작업

㉡ 용접·용단(금속·유리·플라스틱 따위를 녹여서 절단하는 일을 말한다) 등 불꽃을 발생시키거나 화기를 취급하는 작업

㉢ 전열기구, 가열전선 등 열을 발생시키는 기구를 취급하는 작업

㉣ 알루미늄, 마그네슘 등을 취급하여 폭발성 부유분진(공기 중에 떠다니는 미세한 입자를 말한다)을 발생시킬 수 있는 작업

㉤ 그 밖에 제1호부터 제4호까지와 비슷한 작업으로 소방청장이 정하여 고시하는 작업

3) 산업안전보건기준에 관한 규칙

(1) 제239조(위험물 등이 있는 장소에서 화기 등의 사용 금지)

사업주는 위험물이 있어 폭발이나 화재가 발생할 우려가 있는 장소 또는 그 상부에서 불꽃이나 아크를 발생하거나 고온으로 될 우려가 있는 화기·기계·기구 및 공구 등을 사용해서는 아니 된다.

(2) 제240조(유류 등이 있는 배관이나 용기의 용접 등)

사업주는 위험물, 위험물 외의 인화성 유류 또는 인화성 고체가 있을 우려가 있는 배관·탱크 또는 드럼 등의 용기에 대하여 미리 위험물 외의 인화성 유류, 인화성 고체 또는 위험물을 제거하는 등 폭발이나 화재의 예방을 위한 조치를 한 후가 아니면 화재위험작업을 시켜서는 아니 된다.

(3) 제241조(화재위험작업 시의 준수사항)

① 사업주는 통풍이나 환기가 충분하지 않은 장소에서 화재위험작업을 하는 경우에는 통풍 또는 환기를 위하여 산소를 사용해서는 아니 된다.

② 사업주는 가연성물질이 있는 장소에서 화재위험작업을 하는 경우에는 화재예방에 필요한 다음 각 호의 사항을 준수하여야 한다.

㉠ 작업 준비 및 작업 절차 수립

㉡ 작업장 내 위험물의 사용·보관 현황 파악

㉢ 화기작업에 따른 인근 가연성물질에 대한 방호조치 및 소화기구 비치

㉣ 용접불티 비산방지덮개, 용접방화포 등 불꽃, 불티 등 비산방지조치

㉤ 인화성 액체의 증기 및 인화성 가스가 남아 있지 않도록 환기 등의 조치

㉥ 작업근로자에 대한 화재예방 및 피난교육 등 비상조치

③ 사업주는 작업시작 전에 제2항 각 호의 사항을 확인하고 불꽃·불티 등의 비산을 방지하기 위한 조치 등 안전조치를 이행한 후 근로자에게 화재위험작업을 하도록 해야 한다.

④ 사업주는 화재위험작업이 시작되는 시점부터 종료될 때까지 작업내용, 작업일시, 안전점검 및 조치에 관한 사항 등을 해당 작업장소에 서면으로 게시해야 한다. 다만 같은 장소에서 상시·반복적으로 화재위험작업을 하는 경우에는 생략할 수 있다.

(4) 제241조의2(화재감시자)

① 사업주는 근로자에게 다음 각 호의 어느 하나에 해당하는 장소에서 용접·용단 작업을 하도록 하는 경우에는 화재감시자를 지정하여 용접·용단 작업 장소에 배치해야 한다. 다만 같은 장소에서 상시·반복적으로 용접·용단작업을 할 때 경보용 설비·기구, 소화설비 또는 소화기가 갖추어진 경우에는 화재감시자를 지정·배치하지 않을 수 있다.

㉠ 작업반경 11미터 이내에 건물구조 자체나 내부(개구부 등으로 개방된 부분을 포함한다)에 가연성물질이 있는 장소

㉡ 작업반경 11미터 이내의 바닥 하부에 가연성물질이 11미터 이상 떨어져 있지만 불꽃에 의해 쉽게 발화될 우려가 있는 장소

㉢ 가연성물질이 금속으로 된 칸막이·벽·천장 또는 지붕의 반대쪽 면에 인접해 있어 열전도나 열복사에 의해 발화될 우려가 있는 장소

② 제1항 본문에 따른 화재감시자는 다음 각 호의 업무를 수행한다.

㉠ 제1항 각 호에 해당하는 장소에 가연성물질이 있는지 여부의 확인

㉡ 제232조 제2항에 따른 가스 검지, 경보 성능을 갖춘 가스 검지 및 경보 장치의 작동 여부의 확인

㉢ 화재 발생 시 사업장 내 근로자의 대피 유도

③ 사업주는 제1항 본문에 따라 배치된 화재감시자에게 업무 수행에 필요한 확성기, 휴대용 조명기구 및 화재 대피용 마스크(한국산업표준 제품이거나 「소방산업의 진흥에 관한 법률」에 따른 한국소방산업기술원이 정하는 기준을 충족하는 것이어야 한다) 등 대피용 방연장비를 지급해야 한다.

(5) 제242조(화기사용 금지)

사업주는 화재 또는 폭발의 위험이 있는 장소에서 다음 각 호의 화재 위험이 있는 물질을 취급하는 경우에는 화기의 사용을 금지해야 한다.

① 제236조 제1항에 따른 물질

② 별표 1 제1호·제2호 및 제5호(폭발성 물질 및 유기과산화물, 물반응성 물질 및 인화성 고체, 인화성 가스)에 따른 위험물질

(6) 제243조(소화설비)

① 사업주는 건축물, 별표 7의 화학설비 또는 제5절의 위험물 건조설비가 있는 장소, 그 밖에 위험물이 아닌 인화성 유류 등 폭발이나 화재의 원인이 될 우려가 있는 물질을 취급하는 장소(이하 이 조에서 "건축물등"이라 한다)에는 소화설비를 설치하여야 한다.

② 제1항의 소화설비는 건축물등의 규모·넓이 및 취급하는 물질의 종류 등에 따라 예상되는 폭발이나 화재를 예방하기에 적합하여야 한다.

(7) 제244조(방화조치)

사업주는 설비 및 건축물과 그 밖에 인화성 액체와의 사이에는 방화에 필요한 안전거리를 유지하거나 불연성 물체를 차열(遮熱)재료로 하여 방호하여야 한다.

(8) 제245조(화기사용 장소의 화재 방지)

① 사업주는 흡연장소 및 난로 등 화기를 사용하는 장소에 화재예방에 필요한 설비를 하여야 한다.

② 화기를 사용한 사람은 불티가 남지 않도록 뒤처리를 확실하게 하여야 한다.

(9) 제246조(소각장)

사업주는 소각장을 설치하는 경우 화재가 번질 위험이 없는 위치에 설치하거나 불연성 재료로 설치하여야 한다.

3. 주요 화기취급작업

1) 용접·용단

(1) 정의

① 용접 : 접합하고자 하는 둘 이상의 물체(주로 금속)의 접합 부분에 존재하는 방해물질을 제거하여 결합시키는 과정으로 주로 열을 통하여 두 금속을 용융시켜 물체(금속)을 접하는 것

② 용단 : 고체 금속을 절단하는 것을 말하며, 금속 절단 부분에 산화 반응 등을 일으켜 그 열로 재료를 녹여서 절단하는 것

(2) 용접방법에 따른 분류

구분	종류
아크 (Arc) 용접	① 전기회로에 있는 2개의 금속을 서로 접촉시켜 전류를 흐르게 하고 이를 조금 떼어 놓으면 청백색의 아크가 발생하여 고열이 발생 ② 이 고열로 금속 부분이 일부 기화되며 통전상태의 전류흐름은 계속해서 유지 ③ 고열은 금속을 용융시키는 것이 가능하고 금속을 용착시키는 용접을 아크용접이라고 함 ④ 아크 용접의 최고온도는 6000 ℃에 이르며 일반적으로 3500 ~ 5000 ℃ 정도의 고열 발생
가스 용접 (용단)	① 가연성 가스와 산소와의 반응에서 생기는 가스 연소열을 용접의 열원으로 사용하는 용접법 ② 가연성 가스로는 주로 아세틸렌, 프로판(프로페인), 부탄(부테인), 수소 등이 사용 ③ 산소 - 아세틸렌은 화염의 온도가 높고 화염조절이 용이하여 일반적으로 사용

(3) 용접작업의 화재 위험성

① 스패터(Spatter)현상

용접 작업 시 작은 입자의 용적들이 비산되는 현상, 즉 불티가 튀기는 현상

② 용접·용단 작업 시 비산불티의 특성

㉠ 수천 개의 비산된 불티 발생

㉡ 비산거리 : 작업높이, 철판두께, 풍향, 풍속 등 조건 및 환경에 따라 상이(실내에서 무풍 시 약 11 m 정도)

㉢ 온도 : 1600 ℃ 이상의 고온체

㉣ 불티 직경 : 약 0.3 ~ 3 mm

㉤ 비산불티는 작업과 동시에 짧게는 수 분 사이, 길게는 수 시간 이후에도 화재 가능성 있음

2) 용접·용단 작업자의 주요 재해발생원인 및 대책

구분	종류	
화재	불꽃 비산	① 불꽃받이나 방염시트 사용 ② 불꽃비산구역 내 가연물 제거하고 정리정돈 ③ 소화기 비치
	열을 받은 용접부분의 뒷면에 있는 가연물	① 용접부 뒷면 점검 ② 작업종료 후 점검
폭발	토치나 호스에서 가스누설	① 가스누설이 없는 토치나 호스 사용 ② 좁은 구역에서 작업 시 휴게시간에 토치를 공기의 유통이 좋은 장소에 보관 ③ 호스 접속 시 실수 없도록 호스에 명찰 부착
	드럼통이나 탱크를 용접, 절단 시 잔류 가연성 가스 증기의 폭발	내부에 가스나 증기가 없는 것을 확인
	역화	① 정비된 토치와 호스 사용 ② 역화방지기 설치
화상	토치나 호스에서 산소 누설	산소누설이 없는 호스 사용
	산소를 공기대신으로 환기나 압력 시험용으로 사용	① 산소의 위험성 교육 실시 ② 소화기 비치

4. 화기취급작업 안전대책

1) 화기취급작업의 절차

(1) 사전허가

① 처리절차 : 작업허가

② 업무내용

㉠ 작업요청

㉡ 승인검토 및 허가서 발급

(2) 안전조치

① 처리절차

㉠ 화재예방조치

㉡ 안전교육

② 업무내용

㉠ 가연물 이동 및 보호조치

㉡ 소방시설 작동 확인

㉢ 용접·용단장비·보호구 점검

㉣ 화재안전교육

㉤ 비상 시 행동요령 교육

(3) 작업·감독

① 처리절차

㉠ 화재감시자 입회 및 감독

㉡ 최종 작업 확인

② 업무내용

㉠ 화재감시자 입회

㉡ 화기취급 감독

㉢ 현장상주 및 화재감시

㉣ 작업종료 확인

2) 화재위험작업의 관리감독 절차

(1) 화재안전 감독관은 예상되는 화기작업의 위치를 확정하고, 화기작업의 시작 전, 작업현장의 화재안전조치 상태 및 예방책 확인

① 주요 확인사항 : 소화기 및 방화수 배치, 불꽃방지포 설치, 작업현장 주변 가연물 및 위험물 이격상태, 전기를 이용한 화기작업 시 전기인입 상태 등

(2) 작업현장의 준비상태가 확인되고, 화재안전 감시자가 현장에 배치된 후, 화재안전 감독관은 서명을 하고 화기작업허가서 발급

(3) 화기작업허가서는 작업구역 내 게시하여, 해당 작업현장 내의 작업자와 관리자는 화기작업에 대한 사항 인지

(4) 화기작업 중 화재감시자는 작업 중은 물론, 휴식시간 및 식사시간 등에도 해당 현장에 대한 감시활동을 진행하며, 화재발생 시 초동대처가 가능한 상태의 대응준비를 갖추어야 함

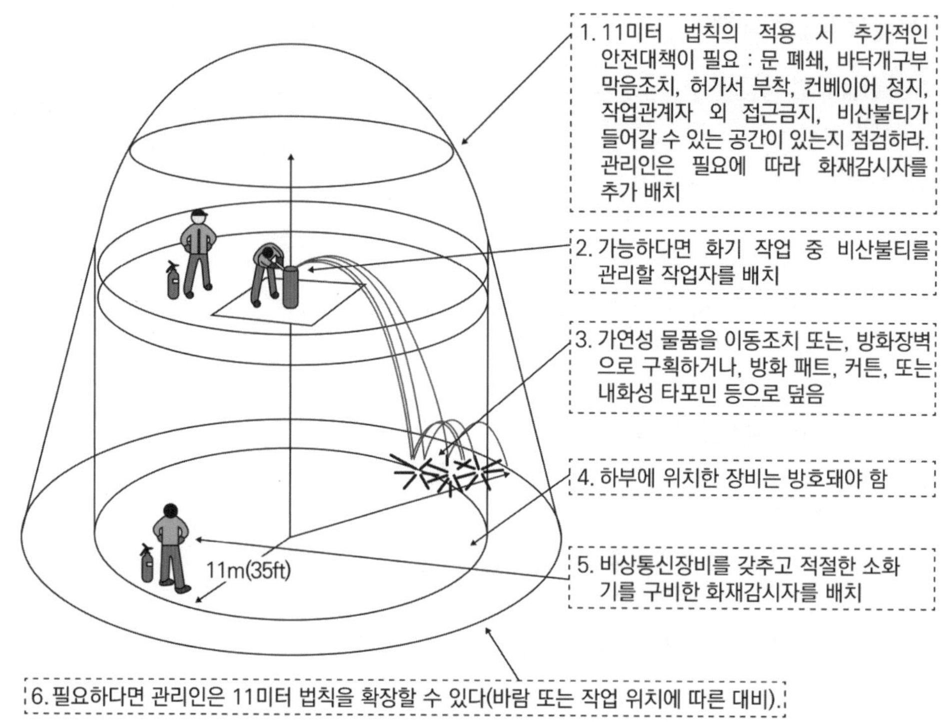

[작업 시 불꽃 낙하로 직하층에 화재감시자가 필요한 경우]

※ 출처 : 한국소방안전원

(5) 작업완료 시 화재감시자는 해당작업구역 내에 30분 이상 더 상주하면서 발화 및 착화 발생 여부에 대한 감시(작업구역의 직상, 직하층에 대한 점검 병행) 후 허가서 확인란에 서명

(6) 화재안전 감독관에게 작업 종료 통보(작업통보 이후 추가 3시간 이후까지는 순찰점검 등을 통한 현장 관찰 필요)

(7) 전체 작업 및 감시감독시간 완료 시 화재안전 감독관은 해당 구역에 대한 최종 점검 및 확인 후 허가서에 서명하여 작업완료 확인(확인날인된 허가서는 작업기록으로 보관)

3) 화기취급작업 신청서

<table>
<tr><td>허가사항</td><td>허가번호 :</td><td>허가일자 : 년 월 일</td></tr>
<tr><td rowspan="2">신청인</td><td>업체명 :</td><td>작업책임자 :</td></tr>
<tr><td colspan="2">휴대폰번호 :</td></tr>
<tr><td>작업명</td><td colspan="2"></td></tr>
<tr><td>작업장소</td><td colspan="2">(신청서 1건 당 작업장소 범위 : ① 층별 신청, ② 해당 층에서 반경 20 m 초과마다 신청)</td></tr>
<tr><td>작업일시</td><td colspan="2">(작업기간 중 1일 단위 신청)
년 월 일 00:00 ~ 00:00</td></tr>
<tr><td>화재감시자</td><td>성명 : (서명)</td><td>휴대폰번호 :</td></tr>
<tr><td>초기대응체계</td><td colspan="2">현장책임자
성 명 (서명)
연락처

비상연락: 성 명 (서명) / 연락처 / 성 명 (서명) / 연락처
초기소화: 성 명 (서명) / 연락처 / 성 명 (서명) / 연락처
피난유도: 성 명 (서명) / 연락처 / 성 명 (서명) / 연락처</td></tr>
</table>

<table>
<tr><td rowspan="18">화기작업
체크리스트
(작업 전)

화기작업자
작성</td><td colspan="2">점검내용</td><td>결과
[○, ×]</td></tr>
<tr><td colspan="2">1. 작업구역 설정 및 출입제한 조치 여부</td><td></td></tr>
<tr><td colspan="2">2. 작업에 맞는 보호구 착용 여부</td><td></td></tr>
<tr><td colspan="2">3. 작업구역 내 가스농도 측정 및 잔류물질 확인 여부</td><td></td></tr>
<tr><td colspan="2">4. 작업구역 11 m 內 인화성 및 가연성 물질 제거상태</td><td></td></tr>
<tr><td colspan="2">5. 인화성 물질 취급 작업과 동시작업 유무</td><td></td></tr>
<tr><td colspan="2">6. 인화성·가연성 물질의 1일 작업량 이하 보관 여부</td><td></td></tr>
<tr><td colspan="2">7. 불티 비산방지조치(불티차단막/방화포 등) 실시 여부</td><td></td></tr>
<tr><td colspan="2">8. 화기감시자 임무 숙지 여부</td><td></td></tr>
<tr><td colspan="2">9. 임시소방시설 설치 여부</td><td></td></tr>
<tr><td colspan="2">10. 교육 실시 여부(임시소방시설 사용법, 피난로 위치, 초기대응체계 등)</td><td></td></tr>
<tr><td rowspan="7">밀폐공간
작업 시
(체크)</td><td>11. 밀폐공간 관계자 외 출입제한 여부</td><td></td></tr>
<tr><td>12. 밀폐공간 작업에 필요한 보호구 착용 여부</td><td></td></tr>
<tr><td>13. 작업자의 개인통신장비 및 휴대용 산소농도측정기 착용 여부</td><td></td></tr>
<tr><td>14. 구조장비(구급함/구명줄/삼각대 등) 준비 여부</td><td></td></tr>
<tr><td>15. 가스 및 산소농도 측정 여부</td><td></td></tr>
<tr><td>16. 전화하면 5분 이내 구조할 수 있는 위치에 구조팀 대기</td><td></td></tr>
<tr><td>17. 필요한 구조팀 담당자 성명 :</td><td></td></tr>
</table>

<table>
<tr><td rowspan="2">작업자명단</td><td></td><td></td><td></td><td></td><td></td><td></td></tr>
<tr><td></td><td></td><td></td><td></td><td></td><td></td></tr>
<tr><td colspan="7">화기작업자 (서명)</td></tr>
</table>

4) 화기취급작업 허가서

[본 화기취급작업 허가서는 반드시 작업현장에 게시하고 작업완료 후 소방안전관리자에게 반납해야 한다.]

<table>
<tr><td>허가사항</td><td colspan="2">허가번호 :</td><td colspan="2">허가일자 : 년 월 일</td><td>(소방안전관리자)
(서명)</td></tr>
<tr><td>화재감시자</td><td colspan="3">성명 : (서명)</td><td colspan="2">휴대폰번호 :</td></tr>
<tr><td>작업명</td><td colspan="5"></td></tr>
<tr><td>작업구분</td><td colspan="5">□ 용접 □ 용단 □ 땜 □ 연마 □ 기타 ( )</td></tr>
<tr><td>작업구역</td><td colspan="5"></td></tr>
<tr><td>작업일시</td><td colspan="5">년 월 일 00:00 ~ 00:00</td></tr>
<tr><td rowspan="19">화기작업
체크리스트
(작업 중)

소방안전관리자
확인</td><td colspan="4">점검내용</td><td>결과
[○, ×]</td></tr>
<tr><td colspan="4">1. 화기작업 허가서 발급 및 비치 여부</td><td></td></tr>
<tr><td colspan="4">2. 화재감시자 배치 여부</td><td></td></tr>
<tr><td colspan="4">3. 작업구역 설정 및 출입제한 조치 여부</td><td></td></tr>
<tr><td colspan="4">4. 작업에 맞는 보호구 착용 여부</td><td></td></tr>
<tr><td colspan="4">5. 작업구역 내 가스농도 측정 및 잔류물질 확인 여부</td><td></td></tr>
<tr><td colspan="4">6. 작업구역 11m 內 인화성 및 가연성 물질 제거상태</td><td></td></tr>
<tr><td colspan="4">7. 인화성 물질 취급 작업과 동시작업 유무</td><td></td></tr>
<tr><td colspan="4">8. 불티 비산방지조치(불티차단막/방화포 등) 실시 여부</td><td></td></tr>
<tr><td colspan="4">9. 작업지점 5 m 이내 소화기 비치 여부</td><td></td></tr>
<tr><td colspan="4">10. 교육 실시 여부(소방시설 사용법, 피난로 위치, 초기대응체계 등)</td><td></td></tr>
<tr><td rowspan="8">밀폐공간
작업 시
(체크)</td><td colspan="3">11. 밀폐공간 관계자 외 출입제한 여부</td><td></td></tr>
<tr><td colspan="3">12. 밀폐공간 작업에 필요한 보호구 착용 여부</td><td></td></tr>
<tr><td colspan="3">13. 밀폐공간의 환기 설비 설치 여부</td><td></td></tr>
<tr><td colspan="3">14. 작업자의 개인통신장비 및 휴대용 산소농도측정기 착용 여부</td><td></td></tr>
<tr><td colspan="3">15. 구조장비(구급함/구명줄/삼각대 등) 준비 여부</td><td></td></tr>
<tr><td colspan="3">16. 가스 및 산소농도 측정 여부</td><td></td></tr>
<tr><td colspan="3">17. 전화하면 5분이내 구조할 수 있는 위치에 구조팀 대기</td><td></td></tr>
<tr><td colspan="3">18. 필요한 구조팀 담당자 성명 :</td><td></td></tr>
<tr><td rowspan="4">작업종료
후 안전조치
(작업종료 후 작성
→ 반납)</td><td colspan="4">확인사항</td><td>작업책임자 확인</td></tr>
<tr><td colspan="4">1. 불티잔존 여부(작업 종료 후 30분 후 확인)</td><td rowspan="3">(서명)</td></tr>
<tr><td colspan="4">2. 전원차단 상태</td></tr>
<tr><td colspan="4">3. 인화성 · 가연성 물품의 보관상태</td></tr>
<tr><td>반납확인</td><td colspan="5">소방안전관리자 (서명)</td></tr>
</table>

화기취급작업 안전수칙(후면)	
구분	주요 내용
가연물 이동	■ 작업현장(반경 11 m 이내)의 가연물 이동(제거) * 벽, 파티션, 천장의 반대편에 있는 가연물 이동(제거) ■ 작업현장(반경 11 m 이내)의 바닥을 깨끗이 청소 ■ 가연성, 인화성물질을 보관하던 배관, 용기, 드럼에 대해 위험물질을 방출하고 폭발 및 화재위험성을 미리 확인 ■ 벽, 파티션, 천장 지붕에 가연성 덮개나 단열재가 없을 것
가연물 보호	작업현장(반경 11 m 이내) 가연물의 이동(제거) 등이 어려울 경우 조치 ■ 작업현장(반경 11 m 이내)의 가연물에 차단막 등 설치 ■ 개구부(벽, 바닥, 덕트)에 대해 불연성 물질로 폐쇄 ■ 가연성 바닥재(종이, 나무, 섬유)의 경우 보호조치 ■ 덕트 및 컨베이어벨트를 통해 불티가 비산·점화 가능 시 작동을 정지하거나 적절한 보호조치(차단막 설치 등)
화기취급 수칙	■ 작업허가서에 따른 허가장소, 시간 및 장비를 사용 ■ 용접·용단 장비를 사전에 점검하고 개인보호장구 착용 ■ 불티가 가연물로 비산되지 않도록 주의하여 작업 ■ 작업현장의 화재 위험성이 높아지는 경우 작업 중단 ■ 화재감시자의 지시에 따라 작업수행 및 안전수칙 준수 ■ 작업현장 내 금연 및 음주 금지(위반 시 작업허가 취소)
화재 시 행동요령	■ 화재발생 시 소화기, 옥내소화전으로 초기 소화 ■ 초기소화 실패 시 화재신고(방재실 보고 포함) 및 경보설비 작동 ■ 발화원(용접·용단 작업에 사용되는 가스용기 등) 제거 ■ 화재확산 시 작업자 및 인근 재실자(거주자) 피난유도

MOAG
MOA education Group

PART 07

종합방재실의 운영

CHAPTER 01 종합방재실의 운영

1. 설치대상

1) 초고층건축물 : 층수 50층 이상 또는 높이가 200 m 이상

2) 지하연계 복합 건축물[시행일 : 2025.8.7.]

지하부분이 지하역사 또는 지하도상가와 연결된 건축물로서 다음의 요건을 모두 갖춘 것을 말한다. 다만 화재 발생 시 열과 연기의 배출이 쉬운 구조를 갖춘 건축물로서 대통령령으로 정하는 건축물은 제외한다.

(1) 층수가 11층 이상이거나 용도별 바닥면적 등을 고려하여 대통령령으로 정하는 산정기준에 따른 수용인원이 5천 명 이상인 건축물

(2) 건축물 안에 문화 및 집회시설, 판매시설, 운수시설, 업무시설, 숙박시설, 위락시설 중 테마파크업의 시설 또는 종합병원과 요양병원의 시설이 하나 이상 있는 건축물

2. 설치기준

구분	내용
설치 및 운영	초고층건축물 등의 관리 주체
상주인원	3명 이상
설치개수	1개 단, 100층 이상인 경우 추가 또는 보조 종합재난 관리체계 구축(공동주택 제외)
설치위치	1) 1층 또는 피난층에 설치 ① 2층 또는 지하 1층 - 특별피난계단 출입구로부터 5 m 이내에 설치 가능 ② 공동주택의 경우에는 관리사무소 내에 설치 가능 2) 비상용 승강장, 피난 전용 승강장 및 특별피난계단으로 이동하기 쉬운 곳 3) 재난정보 수집 및 제공, 방재 활동의 거점 역할을 할 수 있는 곳 4) 소방대가 쉽게 도달할 수 있는 곳 5) 화재 및 침수 등으로 인하여 피해를 입을 우려가 적은 곳
구조 및 면적	1) 다른 부분과 방화구획을 할 것(단, 제어실 등의 감시를 위해 두께 7 mm 이상의 망입유리로 된 4 m^2 미만의 붙박이창을 설치할 수 있음) 2) 인력의 대기 및 휴식 등을 위해 종합 방재실과 방화구획된 부속실을 설치 3) 면적은 20 m^2 이상 4) 출입문에는 출입 제한 및 통제 장치를 갖출 것

구분	내용
적용설비	1) 조명설비(예비전원 포함) 및 급수·배수설비 2) 상용전원과 예비전원의 공급을 자동 또는 수동으로 전환하는 설비 3) 급기·배기설비 및 냉방·난방 설비 4) 전력 공급 상황 확인 시스템 5) 공기조화·냉난방·소방·승강기 설비의 감시 및 제어 시스템 6) 자료 저장 시스템 7) 지진계 및 풍향·풍속계 8) 소화장비 보관함 및 무정전 전원공급장치 9) 피난안전구역, 피난용 승강기 승강장 및 테러 등의 감시와 방범·보안을 위한 CCTV

3. 종합방재실 운영절차

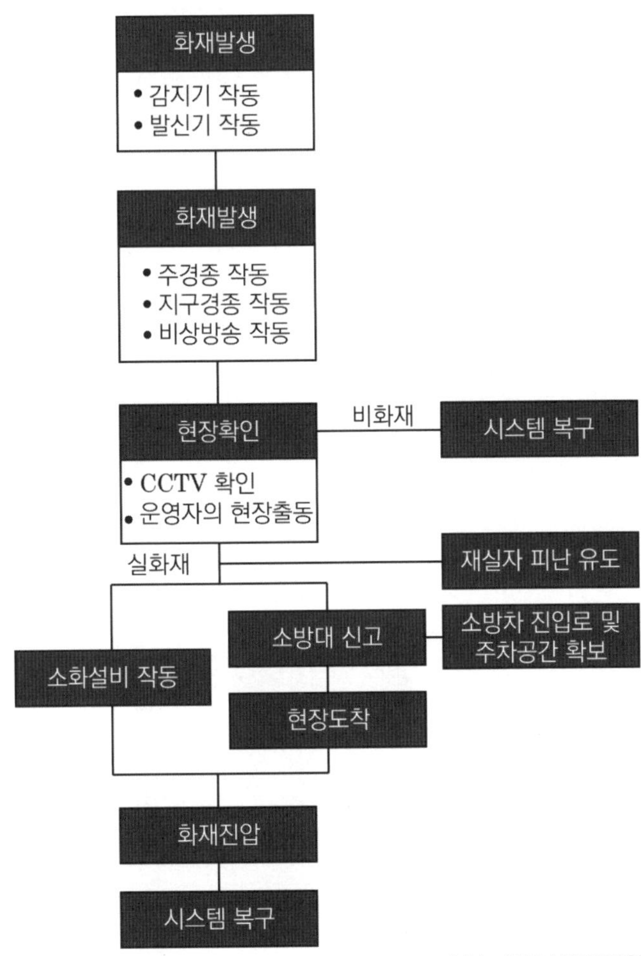

※ 출처 : 한국소방안전원

MOAG
MOA education Group

PART 08

응급처치이론 및 실습

응급처치 개요

1. 응급처치

1) 갑자기 발생한 외상이나 질환에 대해 주로 발생하는 장소 또는 반송된 의료기관에서 최소한도의 치료를 행하는 것, 즉 의사에게 치료를 받기 전까지의 즉각적인 임시조치를 말함

2) 중요성
   (1) 환자의 고통 경감
   (2) 긴급환자의 생명 유지
   (3) 응급처치로 인한 치료기간 단축
   (4) 현장처치의 원활화로 의료비 절감

2. 응급처치의 일반원칙

1) 긴박한 상황에서도 구조자는 자신의 안전을 최우선으로 할 것
2) 응급처치 시 사전에 보호자 또는 당사자의 이해와 동의를 얻어 실시
3) 당황하거나 흥분하지 말고 침착하게 사고의 정도와 환자의 모든 상태 확인
4) 응급처치와 동시에 119 구조·구급대, 경찰, 병원 등에 응급구조 요청
5) 환자상태를 관찰하며 모든 손상을 발견하여 처치하되 불확실한 처치 금지
6) 119구급차 이용에 따른 비용징수 문제

3. 응급처치 기본사항

1) 기도 확보(유지)
   (1) 구강 내 이물질 제거하기 위해 기침 유도, 기침이 어려울 시 복부 밀어내기 실시 (이물질 함부로 제거 금지)
   (2) 구토를 하는 경우 머리를 옆으로 돌려 구토물의 흡입으로 인한 질식 예방
   (3) 이물질 제거 후 머리를 뒤로 젖히고, 턱을 위로 들어 올려 기도 개방

2) 지혈
   출혈부위 지압으로 저산소 출혈성 쇼크 방지

3) 상처 보호

상처 부위에 소독거즈로 응급처치하고 붕대로 드레싱하되, 1차 사용한 거즈 등으로 상처를 닦는 것은 금하고 청결하게 소독된 거즈 사용

4. 응급처치 체계도

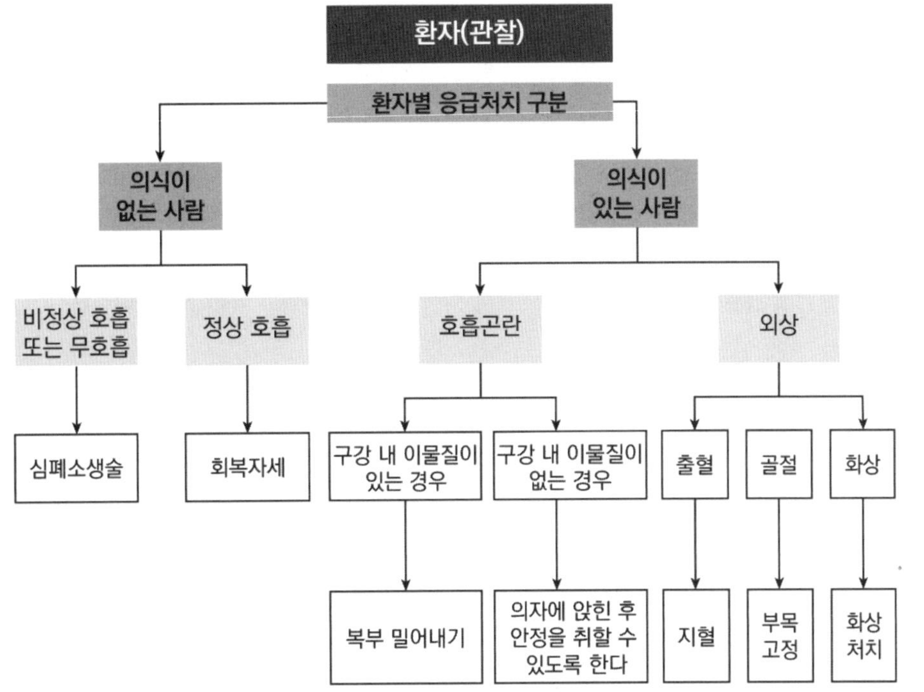

※ 출처 : 한국소방안전원

응급처치 요령

1. 화상의 원인 및 내용 물질

1) 열 : 열, 뜨거운 증기나 고체
2) 전기 : 일반전기 또는 낙뢰
3) 화학물질 : 독성물질(강산, 강알카리성, 부식성물질)
4) 빛 : 태양열을 포함한 자외선, 강력한 빛
5) 방사선 : 핵물질

2. 화상의 종류

구분	설명	그림
1도 화상 (표피 화상)	1) 표피손상 : 홍반성 2) 약간의 부종과 홍반 수반 3) 가벼운 통증	
2도 화상 (부분층 화상)	1) 진피손상 : 수포성 2) 심한 통증과 발적, 수포 발생 3) 진물이 나고 감염 위험	
3도 화상 (전층 화상)	1) 피하지방층 및 근육층 손상 : 괴사성 2) 피부는 가죽처럼 매끈하고 피부색은 검게 변함 3) 화상부위 건조하며 통증 없음	

3. 화상의 응급처치

1) 의복이 화상부위에 붙어 있을 경우 옷을 잘라내지 말고 다른 물질들과 접촉 금지
2) 1, 2도 화상은 15 ~ 30분 동안 흐르는 물에 화상부위 열 식혀줄 것, 3도 화상은 물에 적신 천을 대어 열기가 심부로 전달되는 것 방지
3) 화상부위 오염 우려 시 소독거즈 있을 경우 화상부위 덮어주기(골절환자의 경우 무리한 드레싱 금지)
4) 2도 화상의 경우 수포 상태의 감염우려가 있으니 터뜨리지 말 것
5) 이송 : 화상부위가 상부로 오도록 조치하고, 손상되지 않도록 유의할 것

4. 출혈

1) 출혈
   (1) 외출혈 : 혈액이 피부 밖으로 흘러나오는 것
   (2) 내출혈 : 피부 안쪽에 고이는 것
2) 출혈 증상
   (1) 호흡과 맥박이 빠르고 약하며 불규칙
   (2) 저체온, 저혈압 및 호흡곤란(피부 창백)
   (3) 탈수현상으로 인한 갈증
   (4) 동공 확대 및 두려움이나 불안 호소
   (5) 구토 발생

5. 출혈 시 응급조치

1) 직접 압박법
   (1) 출혈부위를 압박붕대 및 솜 등으로 압박하여 지혈하는 방법
   (2) 소독거즈로 출혈부위를 덮은 후 4 ~ 6인치 압박붕대로 출혈부위가 압박되게 감아줌
   (3) 압박 후 출혈이 계속되면 소독된 거즈를 추가로 덮고 압박붕대를 한 번 더 감아 출혈부위를 심장보다 높여줌으로써 출혈량 감소
2) 지혈대
   (1) 신체의 절단이나 과다출혈의 경우 최후의 수단으로 사용
   (2) 지혈대를 오랜 시간 장착하면 산소의 공급으로 조직괴사 유발되므로 관절부위에는 착용 금지(5 cm 이상의 띠 사용)
   (3) 지혈대 사용법
      ① 출혈부위에서 5 ~ 7 cm 상단부위 묶기
      ② 출혈이 멈추는 지점에서 조임 정지
      ③ 지혈대가 풀리지 않도록 정리

④ 지혈대 착용시간 기록

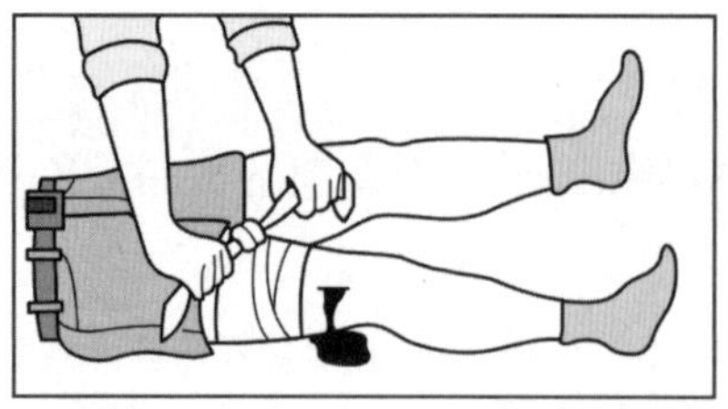

① 출혈부위에서 5~7 cm 상단부위를 묶는다.

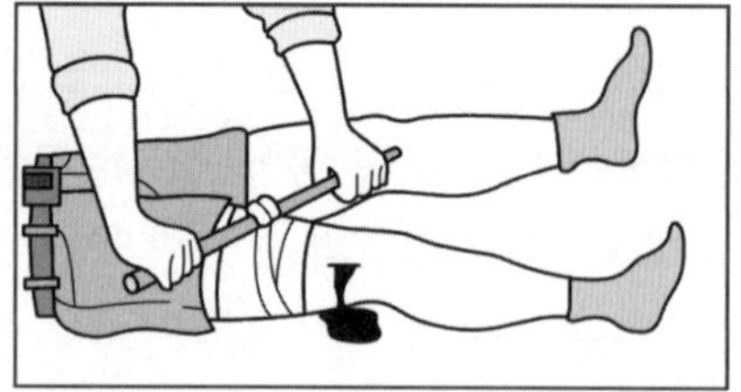

② 출혈이 멈추는 지점에서 조임을 멈춘다.

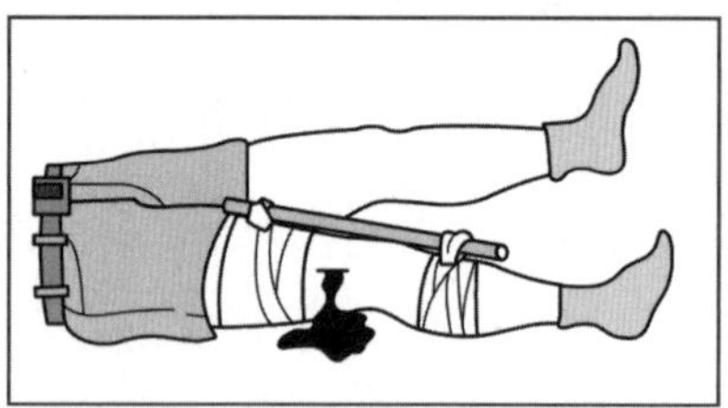

③ 지혈대가 풀리지 않도록 정리한다.

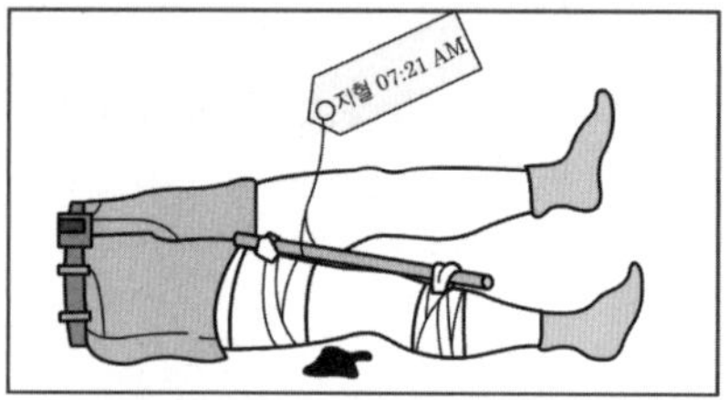

④ 지혈대 착용시간을 기록한다.

※ 출처 : 한국소방안전원

사람의 체내에는 체중의 약 8 % 혈액이 있으며 출혈로 혈액량 감소 시 온몸이 저산소 출혈성 쇼크상태가 된다. 출혈의 원인 및 환자의 상태 등에 따라 다르나, 일반적으로 개인당 혈액량의 15 ~ 20 % 출혈 시 생명이 위험해지고 30 % 출혈 시 생명을 잃게 된다.

6. 심폐소생술(CPR)

1) 목적

(1) 심장의 기능이 정지하거나 호흡이 멈출 경우를 대비한 응급조치

(2) 호흡이 없으면 즉시 심폐소생술 실시

(3) 심정지 4 ~ 6분 경과 : 산소부족으로 뇌손상되어 회복되지 않음

(4) 기본순서 : 가슴압박 → 기도유지 → 인공호흡

2) 심폐소생술 시행방법

조치	내용	
반응 확인	환자에게 "여보세요, 괜찮으세요?"라고 물어보고 소리를 내거나 반응이 없으면 심정지 가능성 높음	
119신고	주변사람에게 119신고 요청	

조치	내용	
호흡 확인	얼굴과 가슴을 10초 이내 관찰하고 호흡이 없으면 심정지 판단	
가슴압박 30회 시행	성인 분당 100 ~ 120회 속도로 환자의 가슴이 약 5 cm(소아 4 ~ 5 cm) 깊이로 강하게 눌리도록 체중을 실어 가슴압박	
인공호흡 2회 시행	1) 환자의 머리를 젖히고, 턱을 들어 올려 기도 개방 2) 엄지와 검지로 환자의 코를 잡아서 막고, 입을 크게 벌려 환자의 입을 완전히 막은 후 가슴이 올라올 정도로 1초에 걸쳐 숨을 불어 넣음 3) 숨을 불어넣은 후에는 입을 떼고 코도 놓아 공기 배출	
가슴압박과 인공호흡 반복	심폐소생술 5주기 시행 30 : 2 가슴압박과 인공호흡 5회 반복	
회복자세	환자가 움직이거나 호흡이 회복되었는지 확인하고, 호흡이 회복된 경우 옆으로 눕혀 기도 개방	

※ 사진 출처 : 대한심폐소생협회

7. 자동심장충격기(AED) 사용방법

구분	사용방법	사진
1단계	전원 ON	
2단계	2개의 패드 부착 ① 패드1 : 환자의 오른쪽 빗장뼈 아래 부착 ② 패드2 : 환자의 왼쪽 젖꼭지 아래 중간겨드랑선 부착	

구분	사용방법	사진
3단계	심장리듬 분석 ① "분석 중"이라는 음성 지시가 나오면, 심폐소생술을 멈추고 환자에게서 손을 뗀다. ② "심장충격이 필요합니다"라는 음성 지시와 함께 스스로 설정된 에너지 충전을 시작한다. ③ 심장충격기의 충전은 수 초 이상 소요되므로 가능한 가슴압박을 시행한다. ④ 심장충격이 필요 없는 경우에는 "환자의 상태를 확인하고, 심폐소생술을 계속 하십시오"라는 음성 지시가 나오며, 이 경우에는 즉시 심폐소생술을 시작한다.	
4단계	심장충격(제세동) 시행 ① 심장충격이 필요한 경우에만 심장충격 버튼이 깜박이기 시작한다. ② 깜박이는 버튼을 눌러 심장충격을 시행한다. ③ 심장충격 버튼을 누르기 전에는 반드시 다른 사람이 환자에게서 떨어져 있는지 확인하여야 한다.	
5단계	즉시 심폐소생술 다시 시행 ① 심장충격을 실시한 뒤에는 즉시 가슴압박과 인공호흡을 30 : 2로 다시 시작한다. ② 심장충격기는 2분마다 심장리듬을 반복해서 분석한다. ③ 심장충격기의 사용 및 심폐소생술의 시행은 119구급대가 현장에 도착할 때까지 계속한다.	

※ 사진 출처 : 대한심폐소생협회

PART 09

소방시설의 구조·점검 및 실습

CHAPTER 01 소방시설의 종류 및 적용기준

구분	목적	종류
소화설비	물, 그 밖의 소화약제를 사용하여 소화하는 기계·기구 또는 설비	1) 소화기구 ① 소화기 ② 자동확산소화기 ③ 간이소화용구 2) 자동소화장치 ① 주거용 주방 ② 상업용 주방 ③ 캐비닛형 ④ 가스 ⑤ 분말 ⑥ 고체에어로졸 3) 옥내소화전설비(호스릴옥내소화전설비 포함) 4) 옥외소화전설비 5) 스프링클러설비등 ① 스프링클러설비 ② 간이스프링클러설비(캐비닛형 포함) ③ 화재조기진압용 스프링클러설비 6) 물분무등소화설비 ① 물분무소화설비 ② 미분무소화설비 ③ 포소화설비 ④ 이산화탄소소화설비 ⑤ 분말소화설비 ⑥ 할론 소화설비 ⑦ 할로겐화합물 및 불활성기체소화설비소화설비 ⑧ 강화액소화설비 ⑨ 고체에어로졸소화설비
경보설비	화재발생 사실을 통보하는 기계·기구 또는 설비	1) 비상경보설비(비상벨설비 및 자동식 사이렌설비) 2) 단독경보형 감지기 3) 비상방송설비 4) 자동화재 탐지설비 및 시각경보기 5) 누전경보기 6) 가스누설경보기 7) 자동화재 속보설비 8) 통합감시시설 9) 시각경보기 10) 화재알림설비

구분	목적	종류
피난 구조설비	화재가 발생할 경우 피난하기 위하여 사용하는 기구 또는 설비	1) 피난기구 ① 피난사다리 ② 구조대 ③ 완강기 ④ 간이완강기 등 2) 인명구조기구 ① 방열복 ② 방화복 ③ 공기호흡기 ④ 인공소생기 3) 유도등 ① 피난구유도등 ② 통로유도등 ③ 객석유도등 ④ 피난유도선 ⑤ 유도표지 4) 비상조명등 및 휴대용 비상조명등
소화용수 설비	화재를 진압하는 데 필요한 물을 공급하거나 저장하는 설비	1) 상수도소화용수설비 2) 소화수조·저수조 그 밖의 소화용수설비
소화활동 설비	화재를 진압하거나 인명구조활동을 위하여 사용하는 설비	1) 제연설비 2) 연결송수관설비 3) 연결살수설비 4) 비상콘센트설비 5) 무선통신보조설비 6) 연소방지설비

CHAPTER 02 소화설비

1. 소화기구

1) 소화기구의 종류 및 설치대상

(1) 소화기구

① 소화약제를 압력에 따라 방사하는 기구로서 사람이 수동으로 조작하여 소화

② 설치대상

구분	소화기구
대상물	1) 연면적 33 m^2 이상 2) 위에 해당하지 않는 국가유산 및 가스시설, 전기저장시설 3) 터널, 지하구

(2) 소화기

① 물이나 소화약제를 압력에 의하여 방사하는 기구로서 사람이 조작하여 소화하는 것(소화약제에 의한 간이소화용구를 제외)으로 다음의 소화기를 말한다.

종류	기준
소형소화기	능력단위가 1단위 이상이고 대형소화기의 능력단위 미만인 소화기
대형소화기	화재 시 사람이 운반할 수 있도록 운반대와 바퀴가 설치되어 있고 능력단위가 A급 10단위 이상, B급 20단위 이상인 소화기

② 소화기 보행거리

- 소형소화기 : 20 m 이내
- 대형소화기 : 30 m 이내

③ 분말소화기

㉠ 소화약제 및 적응화재

적응화재	소화약제	소화효과
ABC급	제1인산암모늄($NH_4H_2PO_4$)	질식효과, 억제(부촉매) 효과
BC급	탄산수소나트륨(Na_2HCO_3)	
	탄산수소칼륨($KHCO_3$)	
	탄산수소칼륨 + 요소($KHCO_3$ + $(NH_2)_2CO$	

㉡ 가압방식에 의한 분류

구분	축압식 소화기	가압식 소화기
정의	용기 중에 소화약제와 함께 소화약제의 방출원이 되는 질소 등의 압축가스를 봉입한 방식 용기 내 압력을 확인할 수 있도록 지시 압력계가 부착되어 사용가능한 범위가 녹색으로 되어 있다.	소화약제의 방출원이 되는 가압가스를 소화기 본체용기와는 별도의 가압용 가스용기에 충전하여 장치하고 가압용가스용기의 작동봉판을 파괴하는 등의 조작에 의하여 방출되는 가스의 압력으로 소화약제를 방사하는 방식
압력계	설치(0.7 ~ 0.98 MPa 유지)	불필요

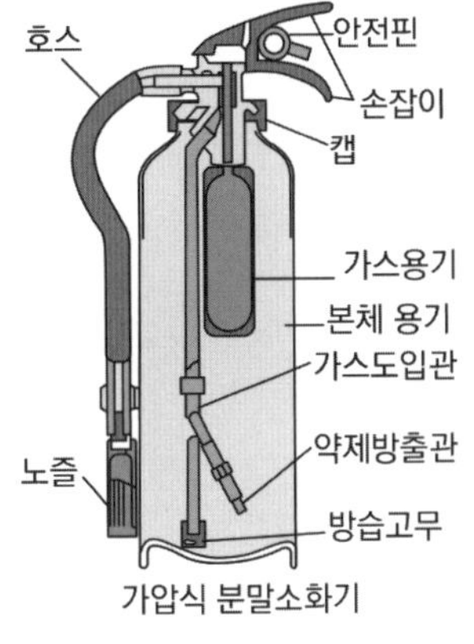

가압식 분말소화기

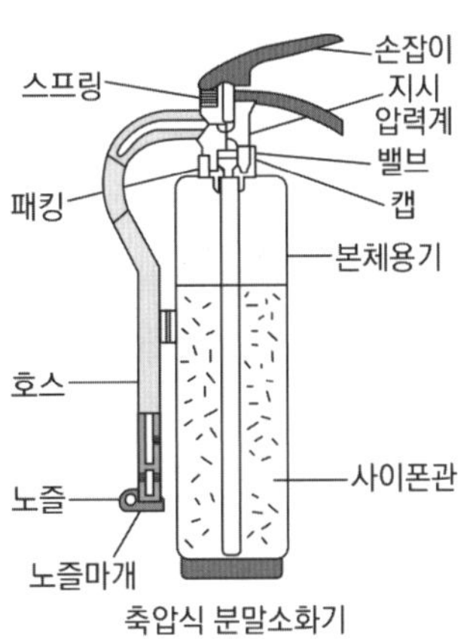

축압식 분말소화기

※ 출처 : 한국소방안전원

㉢ 분말소화기의 내용연수

소화기의 내용연수를 10년으로 하고 내용연수가 지난 제품은 교체 또는 성능검사에 합격한 소화기는 내용연수 등이 경과한 날의 다음 달부터 다음 기간 동안 사용

- 내용연수 경과 후 10년 미만 : 3년
- 내용연수 경과 후 10년 이상 : 1년

㉣ 분말소화기의 폐기방법

폐기물관리법에 따라 생활폐기물 신고필증을 구매·부착하여 지정된 장소에 배출(지방자치단체 조례에 따라 폐기방법이 다를 수 있음)

④ 이산화탄소소화기(순도 99.5 % 이상)

㉠ 소화약제 및 적응화재

적응화재	소화약제	소화효과
BC급	이산화탄소(액화탄산가스)	질식효과, 냉각 효과

㉡ 구조

- 본체 용기에 충전된 이산화탄소가 레버식 밸브(대형 소화기 : 핸들식)의 개폐에 의해 방사되므로 방사 중지 가능
- 밸브 본체에는 일정한 압력에서 작동하는 안전밸브 설치

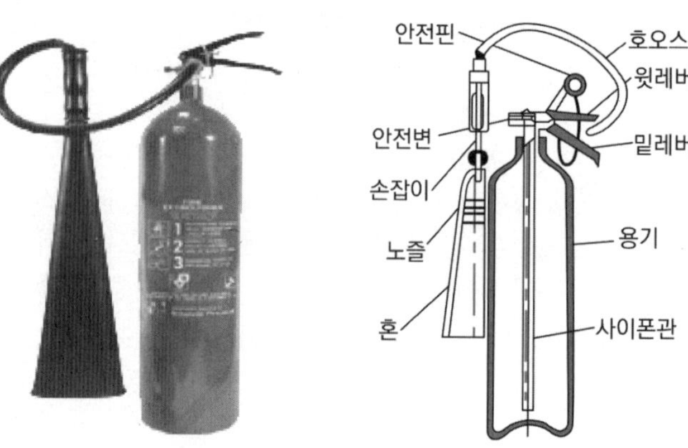

※ 출처 : 한국소방안전원

⑤ 할로겐화합물 소화기

㉠ 할로겐화합물 등 가스계 소화약제 종류

- 브로모클로로디플루오로메탄(할론1211)
- 브로모트리플루오로메탄(할론 1301)
- 할론 1211 및 할론 1301을 혼합한 약제
- 디클로로트리플루오로에탄(HCFC-123)
- 도데카플루오로-2-메틸 펜탄-3-원(FK-5-1-12)
- 헥사플루오로프로판(HFC-236fa)
- HCFC BLEND B(HCFC-123, 테트라플루오로메탄(FC-1-4) 및 아르곤으로 구성)

㉡ 적응화재 및 소화효과

- 적응화재 : ABC급
- 소화효과 : 억제(부촉매) 및 질식소화

㉢ 구조

용기 내 압력을 가리키는 지시압력계가 부착되어 사용가능한 압력 범위가 녹색으로 되어 있다. 다만 할론 1301 등과 같이 자체 증기압으로 방사되는 경우에는 지시압력계를 제외할 수 있다.

⑥ 대형 소화기의 소화약제량(소화기의 형식승인 및 제품검사 기술기준)

소화기 종류	물	강화액	포	CO_2	Halogen화합물	분말
약제량(이상)	80 L	60 L	20 L	50 kg	30 kg	20 kg

※ 소화기 점검

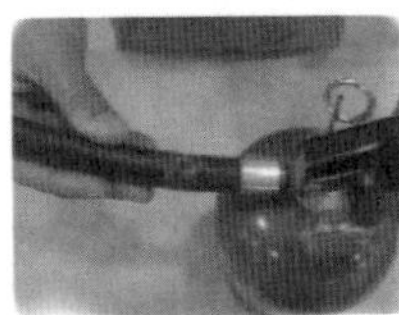
[호스 파손]

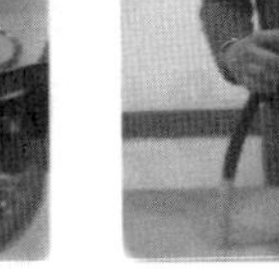
[호스 탈락]

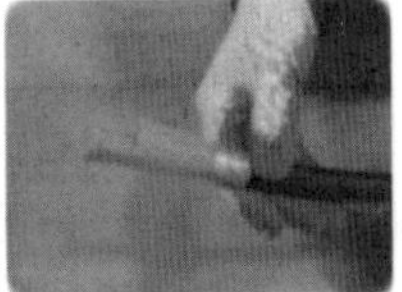
[노즐 파손]

[혼 파손]

[호스가 없는 소화기]

※ 출처 : 한국소방안전원

※ 소화기 지시압력

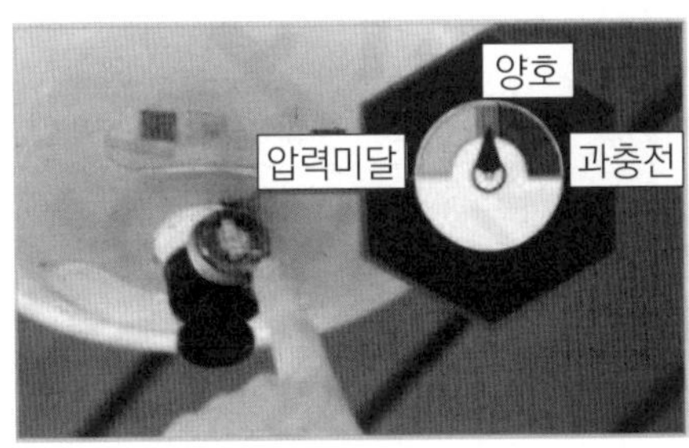

※ 출처 : 한국소방안전원

(3) 자동확산소화기

화재를 감지하여 자동으로 소화약제를 방출, 확산시켜 국소적으로 소화하는 소화기

① 일반화재용 자동확산소화기 : 보일러실, 건조실, 세탁소, 대량화기취급소 등에 설치되는 자동확산소화기

② 주방화재용 자동확산소화기 : 음식점, 다중이용업소, 호텔, 기숙사, 의료시설, 업무시설, 공장 등의 주방에 설치되는 자동확산소화기

③ 전기설비용 자동확산소화기 : 변전실, 송전실, 변압기실, 배전반실, 제어반, 분전반 등에 설치되는 자동확산소화기

(4) 간이소화용구

① 능력단위 1단위 미만의 소화용구 및 소화약제 외의 것을 이용한 소화용구

② 종류 : 에어로졸식 소화용구, 투척용 소화용구, 소공간용 소화용구, 팽창질석, 팽창진주암, 마른모래 등

* 에어로졸식 소화용구 : 사람이 조작하여 소화약제를 압력에 의하여 방사하는 기구로서 능력단위가 1 미만이고 한번 사용한 후에는 다시 사용할 수 없는 소화용구
* 투척용 소화용구 : 용기에 축압가스를 제외한 소화약제만을 충전한 것으로 4개 이하의 소화용구를 1세트로 구성하여 화재가 발생한 곳에 던져서 소화하는 용구
* 소공간용 소화용구 : 소공간의 화재를 자동으로 감지하여 소화하는 소화용구

③ 소화약제 외의 것을 이용한 간이소화용구의 능력단위

간이소화용구	용량	능력단위
마른 모래(삽을 상비)	50 L 이상의 것 1포	0.5단위
팽창질석 또는 팽창진주암(삽을 상비)	80 L 이상의 것 1포	0.5단위

④ 소공간용 소화용구 : 분전반과 배전반 등 체적 0.36 m^3 미만인 소공간에 적용

(5) 분체소화기(D급 소화기)

염화나트륨, 흑연, 구리 등을 주성분으로 하는 분말 또는 과립형태 물질의 소화약제를 사용하는 것으로 D급 화재용으로만 사용되는 소화기이며 소화 가능한 가연성 금속재료의 종류 및 형태, 중량, 면적이 용기에 표시되어 있다.

소화기의 주요 일반 구조

1. 작동방식이 확실하고 취급과 점검 및 정비가 용이할 것
2. 소화기는 한사람이 쉽게 사용할 수 있어야 하며 조작 시 인체에 부상을 유발하지 않는 구조일 것
3. 소화기에 충전하는 소화약제는 소화약제의 중량을 100 g 단위로 구분할 것
4. 축압식 소화기는 지시압력계를 설치할 것. 다만 이산화탄소 및 할론 1301 등 자체 증기압으로 방사되는 구조의 소화기는 제외할 것
5. 지시압력계는 충전압력값이 소화기의 축심과 일직선상에 위치하도록 부착할 것
6. 소화기의 주 기능에 영향을 미치는 부속장치를 설치하지 않을 것
7. 휴대식 소화기는 별도의 지지대 없이 바로 세워질 수 있어야 하며 벽에 걸 수 있는 구조일 것
8. 소화기의 표면은 녹슬지 않도록 칠을 할 것. 다만 내식성 재료로 된 소화기는 제외 가능

2) 자동소화장치

(1) 소화약제를 자동으로 방사하는 고정된 소화장치로, 법에 따른 형식승인을 받은 유효설치 범위 이내에 설치하여 소화하는 것

(2) 종류
주거용 주방, 상업용 주방, 캐비닛형, 가스, 분말, 고체에어로졸

(3) 설치대상

구분	자동소화장치
대상물	1) 주거용 주방 : 아파트등 및 오피스텔의 모든 층 2) 상업용 주방 : 판매시설 중 대규모점포에 입점해 있는 일반음식점, 집단급식소 3) 캐비닛형 · 가스 · 분말 · 고체에어로졸 : 화재안전기준에서 정하는 장소

3) 소화기구 및 자동소화장치 설치기준

(1) 소화기구의 설치기준(자동확산소화기 제외)

구분	설치기준
높이	바닥으로부터 1.5 m 이하
표지판	"소화기", "투척용 소화용구", "소화용 모래", "소화질석" 표지 부착

(2) 소화기의 설치기준

구분	설치기준
층	각 층마다 설치
높이	바닥으로부터 1.5 m 이하
보행거리	소형 소화기는 20 m 이내(대형 소화기는 30 m 이내)
바닥면적	바닥면적이 33 m^2 이상 구획된 각 거실(아파트 경우에는 각 세대)
능력단위가 2단위 이상 소화기 설치 특정소방대상물	간이소화용구의 능력단위가 전체능력단위의 1/2 이하일 것 (노유자시설은 1/2 초과 가능)

(3) 자동확산소화기의 설치기준
① 방호대상물에 소화약제가 유효하게 방사될 수 있도록 설치할 것
② 작동에 지장이 없도록 견고하게 고정할 것

(4) 주거용 주방 자동소화장치의 설치기준

구분		설치기준
방출구		환기구의 청소부분과 분리
		형식승인 받은 유효설치 높이 및 방호면적에 따라 설치
감지부		형식승인 받은 유효한 높이 및 위치에 설치
차단장치		상시 확인 및 점검이 가능한 곳
가스용	탐지부	수신부와 분리하여 설치
		공기보다 가벼운 가스 - 천장 면으로부터 30 cm 이하
		공기보다 무거운 가스 - 바닥 면으로부터 30 cm 이하
	수신부	주위의 열기류, 습기 등과 주위온도에 영향을 받지 않고, 사용자가 상시 볼 수 있는 장소

4) 소화기구 사용 및 점검방법

(1) 분말소화기

구성	사용 및 점검방법
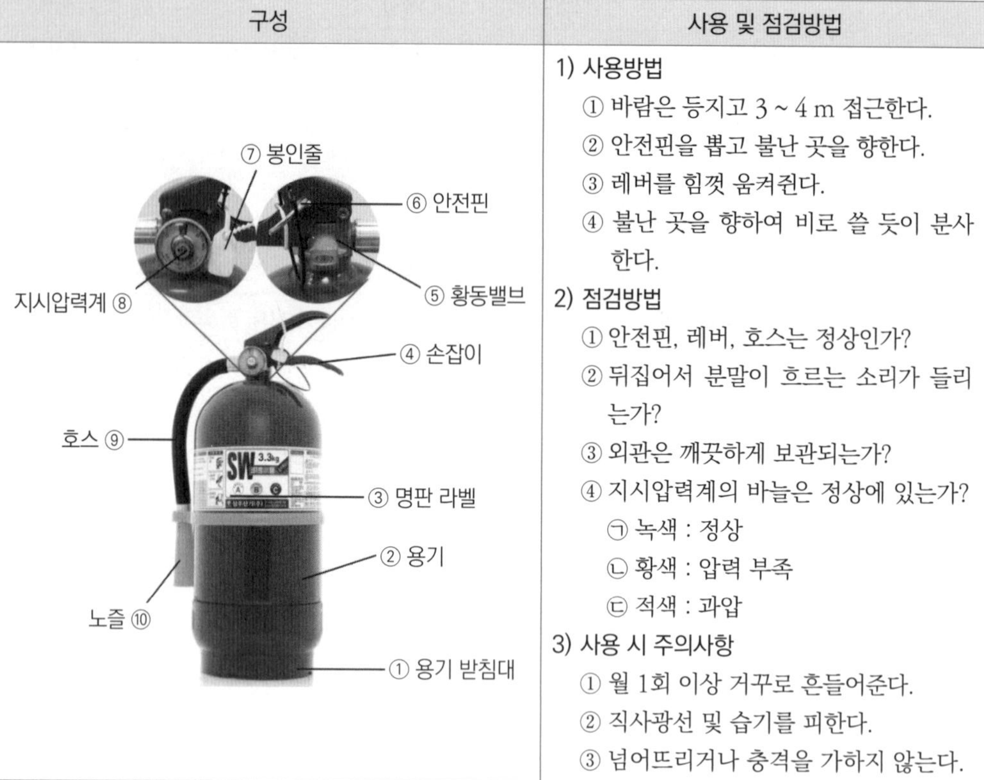	1) 사용방법 ① 바람은 등지고 3 ~ 4 m 접근한다. ② 안전핀을 뽑고 불난 곳을 향한다. ③ 레버를 힘껏 움켜쥔다. ④ 불난 곳을 향하여 비로 쓸 듯이 분사한다. 2) 점검방법 ① 안전핀, 레버, 호스는 정상인가? ② 뒤집어서 분말이 흐르는 소리가 들리는가? ③ 외관은 깨끗하게 보관되는가? ④ 지시압력계의 바늘은 정상에 있는가? ㉠ 녹색 : 정상 ㉡ 황색 : 압력 부족 ㉢ 적색 : 과압 3) 사용 시 주의사항 ① 월 1회 이상 거꾸로 흔들어준다. ② 직사광선 및 습기를 피한다. ③ 넘어뜨리거나 충격을 가하지 않는다.

(2) 자동확산소화기

자동확산소화기	점검방법
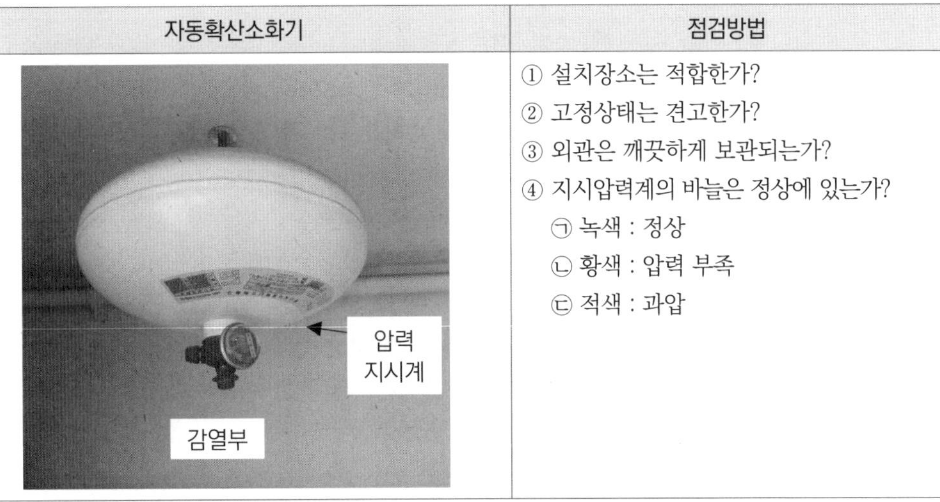	① 설치장소는 적합한가? ② 고정상태는 견고한가? ③ 외관은 깨끗하게 보관되는가? ④ 지시압력계의 바늘은 정상에 있는가? ㉠ 녹색 : 정상 ㉡ 황색 : 압력 부족 ㉢ 적색 : 과압

(3) 주거용 주방자동소화장치

주거용 주방자동소화장치	점검방법
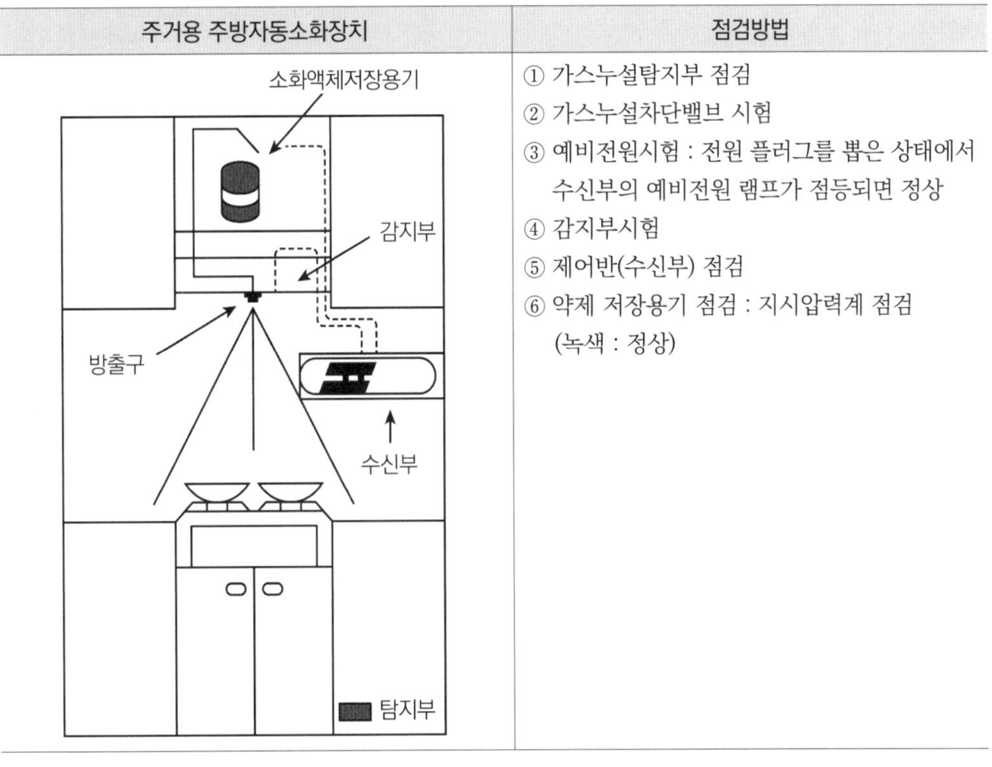	① 가스누설탐지부 점검 ② 가스누설차단밸브 시험 ③ 예비전원시험 : 전원 플러그를 뽑은 상태에서 수신부의 예비전원 램프가 점등되면 정상 ④ 감지부시험 ⑤ 제어반(수신부) 점검 ⑥ 약제 저장용기 점검 : 지시압력계 점검 (녹색 : 정상)

5) 특정소방대상물별 소화기구 능력단위기준

<table>
<tr><th>특정소방대상물</th><th>소화기구의 능력단위(이상)</th></tr>
<tr><td>위락시설</td><td>바닥면적 30 m^2마다 1단위</td></tr>
<tr><td>공연장, 집회장, 관람장, 문화유산, 장례식장 및 의료시설</td><td>바닥면적 50 m^2마다 1단위</td></tr>
<tr><td>근린생활시설, 판매시설, 운수시설, 숙박시설, 노유자시설, 전시장, 공동주택, 업무시설, 방송통신시설, 공장, 창고시설, 항공기 및 자동차 관련 시설 및 관광휴게시설</td><td>바닥면적 100 m^2마다 1단위</td></tr>
<tr><td>그 밖의 것</td><td>바닥면적 200 m^2마다 1단위</td></tr>
<tr><td colspan="2">소화기구의 능력단위를 산출함에 있어서 건축물의 주요구조부가 내화구조이고, 벽 및 반자의 실내에 면하는 부분이 불연재료·준불연재료 또는 난연재료로 된 특정소방대상물에 있어서는 위 표의 기준면적의 2배를 해당 특정소방대상물의 기준면적으로 한다.</td></tr>
</table>

6) 부속용도별 추가 소화기구 및 자동소화장치

<table>
<tr><th colspan="2">용도별</th><th>소화기구의 능력단위</th></tr>
<tr><td colspan="2">1. 다음 각 목의 시설
1) 보일러실(아파트의 경우 방화구획된 것 제외)·건조실·세탁소·대량화기취급소
2) 음식점·다중이용업소·호텔·기숙사·노유자시설·의료시설·업무시설·공장·장례식장·교육연구시설·교정 및 군사시설의 주방·교육연구시설
3) 관리자의 출입이 곤란한 변전실·송전실·변압기실 및 배전반실
4) 지하구의 제어반 또는 분전반</td><td>① 바닥면적 25 m^2마다 능력단위 1단위 이상
② 자동확산소화기
- 바닥면적 10 m^2 이하는 1개
- 10 m^2 초과는 2개를 설치(스프링클러·간이스프링클러·물분무등소화설비 또는 상업용 주방자동소화장치가 설치된 경우 제외)
③ 주방
- 1개 이상은 주방화재용 소화기(K급)를 설치
④ 제어반 또는 분전반
- 가스·분말·고체에어로졸 자동소화장치 설치</td></tr>
<tr><td colspan="2">발전실·변전실·송전실·변압기실·배전반실 통신기기실·전산기기실(관리자의 출입이 곤란한 변전실·송전실·변압기실 및 배전반실은 제외)</td><td>① 바닥면적 50 m^2마다 적응성소화기 1개 이상
② 유효설치방호체적 이내
가스·분말·고체에어로졸 자동소화장치, 캐비닛형 자동소화장치</td></tr>
<tr><td colspan="2">지정수량의 1/5 이상 지정수량 미만의 위험물을 저장, 취급하는 장소</td><td>① 능력단위 2단위 이상
② 유효설치방호체적 이내의 가스·분말·고체에어로졸 자동소화장치, 캐비닛형 자동소화장치</td></tr>
<tr><td rowspan="2">특수가연물을 저장 또는 취급하는 장소</td><td>지정수량 이상</td><td>지정수량의 50배 이상마다 능력단위 1단위 이상</td></tr>
<tr><td>지정수량의 500배 이상</td><td>대형 소화기 1개 이상</td></tr>
</table>

2. 옥내소화전설비

1) 개요

(1) 화재 발생 시 관계인 및 자체소방대원이 화재 발생 초기에 사용하는 소화설비

(2) 구성 : 수원, 가압송수장치, 배관, 방수구, 호스, 노즐 등

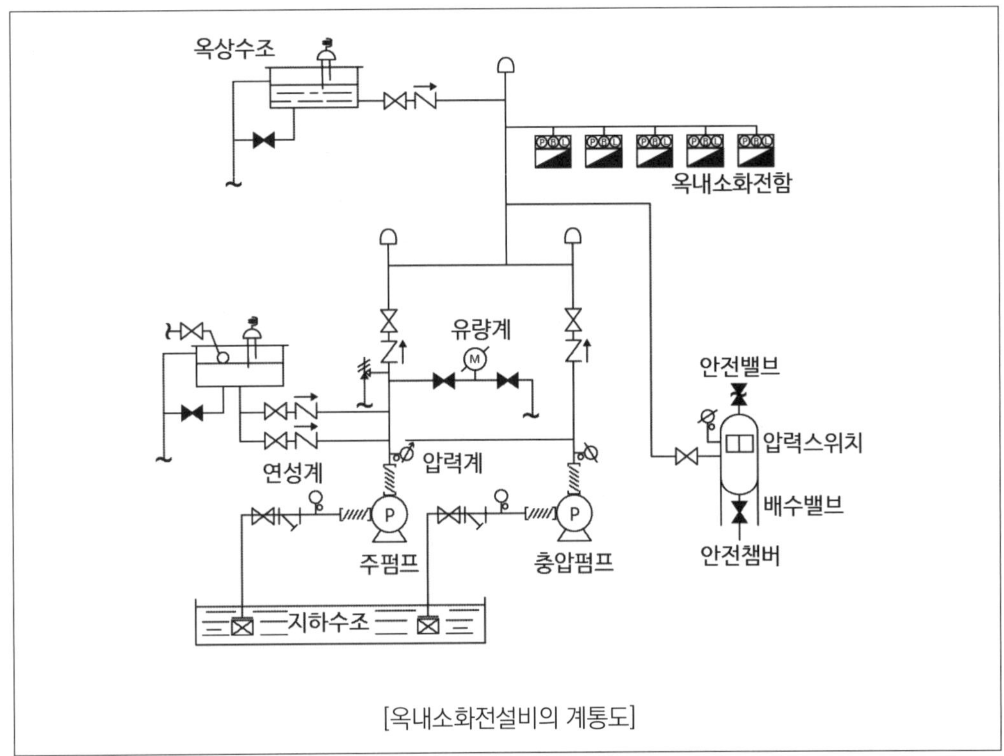

[옥내소화전설비의 계통도]

2) 설치대상

설치대상	기준
특정소방대상물(위험물 저장 및 처리시설 중 가스시설, 스프링클러설비 또는 물분무 등 소화설비 원격 조정 가능한 업무시설 중 무인변전소 제외)	• 연면적 3000 m^2 이상(터널 제외) • 지하층·무장층(축사 제외)으로서 바닥면적 600 m^2 이상인 층이 있는 것 • 4층 이상인 것 중 바닥면적 600 m^2 이상인 층이 있는 것은 모든 층
• 근린생활시설, 판매시설, 운수시설, 의료시설, 노유자시설, 업무시설, 숙박시설, 위락시설, 공장, 창고시설, 항공기 및 자동차 관련 시설, 국방·군사시설, 방송 통신시설, 발전시설, 장례시설 • 복합건축물	• 연면적 1500 m^2 이상 • 지하층·무장층 또는 4층 이상인 층 중 모든 바닥면적 300 m^2 이상인 층이 있는 모든 층
옥상 설치 차고·주차장	차고·주차 용도 사용 부분 면적 200 m^2 이상 해당 부분

설치대상	기준
터널	• 길이 1000 m 이상 • 예상교통량, 경사도 등 터널의 특성을 고려하여 행정안전부령으로 정하는 터널
공장 또는 창고시설	750배 이상의 특수가연물 저장·취급

3) 옥내소화전설비 수원

(1) 수원의 양

① 소화수조

소화수조 수원의 양 = 옥내소화전 설치 개수(최대 2개) × 2.6 m^3 이상
• 30 ~ 49층 : 설치 개수(최대 5개) × 5.2 m^3 이상
• 50층 이상 : 설치 개수(최대 5개) × 7.8 m 이상

㉠ 방수량 : 130 L/min 이상

㉡ 방수압력 : 0.17 MPa 이상 0.7 MPa 이하

㉢ 펌프 토출량 : 130 L/min × 설치개수

㉣ 수원의 양 : 130 L/min × 설치개수 × 20분(40분, 60분)

② 옥상수조

$$\text{옥상수조 수원의 양} = \text{수원의 양}[m^3] \times \frac{1}{3}$$

※ 유효수량 외 별도의 유효수량 1/3 이상을 옥상에 저장하여야 한다.

옥상수조의 설치 제외
1) 지하층만 있는 건축물
2) 고가수조를 가압송수장치로 설치한 옥내소화전 설비
3) 수원이 건축물의 최상층에 설치된 방수구보다 높은 위치에 설치된 경우
4) 건축물의 높이가 지표면으로부터 10 m 이하인 경우
5) 주펌프와 동등 이상의 성능이 있는 별도의 펌프로서, 내연기관의 기동과 연동하여 작동되거나 비상전원을 연결하여 설치한 경우
6) 가압수조를 가압송수장치로 설치한 옥내소화전설비

4) 가압송수장치의 종류

(1) 펌프에 의한 가압송수장치

$$H = h_1 + h_2 + h_3 + 17$$

H : 전 양정[m]
h_1 : 배관, 부속품 마찰손실수두[m]
h_2 : 호스 마찰손실수두[m]
h_3 : 낙차[m]

① 펌프에 의해 가압되는 방식으로서 일반적으로 가장 많이 사용하는 방식

② 별도의 전원공급원이 필요한 방식

※ 출처 : 한국소방안전원

> **기동용 수압개폐장치**
> 펌프방식 중 자동기동방식에서 사용하며 소화설비의 배관 내 압력변동을 검지하여 자동적으로 펌프를 기동 또는 정지시키는 것으로서 압력챔버, 기동용 압력스위치 등을 말한다. 일반적으로 압력챔버방식을 사용하였으나 압력챔버의 누수 등 유지관리의 어려움으로 최근에는 설치 및 관리가 용이한 전자식 기동용 압력스위치방식도 사용하고 있다.

(2) 고가수조의 자연낙차에 의한 가압송수장치

$$H = h_1 + h_2 + 17$$

H : 필요한 낙차[m]
h_1 : 소방용 호스 마찰 수두[m]
h_2 : 배관의 마찰 수두[m]

① 낙차를 이용하여 규정된 방사조건으로 물을 공급하는 방식
② 전원이 불필요한 신뢰도가 가장 높은 방식
③ 최고층의 소화전에 규정 방수압을 얻을 수 있는 높이에 수조를 설치하여야 하므로 일반 건물에 거의 사용되지 못함

※ 출처 : 한국소방안전원

(3) 가압수조에 의한 가압송수장치

① 가압원인 압축공기 또는 불연성 고압기체에 따라 소방용수를 가압시키는 수조를 사용

② 전원이 필요 없는 방식으로, 신뢰도가 우수한 방식

③ 가압수조 및 가압원은 별도의 방화구획된 장소에 설치

※ 출처 : 한국소방안전원

(4) 압력수조에 의한 가압송수장치

$$P = P_1 + P_2 + P_3 + 0.17$$

P : 필요 압력[Mpa]

P_1 : 소방용 호스 마찰손실 수두압[Mpa]

P_2 : 배관 마찰 손실 수두압[Mpa]

P_3 : 낙차 환산 수두압[Mpa]

압력탱크 내에 물을 압입하고, 압력탱크 내의 압축된 공기압력에 의하여 송수하는 방식

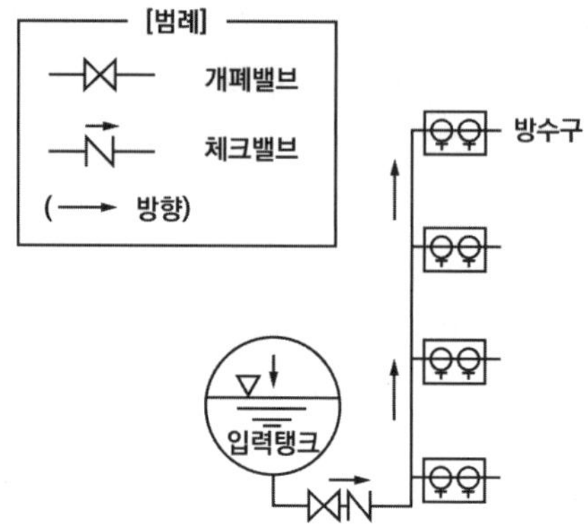

(5) 가압송수장치의 비교

구분	펌프방식	고가수조방식	압력수조방식	가압수조방식
비상전원	필요	불필요	불필요	불필요
신뢰성	소	대	중	중
부대시설	많다	적다	많다	적다
적용제한	없다	있다	없다	없다

5) 소방펌프의 종류

구분	주펌프	충압펌프(보조펌프)
설치목적	화재 시 규정 방수압과 유량의 소화수 공급	배관 및 부속품의 연결부의 등에서 정상적인 누수가 발생했을 때 기동하여 배관 내 압력을 채움
성능시험배관	필요	불필요

※ 예비펌프 : 주펌프의 고장, 수리 등에 대비하여 주펌프와 동등 이상의 성능을 가진 펌프로 추가 설치

6) 소방설비 배관 및 밸브

(1) 옥내소화전과 옥외소화전의 비교

구분	옥내소화전	옥외소화전
호스구경	40 mm	65 mm
노즐	13 mm	19 mm
수평거리	25 m 이하	40 m 이하

(2) 성능시험배관

구분	설치기준
설치위치	펌프의 토출 측 개폐밸브 이전에서 분기
밸브위치	유량계를 기준으로 전단 - 개폐밸브, 후단 - 유량조절밸브
유량계	펌프의 정격토출량의 175 % 이상 측정할 수 있는 성능

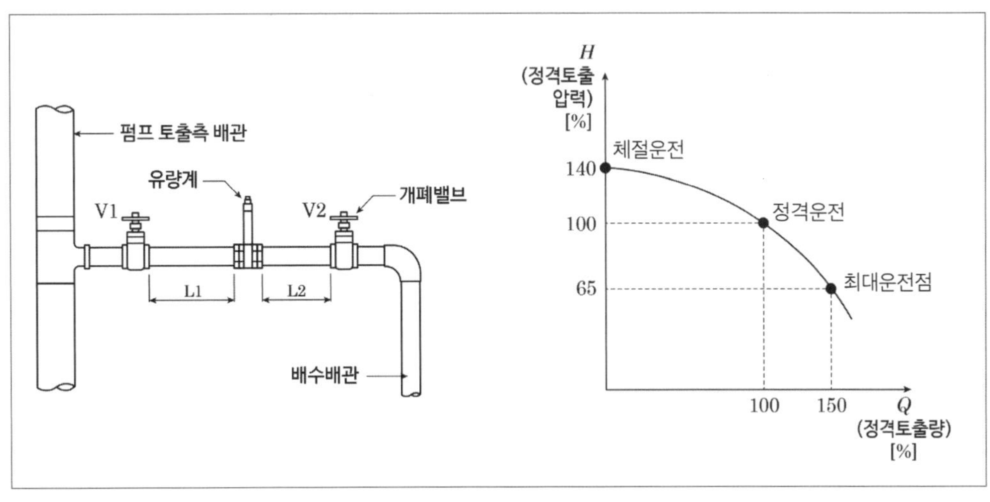

(3) 순환배관

① 설치목적 : 체절운전 시 수온이 상승하여 펌프에 무리가 발생하므로 순환배관 상의 릴리프밸브를 통해 과압을 방출하여 수온 상승과 그로 인한 캐비테이션(공동현상)을 방지하기 위해

② 분기위치 : 펌프토출 측 체크밸브 이전

③ 구경 : 20 mm 이상

④ 릴리프밸브의 작동압력 : 체절압력 미만에서 개방

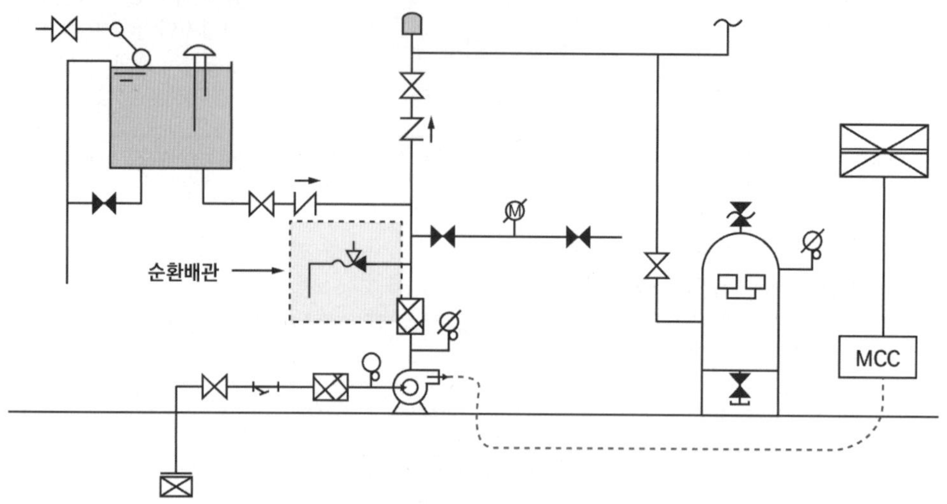

※ 출처 : 한국소방안전원

7) 옥내소화전설비 수조의 설치기준

(1) 점검에 편리한 곳에 설치할 것

(2) 동결방지조치를 하거나 동결의 우려가 없는 장소에 설치할 것

(3) 수조의 외측에 수위계를 설치할 것. 다만 구조상 불가피한 경우에는 수조의 맨홀 등을 통하여 수조 안의 물의 양을 쉽게 확인할 수 있도록 하여야 할 것

(4) 수조의 상단이 바닥보다 높은 때에는 수조의 외측에 고정식 사다리를 설치할 것

(5) 수조가 실내에 설치된 때에는 그 실내에 조명설비를 설치할 것
(6) 수조의 밑 부분에는 청소용 배수밸브 또는 배수관을 설치할 것
(7) 수조의 외측의 보기 쉬운 곳에 "옥내소화전설비용 수조"라는 표시를 설치할 것

8) 옥내소화전함등의 설치기준

(1) 소화전함
① 옥내소화전설비의 함에는 그 표면에 "소화전" 표시
② 보기 쉬운 곳에 사용요령(외국어와 시각적인 그림 포함)을 기재한 표지판 부착
③ 표지판을 함의 문에 붙이는 경우에는 문의 내부 및 외부에 모두 부착

(2) 방수구

구분	설치기준
위치	층마다 설치
수평거리	25 m 이하(호스릴함)
높이	0.8 m 이상 1.5 m 이하
호스구경	40 mm(호스릴 : 25 mm) 이상

(3) 표시등

구분	설치기준
소화전 위치표시등	함의 상부에 설치
펌프 기동표시등	위치표시등 바로 밑쪽에 작은 적색등

9) 기동용 수압개폐장치

(1) 압력챔버
① 배관 내 압력 변동을 검지하여 자동적으로 펌프를 기동 및 정지
② 압력챔버 상부의 공기가 완충작용을 하여 급격한 압력 변화를 방지
→ 배관 내 수격 방지 및 설비 보호

(2) 구성
① 기동용 수압개폐장치(압력챔버) : 용적 100 L 이상
② 안전밸브 : 과압방출
③ 압력스위치 : 압력의 증감을 전기적 신호로 변환
④ 배수밸브 : 압력챔버의 물 배수
⑤ 개폐밸브 : 점검 및 보수 시 급수 차단
⑥ 압력계 : 압력챔버 내 압력 표시

(3) 작동순서
소화전 방수구 개방 ⇨ 배관 내 수압 저하 ⇨ 압력챔버 압력 저하 ⇨ 압력스위치 작동 ⇨ 펌프 기동

※ 출처 : 한국소방안전원

압력챔버의 일반적 역할

1. 펌프의 자동기동 및 정지 : 압력챔버 내 수압의 변화를 감지하여 설정된 펌프의 기동 및 정지점이 될 때 펌프를 자동으로 기동 및 정지한다.
2. 압력변화의 완충작용 : 압력챔버 상부의 공기가 완충작용을 하여 공기의 압축 및 팽창으로 인하여 급격한 압력변화를 방지한다.
3. 압력변동에 따른 설비 보호 : 펌프의 기동 시 압력챔버 상부의 공기가 완충역할을 하여 주변기기의 충격과 손상을 방지한다.

⑷ 전자식 기동용압력스위치

배관 관로에 설치하며 압력챔버방식에 비해 설치가 간단하다. 배관 내 압력을 압력센서에서 인식하여 기동정지의 압력값이 미세하게 세팅이 가능한 장점이 있다. 점검 및 유지보수가 용이하고 1개의 압력스위치로 2 ~ 3대의 펌프를 제어할 수 있으며 펌프기동 및 정지값을 정확하게 설정할 수 있다.

10) 물올림장치

⑴ 기능

수원의 위치가 펌프보다 낮은 경우에만 설치하며, 펌프 흡입 측 배관 및 펌프에 물이 없을 경우 펌프의 공회전을 방지하기 위해 보충수를 공급

⑵ 설치기준

① 물올림장치에는 전용의 탱크를 설치할 것

② 탱크의 유효수량은 100 L 이상으로 하되, 구경 15 mm 이상의 급수배관에 따라 해당 탱크에 물이 계속 보급되도록 할 것

11) 제어반의 종류 및 기능

종류	설치기준	그림설명
감시 제어반	1) 목적 소화설비용 수신반으로 감시 및 제어기능 2) 감시제어반의 기능 ⑴ 각 펌프의 작동 여부를 확인할 수 있는 표시등 및 음향경보기능이 있어야 할 것 ⑵ 각 펌프를 자동 및 수동 작동시키거나 중단시킬 수 있어야 할 것 ⑶ 비상전원을 설치한 경우 상용전원 및 비상전원의 공급 여부를 확인할 수 있어야 할 것 ⑷ 수조 또는 물올림탱크가 저수위로 될 때 표시등 및 음향으로 경보할 것 ⑸ 예비전원이 확보 및 시험장치	화재수신반 감시제어반

종류	설치기준	그림설명
동력 제어반 (MCC : Motor Control Center)	1) 목적 각종 동력(전원)장치의 감시 및 제어기능이 있는 것을 말하며 일반적으로 소화펌프의 직근에 설치 2) 동력제어반의 주요 기능 (1) 각 펌프의 동력 공급 또는 정지(ON/OFF) (2) 각 펌프의 자동 또는 수동기동 3) 동력제어반의 설치기준 (1) 앞면은 적색 (2) "옥내소화전설비용 동력제어반" 표시 설치 (3) 외함은 두께 1.5 mm 이상 강판 또는 이와 동등 이상의 강도·내열성능이 있는 것으로 할 것	

12) 옥내소화전설비 점검

(1) 수원의 점검

① 수조의 수위계등을 이용한 수원의 양 적정 여부

② 유효수량 : 타 소화설비와 수원이 겸용인 경우 각각의 소화설비 유효수량을 가산한 양 이상으로 함

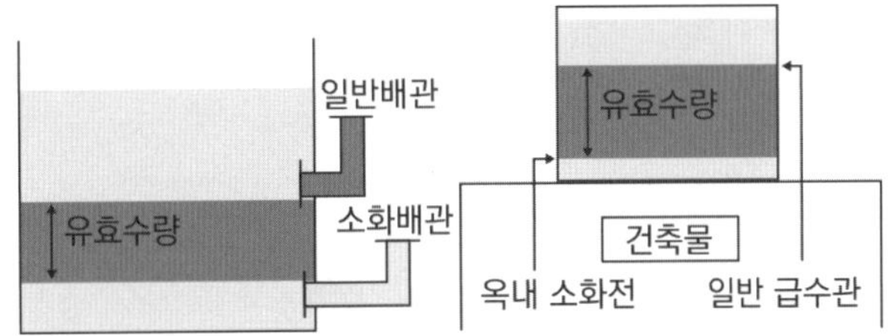

※ 출처 : 한국소방안전원

(2) 방수압력 및 방수량 측정

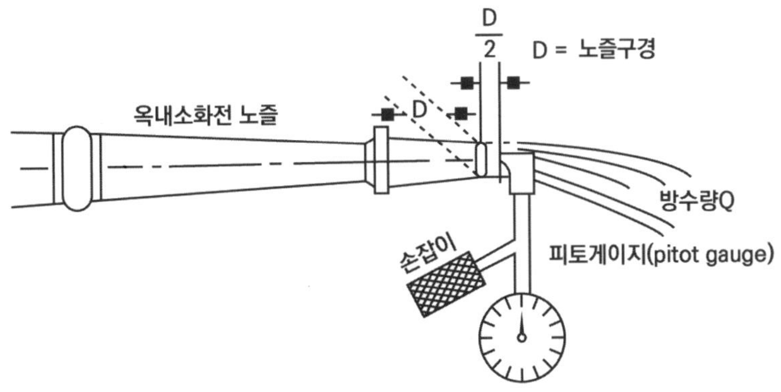

방수압력과 방수량의 측정은 어느 층에 있어서도 2개 이상 설치된 경우에는 2개(설치개수가 1개인 경우에는 1개)를 개방시켜 놓고 측정

구분	측정
방수압력	방수구에 호스를 결속한 상태로 노즐의 선단에 방수압력측정계(피토게이지)를 근접(D/2)시켜서 측정하여 방수압력측정계(피토게이지)의 압력계상의 눈금 확인
방수량	$Q = 2.065 \times D^2 \times \sqrt{p}$ Q : 분당방수량[L/min] D : 관경 또는 노즐의 구경[mm](옥내소화전 : 13 mm, 옥외소화전 : 19 mm) p : 방수입력[MPa]
주의사항	1) 반드시 직사형 관창을 이용하여 측정 2) 초기 방수 시 물 속에 존재하는 이물질이나 공기 등이 완전히 배출된 후에 측정하여야 방수압력측정계(피토게이지)의 입구 구경이 작기 때문에 발생하는 막힘이나 고장 방지 가능 3) 방수입력측정계(피토게이지)는 봉상주수 상태에서 직각으로 측정

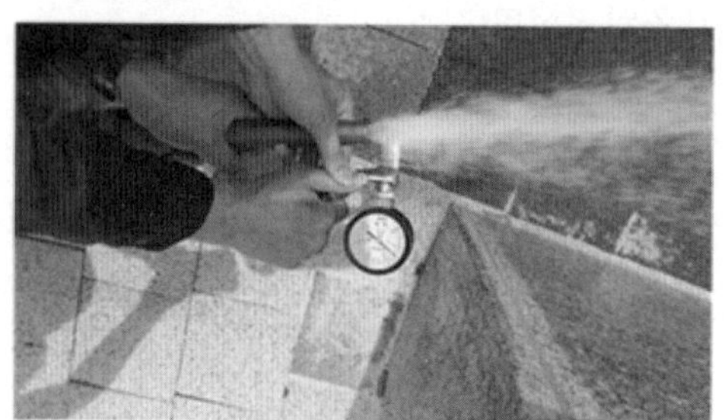

(3) 펌프성능시험

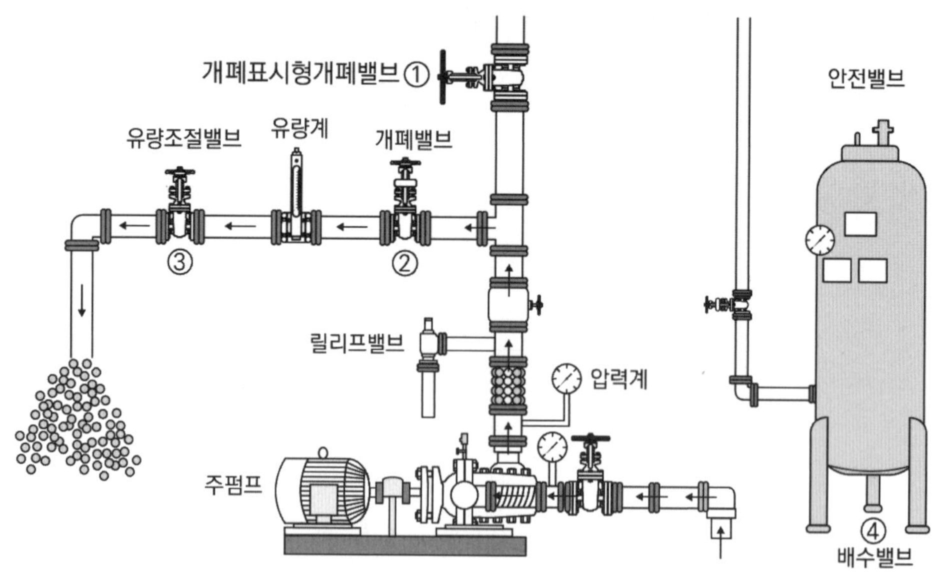

※ 출처 : 한국소방안전원

① 체절운전

㉠ 펌프토출 측 밸브[①]와 성능시험배관상의 유량조절밸브[③] 폐쇄 상태, 즉 토출량이 "0"인 상태에서 펌프 기동

㉡ 이때의 압력(체절압력)을 확인하여 정격토출압력의 140 % 이하인지 확인

㉢ 정격토출압력이 140 %를 초과하는 경우 순환배관상의 릴리프밸브를 개방(조절볼트 반시계방향으로 돌림)하여 정격토출압력의 140 % 이하로 조절

② 정격부하운전

㉠ 펌프토출 측 밸브[①] 폐쇄 상태, 성능시험배관상의 개폐밸브[②] 완전 개방, 유량조절밸브[③] 서서히 개방하여 유량계의 지침이 정격토출량의 100 %를 가리킬 때까지 개방

㉡ 압력계 상의 압력을 확인하여 정격토출압력의 100 % 이상인지 확인

③ 최대운전

㉠ 펌프토출 측 밸브[①] 폐쇄 상태, 성능시험배관상의 개폐밸브[②] 완전 개방, 유량조절밸브[③] 더욱 개방하여 유량계의 지침이 정격토출량의 150 %를 가리킬 때까지 개방

㉡ 압력계상의 압력을 확인하여 정격토출압력의 65 % 이상인지 확인

성능시험	유량	압력
체절운전	0	140 % 이하
정격운전	100 %	100 % 이상
최대운전	150 %	65 % 이상

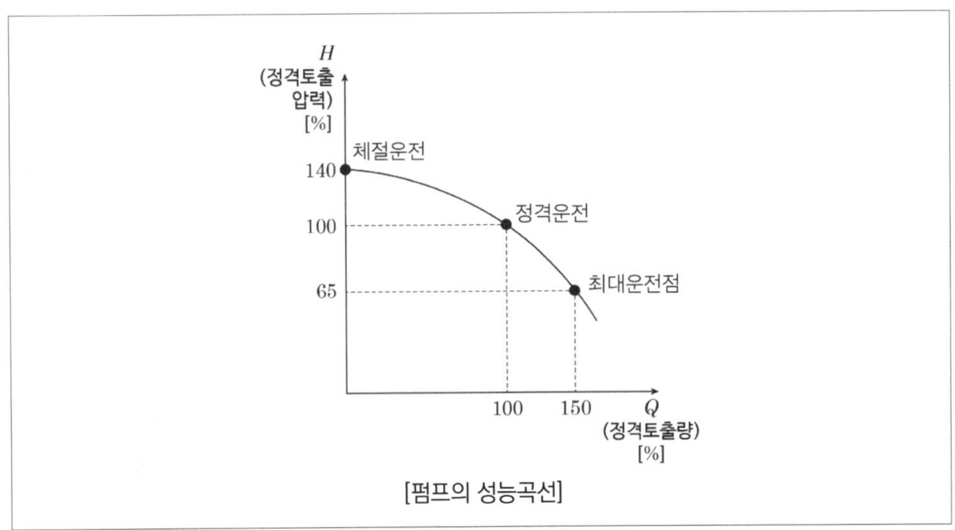

[펌프의 성능곡선]

④ 펌프성능 판단

<table>
<tr><th colspan="6">펌프성능시험 결과표</th><th rowspan="2"></th></tr>
<tr><th colspan="2">구분</th><th>체절운전</th><th>정격운전
(100 %)</th><th>정격유량의
150 %운전</th><th>적정 여부</th></tr>
<tr><td rowspan="2">토출량
[L/min]</td><td>이론치</td><td>0</td><td>①</td><td>②</td><td rowspan="4">1. 체절운전 시 토출압은 정격토출압의 140 % 이하일 것 (　　)
2. 정격운전 시 토출량과 토출압이 규정치 이상일 것 (　　)(펌프 명판 및 설계치 참조)
3. 정격토출량 150 %에서 토출압이 정격토출압의 65 % 이상일 것 (　　)</td><td rowspan="4">설정압력 :

주펌프
기동 : MPa
정지 : MPa

충압펌프
기동 : MPa
정지 : MPa</td></tr>
<tr><td>실측치</td><td>0</td><td>측정 후 작성</td><td>측정 후 작성</td></tr>
<tr><td rowspan="2">토출압
[MPa]</td><td>이론치</td><td>③</td><td>④</td><td>⑤</td></tr>
<tr><td>실측치</td><td>측정 후 작성</td><td>측정 후 작성</td><td>측정 후 작성</td></tr>
</table>

※ 릴리프밸브 작동 압력 : ⑥ MPa

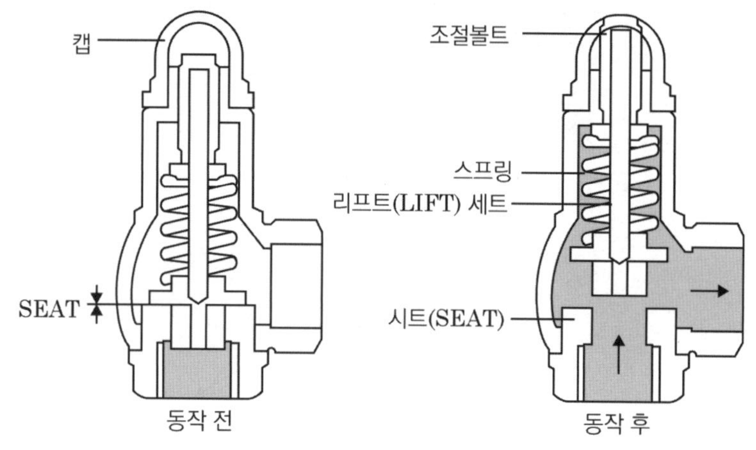

※ 출처 : 한국소방안전원

(4) 제어반 점검

자동기동방식의 옥내소화전 설비의 동력제어반(MCC)과 감시제어반(수신기)에는 펌프의 "자동", "정지", "수동"을 선택할 수 있는 스위치가 설치되어 있으며, 펌프의 선택스위치는 동력제어반 및 감시제어반 모두 "자동(연동)"의 위치에 놓여 있어야 소화전 사용 시 자동으로 펌프가 기동하여 소화수 공급할 수 있음

① 동력제어반의 스위치와 표시등 : 펌프운전선택스위치가 "자동"에 있는지 확인

② 감시제어반의 스위치와 표시등

㉠ 소화전 주펌프와 충압펌프의 운전선택스위치가 "자동"에 있는지 확인. 만약 정지위치에 있다면 화재 시 소화전 밸브를 개방하여도 소화펌프는 작동하지 않으므로 정상위치에 있는지 반드시 확인

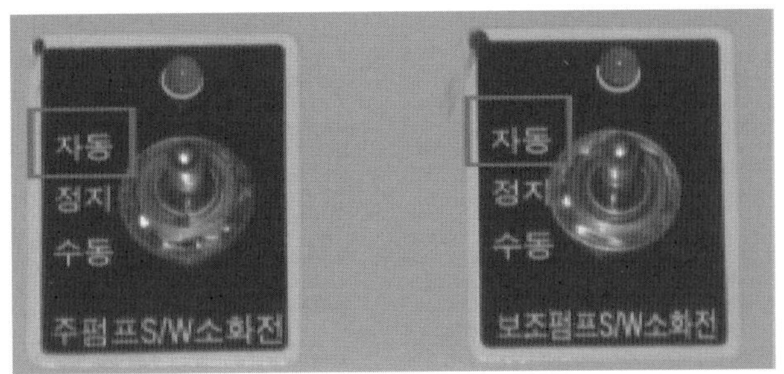

※ 출처 : 한국소방안전원

ⓛ 펌프압력스위치 표시등과 저수위감시스위치 표시등이 소등상태인지 확인. 만약 소화펌프가 작동되고 있지 않은 상태에서 펌프압력스위치 표시등이 점등되어 있다면 화재가 발생하여도 소화펌프는 작동하지 않으며, 평상시 소화수가 없음을 알려주는 저수위감시표시등이 점등되어 있다면 소화수가 없으므로 소화펌프가 작동된다 하여도 소화수가 나오지 않게 되므로 제어반의 표시등 점등 여부를 주의 깊게 확인

(5) 옥내소화전함 점검

① 소화전함 주변 장애물 등 사용에 지장을 초래하는 물건적재 여부 확인

② 소화전함 상부 기동 표시등 및 사용설명서, 사용요령 표지(외국어 병기) 등 관리상태 여부 확인

③ 밸브와 호스 연결 및 정리상태 여부 확인

(6) 옥내소화전 실습

발신기 누름 → 함 개방 → 화점으로 이동 → 밸브 개방 → 방수 → 밸브 폐쇄 → 동력제어반에서 펌프정지 → 음지에서 호스 건조 → 호스 정리

(7) 밸브

① 풋밸브 : 수원이 펌프보다 아래에 설치된 경우 흡입 측 배관의 말단에 설치하며, 이물질을 제거하는 여과기능과 흡입배관 내의 물이 수조로 다시 빠져나가는 것을 막는 체크기능이 있음

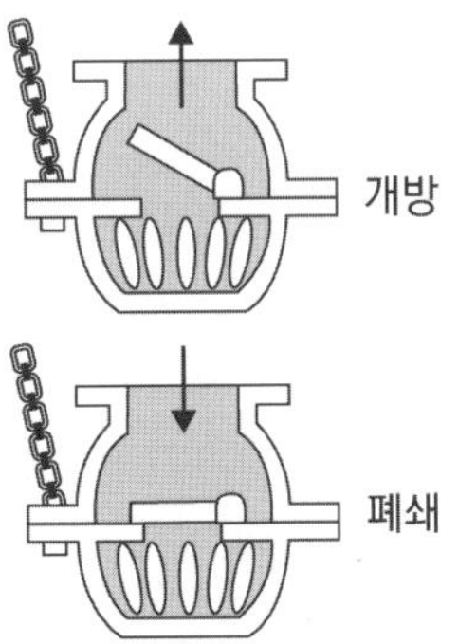

※ 출처 : 한국소방안전원

② 개폐밸브 : 개폐밸브는 배관을 열고 닫음으로써 유체의 흐름을 제어하는 밸브

㉠ 개폐표시형 개폐밸브 : 개폐표시형 개폐밸브는 외부에서도 밸브가 개방되었는지 폐쇄되었는지를 쉽게 알 수 있는 밸브를 말함. 옥내소화전의 급수배관에 개폐밸브를 설치할 때는 개폐표시형을 설치하여야 하며, 주로 OS&Y밸브와 버터플라이밸브가 설치되나 버터플라이밸브는 마찰손실이 크므로 펌프 흡입 측에는 설치할 수 없음

OS&Y밸브(폐쇄상태)

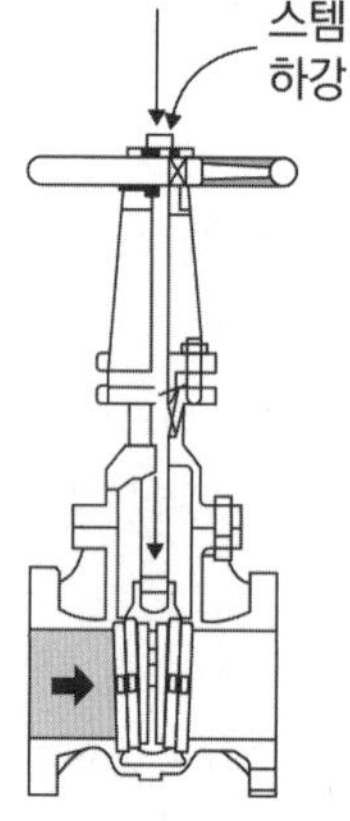

OS&Y밸브(개방상태)

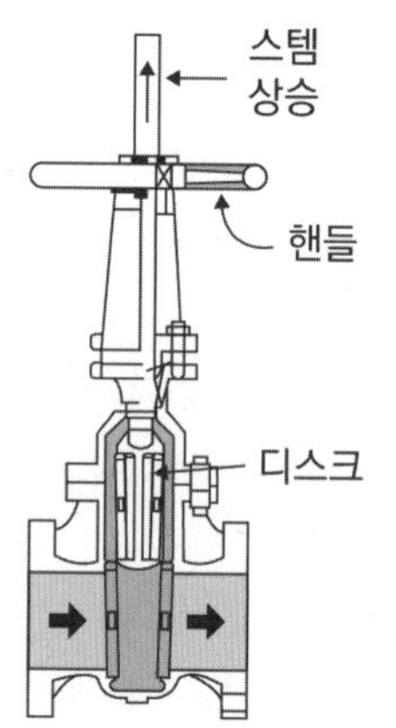

※ 출처 : 한국소방안전원

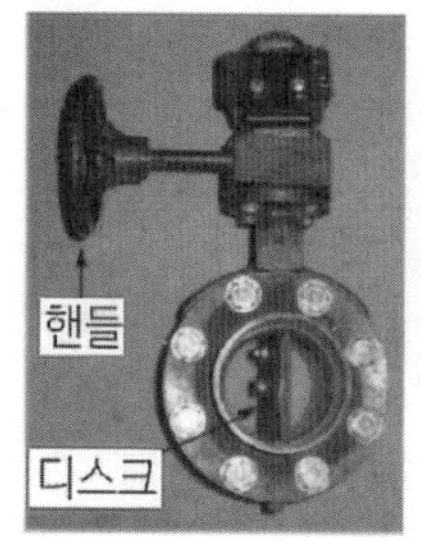

개방상태

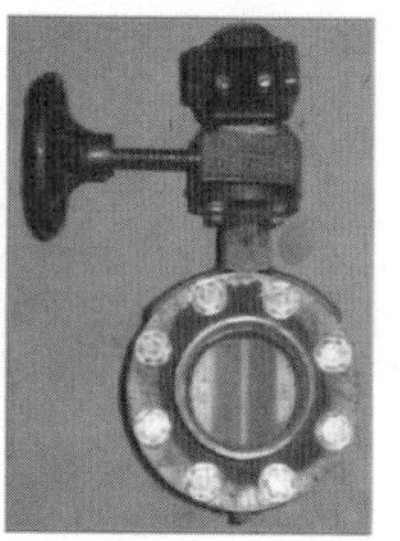

폐쇄상태

[기어식 버터플라이밸브]

개방상태

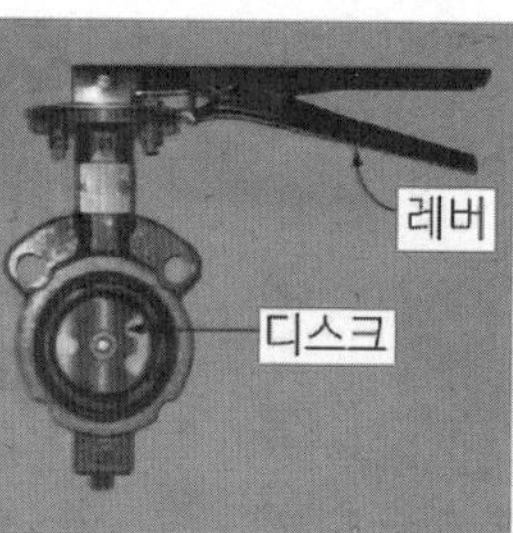

폐쇄상태

[레버식 버터플라이밸브]

※ 출처 : 한국소방안전원

㉡ 체크밸브 : 배관 내 유체의 흐름을 한쪽 방향으로만 흐르게 하는 기능(역류방지 기능)이 있는 밸브를 체크밸브라고 하며, 현재 많이 사용하고 있는 체크밸브는 스모렌스키 체크밸브와 스윙체크밸브가 있음

- 스모렌스키 체크밸브 : 스프링이 내장된 리프트 체크밸브로서 평상시에는 체크밸브 기능을 하며, 수격이 발생할 수 있는 펌프 토출 측과 연결송수구 연결 배관 등에 주로 설치됨

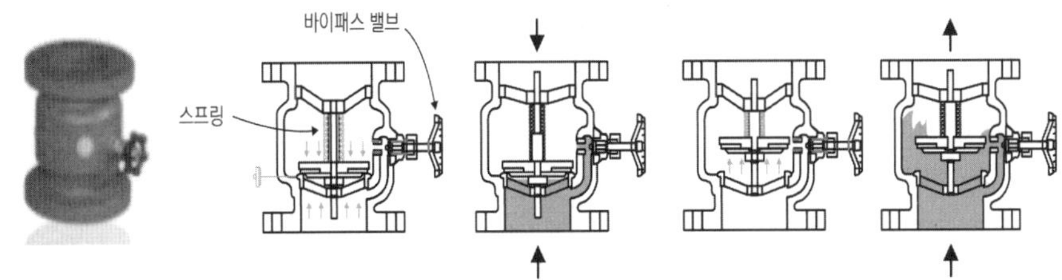

[스모렌스키 체크밸브 외형과 작동 전·후 단면]

※ 출처 : 한국소방안전원

• 스윙체크밸브 : 주 급수배관이 아닌 물올림장치의 펌프 연결배관, 유수검지장치의 주변배관과 같은 유량이 적은 배관상에 사용됨

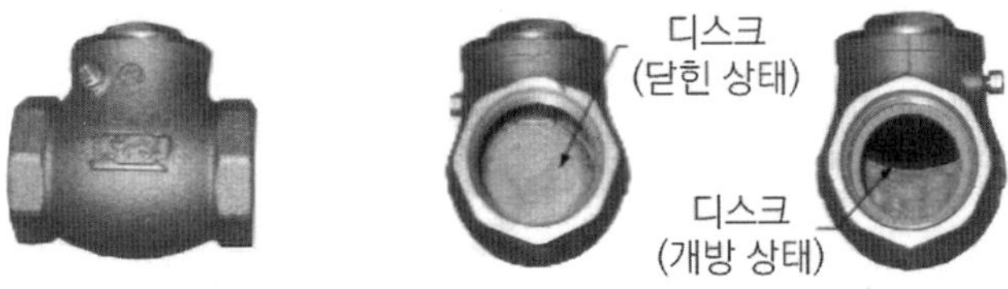

※ 출처 : 한국소방안전원

3. 옥외소화전설비

1) 개념 및 설치대상, 수원과 배관

(1) 개념

건축물의 외부에 설치하여 화재 시 외부에서 인접건축물에 대한 연소 확대 방지를 위해 화재 초기에 소화활동을 할 수 있도록 설치한 소화설비

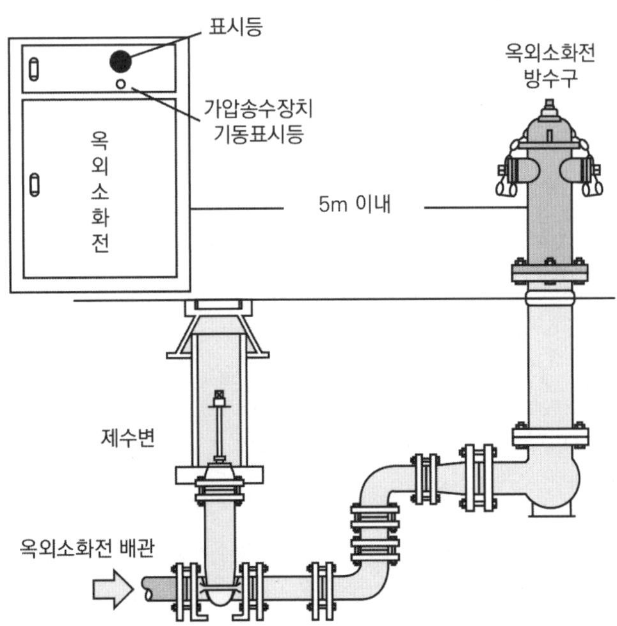

(2) 설치대상

특정소방대상물	적용기준
지상 1층 및 2층	바닥면적 합계 9000 m^2 이상
보물 또는 국보로 지정된 건축물 중	목조건축물
공장 또는 창고시설	특수가연물 저장, 취급 750배 이상

(3) 수원의 양

수원의 양 = 옥외소화전 설치개수(최대 2개) × 7 m^3

① 방수압력 : 2개의 소화전(설치개수가 1개인 경우에는 1개)을 동시 사용할 경우 각 노즐선단 방수압력 0.25 MPa 이상 0.7 MPa 이하(0.7 MPa 초과 시 감압)

② 방수량 : 350 L/min 이상

③ 펌프 토출량 : 350 L/min × 옥외소화전 설치개수(최대 2개)

④ 수원의 양 : 350 L/min × 옥외소화전 설치개수(최대 2개) × 20분

(4) 옥외소화전

① 호스접결구 : 지면으로부터 높이가 0.5 m 이상, 1 m 이하의 위치

② 수평거리 : 대상물의 각 부분으로부터 하나의 호스접결구까지 40 m 이하

③ 옥외소화전함의 호스와 노즐

호스의 구경	65 mm
노즐의 구경	19 mm

2) 옥외소화전함

(1) 설치기준

① 소화전함 표면에는 "옥외소화전"이라고 표시한 표지 부착

② 표시등 설치

㉠ 위치표시하는 표시등을 함 상부에 설치

㉡ 가압송수장치 조작부 또는 그 부근에 기동을 명시하는 적색등 설치

③ 소화전함은 소화전으로부터 5 m 이내 설치

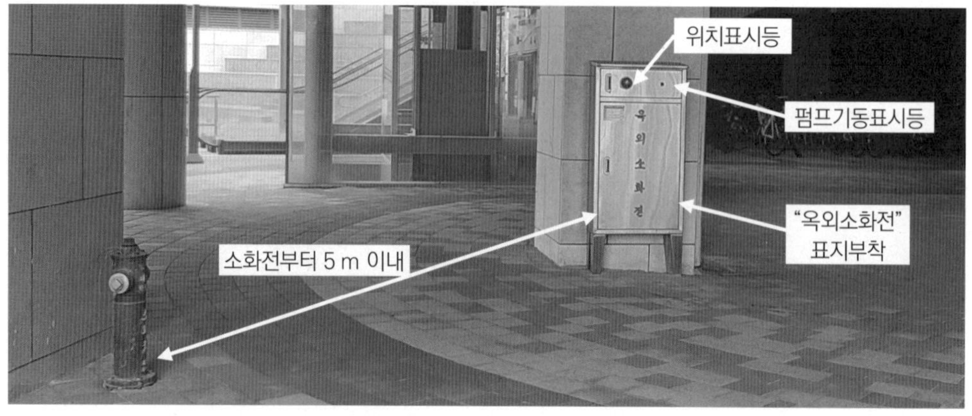

(2) 옥외소화전함의 설치개수

옥외소화전	옥외소화전함의 개수
10개 이하	5 m 이내의 장소에 각각 1개 이상 설치
11개 이상 30개 이하	11개 이상의 소화전함을 각각 분산하여 설치
31개 이상	옥외소화전 3개마다 1개 이상 설치

4. 스프링클러설비

1) 개념 및 설치대상

(1) 개념

화재 시 자동감지하여 물의 냉각 및 질식효과를 통해 자동소화하는 소화설비로서 초기소화에 절대적인 소화효과를 가지고 있으며, 조작이 비교적 간단하고 안전하다.

(2) 설치대상

설치대상	기준
• 문화 및 집회시설(동·식물원 제외) • 종교시설 • 운동시설(물놀이형 시설 및 바닥이 불연재료이고 관람석이 없는 운동시설은 제외)	• 수용인원 100명 이상 • 영화상영관 바닥면적 : 지하층·무창층 500 m^2 (그 외 1000 m^2) 이상 • 무대부 : 지하층·무창층, 4층 이상 300 m^2 (그 외 500 m^2) 이상
• 판매시설, 운수시설 • 창고시설(물류터미널)	• 수용인원 500명 이상 • 바닥면적 합계 5000 m^2 이상
6층 이상인 특정소방대상물	전 층
• 의료시설(정신의료기관, 종합병원, 병원, 치과병원, 한방병원, 요양병원) • 노유자시설 • 숙박 가능한 수련시설 • 숙박시설 • 산후조리원, 조산원	바닥면적 합계 600 m^2 이상인 것은 모든 층
지하가(터널 제외)	연면적 1000 m^2 이상
기숙사(교육연구시설·수련시설 내에 있는 학생 수용을 위한 것), 복합건축물	연면적 5000 m^2 이상인 모든 층
특수가연물 저장·취급 시설	지정수량 1000배 이상
랙식 창고의 높이가 10 m 초과	바닥면적 또는 랙이 설치된 부분의 합계가 1500 m^2 이상인 경우 모든 층

설치대상	기준
전기저장시설, 교정 및 군사시설 중 보호감호소, 교도소, 구치소 및 그 지소, 보호관찰소, 갱생보호시설, 치료감호시설, 소년원 및 소년분류심사원의 수용거실, 보호시설(외국인보호소의 경우에는 보호대상자의 생활공간으로 한정), 유치장	-

2) 수원

(1) 헤드의 기준개수

설치장소			기준개수
지하층을 제외한 층수가 10층 이하인 소방대상물			
용도	공장	특수가연물 저장·취급하는 것	30개
		그 밖의 것	20개
	근린생활시설, 판매시설·운수시설 또는 복합건축물	판매시설 또는 복합건축물(판매시설 설치되는 복합건축물)	30개
		그 밖의 것	20개
	그 밖의 것	헤드의 부착높이 8 m 이상의 것	20개
		헤드의 부착높이 8 m 미만의 것	10개
아파트(각 동이 주차장으로 서로 연결된 구조가 아닌 경우)			10개
지하층을 제외한 층수가 11층 이상인 소방대상물(아파트 제외)·지하가 또는 지하역사			30개

* 하나의 대상물이 2 이상의 "스프링클러헤드의 기준개수"란에 해당하는 때에는 기준개수가 많은 것을 기준으로 한다. 다만 각 기준개수에 해당하는 수원을 별도로 설치하는 경우에는 그렇지 않다.

(2) 수원의 양(폐쇄형 헤드)

수원량[m^3] = 헤드 기준 개수 × 1.6 m^3

- 30 ~ 49층 : 3.2 m^3, 50층 이상 : 4.8 m^3

① 방수압력 : 0.1 MPa 이상, 1.2 MPa 이하

② 방수량 : 80 L/min 이상

③ 수원의 양 : 80 L/min × 헤드의 기준개수 × 20분(40분, 60분)

(3) 수원의 양(개방형 헤드)

① 최대 방수구역에 설치된 헤드의 개수 30개 이하 : 헤드 기준 개수 × 1.6 m^3

② 3개 초과 : 수리계산에 따를 것

3) 스프링클러설비의 헤드

(1) 헤드의 구조

① 감열체 : 정상상태에서는 방수구를 막고 있으나 열에 의해서 일정 온도 도달 시 파괴 또는 용융되어 방수구가 열려 스프링클러헤드가 작동(퓨즈블링크형, 유리벌브형)

② 프레임(Frame) : 헤드 나사부분과 디플렉터의 연결이음쇠

③ 반사판(디플렉터, Deflector) : 헤드의 방수구에서 유출되는 물을 세분화시키는 작용

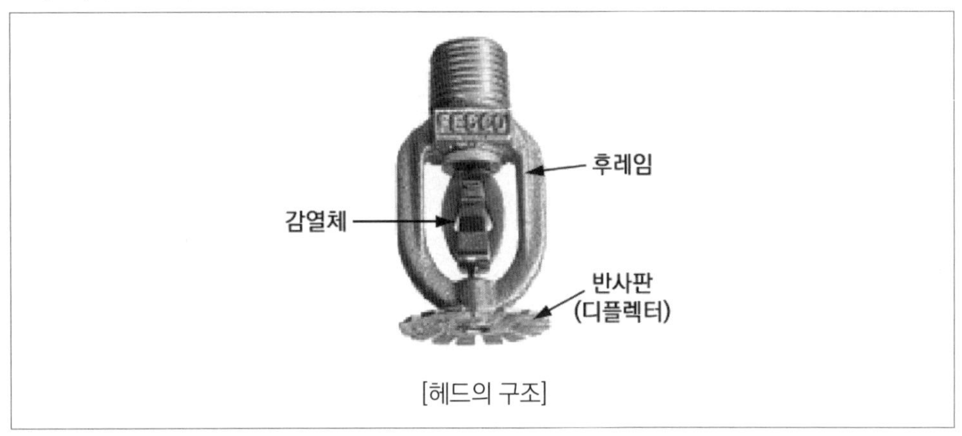

[헤드의 구조]

(2) 헤드의 종류

① 감열체 유무에 따른 분류

구분	특징	헤드
폐쇄형 스프링클러헤드	감열체가 일정 온도에서 자동으로 파괴, 융해되어 방수구가 개방	
개방형 스프링클러헤드	감열체가 없이 방수구가 항시 개방	

* 설치장소의 평상시 최고주위 온도에 따른 폐쇄형스프링클러 헤드의 표시온도

설치장소의 최고 주위온도	표시온도
39℃ 미만	79℃ 미만
39℃ 이상 64℃ 미만	79℃ 이상 121℃ 미만
64℃ 이상 106℃ 미만	121℃ 이상 162℃ 미만
106℃ 이상	162℃ 이상

② 부착방식에 따른 분류

구분	특징	종류
상향형	• 반자가 없는 곳에 설치 • 분사패턴이 가장 우수 • 준비작동식, 건식에 적용	
하향형	• 반자가 있는 곳에 설치 • 습식에 적용 • 가지관 상부에서 분기하여 회향식으로 설치	
측벽형	• 실내의 벽 상부에 설치(벽의 폭이 9 m 이하인 경우) • 분사패턴은 축을 중심으로 반원상 균일 방사	

4) 배관 및 유수검지장치

(1) 배관

① 가지배관 : 스프링클러설비가 설치되어 있는 배관

㉠ 토너먼트방식이 아닐 것

㉡ 교차배관에서 분기되는 지점을 기준으로 한쪽 가지배관에 설치되는 헤드의 개수 : 8개 이하

② 교차배관 : 직접 또는 수직배관을 통하여 가지배관에 급수하는 배관

㉠ 위치 : 가지배관과 수평 또는 밑에 설치

㉡ 교차배관 끝에 청소구를 설치하고 나사보호용의 캡으로 마감

③ 배관부속품, 물올림장치, 순환배관, 펌프성능시험배관은 옥내소화전설비 준용

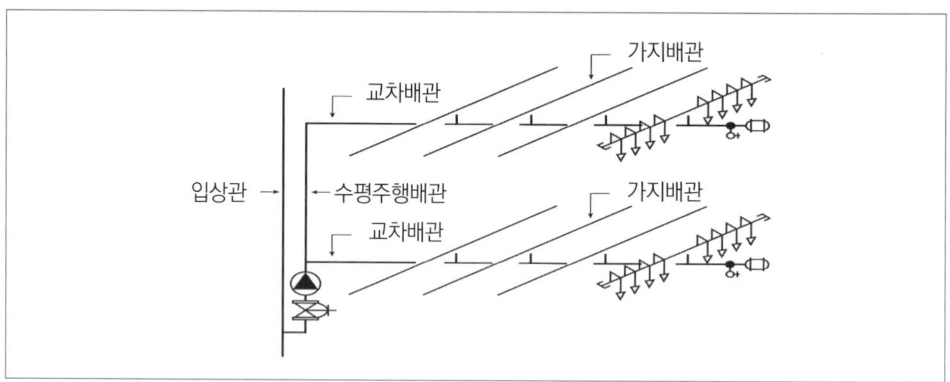

(2) 유수검지장치

배관 내의 유수현상을 자동검지하여 신호 또는 경보를 발하는 장치로 습식, 건식, 준비작동식으로 구분된다.

5) 스프링클러설비의 종류

구분	1차 측 (밸브 기준)	2차 측 (밸브 기준)	헤드 종류	밸브의 종류(명칭)	감지기 설치
습식	가압수	가압수	폐쇄형	습식 유수검지장치	×
건식	가압수	압축공기 또는 질소	폐쇄형	건식 유수검지장치	×
준비작동식	가압수	대기압	폐쇄형	준비작동식 유수검지장치	○
일제살수식	가압수	대기압	개방형	일제개방밸브 (델류지밸브)	○
부압식	가압수 (정압)	소화수 (부압)	폐쇄형	준비작동식 유수검지장치	○

(1) 습식 스프링클러설비

① 습식 밸브(알람밸브) 기준으로 1차 측과 2차 측 배관이 가압수로 유지

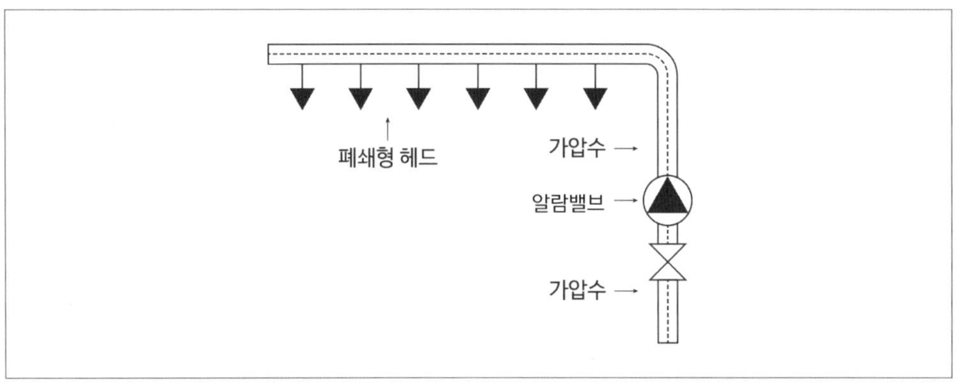

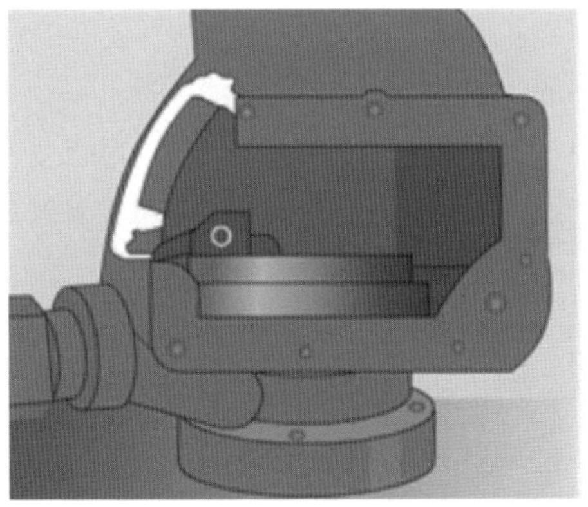

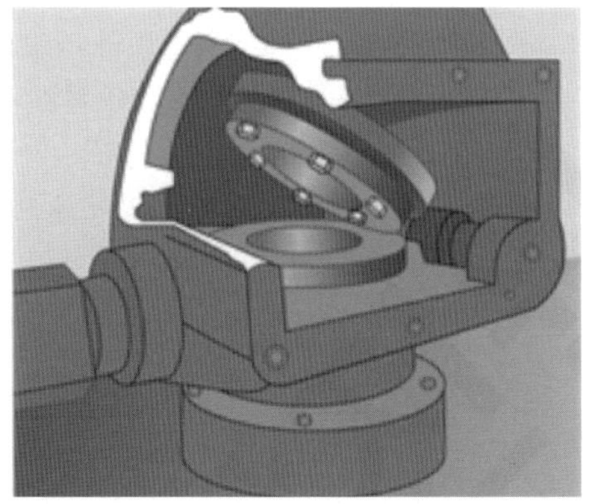

※ 출처 : 한국소방안전원

② 작동순서

화재 발생

⇩

열에 의해 폐쇄형 헤드 개방 및 방수

⇩

2차 측 배관 압력 저하

⇩

1차 측 압력에 의해 습식 유수검지장치(습식 밸브)의 클래퍼 개방

⇩

습식 밸브의 압력스위치 작동

⇩

사이렌 경보, 감시제어반의 화재표시등 및 밸브개방표시등 점등

⇩

배관 내 압력저하로 기동용 수압개폐장치(압력챔버)의 압력스위치 작동

⇩

펌프기동

③ 특징

㉠ 감지기가 없는 설비로서 구조가 간단하고, 공사비 저렴하여 가장 많이 사용

㉡ 소화가 빠르고 유지관리 용이

㉢ 동결 우려 장소 사용 제한

㉣ 헤드 오작동 시 수손피해 및 배관 부식 우려

④ 비화재 시 알람밸브의 경보로 인한 혼선 방지를 위한 장치

㉠ 구형 : 리타딩챔버 설치

㉡ 신형 : 최근 생산되는 알람밸브는 대부분 압력스위치 내부에 지연회로가 설치(약 4 ~ 7초 정도 지연)되어 출고되고 있으며, 일부 제품의 경우 지연시간 조절 가능

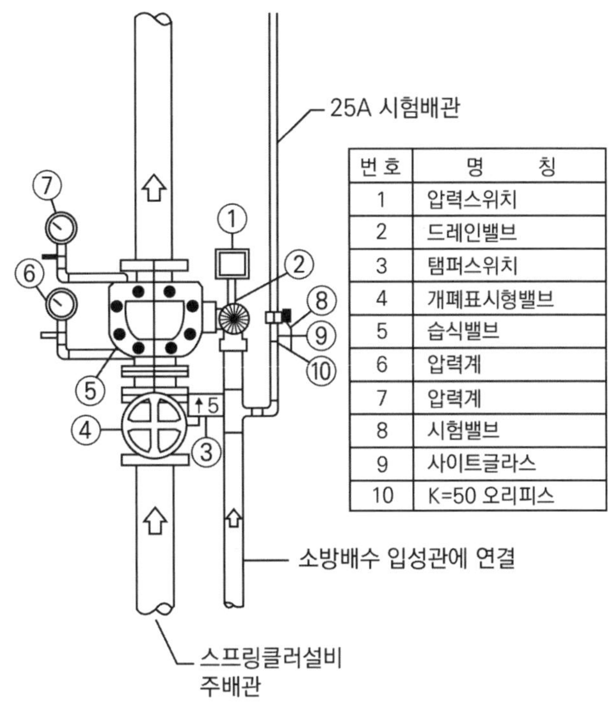

번호	명 칭
1	압력스위치
2	드레인밸브
3	탬퍼스위치
4	개폐표시형밸브
5	습식밸브
6	압력계
7	압력계
8	시험밸브
9	사이트글라스
10	K=50 오리피스

(2) 건식 스프링클러설비

① 건식 밸브 기준으로 1차 측 배관은 가압수, 2차 측 배관은 압축공기 또는 축압된 질소 등의 기체상태로 유지

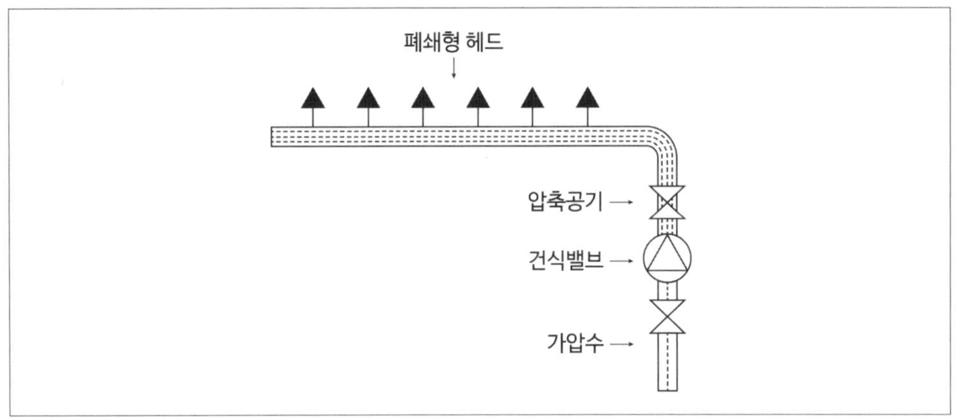

② 작동순서

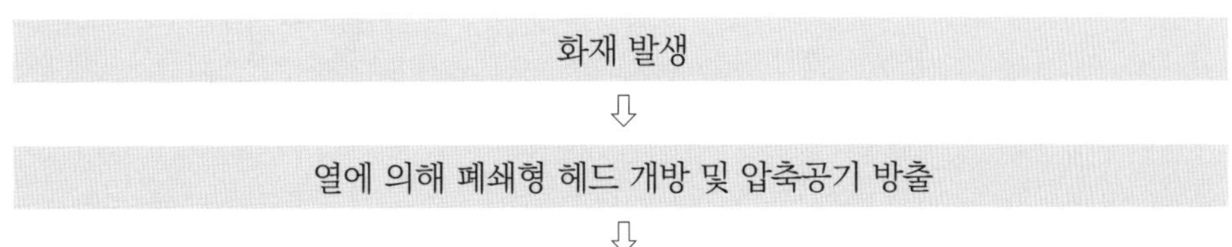

2차 측 배관 압력 저하

⇩

1차 측 압력에 의해 건식 유수검지장치(건식 밸브)의 클래퍼 개방

⇩

1차 측 가압수의 2차 측으로의 유수를 통해
헤드로 방출 및 건식 밸브의 압력스위치 작동

⇩

사이렌 경보, 감시제어반의 화재표시등 및 밸브개방표시등 점등

⇩

배관 내 압력저하로 기동용 수압개폐장치(압력챔버)의 압력스위치 작동

⇩

펌프기동

③ 특징

㉠ 동결 우려 장소 및 옥외 사용 가능

㉡ 살수개시 시간 지연 및 복잡한 구조

㉢ 화재초기 압축공기에 의한 화재 확대 우려

㉣ 일반헤드인 경우 상향형으로 시공

(3) 준비작동식 스프링클러설비

① 준비작동식 밸브(프리액션밸브) 기준으로 1차 측은 가압수, 2차 측은 대기압 상태로 유지

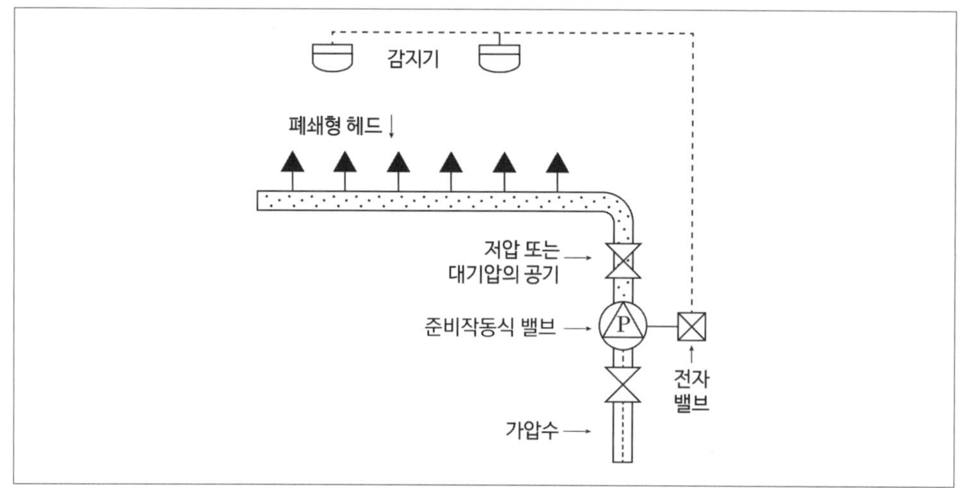

② 작동순서

화재 발생

⇩

교차회로방식의 A or B 감지기 작동
(경종 또는 사이렌 경보, 감시제어반의 화재표시등 점등)

⇩

A and B 감지기 모두 작동

⇩

준비작동식 유수검지장치(준비작동식 밸브)의
전자밸브(솔레노이드밸브) 작동

⇩

중간챔버에 채워져 있던 물이 배수되며(감압) 준비작동식 밸브 개방

⇩

1차 측 가압수의 2차 측으로의 유수를 통해
준비작동식 밸브의 압력스위치 작동

⇩

감시제어반의 밸브개방표시등 점등

⇩

감열에 의한 폐쇄형 헤드 개방

⇩

배관 내 압력저하로 기동용 수압개폐장치(압력챔버)의 압력스위치 작동

⇩

펌프기동

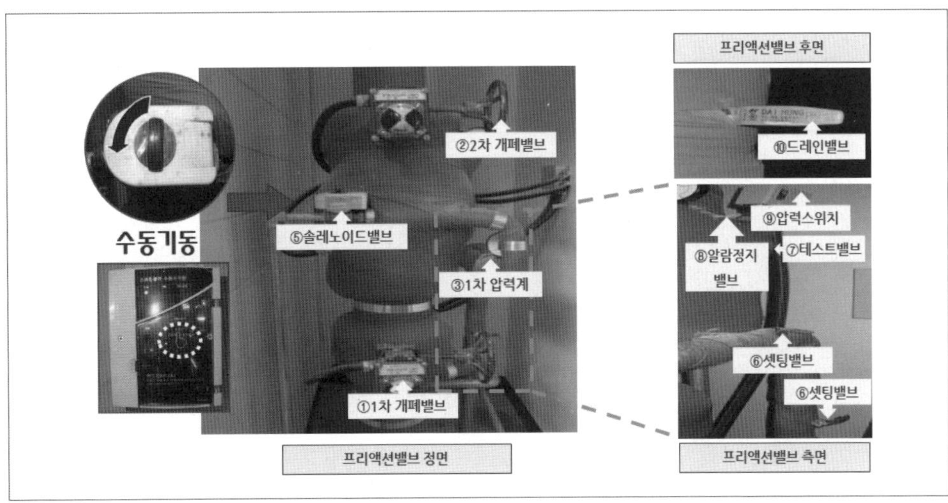

③ 특징

㉠ 동결 우려 장소 사용 가능
㉡ 헤드 오작동(개방) 시 수손피해 우려 없음
㉢ 헤드개방 전 경보로 조기 대처 용이
㉣ 감지장치로 교차회로 감지기 별도 시공 필요
㉤ 구조 복잡, 시공비 고가
㉥ 2차 측 배관 부실시공 우려

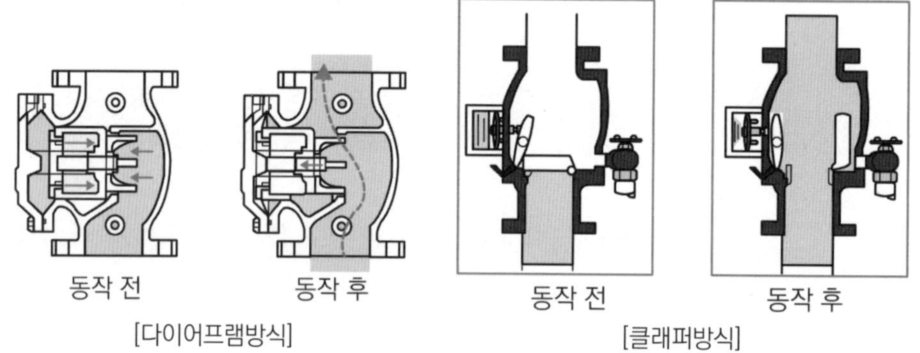

[다이어프램방식] [클래퍼방식]

※ 출처 : 한국소방안전원

(4) 일제살수식 스프링클러설비

① 일제살수식 밸브(델류지밸브) 기준으로 1차 측은 가압수, 2차 측은 대기압 상태로 유지

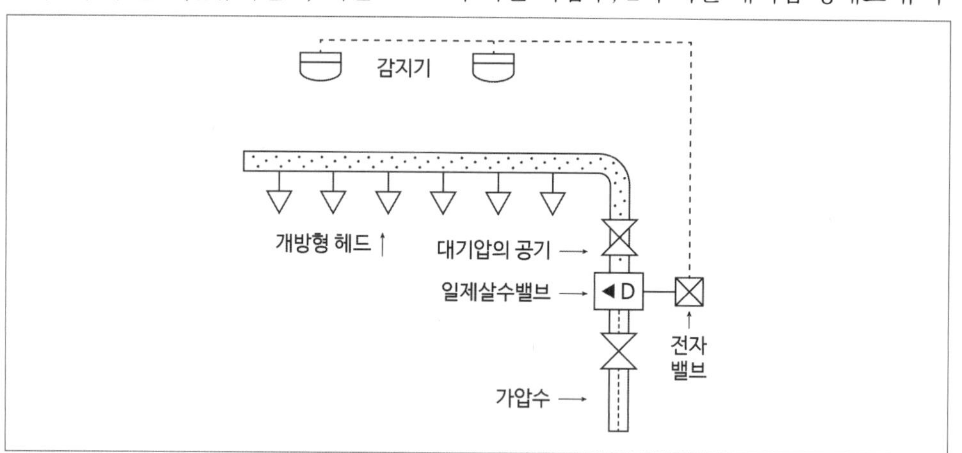

② 작동순서

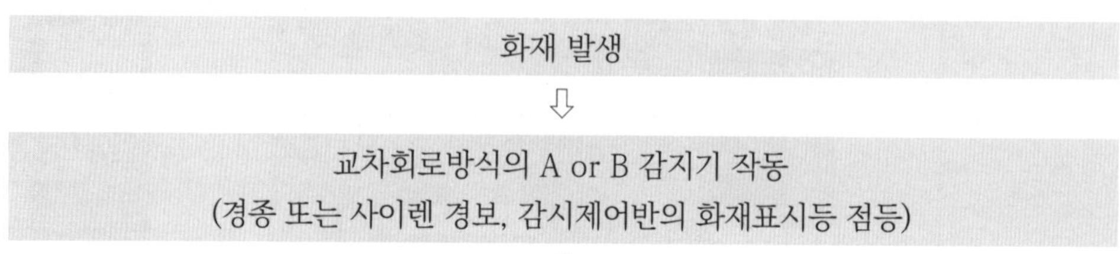

화재 발생

⇩

교차회로방식의 A or B 감지기 작동
(경종 또는 사이렌 경보, 감시제어반의 화재표시등 점등)

⇩

A and B 감지기 모두 작동

⇩

일제살수식 유수검지장치(일제개방밸브)의
전자밸브(솔레노이드밸브) 작동

⇩

중간챔버에 채워져 있던 물이 배수되며(감압) 일제개방밸브 개방

⇩

1차 측 가압수의 2차 측으로의 유수를 통해
일제개방밸브의 압력스위치 작동

⇩

감시제어반의 밸브개방표시등 점등

⇩

모든 개방형 헤드에서 소화수 방출

⇩

배관 내 압력저하로 기동용 수압개폐장치(압력챔버)의 압력스위치 작동

⇩

펌프기동

③ 특징
- ㉠ 초기화재에 신속 대처 용이
- ㉡ 층고가 높은 장소에서도 소화 가능
- ㉢ 대량 살수로 수손 피해 우려
- ㉣ 감지장치로 교차회로 감지기 별도 시공 필요

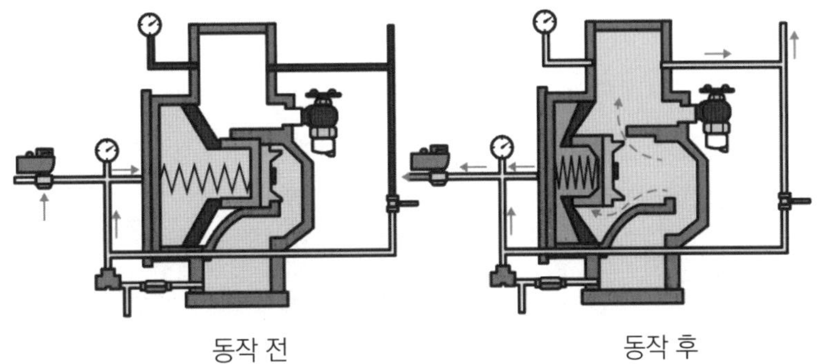

동작 전　　　　동작 후

※ 출처 : 한국소방안전원

6) 스프링클러설비의 점검

(1) 습식 스프링클러설비 점검

① 준비

㉠ 알람밸브 작동 시 경보로 인한 혼란 방지를 위해 사전 통보 후 점검 실시

㉡ 수신반에서 경보스위치를 정지시킨 후 시험 실시

② 작동

㉠ 시험밸브 개방하여 가압수 배출

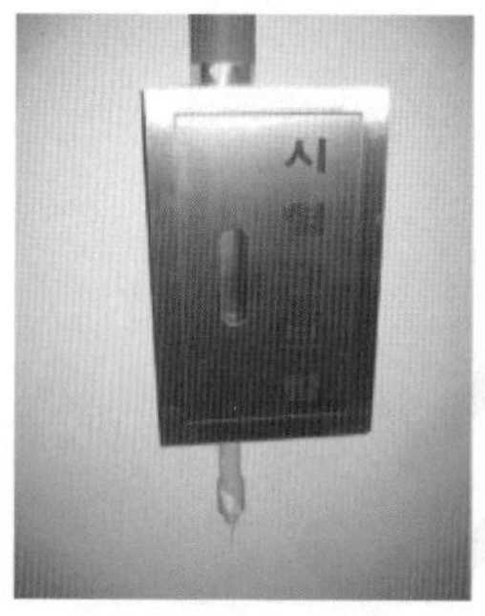

※ 출처 : 한국소방안전원

㉡ 알람밸브 2차 측 압력이 저하되어 클래퍼 개방(작동)

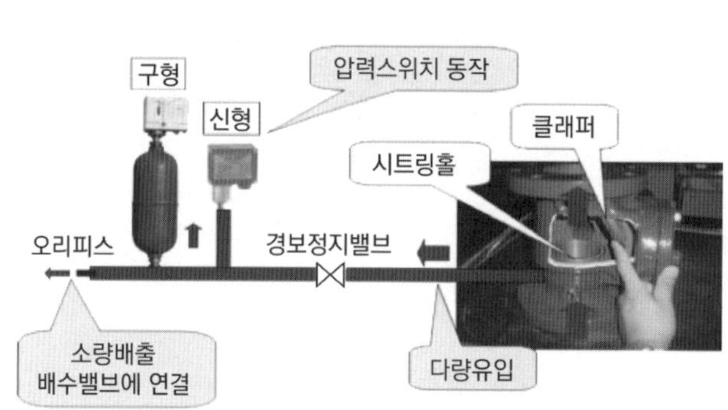

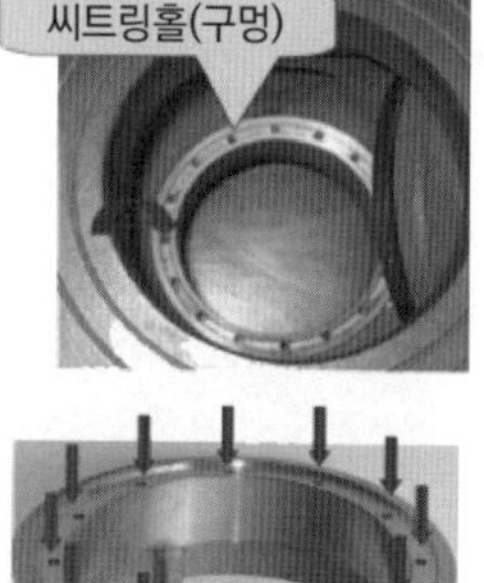

씨트링

※ 출처 : 한국소방안전원

㉢ 시트링홀에 가압수가 유입되어 지연장치에 의해 설정시간 지연 후 압력스위치 작동

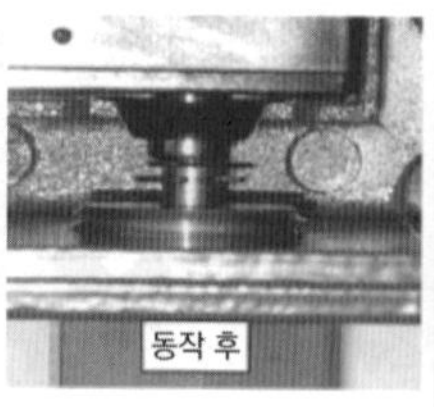

※ 출처 : 한국소방안전원

③ 확인사항

㉠ 감시제어반(수신반) 화재표시등 및 해당구역 밸브개방표시등 점등 확인

㉡ 해당 방호구역의 경보(사이렌) 상태 확인

㉢ 소화펌프 자동기동 여부 확인

④ 복구

㉠ 펌프 자동정지 시(2006년 12월 30일 이전)

- 시험밸브 폐쇄하면 자동으로 주펌프 정지
- 가압수에 의해 2차 측 배관이 가압되면 클래퍼가 자동으로 복구되며 배관 내 압력을 채운 뒤 펌프 자동 정지

㉡ 펌프 수동정지 시(2006년 12월 30일 이후)

- 시험밸브 폐쇄 후 충압펌프는 자동상태로 두고, 주펌프만 수동 정지
- 가압수에 의해 2차 측 배관이 가압되면 클래퍼가 자동으로 복구되며 배관 내 압력을 채운 뒤 충압펌프는 자동 정지

⑵ 준비작동식 스프링클러설비 점검

① 준비

㉠ 알람밸브 작동 시 경보로 인한 혼란 방지를 위해 사전 통보 후 점검 실시

㉡ 수신반에서 경보스위치를 정지시킨 후 시험 실시

㉢ 2차 측 개폐밸브를 잠그고 배수밸브 개방상태로 점검

② 준비작동식 밸브 작동

㉠ 해당 방호구역의 교차회로 감지기 2개 회로 작동

㉡ 수동조작함(SVP : 슈퍼비조리판넬)의 수동조작스위치 작동

㉢ 밸브 자체에 부착된 수동기동밸브 개방

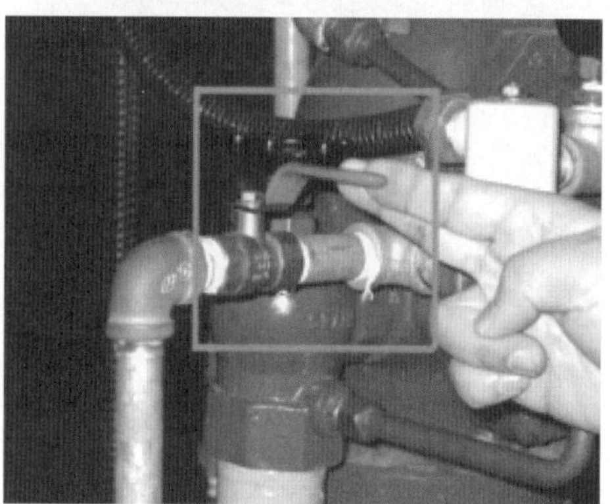

※ 출처 : 한국소방안전원

㉣ 감시제어반(수신반) 측의 준비작동식 유수검지장치 수동기동스위치 작동

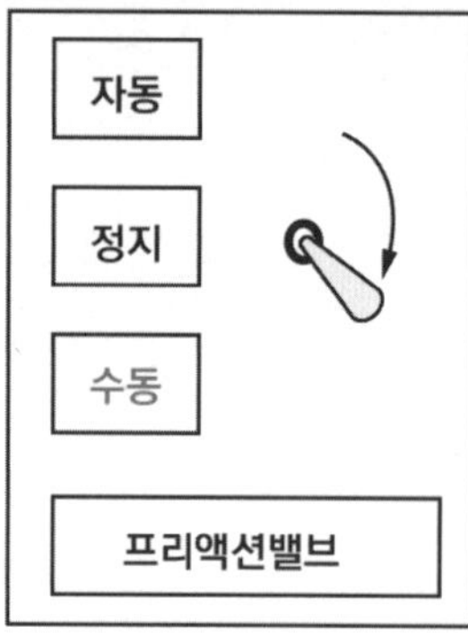

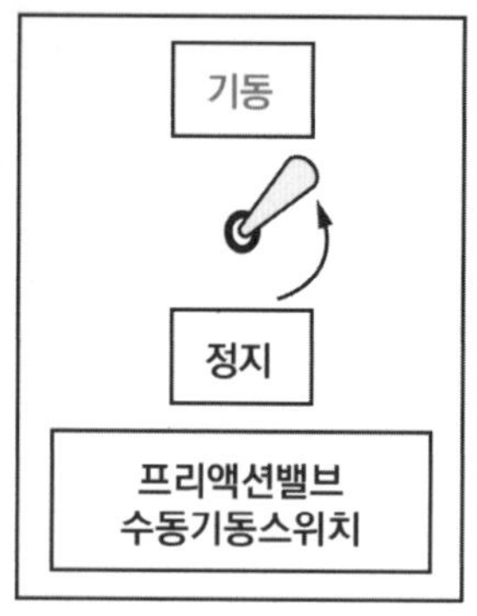

ⓜ 감시제어반(수신반)에서 동작시험스위치 및 회로선택스위치로 해당 방호구역의 교차회로 감지기 2개 회로 작동

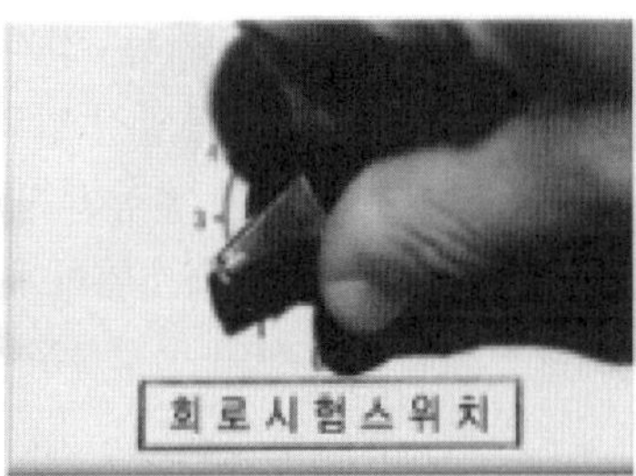

※ 출처 : 한국소방안전원

③ 확인사항

㉠ 감지기 1개 회로 작동 시

- 감시제어반(수신반) 화재표시등, 해당 감지기 지구표시등 점등
- 경종 또는 사이렌 경보

㉡ 감지기 2개 회로 작동 시

- 전자밸브(솔레노이드밸브) 작동
- 준비작동식 밸브 개방으로 배수밸브로 배수
- 감시제어반(수신반) 밸브개방표시등 점등
- 사이렌 경보
- 펌프 자동기동

(3) 성능시험배관

구분	설치기준
설치위치	펌프의 토출 측 개폐밸브 이전에서 분기
밸브위치	유량계를 기준으로 전단 - 개폐밸브, 후단 - 유량조절밸브
유량계	펌프의 정격토출량의 175 % 이상 측정할 수 있는 성능

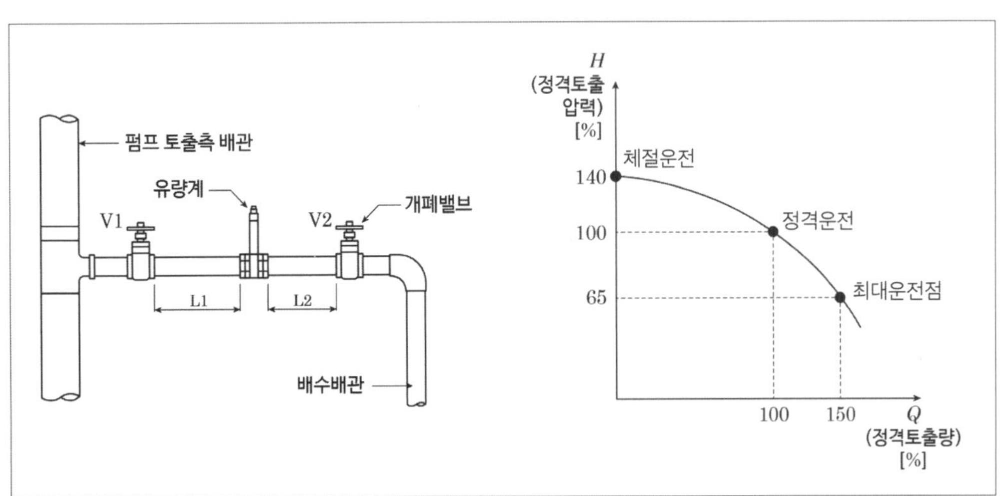

(4) 펌프의 기동, 정지압력 세팅

① 압력스위치

㉠ 기능 : 펌프의 기동·정지압력을 압력스위치에 세팅하여 평상시 전 배관의 압력을 검지하고 있다가, 일정 압력의 변동이 있을 때 압력스위치가 작동하여 감시 제어반으로 신호를 보내어 설정된 제어순서에 의해 펌프를 자동기동 또는 정지시키게 된다.

㉡ 압력세팅 : 압력스위치에는 Range와 Diff의 눈금이 있으며 압력스위치 상단부의 나사를 이용하여 현장상황에 맞도록 펌프의 기동·정지압력을 세팅한다.

가. Range : 펌프의 정지압력 표시 나. Diff : 펌프 정지점과 기동점과의 차이(= 정지압력 - 기동압력)

[기동용 수압개폐장치(압력챔버)와 압력스위치]

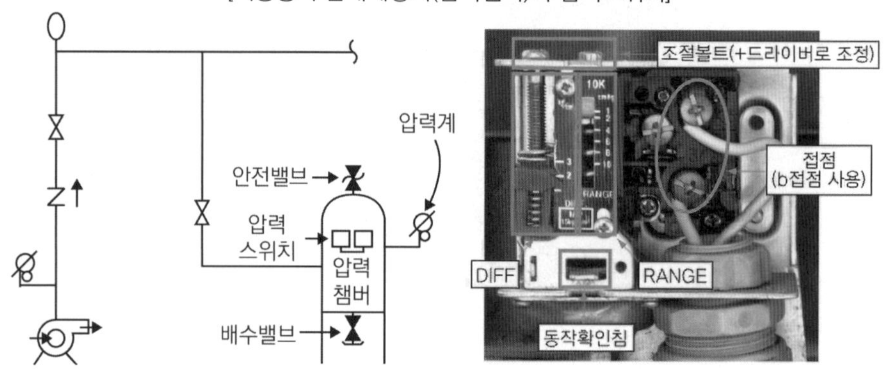

※ 출처 : 한국소방안전원

② 펌프의 기동점과 정지점

㉠ 주펌프 및 충압펌프의 기동점 : 자연 낙차압보다 커야 한다.

※ 이유 : 펌프양정이 건물높이보다 작은 경우 언제나 압력챔버 위치에서는 건물높이에 의한 자연낙차압이 작용하므로 압력챔버 내의 압력이 펌프양정 이하로 내려갈 수 없기 때문에 절대로 자동기동이 될 수 없다.

㉡ 주펌프 기동점 : 자연낙차압 + K(K는 옥내소화전 : 0.2 MPa, 스프링클러설비 : 0.15 MPa로 하며, 이는 옥내소화전의 방사압 0.17 MPa, 스프링클러의 방사압 0.1 MPa이므로 방사압력과 배관의 손실을 감안한 값이다)

③ 주펌프 정지점 : 자동으로 정지되지 않아야 한다.

④ 충압펌프 : 주펌프의 기동 및 정지점 범위 내에 있도록 설정

⑤ 주펌프와 충압펌프의 기동점 간격 : 최소 0.05 MPa 이상

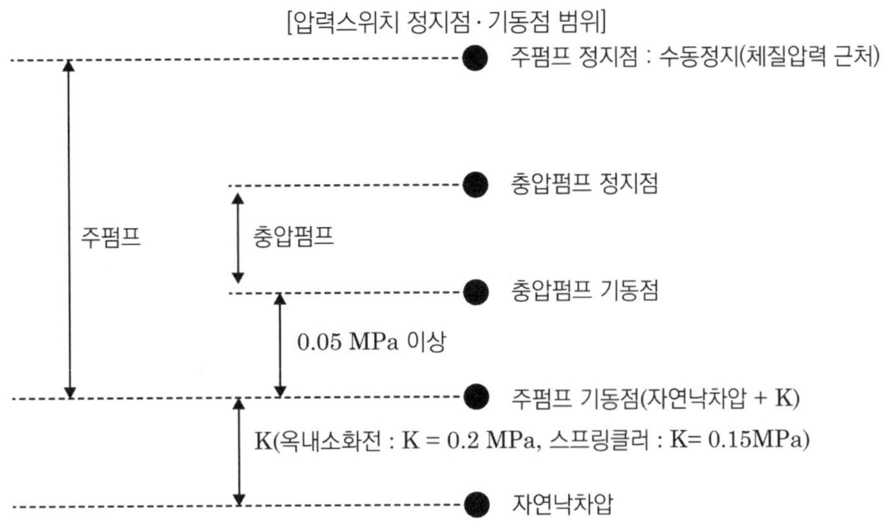

※ 출처 : 한국소방안전원

⑥ 압력스위치 세팅방법 예시

㉠ 감시제어반의 주펌프, 충압펌프를 정지시킨다.

㉡ 주펌프, 충압펌프의 압력스위치를 확인하기 위해, 2개 중 하나의 압력스위치의 동작확인침을 내려 접점을 붙인다.

㉢ 감시제어반의 압력스위치 표시등이 점등되는 것을 확인하여 주펌프인지 충압펌프인지 확인한다(만약 주펌프가 기동하여 자동으로 정지하지 않으면 동력 제어반에서 주펌프를 정지로 놓는다).

㉣ 주펌프와 충압펌프 압력스위치가 확인되면, 주펌프의 압력스위치 Range 눈금 위에 설치된 조절볼트를 드라이버로 조정하여 Range 눈금을 앞에서 계산한 주펌프의 정지점으로 세팅한다.

㉤ 주펌프의 압력스위치 Diff 눈금 위에 설치된 조절볼트를 드라이버로 조정하여 Diff의 눈금을 앞에서 계산한 주펌프의 정지점과 기동점의 차이값으로 세팅한다.

㉥ 충압펌프의 압력스위치 Range 눈금 위에 설치된 조절볼트를 드라이버로 조정하여 Range의 눈금을 앞에서 계산한 충압펌프의 정지점으로 세팅한다.

㉦ 충압펌프의 압력스위치 Diff 눈금 위에 설치된 조절볼트를 드라이버로 조정하여 Diff의 눈금을 앞에서 계산한 충압펌프의 정지점과 기동점의 차이값으로 세팅한다.

㉧ 동력제어반, 감시제어반에서 주펌프, 충압펌프를 모두 자동으로 전환한다.

㉨ 압력챔버의 배수밸브를 열거나, 옥내소화전 방수, 스프링클러설비의 시험장치 개폐밸브(시험밸브)를 개방하여 충압펌프, 주펌프의 기동압력이 정확히 세팅되었는지 확인한다.

㉩ 개방한 밸브를 폐쇄하여 충압펌프, 주펌프의 정지압력이 정확히 세팅되었는지 확인한다.

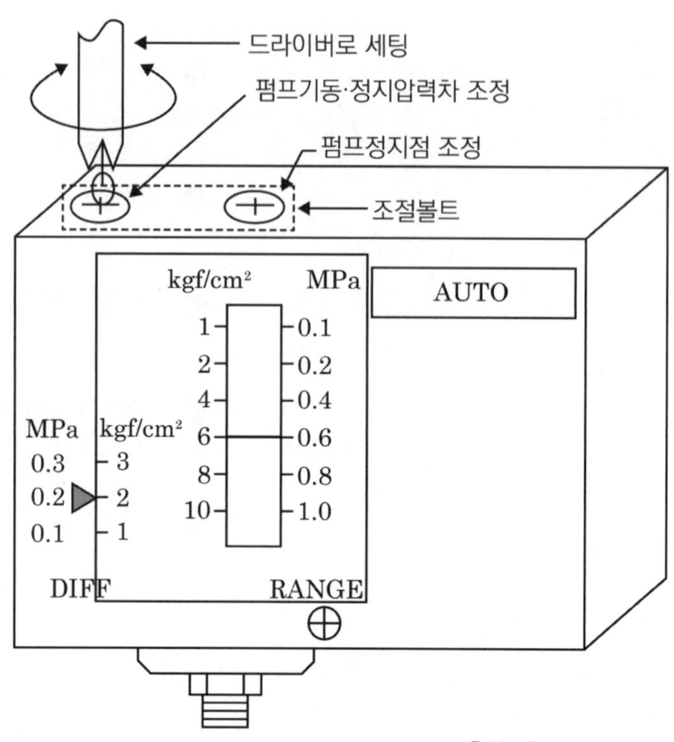

※ 출처 : 한국소방안전원

5. 이산화탄소소화설비

1) 약제종류에 의한 분류

(1) 이산화탄소 소화설비

① 이산화탄소를 일정한 고압용기에 저장해두었다가 화재 시 수동 또는 자동으로 분사하여 질식 및 냉각효과에 의한 소화를 목적으로 하는 설비

② 고압식과 저압식으로 구분되며, 일반 건물에는 고압식을 주로 사용

저압식	고압식
자동냉동장치를 설치하여 -18 ℃ 이하에서 2.1 MPa 압력 유지	저장용기에 액상으로 저장하고 2.1 MPa 이상의 압력으로 방사

③ 이산화탄소 소화설비의 장·단점

장점	단점
① 가연물 내부에서 연소하는 심부화재에 적합 ② 화재진화 후 깨끗함 ③ 피연소물에 피해가 적음 ④ 비전도성이므로 전기화재에 적합	① 질식의 우려 ② 방사 시 동상의 우려와 큰 소음 ③ 설비가 고압으로 특별한 주의와 관리가 필요

(2) 할론 소화설비

① 불연성 가스인 할론소화약제를 사용하여 화재 발생 시 할로겐원자의 억제작용에 의하여 질식·냉각작용 및 연쇄반응을 억제하는 소화설비

② 축압식과 가압식으로 구분

(3) 할로겐화합물 및 불활성 기체 소화설비

① 불연성 가스인 할론소화약제를 사용하여 화재 발생 시 할로겐원자의 억제작용에 의하여 질식·냉각작용 및 연쇄반응을 억제하는 소화설비

② 할로겐화합물(할론 1301, 할론 2402, 할론 1211 제외) 및 불활성기체 계열의 소화약제를 이용하여 소화하는 설비

2) 약제방출방식에 의한 분류

전역방출방식	국소방출방식	호스릴방식
고정식 이산화탄소 공급장치에 배관 및 분사헤드를 고정 설치하여, <u>밀폐 방호구역 내에 이산화탄소를 방출</u>하는 설비 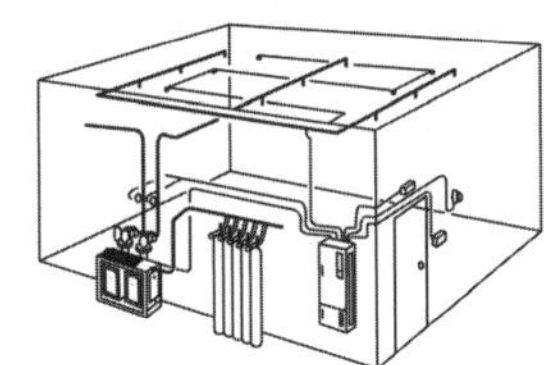 ※ 출처 : 한국소방안전원	고정식 이산화탄소 공급장치에 배관 및 분사헤드를 설치하여, <u>직접 화점에 이산화탄소를 방출</u>하는 설비로 화재 발생 부분에만 집중적으로 소화약제를 방출하도록 설치하는 방식 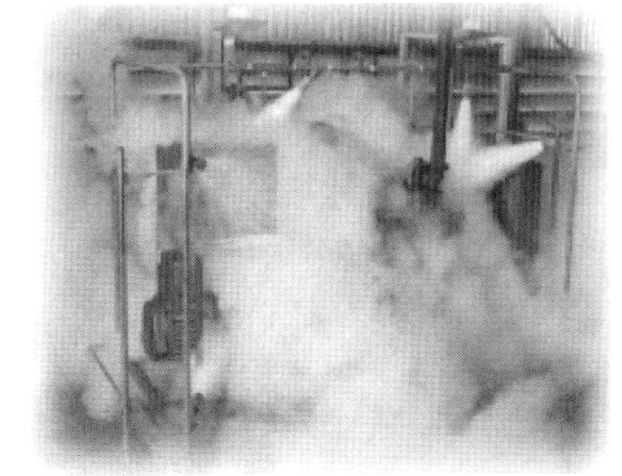 ※ 출처 : 한국소방안전원	분사헤드가 배관에 고정되어 있지 않고 소화약제 저장용기에 호스를 연결하여, <u>사람이 직접 화점에 소화약제를 방출</u>하는 이동식 소화설비  ※ 출처 : 한국소방안전원

3) 가스계 소화설비의 주요 구성요소 및 작동순서

(1) 주요 구성요소

구성요소	설명
저장용기	약제를 저장하는 용기, 기밀시험과 내압시험에 합격한 제품 사용
기동용 가스용기 (기동용기)	가장 일반적으로 사용되는 기동방식으로 감지기 동작신호에 따라 솔레노이드밸브의 파괴침이 작동하면 기동용기의 기동용 가스가 동관을 통하여 방출되어 저장용기의 봉판을 파괴하여 소화약제 방출  ※ 출처 : 한국소방안전원
솔레노이드밸브 (전자밸브)	① 전기적인 신호에 의하여 자동으로 격발되는 자동방식과 수동으로 안전핀을 뽑고 솔레노이드밸브의 수동조작버튼을 눌러서 격발하는 수동방식으로 구분 ② 솔레노이드밸브가 작동하면 파괴침이 기동용기밸브의 봉판을 파괴하고 기동용 가스가 방출  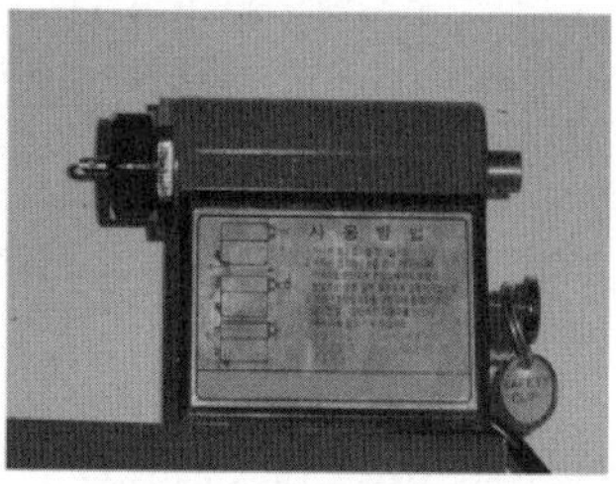 ※ 출처 : 한국소방안전원
압력스위치	가스관 선택밸브 2차 측에 설치하여, 소화약제 방출 시의 압력을 이용하여 접점신호를 형성하여 감시제어반에 입력시켜 방출표시등 점등  ※ 출처 : 한국소방안전원

구성요소	설명
선택밸브	2개소 이상의 방호구역 또는 방호대상물에 대해 소화약제 저장용기를 공용으로 사용하는 경우에 사용하는 밸브로서 자동 또는 수동개방장치에 의해 개방  ※ 출처 : 한국소방안전원
수동조작함 (수동식 기동장치)	화재 시 수동조작에 의해 소화약제를 방출하는 기능의 기동스위치와 오동작시 방출을 지연시킬 수 있는 방출지연스위치, 보호장치, 전원표시등이 함께 내장된 조작함  ※ 출처 : 한국소방안전원 * 방출지연스위치 : 자동복귀형 스위치로서 수동식 기동장치의 타이머를 순간 정지시키는 기능의 스위치
방출표시등	소화약제 방출압에 의한 압력스위치 작동에 의해 점등되어 방호구역 안으로 거주자의 진입을 방지할 목적으로 설치

구성요소	설명
방출헤드	전역방출방식인 경우 넓은 지역에 균일하게 방사하는 천장형과 국소지점만 방사하는 나팔형, 측벽형 등이 있음 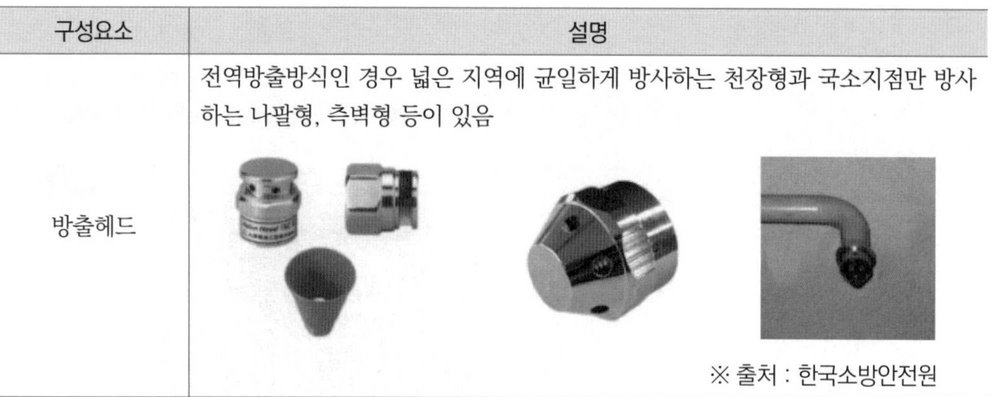 ※ 출처 : 한국소방안전원

(2) 작동순서

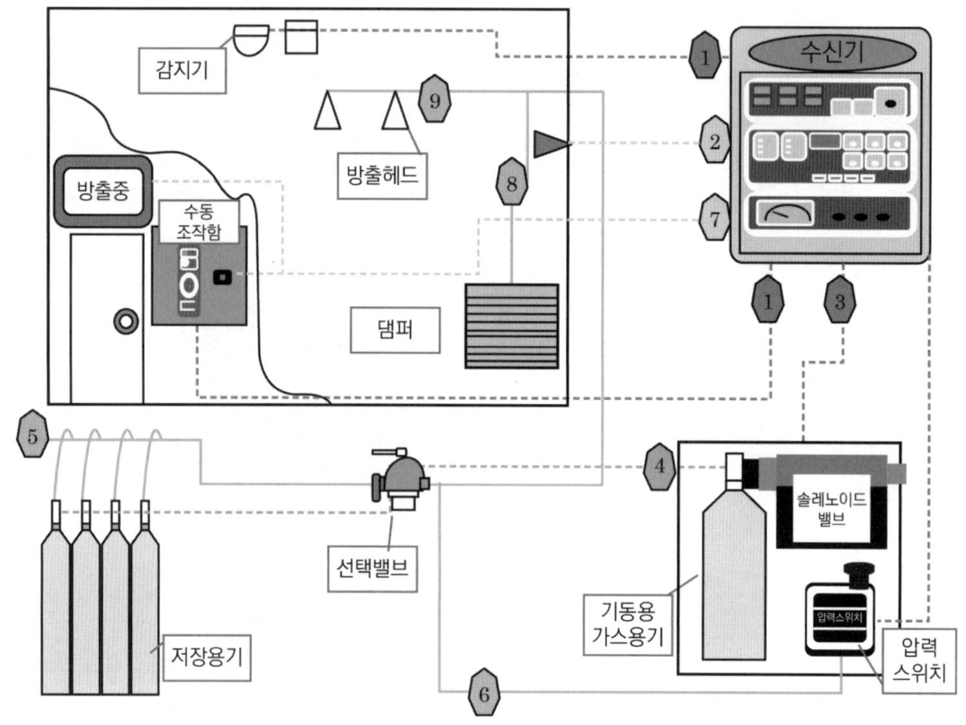

※ 출처 : 한국소방안전원

① 화재발생
② 감시제어반(수신반)에서 화재표시등 점등, 해당 방호구역 사이렌 경보, 환기팬 정지
  ㉠ 자동 : 방호구역의 교차회로 A and B 감지기 모두 작동
  ㉡ 수동 : 방호구역의 출입구 인근 수동조작함의 수동조작버튼 누름
③ 지연장치 동작(30초) : 방호구역 내 인명의 피난시간 부여
④ 기동용기함 내의 솔레노이드밸브(전자밸브) 작동(격발)
⑤ 기동용 가스용기 개방
⑥ 선택밸브 개방 및 약제 저장용기 개방

⑦ 소화약제 방출

㉠ 소화약제 흐름 : 집합관 → 선택밸브 개방 → 배관 → 분사헤드

㉡ 방출되는 약제 일부는 압력스위치를 동작시켜 방출표시등 점등 및 자동폐쇄장치(피스톤릴리저댐퍼) 동작으로 방호구역 완전 폐쇄

4) 가스계 소화설비의 점검

(1) 점검 전 안전조치

① 기동용기에서 선택밸브에 연결된 조작동관 분리

② 기동용기에서 저장용기에 연결된 개방용 동관 분리

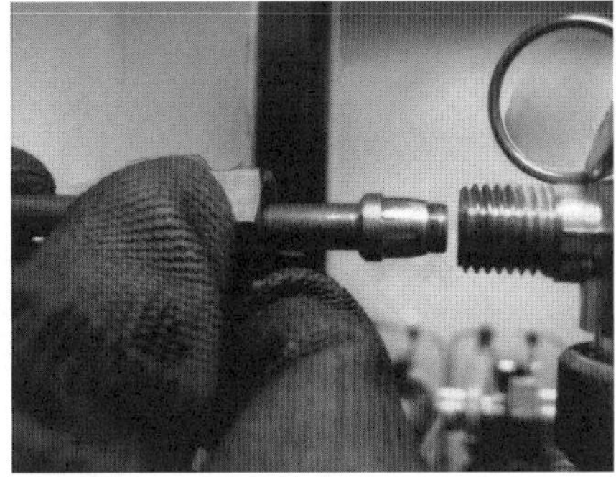

※ 출처 : 한국소방안전원

③ 제어반의 솔레노이드밸브 연동정지

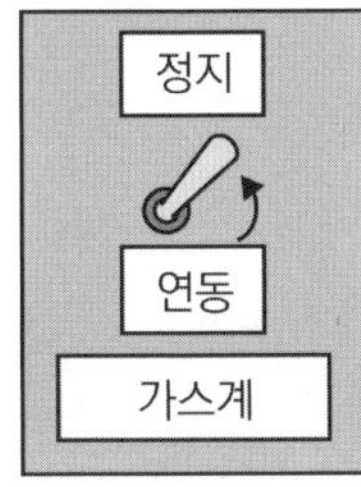

④ 솔레노이드밸브 안전핀 체결 후 분리, 안전핀 제거 후 격발 준비

안전핀 체결

솔레노이드 분리

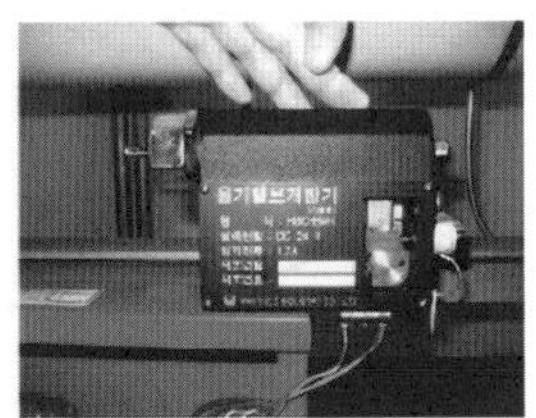

안전핀 제거

※ 출처 : 한국소방안전원

(2) 점검 및 확인

① 솔레노이드밸브 격발 시험방법

㉠ 수동조작버튼 작동 : 솔레노이드밸브에 부착된 안전핀 제거 후 버튼 누르면 즉시 격발

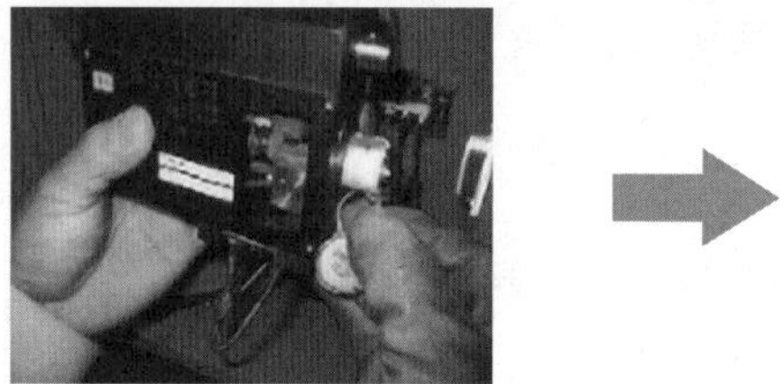

※ 출처 : 한국소방안전원

㉡ 수동조작함 작동 : 방호구역 출입문 인근에 있는 수동조작함의 기동스위치를 누르면 30초 지연시간 이후 격발

※ 출처 : 한국소방안전원

㉢ 교차회로 감지기 동작 : 30초 지연시간 이후 격발

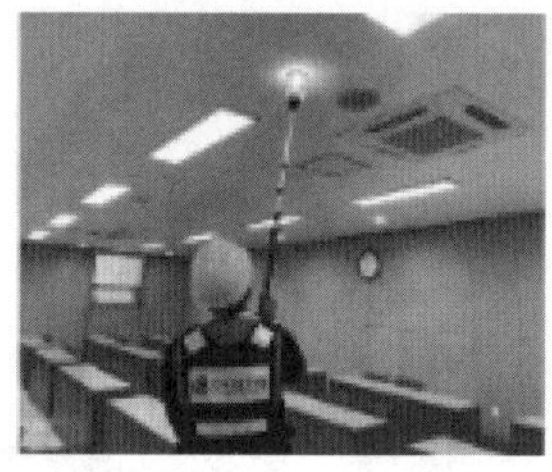

※ 출처 : 한국소방안전원

㉣ 감시제어반(수신반)에서 수동조작스위치 동작 : 솔레노이드밸브 선택스위치를 수동위치로 전환 후 정지에서 기동위치로 전환하여 동작시키면 30초 지연시간 이후 격발

② 동작사항 확인

㉠ 감시제어반(수신반)에서 화재표시 확인

㉡ 경보(사이렌)발령 여부 확인

㉢ 지연장치의 지연시간(30초) 체크 확인

㉣ 솔레노이드밸브 작동 여부 확인

㉤ 자동폐쇄장치 작동 및 환기장치 정지 여부 확인

③ 방출표시등 작동시험방법

㉠ 압력스위치 테스트 버튼을 당김

㉡ 방출표시등 작동 확인

• 방호구역 출입문 상단 방출표시등 점등 확인

• 수동조작함 방출등(적색) 점등 확인

• 감시제어반(수신반) 방출표시등 점등 확인

㉢ 테스트 버튼 다시 눌러 복구

④ 점검 후 복구방법

㉠ 1단계 : 제어반의 복구스위치 복구

㉡ 2단계 : 제어반의 솔레노이드밸브 연동정지

㉢ 3단계 : 솔레노이드밸브 복구

㉣ 4단계 : 솔레노이드밸브에 안전핀 체결 후 기동용기에 결합

㉤ 5단계 : 제어반의 스위치를 연동상태 확인 후 솔레노이드밸브에서 안전핀 분리

㉥ 6단계 : 점검 전 분리했던 조작동관 결합

경보설비 구조 · 점검 및 실습

1. 자동화재탐지설비

1) 자동화재탐지설비

(1) 정의

화재 발생 초기 단계에서 발생하는 열, 연기, 불꽃 등을 감지기에 의해 감지하여 자동적으로 경보를 발함으로써 화재를 조기에 발견하여, 조기통보, 초기소화, 조기피난을 가능하게 하기 위한 설비

(2) 설치대상

설치대상	기준
• 교육연구시설, 수련시설(기숙사 · 합숙소 포함, 숙박시설 제외) • 동 · 식물 관련 시설, 교정 및 군사시설 • 자원순환 관련 시설 • 교정 및 군사시설 • 묘지 관련 시설	연면적 2000 m^2 이상인 경우에는 모든 층
목욕장, 문화 및 집회시설, 종교시설, 판매시설, 운동시설, 업무시설, 창고시설, 공장, 지하가(터널 제외), 위험물 저장 및 처리시설, 항공기 및 자동차 관련 시설, 교정 및 군사시설 중 국방 · 군사시설, 방송통신시설, 발전시설, 관광 휴게시설 , 운수시설	연면적 1000 m^2 이상인 경우에는 모든 층
• 근린생활시설(목욕장 제외) • 의료시설(정신의료기관, 요양병원 제외) • 위락시설, 장례시설 및 복합건축물	연면적 600 m^2 이상인 경우에는 모든 층
정신의료기관, 의료재활시설	• 바닥면적 합계 300 m^2 이상 • 바닥면적 합계 300 m^2 미만, 창살 설치
터널	길이 1000 m 이상
공장 및 창고시설	500배 이상 특수가연물
요양병원, 지하구, 전통시장, 조산원, 산후조리원	-
전기저장시설, 노유자생활시설	-
공동주택 중 아파트등 · 기숙사, 숙박시설, 6층 이상인 건축물	-

설치대상	기준
노유자시설	연면적 400 m^2 이상인 경우에는 모든 층
숙박시설이 있는 수련시설	수용인원 100 명 이상인 경우에는 모든 층

(3) 경계구역

특정소방대상물 중 화재신호를 발신하고 그 신호를 수신 및 유효하게 제어할 수 있는 구역

① 하나의 경계구역이 2개 이상의 건축물 및 각 층에 미치지 아니하도록 할 것
(단, 500 m^2 이하 범위 안에서는 2개 층을 하나의 경계구역으로 산정)

② 하나의 경계구역의 면적은 600 m^2 이하, 한 변의 길이는 50 m 이하로 할 것
(단, 주된 출입구에서 그 내부 전체가 보이는 것에 있어서는 한 변의 길이가 50 m의 범위 내에서 1000 m^2 이하)

(4) 구성

감지기, 수신기, 발신기, 음향장치, 표시등, 전원, 배선, 시각경보기, 중계기 등

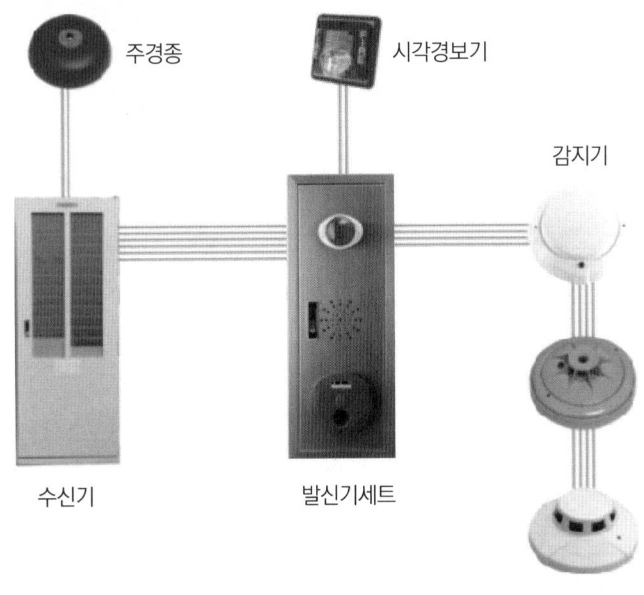

2) 수신기

감지기나 발신기에서 발하는 화재신호를 직접 수신하거나 중계기를 통하여 수신하여 화재의 발생을 해당 건물 관계자에게 표시 및 경보하여 주는 장치

(1) 종류

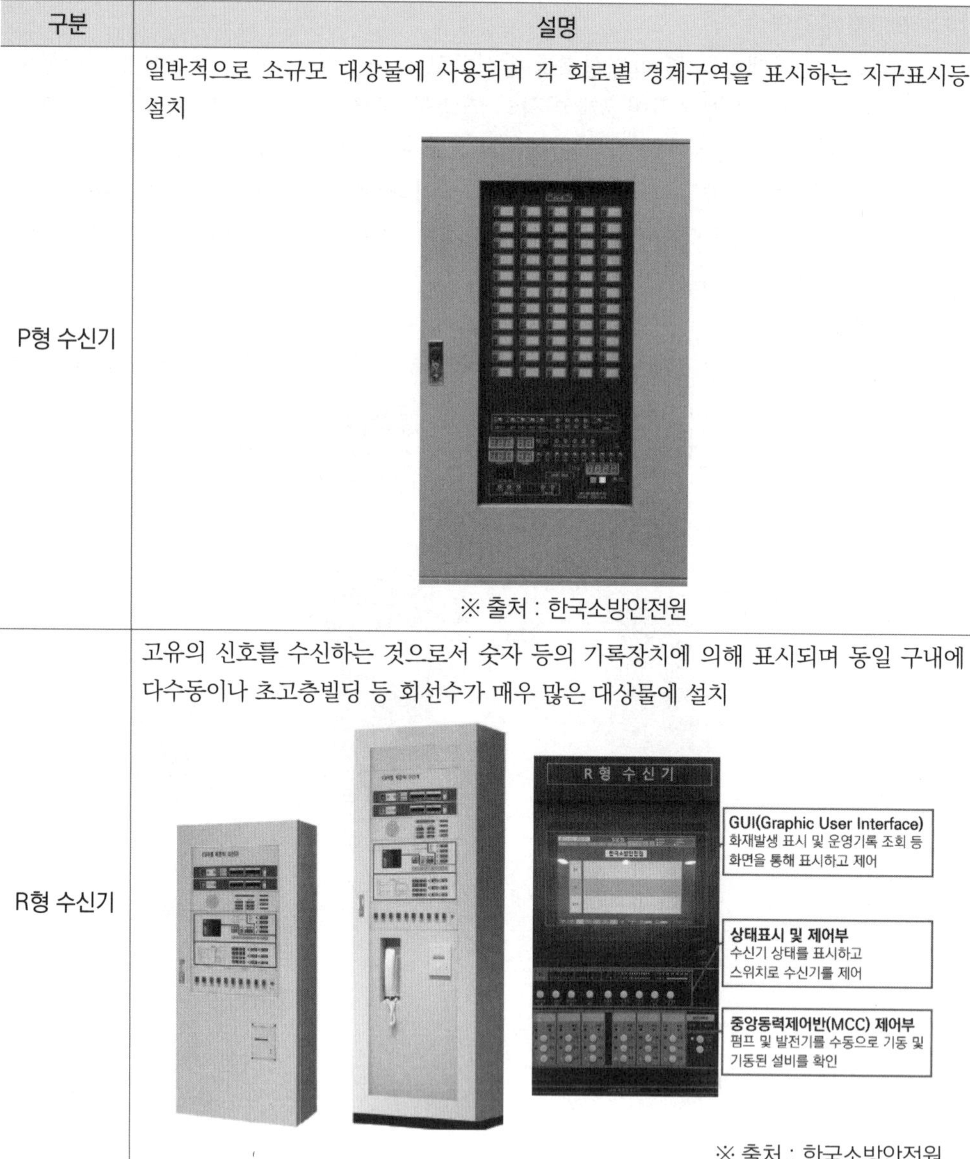

구분	설명
P형 수신기	일반적으로 소규모 대상물에 사용되며 각 회로별 경계구역을 표시하는 지구표시등 설치 ※ 출처 : 한국소방안전원
R형 수신기	고유의 신호를 수신하는 것으로서 숫자 등의 기록장치에 의해 표시되며 동일 구내에 다수동이나 초고층빌딩 등 회선수가 매우 많은 대상물에 설치 ※ 출처 : 한국소방안전원

(2) 설치기준

① 수위실 등 상시 사람이 근무하는 장소에 설치할 것

② 수신기가 설치된 장소에는 경계구역 일람도를 비치할 것

③ 수신기의 음향기구는 그 음량 및 음색이 다른 기기의 소음 등과 명확히 구별될 수 있는 것으로 할 것

④ 수신기는 감지기·중계기·발신기가 작동하는 경계구역을 표시할 수 있는 것으로 할 것

⑤ 화재·가스, 전기 등에 대한 종합방재반 설치 시 해당 조작반에 수신기의 작동과 연동하여 감지기·중계기·발신기가 작동하는 경계구역을 표시할 수 있는 것으로 할 것

⑥ 하나의 경계구역은 하나의 표시등 또는 하나의 문자로 표시할 것

⑦ 수신기의 조작스위치는 바닥으로부터의 높이가 0.8 m 이상 1.5 m 이하인 장소에 설치할 것

⑧ 하나의 특정소방대상물에 2 이상의 수신기를 설치하는 경우에는 수신기를 상호 간 연동하여 화재 발생 상황을 각 수신기마다 확인할 수 있도록 할 것

⑨ 화재로 인하여 하나의 층의 지구음향장치 또는 배선이 단락되어도 다른 층의 화재통보에 지장이 없도록 각 층 배선 상에 유효한 조치를 할 것

(3) 수신기의 스위치별 기능(P형)

구분	기능설명
화재표시등	화재신호가 발생된 경우 적색으로 표시
지구표시등 (경계구역표시등)	화재신호가 발생된 각 경계구역을 나타내는 표시등
전압표시등(전압계)	수신기의 공급전압을 표시
예비전원감시표시등 (축전지이상등)	예비전원의 이상 유무를 확인하여 주는 표시등
발신기응답표시등 (작동등)	수신기에 수신된 신호가 발신기의 조작에 의한 신호인지의 여부를 식별해주는 표시장치
스위치주의표시등	각 조작스위치가 정상위치에 있지 않을 경우 점멸·점등을 반복
도통시험표시등	도통시험에서 해당 회로의 불량(적색)과 정상(녹색) 여부를 쉽게 판별할 수 있는 표시등
예비전원시험스위치	예비전원의 배터리 충전상태 점검 시 사용
주경종정지스위치	수신기 옆 또는 내부에 있는 주경종을 정지할 때 사용
지구경종정지스위치	지구경종의 명동을 정지할 때 사용하는 스위치
동작시험스위치	수신기에 화재신호를 수동으로 입력하여 수신기가 정상적으로 동작되는지를 점검하는 시험스위치
도통시험스위치	도통시험스위치를 누르고 회로선택스위치를 회전시켜, 선택된 회로의 결선상태를 확인할 때 사용
회로선택스위치	스위치 주위에 회로번호가 표시되어 있으며, 동작시험이나 회로도통시험을 실시할 때 필요한 회로를 선택하기 위하여 사용하는 스위치

구분	기능설명
자동복구스위치	스위치가 시험위치에 놓여 있을 때에는 감지기의 복구에 따라 수신기의 동작상태가 자동복구
화재복구스위치	수신기의 동작상태를 정상으로 복구할 때 사용
비상방송정지스위치	비상방송 연동을 정지
축적스위치	① 일시적으로 발생한 열·연기 또는 먼지 등으로 인하여 감지기가 화재신호를 발신할 우려가 있는 경우에 대비하기 위하여 사용되는 스위치 ② 수신기가 축적상태인 경우 수신기의 지구표시등과 주음향장치를 명동시킬 수 있음

3) 감지기

화재 시 발생하는 열, 연기, 불꽃 또는 연소생성물을 자동적으로 감지하여 수신기에 발신하는 장치

(1) 열감지기

① 차동식 감지기 : 주위 온도가 일정 상승률 이상이 되는 경우 작동

㉠ 스포트형 : 일국소 감지(거실, 사무실 등)

- 구조 : 감열실, 다이아프램, 리크구멍, 접점 등으로 구분
- 동작원리 : 화재 시 온도상승 → 감열실 내의 공기가 팽창 → 다이아프램을 압박 → 접접이 붙어 화재신호를 수신기에 보냄

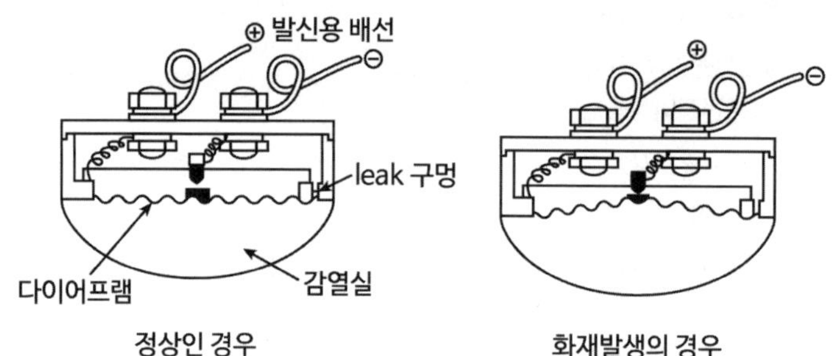

정상인 경우　　화재발생의 경우

㉡ 분포형 : 넓은 지역 감지

② 정온식 감지기 : 주위 온도가 일정 온도 이상이 되는 경우 작동

㉠ 스포트형 : 일국소 감지 + 외관 전선 모양 × (보일러실, 주방 등)

- 구조 : 바이메탈, 감열판 및 접점 등으로 구분
- 동작원리 : 화재 시 감열판에 열전달 → 바이메탈이 휘어져 기동접점으로 이동 → 접점이 붙어 화재신호를 수신기에 보냄

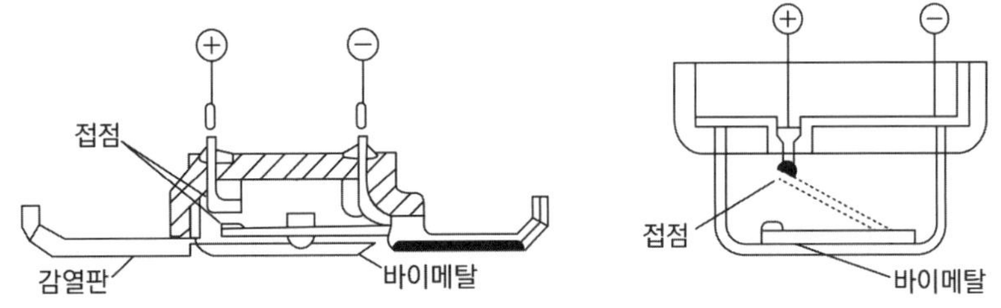

※ 출처 : 한국소방안전원

㉡ 감지선형 : 일국소 감지 + 외관 전선 모양 ○

③ 보상식 스포트형 감지기 : 차동식 + 정온식

④ 열감지기 설치유효면적

부착높이 및 특정소방대상물의 구분		감지기의 종류(단위 : m^2)						
		차동식 스포트형		보상식 스포트형		정온식 스포트형		
		1종	2종	1종	2종	특종	1종	2종
4 m 미만	내화구조	90	70	90	70	70	60	20
	기타 구조	50	40	50	40	40	30	15
4 m 이상 8 m 미만	내화구조	45	35	45	35	35	30	
	기타 구조	30	25	30	25	25	15	

(2) 연기감지기

① 이온화식 스포트형 감지기

주위 공기가 일정 농도 이상의 연기를 포함하게 될 경우 이온전류의 감소에 의하여 작동

② 광전식 감지기

연기에 포함된 미립자가 광원에서 방사되는 광속에 의해 산란반사를 일으키는 것을 이용

㉠ 스포트형 : 광량의 증가

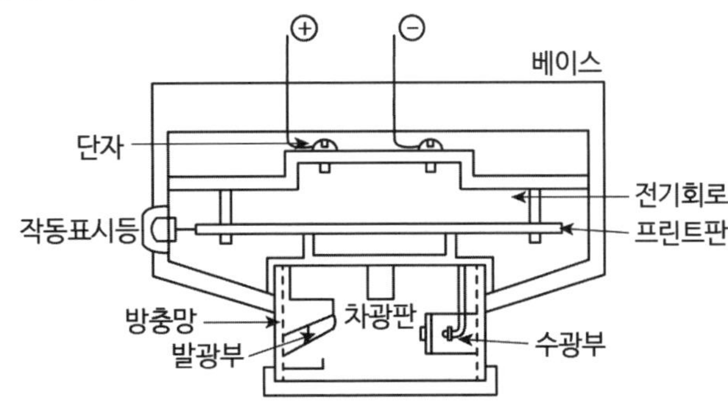

㉡ 분리형 : 광량의 감소

㉢ 공기흡입형

③ 이온화식과 광전식 비교

구분	이온화식	광전식
동작원리	이온전류의 감소	광량의 감소 또는 증가
연기입자	작은 연기입자(0.01 ~ 0.3 μm)에 유리	큰 연기입자(0.3 ~ 1 μm)에 유리
연기의 색상	이온에 연기입자가 흡착되는 것과 관계되므로 연기의 색상은 감도와 관련이 없음	연기 색상에 따라 빛이 흡수 또는 반사되는 정도가 다르므로 검은색보다는 엷은 회색 연기가 감도에 유리
적응성	B급 화재 등 불꽃화재	A급 화재 등 훈소화재

4) 발신기

화재 발생 신호를 수신기에 수동으로 발신하는 장치

(1) 구성

명판, 누름버튼, 보호판, 응답표시등

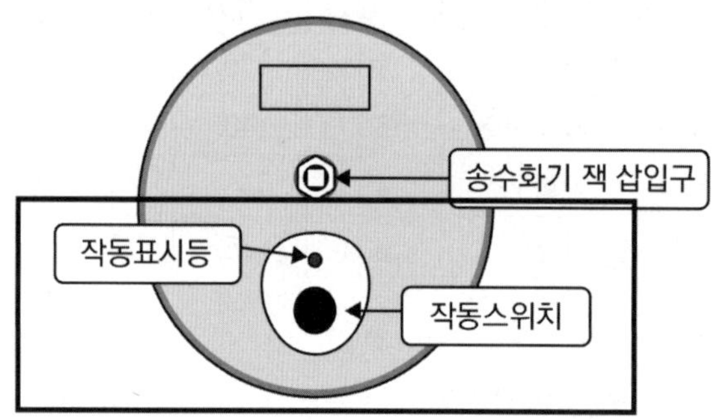

(2) 설치기준

① 조작이 쉬운 장소에 설치하고, 스위치는 바닥으로부터 0.8 m 이상 1.5 m 이하의 높이에 설치

② 특정소방대상물의 층마다 설치하되,

㉠ 수평거리 : 25 m 이하 설치(각 부분부터 하나의 발신기까지의 거리)

㉡ 보행거리 : 40 m 이상 경우 추가 설치(복도 · 별도구획된 실)

(3) 동작원리

① 동작

㉠ 발신기 누름버튼 누름

㉡ 수신기 동작(화재표시등, 지구표시등, 발신기등, 경보장치 동작)

㉢ 응답표시등 점등

② 복구

㉠ 발신기 누름버튼 원 위치로 복구

㉡ 수신기 복구스위치를 누름

㉢ 응답표시등 소등, 수신기의 동작표시등 소등

5) 음향장치

(1) 종류

① 주음향장치 : 수신기 내부 또는 직근에 설치

② 지구음향장치 : 각 경계구역에 설치

(2) 지구음향장치 설치기준

① 층마다 설치하되, 수평거리 25 m 이하가 되도록 설치

② 음량 크기는 1 m 떨어진 곳에서 90 dB 이상

(3) 경보방식

① 일제경보방식 : 화재 시 전 층에 경보하는 방식(소규모)

② 우선경보방식 : 층수가 11층(공동주택 16층) 이상의 특정소방대상물

㉠ 2층 이상의 층에서 발화 시 : 발화층 및 그 직상 4개 층에 경보할 것

㉡ 1층에서 발화 시 : 발화층·그 직상 4개 층 및 지하층에 경보할 것

㉢ 지하층에서 발화 시 : 발화층·그 직상층 및 그 밖의 지하층에 경보할 것

6) 시각경보장치

화재 시 광원에 의해 점멸 형태로 경보를 발하여 특정소방대상물 관계인 등 청각장애인에게 화재 발생을 통보하는 경보설비

구분	내용
설치장소	복도·통로·청각장애인용 객실 및 공용으로 사용하는 거실에 설치하며, 각 부분으로부터 유효하게 경보를 발할 수 있는 위치 (거실 : 로비, 회의실, 강의실, 식당, 휴게실, 오락실, 대기실, 체력단련실, 접객실, 안내실, 전시실, 기타 유사한 장소)
	공연장·집회장·관람장 또는 이와 유사한 장소에 시선이 집중되는 무대부
설치높이	바닥으로부터 2 m 이상 2.5 m 이하 (단, 천장의 높이가 2 m 이하인 경우에는 천장으로부터 0.15 m 이내)
광원	전용의 축전지설비 또는 전기저장장치에 의하여 점등

7) 배선

감지기 사이의 회로 배선으로 도통시험(선로 간의 연결 정상 여부 확인)을 원활하게 하기 위하여 송배선식을 사용

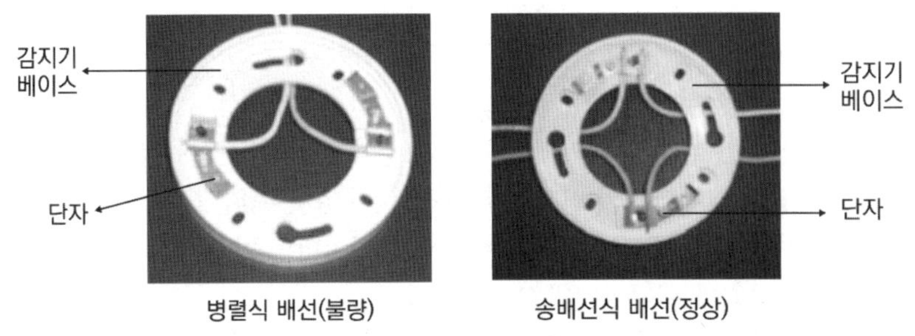

[감지기회로 배선]

※ 출처 : 한국소방안전원

8) 경보방식

(1) 일제경보방식 : 화재 시 전 층에 경보하는 방식(소규모)

(2) 우선경보방식 : 층수가 11층(공동주택의 경우에는 16층) 이상의 특정소방대상물은 다음과 같은 경보를 발할 수 있어야 한다.

① 2층 이상의 층에서 발화한 때에는 발화층 및 그 직상 4개 층에 경보

② 1층에서 발화한 때에는 발화층, 그 직상 4개 층 및 지하층에 경보

③ 지하층에서 발화한 때에는 발화층, 그 직상층 및 기타 지하층 경보

2. 자동화재탐지설비의 점검 · 실습 및 비화재보

1) 자동화재탐지설비의 점검

(1) 오동작 방지기

일시적으로 발생한 열 · 연기 또는 먼지 등 때문에 감지기가 화재신호를 발신할 우려가 있다면 축적 기능의 수신기를 설치하여 비화재보를 방지하여야 한다.

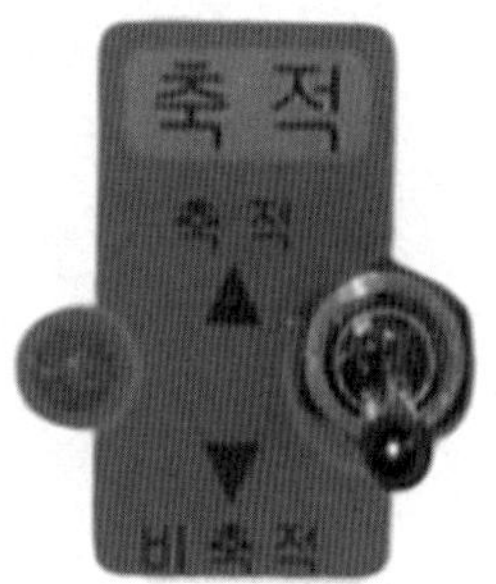

① 점검 시

오동작방지기를 "비축적" 위치로 전환

(신속한 동작확인을 위하여)

② 평상시

오동작방지기를 "축적" 위치로 전환

(비화재보 우려 방지)

(2) 퓨즈(Fuse)

퓨즈는 경종, 표시등, 배터리, 전원부 등에 사용하기 때문에, 퓨즈가 단선되면 수신기 기능 상실

① 단선 시 : 퓨즈 인근에 있는 적색의 LED 점등

② 복구방법 : LOCAL 기기의 고장개소를 수리하고 퓨즈를 교체해야 LED 소등

(3) 기록장치

수신기의 화재신호, 고장신호 및 수신기에 접속된 타 기구에 대한 외부배선으로의 신호 등을 저장

① 수신기의 형식승인 및 제품검사의 기술기준

㉠ 기록장치는 999개 이상의 데이터를 저장할 수 있어야 하며, 용량이 넘을 경우 가장 오래된 데이터부터 자동 삭제

㉡ 수신기는 임의로 데이터의 수정이나 삭제를 방지할 수 있는 기능 존재

㉢ 저장된 데이터는 수신기에서 확인할 수 있어야 하며, 복사 및 출력 가능

㉣ 기록장치에 저장하여야 하는 데이터(데이터의 발생시각 표시)

- 주전원과 예비전원의 On/Off 상태
- 경계구역의 감지기, 중계기 및 발신기 등의 화재신호와 소화설비, 소화활동설비, 소화용수설비의 작동신호

- 수신기와 외부배선(지구음향장치용의 배선, 확인장치용의 배선 및 전화장치용의 배선을 제외한다)과의 단선 상태
- 수신기에서 제어하는 설비로의 수동작동에 의한 신호, 출력신호와 수신기에 설비의 작동 확인표시가 있는 경우 확인신호
- 수신기의 주경종스위치, 지구경종스위치, 복구스위치 등 수신기의 제어기능을 조작하기 위한 스위치의 정지 상태
- 가스누설신호(단, 가스누설신호표시가 있는 경우에 한함)
- 제15조의2 제2항에 해당하는 신호(무선식 감지기, 무선식 중계기, 무선식 발신기, 무선식 경종, 무선식 시각경보장치와 연결되는 경우에 한함)
- 제15조의2 제3항에 의한 확인신호, 제15조의2 제4항에 의한 통신점검신호 및 재확인신호를 수신하지 못한 내역
- 제15조의3 제1항의 단선, 단락에 의한 신호(아날로그식 감지기, 주소형 감지기 또는 중계기와 접속되는 경우에 한함)
- 제15조의3 제2항의 단선, 단락에 의한 신호(단선단락감시형에 한함)
- 제15조의3 제4항의 고장에 의한 신호(아날로그식 또는 주소형 광전식 스포트형감지기와 접속되는 경우에 한함)
- 제15조의3 제5항의 고장에 의한 신호(광전식 스포트형감지기 또는 이온화식스포트형감지기 중 보정식을 접속되는 경우에 한함)

(4) 스포트형 감지기 점검

① 감지기 동작확인

㉠ 발광다이오드(LED)를 사용하여 감지기가 작동하면 점등

㉡ 수신기에서 화재복구스위치를 누르면 소등

② 감지기 작동점검

㉠ 감지기 시험기, 연기스프레이 등을 이용하여 감지기 동작시험 실시

㉡ LED 미점등 시 감지기회로 전압 확인

- 정격전압의 80 % 이상이면, 감지기가 불량이므로 감지기 교체
- 감지기회로 전압이 0 V이면, 회로가 단선이므로 회로 보수

㉢ 감지기 동작시험 재실시

(5) P형 발신기 점검

① 발신기 작동순서

㉠ 발신기의 누름버튼을 누르면 두 접점이 붙게 되어 수신기의 화재릴레이를 구동시켜 화재경보

㉡ 수신기의 발신기등과 발신기의 응답등 점등

② 발신기 작동점검

㉠ 발신기 누름버튼 누름(발신기 커버 분리)

㉡ 수신기에서 발신기등 및 발신기 응답등 점등 확인

㉢ 주경종, 지구경종, 비상방송 등 연동설비 확인

㉣ 발신기의 누름버튼 복구(발신기 커버 결합)

㉤ 수신기에서 화재신호 복구

2) 자동화재탐지설비의 실습

(1) P형 수신기 기능시험

① 동작시험

수신기에 화재신호를 수동으로 입력하여 수신기가 정상적으로 동작되는지를 확인하기 위한 시험

㉠ 시험기준

- 1회선마다 복구하면서 모든 회선을 시험
- 비화재보 방지 또는 오동작 방지기능이 내장된 축적형 수신기의 경우 : 축적·비축적 선택 스위치를 "비축적" 위치로 놓고 시험

㉡ 시험순서

- 동작시험 및 자동복구스위치를 누름
- 로터리방식 : 회로선택스위치를 차례로 회전시켜 시험
  버튼방식 : 각 경계구역별 동작버튼을 누른 후 시험

㉢ 적부 판정방법

- 화재표시등, 지구(경계구역)표시등, 기타 표시장치의 점등, 음향장치의 작동확인, 감지기회로 또는 부속기기 회로와의 연결접속 정상 여부 확인
- 동작시험 결과 위와 같은 기능이 작동하지 못하는 회로는 즉시 수리

㉣ 복구방법

- 회로선택스위치를 초기(정상) 위치로 복구(로터리방식만 해당)
- 동작시험 및 자동복구스위치 복구
- 화재표시등, 지구(경계구역)표시등 소등 확인

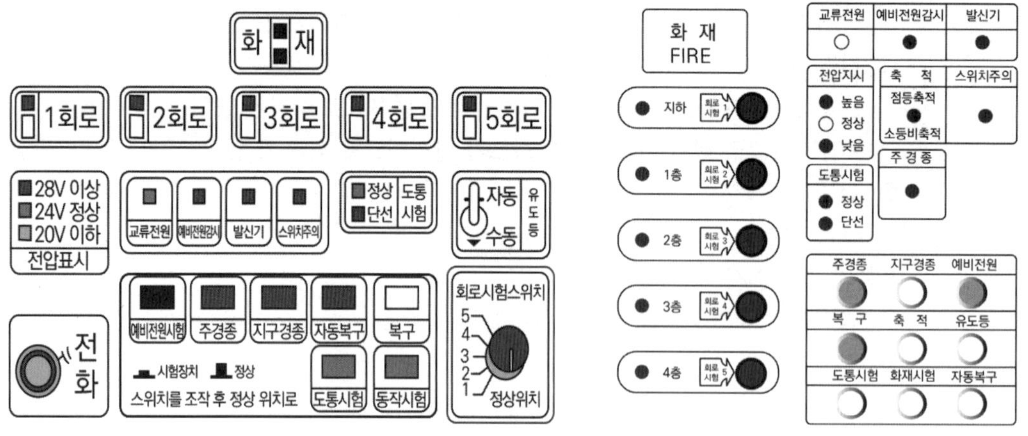

[로터리방식]　　　[버튼방식]

※ 출처 : 한국소방안전원

② 회로도통시험

수신기에서 감지기 사이 회로의 단선 유무와 기기 등의 접속 상황을 확인하기 위한 시험

㉠ 시험순서

- 도통시험스위치를 누름
- 로터리방식 : 회로선택스위치를 차례로 회전시켜 시험
  버튼방식 : 각 경계구역별 동작버튼을 누른 후 시험

㉡ 적부 판정방법

- 전압계방식 : 정상(4 ~ 8 V), 단선(0 V)
- 도통시험 확인등 : 정상 확인등 점등(녹색), 단선 확인등 점등(적색)

㉢ 복구방법

- 회로선택스위치를 초기(정상) 위치로 복구(로터리방식만 해당)
- 도통시험스위치 복구

③ 예비전원시험

상용전원(AC 220 V)이 사고 등으로 정전된 경우 자동적으로 예비전원(DC 24 V)으로 절환이 되며, 복구 시 자동적으로 상용전원으로 절환되는지 여부와 상용전원이 정전되었을 때 수신기가 정상적으로 동작할 수 있는 전압을 가지고 있는지를 확인하는 시험

㉠ 시험방법

예비전원시험스위치 누름(자동 복귀형 스위치로, 누르고 있을 경우에만 작동하고 손을 떼면 작동하지 않음)

㉡ 적부 판정방법

- 전압계방식 : 정상(19 ~ 29 V)
- 램프방식 : 정상(녹색 24 V)
- 예비전원의 전압 및 상호 자동절환이 정상인지 확인

㉢ 예비전원감시등 점등

예비전원 연결소켓이 분리되었거나 예비전원 불량인 경우

3) 비화재보

(1) 비화재보

① 실제 화재 시 발생되는 열, 연기, 불꽃 등의 연소생성물이 아닌 다른 요인에 의해서 자동화재탐지설비가 작동되어 경보를 발하는 현상

② 자동화재 탐지설비가 정상 작동되었더라도 실제 화재가 아닌 경우

(2) 비화재보의 원인과 대책

원인	대책
습도 증가에 의한 감지기 오동작	복구스위치 누름 or 동작된 감지기 복구
주방에 비적응성(차동식) 감지기 설치	적응성(정온식) 감지기로 교체
감지기를 천장형 온풍기에 밀접하게 설치	기류흐름 방향으로부터 이격시켜 설치
먼지·분진에 의한 감지기 오동작	내부 먼지 청소 후 복구스위치 누름 or 감지기 교체
담배연기로 인한 연기감지기 오동작	흡연구역에 환풍기 설치

원인	대책
건축물 누수로 인한 감지기 오동작	누수부분 방수처리 및 감지기 교체
장난으로 발신기 누름버튼 동작	입주자 소방안전교육

(3) 비화재보 시 대처방법

① 수신기 화재표시등, 지구표시등 확인

② 해당구역 실제 화재 여부 확인

③ 음향장치(주경종, 지구경종, 비상방송, 사이렌) 정지

④ 비화재보 원인 제거

㉠ 감지기 동작표시등 확인 : 감지기 교체 등

㉡ 발신기표시등 점등 확인 : 발신기 누름스위치 복구

⑤ 복구스위치를 눌러 수신기를 정상으로 복구

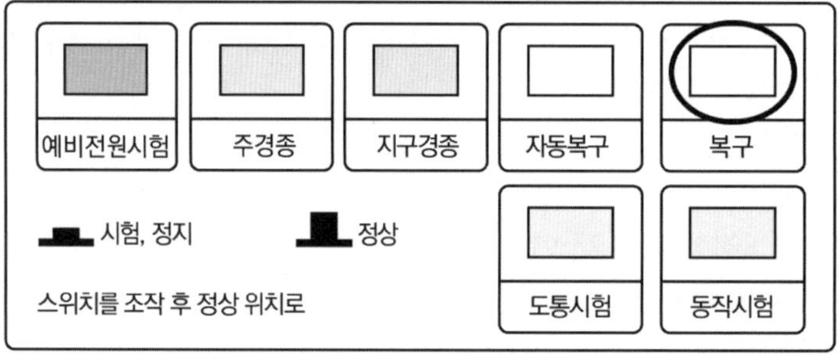

⑥ 음향장치를 정상 또는 연동으로 전환시켜 복구

⑦ 스위치주의등 소등 확인

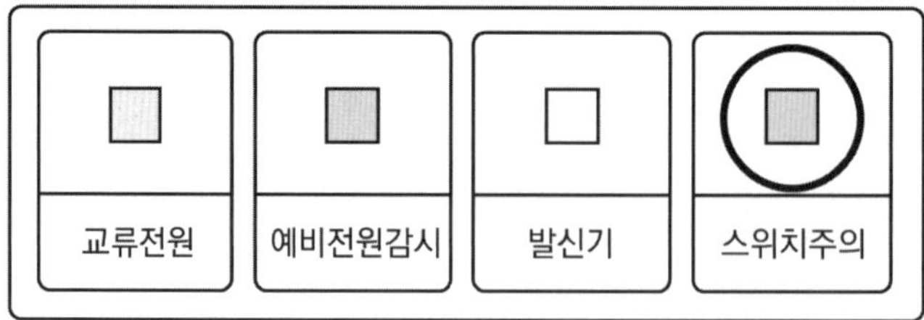

4) 비상방송설비

(1) 비상방송설비의 정의

수신기에 화재신호 입력 시 피난 및 소화활동을 위하여 방송을 통해 알리는 설비

(2) 비상방송설비 설치대상 및 설치면제

① 설치대상

소방대상물	설치대상
연면적 3500 m^2 이상	모든 층
층수가 11층 이상인 것	모든 층
지하층 층수가 3층 이상인 것	모든 층

② 설치면제

자동화재탐지설비 또는 비상경보설비와 동등 이상의 음향을 발하는 장치를 부설한 방송설비를 화재안전기술기준에 적합하게 설치한 경우

(3) 비상방송설비 구조 및 결선도

(1) 구조

(2) 결선도

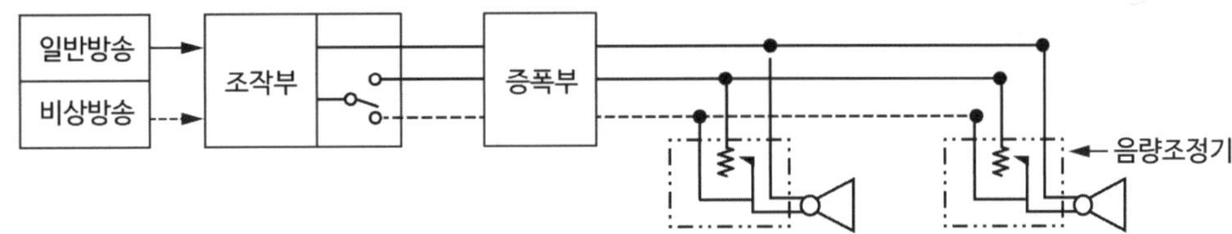

① 확성기 : 소리를 크게 하여 멀리까지 전달될 수 있도록 하는 장치로써 일명 스피커를 말한다.

② 음량조절기 : 가변저항을 이용하여 전류를 변화시켜 음량을 크게 하거나 작게 조절할 수 있는 장치를 말한다.

③ 증폭기 : 전압전류의 진폭을 늘려 감도를 좋게 하고 미약한 음성전류를 커다란 음성전류로 변화시켜 소리를 크게 하는 장치를 말한다.

5) 음향장치 설치기준

(1) 확성기

① 음성입력 : 실외 3 W 이상, 실내 1 W 이상

② 수평거리 : 층의 각 부분으로부터 하나의 확성기까지의 25 m 이하

③ 확성기는 각 층마다 설치, 당해 층의 각 부분에 유효하게 경보를 발하도록 설치

(2) 음량조정기(ATT) : 음량조정기의 배선은 3선식으로 한다.

(3) 조작부

① 조작스위치 높이 : 바닥으로부터 0.8 m 이상 1.5 m 이하

② 기동장치의 작동과 연동하여 당해 기동장치가 작동한 층 또는 구역을 표시

③ 조작부 및 증폭기 설치 장소 : 수위실 등 상시 사람이 근무, 점검이 편리, 방화상 유효한 곳

④ 2 이상 조작부 설치 시 설치장소 상호 간 동시통화가능, 어느 조작부에서도 전구역 방송 가능

(4) 층수가 11층(공동주택의 경우에는 16층)의 특정소방대상물은 다음과 같은 경보를 발할 수 있어야 한다.

① 2층 이상의 층에서 발화한 때에는 발화층 및 그 직상 4개 층에 경보

② 1층에서 발화한 때에는 발화층. 그 직상 4개 층 및 지하층에 경보

③ 지하층에서 발화한 때에는 발화층. 그 직상층 및 기타 지하층 경보

(5) 기동장치에 따른 화재신고를 수신한 후 필요한 음량으로 화재 발생 상황 및 피난에 유효한 방송이 자동으로 개시될 때까지의 소요시간은 10초 이하 로 할 것

(6) 다른 방송설비와 공용할 경우 화재 시 비상경보 외의 방송을 차단할 수 있는 구조

(7) 다른 전기회로에 따라 유도장애가 생기지 아니하도록 할 것

(8) 음향장치의 구조 및 성능

① 정격전압의 80 % 전압에서 음향을 발할 수 있는 것으로 할 것

② 자동화재탐지설비의 작동과 연동하여 작동할 수 있는 것으로 할 것

6) 배선 설치기준

(1) 화재로 인해 하나의 층의 확성기 또는 배선이 단락 또는 단선되어도 다른 층의 화재 통보에 지장이 없을 것

(2) 전원회로의 배선은 내화배선

(3) 그 밖의 배선은 내화배선 또는 내열배선으로 할 것

(4) 절연저항

① 전원회로의 전로와 대지 사이 및 배선 상호 간 : 전기사업법 기술기준 적용

② 부속회로의 전로와 대지 사이 및 배선 상호 간 : 1 경계구역마다 직류 250 V의 절연저항측정기를 사용하여 측정한 절연저항 0.1 MΩ 이상

7) 전원 설치기준

(1) 상용전원

① 축전지, 교류전압의 옥내 간선, 전기저장장치

② 전원까지의 배선은 전용

③ 개폐기에는 "비상방송설비용"이라고 표시한 표지를 할 것

(2) 감시상태를 60분간 지속한 후 유효하게 10분 이상, 층수가 30층 이상은 30분 이상 경보할 수 있는 축전지설비(수신기 내장 포함)를 설치

피난구조설비 구조 · 점검 및 실습

1. 피난구조설비

1) 피난기구

건축물의 화재 발생을 예상하여 대피가 용이하도록 건축물에 설치하는 것

(1) 피난기구의 종류

구분	정의
구조대	건축물의 창과 같이 개방할 수 있는 부분에서 지상까지 통상의 포대를 설치하여 그 포대의 내부를 활강하는 피난기구
완강기	지지대에 걸어서 사용자의 몸무게에 의하여 자동적으로 내려올 수 있는 기구 중 사용자가 교대하여 연속적으로 사용할 수 있는 것으로서 속도조절기, 속도조절기의 연결부, 로프, 연결금속구, 벨트로 구성
간이완강기	지지대에 걸어서 사용자의 몸무게에 의하여 자동적으로 내려올 수 있는 기구 중 사용자가 교대하여 연속적으로 사용할 수 없는 일회용의 것
피난사다리	안전한 장소로 피난하기 위해서 건축물의 개구부에 설치하는 기구로서 고정식 사다리, 올림식 사다리, 내림식 사다리로 분류
미끄럼대	2층 또는 3층에 설치하여 화재 시 신속하게 지상으로 피난
다수인피난장비	2인 이상의 피난자가 동시에 지상 또는 피난층으로 하강하는 피난기구
피난교	건축물의 옥상층 또는 그 이하의 층에서 화재 발생 시 옆 건축물로 피난하기 위해 다리모양으로 설치하는 피난기구
피난용 트랩	건축물의 개구부에 설치하며 도난을 방지하기 위해서 옥외에 설치하는 경우에는 피난용 트랩을 위로 접어 올려두는 피난기구
공기안전매트	고층건축물 화재 발생 시 또는 유사한 위험한 상황에서 사람이 건축물에서 외부로 긴급히 뛰어내릴 때 충격을 흡수하여 안전하게 지상에 도달할 수 있도록 포지에 공기를 주입하는 피난기구
승강식 피난기	사용자의 몸무게에 의하여 자동으로 하강하고 내려서면 자동으로 상승하여 연속 사용이 가능한 무동력 피난기구

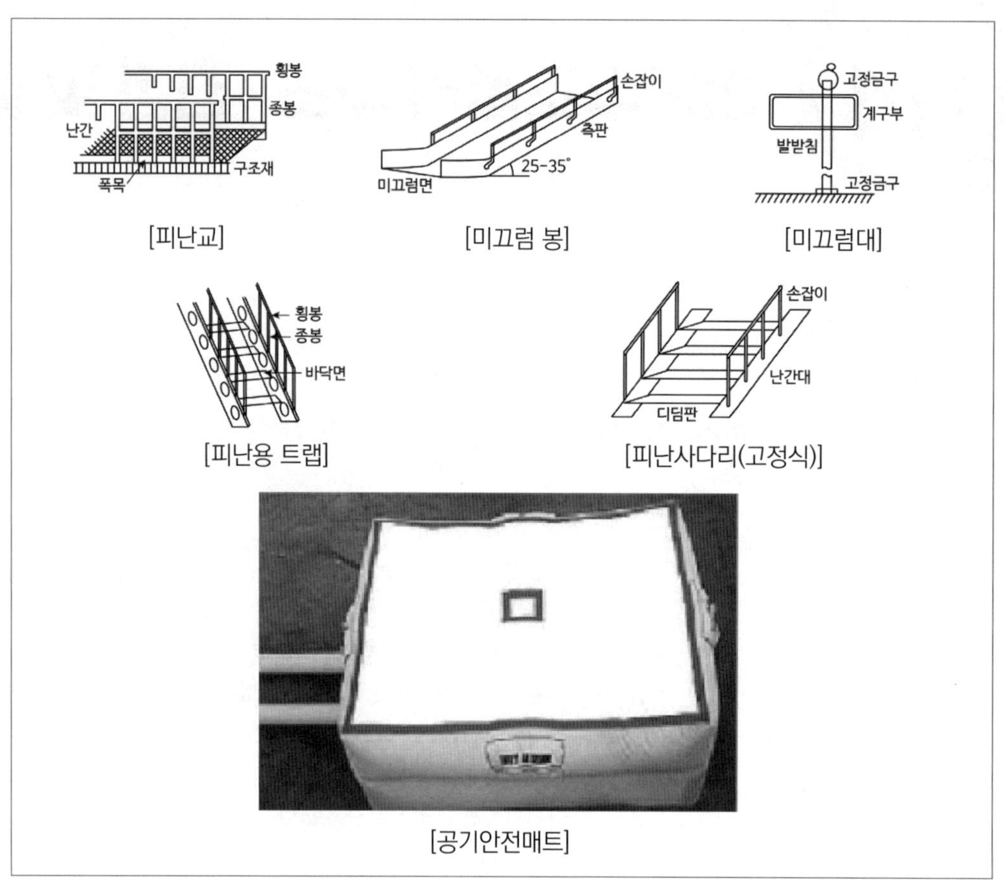

[피난교] [미끄럼 봉] [미끄럼대]

[피난용 트랩] [피난사다리(고정식)]

[공기안전매트]

(2) 설치장소별 피난기구의 적응성

구분 \ 층별	1층	2층	3층	4층 이상 10층 이하
노유자시설	미끄럼대 구조대 피난교 다수인피난장비 승강식 피난기	미끄럼대 구조대 피난교 다수인피난장비 승강식 피난기	미끄럼대 구조대 피난교 다수인피난장비 승강식 피난기	구조대 피난교 다수인피난장비 승강식 피난기
의료시설· 근린생활시설 중 입원실이 있는 의원·접골원· 조산원	-	-	미끄럼대 구조대 피난교 피난용 트랩 다수인피난장비 승강식 피난기	구조대 피난교 피난용 트랩 다수인피난장비 승강식 피난기

구분 \ 층별	1층	2층	3층	4층 이상 10층 이하
다중이용업소로서 영업장의 위치가 4층 이하인 다중이용업소	-	미끄럼대 피난사다리 구조대 완강기 다수인피난장비 승강식 피난기	미끄럼대 피난사다리 구조대 완강기 다수인피난장비 승강식 피난기	미끄럼대 피난사다리 구조대 완강기 다수인피난장비 승강식 피난기
그 밖의 것	-	-	미끄럼대 피난사다리 구조대 완강기 피난교 피난용 트랩 간이완강기 공기안전매트 다수인피난장비 승강식 피난기	피난사다리 구조대 완강기 피난교 간이완강기 공기안전매트 다수인피난장비 승강식 피난기

※ 구조대의 적응성은 장애인 관련 시설로서 주된 사용자 중 스스로 피난이 불가한 자가 있는 경우 4층 이상의 층에 설치된 노유자시설 중 장애인 관련 시설로서 주된 사용자 중 스스로 피난이 불가한 자가 있는 경우에는 층마다 구조대를 1개 이상 추가로 설치하는 경우에 한한다.

※ 간이완강기의 적응성은 숙박시설의 3층 이상에 있는 객실에 추가로 설치하는 경우에 한한다.

2) 인명구조기구

화재 시 발생하는 열과 연기로부터 인명의 안전한 피난을 위한 기구

(1) 인명구조기구의 종류

종류	정의	그림
방열복	고온의 복사열에 가까이 접근하여 소방활동을 수행할 수 있는 내열피복	
공기 호흡기	소화활동 시 화재로 인하여 발생하는 각종 유독가스 중에서 일정 시간 사용할 수 있도록 제조된 압축공기식 개인 호흡장비(보조마스크 포함)	
인공 소생기	호흡 부전 상태인 사람에게 인공호흡을 시켜 환자를 보호, 구급하는 기구	

종류	정의	그림
방화복	화재진압 등의 소방활동을 수행할 수 있는 피복	

(2) 설치장소별 인명구조기구의 적응성

특정소방대상물	종류	설치수량
지하층을 포함하는 층수가 7층 이상인 관광호텔 및 5층 이상인 병원	방열복, 방화복 공기호흡기 인공소생기	각 2개 이상 비치할 것 (병원의 경우 인공소생기 설치 제외 가능)
수용인원 100명 이상의 영화상영관, 대규모 점포, 지하역사, 지하상가	공기호흡기	층마다 2개 이상 비치할 것
이산화탄소소화설비 설치대상	공기호흡기	이산화탄소소화설비가 설치된 장소의 출입구 외부 인근에 1대 이상 비치할 것

3) 비상조명등 및 휴대용 비상조명등

화재발생 등에 따른 정전 시에 안전하고 원활한 피난활동을 할 수 있도록 거실 및 피난통로 등에 설치되어 자동 점등되는 조명등

(1) 휴대용 비상조명등 설치대상

설치대상	기준
숙박시설, 다중이용업소	구획된 실마다 1개 이상 설치
수용인원 100명 이상의 영화상영관, 대규모점포	보행거리 50 m 이내마다 3개 이상 설치
지하상가, 지하역사	보행거리 25 m 이내마다 3개 이상 설치

(2) 비상조명등 설치기준

구분		설치기준
설치장소		각 거실과 그로부터 지상에 이르는 복도·계단 및 통로
조도		바닥에서 1 Lx 이상
유효 작동시간	20분 이상	일반건축물
	60분 이상	① 지하층을 제외한 층수가 11층 이상의 층 ② 지하층 또는 무창층으로서 용도가 도매시장·소매시장·여객자동차터미널·지하역사 또는 지하상가

(3) 휴대용 비상조명등 설치기준

구분	설치기준
설치장소	숙박시설 또는 다중이용업소에는 객실 또는 영업장 안의 구획된 실에 1개 이상 설치
	외부에 설치 시 출입문 손잡이로부터 1 m 이내 부분
설치거리 및 수량	대규모점포(지하상가 · 지하역사 제외)와 영화상영관 - 보행거리 50 m 이내마다 3개 이상
	지하상가 및 지하역사 - 보행거리 25 m 이내마다 3개 이상
설치높이	바닥으로부터 0.8 m 이상 1.5 m 이하
점등방식	사용 시 자동 점등
표지	어둠 속에서 위치 확인 표지 부착
용량	20분 이상
배터리 사용 시	건전지 - 방전방지조치 충전식 - 상시충전상태 유지

4) 유도등 및 유도표지

(1) 유도등

화재 시에 피난을 유도하기 위한 등으로서 정상상태에서는 상용전원에 따라 켜지고, 상용전원이 정전되는 경우에는 비상전원으로 자동 절환되어 켜지는 등

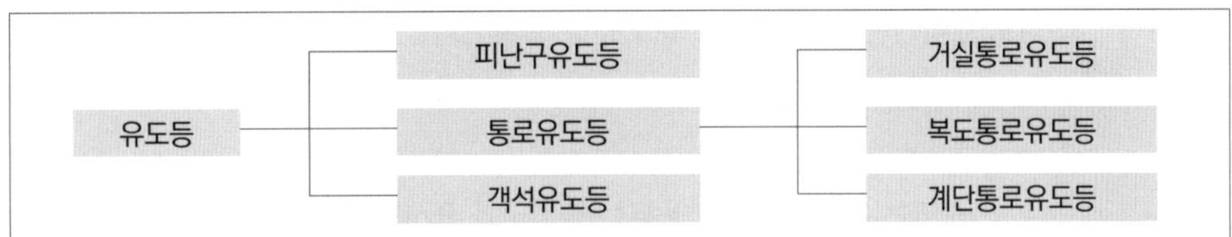

피난구유도등

복도통로유도등

거실통로유도등

계단통로유도등

객석유도등

(2) 유도표지

① 피난구유도표지 : 피난구 또는 피난경로로 사용되는 출입구를 표시하여 피난을 유도하는 표지

② 통로유도표지 : 피난통로가 되는 복도, 계단 등에 설치하는 것으로서 피난구의 방향을 표시하는 유도표지

(3) 용도별 설치해야 할 유도등 및 유도표지

설치장소	유도등 및 유도표지의 종류
1. 공연장·집회장(종교집회장 포함)·관람장·운동시설	• 대형 피난구유도등 • 통로유도등 • 객석유도등
2. 유흥주점영업시설(유흥주점영업중 손님이 춤을 출 수 있는 무대가 설치된 카바레, 나이트클럽 등 영업시설만 해당)	
3. 위락시설·판매시설·운수시설·관광숙박업·의료시설·장례식장·방송통신시설·전시장·지하상가·지하철역사	• 대형 피난구유도등 • 통로유도등
4. 숙박시설(관광숙박업 외의 것)·오피스텔	• 중형 피난구유도등 • 통로유도등
5. 1~3 외 건축물로서 지하층·무창층 또는 층수가 11층 이상 특정소방대상물	
6. 1~3 외 건축물로서 근린생활시설·노유자시설·업무시설·발전시설·종교시설(집회장 용도로 사용하는 부분 제외)·교육연구시설·수련시설·공장·교정 및 군사시설(국방·군사시설 제외)·자동차정비공장·운전학원 및 정비학원·다중이용업소·복합건축물	• 소형 피난구유도등 • 통로유도등
7. 그 밖의 것	• 피난구유도표지 • 통로유도표지

- 소방서장은 특정소방대상물의 위치·구조 및 설비의 상황을 판단하여 대형 피난구유도등을 설치하여야 할 장소에 중형 피난구유도등 또는 소형 피난구유도등을, 설치하게 할 수 있다.
- 복합건축물의 경우, 주택의 세대 내에는 유도등을 설치하지 아니할 수 있다.

※ 공동주택에는 소형 피난구유도등을 설치한다.

(4) 유도등의 설치기준

① 피난구유도등

피난구 또는 피난경로로 사용되는 출입구를 표시하여 피난을 유도하는 등

㉠ 설치장소

ⓐ 옥내로부터 직접 지상으로 통하는 출입구 및 그 부속실 출입구

ⓑ 직통계단·직통계단의 계단실 및 그 부속실의 출입구

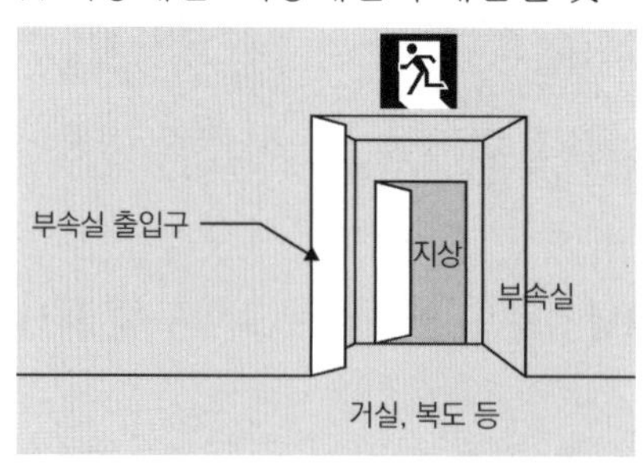

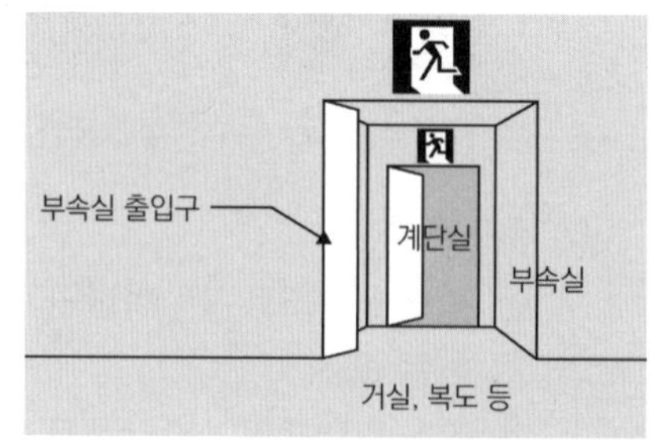

(c) (a)과 (b)에 따른 출입구에 이르는 복도 또는 통로로 통하는 출입구

(d) 안전구획된 거실로 통하는 출입구

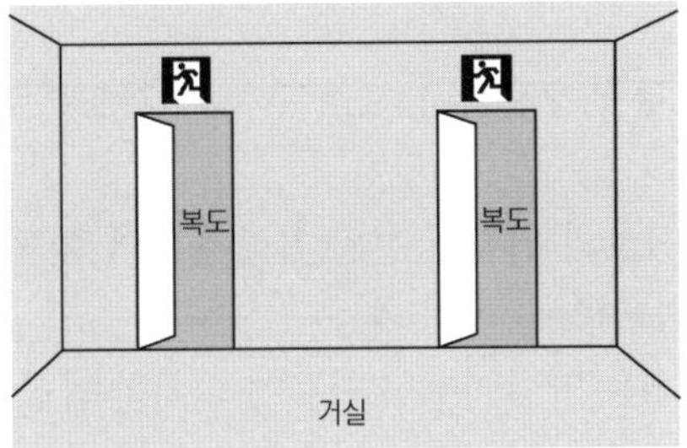

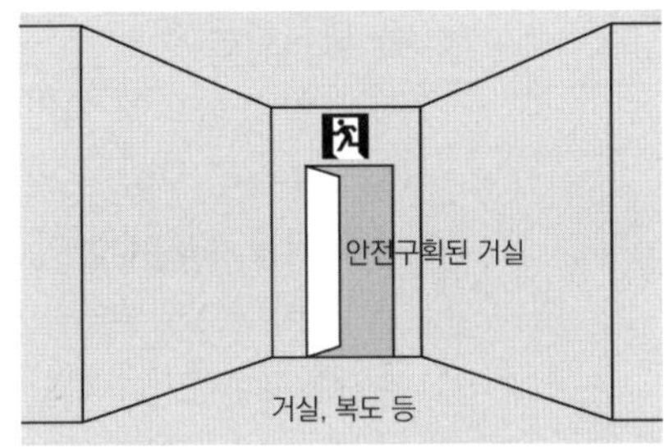

㉡ 피난층으로 향하는 피난구의 위치를 안내할 수 있도록 (a) 또는 (b)의 출입구 인근 천장에 (a) 또는 (b)에 따라 설치된 피난구유도등의 면과 수직이 되도록 피난구유도등을 추가 설치(피난구유도등이 입체형인 경우 제외)

※ 추가로 설치하는 피난구유도등은 피난구의 식별이 용이하도록 피난구 방향의 화살표가 함께 표시된 것으로 설치해야 한다.

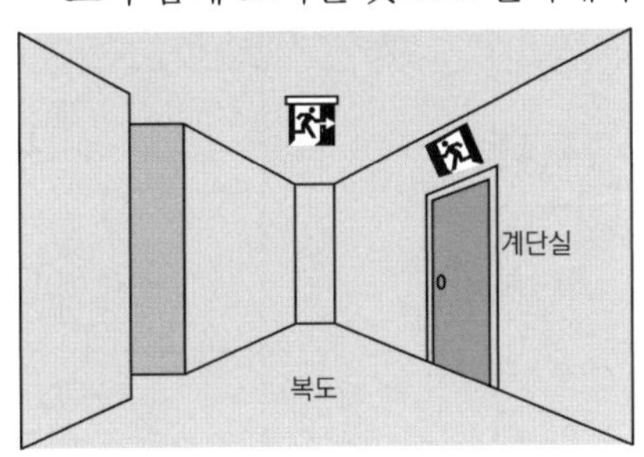

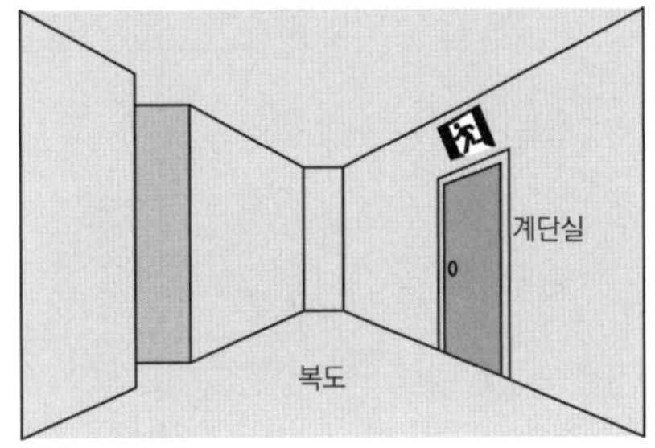

㉢ 설치 높이 : 바닥으로부터 높이 1.5 m 이상 위치에 설치

② 통로유도등

피난통로를 안내하기 위한 유도등으로 특정소방대상물의 각 거실과 그로부터 지상에 이르는 복도 또는 계단의 통로에 설치

㉠ 복도통로유도등 : 피난통로가 되는 복도에 설치하는 통로유도등으로서 피난구의 방향을 명시하는 것

(a) 복도에 설치하되 피난구유도등 (a) 또는 (b)에 따라 피난구유도등이 설치된 출입구의 맞은편 복도에는 입체형으로 설치하거나, 바닥에 설치

(b) 구부러진 모퉁이 및 보행거리 20 m마다 설치

(c) 바닥으로부터 높이 1 m 이하의 위치에 설치(지하층 또는 무창층의 용도가 도매시장·소매시장·여객자자동차터미널·지하역사·지하상가인 경우 복도·통로 중앙부분의 바닥에 설치)

(d) 바닥에 설치하는 통로유도등은 하중에 따라 파괴되지 아니하는 강도

㉡ 거실통로유도등 : 거주, 집무, 작업, 집회, 오락 그 밖에 이와 유사한 목적을 위하여 계속적으로 사용하는 거실, 주차장 등 개방된 통로에 설치하는 유도등으로 피난의 방향을 명시하는 것

ⓐ 거실의 통로에 설치(거실의 통로가 벽체 등으로 구획 시 복도통로유도등 설치)

ⓑ 구부러진 모퉁이 및 보행거리 20 m마다 설치

ⓒ 바닥으로부터 높이 1.5 m 이상의 위치에 설치(거실 통로에 기둥 설치 시 기둥부분의 바닥으로부터 1.5 m 이하 위치에 설치 가능)

㉢ 계단통로유도등 : 피난통로가 되는 계단이나 경사로에 설치하는 통로유도등으로 바닥면 및 디딤 바닥면을 비추는 것

ⓐ 각 층의 경사로 참 또는 계단참마다(1개 층에 경사로참 또는 계단참이 2 이상 있는 경우에는 2개의 계단참마다) 설치

ⓑ 바닥으로부터 높이 1 m 이하의 위치에 설치

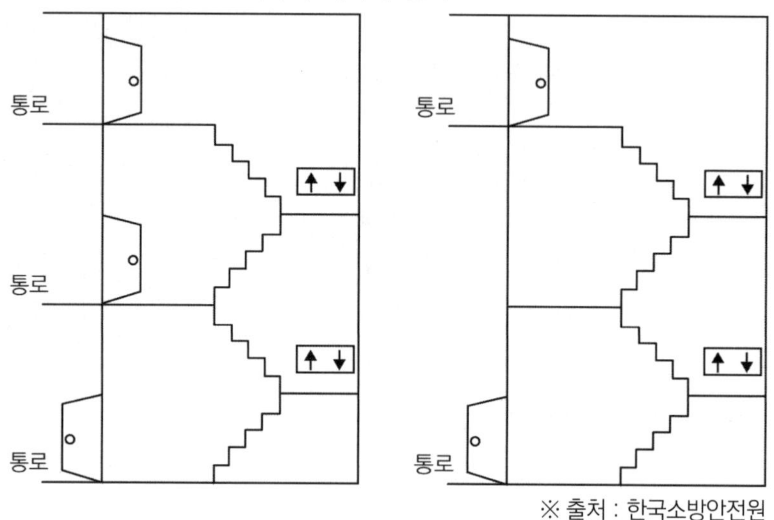

※ 출처 : 한국소방안전원

③ 객석유도등

㉠ 객석의 통로, 바닥 또는 벽에 설치

㉡ 객석 내의 통로가 경사로 또는 수평로로 되어 있는 부분에 있어서는 다음의 식에 따라 산출한 수(소수점 이하의 수는 1로 본다)의 유도등 설치

$$\text{설치개수} = \frac{\text{객석의 통로의 직선부분의 길이}(m)}{4} - 1$$

(5) 유도표지의 설치기준

① 계단에 설치하는 것을 제외하고는 각 층마다 복도 및 통로의 각 부분으로부터 하나의 유도표지까지의 보행거리가 15 m 이하가 되는 곳과 구부러진 모퉁이의 벽에 설치

② 주위에는 이와 유사한 등화·광고물·게시물 등을 설치하지 아니할 것

③ 유도표지는 부착판 등을 사용하여 쉽게 떨어지지 아니하도록 설치

(6) 유도등 배선

① 유도등은 전기회로에 점멸기를 설치하지 않고 항상 점등 상태(2선식) 유지

② 특정소방대상물 또는 그 부분에 사람이 없거나 다음의 어느 하나에 해당하는 장소로서 3선식 배선에 따라 상시 충전되는 구조인 경우에는 제외

㉠ 외부의 빛에 의해 피난구 또는 피난방향을 쉽게 식별할 수 있는 장소

㉡ 공연장, 암실(暗室) 등으로서 어두워야 할 필요가 있는 장소

㉢ 특정소방대상물의 관계인 또는 종사원이 주로 사용하는 장소

③ 3선식 배선 시 자동으로 점등되는 경우

㉠ 자동화재탐지설비의 감지기 또는 발신기가 작동되는 때

㉡ 비상경보설비의 발신기가 작동되는 때

㉢ 상용전원이 정전되거나 전원선이 단선되는 때

㉣ 방재업무를 통제하는 곳 또는 전기실의 배전반에서 수동으로 점등하는 때

㉤ 자동소화설비가 작동되는 때

(7) 유도등 점검

① 3선식 유도등 점검

㉠ 수신기에서 수동으로 점등스위치를 켜고 건물 내의 유도등 점등 여부 확인

㉡ 감지기·발신기·중계기·스프링클러설비 등을 현장에서 작동과 동시에 유도등 점등 여부 확인

② 2선식 유도등 점검

㉠ 평상시 유도등 점등 여부 확인

㉡ 평상시 점등이면 정상, 소등이면 비정상

③ 예비전원 점검

예비전원 상태의 점검은 외부에 있는 점검스위치를 당겨보는 방법 또는 점검버튼을 눌러서 점등상태 확인

[예비전원 점검스위치]

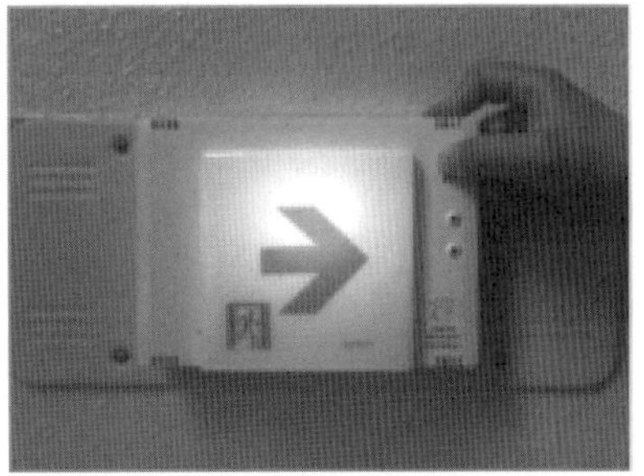

[예비전원 점검버튼]

※ 출처 : 한국소방안전원

(8) 피난유도선

햇빛이나 전등불에 따라 축광(축광방식)하거나 전류에 따라 빛을 발하는(광원점등방식) 유도체로서 어두운 상태에서 피난을 유도할 수 있도록 띠 형태로 설치되는 피난유도시설을 말한다.

피난유도선 — 광원점등식 / 축광식

[피난유도선(축광식)]

① 축광방식 피난유도선
　㉠ 구획된 각 실로부터 주출입구 또는 비상구까지 설치할 것
　㉡ 바닥으로부터 높이 50 cm 이하의 위치 또는 바닥 면에 설치할 것
　㉢ 피난유도 표시부는 50 cm 이내의 간격으로 연속되도록 설치
　㉣ 부착대에 의하여 견고하게 설치할 것
　㉤ 외광 또는 조명장치에 의하여 상시 조명이 제공되거나 비상조명등에 의한 조명이 제공되도록 설치할 것

[축광방식 피난유도선]

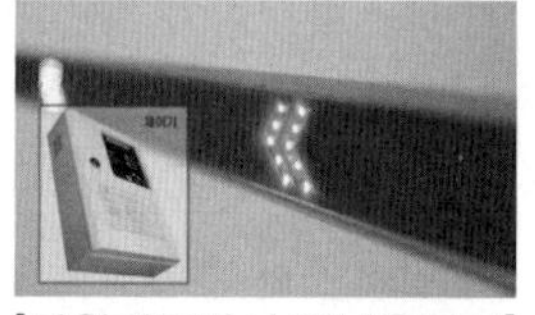

[광원점등방식 피난유도선]

② 광원점등방식의 피난유도선 설치기준
　㉠ 구획된 각 실로부터 주출입구 또는 비상구까지 설치할 것
　㉡ 피난유도 표시부는 바닥으로부터 높이 1 m 이하의 위치 또는 바닥 면에 설치할 것
　㉢ 피난유도 표시부는 50 cm 이내의 간격으로 연속되도록 설치하되 실내장식물 등으로 설치가 곤란할 경우 1 m 이내로 설치할 것
　㉣ 수신기로부터의 화재신호 및 수동조작에 의하여 광원이 점등되도록 설치할 것
　㉤ 비상전원이 상시 충전상태를 유지하도록 설치할 것
　㉥ 바닥에 설치되는 피난유도 표시부는 매립하는 방식을 사용할 것
　㉦ 피난유도 제어부는 조작 및 관리가 용이하도록 바닥으로부터 0.8 m 이상 1.5 m 이하의 높이에 설치할 것

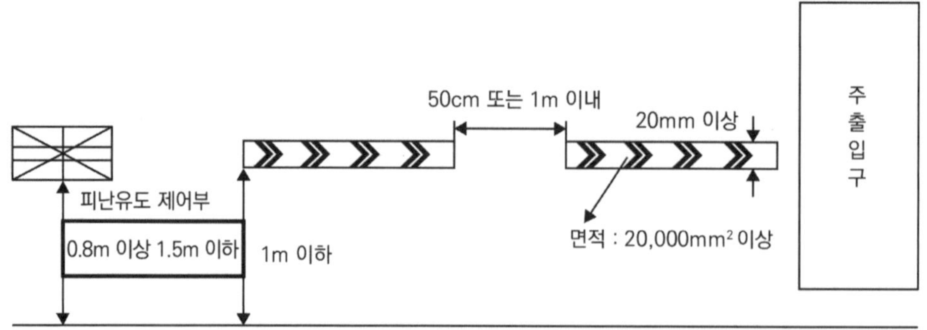

소화용수설비, 소화활동설비 구조 · 점검

1. 소화용수설비 개념 및 설치대상, 설치기준

1) 개념

(1) 소화용수설비는 화재를 진압하는 데 필요한 물을 공급하거나 저장하는 설비이다.

(2) 상수도 소화용수설비와 소화수조 및 저수조로 구분된다.

2) 설치기준

(1) 상수도소화용수설비

① 호칭지름 75 mm 이상의 수도배관에 호칭지름 100 mm 이상의 소화전을 접속하여야 한다.

② 소화전은 소방자동차 등의 진입이 쉬운 도로변 또는 공지에 설치하여야 한다.

③ 소화전은 특정소방대상물의 수평투영면의 각 부분으로부터 140 m 이하가 되도록 설치하여야 한다.

(2) 소화수조 등

① 소방차가 2 m 이내의 지점까지 접근할 수 있는 위치에 설치하여야 한다.

② 소화수조 또는 저수조의 저수량은 특정소방대상물의 연면적을 기준면적으로 나누어 얻은 수(소수점 이하의 수는 1로 적용)에 20 m^3를 곱한 양 이상이어야 한다.

구분	기준면적
1층 및 2층의 바닥면적 합계가 15000 m^2 이상	7500 m^2
그 밖의 소방대상물	12500 m^2

3) 소화수조 채수구 설치기준

(1) 소방용 호스 또는 소방용 흡수관에 구경 65 mm 이상의 나사식 결합금속구를 설치하여야 한다.

소요수량	20 m^3 이상 40 m^3 미만	40 m^3 이상 100 m^3 미만	100 m^3 이상
채수구의 수	1개	2개	3개

(2) 지면으로부터의 높이가 0.5 m 이상 1 m 이하의 위치에 설치하고 "채수구" 표지를 하여야 한다.

4) 흡수관투입구

(1) 한 변이 0.6 m 이상이거나 직경이 0.6 m 이상인 것으로 한다.

(2) 흡수관투입구의 수

소요수량	80 m^3 미만	80 m^3 이상
흡수관투입구의 수	1개 이상	2개 이상

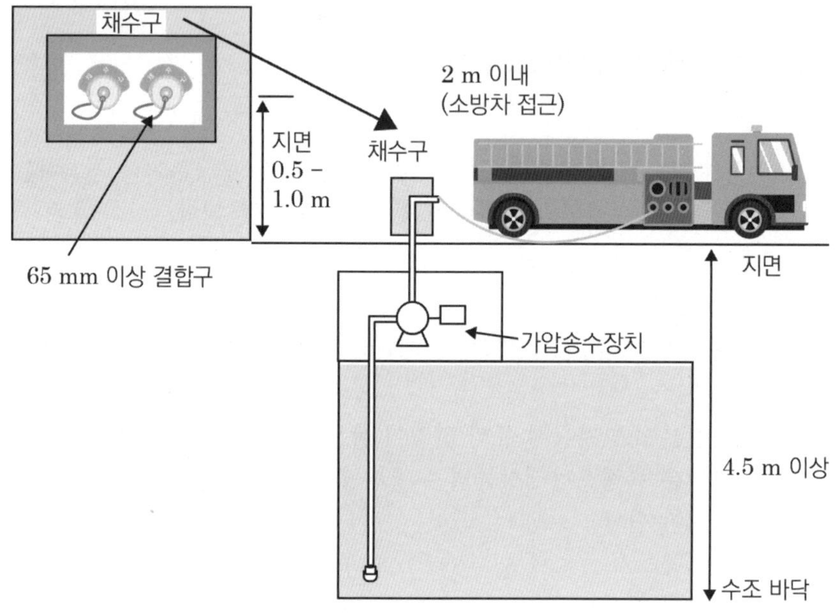

※ 출처 : 한국소방안전원

2. 연결송수관설비

1) 연결송수관설비 개념 및 설치대상

(1) 개념

넓은 면적의 고층 또는 지하 건축물에 설치하며, 화재 시 소방관이 소화하는 데 사용하는 설비

(2) 구성요소 : 송수구, 방수구, 방수기구함, 배관

2) 배관의 설치기준

(1) 주배관의 구경 : 100 mm 이상

(2) 지면으로부터의 높이가 31 m 이상 또는 지상 11층 이상 : 습식 설비

(3) 주배관의 구경이 100 mm 이상인 옥내소화전설비의 배관과 겸용할 수 있다.

3) 종류

(1) 건식 : 평상시에 연결 송수관 배관 내부가 비어 있는 상태로 관리한다. 이 방식은 지면으로부터 높이가 31 m 미만인 특정소방대상물 또는 지상 11층 미만인 특정소방대상물에만 설치한다.

(2) 습식 : 건식에 비하여 습식은 관로 내부에 상시 물이 충전된 상태로 유지되며 지면으로부터 높이가 31 m 이상인 특정소방대상물 또는 지상 11층 이상인 특정소방대상물에 설치한다.

[방수구 및 방수기구함]

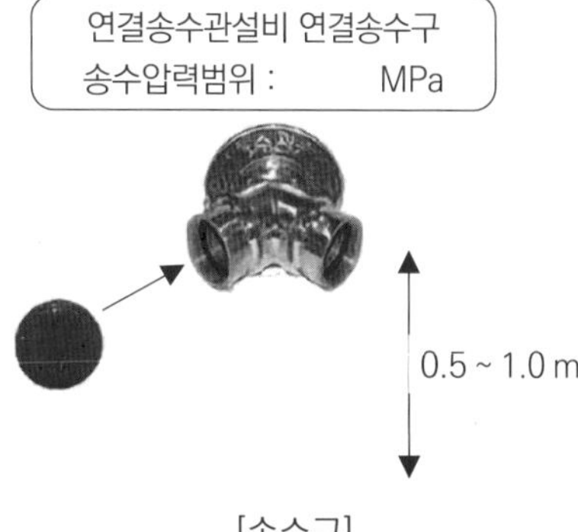

[송수구]

※ 출처 : 한국소방안전원

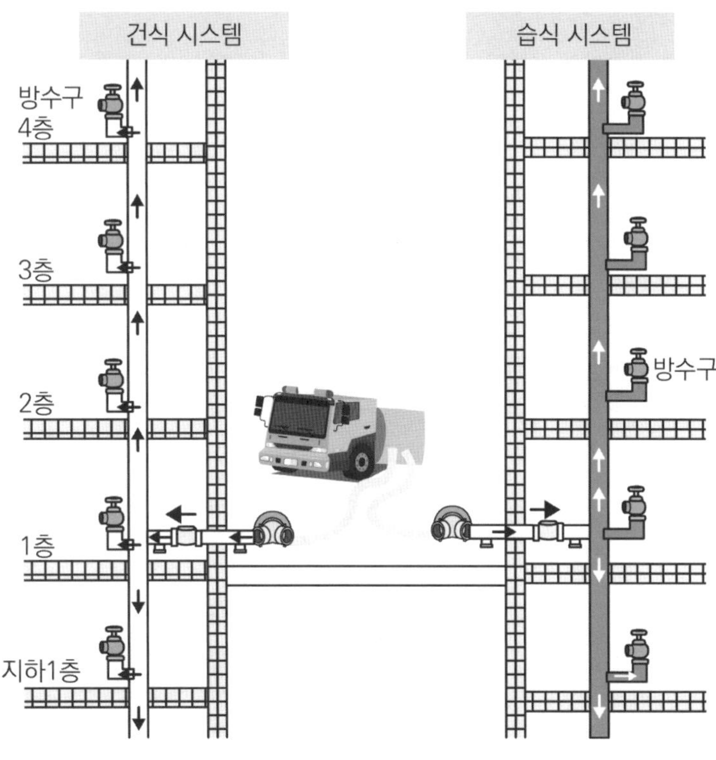

[연결송수관설비 계통도]

※ 출처 : 한국소방안전원

※ 공동주택의 화재안전기술기준[방수구 설치기준]

① 층마다 설치할 것. 다만 아파트등의 1층과 2층(또는 피난층과 그 직상층)에는 설치하지 않을 수 있다.

② 아파트등의 경우 계단의 출입구(계단의 부속실을 포함하여 계단이 2 이상 있는 경우에는 그 중 1개의 계단을 말한다)로부터 5 m 이내에 방수구를 설치하되, 그 방수구로

부터 해당 층의 각 부분까지의 수평거리가 50 m를 초과하는 경우에는 방수구를 추가로 설치할 것

③ 쌍구형으로 할 것. 다만 아파트등의 용도로 사용되는 층에는 단구형으로 설치할 수 있다.

④ 송수구는 동별로 설치하되, 소방차량의 접근 및 통행이 용이하고 잘 보이는 장소에 설치할 것

3. 연결살수설비

1) 개념 및 설치대상, 형태

(1) 개념

연결살수설비는 소방대의 직접 진입이 어려운 장소에 설치하여 본격 화재 시 소방대가 출동하여 송수구를 통하여 해당방호구역에 소화수를 방사하기 위한 소화활동설비이다.

(2) 설치대상

설치대상	기준
판매시설, 운수시설, 물류터미널	바닥면적 합계 1000 m^2 이상인 경우에는 해당 시설
지하층	바닥면적 합계 150 m^2인 경우에는 지하층의 모든 층(아파트, 학교 700 m^2 이상)
가스시설 중 지상에 노출된 탱크	30톤 이상

2) 구성요소

(1) 송수구 : 소화설비에 소화용수를 보급하기 위하여 건물의 벽 또는 구조물에 설치하는 관

(2) 배관 : 가지배관의 배열은 토너먼트방식이 아니어야 하며, 한쪽 가지배관에 설치되는 헤드의 개수는 8개 이하로 하여야 함

(3) 살수헤드 : 연결살수설비 전용헤드 또는 스프링클러헤드로 설치

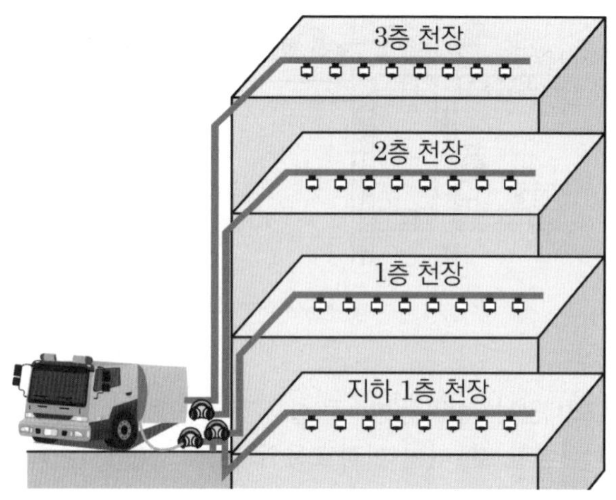

※ 출처 : 한국소방안전원

4. 제연설비

1) 개념 및 설치대상

(1) 개념

화재 초기에 연기 등을 감지하여 화재실의 연기는 배출하고 피난경로인 복도, 계단 등에는 연기가 확산되지 않도록 거주자를 연기로부터 보호하고 안전하게 피난할 수 있도록 하며, 동시에 소방대가 소화활동을 할 수 있도록 연기를 제어하는 그 목적이 있다.

(2) 제연설비의 설치목적

① 연기를 배출시켜 화재실의 연기농도를 낮추거나 청결층을 유지(거실제연설비)

② 부속실을 가압하여 연기유입을 제한(부속실 급기가압제연설비)

③ 연기에 의한 질식 방지로 피난자의 안전 도모

④ 소화활동을 위한 안전공간 확보

※ 배연설비 : 6층 이상 건축물의 거실 용도가 문화 및 집회, 판매 및 영업, 업무시설 등으로 사용하는 대상물에 배연구를 설치하여 연기를 배출함으로써 거주자의 피난을 도모

구분	거실제연설비	부속실(급기가압)제연설비
목적	인명안전, 수평피난, 소화활동	인명안전, 수직피난, 소화활동
적용	화재실(거실)	피난로(부속실, 계단실)
제연방식	급·배기방식	급기가압방식

급기가압제연설비

급기가압이란 가압하고자 하는 공간에 공기를 공급하여 그 공간의 가압이 다른 공간의 가압보다 높게 함으로써 "차압"을 형성하게 하는 것을 말한다. 즉 특별피난계단이 계단실 또는 부속실에 옥외로부터 신선한 공기를 공급받아 가압하여 화재공간과 일정압력의 차이를 유지하여 화재실의 연기가 제연구역 내로 침투하지 못하도록 하는 방법이다.

2) 제연구역

(1) 제연구역의 구획기준

① 하나의 제연구역의 면적은 1000 m^2 이내로 하여야 한다.

② 거실과 통로(복도를 포함)는 상호제연구획하여야 한다.

③ 통로상의 제연구역은 보행중심선의 길이가 60 m를 초과하지 아니하여야 한다.

④ 하나의 제연구역은 직경 60 m 원 내에 들어갈 수 있어야 한다.

⑤ 하나의 제연구역은 2개 이상 층에 미치지 아니하도록 하여야 한다.

(2) 제연구획의 재료 및 범위

제연구역의 구획은 보·제연경계벽(제연경계) 및 벽 화재 시 자동으로 구획되는 가동벽·방화셔터·방화문 포함)으로 하되, 다음 각 호의 기준에 적합하여야 한다.

① 재질은 내화재료, 불연재료 또는 제연경계벽으로 성능을 인정받은 것으로서 화재 시 쉽게 변형·파괴되지 아니하고 연기가 누설되지 않는 기밀성 있는 재료로 할 것

② 제연경계는 제연경계의 폭이 0.6 m 이상이고, 수직거리는 2 m 이내이어야 한다. 다만 구조상 불가피한 경우는 2 m를 초과할 수 있다.

③ 제연경계벽은 배연 시 기류에 따라 그 하단이 쉽게 흔들리지 아니하여야 하며, 또한 가동식의 경우에는 급속히 하강하여 인명에 위해를 주지 아니하는 구조이어야 한다.

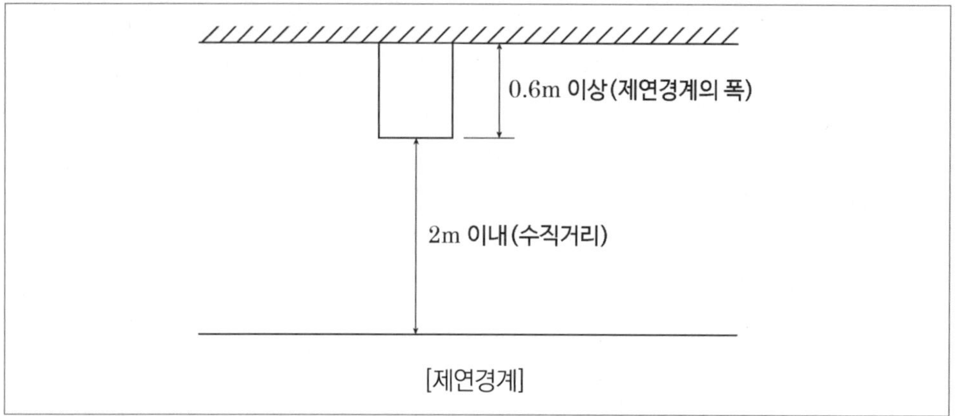

[제연경계]

(3) 제연설비의 기동

가동식의 벽·제연경계벽·댐퍼 및 배출기의 작동은 자동화재감지기와 연동되어야 하며, 예상제연구역 및 제어반에서 수동으로 기동이 가능하도록 하여야 한다.

3) 제연설비방식

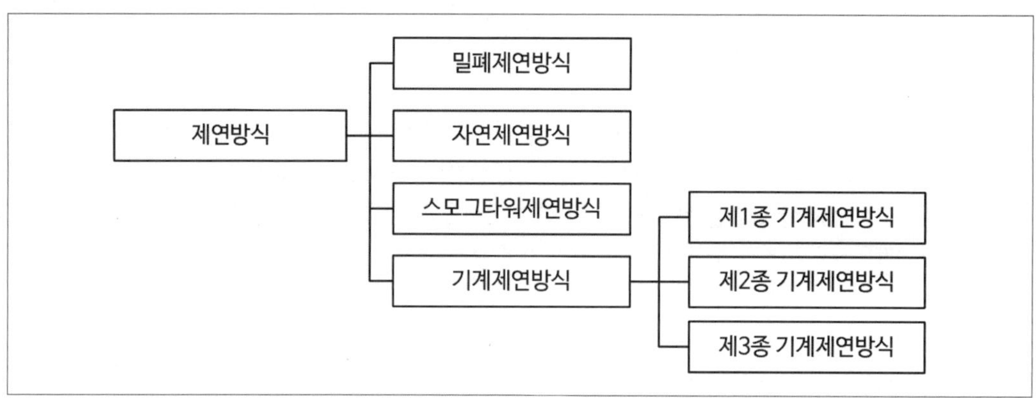

(1) 자연제연 및 스모크타워방식

자연제연방식	스모크-타워방식
창문이나 배기구를 통해서 연기를 자연적으로 배출	천장에 루프모니터 등이 바람에 의해 작동되면서 흡인력을 이용하여 제연
배출 배기구 급기 급기구	루프모니터 급기 급기구

(2) 기계 제연방식(강제 제연방식)

종류	방식	그림설명
제1종	송풍기+배출기방식	배출 배출기 급기 송풍기
제2종	송풍기방식	배출 배기구 급기 송풍기
제3종	배출기방식	배출 배출기 급기 급기구

4) 제연방식 및 구역선정, 차압 등

(1) 제연방식

① 제연구역에 옥외의 신선한 공기를 공급하여 제연구역의 기압을 제연구역 이외의 옥내보다 높게 하되 일정한 기압의 차이(차압)를 유지하게 함으로써 옥내로부터 제연구역 내로 연기가 침투하지 못하도록 할 것

② 피난을 위해 제연구역의 출입문이 일시적으로 개방되는 경우 방연풍속을 유지하도록 옥외의 공기를 제연구역 내로 보충·공급하도록 할 것

③ 출입문이 닫히는 경우 제연구역의 과압을 방지할 수 있는 유효한 조치를 하여 차압을 유지할 것

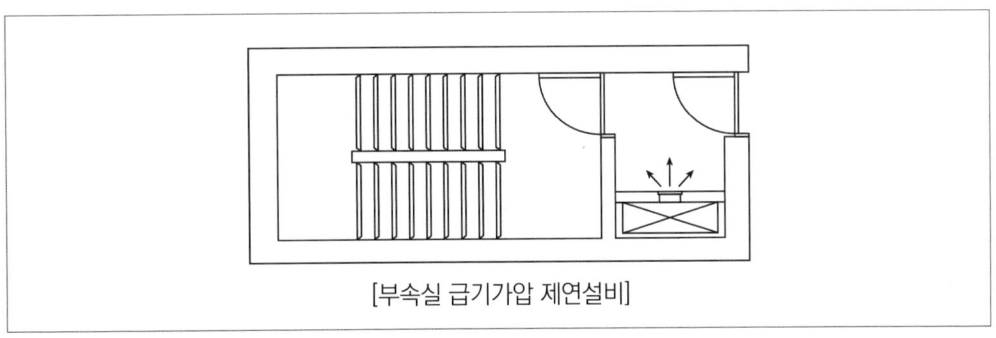

[부속실 급기가압 제연설비]

(2) 제연구역의 선정
① 계단실 및 그 부속실을 동시에 제연하는 것
② 부속실만을 단독 제연하는 것
③ 계단실을 단독 제연하는 것

(3) 차압 등
① 제연구역과 옥내와의 사이에 유지하여야 하는 최소차압은 40 Pa(옥내에 스프링클러 설비가 설치된 경우에는 12.5 Pa) 이상으로 하여야 한다.
② 제연설비가 가동되었을 경우 출입문의 개방에 필요한 힘은 110 N 이하로 하여야 한다.
③ 출입문이 일시적으로 개방되는 경우 개방되지 아니하는 제연구역과 옥내와의 차압은 위 기준(40 Pa, 12.5 Pa)에 불구하고 위 기준에 따른 차압의 70 % 미만이 되어서는 아니 된다.
④ 계단실과 부속실을 동시에 제연하는 경우 부속실의 기압은 계단실과 같게 하거나 계단실의 기압보다 낮게 할 경우에는 부속실과 계단실의 압력차이는 5 Pa 이하가 되도록 하여야 한다.

5) 방연풍속(연기유입을 방지할 수 있는 풍속)

제연구역		방연풍속
계단실 및 그 부속실을 동시에 제연하는 것 또는 계단실만 단독으로 제연하는 것		0.5 m/s 이상
부속실만 단독으로 제연하는 것	부속실이 면하는 옥내가 거실인 경우	0.7 m/s 이상
	부속실이 면하는 옥내가 복도로서 그 구조가 방화구조(내화시간이 30분 이상인 구조를 포함)인 경우	0.5 m/s 이상

6) 특별피난계단의 계단실 및 부속실 제연설비 작동순서

(1) 화재발생
(2) 감지기 작동 또는 수동기동장치 작동
(3) 화재경보 발생
(4) 급기댐퍼가 개방된다.
(5) 댐퍼가 완전히 열린 후 송풍기가 작동한다.
(6) 송풍기의 바람이 계단실 및 부속실에 송풍이 된다.
(7) 플랩댐퍼의 작동(부속실의 설정압력범위를 초과하는 경우 압력을 배출하여 설정압력 범위를 유지한다)

5. 비상콘센트설비

1) 개념 및 설치대상

(1) 개념

비상콘센트설비는 화재 시 소방대의 조명장치, 파괴기구 등을 접속하여 사용하는 비상전원설비로서 소화활동을 용이하게 하기 위한 설비

(2) 설치대상

소방대상물	설치대상
층수가 11층 이상인 특정소방대상물	11층 이상의 층
지하층의 층수가 3층 이상이고, 지하층의 바닥면적의 합계가 1000 m^2 이상인 것	지하층의 모든 층
터널	길이 500 m 이상
위험물 저장 및 처리 시설 중 가스시설 또는 지하구는 제외	

2) 전원회로 설치기준

(1) 전원회로 : 단상교류는 220 V , 공급용량은 1.5 kVA 이상

(2) 전원회로는 각 층에 2 이상이 되도록 설치, 다만 설치하여야 할 층의 비상콘센트가 1개인 때에는 하나의 회로로 할 수 있다.

(3) 전원회로는 주배전반에서 전용회로로 할 것

(4) 전원으로부터 각 층의 비상콘센트에 분기되는 경우에는 분기배선용 차단기를 보호함 안에 설치할 것

(5) 콘센트마다 배선용 차단기를 설치하여야 하며, 충전부가 노출되지 아니하도록 할 것

(6) 개폐기에는 “비상콘센트”라고 표시한 표지를 할 것

(7) 비상콘센트용의 풀박스 등은 방청도장을 한 것으로서, 두께 1.6 mm 이상의 철판으로 할 것

(8) 하나의 전용회로에 설치하는 비상콘센트는 10개 이하로 할 것, 이 경우 전선 용량은 각 비상콘센트(비상콘센트가 3개 이상인 경우에는 3개)의 공급용량을 합한 용량 이상의 것으로 하여야 한다.

6. 무선통신보조설비

1) 개념 및 용어의 정의

(1) 개념

지하 또는 터널 속에서는 전파가 현저하게 감쇄되어 지상과의 통신이 어려운 상태가 되므로 지상과 지하에 옥외안테나와 누설동축케이블 등을 설치하여 소방대 상호 간의 무선통신을 용이하게 하기 위한 소방활동상 필요한 설비

(2) 용어의 정의

① 누설동축케이블 : 동축케이블의 외부도체에 가느다란 홈을 만들어서 전파가 외부로 새어나갈 수 있도록 한 케이블

② 분배기 : 신호의 전송로가 분기되는 장소에 설치하는 것으로 임피던스 매칭과 신호 균등분배를 위해 사용하는 장치

③ 분파기 : 서로 다른 주파수의 합성된 신호를 분리하기 위해 사용하는 장치

④ 혼합기 : 두 개 이상의 입력신호를 원하는 비율로 조합한 출력이 발생하도록 하는 장치

⑤ 증폭기 : 신호 전송 시 신호가 약해져 수신이 불가능해지는 것을 방지하기 위해서 증폭하는 장치

⑥ 무선중계기 : 안테나를 통하여 수신된 무전기 신호를 증폭한 후 음영지역에 재방사하여 무전기 상호 간 송수신이 가능하도록 하는 장치

⑦ 옥외안테나 : 감시제어반 등에 설치된 무선중계기의 입력과 출력포트에 연결되어 송수신 신호를 원활하게 방사·수신하기 위해 옥외에 설치하는 장치

PART 10

소방계획수립

MOAG

CHAPTER 01 소방계획의 수립

1. 소방계획의 수립

소방계획은 소방안전관리자가 선임되어 건물 내 화재로 인한 재난발생을 예방·대비하고 화재 발생 시 신속하고 효율적으로 대응·복구함으로써 인명 및 재산의 피해를 최소화하기 위해 소방계획을 작성·운영하고 유지·관리하는 위험관리계획

2. 소방계획의 작성

1) 주요원리

(1) 종합적 안전관리

① 모든 형태의 위험을 포괄

② 재난의 전 주기적(예방 → 대응 → 복구) 단계의 위험성평가

(2) 통합적 안전관리

① 외부 : 거버넌스(정부 - 대상처 - 전문기관) 및 안전관리 네트워크 구축

② 내부 : 협력 및 파트너십 구축, 전원 참여

(3) 지속적 발전모델

PDCA CYCLE(계획, 이행, 모니터링, 개선)

2) 소방계획서 작성 항목

(1) 일반사항

(2) 관리계획

(3) 대응계획 및 부록

3) 소방계획서 포함 사항

(1) 소방안전관리대상물의 위치·구조·연면적·용도 및 수용인원 등 일반 현황

(2) 소방안전관리대상물에 설치한 소방·방화·전기·가스·위험물 시설의 현황

(3) 화재 예방을 위한 자체점검계획 및 진압대책

(4) 소방시설·피난시설 및 방화시설의 점검·정비계획

(5) 피난층 및 피난시설의 위치와 피난경로의 설정, 화재안전취약자의 피난계획 등을 포함한 피난계획

(6) 방화구획, 제연구획, 건축물의 내부 마감재료 및 방염대상물품의 사용 현황과 그 밖의 방화구조 및 설비의 유지·관리계획

(7) 관리의 권원이 분리된 특정소방대상물의 소방안전관리에 관한 사항

(8) 소방훈련·교육에 관한 계획
(9) 특정소방대상물의 근무자·거주자의 자위소방대 조직과 대원의 임무(화재안전취약자의 피난 보조 임무를 포함한다)에 관한 사항
(10) 화기 취급 작업에 대한 사전 안전조치 및 감독 등 공사 중 소방안전관리에 관한 사항
(11) 소화에 관한 사항과 연소 방지에 관한 사항
(12) 위험물의 저장·취급에 관한 사항(「위험물안전관리법」 제17조에 따라 예방규정을 정하는 제조소등은 제외한다)
(13) 소방안전관리에 대한 업무수행에 관한 기록 및 유지에 관한 사항
(14) 화재발생 시 화재경보, 초기소화 및 피난유도 등 초기대응에 관한 사항
(15) 그 밖에 소방본부장 또는 소방서장이 소방안전관리대상물의 위치·구조·설비 또는 관리 상황 등을 고려하여 소방안전관리에 필요하여 요청하는 사항

3. 소방계획의 작성원칙

작성원칙	주요 내용
실현 가능한 계획	소방계획의 핵심은 위험관리이며, 대상물의 위험요인을 체계적으로 관리하기 위한 일련의 활동이기 때문에 위험요인의 관리는 반드시 실현 가능한 계획으로 구성
관계인의 적극적 참여	소방계획의 수립 및 시행에 소방안전관리대상물의 관계인, 재실자 및 방문자 등 전원이 참여하도록 수립
계획 수립의 구조화	체계적이고 전략적인 계획의 수립을 위해 작성 - 검토 - 승인의 3단계의 구조화된 절차를 거쳐야 함
실행 우선	문서로 작성된 계획만으로는 소방계획의 완료로 보기 어려우며, 교육훈련 및 평가 등 이행의 과정이 있어야 비로소 소방계획의 완성

4. 소방계획의 수립시기 및 절차

1) 소방계획의 수립시기

(1) 소방안전관리자는 소방계획서를 매년 12월 31일까지 작성 및 시행
(2) 1 ~ 3분기 : 소방계획 내 수립된 이행계획 실시
(3) 3분기 : 교육훈련 및 자체평가 등을 통해 이행사항에 대한 측정 및 평가, 감독 실시 및 개선조치사항 파악
(4) 4분기 : 차기연도 소방계획서 작성(개선조치 요구사항 등은 위원회 등 의견수렴 체계를 거친 후 반영)

2) 수립절차

단계	절차	주요 내용
1단계	사전기획	소방계획 수립을 위한 임시조직을 구성하거나 위원회 등을 개최하여 법적 요구사항은 물론 이해관계자의 의견을 수렴하고 세부 작성계획을 수립
2단계	위험환경 분석	대상물 내 물리적 및 인적 위험요인 등에 대한 위험요인을 식별하고, 이에 대한 분석 및 평가를 실시한 후 대책 수립
3단계	설계 및 개발	대상물의 환경 등을 바탕으로 소방계획수립의 목표와 전략을 수립하고 세부실행계획을 수립한다.
4단계	시행 및 유지관리	구체적인 소방계획을 수립하고 이해관계자의 검토를 거쳐 최종 승인을 받은 후 소방계획 이행 및 개선

자위소방대 및 초기대응체계 구성 · 운영

1. 자위소방대

1) 소방안전관리대상물에서 화재 등 재난발생 시 비상연락, 초기소화, 피난유도 및 인명 · 재산피해의 최소화를 위해 편성된 자율안전관리 조직으로, 관계인과 소방안전관리대상물의 소방안전관리자로 하여금 구성 · 운영

2) 자위소방대는 소방안전관리대상물의 화재 시 초기소화, 조기피난 및 응급처치 등에 필요한 골든타임(화재 시 5분, CPR은 4 ~ 6분 이내) 확보를 위해 필수적

2. 자위소방대 편성조직의 업무(자위소방활동)

편성조직	업무 내용
비상연락팀	화재사실의 전파 및 신고 업무
초기소화팀	화재 발생 시 초기화재 진압 활동
피난유도팀	재실자 및 장애인, 노인, 임산부, 영유아 및 어린이 등 이동이 어려운 사람(피난약자)을 안전한 장소로 대피시키는 업무
응급구조팀	인명을 구조하고, 부상자에 대한 응급조치
방호안전팀	화재확산방지 및 위험시설의 제어 및 비상반출 등 방호안전 업무

3. 자위소방대 구성

1) 자위소방대 편성대상 및 편성기준

규모, 소방시설 및 편성대원을 고려하여 조직 구성

구분	편성대상	편성기준	
TYPE - I	1) 특급 2) 1급(연면적 30000 m^2 이상 포함 - 공동주택 제외)	지휘통제	지휘통제팀
		현장대응 (본부대)	비상연락팀, 초기소화팀, 피난유도팀, 응급구조팀, 방호안전팀 * 필요시 팀 가감 편성
		현장대응 (지구대)	각 구역(Zone)별 현장대응팀 * 구역별 규모, 인력에 따라 편성

구분	편성대상	편성기준	
TYPE-II	1) 1급 * 연면적 30000 m^2 이상의 경우 TYPE-I 참고 및 적용(공동주택 제외) 2) 2급(상시 근무인원 50명 이상)	지휘통제	지휘통제팀
		현장대응	비상연락팀, 초기소화팀, 피난유도팀, 응급구조팀, 방호안전팀 * 필요시 팀 가감 편성
TYPE-III	1) 2·3급 * 상시 근무인원 50명 이상의 경우 TYPE-II 참고 및 적용	지휘통제	지휘통제팀
		현장대응	(10인 미만) 현장대응팀 * 개별 팀 구분 없음 (10인 이상) 비상연락팀, 초기소화팀, 피난유도팀 * 필요시 팀 가감 편성
초기대응체계	상시 근무 또는 거주 인원	초기대응	초기대응팀(휴일야간 포함)
비고	1) 지휘통제팀은 수신반, 종합방재실을 거점으로 화재상황의 모니터링, 지휘통제 임무 수행, 현장대응팀은 화재 등 재난현장에서 비상연락, 초기소화, 피난유도 등의 임무를 수행 2) 대원편성은 상시 근무 또는 거주 인원 중 자위소방활동이 가능한 인력을 기준으로 조직 구성 3) 초기대응체계는 특정소방대상물의 이용시간 동안 운영		

2) 유형별 조직구성

(1) Type-I

① Type-I의 대상물은 지휘조직인 지휘통제팀과 현장대응조직인 비상연락팀, 초기소화팀, 피난유도팀, 방호안전팀, 응급구조팀으로 구성

② Type-I 소방대상물은 대상물의 관리·이용형태 및 위험특성을 고려하여 둘 이상의 현장대응조직을 운영, 최초의 현장대응조직은 본부대가 되며 추가적인 편성조직은 지구대로 구분

③ 본부대는 비상연락팀, 초기소화팀, 피난유도팀, 방호안전팀, 응급구조팀을 기본으로 편성하며, 지구대는 각 구역(Zone)별 규모, 편성대원 등 현장 운영여건에 따라 필요한 팀을 구성할 수 있다.

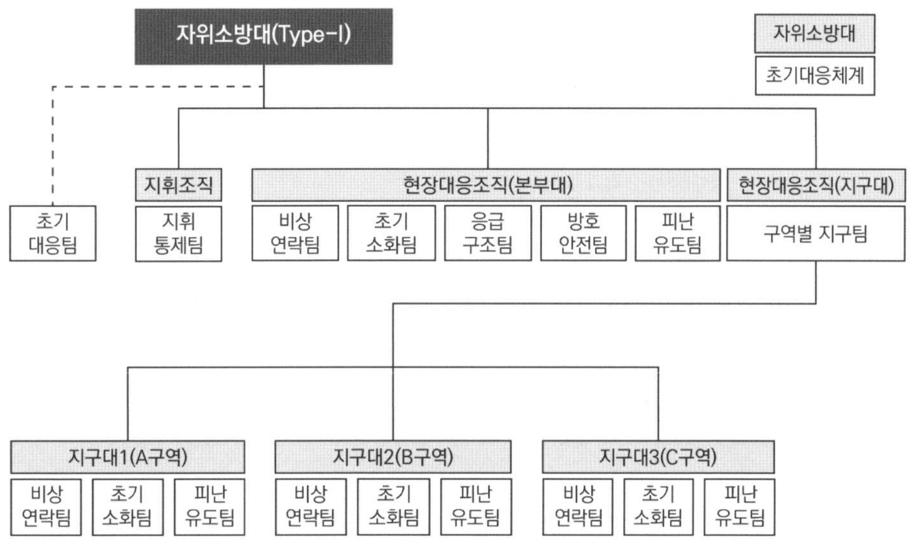

※ 출처 : 소방청

④ 지구대 설정 시 고려할 수 있는 구역(Zone) 설정 기준

구분	적용기준	구역설정
수직구역	대상물의 층	단일 층 또는 일부 층(5층 이내)을 하나의 구역으로 설정
수평구역	대상물의 면적	하나의 층이 1000 m^2 초과 시 구역을 추가 설정하거나 대상물의 방화구획 기준으로 구분
임차구역	대상구역의 관리권원	구역 내 관리권원(임차권)별로 분할하거나 다수의 관리권원을 통합해 설정
용도구역	대상구역의 용도	비거주용도(주차장, 공장, 강당 등)는 구역설정에서 제외

[지구대 구역(Zone)설정 예시]

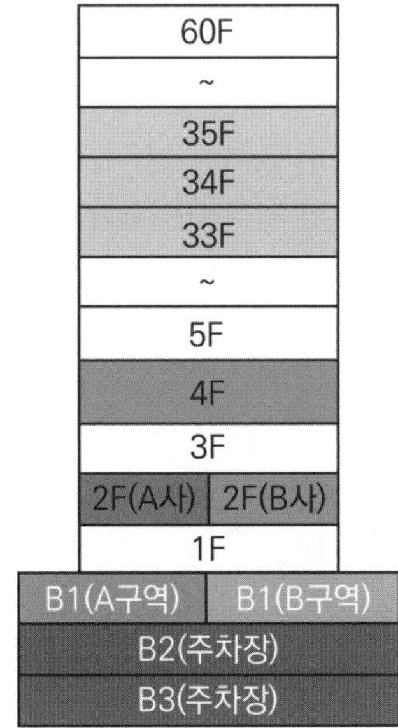

- 층(Floor)에 따른 구역(Zone) 설정
  - 4F 1Zone
  - 33 ~ 35F 1Zone
- 면적(Area)dp 따른 구역(Zone)설정
  - B1층 A구역 1Zone
  - B1층 B구역 1Zone
- 임차구역에 따른 구역(Zone)설정
  - 2F(A사) 1Zone
  - 2F(B사) 1Zone
- 용도구역에 따른 구역(Zone)설정
  - B2 ~ B3구역 비주거용도 0Zone

(2) Type-II

① Type-II의 대상물은 지휘조직인 지휘통제팀과 현장대응조직인 비상연락팀, 초기소화팀, 피난유도팀, 방호안전팀, 응급구조팀으로 구성

② Type-II의 현장대응조직은 조직 및 편성대원의 여건에 따라 일부 팀을 가감하여 운영

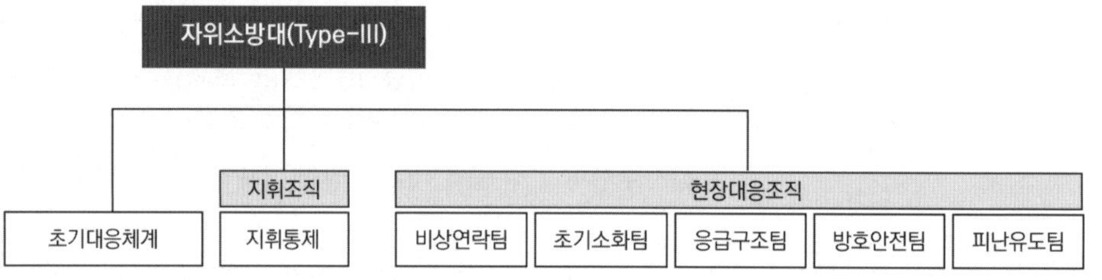

※ 출처 : 소방청

(3) Type-Ⅲ

① Type-Ⅲ의 대상물은 지휘조직과 현장대응조직으로 구성

② 편성대원 10인 미만의 현장대응조직은 하위 조직(팀)의 구분 없이 운영할 수 있지만, 개인별 비상연락, 초기소화, 피난유도 등의 업무를 담당할 수 있도록 현장대응팀을 구성

③ 편성대원 10인 이상의 현장대응조직은 비상연락팀, 초기소화팀, 피난유도팀을 구성하여 해당 업무를 수행하며, 필요시 팀을 가감하여 편성

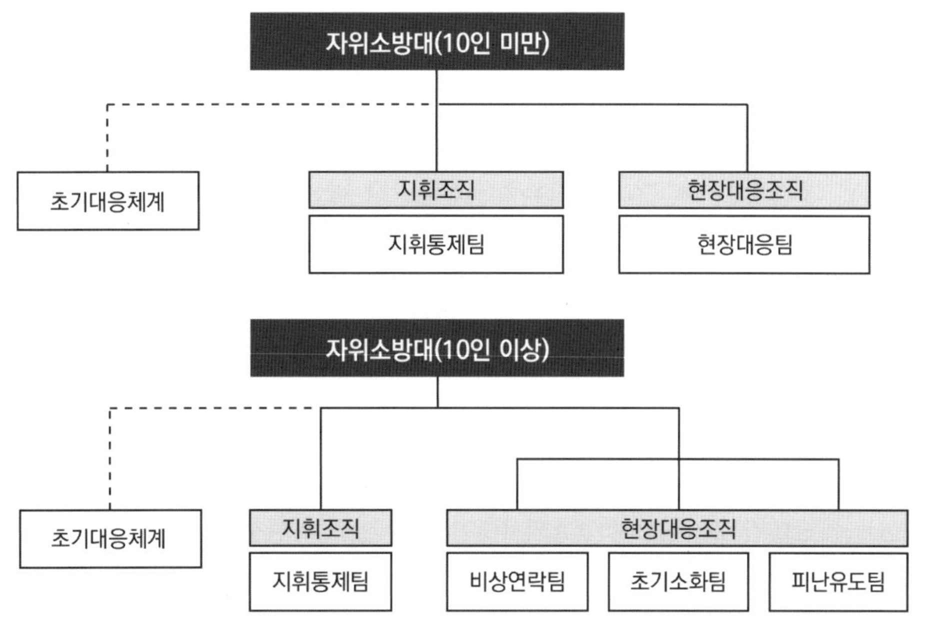

※ 출처 : 소방청

(4) 초기대응체계의 구성

① 초기대응체계를 자위소방대에 포함하여 편성하되, 화재 발생 시 초기에 신속하게 대처할 수 있도록 해당 소방안전관리대상물에 근무하는 사람의 근무위치, 근무인원 등을 고려하여 구성

② 소방안전관리대상물이 이용되고 있는 동안 초기대응체계를 상시적 운영

③ 화재 초기 비상연락, 초기소화, 피난유도 등의 기본기능과 대상물 특성을 반영한 특수기능을 수행할 수 있도록 구역별 소규모 팀으로 편성

3) 자위소방대 인력편성

(1) 팀별 인원편성

① 자위소방대원은 대상물 내 상시 근무하거나 거주하는 인원 중 자위소방활동이 가능한 인력으로 편성

② 각 팀별 최소편성 인원은 2명 이상(단, 초기소화팀과 피난유도팀은 3명 이상)으로 하고 각 팀별 책임자(팀장)을 지정하여 운영

(2) 대장 및 부대장 지정

소방안전관리대상물의 소유주, 법인의 대표 또는 관리기관의 책임자를 자위소방대장으로 지정하고, 소방안전관리자를 부대장으로 지정

(3) 대리자 지정

소방안전관리대상물의 대장 또는 부대장이 대상물에 부재하는 경우, 대리자를 지정하여 해당 직무를 대리

(4) 자위소방대 개별임무 부여

① 각 팀별 기능에 기초하여 자위소방대원별 개별임무 부여

② 대원별 임무를 복수로 하거나 중복하여 지정 가능

(5) 초기대응체계의 인원편성

① 초기대응체계는 소방안전관리보조자, 경비(보안) 근무자 또는 대상물 관리인 등 상시 근무자를 중심으로 구성

② 초기대응체계는 소방안전관리대상물의 근무자의 근무위치, 근무인원 등을 고려하여 편성하고, 소방안전관리보조자(보조자가 없는 대상처는 대원 중 선임)를 운영책임자로 지정

③ 초기대응체계 편성 시 1명 이상은 방재실(또는 수신반)에 근무해야 하며 화재상황에 대한 모니터링 또는 지휘통제가 가능해야 함

④ 휴일 및 야간에 무인경비시스템을 통해 감시하는 경우에는 무인경비회사와 비상연락체계 구축

(6) 다수 소방대상물의 구성

① 하나의 관리권원인 대상처 내에 다수의 소방대상물이 있는 경우, 각 대상물의 자위소방대가 유기적으로 연계되어 운영될 수 있도록 편성

② 다수의 소방대상물 중 급수(특급, 1급, 2급, 3급)가 가장 높은 대상물을 본부대로 편성하고 그 밖의 대상물은 지구대로 구성

4. 교육 및 훈련

1) 교육 및 훈련계획의 수립

(1) 자위소방대장은 자위소방대(초기대응체계 포함)의 연간 교육·훈련계획을 소방대상물의 건물구조 및 소화, 피난특성을 고려하여 수립, 시행

(2) 자위소방대 교육·훈련의 대상자는 자위소방대원, 초기대응체계대원, 대상물의 재실자, 종업원, 방문자 등을 포함

(3) 자위소방대장은 대상물의 화재안전관리체계 확립을 위해 종업원에 대한 교육 및 훈련 계획을 별도로 작성

2) 교육의 실시

(1) 자위소방대장은 교육·훈련 계획에 따라 교육대상, 교육방법을 정하고 교육 자료를 준비하여 실시

(2) 자위소방대장은 교육 실시 전 교육내용 등에 대한 수요조사를 실시할 수 있으며 교육 후에는 교육평가 및 설문 등을 받을 수 있음

3) 훈련의 실시

자위소방대장은 대상물의 규모, 인원 및 이용형태 등을 이용하여 대상물에 적합한 훈련대상 및 훈련방법을 결정

4) 실시결과 기록

기록 결과 2년간 보관

CHAPTER

03 화재대응 및 피난

1. 화재대응

1) 화재전파 및 접수

불을 발견하면 "불이야" 하고 외쳐 다른 사람에게 알리고, 화재경보장치(발신기)를 누름

2) 화재신고

화재를 인지/접수한 경우 침착하게 불이 난 사실과 현재 위치, 화재진행 상황 및 피해 현황 등을 소방기관(119)에 신고

3) 비상방송

담당 대원은 비상방송설비(일반방송설비 또는 확성기 등 장비)를 사용하여 신속하게 화재사실을 전파하며 필요한 경우 즉각적인 피난 개시명령

4) 대원소집 및 임무부여

화재가 접수되면 초기대응체계를 구축하여 신속하게 화재에 대응하고 이후 화재의 확대 여부 등을 고려하여 자위소방대장 또는 부대장은 자위소방대원을 소집하고 임무 부여

5) 관계기관 통보 및 연락

소방안전관리자 또는 자위소방조직상 담당 대원은 비상연락체계를 통해 유관기관, 협력업체 등에 화재사실을 전파하고 신속한 대응준비 지시

6) 초기소화

화재를 인지한 경우 화재현장에서 소화기 또는 옥내소화전을 사용하여 신속한 초기소화 작업을 실시하고, 초기소화가 어려운 경우에는 열 또는 연기 확산 방지를 위해 출입문을 닫고 즉시 피난

2. 피난

1) 화재 시 일반적 피난행동

(1) 엘리베이터는 절대 이용하지 않도록 하며 계단을 이용해 옥외로 대피

(2) 아래층으로 대피가 불가능한 때에는 옥상으로 대피

(3) 아파트의 경우 세대 밖으로 나가기 어려울 경우 세대 사이에 설치된 경량칸막이를 통해 옆 세대로 대피하거나 세대 내 대피공간으로 대피

(4) 유도등, 유도표지를 따라 대피

(5) 연기 발생 시 최대한 낮은 자세로 이동하고, 코와 입을 젖은 수건 등으로 막아 연기를 마시지 않도록 주의

(6) 출입문을 열기 전 문손잡이가 뜨거우면 문을 열지 말고 다른 길 찾기
(7) 옷에 불이 붙었을 때에는 눈과 입을 가리고 바닥에서 뒹굴기
(8) 탈출한 경우에는 절대로 다시 화재 건물로 들어가지 않기

2) 피난실패 시 행동요령

(1) 건물 밖으로 대피하지 못한 경우 밖으로 통하는 창문이 있는 방으로 들어가기
(2) 방안으로 연기가 들어오지 못하도록 문틈을 커튼 등으로 막고, 내부 물건 등을 활용하여 자신의 위치를 알리고 구조를 기다리기

3) 일반적 피난계획 수립

구분	내용
사전 피난준비	(1) 소방안전관리자는 해당 대상물의 특성에 부합하는 피난계획을 사전에 수립 (2) 피난계획에 따라 각 층 및 구역별 피난경로(동선)가 파악되면 피난안내도를 작성하여 부착
피난개시 명령	(1) 소방안전관리자 또는 자위소방조직상 피난 관련 대원은 해당 대상물의 경보방식을 기준으로 피난방식 결정 (2) 대상물의 붕괴, 폭발 가능성으로 인해 긴급 피난이 필요한 경우에는 대상물 재실자 및 방문자 모두가 즉시 피난 개시 (3) 피난경보 및 비상방송설비(일반방송설비 또는 확성기 등)를 통해 피난개시 명령을 내리고 조기피난 독려
피난유도	(1) 화재 시 대상물의 재실자 및 방문자를 안전구역 또는 집결지로 피난유도 (2) 계단 등에서 병목현상이 발생하지 않도록 재실자 및 방문자를 분산하여 피난유도 (3) 양방향 피난경로 중 폐쇄 또는 접근이 불가한 경로가 있는 경우 대체 경로 활용 (4) 피난유도 시 피난자의 패닉방지를 위한 심리적 안정조치 취하기
피난안전 구역의 활용	(1) 피난안전구역이 설치된 대상물의 담당 대원은 피난유도 시 피난안전구역 활용 (2) 피난안전구역으로 피난요구자를 1차 대피유도하고 피난 및 구조진행 상황에 따라 추가적인 피난을 유도하거나 보조 가능 (3) 피난안전구역에 설치되어 있는 구급장비 등을 활용해 응급처치 등 필요한 조치 취하기
집결	(1) 피난요구자를 사전에 지정된 집결 장소로 최종 유도 (2) 피난을 완료한 재실자 등이 다시 대상물로 진입(Re-entry)하지 못하도록 조치 취하기 (3) 집결지에 집결한 인원에 대해 부상자 및 실종자 현황을 파악하고 필요시 응급조치 시행 (4) 집결 장소에서 습득한 화재 및 피해상황에 대한 정보를 대장 및 소방기관에 통보
피난계획 수립 예시	(1) 지상 3층이 판매시설이고 피난계단이 3개소가 있는 경우 거실로부터 피난계단이 가까운 곳으로 3개 구역으로 나누고, 구역별 수용인원에 따라 실제 대피훈련을 실시하여 고객들이 신속하게 대피하는지를 확인하고 안전하게 대피하는 경우 대피계획 수립 (2) 지상 4층이 업무시설이고 피난계단이 1개가 있는 경우 각 거실에 있는 사람들을 중앙통로로 1차 대피시키고, 대피요원이 2차로 피난계단을 따라 지상으로 대피(옥상으로 대피시키는 것이 안전한 경우에는 옥상으로 대피) (3) 판매시설, 공연장, 집회장 등은 매장 내 방호요원(경비원)이 있으므로 사전에 구역별로 임무를 지정하여 고객들을 대피시키고 초기소화용인 스프레이 소화용구를 허리춤에 항상 차고 다니게 하는 것도 바람직함

4) 피난약자의 피난 계획 수립

(1) 일반원칙 및 공통사항

구분	내용	
일반원칙	① 피난약자의 재배치 또는 수직피난 등 화재상황에 적합한 피난 전략을 고려하여 시행 ② 피난유도 시 피난약자를 우선 피난대상으로 지정하여 피난을 유도하고 보조를 요청 ③ 피난약자의 피난을 위해 사전에 지정된 피난보조자를 배치하거나 현장에서 피난 보조자를 지정	
공통사항	건물에 대한 이해	비상구 위치(2 이상의 피난로 확보), 피난 시 장애가 될 수 있는 물품이나 구역, 화재경보설비 등 소방시설의 위치, 구조대와 연락 장치 위치, 임시 대피공간(건물 내 1차 피난구역, 계단실 내 휠체어 체류공간, 초고층건축물의 피난안전구역) 등을 장애인 및 노약자는 물론 전 거주자가 숙지
공통사항	피난약자에 대한 현황파악과 피난보조요령 등 숙지	유형별 현황 파악[예 장애인(지체, 청각, 시각 등), 노인 및 어린이, 임산부, 환자 등의 인원수 및 피난 장애정도와 평상시 위치 및 동선 등과 유형에 따른 피난보조자의 임무와 피난(보조)기구 사용법, 피난유도방법 등 포함
	적절한 설비 설치	법적인 소방시설 및 편의시설 설치는 물론 피난약자를 위한 적극적인 설비보강이 요구됨 건축물의 환경에 적합한 소방시설(음성안내 유도등), 피난보조기구의 설치, 다수인피난장비, 비상구, 계단난간, 바닥에 대한 표지 등이 권장
	소방안전교육 및 훈련 실시	피난약자는 물론, 건물 내 신입직원의 오리엔테이션 때부터 대피 및 대피유도방법을 숙지시키고 유형별 훈련으로(휠체어 사용자 피난훈련, 피난보조기구 사용훈련 등) 피난 및 피난보조 능력을 향상
	효과적인 피난시스템 구축	가장 중요한 점은 건물 내 자위소방대 조직에 의한 화재 초기 대피시스템의 구축 소방, 경찰 등 재난 관련 관서와의 협조체제 구축이 필요하며 이를 위해 소방안전관리자와 재난 관련 기관과의 평소 토론과 전 거주자가 참여하는 합동훈련이 효과적

(2) 장애유형별 피난보조 예시

<table>
<tr><th>유형</th><th colspan="2">내용</th></tr>
<tr><td rowspan="3">지체
장애인</td><td colspan="2">불가피한 경우를 제외하고는 2인 이상이 1조가 되어 피난을 보조하고 장애 정도에 따라 보조기구를 적극 활용하며 계단 및 경사로에서의 균형에 주의를 요함</td></tr>
<tr><td>일반적</td><td>① 소아 및 장애인의 몸무게가 보조자에 비해 가벼울 때 장애 정도에 따라 업거나 한 손은 다리를 다른 한 손은 등을 받치고 안아 이동
② 장애인의 몸무게가 보조자에 비해 비슷하거나 무거울 때 앉은 자세에서 장애인 옆에 위치하여 팔을 어깨에 걸쳐 부축하거나, 2인이 장애인 등 뒤로 팔목을 맞잡고 다른 한 손은 무릎 뒤쪽으로 하여 손을 잡은 후 서로 기대어 장애인을 고정시키고 셋을 센 후 일어나 들어서 대피(들것이나 담요 활용)</td></tr>
<tr><td>휠체어
사용자</td><td>평지보다 계단에서 주의가 필요하며, 많은 사람들이 보조할수록 상대적으로 쉬운 대피가 가능
① 일반휠체어 : 뒤쪽으로 기울여 손잡이를 잡고 뒷바퀴보다 한 계단 아래에서 무게중심을 잡고 이동한다. 2인이 보조 시 다른 1인은 장애인을 마주보며 손잡이를 잡고 동일한 방법으로 이동
② 전동휠체어 사용자 : 전동휠체어에 탑승한 상태에서 계단 이동 시에는 일반 휠체어와 동일한 요령으로 보조할 수도 있으나 휠체어의 무게가 무거워 많은 인원과 공간이 필요하므로 전원을 끈 후 업거나 안아서 피난을 보조하는 것이 가장 효과적</td></tr>
<tr><td>청각
장애인</td><td colspan="2">시각적인 전달을 위해 표정이나 제스처를 사용하고 조명(손전등 및 전등)을 적극 활용하며 메모를 이용한 대화도 효과적</td></tr>
<tr><td>시각
장애인</td><td colspan="2">① 지팡이를 이용하여 피난하고, 피난보조자는 팔과 어깨에 살며시 기대도록 하여 안내하며 계단, 장애물 등을 미리 알려줌
② 피난유도 시 여기, 저기 등 애매한 표현보다는 좌측 1 m, 왼쪽 2 m 같이 명확하게 표현하고 여러 명의 시각장애인이 동시 대피하는 경우 서로 손을 잡고 질서 있게 피난</td></tr>
<tr><td>지적
장애인</td><td colspan="2">공황상태에 빠질 수 있으므로 차분하고 느린 어조로 도움을 주러 왔음을 밝히고 피난을 보조하며, 인격을 고려한 친절한 말투 사용</td></tr>
<tr><td>노약자</td><td colspan="2">① 노인은 지병이 있는 경우가 많으므로 구조대가 알기 쉽게 지병을 표시하고, 인솔자나 보조자 외 어린이의 경우 성장이 빠른 1인, 기타는 장애정도가 적은 1인의 유도자를 지정하여 줄서서 피난하는 것이 바람직하며, 환자 및 임산부는 상태를 쉽게 알 수 있는 표식을 부착하는 등 배려
② 병원의 경우 환자 상태에 따른 의료진의 피난보조 능력에 따라 인명피해의 규모가 좌우될 수 있으므로 정기적인 소방교육 및 훈련이 절대적으로 필요</td></tr>
</table>

PART 11

소방안전교육 및 훈련

CHAPTER 01 소방안전교육 및 훈련

소방안전교육 및 훈련

1. 소방교육 훈련의 실시원칙

원칙	설명
학습자 중심의 원칙	1) 학습자에게 감동이 있는 교육 2) 한 번에 한 가지씩 습득 가능한 분량 교육 및 훈련 3) 쉬운 것부터 어려운 것으로 교육 실시하되 기능적 이해에 비중을 둠
동기부여의 원칙	1) 교육의 중요성 전달 2) 적절한 스케줄을 배정 3) 교육은 시기적절하게 실시 4) 교육의 재미를 부여 5) 핵심사항에 교육의 포커스를 맞춤 6) 학습에 대한 보상 제공 7) 다양성 활용 8) 사회적 상호작용 제공 9) 전문성 공유 10) 초기성공에 대해 격려
목적의 원칙	1) 어떤 기술을 어느 정도까지 익혀야 되는지를 명확히 제시 2) 습득하여야 할 기술이 활동 전체에서 어느 위치에 있는지 인식
현실성의 원칙	학습자의 능력을 고려함
실습의 원칙	1) 목적을 생각하고 적절한 방법으로 정확히 함 2) 실습을 통해 지식 습득
경험의 원칙	사례를 들어 현실감 부여
관련성의 원칙	실무적인 접목과 현장성이 있어야 함

2. 소방교육 및 훈련계획 과정

1) 계획수립(Plan) : 훈련을 실시하며 평가하는 데 필요한 토대를 구축하며 훈련을 설계하고 실시계획을 수립하는 단계(훈련목표설정, 훈련기획팀 구성, 훈련시나리오 개발, 연간 훈련일정수립 등)
2) 훈련실행(Do) : 화재 시 대응능력을 습득하기 위해 평가관이나 통제관의 입회하에 모의훈련을 실시하는 단계(소방시설 사용법 훈련, 종합훈련 등)
3) 평가(Check) : 훈련 시 평가체크리스트를 활용할 수 있으며 훈련 종료 후 현장평가회의를 통해 강점과 개선점에 대해 필요부분을 문서화하는 단계(훈련자에 대한 효과측정 설문 실시 포함)
4) 개선(Action) : 도출된 개선사항을 구체적 시기 등을 명기하여 계획하고 향후 추진정도를 평가하는 단계

3. 소방교육 및 훈련의 실시

실시 내용	행동요령
소화기, 옥내소화전설비 구조원리 및 사용방법 실습	소화기 종류별 화재 적응성 및 옥내소화전설비의 구조원리를 이해하고 실습을 통하여 사용법 숙달
화재 시 대피 및 대피유도 실습	1) 대피요령과 관련된 영상물을 시청하게 하고, 연막탄 등을 활용한 실습을 통해 대피와 대피유도 체험 실시 2) 실습 후 토의를 통해 올바른 대피요령, 대피유도방법을 도출하고 층별 피난동선 및 피난유도자의 역할 숙지
피난기구의 활용법 훈련	완강기와 로프, 구조대, 휴대용 비상조명등 등을 이용하여 대피하는 훈련 반복 실시
응급처치	1) 발생할 수 있는 응급처치 사례를 중심으로 응급처치요령을 숙지 2) 응급처치 훈련용 마네킹을 이용하여 심폐소생술 반복 실습
소방시설 작동방법 및 점검방법	대상물에 설치된 소방시설에 대한 작동방법 및 점검방법 등을 설명하고 실습

4. 팀별 훈련 시 행동요령

팀별구성	행동요령
비상연락팀	육성으로 건물 내 화재발생 사실을 전달 소방서에 화재신고(주소, 건물정보, 화재발화지점 등)
초기소화팀	소형 소화기 및 옥내소화전 이용하여 진화
피난유도팀	비상구를 개방, 관람객과 직원을 피난층을 통해 옥외로 대피
방호안전팀	연소 확대 방지를 위해 건물 내 가스 및 전기공급 차단 사무실에서 중요서류와 물품 등을 안전한 곳으로 긴급 반출
응급구조팀	부상자 및 재해약자를 옥외로 옮겨 응급조치

모아 소방안전관리자 1급(핵심이론 + 실전모의고사)

발행일	2025년 5월 30일 초판 1쇄
지은이	오민정
발행인	황모아
발행처	(주)모아교육그룹
주 소	서울특별시 영등포구 영신로 32길 29 세화빌딩 2층
전 화	02-2068-2393(출판, 주문)
등 록	제2015-000006호 (2015.1.16.)
이메일	moagbooks@naver.com
ISBN	979-11-6804-430-2 (13500)

이 책의 가격은 뒤표지에 있습니다.

소방안전관리자 1급 합격!

여러분의 합격은 모아의 보람입니다.

2025 대비 최신 개정판

소방안전관리자 1급

핵심이론 + 실전모의고사

모아합격전략연구소

한국소방안전원 최신개정 완벽반영

목차

PART 01 실전모의고사

PART 02 계산문제 마스터

PART 03 OMR

MOAG
MOA education Group

PART 01

실전모의고사

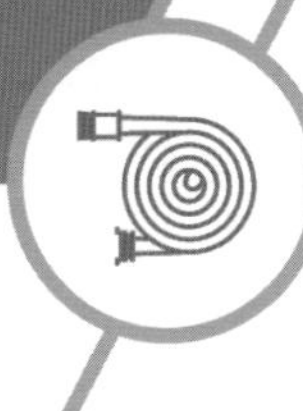

01회 실전모의고사

01 **다음은 소방시설의 자체점검에 대한 내용이다. 이에 대한 설명으로 옳은 것을 〈보기〉에서 모두 고르시오.**

(가) : 소방시설 자체점검 시 소방시설등을 인위적으로 조작하여 정상 작동 여부를 점검해야 한다. (나) : 설비별 주요 구성부품의 구조기준이 화재안전기준 및 관련법령 등에 적합한지 여부를 점검한다. (다) : (ⓐ)은(는) 소방시설등에 대하여 정기적으로 자체점검을 할 수 있다. (라) : (ⓑ)은(는) 소방본부장 또는 소방서장에게 점검 결과를 보고해야 한다.

〈보기〉
ㄱ. (ⓐ)와 (ⓑ)는 동일인이 될 수 있다. ㄴ. 특급 소방안전관리대상물은 (나)를 반기별 1회 이상 실시하면 된다. ㄷ. 소화기구만 설치된 특정소방대상물은 (가)만 실시하면 된다. ㄹ. 특정소방대상물의 관계인은 (가)의 점검자격이 될 수 없다.

① ㄱ　　② ㄱ, ㄴ
③ ㄱ, ㄴ, ㄷ　　④ ㄴ, ㄷ

해설

▣ 소방시설 자체점검

가 : 작동점검, 나 : 종합점검, a : 관계인, b : 관계인

1) 작동점검 : 소방시설등을 인위적으로 조작하여 정상적으로 작동하는지를 작동점검표에 따라 점검하는 것
2) 종합점검 : 소방시설등의 작동점검을 포함하여 소방시설등의 설비별 주요 구성부품의 구조기준이 화재안전기준과 건축법 등 관련 법령에서 정하는 기준에 적합한지 여부를 종합점검표에 따라 점검하는 것
   ⑴ 최초점검 : 소방시설이 새로 설치되는 경우 건축물을 사용할 수 있게 된 날부터 60일 이내 점검
   ⑵ 그 밖의 종합점검 : 최초점검을 제외한 종합점검

종합점검	1. 점검 횟수 가. 연 1회 이상(특급 소방안전관리대상물은 반기에 1회 이상) 실시 나. 우수대상물 : 3년 범위 내 정한 기간 면제(면제기간 중 화재 발생 시 제외)

[자체점검자]
⑴ 관계인
⑵ 관리업자
⑶ 소방안전관리자로 선임된 소방시설관리사 및 소방기술사

[자체점검 결과의 조치]
⑴ 관리업자 또는 소방안전관리자로 선임된 소방시설관리사 및 소방기술사가 자체점검 시, 점검이 끝난 날로부터 10일 이내에 관계인에게 보고
⑵ 보고서를 제출받은 관계인 또는 스스로 자체점검을 실시한 관계인은 자체점검이 끝난 날로부터 15일 이내에 소방본·서장에게 서면이나 소방청장이 지정하는 전산망을 통하여 보고하고 2년간 자체 보관
⑶ 소방본·서장은 이행계획의 완료 기간을 정하여 관계인에게 통보
⑷ 관계인은 이행을 완료한 날로부터 10일 이내에 이행보고서를 소방본·서장에게 보고
⑸ 보고를 마친 관계인은 보고한 날로부터 10일 이내에 관련 사항을 특정소방대상물의 출입자가 쉽게 볼 수 있는 장소에 30일 이상 게시

정답
01 ③

종합점검	2. 점검 시기 가. 최초 점검 : 소방시설이 새로 설치되는 경우 건축물을 사용할 수 있게 된 날부터 60일 이내 실시 나. '가.'를 제외한 특정소방대상물 : 건축물의 사용승인일이 속하는 달에 연 1회 이상(특급은 반기에 1회 이상) 실시 학교 : 해당 건축물의 사용승인일이 1 ~ 6월 사이에 있는 경우 6월 30일까지 실시 다. 건축물 사용승인일 이후 다음 항목에 따라 종합점검 대상에 해당하게 된 경우에는 그 다음 해부터 실시 물분무등소화설비(호스릴 방식의 물분무등소화설비만을 설치한 경우는 제외)가 설치된 연면적 5000 m^2 이상인 특정소방대상물(제조소등은 제외) 라. 하나의 대지경계선 안에 2개 이상의 점검 대상 건축물 등이 있는 경우에는 그 건축물 중 사용승인일이 가장 빠른 연도의 건축물의 사용승인일을 기준으로 점검할 수 있음

02 2024년 소방계획서 작성 시 다음의 조건을 보고 옳게 작성한 것을 고르시오.

1. 대상물 : 모아빌딩
2. 규모 : 지상 5층, 지하 1층, 연면적 7500 m^2
3. 설치된 소방시설 : 소화기, 옥내소화전설비, 스프링클러설비, 유도등, 자동화재탐지설비
4. 사용승인일 : 2016년 1월

선택 : ■ 미선택 : □

보기	구분	점검시기	점검방식
①	■ 작동점검	2024년 2월 14일	■ 자체 / □ 외주
	■ 종합점검	2024년 3월 13일	■ 자체 / □ 외주
②	■ 작동점검	2024년 7월 22일	■ 자체 / □ 외주
	□ 종합점검	-	□ 자체 / □ 외주
③	■ 작동점검	2024년 7월 22일	■ 자체 / □ 외주
	■ 종합점검	2024년 1월 12일	□ 자체 / ■ 외주
④	□ 작동점검	-	□ 자체 / □ 외주
	□ 종합점검	-	□ 자체 / □ 외주

[종합점검 대상]

(1) 최초점검 대상물
(2) 스프링클러설비가 설치된 특정소방대상물
(3) 물분무등소화설비(호스릴 방식의 물분무등소화설비만을 설치한 경우는 제외)가 설치된 연면적 5000 m^2 이상인 특정소방대상물(위험물 제조소등은 제외)
(4) 다중이용업의 영업장이 설치된 특정소방대상물로서 연면적이 2000 m^2 이상인 것(단란주점과 유흥주점, 영화상영관, 비디오물감상실업, 복합영상물제공업, 노래연습장, 산후조리원, 고시원, 안마시술소)
(5) 제연설비가 설치된 터널
(6) 공공기관 중 연면적(터널 · 지하구의 경우 그 길이와 평균폭을 곱하여 계산된 값)이 1000 m^2 이상인 것으로서 옥내소화전설비 또는 자동화재탐지설비가 설치된 것(소방대가 근무하는 공공기관은 제외)

정답

02 ③

해설

■ 자체점검의 회수·시기

점검구분	점검 횟수 및 점검 시기 등
작동점검	작동점검 : 연 1회 이상 실시 1. 종합점검 대상 : 종합점검(최초점검은 제외)을 받은 달부터 6개월이 되는 달에 실시 2. 그 외 : 특정소방대상물의 사용승인일이 속하는 달의 말일까지 실시(다만 건축물관리대장 또는 건물 등기사항증명서 등에 기입된 날이 다른 경우에는 건축물관리대장에 기재되어 있는 날을 기준으로 점검)
종합점검	1. 점검 횟수 가. 연 1회 이상(특급 소방안전관리대상물은 반기에 1회 이상) 실시 나. 우수대상물 : 3년 범위 내 정한 기간 면제(면제기간 중 화재 발생 시 제외) 2. 점검 시기 가. 최초 점검 : 소방시설이 새로 설치되는 경우 건축물을 사용할 수 있게 된 날부터 60일 이내 실시 나. '가.'를 제외한 특정소방대상물 : 건축물의 사용승인일이 속하는 달에 연 1회 이상(특급은 반기에 1회 이상) 실시 학교 : 해당 건축물의 사용승인일이 1 ~ 6월 사이에 있는 경우 6월 30일까지 실시 다. 건축물 사용승인일 이후 다음 항목에 따라 종합점검 대상에 해당하게 된 경우에는 그 다음 해부터 실시 물분무등소화설비(호스릴 방식의 물분무등소화설비만을 설치한 경우는 제외)가 설치된 연면적 5000 m^2 이상인 특정소방대상물(제조소등은 제외) 라. 하나의 대지경계선 안에 2개 이상의 점검 대상 건축물등이 있는 경우에는 그 건축물 중 사용승인일이 가장 빠른 연도의 건축물의 사용승인일을 기준으로 점검할 수 있음

03 **다음 중 점검장비와 소방시설이 올바르게 짝지어진 것을 고르시오.**

① 열·연기감지기 시험기 - 스프링클러설비, 옥내소화전설비
② 차압계, 풍속풍압계 - 제연설비
③ 누전계 - 무선통신보조설비
④ 조도계 - 자동화재탐지설비

[점검 전 준비사항]
(1) 협의나 협조를 받을 건물관계인 등의 연락처를 사전 확보
(2) 건물관계인에 사전 안내
(3) 음향장치 및 각 실별 방문 점검을 미리 공지·숙지

해설

■ 소방시설 점검장비

• 옥내소화전설비 : 소화전밸브압력계
• 스프링클러설비 : 헤드결합렌치
• 자동화재탐지설비 및 시각경보기 : 열·연기감지기시험기, 공기주입시험기, 음량계

정답
03 ②

- 누전경보기 : 누전계
- 무선통신보조설비 : 무선기
- 제연설비 : 풍속풍압계, 차압계, 폐쇄력측정기
- 통로유도등, 비상조명등 : 조도계

04 다음 중 자동심장충격기(AED)의 사용순서로 옳은 것은?

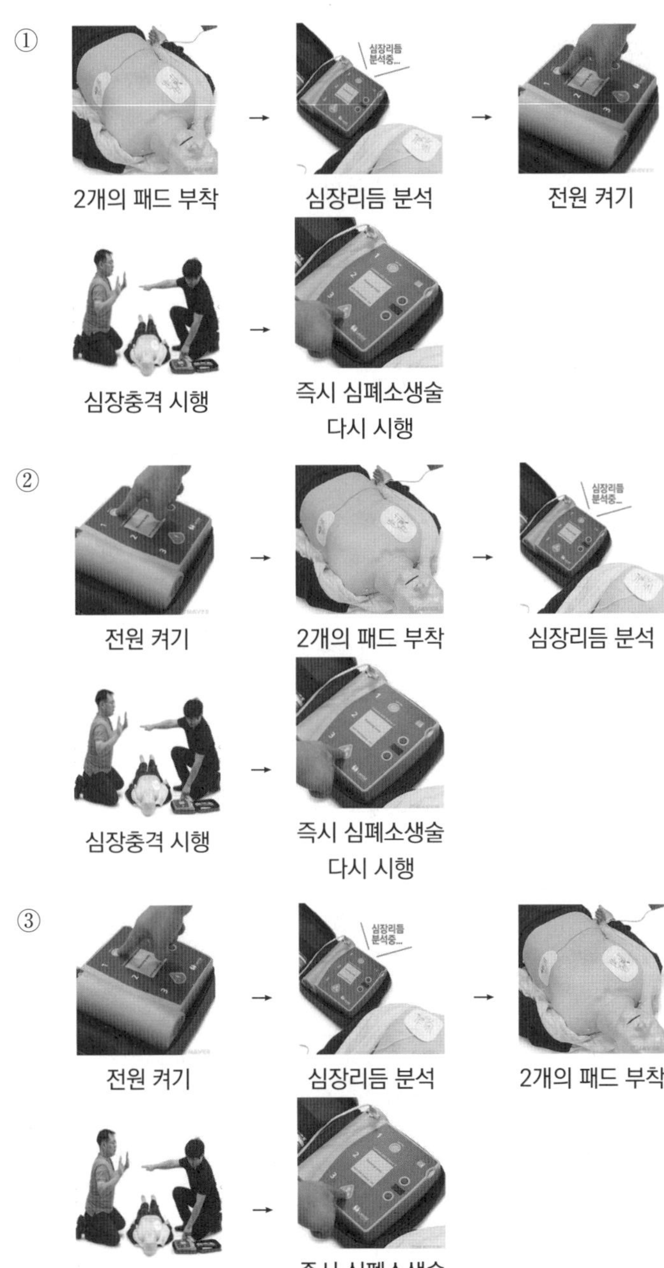

정답

04 ②

심장리듬 분석

→

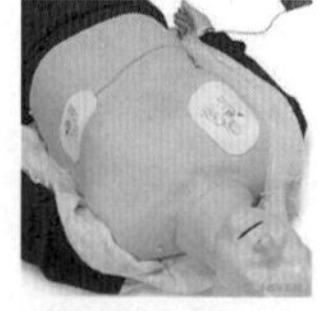
2개의 패드 부착

→

전원 켜기

심장충격 시행

→

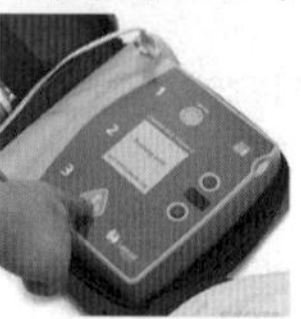
즉시 심폐소생술
다시 시행

※ 출처 : 한국소방안전원

해설

▣ 자동심장충격기(AED) 사용방법

구분	사용방법
1단계	전원 ON
2단계	2개의 패드 부착 ① 패드1 : 환자의 오른쪽 빗장뼈 아래 부착 ② 패드2 : 환자의 왼쪽 젖꼭지 아래 중간겨드랑선 부착
3단계	심장리듬 분석 ① "분석 중"이라는 음성 지시가 나오면, 심폐소생술을 멈추고 환자에게서 손을 뗀다. ② "심장충격이 필요합니다"라는 음성 지시와 함께 스스로 설정된 에너지 충전을 시작한다. ③ 심장충격기의 충전은 수 초 이상 소요되므로 가능한 가슴압박을 시행한다. ④ 심장충격이 필요 없는 경우에는 "환자의 상태를 확인하고, 심폐소생술을 계속 하십시오"라는 음성 지시가 나오며, 이 경우에는 즉시 심폐소생술을 시작한다.
4단계	심장충격(제세동) 시행 ① 심장충격이 필요한 경우에만 심장충격 버튼이 깜박이기 시작한다. ② 깜박이는 버튼을 눌러 심장충격을 시행한다. ③ 심장충격 버튼을 누르기 전에는 반드시 다른 사람이 환자에게서 떨어져 있는지 확인하여야 한다.
5단계	즉시 심폐소생술 다시 시행 ① 심장충격을 실시한 뒤에는 즉시 가슴압박과 인공호흡을 30 : 2로 다시 시작한다. ② 심장충격기는 2분마다 심장리듬을 반복해서 분석한다. ③ 심장충격기의 사용 및 심폐소생술의 시행은 119구급대가 현장에 도착할 때까지 계속한다.

05 인화성 액체의 연소점, 인화점, 발화점을 온도가 높은 것부터 옳게 나열한 것은?

① 발화점 > 연소점 > 인화점
② 연소점 > 인화점 > 발화점
③ 인화점 > 발화점 > 연소점
④ 인화점 > 연소점 > 발화점

해설

▣ 인화점, 연소점, 발화점

인화점 < 연소점 < 발화점

인화점	점화원을 가했을 때 연소가 시작되는 최저온도
연소점	• 외부 점화원에 의해 발화 후 연소를 지속시킬 수 있는 최저온도 • 인화점보다 5 ~ 10 ℃ 높고, 불꽃이 최소 5초 이상 지속되는 온도
발화점	가연성 물질에 불꽃을 접하지 아니하였을 때 연소가 가능한 최저온도

※ 온도가 올라갈수록 액체 위험물의 점도가 낮아져서 쉽게 점화할 수 있으므로 위험성이 더 크다.

[발화점이 낮아지는 조건(위험성↑)]
(1) 발열량이 클수록
(2) 산소의 농도가 클수록(산소와 친화력이 클수록)
(3) 압력이 높을수록
(4) 분자구조가 복잡할수록
(5) 활성화에너지가 낮을수록
(6) 열전도율이 낮을수록

06 대형 소화기의 능력단위기준 및 보행거리 배치기준이 적절하게 표시된 항목은?

① A급 화재 : 10단위 이상
B급 화재 : 20단위 이상, 보행거리 : 30 m 이내
② A급 화재 : 20단위 이상
B급 화재 : 20단위 이상, 보행거리 : 30 m 이내
③ A급 화재 : 10단위 이상
B급 화재 : 20단위 이상, 보행거리 : 40 m 이내
④ A급 화재 : 20단위 이상
B급 화재 : 20단위 이상, 보행거리 : 40 m 이내

해설

▣ 소화기 능력단위 및 보행거리

구분	소형 소화기	대형 소화기
정의	• 능력단위가 1단위 이상 • 대형 소화기의 능력단위 미만인 것	• 화재 시 사람이 운반할 수 있도록 운반대와 바퀴가 설치 • A급 화재 : 10단위 이상 • B급 화재 : 20단위 이상
보행거리	20 m 이내	30 m 이내

[대형 소화기의 소화약제량]
소화기의 형식승인 및 제품검사 기술기준

소화기 종류	약제량 (이상)
물	80 L
강화액	60 L
포	20 L
CO_2	50 kg
Halogen 화합물	30 kg
분말	20 kg

정답
05 ① 06 ①

07 방화구조의 기준을 옳게 나타낸 것은?

① 철망모르타르로서 그 바름두께가 2 cm 이상인 것
② 시멘트모르타르 위에 타일을 붙인 것으로서 그 두께의 합계가 1.5 cm 이하인 것
③ 두께 1.5 cm 이상의 암면보온판 위에 석면시멘트판을 붙인 것
④ 두께 1.2 cm 미만의 석고판 위에 석면시멘트판을 붙인 것

해설

▣ 방화구조

1) 화염의 확산을 막을 수 있는 성능을 가진 구조로서 건축법령이 정하는 구조
2) 방화구조의 기준

구조	두께
철망모르타르	2 cm 이상
석고판 위에 시멘트모르타르를 바른 것 석고판 위에 회반죽을 바른 것	2.5 cm 이상
심벽에 흙으로 맞벽치기를 한 것	모두 해당
산업표준화법에 의한 한국산업규격이 정하는 바에 의하여 시험한 결과 방화 2급 이상 해당	

[방화구조]
방화구조는 화염의 확산을 막을 수 있는 성능을 가진 구조를 말하며, 연소확대를 방지할 수 있는 구조로서 〈방화구조의 기준〉에 정해진 기준에 적합한 것

[방화구조 적용 대상]
연면적이 1000 m^2 이상인 목조의 건축물은 그 외벽 및 처마 밑의 연소할 우려가 있는 부분을 방화구조로 하되, 그 지붕은 불연재료로 하여야 한다.

08 다음 그림은 감시제어반이다. 감시제어반이 아래와 같이 준비작동식 밸브가 동작상태일 경우 확인사항 중 옳지 않은 것은?

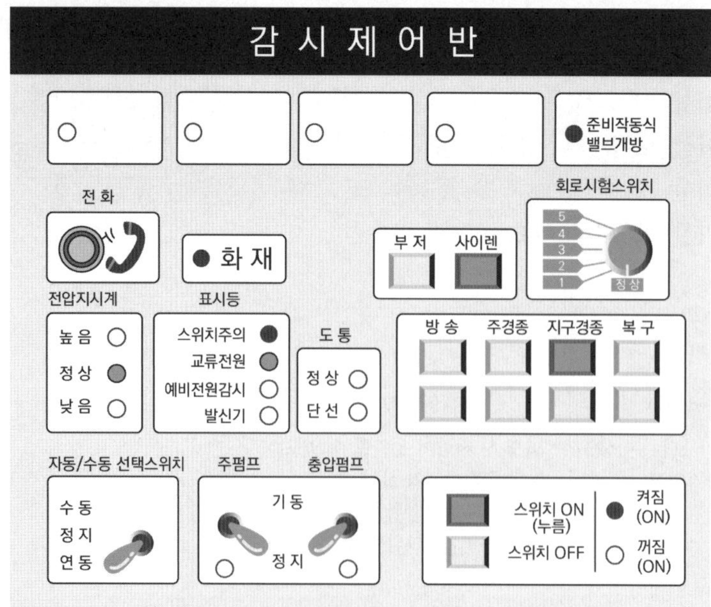

[감시제어반]
(1) 목적
소화설비용 수신반으로 감시 및 제어기능
(2) 감시제어반의 기능
① 각 펌프의 작동 여부를 확인할 수 있는 표시등 및 음향경보기능이 있어야 할 것
② 각 펌프를 자동 및 수동 작동시키거나 중단시킬 수 있어야 할 것
③ 비상전원을 설치한 경우 상용전원 및 비상전원의 공급 여부를 확인할 수 있어야 할 것
④ 수조 또는 물올림탱크가 저수위로 될 때 표시등 및 음향으로 경보할 것
⑤ 예비전원의 확보 및 시험장치

정답
07 ① 08 ①

① 사이렌이 작동되고 있다.
② 지구경종은 명동되지 않고 있다.
③ 준비작동식 밸브의 압력스위치가 작동하였다.
④ 화재표시등이 점등되었다.

해설

■ 감시제어반의 상태 확인

1) 스위치 주의등이 적색으로 점등되어 확인 결과 사이렌과 지구경종은 작동정지상태로 경보가 안 되고 있다.
2) 화재표시등이 점등되었다.
3) 준비작동식 밸브의 압력스위치가 작동하였다.

09 **최상층의 옥내소화전설비 방수압력을 시험하고 있다. 그림 중 옥내소화전설비의 동력제어반 상태, 점검결과, 불량내용 순으로 옳은 것은? (단, 동력제어반 정상위치 여부만 판단한다)**

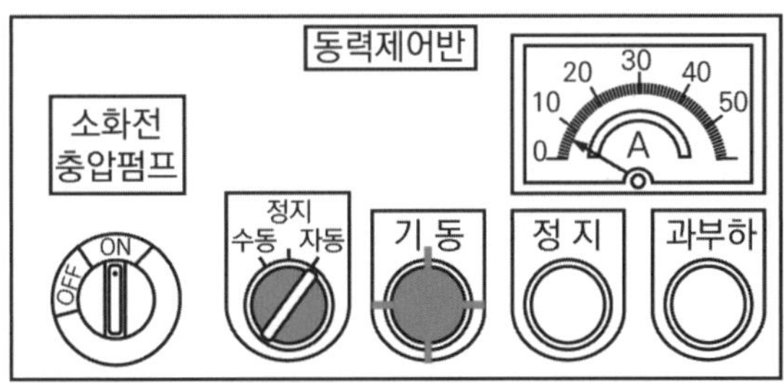

① 펌프자동기동, ○, 이상 없음
② 펌프수동기동, ×, 펌프자동기동 불가
③ 펌프수동기동, ×, 이상 없음
④ 펌프자동기동, ×, 이상 없음

해설

■ 옥내소화전설비의 동력제어반

선택스위치가 자동위치에 있으며, 기동램프가 점등되어 있으므로 동력제어반 상태는 자동기동이다.
또한 점검결과 불량내용이 이상 없으므로 ○, 불량내용 이상 없음이다.

Tip

[동력제어반]

(1) 목적
각종 동력(전원)장치의 감시 및 제어기능이 있는 것을 말하며 일반적으로 소화펌프의 직근에 설치

(2) 동력제어반의 주요 기능
① 각 펌프의 동력 공급 또는 정지(ON/OFF)
② 각 펌프의 자동 또는 수동기동

(3) 동력제어반의 설치기준
① 앞면은 적색
② "옥내소화전설비용 동력제어반" 표시 및 설치
③ 외함은 두께 1.5 mm 이상 강판 또는 이와 동등 이상의 강도·내열성능이 있는 것으로 할 것

정답
09 ①

10 그림의 밸브를 작동시켰을 때 확인해야 하는 사항으로 옳지 않은 것은?

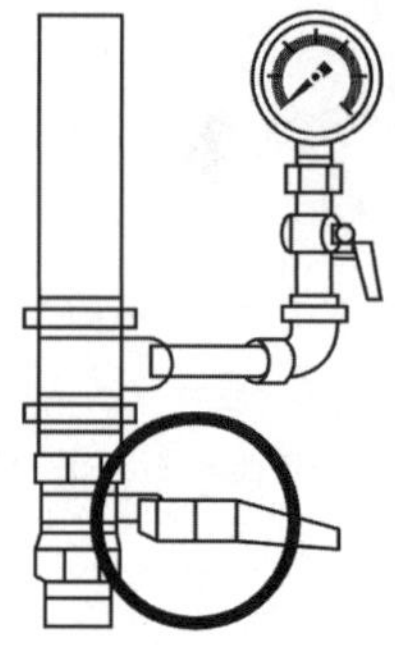

① 방출표시등 점등　　② 펌프작동상태
③ 음향장치 작동　　④ 감시제어반 밸브개방표시등

해설

▣ 스프링클러설비 시험밸브 개방 시 확인사항
1) 펌프작동
2) 감시제어반 밸브개방표시등 점등
3) 화재표시등 점등
4) 음향장치(사이렌) 작동
※ 방출표시등은 가스계 소화설비에 해당
※ 압력계 밑에 부착된 개폐밸브는 평상시에 개방하여 시험밸브 배관 내의 압력이 정상압력(0.1 MPa 이상 1.2 MPa 이하)인지 여부를 확인해주어야 하며, 가압수 배출을 위한 시험밸브는 폐쇄 상태로 유지·관리되어야 한다.

Tip
[준비]
(1) 알람밸브 작동 시 경보로 인한 혼란 방지를 위해 사전 통보 후 점검 실시
(2) 수신반에서 경보스위치를 정지시킨 후 시험 실시

[작동]
(1) 시험밸브 개방하여 가압수 배출
(2) 알람밸브 2차 측 압력이 저하되어 클래퍼 개방
(3) 시트링홀에 가압수가 유입되어 지연장치에 의해 설정시간 지연 후 압력스위치 작동

11 다음 조건을 참조하여 피난 계단수와 피난계단의 종류로 옳은 것을 고르시오.

1. 건물의 서측과 동측에 계단이 하나씩 설치되어 있다.
2. 피난 시 이동경로는 옥내 → 부속실 → 계단실 → 피난층이다.

① 계단수 : 1개, 옥외피난계단　　② 계단수 : 1개, 옥내피난계단
③ 계단수 : 1개, 특별피난계단　　④ 계단수 : 2개, 특별피난계단

해설

▣ 피난계단의 종류 및 피난 시 이동경로

종류	피난 시 이동경로
옥내피난계단	옥내 → 계단실 → 피난층
옥외피난계단	옥내 → 옥외계단 → 지상층
특별피난계단	옥내 → 부속실 → 계단실 → 피난층

서측과 동측에 계단이 하나씩 설치되어 있으므로 계단수 2개이다.

Tip
[피난시설]
계단(직통계단 · 피난계단 등), 복도, 출입구(비상구 포함), 그 밖의 피난시설(옥상광장, 피난안전구역, 피난용 승강기 및 승강장 등)

[방화시설]
방화구획(방화문, 자동방화셔터, 내화구조의 바닥·벽), 방화벽 및 내화성능을 갖춘 내부마감재 등

정답
10 ① 11 ④

12 **다음 보기 중 방염성능기준 이상의 방염대상물품을 설치해야 하는 장소와 방염대상 물품에 대해 옳게 짝지어진 것을 모두 고르시오.**

가. 의료시설 - 카펫 나. 의원 - 두께 2 mm 미만인 종이벽지류 다. 종교시설 - 커튼 라. 노래연습장 - 섬유류를 원료로 하여 제작된 소파

① 가. 나 ② 가, 나, 다
③ 가, 다, 라 ④ 가, 나, 다, 라

해 설

▣ 방염대상물품
1) 창문에 설치하는 커튼류(블라인드 포함)
2) 카펫
3) 벽지류(두께 2 mm 미만인 종이벽지 제외)
4) 전시용 합판·목재 또는 섬유판, 무대용 합판·목재 또는 섬유판(합판·목재류의 경우 불가피하게 설치 현장에서 방염처리한 것을 포함한다)
5) 암막·무대막(영화상영관 스크린, 가상체험체육시설의 스크린 포함)
6) 섬유류, 합성수지류 등을 원료로 하여 제작된 소파·의자(단란주점영업, 유흥주점, 노래연습장업의 영업장에 설치하는 것만 해당)

Tip
[방염성능기준 이상의 실내장식물 등을 설치해야 하는 특정소방대상물]
(1) 근린생활시설 중 의원, 조산원, 산후조리원, 체력단련장, 공연장 및 종교집회장
(2) 건축물의 옥내에 있는 시설
① 문화 및 집회시설
② 종교시설
③ 운동시설(수영장 제외)
(3) 의료시설
(4) 교육연구시설 중 합숙소
(5) 노유자시설
(6) 숙박이 가능한 수련시설
(7) 숙박시설
(8) 방송통신시설 중 방송국 및 촬영소
(9) 다중이용업소
(10) 층수가 11층 이상인 것(아파트 제외)

정답
12 ③

※ [13 ~ 15] 다음에서 보여주는 소방안전관리대상물의 조건을 보고 각 물음에 답하시오.

용도	수련시설
규모	지상 13층, 지하 2층, 연면적 8000 m^2
소방시설	스프링클러설비, 소화기, 옥내소화전설비, 자동화재탐지설비, 유도등, 연결송수관설비, 비상방송설비
소방안전관리자 현황	선임날짜 : 2024년 2월 12일
	강습 및 실무교육 : 이수이력 없음

※ 상기조건을 제외한 나머지 조건은 무시한다.

13 소방안전관리자 실무교육 이수기한을 고르시오.

① 2024년 8월 11일　　② 2024년 9월 11일
③ 2026년 8월 11일
④ 2026년 9월 11일

해 설

■ 소방안전관리자 실무교육

강습 및 실무교육		내용
실시권자		소방청장(한국소방안전원장에게 위임)
대상자		1) 소방안전관리자 및 소방안전관리보조자 2) 소방안전관리 업무를 대행하는 자를 감독할 수 있는 소방안전관리자 3) 소방안전관리자의 자격을 인정받으려는 자
실무교육 통보		교육실시 30일 전
실무교육 주기		선임된 날부터 6개월 이내, 교육실시 후에는 2년마다 실시 다만 강습교육 또는 실무교육 수료 후 1년 이내에 선임 시, 6개월 교육은 면제된다(즉, 선임 후 2년마다 실무교육 실시).
실무 교육 미이행 시	벌칙	과태료 50만 원
	자격 정지	1) 처분권자 : 소방청장 2) 1년 이하의 기간을 정하여 자격을 정지시킬 수 있음 (1) 1차 : 경고(시정명령) (2) 2차 : 자격정지(3개월) (3) 3차 : 자격정지(6개월)

※ 선임된 날인 2024년 2월 12일로부터 6개월 이내인 2024년 8월 11일이다.

[소방안전관리자 실무교육]

(1) 소방안전관리 강습교육 또는 실무교육을 받은 후 1년 이내에 소방안전관리자로 선임된 사람은 해당 강습교육을 수료하거나 실무교육을 이수한 날에 실무교육을 이수한 것으로 본다.

(2) 소방안전관리보조자의 경우 소방안전관리자 강습교육 또는 실무교육이나 소방안전관리보조자 실무교육을 받은 후 1년 이내에 소방안전관리보조자로 선임된 사람은 해당 강습교육을 수료하거나 실무교육을 이수한 날에 실무교육을 이수한 것으로 본다.

14 해당 소방안전관리대상물의 소방안전관리자로 선임될 수 있는 사람을 고르시오.

① 소방안전공학 학사학위를 취득한 사람
② 소방공무원으로 3년 근무한 경력이 있는 사람
③ 산업안전산업기사를 취득한 사람
④ 소방설비기사를 취득한 사람

[1급 소방안전관리대상물 자격]

(1) 소방설비기사 또는 소방설비산업기사 자격
(2) 소방공무원 7년 이상 근무 경력
(3) 특급 소방안전관리자 자격이 인정되는 사람
(4) 1급 소방안전관리대상물의 소방안전관리에 관한 시험에 합격

정답

13 ①　14 ④

해 설

▣ 소방안전관리자의 선임대상물

특급 대상물	1급 대상물	2급 대상물	3급 대상물
[아파트] • 50층 이상 (지하층 제외) • 높이 200 m 이상(지상부터)	[아파트] • 30층 이상 (지하층 제외) • 높이 120 m 이상(지상부터)	• 지하구 • 공동주택 (의무관리) • 보물 · 국보목조건축물 • 옥내 · 스프링클러 · 간이스프링클러 · 물분무등 설치대상 (호스릴 제외)	자동화재 탐지설비 설치된 특정소방 대상물
[아파트 제외한 모든 건축물] • 30층 이상 (지하층 포함) • 높이 120 m 이상(지상부터)	[아파트 제외한 모든 건축물] • 11층 이상 (지하층 제외)		
[모든 건축물] • 연면적 10만 m^2 이상	[모든 건축물] • 연면적 1만 5천 m^2 이상		
-	[가연성 가스] 1000 t 이상	[가연성 가스] 100 ~ 1000 t 가스제조설비 도시가스 허가시설	

15 **해당 소방안전관리대상물의 등급과 소방안전관리보조자 선임인원을 옳게 짝지은 것을 고르시오.**

① 특급, 소방안전관리보조자 1명
② 특급, 소방안전관리보조자 2명
③ 1급, 소방안전관리보조자 선임대상이 아님
④ 1급, 소방안전관리보조자 1명

Tip

[소방안전관리보조자]
수련시설이기 때문에 소방안전관리보조자는 1명이다.
※ 소방안전관리보조자 선임인원 산정 시 아파트는 300세대로 나누어서 소수점은 절삭하며, 연면적 기준 1만 5천 m^2로 나누어서 소수점을 절삭한다.

해 설

▣ 소방안전관리보조자 선임대상

보조자선임대상 특정소방대상물	최소 선임기준
300세대 이상인 아파트	1명(300세대마다 1명 이상 추가)
연면적이 1만 5천 m^2 이상인 특정소방대상물(아파트 및 연립주택 제외)	1명(연면적 1만 5천 m^2마다 1명 이상 추가) 다만 특정소방대상물의 종합방재실에 자위소방대가 24시간 상시 근무하고, 소방자동차 중 소방펌프차, 소방물탱크차, 소방화학차, 무인방수차를 운용하는 경우 3000 m^2 초과마다 1명 추가 선임한다.

정답

15 ④

보조자선임대상 특정소방대상물	최소 선임기준
1) 공동주택 중 기숙사 2) 의료시설 3) 노유자시설 4) 수련시설 5) 숙박시설(숙박시설로 사용되는 바닥 면적의 합계가 1500 m^2 미만이고 관계인이 24시간 상시 근무하고 있는 숙박시설은 제외)	1명 다만 해당 특정소방대상물이 소재하는 지역을 관할하는 소방서장이 야간이나 휴일에 해당 특정소방대상물이 이용되지 않는다는 것을 확인한 경우에는 선임하지 않을 수 있다.

수련시설이므로 연면적 15000 m^2 이상이 아니더라도 소방안전관리보조자 한명을 선임한다. 또한 11층 이상인 특정소방대상물이므로 1급 소방안전관리대상물이다.

16 초고층 및 지하연계 복합건축물 재난관리에 관한 특별법령에 따라 설치하는 종합방재실 설치기준으로 옳은 것을 모두 고르시오.

가. 85층 건축물의 종합방재실 개수 : 1개
나. 종합방재실의 위치 : 1층 또는 피난층
다. 종합방재실의 면적 : 30 m^2 이상
라. 종합방재실 상주인력 : 3인 이상

① 가, 나 ② 가, 다
③ 가, 나, 다 ④ 가, 나, 라

[종합방재실 적용설비]
(1) 조명설비(예비전원 포함) 및 급수·배수설비
(2) 상용전원과 예비전원의 공급을 자동 또는 수동으로 전환하는 설비
(3) 급기·배기설비 및 냉방·난방 설비
(4) 전력 공급 상황 확인 시스템
(5) 공기조화·냉난방·소방·승강기 설비의 감시 및 제어 시스템
(6) 자료 저장 시스템
(7) 지진계 및 풍향·풍속계
(8) 소화장비 보관함 및 무정전 전원공급장치
(9) 피난안전구역, 피난용 승강기 승강장 및 테러 등의 감시와 방범·보안을 위한 CCTV

해설

▣ 종합방재실의 운영

1) 설치대상
 (1) 초고층건축물 : 층수 50층 이상 또는 높이가 200 m 이상
 (2) 지하연계 복합 건축물
2) 설치기준

구분	내용
설치 및 운영	초고층건축물 등의 관리 주체
상주인원	3명 이상
설치개수	1개 100층 이상인 추가 또는 보조 종합재난 관리체계 구축(공동주택 제외)
설치위치	1) 1층 또는 피난층에 설치 (1) 2층 또는 지하 1층 - 특별피난계단 출입구로부터 5 m 이내에 설치 가능 (2) 공동주택의 경우에는 관리사무소 내에 설치 가능 2) 비상용 승강장, 피난 전용 승강장 및 특별피난계단으로 이동하기 쉬운 곳

정답
16 ④

구분	내용
설치위치	3) 재난정보 수집 및 제공, 방재 활동의 거점 역할을 할 수 있는 곳 4) 소방대가 쉽게 도달할 수 있는 곳 5) 화재 및 침수 등으로 인하여 피해를 입을 우려가 적은 곳
구조 및 면적	1) 다른 부분과 방화구획을 할 것(단, 제어실 등의 감시를 위해 두께 7 mm 이상의 망입유리로 된 4 m^2 미만의 붙박이창을 설치할 수 있음) 2) 인력의 대기 및 휴식 등을 위해 종합 방재실과 방화구획된 부속실을 설치 3) 면적은 20 m^2 이상 4) 출입문에는 출입 제한 및 통제 장치를 갖출 것

17 다음에서 보여주는 숙박시설의 수용인원을 산정하시오.

1. 침대가 없는 숙박시설이다.
2. 종사자 수는 10명이다.
3. 객실 수는 20실이다.
4. 객실의 바닥면적은 5 m^2이다.
5. 사무실의 바닥면적은 5 m^2이다.
6. 복도의 길이는 30 m이다.

① 30명
② 40명
③ 45명
④ 50명

[숙박시설 이외일 경우 수용인원 산정]
- 강의실·교무실·상담실·실습실·휴게실용도로 쓰이는 특정소방대상물 : 바닥면적 합계 / 1.9 m^2
- 강당·문화 및 집회시설·운동시설·종교시설 : 바닥면적 합계 / 4.6 m^2
- 관람석에 고정식 의자가 있는 경우 : 의자 수
- 관람석에 긴 의자가 있는 경우 : 바닥면적 합계 / 3 m^2

해설

▣ 수용인원의 산정방법

구분	조건	수용인원 산정방법
숙박시설	침대 있음	종사자 수 + 침대 수(2인용 : 2인)
	침대 없음	종사자 수 + 바닥면적 합계 / 3 m^2

1) 바닥면적 산정 시 복도, 계단 및 화장실은 바닥면적을 포함하지 않는다.
2) 소수점 이하의 수는 반올림한다.

$$\therefore \text{종사자 수} + \frac{\text{바닥면적 합계}}{3m^2} = 10 + \frac{105}{3} = 45\text{명}$$

※ 바닥면적 합계 = (20실 × 5 m^2) + 사무실 5 m^2 = 105 m^2

정답

17 ③

18 다음 중 주거용 주방자동소화장치의 점검내용으로 옳지 않은 것을 고르시오.

① 가스누설탐지부 점검
② 가스누설차단밸브 시험
③ 알람밸브 점검
④ 약제 저장용기 점검

해설

■ 주거용 주방자동소화장치 점검방법]

1) 가스누설탐지부 점검
2) 가스누설차단밸브 시험
3) 예비전원시험 : 전원 플러그를 뽑은 상태에서 수신부의 예비전원 램프가 점등되면 정상
4) 감지부시험
5) 제어반(수신부) 점검
6) 약제 저장용기 점검 : 지시압력계 점검(녹색 : 정상)

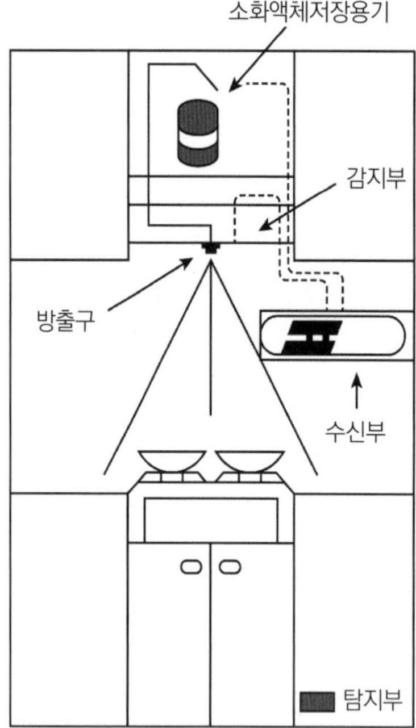

Tip

[자동소화장치 설치]

(1) 주거용 주방자동소화장치 설치 : 아파트 등 및 오피스텔의 모든 층
(2) 상업용 수방자동소화장치
  ① 판매시설 중 대규모 점포에 입점해 있는 일반음식점
  ② 집단 급식소
(3) 캐비닛형 · 가스 · 분말 · 고체에어로졸 자동소화장치 설치대상 : 화재안전기준에서 정하는 장소

정답

18 ③

19 펌프의 체절운전 시 수온이 상승하면 펌프에 무리가 발생하므로 순환 배관상의 어떠한 밸브를 통해 과압을 방출하여 수온상승을 방지한다. 이 밸브를 고르시오.

① 개폐밸브
② 후드밸브
③ 체크밸브
④ 릴리프밸브

해 설

▣ 밸브

1) 풋밸브(후드밸브) : 수원이 펌프보다 아래에 설치된 경우 흡입 측 배관의 말단에 설치하며, 이물질을 제거하는 여과기능과 흡입배관 내의 물이 수조로 다시 빠져나가는 것을 막는 체크기능이 있다.
2) 개폐밸브 : 개폐밸브는 배관을 열고 닫음으로써 유체의 흐름을 제어하는 밸브이다.
   (1) 개폐표시형 개폐밸브 : 개폐표시형 개폐밸브는 외부에서도 밸브가 개방되었는지 폐쇄되었는지를 쉽게 알 수 있는 밸브를 말한다. 옥내소화전의 급수배관에 개폐밸브를 설치할 때는 개폐표시형을 설치하여야 하며, 주로 OS & Y밸브와 버터플라이밸브가 설치되나 버터플라이밸브는 마찰손실이 크므로 펌프 흡입측에는 설치할 수 없다.
   (2) 체크밸브 : 배관 내 유체의 흐름을 한쪽 방향으로만 흐르게 하는 기능(역류방지 기능)이 있는 밸브를 체크밸브라고 하며, 현재 많이 사용하고 있는 체크밸브는 스모렌스키 체크밸브와 스윙체크밸브가 있다.
      ① 스모렌스키 체크밸브 : 스프링이 내장된 리프트 체크밸브로서 평상시에는 체크밸브 기능을 하며, 수격이 발생할 수 있는 펌프 토출 측과 연결송수구 연결 배관 등에 주로 설치된다.
      ② 스윙체크밸브 : 주 급수배관이 아닌 물올림장치의 펌프 연결배관, 유수검지장치의 주변배관과 같은 유량이 적은 배관상에 사용된다.
3) <u>릴리프밸브 : 순환배관에 설치하여 설정압력 이상이 되면 과압을 방출하여 수온상승 방지</u>

[기어식 버터플라이밸브]

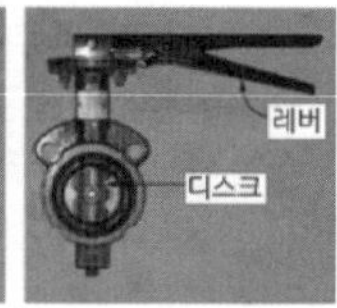

[레버식 버터플라이밸브]

정답
19 ④

20 옥내소화전설비와 다른 소화설비의 수원이 겸용인 경우 다음 그림에서 유효수량의 기준으로 알맞은 것을 고르시오.

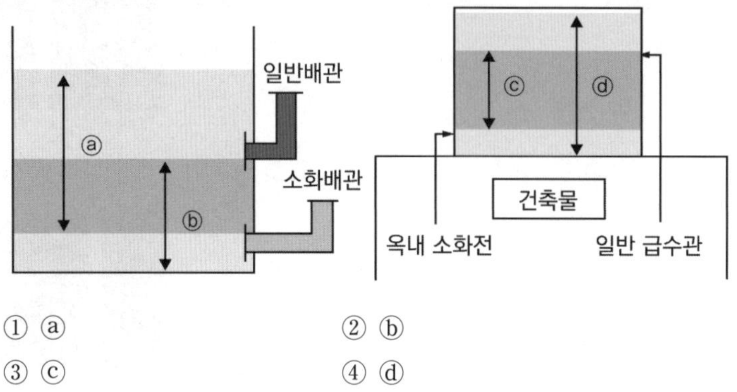

① ⓐ ② ⓑ

③ ⓒ ④ ⓓ

해 설

▣ 유효수량 기준

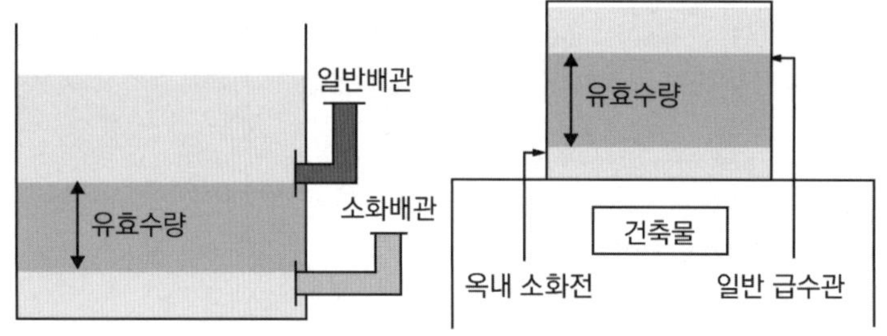

※ 출처 : 한국소방안전원

21 다음 중 소방안전관리자의 업무대행을 할 수 없는 경우?

① 2급 소방안전관리대상물

② 3급 소방안전관리대상물

③ 아파트를 제외한 층수가 11층 이상인 건축물(연면적 15000 m^2 미만)

④ 1급 소방안전관리대상물로서 연면적 15000 m^2 이상인 소방대상물

해 설

▣ 소방안전관리자의 업무대행의 범위

1) 2급 소방안전관리대상물
2) 3급 소방안전관리대상물
3) 1급 소방안전관리대상물로서 층수가 11층 이상인 건축물(단, 연면적 15000 m^2 이상인 대상물과 아파트는 제외)

Tip

[수원의 점검]

(1) 수조의 수위계등을 이용한 수원의 양 적정 여부
(2) 유효수량 : 타 소화설비와 수원이 겸용인 경우 각각의 소화설비 유효수량을 가산한 양 이상으로 함

Tip

[관계인과 소방안전관리자의 업무]

(1) 피난시설, 방화구획 및 방화시설의 관리(업무대행 가능)
(2) 소방시설이나 그 밖의 소방 관련 시설의 관리(업무대행 가능)
(3) 화기 취급의 감독
(4) 화재 발생 시 초기대응
(5) 그 밖에 소방안전관리에 필요한 업무

[소방안전관리자만의 업무]

(1) 피난계획에 관한 사항과 소방계획서의 작성 및 시행
(2) 자위소방대 및 초기대응 체계의 구성·운영·교육
(3) 소방훈련 및 교육
(4) 소방안전관리에 관한 업무수행에 관한 기록·관리 (월 1회 이상, 2년간 보관)

정답

20 ③ 21 ④

22 가연물에 대한 일반적인 설명으로 옳은 것은?

① 산소와 반응 시 흡열반응을 하는 것은 가연물이 될 수 없다.
② 구성 원소 중 산소가 포함된 유기물은 가연물이 될 수 없다.
③ 활성화에너지가 클수록 가연물이 되기 쉽다.
④ 산소와 친화력이 작을수록 가연물이 되기 쉽다.

해설

▣ 발화점이 낮아지는 조건(위험성↑)

1) 발열량이 클수록
2) 산소의 농도가 클수록(산소와 친화력이 클수록)
3) 압력이 높을수록
4) 분자구조가 복잡할수록
5) 활성화에너지가 낮을수록
6) 열전도율이 낮을수록

[가연물의 위험성]

작을수록 위험
열전도도 활성화에너지 인화점 · 착화점 점성 · 비중 끓는점 · 녹는점
클수록 위험
온도 · 압력 · 열량 연소속도 연소범위 화학적 활성도 건조도 · 연소열

23 연소가스 중 많은 양을 차지하고 있으며, 가스 그 자체의 독성은 없으나 다량이 존재할 경우 사람의 호흡속도를 증가시키고, 이로 인하여 화재가스에 혼합된 유해가스의 흡입을 증가시켜 위험을 가중시키는 가스는?

① CO　　② CO_2
③ SO_2　　④ NH_3

해설

▣ 연소 시 주요 생성가스

연소가스	특징
일산화탄소 (CO)	• 불완전연소 시 발생 • 유독성 • 흡입 시 COHb(Carboxy Hemoglobin)을 형성하여 산소운반 방해(질식사망)
이산화탄소 (CO_2)	• **연소가스 중 가장 많은 양 발생** • **다량 흡입 시 호흡속도 증가** • 완전연소 시 발생
암모니아 (NH_3)	• 눈, 코, 폐 등에 매우 자극성이 큰 가연성 가스 • 질소함유물인 수지류, 나무 등 연소 시 발생
포스겐 ($COCl_2$)	• 염소가 함유된 가연물 연소 시 발생 • PVC, 수지류 등의 연소 시 발생 • 맹독성(0.1 ppm) 가스

[황화수소]
• 달걀 썩는 냄새가 난다.
• 황을 포함한 유기화합물의 불완전연소로 발생한다.

[시안화수소]
• 무색의 맹독성 가스(청산가스)이며, 가연성 가스이다.
• 석유제품, 유지 등의 연소 시 발생한다.
• 일산화탄소와는 다르게 헤모글로빈과 결합하지 않고도 호흡 저해를 통한 질식을 유발한다.

정답
22 ① 23 ②

24 내화건축물 화재의 진행과정으로 가장 옳은 것은?

① 화원 → 최성기 → 성장기 → 감퇴기
② 화원 → 감퇴기 → 성장기 → 최성기
③ 초기 → 성장기 → 최성기 → 감퇴기 → 종기
④ 초기 → 감퇴기 → 최성기 → 성장기 → 종기

해 설

▣ 건축물 화재의 진행과정

1) 목조건축물 : 무염착화 → 발염착화 → 발화 → 최성기
2) 내화건축물 : 초기 → 성장기 → 최성기 → 감퇴기 → 진화

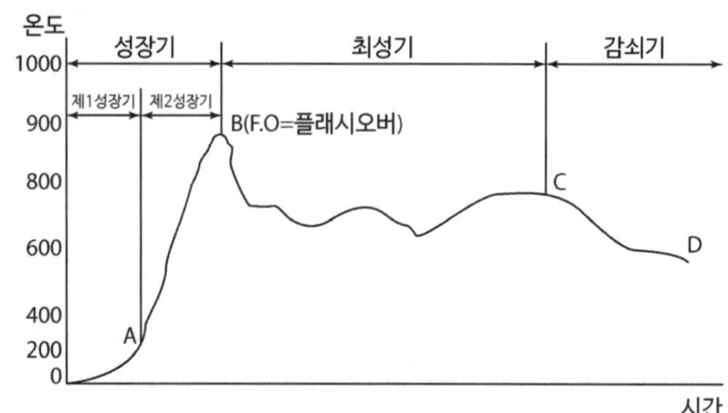

※ 플래시오버 : 화재로 인하여 실내의 온도가 급격히 상승하여 화재가 순간적으로 실내 전체에 확산되는 현상
※ 감퇴기 = 감쇠기

[건축물 화재의 특성]

목조 건축물
고온, 단기형
1100 ~ 1300 ℃

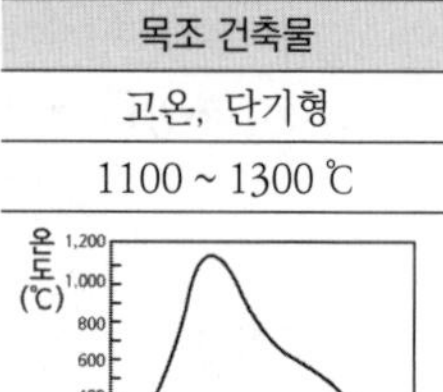

내화 건축물
저온, 장기형
800 ~ 1000 ℃

25 다음과 같이 옥내소화전설비가 설치되어 있을 때 옥내소화전설비의 최소 수원의 양을 구하시오.

1. 1층에 옥내소화전설비가 2개 설치되어 있다.
2. 2층에 옥내소화전설비가 3개 설치되어 있다.
3. 3층에 옥내소화전설비가 4개 설치되어 있다.

① $2.6\ m^3$ ② $5.2\ m^3$
③ $13\ m^3$ ④ $26\ m^3$

해 설

▣ 옥내소화전설비 수원의 양

1) 방수량 : 130 L/min 이상
2) 방수압력 : 0.17 MPa 이상 0.7 MPa 이하
3) 펌프 토출량 : 130 L/min × 설치개수
4) 수원의 양 : 130 L/min × 설치개수 × 20분(40분, 60분)

수원량(m^3) = N × 2.6 m^3 = 2 × 2.6 m^3 = 5.2 m^3

N : 한 개 층 설치개수(최대개수 층 선정/최대 2개)

※ 한 층에 설치된 옥내소화전설비 최대 수량이 4개여도 2개까지만 곱한다.

[소화수조 수원의 양]
소화수조 수원의 양
= 옥내소화전 설치 개수(최대 2개) × 2.6 m^3 이상

- 30 ~ 49층 : 설치 개수(최대 5개) × 5.2 m^3 이상
- 50층 이상 : 설치 개수(최대 5개) × 7.8 m 이상

정답
24 ③ 25 ②

26 옥내소화전설비의 방수압력 및 방수량 측정에 대한 내용으로 옳지 않은 것은?

① 피토게이지는 봉상주수상태에서 직각으로 측정한다.
② 노즐선단에 방수압력측정계(피토게이지)를 노즐구경 절반(D/2)에 위치시킨다.
③ 방사형 관창을 이용한다.
④ 방수량 산정식은 $Q = 2.065 \times D^2 \times \sqrt{p}$ 이다.

해설

▣ 방수압력 및 방수량 측정

1) 반드시 직사형 관창을 이용하여 측정
2) 초기 방수 시 물속에 존재하는 이물질이나 공기 등이 완전히 배출된 후에 측정하여야 방수압력측정계(피토게이지)의 입구 구경이 작기 때문에 발생하는 막힘이나 고장 방지 가능
3) 방수압력측정계(피토게이지)는 봉상주수 상태에서 직각으로 측정
4) 노즐선단에 방수압력측정계(피토게이지)를 노즐구경 절반(D/2)에 위치
5) 방수량 : $Q = 2.065 \times D^2 \times \sqrt{p}$

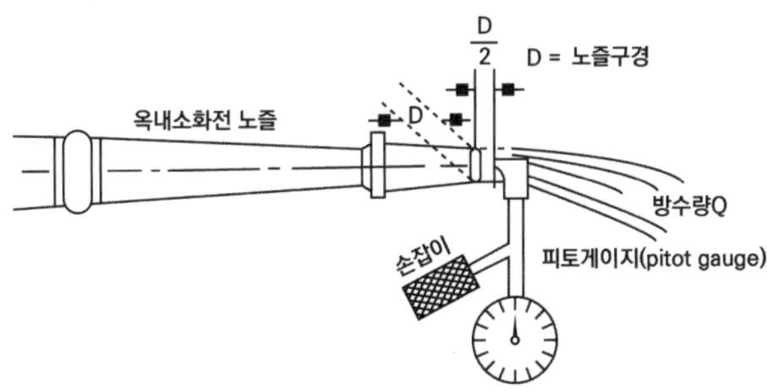

[방수압력 및 방수량 측정]
방수압력과 방수량의 측정은 어느 층에 있어서도 2개 이상 설치된 경우에는 2개(설치개수가 1개인 경우에는 1개)를 개방시켜 놓고 측정

27 다음 중 스프링클러설비의 배관에 대한 설명으로 옳지 않은 것은?

① 교차배관에서 분기되는 지점을 기준으로 한쪽 가지배관에 설치되는 헤드의 개수는 8개 이하로 한다.
② 교차배관 끝에는 청소구를 설치하고 나사보호용 캡으로 마감한다.
③ 가지배관은 토너먼트방식으로 설치한다.
④ 교차배관은 가지배관과 수평 또는 밑에 설치한다.

[유수검지장치]
배관 내의 유수현상을 자동검지하여 신호 또는 경보를 발하는 장치로 습식, 건식, 준비작동식으로 구분된다.

정답

26 ③ 27 ③

해설

▣ 스프링클러설비의 배관

1) 가지배관 : 스프링클러설비가 설치되어 있는 배관
   (1) 토너먼트방식이 아닐 것
   (2) 교차배관에서 분기되는 지점을 기준으로 한쪽 가지배관에 설치되는 헤드의 개수 : 8개 이하
2) 교차배관 : 직접 또는 수직배관을 통하여 가지배관에 급수하는 배관
   (1) 위치 : 가지배관과 수평 또는 밑에 설치
   (2) 교차배관 끝에 청소구를 설치하고 나사보호용의 캡으로 마감
3) 배관부속품, 물올림장치, 순환배관, 펌프성능시험배관은 옥내소화전설비 준용

28 준비작동식 스프링클러설비의 작동순서로 옳은 것은?

① 화재발생 → 감지기 작동 → 솔레노이드밸브 작동 → 준비작동식 밸브 개방 → 준비작동식 밸브의 압력스위치 작동(사이렌 경보, 수신반의 화재표시등, 밸브개방표시등 점등) → 펌프 기동

② 화재발생 → 감지기 작동(사이렌 경보, 수신반의 화재표시등 점등) → 솔레노이드밸브 작동 → 준비작동식 밸브 개방 → 압력챔버의 압력스위치 작동(수신반의 밸브개방표시등 점등) → 솔레노이드밸브의 압력스위치 작동 → 펌프 기동

③ 화재발생 → 수동기동장치를 통해 수동기동 → 준비작동식 밸브 개방 → 솔레노이드밸브 작동 → 수신반의 밸브개방표시등 점등 → 압력챔버의 압력스위치 작동 → 펌프 기동

④ 화재발생 → 감지기 작동(사이렌 경보, 수신반의 화재표시등 점등) → 솔레노이드밸브 작동 → 준비작동식 밸브 개방 → 준비작동식 밸브의 압력스위치 작동(수신반의 밸브개방표시등 점등) → 압력챔버의 압력스위치 작동 → 펌프 기동

해설

▣ 준비작동식 스프링클러설비 작동순서

1) 화재발생
2) 교차회로 방식의 A or B 감지기 작동(경종 또는 사이렌 경보, 감시제어반의 화재표시등 점등)
3) A and B 감지기 모두 작동
4) 준비작동식 유수검지장치(준비작동식 밸브)의 전자밸브(솔레노이드밸브) 작동
5) 중간챔버에 채워져 있던 물이 배수되며(감압) 준비작동식 밸브 개방
6) 1차 측 가압수의 2차 측으로의 유수를 통해 준비작동식 밸브의 압력스위치 작동
7) 감시제어반의 밸브개방표시등 점등
8) 감열에 의한 폐쇄형 헤드 개방
9) 배관 내 압력저하로 기동용 수압개폐장치(압력챔버)의 압력스위치 작동
10) 펌프 기동

Tip

[스프링클러설비 작동순서]

(1) 습식 스프링클러설비 : 화재발생 → 열에 의해 폐쇄형 헤드 개방 및 방수 → 유수검지장치의 클래퍼 개방 → 압력스위치 작동 → 사이렌 경보와 감시제어반의 화재표시등 및 밸브개방표시등 점등 → 압력챔버의 압력스위치 작동 → 펌프 기동
(2) 건식 스프링클러설비 : 화재발생 → 열에 의해 폐쇄형 헤드 개방 및 압축공기 방출 → 유수검지장치의 클래퍼 개방 → 압력스위치 작동 → 사이렌 경보와 감시제어반의 화재표시등 및 밸브개방표시등 점등 → 압력챔버의 압력스위치 작동 → 펌프 기동
(3) 일제살수식 스프링클러설비 : 화재발생 → 교차회로 방식의 A or B 감지기 작동 → 경종 또는 사이렌 경보, 감시제어반의 화재표시등 점등 → A and B 감지기 모두 작동 → 전자밸브(솔레노이드밸브) 작동 → 중간챔버에 채워져 있던 물이 배수되며(감압) 밸브 개방 → 압력스위치 작동 → 감시제어반의 밸브개방표시등 점등 → 모든 개방형 헤드에서 소화수 방출 → 압력챔버의 압력스위치 작동 → 펌프 기동

정답

28 ④

29 **옥내소화전설비의 충압펌프 정지점을 0.8 MPa로 하고, 가장 높이 설치된 방수구로부터 펌프의 중심점까지의 낙차가 25 m일 때 옥내소화전설비의 충압펌프의 압력스위치를 바르게 나타낸 것을 고르시오. (단, 옥상수조는 없는 것으로 본다)**

① ②

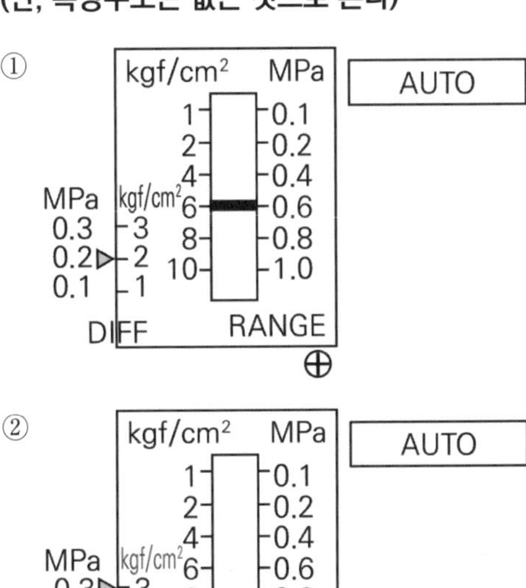

③

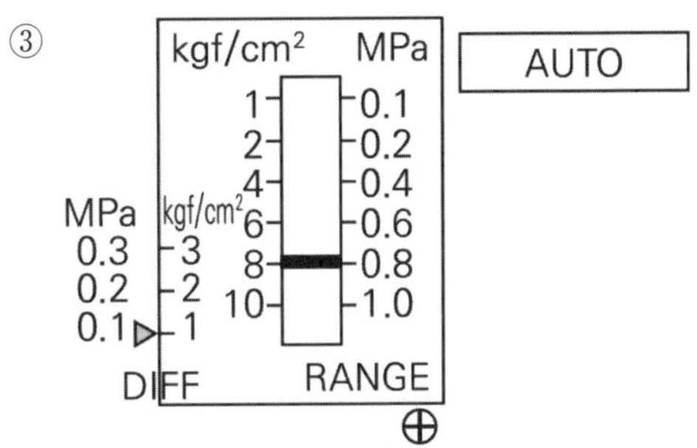

④

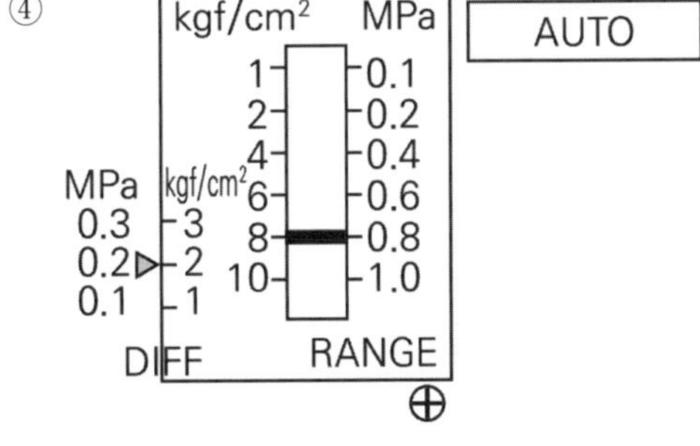

※ 출처 : 한국소방안전원

[펌프의 기동, 정지압력 세팅]

(1) 압력스위치

① 기능 : 펌프의 기동·정지압력을 압력스위치에 세팅하여 평상시 전 배관의 압력을 검지하고 있다가, 일정 압력의 변동이 있을 때 압력스위치가 작동하여 감시 제어반으로 신호를 보내어 설정된 제어순서에 의해 펌프를 자동기동 또는 정지시키게 된다.

② 압력세팅 : 압력스위치에는 Range와 Diff의 눈금이 있으며 압력스위치 상단부의 나사를 이용하여 현장상황에 맞도록 펌프의 기동·정지압력을 세팅한다.

가. Range : 펌프의 정지압력 표시
나. Diff : 펌프 정지점과 기동점과의 차이(= 정지압력 − 기동압력)

정답

29 ②

해설

▣ 펌프의 기동점과 정지점

1) 주펌프 및 충압펌프의 기동점 : 자연 낙차압보다 커야 한다.
   ※ 이유 : 펌프양정이 건물높이보다 작은 경우 언제나 압력챔버 위치에서는 건물 높이에 의한 자연 낙차압이 작용하므로 압력챔버 내의 압력이 펌프양정 이하로 내려갈 수 없기 때문에 절대로 자동기동이 될 수 없다.
2) 주펌프 기동점 : 자연 낙차압 + K(K는 옥내소화전 : 0.2 MPa, 스프링클러설비 : 0.15 MPa로 하며, 이는 옥내소화전의 방사압 0.17 MPa, 스프링클러의 방사압 0.1 MPa이므로 방사압력과 배관의 손실을 감안한 값이다)
3) 주펌프 정지점 : 자동으로 정지되지 않아야 한다.
4) 충압펌프 : 주펌프의 기동 및 정지점 범위 내에 있도록 설정
5) 주펌프와 충압펌프의 기동점 간격 : 최소 0.05 MPa 이상

▣ 충압펌프 세팅

1) 충압펌프의 정지점 : 0.8 MPa
2) 주펌프의 기동점(옥상수조가 없는 경우 옥상 수조로부터 낙차압 무시)
   주펌프의 기동점 : 0.25 MPa(25 m) + 0.2 MPa(옥내소화전 K값) = 0.45 MPa
3) 충압펌프의 기동점 : 주펌프의 기동점보다 0.05 MPa 정도 높게 설정
   충압펌프 기동점 : 0.45 MPa + 0.05 MPa = 0.5 MPa
4) 따라서 Range(충압펌프의 정지점) : 0.8 MPa
5) Diff : 0.8 MPa(충압펌프의 정지점) - 0.5 MPa(충압펌프 기동점) = 0.3 MPa

30 **가장 높이 설치된 방수구로부터 펌프 중심선까지의 높이가 80 m일 때 옥내소화전설비 충압펌프의 기동점을 구하시오.**

① 1.05 MPa
② 1 MPa
③ 0.95 MPa
④ 0.8 MPa

해설

▣ 옥내소화전설비 기동점

1) 주펌프의 기동점 : 0.8 MPa(80 m) + 0.2 MPa = 1.0 MPa
2) 충압펌프의 기동점 : 1.0 MPa(주펌프의 기동점) + 0.05 MPa = 1.05 MPa
   ※ 옥내소화전 개방 시 충압펌프가 먼저 기동(1.05 MPa)하고 계속 방수되어 배관 내의 압력이 저하되는 경우 주펌프가 기동(1.0 MPa)하게 된다.

정답

30 ①

31 다음 중 스프링클러설비의 헤드 기준개수로 알맞지 않은 것을 고르시오.

스프링클러설비 설치장소			기준개수
10층 이하 (지하층 제외)	공장	특수가연물 저장·취급	30
		그 밖의 것	20
	근린생활시설 판매시설 운수시설 복합건축물	판매시설 또는 복합건축물 (판매시설이 설치되는 복합건축물)	㉠
		그 밖의 것	㉡
	그 밖의 것	헤드 부착 높이가 8 m 이상	㉢
		헤드 부착 높이가 8 m 미만	㉣
지하층을 제외한 층수가 11층 이상(아파트 제외), 지하상가 또는 지하역사			30

① ㉠ : 30
② ㉡ : 20
③ ㉢ : 10
④ ㉣ : 10

해설

▣ 설치장소에 따른 헤드의 기준개수

스프링클러설비 설치장소			기준개수
10층 이하 (지하층 제외)	공장	특수가연물 저장·취급	30
		그 밖의 것	20
	근린생활시설 판매시설 운수시설 복합건축물	판매시설 또는 복합건축물 (판매시설이 설치되는 복합건축물)	30
		그 밖의 것	20
	그 밖의 것	헤드 부착 높이가 8 m 이상	20
		헤드 부착 높이가 8 m 미만	10
지하층을 제외한 층수가 11층 이상(아파트 제외), 지하상가 또는 지하역사			30

Tip

[공동주택의 화재안전성능기준]
- 아파트등(폐쇄형 스프링클러헤드) : 기준개수 10개
- 아파트등의 각 동이 주차장으로 서로 연결된 구조인 경우 : 기준개수 30개

※ 아파트는 기본 기준개수 10개로 암기할 것

정답

31 ③

32 소방안전관리대상물의 소방계획서에 포함되어야 하는 사항이 아닌 것은?

① 예방규정을 정하는 제조소 등의 위험물 저장·취급에 관한 사항
② 소방시설·피난시설 및 방화시설의 점검·정비계획
③ 특정소방대상물의 근무자 및 거주자의 자위소방대 조직과 대원의 임무에 관한 사항
④ 방화구획, 제연구획, 건축물의 내부 마감 재료(불연재료·준불연재료 또는 난연재료로 사용된 것) 및 방염물품의 사용현황과 그 밖의 방화구조 및 설비의 유지·관리계획

해설

▣ 소방안전관리대상물의 소방계획서 포함사항

1) 소방안전관리대상물의 위치·구조·연면적·용도 및 수용인원 등 일반 현황
2) 소방안전관리대상물에 설치한 소방시설·방화시설전기시설·가스시설 및 위험물시설의 현황
3) 화재 예방을 위한 자체점검계획 및 진압대책
4) 소방·피난시설 및 방화시설 점검·정비계획
5) 피난층 및 피난시설의 위치와 피난경로의 설정, 장애인 및 노약자의 피난계획 등을 포함
6) 방화구획, 제연구획, 내부 마감재료(불연·준불연·난연재료) 및 방염물품의 사용현황과 그 밖의 방화구조 및 설비의 유지·관리계획
7) 소방훈련 및 교육에 관한 계획
8) 특정소방대상물의 근무자 및 거주자의 자위소방대 조직과 대원의 임무(장애인 및 노약자의 피난보조 임무 포함)에 관한 사항
9) 증축·개축·재축·이전·대수선 중인 특정소방대상물의 공사장 소방안전관리에 관한 사항
10) 공동 및 분임 소방안전관리에 관한 사항
11) 소화와 연소 방지에 관한 사항
12) 위험물의 저장·취급에 관한 사항(예방규정을 정하는 제조소 등은 제외)
13) 소방안전관리에 대한 업무수행에 관한 기록 및 유지에 관한 사항(월 1회 이상 작성, 2년간 보관)
14) 화재 발생 시 화재경보, 초기소화 및 피난유도 등 초기대응에 관한 사항
15) 그 밖에 소방안전관리를 위하여 소방본부장 또는 소방서장이 소방안전관리대상물의 위치·구조·설비 또는 관리 상황 등을 고려하여 소방안전관리에 필요하여 요청하는 사항

[소방계획서 작성 항목]
(1) 일반사항
(2) 관리계획
(3) 대응계획 및 부록

[소방계획의 작성원칙]
(1) 실현 가능한 계획 : 소방계획의 핵심은 위험관리이며, 대상물의 위험요인을 체계적으로 관리하기 위한 일련의 활동이기 때문에 위험요인의 관리는 반드시 실현 가능한 계획으로 구성
(2) 관계인의 적극적인 참여 : 소방계획의 수립 및 시행에 소방안전관리대상물의 관계인, 재실자 및 방문자 등 전원이 참여하도록 수립
(3) 계획 수립의 구조화 : 체계적이고 전략적인 계획의 수립을 위해 작성 – 검토 – 승인의 3단계의 구조화된 절차를 거쳐야 함
(4) 실행 우선 : 문서로 작성된 계획만으로는 소방계획의 완료로 보기 어려우며, 교육훈련 및 평가 등 이행의 과정이 있어야 비로소 소방계획의 완성

정답
32 ①

33 아파트에 설치하는 주방용 자동소화장치의 설치기준 중 부적합한 것은?

① 아파트의 각 세대별 주방에 설치한다.
② 소화약제 방출구는 환기구의 청소부분과 분리되어 있어야 한다.
③ 주방용 자동소화장치의 탐지부는 연료를 LPG로 사용할 경우 천정에서 30 cm 이내에 설치한다.
④ 주방용 자동소화장치의 탐지부는 수신부와 분리하여 설치하되, 공기보다 무거운 가스 사용 시 바닥에서 30 cm 이하에 위치한다.

해설

▣ 주방용 자동소화장치의 설치기준

1) 소화약제방출구는 환기구의 청소부분과 분리되어 있어야 하며, 형식승인을 받은 유효 설치높이 및 방호면적에 따라 설치할 것
2) 감지부는 형식승인 받은 유효한 높이 및 위치에 설치할 것
3) 차단장치는 상시 확인 및 점검이 가능하도록 설치할 것
4) 탐지부는 수신부와 분리하여 설치하되, 공기보다 가벼운 가스는 천장면으로부터 30 cm 이하, 공기보다 무거운 가스는 바닥면으로부터 30 cm 이하의 위치에 설치할 것
5) 수신부는 주위의 열기류 또는 습기 등과 주위온도에 영향을 받지 아니하고 사용자가 상시 볼 수 있는 장소에 설치할 것

Tip

[자동소화장치]
(1) 주거용 주방 : 아파트등 및 오피스텔의 모든 층
(2) 상업용 주방 : 판매시설 중 대규모점포에 입점해 있는 일반음식점, 집단급식소
(3) 캐비닛형 · 가스 · 분말 · 고체에어로졸 : 화재안전기준에서 정하는 장소

34 다음 그림의 밸브가 개방(작동)되는 조건으로 옳지 않은 것은?

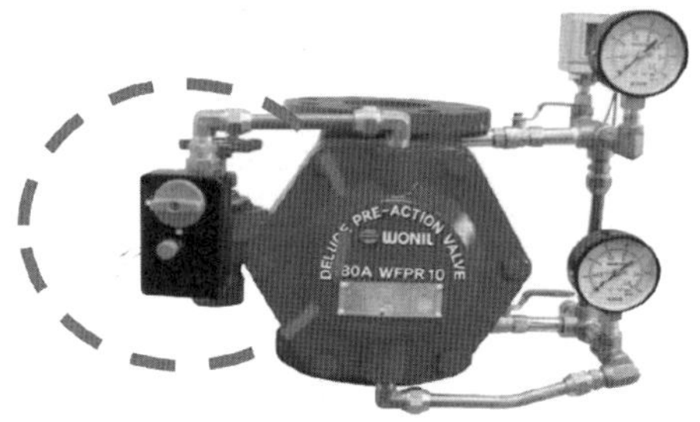

※ 출처 : 한국소방안전원

① 수동조작함 수동조작 버튼 기동
② 교차회로 감지기 1개 회로 작동
③ 감시제어반에서 수동조작
④ 감시제어반에서 동작시험

Tip

[확인사항]
(1) 감지기 1개 회로 작동 시
① 감시제어반(수신반) 화재표시등, 해당 감지기 지구표시등 점등
② 경종 또는 사이렌 경보
(2) 감지기 2개 회로 작동 시
① 전자밸브(솔레노이드 밸브) 작동
② 준비작동식 밸브 개방으로 배수밸브로 배수
③ 감시제어반(수신반) 밸브개방표시등 점등
③ 사이렌 경보
④ 펌프 자동기동

정답
33 ③ 34 ②

해설

▣ 준비작동식 밸브(프리액션밸브) 작동방법

1) 해당 방호구역의 교차회로 감지기 2개 회로 작동
2) 수동조작함(SVP)의 수동조작스위치 작동
3) 밸브 자체에 부착된 수동기동밸브 개방
4) 감시제어반(수신반) 측의 준비작동식 유수검지장치 수동기동스위치 작동
5) 감시제어반(수신반)에서 동작시험스위치 및 회로선택스위치로 해당 방호구역의 교차회로 감지기 2개 회로 작동

35 아래의 P형 수신기 상태로 옳지 않은 것은?

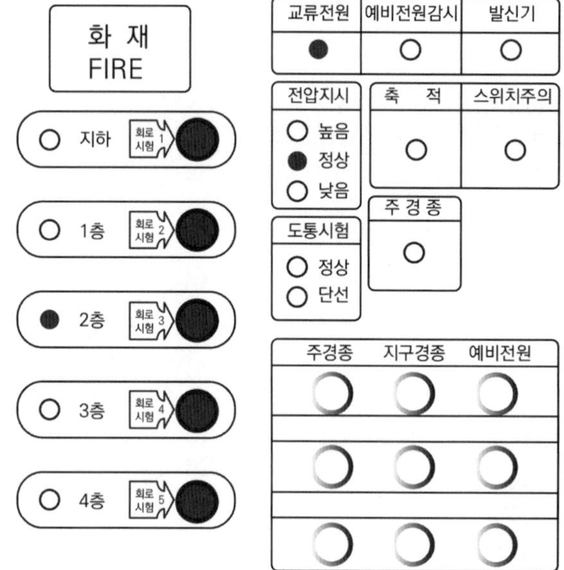

① 경종이 울리고 있다.
② 화재 신호기기는 발신기이다.
③ 2층에서 화재가 발생하였다.
④ 화재 신호기기는 감지기이다.

해설

▣ 수신기 점검

1) 화재등 및 2층 지구표시등 점등, 발신기등은 점등되지 않은 상태이므로 2층에서 동작된 화재 신호기기는 발신기가 아닌 감지기라는 것을 알 수 있다.
2) 화재 신호기기가 동작되는 경우 경종이 울리게 된다.

Tip

[P형 수신기]
주경종스위치가 눌리지 않은 상태이므로 경종은 울리고 있다.

정답

35 ②

36 비화재보의 경우 수신기 복구방법으로 옳은 것은?

① 실제 화재 여부 확인 → 수신기 확인 → 음향장치 정지 → 발신기 복구 → 수신기 복구 → 음향장치 복구
② 수신기 확인 → 실제 화재 여부 확인 → 음향장치 정지 → 발신기 복구 → 수신기 복구 → 음향장치 복구
③ 실제 화재 여부 확인 → 수신기 확인 → 음향장치 정지 → 발신기 복구 → 음향장치 복구 → 수신기 복구
④ 수신기 확인 → 실제 화재 여부 확인 → 음향장치 정시 → 수신기 복구 → 음향장치 복구 → 발신기 복구

해설

■ 비화재보 시 대처방법

1) 수신기 화재표시등, 지구표시등 확인

2) 해당구역 실제 화재 여부 확인
3) 음향장치(주경종, 지구경종, 비상방송, 사이렌) 정지
4) 비화재보 원인 제거
   (1) 감지기 동작표시등 확인 : 감지기 교체 등
   (2) 발신기표시등 점등 확인 : 발신기 누름스위치 복구
5) 복구스위치를 눌러 수신기를 정상으로 복구

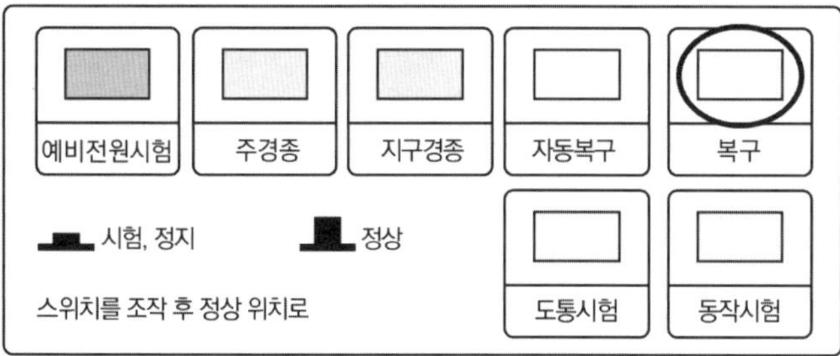

6) 음향장치를 정상 또는 연동으로 전환시켜 복구
7) 스위치주의등 소등 확인

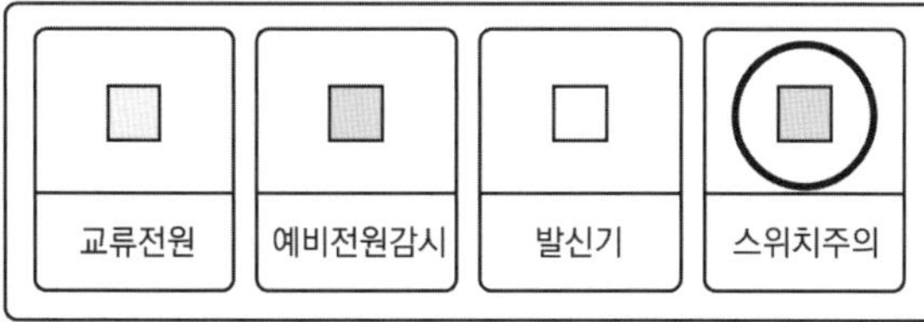

[비화재보]
(1) 실제 화재 시 발생되는 열, 연기, 불꽃 등의 연소 생성물이 아닌 다른 요인에 의해서 자동화재탐지설비가 작동되어 경보를 발하는 현상
(2) 자동화재 탐지설비가 정상 작동되었더라도 실제 화재가 아닌 경우

[비화재보 원인과 대책]

원인	대책
습도 증가에 의한 감지기 오동작	복구스위치 누름 or 동작된 감지기복구
주방에 비적응성(차동식) 감지기 설치	적응성(정온식) 감지기로 교체
감지기를 천장형 온풍기에 밀접하게 설치	기류흐름 방향에서 이격시켜 설치
먼지·분진에 의한 감지기 오동작	내부 먼지 청소 후 복구스위치 누름 or 감지기 교체
담배연기로 인한 연기감지기 오동작	흡연구역에 환풍기 설치
건축물 누수로 인한 감지기 오동작	누수부분 방수처리 및 감지기 교체
장난으로 발신기 누름버튼(작동스위치) 동작	입주자 소방안전 교육

정답
36 ②

37 다음 중 내화구조에 해당되는 것은?

① 두께 1.2 cm 이상의 석고판 위에 석면시멘트판을 붙인 것
② 철근콘크리트의 벽으로서 두께가 10 cm 이상인 것
③ 철망모르타르로서 그 바름두께가 2 cm 이상인 것
④ 심벽에 흙으로 맞벽치기 한 것

Tip

[내화구조 바닥기준]
(1) 철근 콘크리트조 또는 철골철근 콘크리트조 : 10 cm 이상
(2) 철재로 보강된 콘크리트 블록조, 벽돌조 또는 석조로서 철재에 덮은 콘크리트블록 : 5 cm 이상
(3) 철재의 양면을 철망모르타르 또는 콘크리트로 덮은 것 : 5 cm 이상

해설

▣ 내화구조

1) 일정시간 동안 화재에 견딜 수 있는 성능을 가진 구조로서 간단한 수리로 재사용 가능
2) 내화구조의 벽 기준

구조	두께
철골 콘크리트조 또는 철골철근 콘크리트조	10 cm 이상
골구를 철골조로 하고, 그 양면에 철망모르타르	4 cm 이상
골구를 철골조로 하고 그 양면에 콘크리트 블록,벽돌 또는 석재	5 cm 이상
철재로 보강된 콘크리트블록조, 벽돌조 또는 석조	5 cm 이상
벽돌조	19 cm 이상
고온·고압의 증기로 양생된 경량기포 콘크리트패널 또는 경량기포 콘크리트 블록조	10 cm 이상

정답

37 ②

38 다음 중 스프링클러설비의 점검을 완료하고, 동력제어반의 상태가 그림과 같을 때 정상 상태로 하기 위한 조치로 옳은 것은?

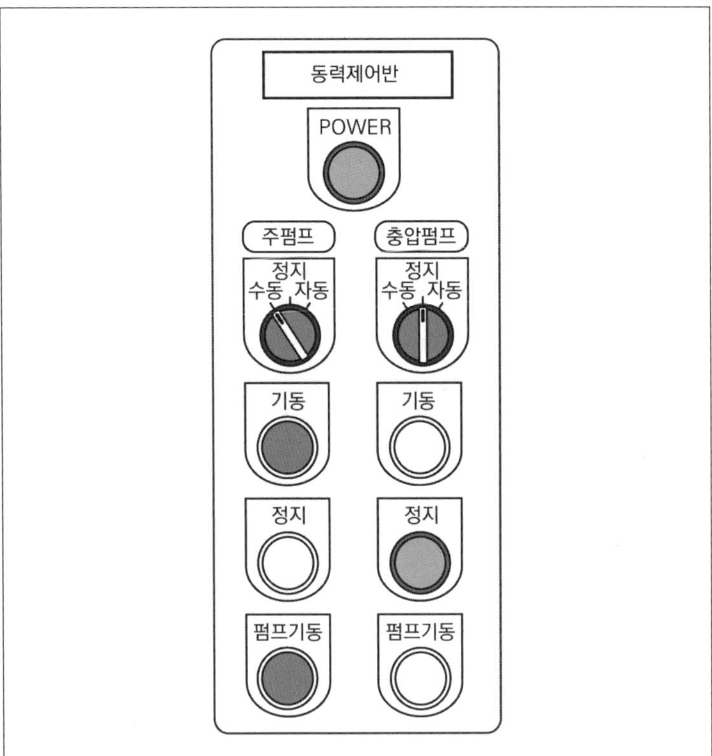

① 주펌프의 작동스위치는 수동상태로 유지한다.
② 충압펌프의 작동스위치는 수동상태로 유지한다.
③ 충압펌프 작동스위치를 자동으로 절환해야 한다.
④ 주펌프 작동스위치를 정지상태로 절환해야 한다.

해설

▣ 동력제어반 정상 상태

1) 충압펌프의 작동스위치는 자동으로 절환되어야 한다.
2) 주펌프의 작동스위치는 자동으로 절환되어야 한다.
3) 주펌프는 수동상태로 절환 시 지속적으로 작동되므로 배관의 파손의 우려가 있어, 방수시험 후 충압펌프를 이용하여 배관 내 충압 후 자동으로 절환시킨다.

Tip

[동력제어반]

(1) 목적
각종 동력(전원)장치의 감시 및 제어기능이 있는 것을 말하며 일반적으로 소화펌프의 직근에 설치

(2) 동력제어반의 주요 기능
① 각 펌프의 동력 공급 또는 정지(ON/OFF)
② 각 펌프의 자동 또는 수동기동

(3) 동력제어반의 설치기준
① 앞면은 적색
② "옥내소화전설비용 동력제어반" 표시 설치
③ 외함은 두께 1.5 mm 이상 강판 또는 이와 동등 이상의 강도·내열성능이 있는 것으로 할 것

정답
38 ③

39 **다음 그림은 P형 수신기이다. 평상시 점등상태를 유지해야 되는 곳의 명칭은?**

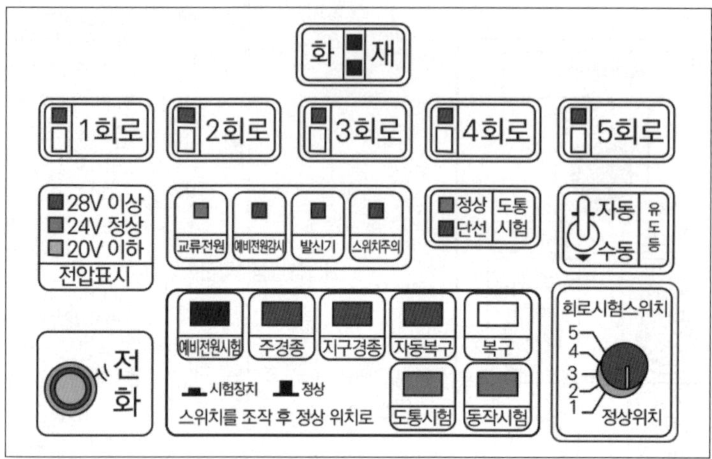

① 교류전원표시등, 도통시험표시등
② 교류전원표시등, 전압표시등(24 V)
③ 교류전원표시등, 스위치주의표시등
④ 교류전원표시등, 예비전원표시등

해설

▣ P형 수신기의 평상시 점등
1) 교류전원표시등
2) 전압표시등

[P형 수신기]
(1) 화재표시등과 지구표시등은 화재가 발생했을 때 점등된다.
(2) 발신기표시등은 화재신호가 발신기로부터 왔을 때 점등된다.
(3) 스위치주의등은 평상시 눌려 있으면 안 되는 스위치가 눌려 있을 때 점멸한다.

40 **다음 중 축압식 분말소화기 지시압력계의 정상상태로 옳은 것은?**

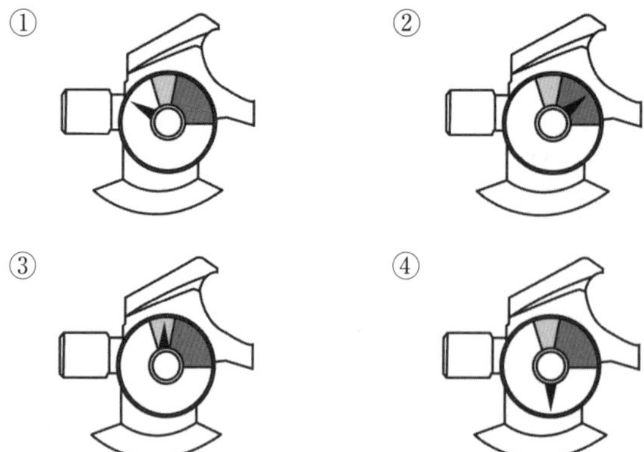

[축압식 소화기]
용기 내 축압가스(질소)로 가압하여 소화약제를 방출하며, 압력계의 압력은 0.7 ~ 0.98 MPa을 유지해야 한다.

[가압식 소화기]
별도의 가압용기의 압력에 의해 약제가 방출되며 압력계는 불필요하다.

정답

39 ② 40 ③

해설

▣ 소화기 지시압력계

1) 황색 : 압력부족
2) 적색 : 정상압력 초과
3) 녹색 : 정상압력

▌소화기 지시압력계▐

41 **다음은 준비작동식 스프링클러설비가 설치되어 있는 감시제어반이다. 그림과 같이 감시제어반에서 충압펌프를 수동기동했을 경우 옳은 것을 고르시오.**

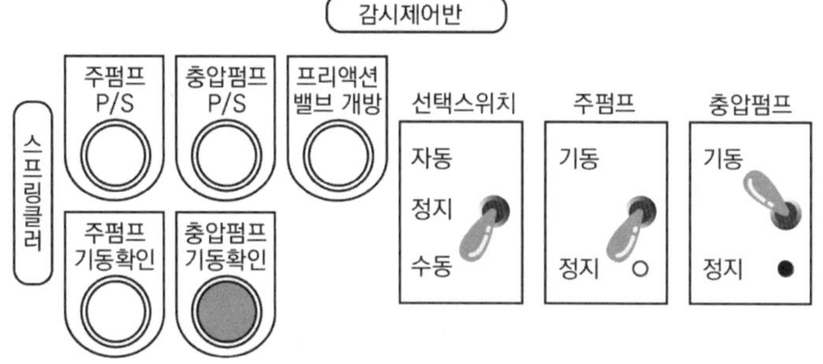

① 주펌프는 기동하지 않는다.
② 스프링클러헤드는 개방되었다.
③ 현재 충압펌프는 자동으로 작동하고 있다.
④ 프리액션밸브는 개방되었다.

해설

▣ 준비작동식 스프링클러설비 감시제어반

1) 감시제어반 주펌프의 위치가 정지이므로 주펌프는 기동하지 않는다.
2) 충압펌프를 수동기동했지만 스프링클러헤드의 개방 여부는 알 수 없다.
3) 감시제어반의 선택스위치가 수동이며, 충압펌프가 기동이므로 충압펌프는 수동으로 작동하고 있다.
4) 프리액션밸브 개방표시등이 소등되어 있으므로 프리액션밸브는 개방되지 않았다.

Tip

[감시제어반의 스위치와 표시등]

(1) 소화전 주펌프와 충압펌프의 운전선택스위치가 "자동"에 있는지 확인한다. 만약 정지위치에 있다면 화재 시 소화전 밸브를 개방하여도 소화펌프는 작동하지 않으므로 정상위치에 있는지 반드시 확인한다.
(2) 펌프압력스위치 표시등과 저수위감시스위치 표시등이 소등상태인지 확인한다. 만약 소화펌프가 작동되고 있지 않은 상태에서 펌프압력스위치 표시등이 점등되어 있다면 화재가 발생하여도 소화펌프는 작동하지 않으며, 평상시 소화수가 없음을 알려주는 저수위감시표시등이 점등되어 있다면 소화수가 없으므로 소화펌프가 작동된다 하여도 소화수가 나오지 않게 되므로 제어반의 표시등 점등 여부를 주의깊게 확인한다.

정답

41 ①

42 다음은 소방기본법과 관련된 용어를 설명한 것이다. 이에 대한 내용으로 옳지 않은 것을 모두 고르시오.

a : 화재 진압 및 화재, 재난·재해, 그 밖의 위급한 상황에서 구조·구급 활동을 하기 위한 조직체
b : 화재, 재난·재해, 그 밖의 위급한 상황이 발생한 현장에서 소방대를 지휘하는 사람

가 : "a"는 소방공무원, 의용소방대원, 소방안전관리자로 구성된다.
나 : "a"는 2년마다 1회 교육과 훈련을 받는다.
다 : "b"는 시·도지사이다.
라 : "b"는 소방대장이다.

① 가, 나
② 가, 라
③ 가, 다
④ 다, 나

해설

▣ 용어 정의

1) 소방대상물
 (1) 건축물
 (2) 차량
 (3) 선박(항구에 매어 둔 것)
 (4) 산림, 그 밖의 인공구조물 또는 물건
2) 관계지역
 소방대상물이 있는 장소 및 그 이웃 지역으로 화재의 예방·경계·진압, 구조·구급 등의 활동에 필요한 지역
3) 관계인
 소방대상물의 소유자·관리자·점유자
4) 소방대
 화재 진압 및 화재, 재난·재해, 그 밖의 위급한 상황에서 구조·구급활동
 (1) 소방공무원
 (2) 의무소방원
 (3) 의용소방대원
5) 소방본부장
 특별시·광역시·특별자치시·도 또는 특별자치도(이하 "시·도"라 한다)에서 화재의 예방·경계·진압·조사 및 구조·구급 등의 업무를 담당하는 부서의 장
6) 소방대장
 소방본부장 또는 소방서장 등 화재, 재난·재해, 그 밖의 위급한 상황이 발생한 현장에서 소방대를 지휘하는 사람

a : 소방대
b : 소방대장

Tip

[소방대장]
(1) 소방활동구역을 정하여 소방활동에 필요한 사람으로서 대통령령으로 정하는 사람 외에는 그 구역에 출입하는 것을 제한한다.
(2) 경찰공무원은 소방대가 소방활동구역에 있지 않거나, 소방대장의 요청이 있을 때에는 출입제한 조치를 할 수 있음

정답

42 ③

43 **다음 그림에 해당하는 설비로서 판매시설 및 영업시설의 경우 바닥면적의 합계가 1000 m^2 이상, 지하층으로서 바닥면적의 합계가 150 m^2 이상인 곳에 설치하는 설비에 해당하는 것은?**

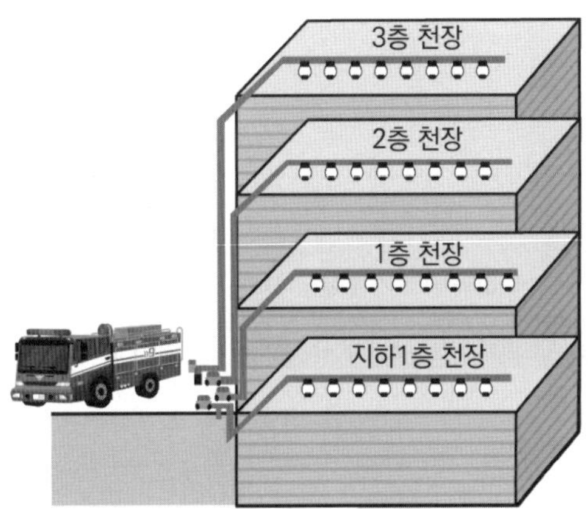

※ 출처 : 한국소방안전원

① 옥내소화전설비
② 연결송수관설비
③ 연결살수설비
④ 연소방지설비

해설

▣ 연결살수설비

연결살수설비는 연결살수용 송수구를 통한 소방펌프차의 송수 또는 펌프 등이 가압수를 공급받아 사용하도록 되어 있으며 소방대가 현장에 도착하여 송수구를 통해 물을 송수하여 화재를 진압하는 설비이다.

44 **소방안전관리대상물에 게시하는 소방안전관리자 현황표의 정보 사항으로 해당되지 않는 것을 고르시오.**

① 소방안전관리자 성명
② 소방안전관리자 선임일자
③ 소방안전관리자의 연락처
④ 소방안전관리자 자격등급

Tip

[소방안전관리]
- 선임일자를 보고 관계인이 선임신고를 해야 하는 기간을 고르는 문제 또한 출제된다.
- 선임한 날부터 14일 이내에 소방본부장이나 소방서장에게 신고

정답
43 ③ 44 ④

해설

▣ 소방안전관리자 현황표

소방안전관리자 현황표 (대상명 :)
이 건축물의 소방안전관리자는 다음과 같습니다.
□ 소방안전관리자 :
(선임일자 : 년 월 일)
□ 소방안전관리대상물 등급 : 급
□ 소방안전관리자 근무 위치(화재 수신기 위치) :
「화재의 예방 및 안전관리에 관한 법률」 제26조 제1항에 따라 이 표지를 붙입니다.
소방안전관리자 연락처 :

45 다음 그림의 부속 명칭과 설명으로 옳지 않은 것을 고르시오.

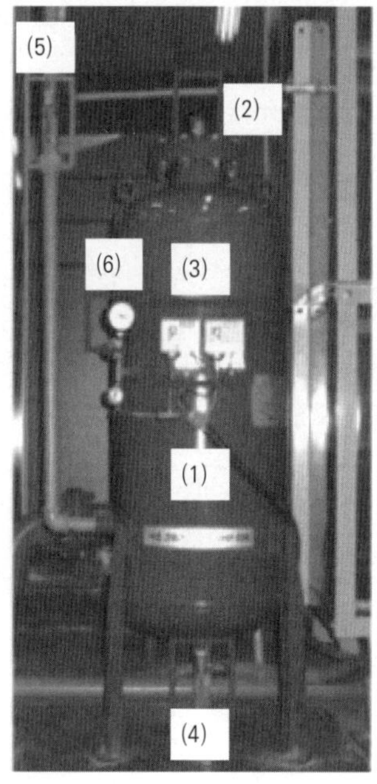

① (2) 안전밸브 : 과압방출
② (3) 압력스위치 : 압력의 증감을 전기적 신호로 변환
③ (5) 개폐밸브 : 점검 및 보수 시 급수 차단
④ (6) 배수밸브 : 압력챔버의 물 배수

Tip

[압력챔버 설치목적]
(1) 배관 내 압력 변동을 검지하여 자동적으로 펌프를 기동 및 정지
(2) 압력챔버 상부의 공기가 완충작용을 하여 급격한 압력변화를 방지
→ 배관 내 수격 방지 및 설비 보호

[작동순서]
소화전 방수구 개방 ⇨ 배관 내 수압 저하 ⇨ 압력챔버 압력 저하 ⇨ 압력스위치 작동 ⇨ 펌프 기동

정답
45 ④

해설

▣ 기동용 수압개폐장치(압력챔버)

(1) 기동용수압개폐장치(압력챔버) : 용적 100 L 이상
(2) 안전밸브 : 과압방출
(3) 압력스위치 : 압력의 증감을 전기적 신호로 변환
(4) 배수밸브 : 압력챔버의 물 배수
(5) 개폐밸브 : 점검 및 보수 시 급수 차단
(6) 압력계 : 압력챔버 내 압력 표시

46 **최상층 소화전을 이용하여 방수압시험을 할 때 감시제어반에서 확인해야 하는 항목으로 옳은 것을 고르시오.**

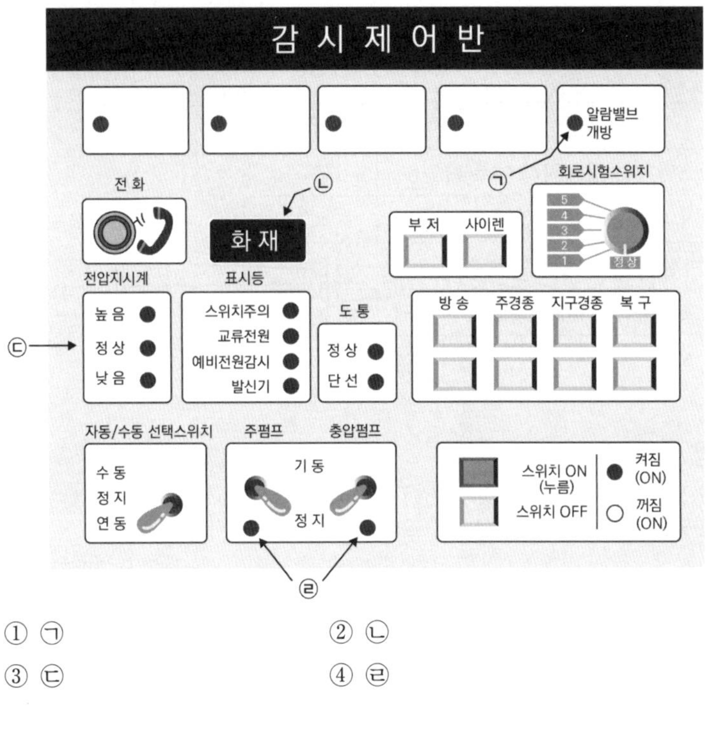

① ㉠ ② ㉡
③ ㉢ ④ ㉣

해설

▣ 방수압시험 시 감시제어반

1) 옥내소화전의 방수압시험을 하면 방수구 개방에 따라 압력챔버의 수위가 감소한다. 압력챔버의 압력 감소에 따라 충압펌프 기동점에 도달하여 충압펌프가 기동하며, 이후 소화전에서 계속된 방수에 따라 주펌프 기동점에 도달하면 주펌프가 기동한다.
2) 주펌프가 기동하는 경우 방수압도 증가하지만 압력챔버의 수위도 증가(압력이 증가)하여 충압펌프는 정지점에 도달하여 곧 정지한다. 하지만, 주펌프는 수동정지를 해야 하므로 방수압시험을 완료한 이후 관계자가 직접 감시제어반 또는 동력제어반에서 수동으로 정지한다.

정답
46 ④

3) 옥내소화전 방수압시험을 하면 감시제어반에서는 충압펌프 기동확인등이 점등되고 이후 주펌프 기동확인등이 점등되며 시간이 지나면 충압펌프 기동확인등은 소등되고 마지막으로 방수압시험 완료 후 주펌프를 수동정지하게 되면 주펌프 기동확인등이 소등된다.

47 자동화재탐지설비의 자체점검 시 다음과 같은 사항을 점검하여 확인된 결과를 점검표에 작성하였다. 점검결과를 잘못 작성한 것을 고르시오.

〈점검 시 확인사항〉

□ 예비전원 시험 결과 전압표시등이 녹색으로 점등되었다.

□ 수신기에서 도통시험 실시 결과 단선이 표시되었다.

□ 수신기의 스위치주의표시등이 점멸을 반복하고 있다.

□ 계단실의 연기감지기가 불량으로 확인되었다.

〈점검표 작성내용〉

보기	구분	점검항목	점검결과
①	수신기	조작스위치의 정상위치 여부 확인	○
②	감지기	감지기의 작동시험 적합여부 확인	×
③	전원	예비전원 성능 적정 여부 확인	○
④	배선	수신기 도통시험의 회로 정상 여부 확인	×

해설

▣ 자동화재탐지설비 자체점검

수신기의 스위치주의표시등이 점멸을 반복하고 있는 것은 수신기의 조작스위치 중 어느 하나가 정상위치에 있지 않은 경우이다. 따라서 수신기 조작스위치 정상위치 여부 점검결과는 ×여야 한다.

48 개축에 대한 다음 설명 중 빈칸에 들어갈 말로 알맞은 것을 고르시오.

기존 건축물의 전부 또는 일부(지붕틀, 내력벽, 기둥, (A) 중 (B) 이상 포함되는 경우)를 해체하고, 그 대지에 이전과 동일한 규모의 범위 내에서 건축물을 다시 축조하는 것

① (A) : 주계단 (B) : 2개

② (A) : 주계단 (B) : 3개

③ (A) : 보 (B) : 2개

④ (A) : 보 (B) : 3개

Tip

[주요 구조부]

내력벽, 기둥, 바닥, 보, 지붕틀 및 주계단을 말한다. 다만 건축물의 구조상 중요하지 않은 사이 기둥, 최하층 바닥, 작은 보, 차양, 옥외 계단, 그 밖에 이와 유사한 부분은 제외한다.

[리모델링]

건축물의 노후화를 억제하거나 기능 향상 등을 위하여 대수선하거나 건축물의 일부를 증축 또는 개축하는 행위

정답

47 ① 48 ④

해설

■ 건축

1) 신축

건축물이 없는 대지(기존 건축물이 해체되거나 멸실된 대지를 포함한다)에 새로 건축물을 축조하는 것(부속건축물만 있는 대지에 새로 주된 건축물을 축조하는 것을 포함하되, 개축 또는 재축하는 것은 제외한다)

2) 증축

기존 건축물이 있는 대지에서 건축물의 건축면적, 연면적, 층수 또는 높이를 늘리는 것

3) 개축

기존 건축물의 전부 또는 일부(내력벽·기둥·보·지붕틀 중 셋 이상이 포함되는 경우를 말한다)를 해체하고 그 대지에 종전과 같은 규모의 범위에서 건축물을 다시 축조하는 것

4) 재축

건축물이 천재지변이나 그 밖의 재해(災害)로 멸실된 경우 그 대지에 다음의 요건을 모두 갖추어 다시 축조하는 것

(1) 연면적 합계는 종전 규모 이하로 할 것

(2) 동수, 층수 및 높이는 다음의 어느 하나에 해당할 것

① 동수, 층수 및 높이가 모두 종전 규모 이하일 것

② 동수, 층수 또는 높이의 어느 하나가 종전 규모를 초과하는 경우에는 해당 동수, 층수 및 높이가 건축법령에 모두 적합할 것

5) 이전

건축물의 주요 구조부를 해체하지 아니하고 같은 대지의 다른 위치로 옮기는 것

6) 대수선

건축물의 기둥, 보, 내력벽, 주계단 등의 구조나 외부 형태를 수선·변경하거나 증설하는 것으로서 대통령령으로 정하는 다음 어느 하나에 해당하는 것으로서 증축·개축 또는 재축에 해당하지 아니하는 것을 말한다.

(1) 내력벽을 증설 또는 해체하거나 그 벽면적을 30 m^2 이상 수선 또는 변경하는 것

(2) 기둥을 증설 또는 해체하거나 세 개 이상 수선 또는 변경하는 것

(3) 보를 증설 또는 해체하거나 세 개 이상 수선 또는 변경하는 것

(4) 지붕틀(한옥의 경우에는 지붕틀의 범위에서 서까래는 제외한다)을 증설 또는 해체하거나 세 개 이상 수선 또는 변경하는 것

(5) 방화벽 또는 방화구획을 위한 바닥 또는 벽을 증설 또는 해체하거나 수선 또는 변경하는 것

(6) 주계단·피난계단 또는 특별피난계단을 증설 또는 해체하거나 수선 또는 변경하는 것

(7) 다가구주택의 가구 간 경계벽 또는 다세대주택의 세대 간 경계벽을 증설 또는 해체하거나 수선 또는 변경하는 것

(8) 건축물의 외벽에 사용하는 마감재료를 증설 또는 해체하거나 벽면적 30 m^2 이상 수선 또는 변경하는 것

49 다음 중 가압송수장치의 종류에 대한 설명으로 틀린 것을 고르시오.

① 펌프에 의한 가압송수장치는 펌프에 의해 가압되는 방식으로서 일반적으로 가장 많이 사용하는 방식이다.

② 고가수조의 자연낙차에 의한 가압송수장치는 낙차를 이용하여 규정된 방사조건으로 물을 공급하는 방식이다. 최고층의 소화전에 규정 방수압을 얻을 수 있는 높이에 수조를 설치하여야 하므로 일반 건물에 거의 사용되지 못한다.

③ 가압수조에 의한 가압송수장치는 가압원인 압축공기 또는 불연성 고압기체에 따라 소방용수를 가압시키는 수조를 사용하는 방식이며 전원이 필요하기 때문에 신뢰도가 우수하지 않다.

④ 압력수조에 의한 가압송수장치는 압력탱크 내에 물을 압입하고, 압력탱크 내의 압축된 공기압력에 의하여 송수하는 방식이다.

해설

▣ 가압수조에 의한 가압송수장치

※ 출처 : 한국소방안전원

※ 별도의 압력탱크에 가압원인 압축공기 또는 불연성 고압기체에 의해 소방용수를 가압하여 송수하는 방식으로 전원이 필요 없다.

※ 압력수조방식은 에어컴프레샤를 돌려야 해서 전원이 필요하다.

정답

49 ③

50 **화재 시 일반적 피난계획 수립에 관한 사항으로 틀린 것을 고르시오.**

① 소방안전관리자는 해당 대상물의 특성에 부합하는 피난계획을 사전에 수립한다.
② 화재 시 대상물의 재실자 및 방문자를 안전구역 또는 집결지로 피난을 유도한다.
③ 피난안전구역에 설치되어 있는 구급장비 등을 활용해 응급처치 등 필요한 조치를 취한다.
④ 피난을 완료한 재실자 등이 다시 대상물로 진입(Re-entry)하도록 조치를 취한다.

Tip

[피난실패 시 행동요령]
(1) 건물 밖으로 대피하지 못한 경우 밖으로 통하는 창문이 있는 방으로 들어가기
(2) 방안으로 연기가 들어오지 못하도록 문틈을 커튼 등으로 막고, 내부 물건 등을 활용하여 자신의 위치를 알리고 구조를 기다리기

해설

■ 일반적 피난계획 수립

구분	내용
사전 피난준비	1) 소방안전관리자는 해당 대상물의 특성에 부합하는 피난계획을 사전에 수립 2) 피난계획에 따라 각 층 및 구역별 피난경로(동선)가 파악되면 피난안내도를 작성하여 부착
피난개시 명령	1) 소방안전관리자 또는 자위소방조직상 피난 관련 대원은 해당 대상물의 경보방식을 기준으로 피난방식 결정 2) 대상물의 붕괴, 폭발 가능성으로 인해 긴급 피난이 필요한 경우에는 대상물 재실자 및 방문자 모두가 즉시 피난 개시 3) 피난경보 및 비상방송설비(일반방송설비 또는 확성기 등)를 통해 피난개시 명령을 내리고 조기피난 독려
피난유도	1) 화재 시 대상물의 재실자 및 방문자를 안전구역 또는 집결지로 피난유도 2) 계단 등에서 병목현상이 발생하지 않도록 재실자 및 방문자를 분산하여 피난유도 3) 양방향 피난경로 중 폐쇄 또는 접근이 불가한 경로가 있는 경우 대체 경로 활용 4) 피난유도 시 피난자의 패닉방지를 위한 심리적 안정조치 취하기
피난안전구역의 활용	1) 피난안전구역이 설치된 대상물의 담당 대원은 피난유도 시 피난안전구역 활용 2) 피난안전구역으로 피난요구자를 1차 대피유도하고 피난 및 구조 진행 상황에 따라 추가적인 피난을 유도하거나 보조 가능 3) 피난안전구역에 설치되어 있는 구급장비 등을 활용해 응급처치 등 필요한 조치 취하기
집결	1) 피난요구자를 사전에 지정된 집결 장소로 최종 유도 2) 피난을 완료한 재실자 등이 다시 대상물로 진입(Re-entry)하지 못하도록 조치 취하기 3) 집결지에 집결한 인원에 대해 부상자 및 실종자 현황을 파악하고 필요시 응급조치 시행 4) 집결 장소에서 습득한 화재 및 피해상황에 대한 정보를 대장 및 소방기관에 통보

정답

50 ④

구분	내용
피난계획 수립 예시	1) 지상 3층이 판매시설이고 피난계단이 3개소가 있는 경우 거실로부터 피난계단이 가까운 곳으로 3개 구역으로 나누고, 구역별 수용인원에 따라 실제 대피훈련을 실시하여 고객들이 신속하게 대피하는지를 확인하고 안전하게 대피하는 경우 대피계획 수립 2) 지상 4층이 업무시설이고 피난계단이 1개가 있는 경우 각 거실에 있는 사람들을 중앙통로로 1차 대피시키고, 대피요원이 2차로 피난계단을 따라 지상으로 대피(옥상으로 대피시키는 것이 안전한 경우에는 옥상으로 대피) 3) 판매시설, 공연장, 집회장 등은 매장 내 방호요원(경비원)이 있으므로 사전에 구역별로 임무를 지정하여 고객들을 대피시키고 초기소화용인 스프레이 소화용구를 허리춤에 항상 차고 다니게 하는 것도 바람직함

▣ 화재 시 일반적 피난행동

1) 엘리베이터는 절대 이용하지 않도록 하며 계단을 이용해 옥외로 대피
2) 아래층으로 대피가 불가능한 때에는 옥상으로 대피
3) 아파트의 경우 세대 밖으로 나가기 어려울 경우 세대 사이에 설치된 경량칸막이를 통해 옆 세대로 대피하거나 세대 내 대피공간으로 대피
4) 유도등, 유도표지를 따라 대피
5) 연기 발생 시 최대한 낮은 자세로 이동하고, 코와 입을 젖은 수건 등으로 막아 연기를 마시지 않도록 주의
6) 출입문을 열기 전 문손잡이가 뜨거우면 문을 열지 말고 다른 길 찾기
7) 옷에 불이 붙었을 때에는 눈과 입을 가리고 바닥에서 뒹굴기
8) 탈출한 경우에는 절대로 다시 화재 건물로 들어가지 않기

02회 실전모의고사

01 **다음 중 피난시설, 방화구획 및 방화시설의 불법행위 중 폐쇄행위에 해당하지 않은 것은?**

① 계단 등에 방범철책 등을 설치하여 화재 시 피난할 수 없도록 하는 행위
② 비상구 등에 잠금장치를 설치하여 누구나 쉽게 열 수 없도록 하는 행위
③ 쇠창살, 석고보드 또는 합판으로 비상탈출구의 개방이 불가능하도록 하는 행위
④ 방화문에 고임장치 등 설치 또는 자동폐쇄장치를 제거하여 그 기능을 저해하는 행위

해설

▣ 폐쇄행위

1) 계단 등에 방범철책 등을 설치하여 화재 시 피난할 수 없도록 하는 행위
2) 비상구 등에 잠금장치를 설치하여 누구나 쉽게 열 수 없도록 하는 행위
3) 쇠창살, 석고보드 또는 합판으로 비상탈출구의 개방이 불가능하도록 하는 행위

▣ 훼손행위

방화문에 고임장치 등 설치 또는 자동폐쇄장치를 제거하여 그 기능을 저해하는 행위

Tip

[다음의 해당하는 소방시설을 고장 상태로 방치한 경우(과태료 200만 원)]

(1) 소화펌프를 고장 상태로 방치한 경우
(2) 수신반 전원, 동력(감시) 제어반 또는 소방시설용 비상전원을 차단하거나, 고장 난 상태로 방치하거나, 임의로 조작하여 자동으로 작동이 되지 않도록 한 경우
(3) 소방시설이 작동하는 경우 소화배관을 통하여 소화수가 방수되지 않는 상태 또는 소화약제가 방출되지 않는 상태로 방치한 경우

정답

01 ④

※ [02 ~ 04] 다음 보기를 보고 각 물음에 답하시오.

〈보기〉

- 특정소방대상물 : 업무시설
- 규모 : 지상 8층, 지하 1층, 연면적 9000 m^2
- 소방시설현황 : 소화기, 옥내소화전설비, 스프링클러설비, 자동화재탐지설비, 비상방송설비
- 소방안전관리자현황 : 2급 소방안전관리자 취득자
- 강습수료일 : 2024년 1월 18일
- 사용승인일 : 2024년 1월 27일

02 해당 특정소방대상물의 소방안전관리자 선임기한을 고르시오.

① 7일 이내　② 30일 이내
③ 60일 이내　④ 90일 이내

해설

▣ 소방안전관리자 선임

1) 선임권자 : 관계인
2) 선임기한 : 30일 이내에 선임하고, 14일 이내에 소방본부장이나 소방서장에게 신고

선임기준	해당일
신축·증축·개축·재축·대수선 또는 용도변경 시 신규 선임	특정소방대상물의 사용승인일
증축 또는 용도변경	특정소방대상물의 사용승인일 또는 용도변경 사실을 건축물관리대장에 기재한 날
양수하거나 경매, 환가, 압류재산의 매각	• 해당 권리를 취득한 날 • 관할 소방서장으로부터 소방안전관리자 선임안내를 받은 날
공동 소방안전관리대상이 되는 경우	소방본부장 또는 소방서장이 공동 소방안전관리대상으로 지정한 날
소방안전관리자를 해임, 퇴직 등으로 업무가 종료된 경우	소방안전관리자를 해임, 퇴직 등 근무를 종료한 날
소방안전관리업무를 대행하는 자를 감독하는 자를 소방안전관리자로 선임한 경우로서 그 업무대행 계약이 해지 또는 종료된 경우	소방안전관리업무 대행이 끝난 날
소방안전관리자 자격이 정지 또는 취소된 경우	소방안전관리자 자격이 정지 또는 취소된 날

Tip

[1급 소방안전관리대상물 선임자격]

(1) 소방설비기사 또는 소방설비산업기사 자격
(2) 소방공무원 7년 이상 근무 경력
(3) 특급 소방안전관리자 자격이 인정되는 사람
(4) 1급 소방안전관리대상물의 소방안전관리에 관한 시험에 합격한 사람

정답

02 ②

03 해당 소방안전관리대상물의 등급 및 소방안전관리보조자 선임인원을 고르시오.

① 1급, 소방안전관리보조자의 선임대상이 아님
② 1급, 1명
③ 2급, 소방안전관리보조자의 선임대상이 아님
④ 2급, 1명

해 설

▣ 소방안전관리대상물

<table>
<tr><th>특급 대상물</th><th>1급 대상물</th><th>2급 대상물</th><th>3급 대상물</th></tr>
<tr><td>[아파트]
• 50층 이상
(지하층 제외)
• 높이 200 m 이상
(지상부터)</td><td>[아파트]
• 30층 이상
(지하층 제외)
• 높이 120 m 이상
(지상부터)</td><td rowspan="3">• 지하구
• 공동주택
(의무관리)
• 보물 · 국보목조 건축물
• 옥내 · 스프링클러 · 간이스프링클러 · 물분무등 설치대상(호스릴 제외)</td><td rowspan="3">자동화재
탐지설비
설치된
특정소방
대상물</td></tr>
<tr><td>[아파트 제외한 모든 건축물]
• 30층 이상
(지하층 포함)
• 높이 120 m 이상
(지상부터)</td><td>[아파트 제외한 모든 건축물]
• 11층 이상
(지하층 제외)</td></tr>
<tr><td>[모든 건축물]
• 연면적 10만 m^2 이상</td><td>[모든 건축물]
• 연면적 1만 5천 m^2 이상</td></tr>
<tr><td>-</td><td>[가연성 가스]
1000 t 이상</td><td>[가연성 가스]
100 ~ 1000 t
가스제조설비
도시가스 허가시설</td><td></td></tr>
</table>

11층 이상이거나 연면적 1만 5천 m^2 이상인 특정소방대상물이 아니므로 2급 대상물이다.

▣ 소방안전관리보조자 선임대상

보조자선임대상 특정소방대상물	최소 선임기준
300세대 이상인 아파트	1명(300세대마다 1명 이상 추가)
연면적이 1만 5천 m^2 이상인 특정소방대상물(아파트 및 연립주택 제외)	1명(연면적 1만 5천 m^2마다 1명 이상 추가) 다만 특정소방대상물의 종합방재실에 자위소방대가 24시간 상시 근무하고, 소방자동차 중 소방펌프차, 소방물탱크차, 소방화학차, 무인방수차를 운용하는 경우 3000 m^2 초과마다 1명 추가 선임한다.

Tip

[소방안전관리보조자의 자격]
(1) 특급, 1급, 2급, 3급 소방대상물의 소방안전관리자 자격이 있는 사람
(2) 국가기술자격 중에서 행정안전부령으로 정하는 국가기술자격이 있는 사람
(3) 공공기관, 특급, 1급, 2급, 3급 소방안전관리 강습교육을 수료한 사람
(4) 소방안전관리대상물에서 소방안전 관련 업무에 5년 이상 근무한 경력이 있는 사람

정답

03 ③

보조자선임대상 특정소방대상물	최소 선임기준
1) 공동주택 중 기숙사 2) 의료시설 3) 노유자시설 4) 수련시설 5) 숙박시설(숙박시설로 사용되는 바닥면적의 합계가 1500 m^2 미만이고 관계인이 24시간 상시 근무하고 있는 숙박시설은 제외)	1명 다만 해당 특정소방대상물이 소재하는 지역을 관할하는 소방서장이 야간이나 휴일에 해당 특정소방대상물이 이용되지 않는다는 것을 확인한 경우에는 선임하지 않을 수 있다.

※ 300세대 이상인 아파트, 연면적 15000 m^2 이상인 특정소방대상물, 기숙사, 의료시설, 노유자시설, 수련시설, 숙박시설이 아니기 때문에 소방안전관리보조자 선임대상이 아님

04 **소방안전관리자가 건축물 사용승인일에 선임되었다. 이 소방안전관리대상물의 실무교육 이수기한을 고르시오.**

① 2026년 1월 17일 ② 2026년 3월 17일
③ 2024년 2월 28일 ④ 2024년 7월 28일

해 설

▣ 소방안전관리자 실무교육

강습 및 실무교육		내용
실시권자		소방청장(한국소방안전원장에게 위임)
대상자		1) 소방안전관리자 및 소방안전관리보조자 2) 소방안전관리 업무를 대행하는 자를 감독할 수 있는 소방안전관리자 3) 소방안전관리자의 자격을 인정받으려는 자
실무교육 통보		교육실시 30일 전
실무교육 주기		선임된 날부터 6개월 이내, 교육실시 후에는 2년마다 실시 다만 강습교육 또는 실무교육 수료 후 1년 이내에 선임 시, 6개월 교육은 면제된다(즉, 선임 후 2년마다 실무교육 실시).
실무 교육 미이행 시	벌칙	과태료 50만 원
	자격 정지	1) 처분권자 : 소방청장 2) 1년 이하의 기간을 정하여 자격을 정지시킬 수 있음 (1) 1차 : 경고(시정명령) (2) 2차 : 자격정지(3개월) (3) 3차 : 자격정지(6개월)

※ 강습교육 수료 후 1년 이내에 선임되었기 때문에 6개월 교육은 면제되며 강습교육 수료날로부터 2년마다 한 번씩 받는다.

Tip

[소방안전관리자 실무교육]

(1) 소방안전관리 강습교육 또는 실무교육을 받은 후 1년 이내에 소방안전관리자로 선임된 사람은 해당 강습교육을 수료하거나 실무교육을 이수한 날에 실무교육을 이수한 것으로 본다.

(2) 소방안전관리보조자의 경우 소방안전관리자 강습교육 또는 실무교육이나 소방안전관리보조자 실무교육을 받은 후 1년 이내에 소방안전관리보조자로 선임된 사람은 해당 강습교육을 수료하거나 실무교육을 이수한 날에 실무교육을 이수한 것으로 본다.

정답

04 ①

05 다음 중 종합점검 대상인 특정소방대상물로 틀린 것을 고르시오.

① 스프링클러설비가 설치된 지상 3층 업무시설
② 물분무등소화설비가 설치된 연면적 7000 m^2인 판매시설
③ 제연설비가 설치된 터널
④ 옥내소화전설비가 설치된 연면적 900 m^2인 공공기관

해설

▣ 종합점검 대상

대상	기준
가. 최초점검 대상물 나. 스프링클러설비가 설치된 특정소방대상물 다. 물분무등소화설비(호스릴 방식의 물분무등소화설비만을 설치한 경우는 제외)가 설치된 연면적 5000 m^2 이상인 특정소방대상물(위험물 제조소등은 제외) 라. 다중이용업의 영업장이 설치된 특정소방대상물로서 연면적이 2000 m^2 이상인 것(단란주점과 유흥주점, 영화상영관, 비디오물감상실업, 복합영상물제공업, 노래연습장, 산후조리원, 고시원, 안마시술소) 마. 제연설비가 설치된 터널 바. 공공기관 중 연면적(터널·지하구의 경우 그 길이와 평균폭을 곱하여 계산된 값)이 1000 m^2 이상인 것으로서 옥내소화전설비 또는 자동화재탐지설비가 설치된 것(소방대가 근무하는 공공기관은 제외)	가. 관리업에 등록된 소방시설관리사 나. 소방안전관리자로 선임된 소방시설관리사 또는 소방기술사

06 바닥면적인 800 m^2인 근린생활시설에 3단위 소화기를 설치하려고 한다. 소화기의 최소 설치 개수를 구하시오. (단, 주요 구조부는 내화구조이며, 벽 및 반자의 실내와 면하는 부분은 불연재료이다)

① 1개 ② 2개
③ 4개 ④ 5개

해설

▣ 특정소방대상물별 소화기구 능력단위 기준

특정소방대상물	소화기구의 능력단위(이상)
위락시설	바닥면적 30 m^2마다 1단위
공연장, 집회장, 관람장, 문화재, 장례식장 및 의료시설	바닥면적 50 m^2마다 1단위

[소화기구]
소화약제를 압력에 따라 방사하는 기구로서 사람이 수동으로 조작하여 소화

[설치대상]
(1) 연면적 33 m^2 이상
(2) 위에 해당하지 않는 국가유산 및 가스시설, 전기저장시설
(3) 터널, 지하구

정답
05 ④ 06 ②

특정소방대상물	소화기구의 능력단위(이상)
근린생활시설, 판매시설, 운수시설, 숙박시설, 노유자시설, 전시장, 공동주택, 업무시설, 방송통신시설, 공장, 창고시설, 항공기 및 자동차 관련 시설 및 관광휴게시설	바닥면적 100 m^2마다 1단위
그 밖의 것	바닥면적 200 m^2마다 1단위
소화기구의 능력단위를 산출함에 있어서 건축물의 주요 구조부가 내화구조이고, 벽 및 반자의 실내에 면하는 부분이 불연재료·준불연재료 또는 난연재료로 된 특정소방대상물에 있어서는 위 표의 기준면적의 2배를 해당 특정소방대상물의 기준면적으로 한다.	

주요 구조부가 내화구조이며, 벽 및 반자의 실내와 면하는 부분이 불연재료로 된 근린생활시설이기 때문에 기준 바닥면적은 200 m^2이다. 따라서 $\frac{800}{200} = 4$단위 이상의 소화기가 필요하며, 능력단위가 3단위인 소화기를 설치하므로 소화기는 $\frac{4단위}{3단위} = 1.33$
→ 절상해서 2개의 소화기를 설치한다.

07 분말소화기의 지시압력계 정상을 나타내는 압력을 고르시오.

[소화기 지시압력계 불량]

[소화기 지시압력계 정상]

※ 출처 : 한국소방안전원

① 0.1 ~ 1.2 MPa　② 0.17 ~ 0.7 MPa
③ 0.7 ~ 0.98 MPa　④ 7 ~ 9.8 MPa

Tip
[소화기 지시압력]

해설

■ 소화기 가압방식에 의한 분류

구분	축압식 소화기	가압식 소화기
정의	용기 내 축압가스(질소)로 가압하여 소화약제 방출	별도의 가압용기의 압력에 의해 약제가 방출
압력계	설치(0.7 ~ 0.98 MPa 유지)	불필요

정답
07 ③

08 옥외소화전이 35개 설치되어 있을 때 설치해야 하는 소화전함의 개수를 구하시오.

① 9개 ② 10개
③ 11개 ④ 12개

해설

▣ 옥외소화전함의 설치개수

옥외소화전	옥외소화전함의 개수
10개 이하	옥외소화전마다 5 m 이내의 장소에 1개 이상 설치
11개 이상 30개 이하	11개 이상의 소화전함을 각각 분산하여 설치
31개 이상	옥외소화전 3개마다 1개 이상 설치

옥외소화전함이 31개 이상인 35개 설치되어 있으므로 옥외소화전 3개마다 1개 이상 설치한다. $\frac{35}{3} = 11.67$ → 절상해서 12개

Tip

[옥내소화전과 옥외소화전 비교]

구분	옥내 소화전	옥외 소화전
호스 구경	40 mm	65 mm
노즐	13 mm	19 mm
수평 거리	25 m 이하	40 m 이하

※ [09 ~ 10] 다음 그림은 습식 스프링클러설비의 계통도를 나타내고 있다. 다음 물음에 답하시오.

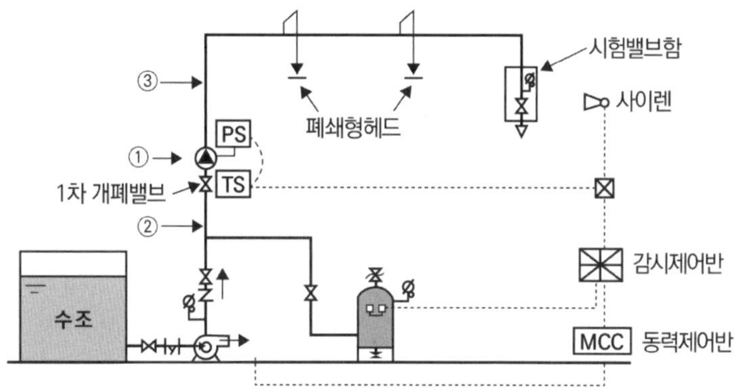

09 계통도 내의 ① 명칭을 고르시오.

① 물올림장치
② 프리액션밸브
③ 펌프
④ 알람밸브

Tip

[계통도]

습식 스프링클러설비의 유수검지장치는 알람밸브이다.

※ 물올림장치 : 수원의 위치가 펌프보다 낮은 경우에만 설치하며, 펌프 흡입측 배관 및 펌프에 물이 없을 경우 펌프의 공회전을 방지하기 위해 보충수를 공급

정답

08 ④ 09 ④

10 계통도 내의 ②와 ③의 명칭을 순서대로 나열한 것을 고르시오.

① 가압수, 압축공기
② 가압수, 대기압
③ 가압수, 가압수
④ 대기압, 압축공기

해 설

▣ 습식 스프링클러설비 계통도

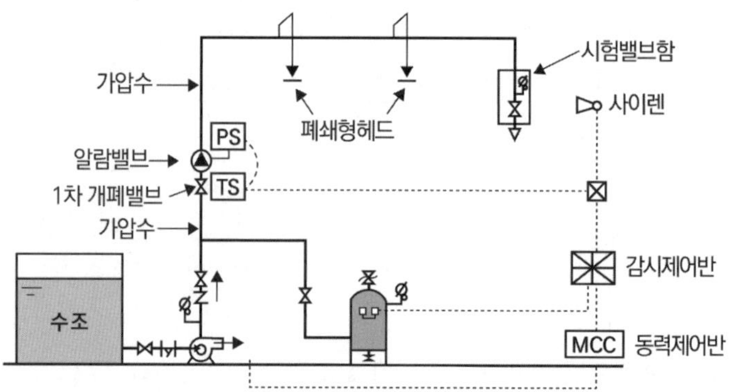

※ 출처 : 한국소방안전원

[습식 스프링클러설비]
습식 스프링클러설비는 알람밸브를 기준으로 1차 측과 2차 측 배관이 가압수로 유지되어 있다.

11 다음 중 소화기구의 점검사항이 아닌 것은?

① 약제가 응고되어 있는지 뒤집어본다.
② 압력스위치의 압력값이 정상으로 설정되었는지 확인한다.
③ 설치표지판이 있는지 확인한다.
④ 적정거리(위치마다) 있는지 확인한다.

해 설

▣ 소화기구 점검방법

1) 분말소화기
 (1) 안전핀, 레버, 호스는 정상인가?
 (2) 뒤집어서 분말이 흐르는 소리가 들리는가?
 (3) 외관은 깨끗하게 보관되는가?
 (4) 지시압력계의 바늘은 정상에 있는가?

2) 자동확산소화기
 (1) 설치장소는 적합한가?
 (2) 고정상태는 견고한가?
 (3) 외관은 깨끗하게 보관되는가?
 (4) 지시압력계의 바늘은 정상에 있는가?

정답

10 ③ 11 ②

12 다음 중 우선경보방식을 적용하여야 할 건축물의 기준으로 옳은 것은?

① 층수가 9층 이상인 특정소방대상물
② 층수가 11층 이상인 특정소방대상물
③ 층수가 13층 이상인 특정소방대상물
④ 층수가 16층 이상인 특정소방대상물

해설

▣ 우선경보방식

1) 대상 : 층수가 11층(공동주택 16층) 이상의 특정소방대상물
2) 경보방식

우선경보방식	
2층 이상	발화층 + 직상 4개 층
1층	발화층 + 직상 4개 층 + 지하층
지하층	발화층 + 직상층 + 기타 지하층

[일제경보방식]
화재 시 전 층에 경보하는 방식(소규모)

13 다음과 같이 전기자동차 화재 시 불연성 재질의 천을 덮어 불을 끄는 소화방법은?

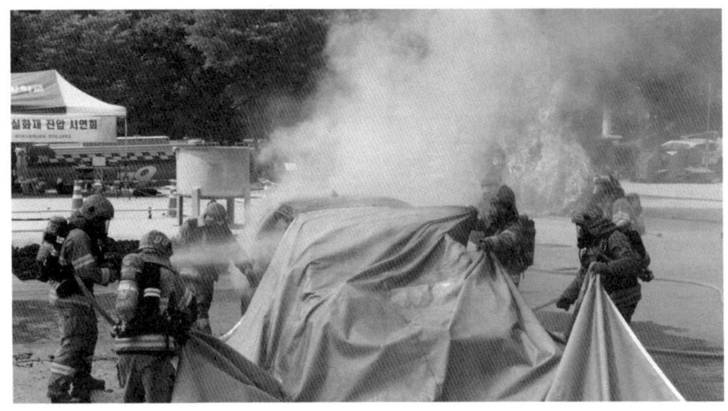

※ 출처 : 연합뉴스

① 제거소화 ② 냉각소화
③ 질식소화 ④ 억제소화

해설

▣ 질식소화

공기 중의 산소농도를 21 %에서 15 % 이하로 떨어트려 소화하는 방법
1) 불연성 기체로 연소물을 덮는 방법
2) 불연성 포로 연소물을 덮는 방법
3) 불연성 고체(불연성 물질)로 연소물을 덮는 방법

[물리적 소화]
(1) 냉각소화
- 점화원을 냉각하여 소화
- 주수로 물의 증발잠열(기화잠열)을 이용
- CO_2 소화설비 : 줄-톰슨효과에 의한 냉각
- 적용 : 스프링클러설비, 옥내·옥외소화전, 포소화설비 등

(2) 질식소화
- 산소농도를 15 % 이하로 희박하게 하여 소화
- 유류화재에서의 포소화설비
- CO_2 소화설비 : 피복을 입혀 소화
- 적용 : 마른모래, 팽창질석, 팽창진주암

(3) 제거소화
- 가연물을 이동·제거하여 소화
- 적용 : 산림벌목, 촛불 끄기

[화학적 소화]
부촉매소화
- 연쇄반응 차단에 의한 소화
- 적용 : 할론소화설비, 청정할로겐 강화액 및 분말소화설비 등

정답
12 ② 13 ③

14 **다음의 동력제어반 상태를 확인하고, 감시제어반의 예상되는 모습으로 옳은 것을 고르시오. (단, 현재 감시제어반에서 펌프를 수동 조작하고 있다)**

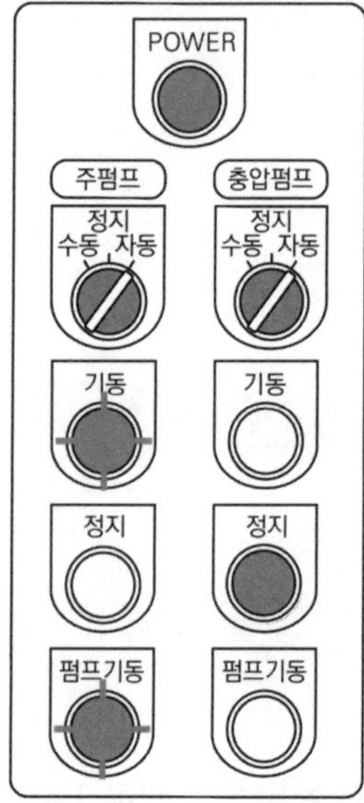

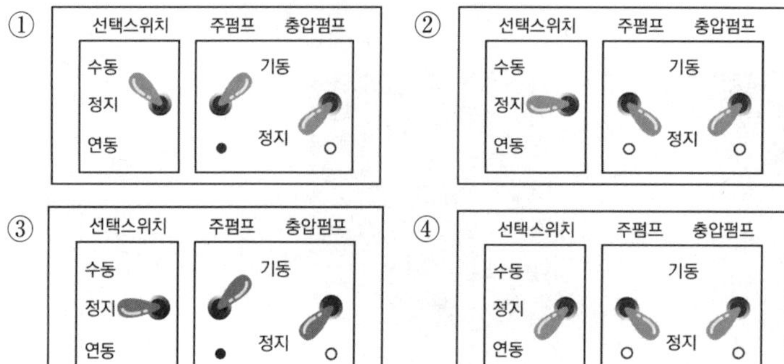

해설

▣ 동력제어반과 감시제어반

감시제어반에서 펌프를 수동조작하고 있다고 문제에서 주어졌다. 동력제어반의 주펌프의 기동표시등과 펌프 기동표시등이 점등이 되어 있으므로 선택스위치는 수동이며, 주펌프는 기동, 충압펌프는 정지상태이다.

감시제어반	동력제어반
선택스위치 : 수동 주펌프 : 기동 충압펌프 : 정지	POWER : 점등 주펌프 선택스위치 : 위치 상관없음 주펌프 기동표시등 : 점등 주펌프 정지표시등 : 소등 주펌프 펌프 기동표시등 : 점등

정답

14 ①

15 다음에서 설명하는 건축물의 경계구역 수를 산정하시오.

1. 지상5층의 건축물이다.
2. 1층의 바닥면적은 1600 m^2이다.
3. 2층의 바닥면적은 900 m^2이다.
4. 3층의 바닥면적은 800 m^2이다.
5. 4층의 바닥면적은 300 m^2이다.
6. 5층의 바닥면적은 150 m^2이다.
7. 각 변의 길이는 50 m 이하이다.
8. 수직적 경계구역은 고려하지 않고 수평적 경계구역만 산정하시오.

① 6개
② 8개
③ 11개
④ 12개

[수직적 경계구역]
계단 · 경사로(에스컬레이터 경사로 포함) · 엘리베이터 승강로(권상기실이 있는 경우에는 권상기실) · 린넨슈트 · 파이프 피트 및 덕트 기타 이와 유사한 부분은 별도로 경계구역을 설정하되, 하나의 경계구역은 높이 45 m 이하(계단 및 경사로에 한한다)로 하고, 지하층의 계단 및 경사로(지하층의 층수가 한 개 층일 경우는 제외한다)는 별도로 하나의 경계구역으로 해야 한다.

해설

▣ 자동화재탐지설비 수평적경계구역

경계구역 : 특정소방대상물 중 화재신호를 발신하고 그 신호를 수신 및 유효하게 제어할 수 있는 구역

1) 하나의 경계구역이 2개 이상의 건축물 및 각 층에 미치지 아니하도록 할 것
(단, 500 m^2 이하 범위 안에서는 2개 층을 하나의 경계구역으로 산정)
2) 하나의 경계구역의 면적은 600 m^2 이하, 한 변의 길이는 50 m 이하로 할 것
(단, 주된 출입구에서 그 내부 전체가 보이는 것에 있어서는 한 변의 길이가 50 m의 범위 내에서 1000 m^2 이하)
(1) 1층 : 1600 ÷ 600 ≒ 3개(절상)
(2) 2층 : 900 ÷ 600 ≒ 2개(절상)
(3) 3층 : 800 ÷ 600 ≒ 2개(절상)
(4) 4층 + 5층 : 1개(2개 층의 바닥면적 합계가 500 m^2 이하인 경우에는 하나의 경계구역으로 설정 가능)
(5) 3 + 2 + 2 + 1 = 8

정답
15 ②

16 자동화재탐지설비 및 시각경보장치의 화재안전기준상 청각장애인용 시각경보장치의 설치기준으로 옳지 않은 것은?

① 설치 높이는 바닥으로부터 2 m 이상 2.5 m 이하의 장소에 설치할 것
② 천장의 높이가 2 m 이하인 경우에는 천장으로부터 0.1 m 이내의 장소에 설치할 것
③ 복도·통로·청각장애인용 객실 및 공용으로 사용하는 거실에 설치하며, 각 부분으로부터 유효하게 경보를 발할 수 있는 위치에 설치할 것
④ 공연장·집회장·관람장 또는 이와 유사한 장소에 설치하는 경우에는 시선이 집중되는 무대부 부분 등에 설치할 것

Tip

[시각경보장치]
화재 시 광원에 의해 점멸 형태로 경보를 발하여 특정소방대상물 관계인 등 청각장애인에게 화재 발생을 통보하는 경보설비
※ 광원 : 전용의 축전지설비 또는 전기저장장치에 의하여 점등

해설

▣ 청각장애인용 시각 경보장치 설치기준
1) 복도·통로·청각장애인용 객실 및 공용으로 사용하는 거실에 설치하며, 각 부분으로부터 유효하게 경보를 발할 수 있는 위치에 설치
2) 공연장·집회장·관람장 또는 이와 유사한 장소에 시선이 집중되는 무대부 부분에 설치
3) 설치높이 : 바닥으로부터 2 m 이상 2.5 m 이하(단, 천장의 높이가 2 m 이하인 경우에는 천장으로부터 0.15 m 이내)

정답
16 ②

17 다음의 조건을 참고하여 건축관계법령에 따른 방화구획에 대한 설명으로 옳은 것은?

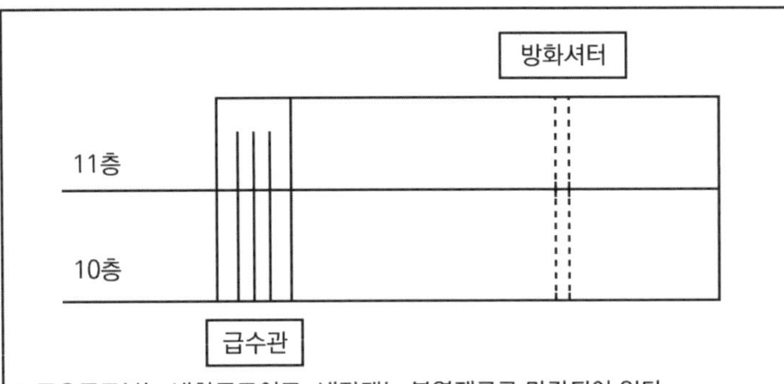

* 주요구조부는 내화구조이고, 내장재는 불연재료로 마감되어 있다.
* 전층에는 스프링클러설비가 설치되어 있고 각층의 바닥면적은 6,000m²이다.

① 방화셔터는 전동 또는 수동에 의해서 개폐할 수 있는 장치를 갖추어야 한다.
② 바닥, 벽은 내화구조로 하고, 급수관이 관통하는 틈새는 화염의 확산을 막을 수 있도록 내열충전성능의 구조로 해야 한다.
③ 10층의 방화구획은 최소 6개 이상으로 해야 한다.
④ 11층의 방화구획은 최소 6개 이상으로 해야 한다.

해설

▣ 방화구획

1) 방화셔터는 전동 또는 수동에 의해서 개폐할 수 있는 장치를 갖추어야 한다.
2) 바닥, 벽은 내화구조로 하고, 급수관이 관통하는 틈새는 화염의 확산을 막을 수 있도록 내화채움 성능이 인정된 구조로 해야 한다.
3) 10층의 방화구획은 스프링클러설비가 설치되어 있으므로 면적별 구획의 기준면적은 1000 m^2의 3배인 3000 m^2가 된다. 따라서 10층의 방화구획은 최소 2개(6000 m^2 ÷ 3000 m^2 = 2) 이상으로 해야 한다.
4) 11층의 방화구획은 스프링클러설비가 설치되어 있고 내장재가 불연재이므로 면적별 구획의 기준면적은 500 m^2의 3배인 1500 m^2가 된다. 따라서 11층의 방화구획은 최소 4개(6000 m^2 ÷ 1500 m^2 = 4) 이상으로 해야 한다.

[방화구획 면적별]
- 지상 10층 이하 : 바닥면적 1000 m^2 이내마다 구획
- 지상 11층 이상 : 바닥면적 200 m^2 이내마다 구획
- 지상 11층 이상 ⇨ 마감재가 불연재료 : 바닥면적 500 m^2 이내마다 구획
- 자동식 소화설비구역은 상기바닥면적 × 3배 이내마다 구획

[방화구획 층별]
- 매 층마다 구획할 것 (단, 지하 1층에서 지상으로 직접 연결하는 경사로 부위는 제외)

[방화구획 용도별]
- 필로티나 그 밖에 이와 비슷한 구조(벽면적의 2분의 1 이상이 그 층의 바닥면에서 위층 바닥 아래면까지 공간으로 된 것만 해당한다)의 부분을 주차장으로 사용하는 경우 그 부분은 건축물의 다른 부분과 구획할 것
- 주요 구조부를 내화구조로 하여야 하는 대상 부분과 기타 부분 사이

[방화구획 수직관통부별]
- 수직 관통 부분과 타 부분을 내화성능 벽이나 방화문으로 구획
- 계단실, 승강로, 린넨슈트, 에스컬레이터, 파이프 피트 등

정답
17 ①

18 오동작방지기에 대한 내용이다. 빈칸에 들어갈 내용으로 옳은 것은?

점검 시 (㉠) 위치로 전환, 평상시 (㉡) 위치로 전환한다.

① ㉠ : 비축적, ㉡ : 축적
② ㉠ : 비축적, ㉡ : 비축적
③ ㉠ : 축적, ㉡ : 비축적
④ ㉠ : 축적, ㉡ : 축적

해설

▣ 오동작 방지기

일시적으로 발생한 열·연기 또는 먼지 등 때문에 감지기가 화재신호를 발신할 우려가 있다면 축적 기능의 수신기를 설치하여 비화재보 방지
1) 점검 시 : 오동작방지기를 "비축적" 위치로 전환(신속한 동작확인을 위하여)
2) 평상시 : 오동작방지기를 "축적" 위치로 전환(비화재보 우려 방지)

19 용접·용단 작업 시 비산 불티의 특성이 아닌 것은?

① 비산불티는 약 1000 ℃ 이상의 고온체이다.
② 불티의 직경은 약 0.3 ~ 3 mm이다.
③ 비산 불티는 작업과 동시에 짧게는 수 분 사이, 길게는 수 시간 이후에도 화재 가능성이 있다.
④ 비산거리는 작업높이, 철판두께, 풍향, 풍속 등 조건 및 환경에 따라 변화한다.

[스패터현상]
용접 작업 시 작은 입자의 용적들이 비산되는 현상, 즉 불티가 튀기는 현상

해설

▣ 위험물 분류(위험물 안전관리법)

1) 수천 개의 비산된 불티 발생
2) 비산거리 : 작업높이, 철판두께, 풍향, 풍속 등 조건 및 환경에 따라 상이
3) 온도 : 1600 ℃ 이상의 고온체
4) 불티 직경 : 약 0.3 ~ 3 mm
5) 비산 불티는 작업과 동시에 짧게는 수 분 사이, 길게는 수 시간 이후에도 화재 가능성 있음

정답

18 ① 19 ①

20 다음은 유도등을 나타낸 그림이다. 잘못 설명하고 있는 것은?

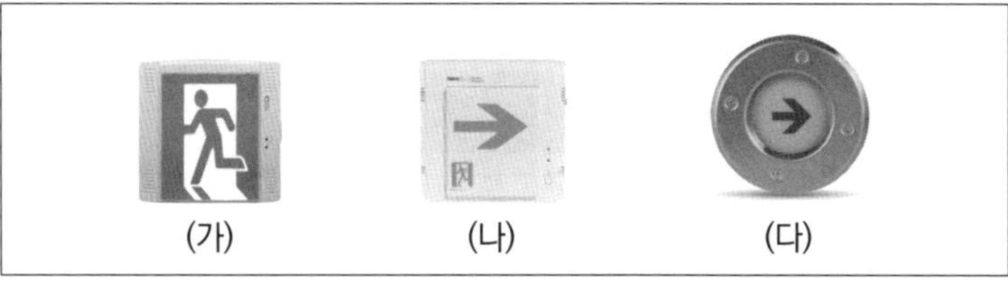
(가) (나) (다)

① (가)는 바닥으로부터 높이 1.5 m 이상의 위치에 설치하여야 한다.

② (나)는 각각 복도, 거실 및 계단 통로유도등으로 구분된다.

③ (다)는 객석통로의 직선부분의 길이가 30 m이면 6개를 설치하여야 한다.

④ (가)는 피난구유도등, (나)는 통로유도등, (다)는 객석유도등이다.

해설

▣ 유도등

1) 피난구유도등 : 바닥으로부터 1.5 m 이상 높이에 설치

2) 통로유도등 : 복도, 거실, 계단으로 구분

3) 객석유도등

$$\text{설치개수} = \frac{\text{객석 통로 직선부분길이}}{4} - 1$$

$$= \frac{30}{4} - 1 = 6.5 = 7\text{개}$$

정답

20 ③

21 **다음은 평상시 습식 스프링클러설비의 감시제어반이다. 각 스위치 및 표시등의 정상상태가 잘못 표시된 것을 고르시오.**

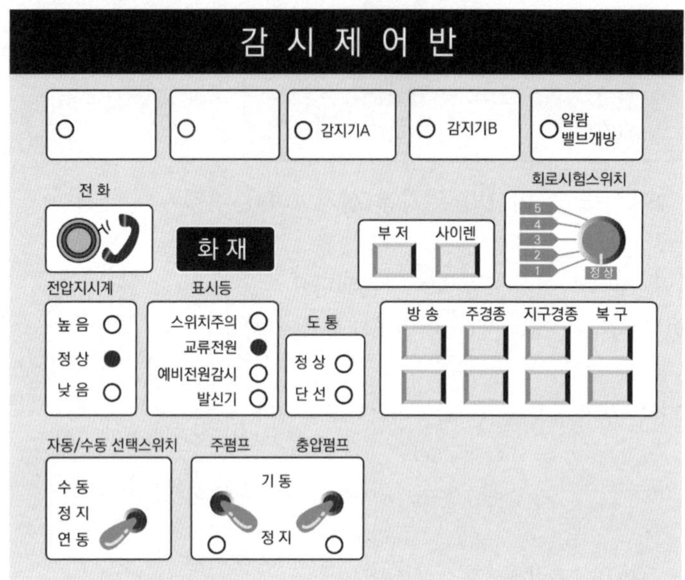

※ 출처 : 한국소방안전원

① 알람밸브 개방등 소등
② 스위치 주의등 소등
③ 예비전원감시등, 전압지시계정상, 발신기표시등 점등
④ 자동/수동 선택스위치 연동, 주펌프/충압펌프 기동스위치 정지

해 설

▣ 감시제어반 정상상태

평상시에 점등되어 있는 표시등은 교류전원표시등(녹색)과 전압지시계 정상(녹색)이다.

Tip

[습식 스프링클러설비 점검 시]

(1) 준비
① 알람밸브 작동 시 경보로 인한 혼란 방지를 위해 사전 통보 후 점검 실시
② 수신반에서 경보스위치를 정지시킨 후 시험 실시

(2) 작동
① 시험밸브 개방하여 가압수 배출
② 알람밸브 2차 측 압력이 저하되어 클래퍼 개방(작동)
③ 시트링홀에 가압수가 유입되어 지연장치에 의해 설정시간 지연 후 압력스위치 작동

(3) 확인사항
① 감시제어반(수신반) 화재표시등 및 해당구역 밸브개방표시등 점등 확인
② 해당 방호구역의 경보(사이렌) 상태 확인
③ 소화펌프 자동기동 여부 확인

정답

21 ③

22 소방안전관리자 오소방 씨가 방재실에서 근무하는 도중 감시제어반에서 다음과 같은 현상이 발생하였다. 옳은 것을 고르시오.

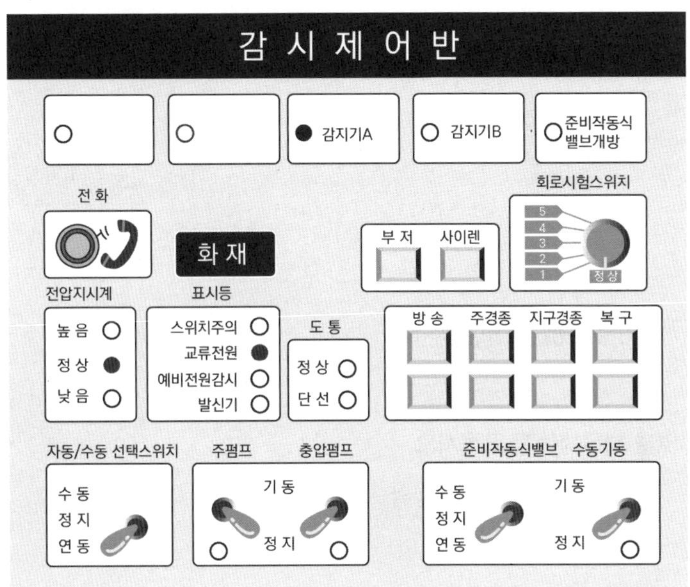

※ 출처 : 한국소방안전원

① 준비작동식 스프링클러설비의 밸브 1차 측 물이 2차 측으로 넘어갔다.
② 헤드가 작동한 상태이다.
③ 사이렌이 작동하고 있다.
④ 펌프가 작동하고 있다.

해 설

■ 준비작동식 스프링클러설비

준비작동식 스프링클러설비는 감지기 A, B 두 개의 회로를 사용하여 교차회로방식으로 결선한다. 이때 1회로의 감지기만 동작한 경우 사이렌이 작동된다. 2개의 회로의 감지기가 모두 동작하게 되면 준비작동식 밸브의 개방으로 1차 측 물이 2차 측으로 넘어간다. 이후, 헤드가 개방되어 소화수가 방출되며, 배관 내의 압력저하가 일어나서 펌프가 작동하여 지속적으로 소화수를 보낸다.

정답
22 ③

※ [23 ~ 25] 다음에서 나타내는 그림은 펌프의 성능 곡선이다. 다음을 보고 알맞은 답을 고르시오.

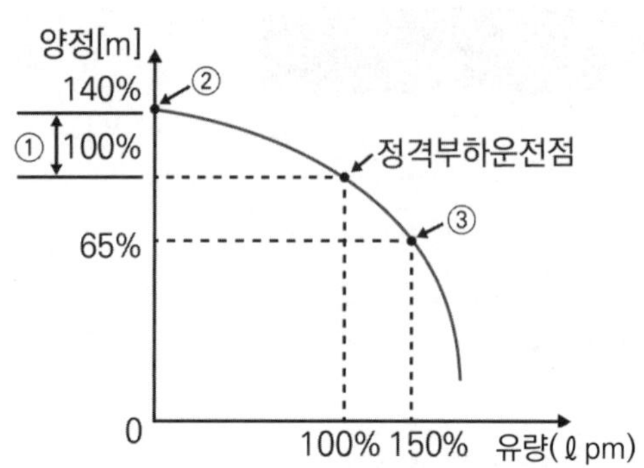

23 그림의 곡선에서 ①번은 무엇을 나타내는지 고르시오.

① 릴리프밸브 개방범위 ② 순환배관 개방범위
③ 체절운전점 ④ 최대운전점

24 그림의 곡선에서 ②번은 무엇을 나타내는지 고르시오.

① 릴리프밸브 개방범위 ② 순환배관 개방범위
③ 체절운전점 ④ 최대운전점

25 그림의 곡선에서 ③번은 무엇을 나타내는지 고르시오.

① 릴리프밸브 개방범위 ② 순환배관 개방범위
③ 체절운전점 ④ 최대운전점

해설

▣ 펌프의 성능시험

1) 성능시험배관

구분	설치기준
설치위치	펌프의 토출 측 개폐밸브 이전에서 분기
밸브위치	유량계를 기준으로 전단 - 개폐밸브, 후단 - 유량조절밸브
유량계	펌프의 정격토출량의 175 % 이상 측정할 수 있는 성능

Tip

[펌프성능곡선]

성능시험	유량	압력
체절운전	0	140 % 이하
정격운전	100 %	100 % 이상
최대운전	150 %	65 % 이상

정답

23 ① 24 ③ 25 ④

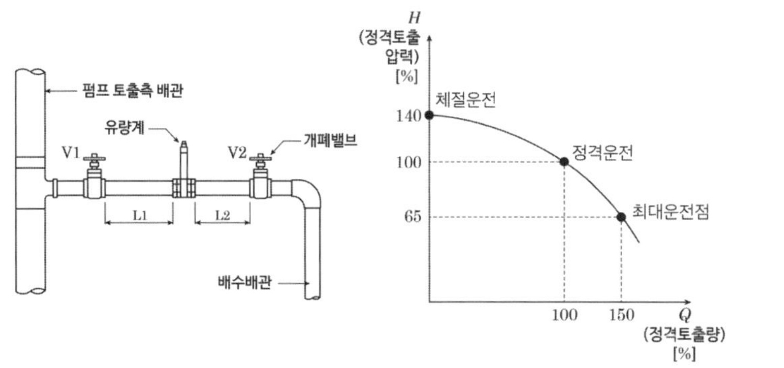

※ 출처 : 한국소방안전원

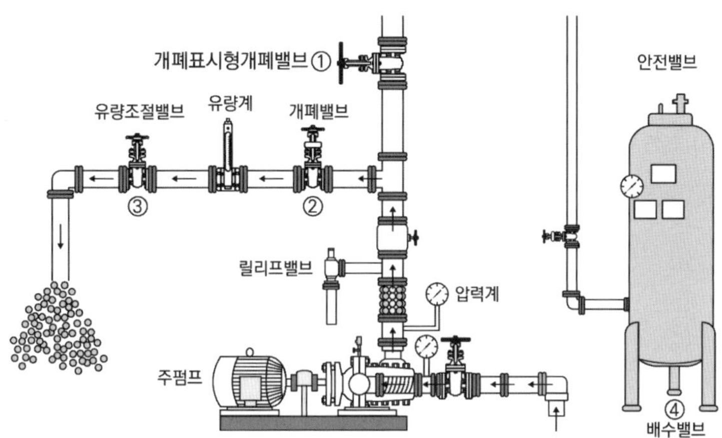

(1) 체절운전
  ① 펌프토출 측 밸브[①]와 성능시험배관상의 유량조절밸브[③] 폐쇄 상태, 즉 토출량이 '0'인 상태에서 펌프 기동
  ② 이때의 압력(체절압력)을 확인하여 정격토출압력의 140 % 이하인지 확인
  ③ 정격토출압력이 140 %를 초과하는 경우 순환배관상의 릴리프밸브를 개방(조절볼트 반시계방향으로 돌림)하여 정격토출압력의 140 % 이하로 조절

(2) 정격부하운전
  ① 펌프토출 측 밸브[①] 폐쇄 상태, 성능시험배관상의 개폐밸브[②] 완전 개방, 유량조절밸브[③] 서서히 개방하여 유량계의 지침이 정격토출량의 100 %를 가리킬 때까지 개방
  ② 압력계상의 압력을 확인하여 정격토출압력의 100 % 이상인지 확인

(3) 최대운전
  ① 펌프토출 측 밸브[①] 폐쇄 상태, 성능시험배관상의 개폐밸브[②] 완전 개방, 유량조절밸브[③] 더욱 개방하여 유량계의 지침이 정격토출량의 150 %를 가리킬 때까지 개방
  ② 압력계상의 압력을 확인하여 정격토출압력의 65 % 이상인지 확인

26 다음은 감지기 설치유효면적에 대한 설명이다. 빈칸에 들어갈 알맞은 숫자를 고르시오.

부착 높이 및 특정소방대상물의 구분		감지기의 종류(단위 : m^2)						
		차동식 스포트형		보상식 스포트형		정온식 스포트형		
		1종	2종	1종	2종	특종	1종	2종
4 m 미만	내화구조	90	㉠	90	70	70	60	20
	기타구조	50	40	㉡	40	40	30	15
4 m 이상 8 m 미만	내화구조	45	35	45	㉢	35	30	
	기타구조	30	25	30	25	25	15	

① ㉠ : 70, ㉡ : 45, ㉢ : 30
② ㉠ : 60, ㉡ : 45, ㉢ : 30
③ ㉠ : 70, ㉡ : 50, ㉢ : 35
④ ㉠ : 70, ㉡ : 40, ㉢ : 35

해설

▣ 감지기 설치 유효면적

부착 높이 및 특정소방대상물의 구분		감지기의 종류(단위 : m^2)						
		차동식 스포트형		보상식 스포트형		정온식 스포트형		
		1종	2종	1종	2종	특종	1종	2종
4 m 미만	내화구조	90	70	90	70	70	60	20
	기타구조	50	40	50	40	40	30	15
4 m 이상 8 m 미만	내화구조	45	35	45	35	35	30	
	기타구조	30	25	30	25	25	15	

정답
26 ③

27 **감지기 동작시험 결과 감지기의 LED등이 점등되지 않아 감지기의 회로전압을 측정하였더니 20.6 V가 측정되었다. 이때의 조치사항으로 알맞은 것을 고르시오.**

① 감지기회로의 단선이 예상되므로 해당회로를 보수한다.
② 감지기가 불량이므로 교체 후 감지기 동작시험을 재실시한다.
③ 전압이 20.6 V이므로 종단에 설치된 저항을 제거한다.
④ 발신기가 작동한 상태이므로 발신기의 누름버튼(작동스위치)을 다시 복구한다.

해설

▣ 감지기동작시험

감지기회로의 전압은 24 V의 80 %인 19.2 ~ 24 V일 때 정상이다. 따라서 감지기회로는 정상이며 감지기 자체가 불량이기 때문에 감지기를 교체한 후 동작시험을 재실시하여 LDE가 점등되는지를 확인한다.

▣ 스포트형 감지기 점검

1) 감지기 동작확인
 (1) 발광다이오드(LED)를 사용하여 감지기가 작동하면 점등
 (2) 수신기에서 화재복구스위치를 누르면 소등
2) 감지기 작동점검
 (1) 감지기 시험기, 연기스프레이 등을 이용하여 감지기 동작시험 실시
 (2) LED 미점등 시 감지기회로 전압 확인
  ① 정격전압의 80 % 이상이면, 감지기가 불량이므로 감지기 교체
  ② 감지기회로 전압이 0 V이면, 회로가 단선이므로 회로 보수
 (3) 감지기 동작시험 재실시

Tip

[P형 발신기 점검]
(1) 발신기 작동순서
 ① 발신기의 누름버튼(작동스위치)을 누르면 두 접점이 붙게 되어 수신기의 화재릴레이를 구동시켜 화재경보
 ② 수신기의 발신기등과 발신기의 응답등 점등
(2) 발신기 작동점검
 ① 발신기 누름버튼(작동스위치) 누름(발신기 커버 분리)
 ② 수신기에서 발신기등 및 발신기 응답등 점등 확인
 ③ 주경종, 지구경종, 비상방송 등 연동설비 확인
 ④ 발신기의 누름버튼(작동스위치) 복구(발신기 커버 결합)
 ⑤ 수신기에서 화재신호 복구

정답
27 ②

28 소화수조의 소요수량이 100 m³일 때 채수구의 최소 설치 개수를 구하시오.

① 1개
② 2개
③ 3개
④ 4개

해설

▣ 소화수조 채수구 설치기준

1) 소방용 호스 또는 소방용 흡수관에 구경 65 mm 이상의 나사식 결합금속구를 설치하여야 한다.

소요수량	20 m³ 이상 40 m³ 미만	40 m³ 이상 100 m³ 미만	100 m³ 이상
채수구의 수	1개	2개	3개

2) 지면으로부터의 높이가 0.5 m 이상, 1 m 이하의 위치에 설치하고 "채수구" 표지를 하여야 한다.

[흡수관투입구]

(1) 한 변이 0.6 m 이상이거나 직경이 0.6 m 이상인 것으로 한다.

(2) 흡수관투입구의 수

소요수량	80 m³ 미만	80 m³ 이상
흡수관투입구의 수	1개 이상	2개 이상

29 다음에서 보여주는 구성요소는 어느 설비의 구성요소인지 고르시오.

송수구, 배관, 방수구, 방수기구함

① 연결송수관설비
② 연결살수설비
③ 상수도소화용수설비
④ 소화수조

해설

▣ 연결송수관설비

1) 개념

넓은 면적의 고층 또는 지하 건축물에 설치하며, 화재 시 소방관이 소화하는 데 사용하는 설비

• 구성요소 : 송수구, 방수구, 방수기구함, 배관

2) 배관의 설치기준

(1) 주배관의 구경 : 100 mm 이상

(2) 지면으로부터의 높이가 31 m 이상 또는 지상 11층 이상 : 습식 설비

(3) 주배관의 구경이 100 mm 이상인 옥내소화전설비, 스프링클러설비 또는 물분무등소화설비의 배관과 겸용할 수 있다(30층 이상 : 스프링클러설비의 배관과 겸용할 수 없다).

[연결송수관설비 종류]

(1) 건식 : 평상시에 연결 송수관 배관 내부가 비어 있는 상태로 관리한다. 이 방식은 지면으로부터 높이가 31 m 미만인 특정소방대상물 또는 지상 11층 미만인 특정소방대상물에만 설치한다.

(2) 습식 : 건식에 비하여 습식은 관로 내부에 상시 물이 충전된 상태로 유지되며 지면으로부터 높이가 31 m 이상인 특정소방대상물 또는 지상 11층 이상인 특정소방대상물에 설치한다.

정답

28 ③ 29 ①

30 **다음은 응급처치 체계도를 나타낸 것이다. ㉠, ㉡, ㉢에 들어갈 내용으로 옳은 것을 고르시오.**

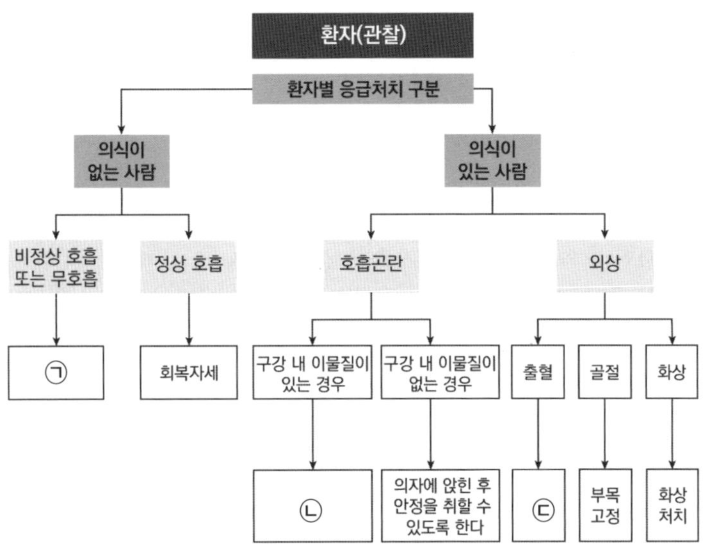

① ㉠ : 심폐소생술, ㉡ : 회복자세, ㉢ : 지혈
② ㉠ : 심폐소생술, ㉡ : 회복자세, ㉢ : 압박
③ ㉠ : 심폐소생술, ㉡ : 복부 밀어내기, ㉢ : 지혈
④ ㉠ : 심폐소생술, ㉡ : 복부 밀어내기, ㉢ : 압박

Tip

[응급처치 기본사항]

(1) 기도 확보(유지)
   ① 구강 내 이물질 제거하기 위해 기침 유도, 기침이 어려울 시 하임리히법(복부 밀어내기) 실시(이물질 함부로 제거 금지)
   ② 구토를 하는 경우 머리를 옆으로 돌려 구토물의 흡입으로 인한 질식 예방
   ③ 이물질 제거 후 머리를 뒤로 젖히고, 턱을 위로 들어 올려 기도 개방

(2) 지혈
   출혈부위 지압으로 저산소 출혈성 쇼크 방지

(3) 상처 보호
   상처 부위에 소독거즈로 응급처치하고 붕대로 드레싱하되, 1차 사용한 거즈 등으로 상처를 닦는 것은 금하고 청결하게 소독된 거즈 사용

해설

▣ 응급처치 체계도

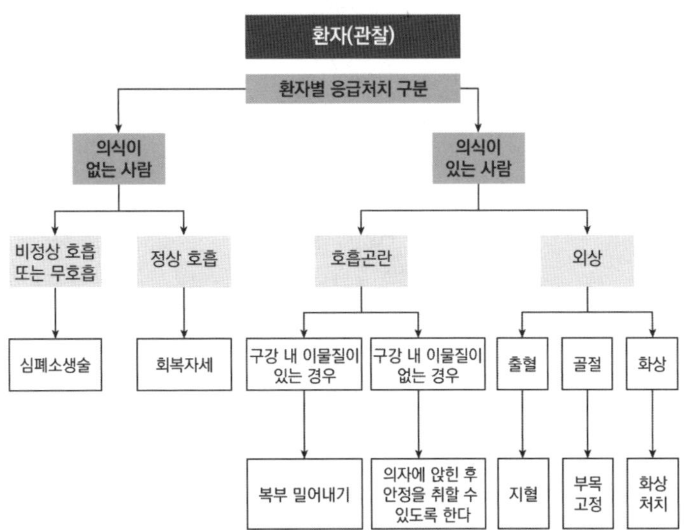

정답

30 ③

31 **다음은 심폐소생술에 대한 그림이다. 그림에 대한 설명으로 틀린 것을 고르시오.**

〈그림 A〉

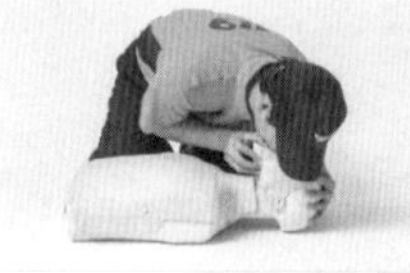
〈그림 B〉

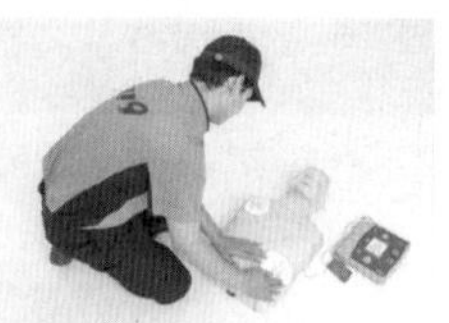
〈그림 C〉

① 그림 A는 분당 100 ~ 120회의 속도로 환자의 가슴이 약 5 cm(소아 4 ~ 5 cm) 깊이로 눌릴 수 있게 체중을 실어 강하게 압박해야 한다.
② 환자 발견 즉시 그림 A의 모습대로 40회와 그림 B의 모습으로 2회의 인공호흡을 실시한 이후 119에 신고한다.
③ 그림 C의 응급처치 기기 사용 시 2개의 패드를 각각 오른쪽 빗장뼈 아래 위치와 왼쪽 젖꼭지 아래의 중간겨드랑선에 부착해야 한다.
④ 그림은 심폐소생술 관련 동작으로, 기본순서는 가슴압박 → 기도유지 → 인공호흡이다.

해설

▣ 심폐소생술 시행방법

조치	내용	
반응 확인	환자에게 "여보세요, 괜찮으세요?"라고 물어보고 소리를 내거나 반응이 없으면 심정지 가능성 높음	
119신고	주변사람에게 119신고 요청	
호흡 확인	얼굴과 가슴을 10초 이내 관찰하고 호흡이 없으면 심정지 판단	
가슴 압박 30회 시행	성인 분당 100 ~ 120회 속도로 환자의 가슴이 약 5 cm(소아 4 ~ 5 cm) 깊이로 강하게 눌리도록 체중을 실어 가슴압박	

Tip

[심폐소생술(CPR)]
(1) 심장의 기능이 정지하거나 호흡이 멈출 경우를 대비한 응급조치
(2) 호흡이 없으면 즉시 심폐소생술 실시
(3) 심정지 4 ~ 6분 경과 : 산소부족으로 뇌손상되어 회복되지 않음
(4) 기본순서 : 가슴압박 → 기도유지 → 인공호흡

정답
31 ②

조치	내용	
인공호흡 2회 시행	1) 환자의 머리를 젖히고, 턱을 들어 올려 기도 개방 2) 엄지와 검지로 환자의 코를 잡아서 막고, 입을 크게 벌려 환자의 입을 완전히 막은 후 가슴이 올라올 정도로 1초에 걸쳐 숨을 불어 넣음 3) 숨을 불어넣은 후에는 입을 떼고 코도 놓아 공기 배출	
가슴 압박과 인공호흡 반복	심폐소생술 5주기 시행 30 : 2 가슴압박과 인공호흡 5회 반복	
회복자세	환자가 움직이거나 호흡이 회복되었는지 확인하고, 호흡이 회복된 경우 옆으로 눕혀 기도 개방	

▣ 자동심장충격기(AED)사용방법

구분	사용방법	사진
1단계	전원 ON	
2단계	2개의 패드 부착 ① 패드1 : 환자의 오른쪽 빗장뼈 아래 부착 ② 패드2 : 환자의 왼쪽 젖꼭지 아래 중간겨드랑선 부착	
3단계	심장리듬 분석 ① "분석 중"이라는 음성 지시가 나오면, 심폐소생술을 멈추고 환자에게서 손을 뗀다. ② "심장충격이 필요합니다"라는 음성 지시와 함께 스스로 설정된 에너지 충전을 시작한다. ③ 심장충격기의 충전은 수 초 이상 소요되므로 가능한 가슴압박을 시행한다. ④ 심장충격이 필요 없는 경우에는 "환자의 상태를 확인하고, 심폐소생술을 계속 하십시오"라는 음성 지시가 나오며, 이 경우에는 즉시 심폐소생술을 시작한다.	심장리듬 분석중...
4단계	심장충격(제세동) 시행 ① 심장충격이 필요한 경우에만 심장충격 버튼이 깜박이기 시작한다. ② 깜박이는 버튼을 눌러 심장충격을 시행한다. ③ 심장충격 버튼을 누르기 전에는 반드시 다른 사람이 환자에게서 떨어져 있는지 확인하여야 한다.	

구분	사용방법	사진
5단계	**즉시 심폐소생술 다시 시행** ① 심장충격을 실시한 뒤에는 즉시 가슴압박과 인공호흡을 30 : 2로 다시 시작한다. ② 심장충격기는 2분마다 심장리듬을 반복해서 분석한다. ③ 심장충격기의 사용 및 심폐소생술의 시행은 119 구급대가 현장에 도착할 때까지 계속한다.	

※ 출처 : 한국소방안전원

32 **다음 중 건설현장 소방안전관리자 선임대상물은?**

① 연면적 5000 m^2 이상, 지하층의 층수가 2개 층 이상인 신축 건설현장

② 신축을 하려는 연면적 10000 m^2 이상인 건설현장

③ 연면적 5000 m^2 이상, 지상층의 층수가 10층 이상인 증축인 건설현장

④ 연면적 3000 m^2 이상, 냉동창고 건설현장

해설

▣ 건설현장 소방안전관리대상물

1) 신축·증축·개축·재축·이전·용도변경 또는 대수선을 하려는 부분의 연면적 15000 m^2 이상인 것

2) 신축·증축·개축·재축·이전·용도변경 또는 대수선을 하려는 부분의 연면적 5000 m^2 이상인 것으로서 다음 어느 하나에 해당하는 것

(1) 지하층의 층수가 2개 층 이상인 것

(2) 지상층의 층수가 11층 이상인 것

(3) 냉동창고, 냉장창고 또는 냉동·냉장창고

Tip

[건설현장 소방안전관리자 업무]

(1) 건설현장의 소방계획서 작성

(2) 임시소방시설설의 설치 및 관리에 대한 감독

(3) 공사진행 단계별 피난안전구역, 피난로 등의 확보와 관리

(4) 건설현장의 작업자에 대한 소방안전 교육 및 훈련

(5) 초기대응체계의 구성·운영 및 교육

(6) 화기취급의 감독, 화재위험작업의 허가 및 관리

(7) 그 밖에 건설현장의 소방안전관리와 관련하여 소방청장이 고시하는 업무

정답

32 ①

33 화재에 관한 설명으로 옳은 것은?

① 연소의 색상이 적색일 때 온도는 700 ℃이다.
② 연소의 색상이 백색일 때 온도는 1000 ℃이다.
③ 연소의 색상과 온도와의 관계를 고려할 때 일반적으로 암적색 보다는 휘적색의 온도가 높다.
④ 연소의 색상과 온도와의 관계를 고려할 때 일반적으로 휘백색 보다는 휘적색의 온도가 높다.

해 설

▣ 연소의 색과 온도

연소의 색	온도[℃]
암적색	700 ~ 750 ℃
적색	850 ℃
휘적색	900 ~ 950 ℃
황적색	1100 ℃
백색	1200 ~ 1300 ℃
휘백색	1500 ℃

34 특정소방대상물의 소방안전관리자의 업무가 아닌 것은?

① 소방시설, 그 밖의 소방 관련 시설의 유지·관리
② 의용소방대의 조직
③ 피난시설 및 방화시설의 유지·관리
④ 화기취급의 감독

해 설

▣ 소방대상물의 소방안전관리자 업무(6가지)

1) 피난계획에 관한 사항과 대통령령으로 정하는 사항이 포함된 소방계획서의 작성 및 시행
2) 자위소방대 및 초기대응체계 구성·운영·교육
3) 피난시설, 방화구획 및 방화시설의 유지·관리
4) 소방훈련 및 교육
5) 소방시설이나 소방 관련 시설의 유지·관리
6) 화기 취급의 감독

정답

33 ③ 34 ②

35 **옥내소화전 동력제어반에서 주펌프를 수동으로 기동시키기 위하여 보기에서 조작해야 할 스위치로 옳은 것은?**

〈감시제어반〉
펌프선택스위치 - 연동, 주펌프 및 충압펌프 - 정지
〈동력제어반〉
주펌프 및 충압펌프 - 자동

① 감시제어반 펌프선택스위치를 "수동" 위치로 전환한 후 주펌프를 "기동" 위치로 전환한다.
② 감시제어반 및 동력제어반 펌프선택스위치를 "수동" 위치로 전환한 후 주펌프를 "기동" 위치로 전환한다.
③ 동력제어반 주펌프를 "수동" 위치로 전환한 후 주펌프 기동버튼을 누른다.
④ 동력제어반 주펌프 및 충압펌프를 "수동" 위치로 전환한다.

해설

▣ 제어반 점검
주펌프 수동 기동시키는 방법
1) 감시제어반 펌프선택스위치를 "수동" 위치로 전환한 후 주펌프를 "기동" 위치로 전환
2) 동력제어반 주펌프를 "수동" 위치로 전환한 후 주펌프 기동버튼 누름
※ 문제에서 동력제어반에서 주펌프 수동 기동시키는 방법을 물어보았으므로 2)가 정답에 해당되는 내용임

36 **습식 스프링클러설비 점검을 위하여 시험밸브함을 열었을 때, 유지관리 상태(평상시) 모습으로 옳은 것은?**

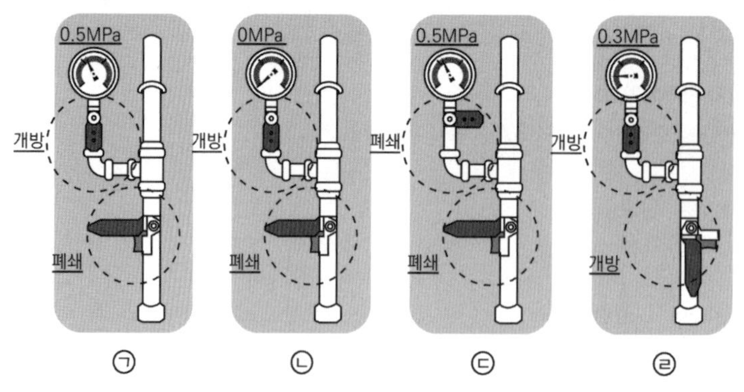

① ㉠ ② ㉡
③ ㉢ ④ ㉣

Tip
[스프링클러설비 점검 시 확인사항]
(1) 감시제어반(수신반) 화재표시등 및 해당구역 밸브개방표시등 점등 확인
(2) 해당 방호구역의 경보(사이렌) 상태 확인
(3) 소화펌프 자동기동 여부 확인

정답
35 ③ 36 ①

해설

■ 습식 스프링클러설비의 유지관리

압력계 밑에 부착된 개폐밸브는 평상시에 개방하여 시험밸브 배관 내의 압력이 정상 압력(0.1 MPa 이상 1.2 MPa 이하)인지 여부를 확인해주어야 하며 가압수 배출을 위한 시험밸브는 평상시에 폐쇄 상태로 유지 관리되어야 한다.

37 다음 그림은 동력제어반이다. 소화펌프 점검 완료 후 동력제어반의 복구 순서로 옳은 것은?

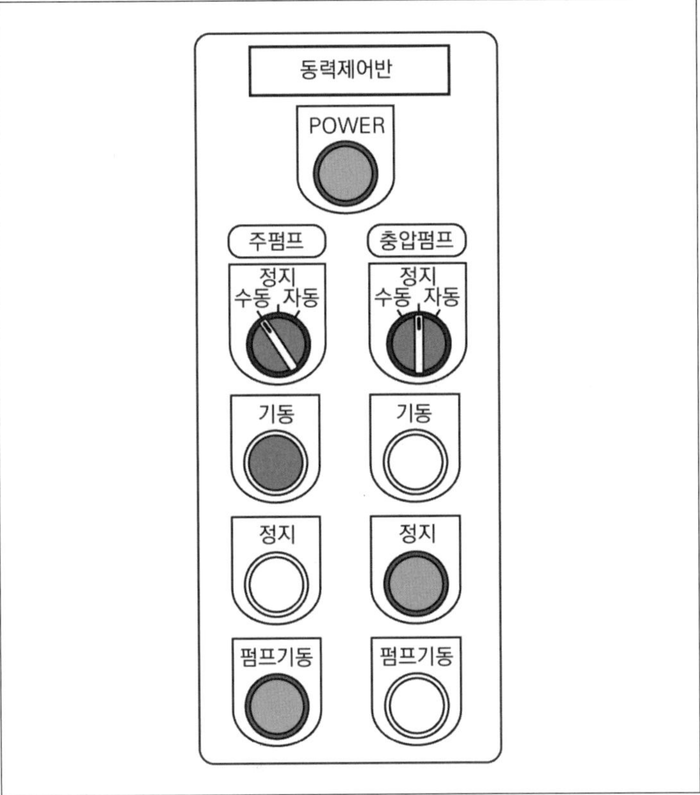

a : 주펌프 정지	b : 주펌프 자동
c : 충압펌프 자동	

① a → c → b ② a → b → c
③ b → a → c ④ c → b → a

해설

■ 소화펌프 점검 후 동력제어반 정상세팅방법

1) 작동되고 있는 주펌프를 정지한다.
2) 충압펌프를 자동으로 하여 토출 측 배관 내에 충압한다.
3) 충압이 완료된 후 주펌프를 자동으로 한다.

정답

37 ①

38 다음은 옥내소화전 감시제어반이다. 스위치 상태를 보고 옳은 것을 고르시오.

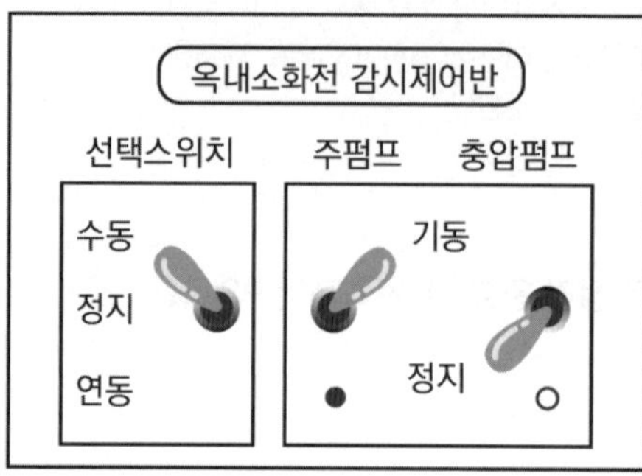

① 주펌프를 수동으로 기동 중이다.
② 충압펌프를 수동으로 기동 중이다.
③ 주펌프는 자동으로 기동 중이다.
④ 충압펌프를 자동으로 기동 중이다.

해 설

▣ 옥내소화전 감시제어반

선택스위치가 수동에 위치해있으며, 주펌프는 기동상태이므로 주펌프를 수동 기동 중이다.

평상시	수동기동 시	점검 시
선택스위치 : 연동 주펌프 : 정지 충압펌프 : 정지	선택스위치 : 수동 주펌프 : 기동 충압펌프 : 기동	선택스위치 : 정지 주펌프 : 정지 충압펌프 : 정지

39 다음은 무엇을 점검하고 있는 것인가?

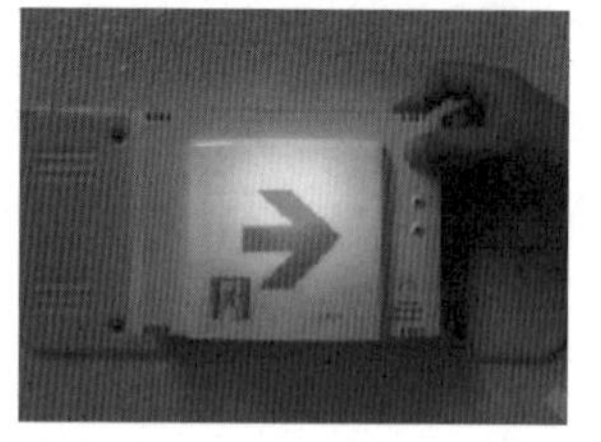

① 2선식 유도등 점검　　② 3선식 유도등 점검
③ 예비전원 점검　　④ 유도등 조도 점검

Tip

[유도등 점검]

(1) 3선식 유도등 점검
① 수신기에서 수동으로 점등스위치를 켜고 건물 내의 유도등 점등 여부 확인
② 감지기·발신기·중계기·스프링클러설비 등을 현장에서 작동과 동시에 유도등 점등 여부 확인

(2) 2선식 유도등 점검
① 평상시 유도등 점등 여부 확인
② 평상시 점등이면 정상, 소등이면 비정상

정답

38 ①　39 ③

해설

▣ 예비전원 점검

예비전원 상태의 점검은 외부에 있는 점검스위치(배터리상태 점검스위치)를 당겨보는 방법 또는 점검버튼을 눌러서 점등상태 확인

40 P형 수신기의 도통시험 시 결과가 정상임을 알려주는 것은?

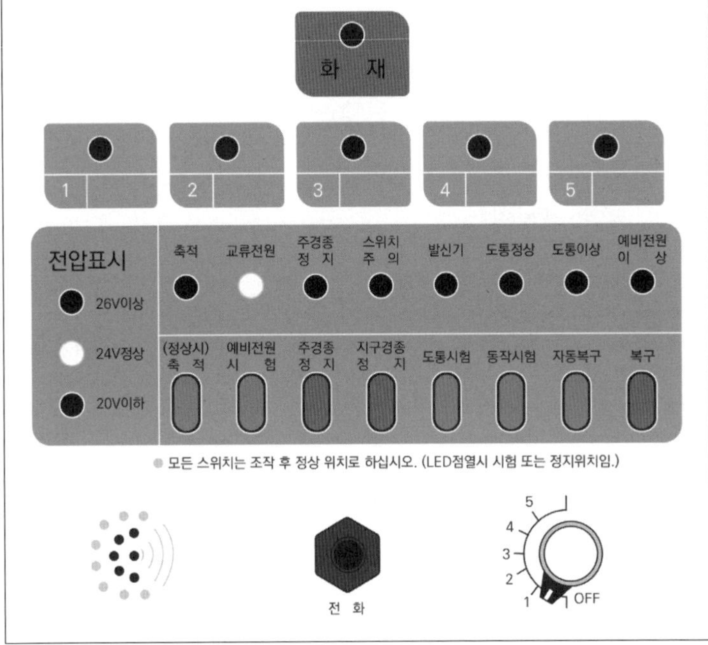

① 전압지시계 - 녹색등

② 교류전압표시등 - 녹색등

③ 도통시험표시등 - 녹색등

④ 단선표시등 - 적색등

해설

▣ P형 수신기 도통시험방법

1) 주경종, 지구경종스위치 정지
2) 회로시험스위치를 회로별 전환
3) <u>도통시험결과 "정상"인 녹색등이 점등</u>
4) 도통시험결과 "단선"인 적색등의 경우 선로 이상으로 선로 점검이 필요
   ※ 예비전원표시등은 수신기 내부 배터리와 수신기 접속을 하지 않은 상태에 점등

[회로도통시험]

수신기에서 감지기 사이 회로의 단선 유무와 기기 등의 접속 상황을 확인하기 위한 시험

(1) 시험순서
① 도통시험스위치를 누름
② 로터리 방식 : 회로선택스위치를 차례로 회전시켜 시험, 버튼 방식 : 각 경계구역별 동작버튼을 누른 후 시험

(2) 적부 판정방법
① 전압계 방식 : 정상(4 ~ 8 V), 단선(0 V)
② 도통시험 확인등 : 정상 확인등 점등(녹색), 단선 확인등 점등(적색)

(3) 복구방법
① 회로선택스위치를 초기(정상) 위치로 복구(로터리 방식만 해당)
② 도통시험스위치 복구

정답

40 ③

41 다음과 같은 조건인 경우 자위소방대 구성 및 편성에 대한 설명으로 옳은 내용을 모두 고르시오.

〈조건〉

관리의 권원이 하나인 대상처 내 다수의 소방대상물이 있는 경우

1급 소방안전관리대상물 (A구역)	3급 소방안전관리대상물 (B구역)	2급 소방안전관리대상물 (C구역)

가. 최초 현장대응조직은 본부대이다.
나. A구역은 본부대, B와 C구역은 지구대로 구성한다.
다. 본부대의 편성은 비상연락팀, 초기소화팀, 피난유도팀이다.
라. 지구대는 각 구역별로 현장대응팀을 구성할 수 없다.

① 가　　② 가, 나
③ 가, 다　　④ 가, 다, 라

해설

▣ 자위소방대 조직 편성

다수 소방대상물의 구성

1) 하나의 관리권원인 대상처 내에 다수의 소방대상물이 있는 경우, 각 대상물의 자위소방대가 유기적으로 연계되어 운영될 수 있도록 편성
2) 다수의 소방대상물 중 급수(특급, 1급, 2급, 3급)가 가장 높은 대상물을 본부대로 편성하고 그 밖의 대상물은 지구대로 구성
3) 본부대는 비상연락팀, 초기소화팀, 피난유도팀, 방호안전팀, 응급구조팀을 기본으로 편성하며, 지구대는 각 구역(Zone)별 규모, 편성대원 등 현장 운영여건에 따라 필요한 팀을 구성할 수 있다.

Tip

[자위소방활동]

편성 조직	업무 내용
비상 연락팀	화재사실의 전파 및 신고업무
초기 소화팀	화재 발생 시 초기화재 진압 활동
피난 유도팀	재실자 및 장애인, 노인, 임산부, 영유아 및 어린이 등 이동이 어려운 사람(피난약자)을 안전한 장소로 대피시키는 업무
응급 구조팀	인명을 구조하고, 부상자에 대한 응급조치
방호 안전팀	화재확산방지 및 위험시설의 제어 및 비상반출 등 방호안전 업무

42 TYPE – II 자위소방대 구성에 관한 다음 설명 중 옳은 것을 모두 고르시오.

가. 1급 또는 상시 근무인원이 50명 이상인 2급 소방안전관리대상물에 적용되는 조직편성이다.
나. 지휘조직인 지휘통제팀과 현장대응조직인 비상연락팀, 초기소화팀, 피난유도팀, 방호안전팀, 응급구조팀으로 구성하며, 각 팀별 최소편성 인원은 2명 이상으로 하고 각 팀별 책임자(팀장)을 지정하여 운영한다.
다. 다수의 소방대상물 중 급수(특급, 1급, 2급, 3급)가 가장 높은 대상물을 본부대로 편성하고, 그 밖의 대상물은 지구대로 구성할 수 있다.

① 가　　② 가, 나
③ 가, 다　　④ 가, 나, 다

정답

41 ②　42 ④

해 설

■ 자위소방대

<table>
<tr><th>구분</th><th>편성대상</th><th colspan="2">편성기준</th></tr>
<tr><td rowspan="3">TYPE - Ⅰ</td><td rowspan="3">1) 특급
2) 1급(연면적 30000 m^2 이상 포함- 공동주택 제외)</td><td>지휘통제</td><td>지휘통제팀</td></tr>
<tr><td>현장대응
(본부대)</td><td>비상연락팀, 초기소화팀, 피난유도팀, 응급구조팀, 방호안전팀
* 필요시 팀 가감 편성</td></tr>
<tr><td>현장대응
(지구대)</td><td>각 구역(Zone)별 현장대응팀
* 구역별 규모, 인력에 따라 편성</td></tr>
<tr><td rowspan="2">TYPE - Ⅱ</td><td rowspan="2">1) 1급
* 연면적 30000 m^2 이상의 경우 TYPE - Ⅰ 참고 및 적용(공동주택 제외)
2) 2급(상시 근무인원 50명 이상)</td><td>지휘통제</td><td>지휘통제팀</td></tr>
<tr><td>현장대응</td><td>비상연락팀, 초기소화팀, 피난유도팀, 응급구조팀, 방호안전팀
* 필요시 팀 가감 편성</td></tr>
<tr><td rowspan="2">TYPE - Ⅲ</td><td rowspan="2">1) 2·3급
* 상시 근무인원 50명 이상의 경우 TYPE - Ⅱ 참고 및 적용</td><td>지휘통제</td><td>지휘통제팀</td></tr>
<tr><td>현장대응</td><td>(10인 미만) 현장대응팀
* 개별 팀 구분 없음
(10인 이상) 비상연락팀, 초기소화팀, 피난유도팀
* 필요시 팀 가감 편성</td></tr>
<tr><td>초기대응
체계</td><td>상시 근무 또는 거주 인원</td><td>초기대응</td><td>초기대응팀
(휴일야간 포함)</td></tr>
<tr><td>비고</td><td colspan="3">1) 지휘통제팀은 수신반, 종합방재실을 거점으로 화재상황의 모니터링, 지휘통제 임무 수행, 현장대응팀은 화재 등 재난현장에서 비상연락, 초기소화, 피난유도 등의 임무를 수행
2) 대원편성은 상시 근무 또는 거주 인원 중 자위소방활동이 가능한 인력을 기준으로 조직 구성
3) 초기대응체계는 특정소방대상물의 이용시간 동안 운영</td></tr>
</table>

※ [43 ~ 45] 다음의 소방안전관리대상물 조건을 보고 각 물음에 답하시오.

<table>
<tr><td>용도</td><td>아파트</td></tr>
<tr><td>층수</td><td>지상 35층</td></tr>
<tr><td>세대수</td><td>1600세대</td></tr>
<tr><td rowspan="2">소방안전관리자 현황</td><td>선임일자 : 2024년 5월 15일</td></tr>
<tr><td>강습 및 실무교육 : 이수이력 없음</td></tr>
</table>

※ 상기 조건을 제외한 나머지 조건은 무시한다.

43 위와 같은 조건의 소방안전관리대상물 등급을 고르시오.

① 특급 소방안전관리대상물
② 1급 소방안전관리대상물
③ 2급 소방안전관리대상물
④ 3급 소방안전관리대상물

해설

▣ 소방안전관리자 선임대상물

<table>
<tr><th>특급 대상물</th><th>1급 대상물</th><th>2급 대상물</th><th>3급 대상물</th></tr>
<tr><td>[아파트]
• 50층 이상 (지하층 제외)
• 높이 200 m 이상 (지상부터)</td><td>[아파트]
• 30층 이상 (지하층 제외)
• 높이 120 m 이상 (지상부터)</td><td rowspan="3">• 지하구
• 공동주택 (의무관리)
• 보물 · 국보목조 건축물
• 옥내 · 스프링클러 · 간이스프링클러 · 물분무등 설치대상(호스릴 제외)</td><td rowspan="3">자동화재 탐지설비 설치된 특정소방 대상물</td></tr>
<tr><td>[아파트 제외한 모든 건축물]
• 30층 이상 (지하층 포함)
• 높이 120 m 이상 (지상부터)</td><td>[아파트 제외한 모든 건축물]
• 11층 이상 (지하층 제외)</td></tr>
<tr><td>[모든 건축물]
• 연면적 10만 m² 이상</td><td>[모든 건축물]
• 연면적 1만 5천 m² 이상</td></tr>
<tr><td>-</td><td>[가연성 가스]
1000 t 이상</td><td>[가연성 가스]
100 ~ 1000 t 가스제조설비 도시가스 허가시설</td><td></td></tr>
</table>

35층 아파트이므로 1급 소방안전관리대상물이다.

정답
43 ②

44 **해당 소방대상물의 소방안전관리자와 소방안전관리보조자 선임인원으로 옳게 짝지어진 것을 고르시오.**

① 소방안전관리자 1명, 소방안전관리보조자 1명
② 소방안전관리자 2명, 소방안전관리보조자 2명
③ 소방안전관리자 1명, 소방안전관리보조자 5명
④ 소방안전관리자 2명, 소방안전관리보조자 10명

해 설

▣ 소방안전관리보조자 선임기준

보조자선임대상 특정소방대상물	최소 선임기준
300세대 이상인 아파트	1명(300세대마다 1명 이상 추가)
연면적이 1만 5천 m^2 이상인 특정소방대상물(아파트 및 연립주택 제외)	1명(연면적 1만 5천 m^2마다 1명 이상 추가) 다만 특정소방대상물의 종합방재실에 자위소방대가 24시간 상시 근무하고, 소방자동차 중 소방펌프차, 소방물탱크차, 소방화학차, 무인방수차를 운용하는 경우 3000 m^2 초과마다 1명 추가 선임한다.
1) 공동주택 중 기숙사 2) 의료시설 3) 노유자시설 4) 수련시설 5) 숙박시설(숙박시설로 사용되는 바닥면적의 합계가 1500 m^2 미만이고 관계인이 24시간 상시 근무하고 있는 숙박시설은 제외)	1명 다만 해당 특정소방대상물이 소재하는 지역을 관할하는 소방서장이 야간이나 휴일에 해당 특정소방대상물이 이용되지 않는다는 것을 확인한 경우에는 선임하지 않을 수 있다.

1) 소방안전관리자는 급수에 맞는 인원 1명을 선임한다.
2) 300세대 이상의 아파트는 1명을 선임하고, 300세대마다 1명 이상 추가선임하며, 전체 세대수를 300으로 나눈 후 소수점을 버려서 계산한다.

$$\frac{1600}{300} = 5.33$$

∴ 5명

Tip

[소방안전관리보조자의 자격]
(1) 특급, 1급, 2급, 3급 소방대상물의 소방안전관리자 자격이 있는 사람
(2) 국가기술자격 중에서 행정안전부령으로 정하는 국가기술자격이 있는 사람
(3) 공공기관, 특급, 1급, 2급, 3급 소방안전관리 강습교육을 수료한 사람
(4) 소방안전관리대상물에서 소방안전 관련 업무에 5년 이상 근무한 경력이 있는 사람

정답
44 ③

45 위의 소방대상물의 소방안전관리자 실무교육 이수기한을 고르시오.

① 2024년 5월 31일
② 2024년 8월 14일
③ 2024년 11월 14일
④ 2024년 12월 14일

해설

■ 소방안전관리자 실무교육

강습 및 실무교육 이수내력이 없기 때문에 6개월 이내에 실무교육을 받는다.

<table>
<tr><th colspan="2">강습 및 실무교육</th><th>내용</th></tr>
<tr><td colspan="2">실시권자</td><td>소방청장(한국소방안전원장에게 위임)</td></tr>
<tr><td colspan="2">대상자</td><td>1) 소방안전관리자 및 소방안전관리보조자
2) 소방안전관리 업무를 대행하는 자를 감독할 수 있는 소방안전관리자
3) 소방안전관리자의 자격을 인정받으려는 자</td></tr>
<tr><td colspan="2">실무교육 통보</td><td>교육실시 30일 전</td></tr>
<tr><td colspan="2">실무교육 주기</td><td>선임된 날부터 6개월 이내, 교육실시 후에는 2년마다 실시
다만 강습교육 또는 실무교육 수료 후 1년 이내에 선임 시, 6개월 교육은 면제된다(즉, 선임 후 2년마다 실무교육 실시).</td></tr>
<tr><td rowspan="2">실무 교육 미이행 시</td><td>벌칙</td><td>과태료 50만 원</td></tr>
<tr><td>자격 정지</td><td>1) 처분권자 : 소방청장
2) 1년 이하의 기간을 정하여 자격을 정지시킬 수 있음
(1) 1차 : 경고(시정명령)
(2) 2차 : 자격정지(3개월)
(3) 3차 : 자격정지(6개월)</td></tr>
</table>

Tip

[소방안전관리자 실무교육]

(1) 소방안전관리 강습교육 또는 실무교육을 받은 후 1년 이내에 소방안전관리자로 선임된 사람은 해당 강습교육을 수료하거나 실무교육을 이수한 날에 실무교육을 이수한 것으로 본다.

(2) 소방안전관리보조자의 경우 소방안전관리자 강습교육 또는 실무교육이나 소방안전관리보조자 실무교육을 받은 후 1년 이내에 소방안전관리보조자로 선임된 사람은 해당 강습교육을 수료하거나 실무교육을 이수한 날에 실무교육을 이수한 것으로 본다.

정답

45 ③

46 **주요 구조부가 내화구조이며 다음 그림과 같은 크기의 실이 있는 건축물에 차동식 스포트형 감지기 1종을 설치할 때 필요한 감지기 최소 수량을 고르시오. (단, 감지기 부착 높이는 3.8 m이다)**

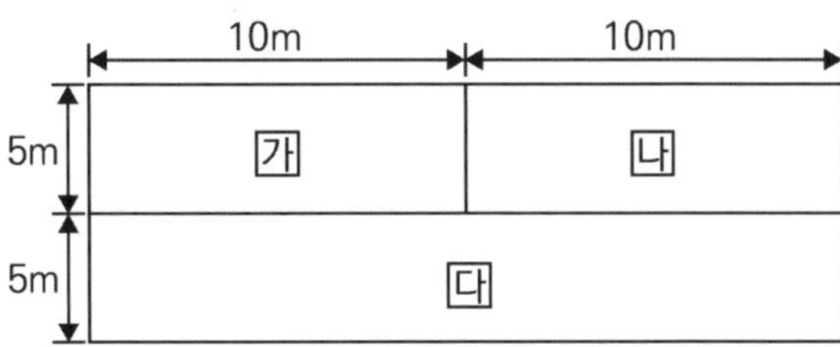

※ 출처 : 한국소방안전원

① 1개
② 2개
③ 3개
④ 4개

해설

▣ 감지기 수량

부착 높이 및 특정소방대상물의 구분		감지기의 종류(단위 : m^2)						
		차동식 스포트형		보상식 스포트형		정온식 스포트형		
		1종	2종	1종	2종	특종	1종	2종
4 m 미만	내화구조	90	70	90	70	70	60	20
	기타구조	50	40	50	40	40	30	15
4 m 이상 8 m 미만	내화구조	45	35	45	35	35	30	
	기타구조	30	25	30	25	25	15	

주요 구조부가 내화구조이며 차동식 스포트형 감지기 1종을 설치하며, 감지기 부착 높이가 3.8 m이므로 90 m^2마다 설치한다.

1) 가 : $\frac{10\times5}{90}=0.56$ → 절상해서 1개

2) 나 : $\frac{10\times5}{90}=0.56$ → 절상해서 1개

3) 다 : $\frac{20\times5}{90}=1.11$ → 절상해서 2개

정답

46 ④

47 다음 그림에 해당하는 설비 명칭과 방식을 고르시오.

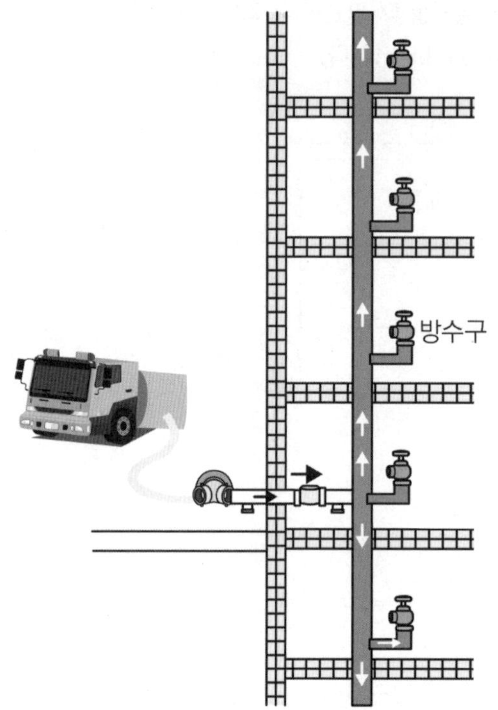

※ 출처 : 한국소방안전원

① 연결살수설비, 습식
② 연결살수설비, 건식
③ 연결송수관설비, 습식
④ 연결송수관설비, 건식

해설

▣ 연결송수관설비 종류

1) 건식 : 평상시에 연결 송수관 배관 내부가 비어 있는 상태로 관리한다. 이 방식은 지면으로부터 높이가 31 m 미만인 특정소방대상물 또는 지상 11층 미만인 특정소방대상물에만 설치한다.
2) 습식 : 건식에 비하여 습식은 관로 내부에 상시 물이 충전된 상태로 유지되며 지면으로부터 높이가 31 m 이상인 특정소방대상물 또는 지상 11층 이상인 특정소방대상물에 설치한다.

[연결송수관설비]
넓은 면적의 고층 또는 지하 건축물에 설치하며, 화재 시 소방관이 소화하는 데 사용하는 설비
(1) 구성요소 : 송수구, 방수구, 방수기구함, 배관
(2) 주배관의 구경 : 100 mm 이상
(3) 지면으로부터의 높이가 31 m 이상 또는 지상 11층 이상 : 습식 설비
(4) 주배관의 구경이 100 mm 이상인 옥내소화전설비, 스프링클러설비 또는 물분무등소화설비의 배관과 겸용할 수 있다(30층 이상 : 스프링클러설비의 배관과 겸용할 수 없다).

정답
47 ③

48 **다음 그림은 스프링클러설비의 유수검지장치 단면도이다. 이에 대한 설명으로 틀린 것을 고르시오.**

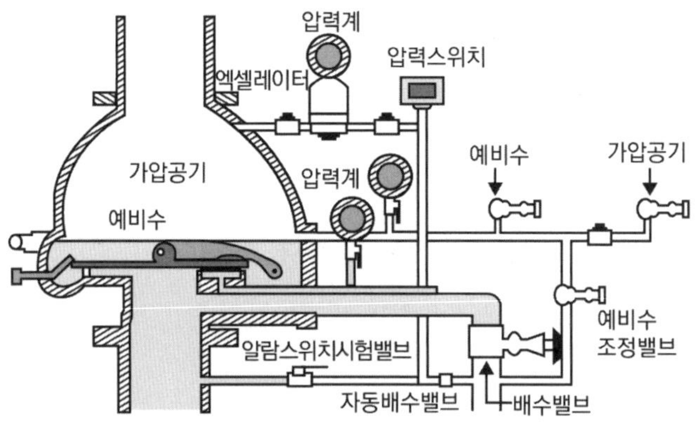

※ 출처 : 한국소방안전원

① 건식유수검지장치이다.
② 헤드 개방 시 2차 측 가압공기(압축공기)의 압력이 낮아지면 개방장치가 작동하여 클래퍼를 개방한다.
③ 개방형 헤드 및 공기압축기를 설치한다.
④ 가압수에 의해 압력스위치가 작동하면 사이렌이 경보하며, 감시제어반의 화재 표시등 및 밸브개방표시등이 점등한다.

해설

▣ 건식 스프링클러설비 작동순서

건식 밸브 기준으로 1차 측 배관은 가압수, 2차 측 배관은 압축공기 또는 축압된 질소 등의 기체상태로 유지한다.

화재 발생
⇩
열에 의해 폐쇄형 헤드 개방 및 압축공기 방출
⇩
2차 측 배관 압력 저하
⇩
1차 측 압력에 의해 건식 유수검지장치(건식 밸브)의 클래퍼 개방
⇩
1차 측 가압수의 2차 측으로의 유수를 통해
헤드로 방출 및 건식 밸브의 압력스위치 작동
⇩
사이렌 경보, 감시제어반의 화재표시등 및 밸브개방표시등 점등
⇩
배관 내 압력저하로 기동용 수압개폐장치(압력챔버)의 압력스위치 작동
⇩
펌프 기동

Tip

[건식 스프링클러설비 특징]
(1) 동결 우려 장소 및 옥외 사용 가능
(2) 살수개시 시간 지연 및 복잡한 구조
(3) 화재초기 압축공기에 의한 화재 확대 우려
(4) 일반헤드인 경우 상향형으로 시공
(5) 폐쇄형 헤드이다.

정답
48 ③

49 **분말소화기의 내용연수 및 폐기방법에 대한 설명으로 틀린 것을 고르시오.**

① 소화기의 내용연수는 10년이며, 내용연수가 지난 제품은 바로 폐기한다.
② 분말소화기는 신고필증을 구매·부착하여 지정된 장소에 배출하여야 한다.
③ 지방자치단체의 조례에 따라 폐기방법이 다를 수 있다.
④ 분말소화기는 폐기물관리법에 따라 생활폐기물로 구분한다.

해설

▣ 분말소화기 내용연수

1) 소화기의 내용연수를 10년으로 하고 내용연수가 지난 제품은 교체 또는 성능검사에 합격한 소화기는 내용연수 등이 경과한 날의 다음 달부터 다음 기간 동안 사용
   (1) 내용연수 경과 후 10년 미만 : 3년
   (2) 내용연수 경과 후 10년 이상 : 1년
2) 분말소화기의 폐기방법
   폐기물관리법에 따라 생활폐기물 신고필증을 구매·부착하여 지정된 장소에 배출(지방자치단체 조례에 따라 폐기방법이 다를 수 있음)

정답
49 ①

50 **비화재보의 원인과 대책으로 틀린 것을 고르시오.**

① 원인 : 청소불량에 의한 감지기 오동작
대책 : 내부 먼지 제거 후 복구스위치 누른다.
② 원인 : 주방에 비적응성이 있는 감지기가 설치된 경우
대책 : 적응성이 있는 감지기인 차동식 감지기로 교체한다.
③ 원인 : 천장형 온풍기에 밀접하게 설치된 경우
대책 : 기류흐름 방향에서 이격하여 설치한다.
④ 원인 : 담배연기로 인한 연기감지기가 동작한 경우
대책 : 흡연구역에 환풍기 등을 설치한다.

해설

▣ 비화재보의 원인과 대책

원인	대책
습도 증가에 의한 감지기 오동작	복구스위치 누름 or 동작된 감지기 복구
주방에 비적응성(차동식) 감지기 설치	적응성(정온식) 감지기로 교체
감지기를 천장형 온풍기에 밀접하게 설치	기류흐름 방향으로부터 이격시켜 설치
먼지·분진에 의한 감지기 오동작	내부 먼지 청소 후 복구스위치 누름 or 감지기 교체
담배연기로 인한 연기감지기 오동작	흡연구역에 환풍기 설치
건축물 누수로 인한 감지기 오동작	누수부분 방수처리 및 감지기 교체
장난으로 발신기 누름버튼(작동스위치) 동작	입주자 소방안전교육

Tip

[비화재보]
(1) 실제 화재 시 발생되는 열, 연기, 불꽃 등의 연소생성물이 아닌 다른 요인에 의해서 자동화재탐지설비가 작동되어 경보를 발하는 현상
(2) 자동화재 탐지설비가 정상 작동되었더라도 실제 화재가 아닌 경우

[비화재보 시 대처방법]
(1) 수신기 화재표시등, 지구표시등 확인
(2) 해당구역 실제 화재 여부 확인
(3) 음향장치(주경종, 지구경종, 비상방송, 사이렌) 정지
(4) 비화재보 원인 제거
  ① 감지기 동작표시등 확인 : 감지기 교체 등
  ② 발신기표시등 점등 확인 : 발신기 누름스위치 복구
(5) 복구스위치를 눌러 수신기를 정상으로 복구
(6) 음향장치를 정상 또는 연동으로 전환시켜 복구
(7) 스위치주의등 소등 확인

정답
50 ②

03회 실전모의고사

01 **다음에 제시된 건축물의 일반현황을 참고하여 모아빌딩에 대한 설명으로 옳은 것을 고르시오.**

구분	건축물 일반현황
명칭	모아빌딩
규모/구조	• 연면적 : 20000 m^2 • 층수 : 지하 3층, 지상 9층 • 높이 : 36 m • 용도 : 업무시설 • 사용승인일 : 2010.01.04
소방시설 현황	• 자동화재탐지설비 • 스프링클러설비 • 옥내소화전설비 • 비상방송설비

① 모아빌딩은 2급 소방안전관리대상물이다.
② 2024년 1월에 종합점검을 하며, 2024년 7월에는 작동점검을 실시한다.
③ 소방안전관리보조자를 선임하지 않아도 된다.
④ 소방공무원으로 근무한 경력이 5년 이상인 사람을 소방안전관리자로 선임한다.

Tip
[종합점검 대상]
(1) 최초점검 대상물
(2) 스프링클러설비가 설치된 특정소방대상물
(3) 물분무등소화설비(호스릴 방식의 물분무등소화설비만을 설치한 경우는 제외)가 설치된 연면적 5000 m^2 이상인 특정소방대상물(위험물 제조소 등은 제외)
(4) 다중이용업의 영업장이 설치된 특정소방대상물로서 연면적이 2000 m^2 이상인 것(단란주점, 유흥주점, 노래연습장, 산후조리원, 고시원, 안마시술소, 영화상영관, 비디오물감상실업, 복합영상물제공업)
(5) 제연설비가 설치된 터널
(6) 공공기관 중 연면적(터널 · 지하구의 경우 그 길이와 평균폭을 곱하여 계산된 값)이 1000 m^2 이상인 것으로서 옥내소화전설비 또는 자동화재탐지설비가 설치된 것(소방대가 근무하는 공공기관은 제외)

해설

▣ 건축물일반현황

스프링클러설비가 설치되어 있으므로 종합점검대상에 해당하며, 종합점검은 매년 사용승인일을 받은 달에 실시하고 작동점검은 그로부터 6개월이 되는 달에 실시한다.

정답
01 ②

▣ 소방안전관리대상물

<table>
<tr><th>특급 대상물</th><th>1급 대상물</th><th>2급 대상물</th><th>3급 대상물</th></tr>
<tr><td>[아파트]
• 50층 이상
(지하층 제외)
• 높이 200 m 이상
(지상부터)</td><td>[아파트]
• 30층 이상
(지하층 제외)
• 높이 120 m 이상
(지상부터)</td><td rowspan="3">• 지하구
• 공동주택
(옥내/SP설치)
• 보물 · 국보목조 건축물
• 옥내소화전 · 스프링클러 · 간이 스프링클러 · 물분무등 설치대상</td><td rowspan="3">간이 스프링클러설비 또는 자동화재 탐지설비 설치된 특정소방 대상물</td></tr>
<tr><td>[아파트 제외한 모든 건축물]
• 30층 이상
(지하층 포함)
• 높이 120 m 이상
(지상부터)</td><td>[아파트 제외한 모든 건축물]
• 11층 이상
(지하층 제외)</td></tr>
<tr><td>[모든 건축물]
• 연면적 10만 m²
이상(아파트 제외)</td><td>[모든 건축물]
• 연면적 1만 5천 m²
이상(아파트 및 연립주택 제외)</td></tr>
<tr><td>-</td><td>[가연성 가스]
1000 t 이상 저장 · 취급</td><td>[가연성 가스]
100 ~ 1000 t 저장 · 취급 가스제조설비 도시가스 허가시설</td><td></td></tr>
<tr><td colspan="2">[제외 장소]
• 지하구
• 위험물 저장 · 처리시설 중 위험물 제조소 등
• 철강 등 불연물품 저장 · 취급 창고
• 동 · 식물원</td><td>[제외 장소]
호스릴 방식의 물분무 등만 설치한 경우</td><td></td></tr>
</table>

※ 연면적 1만 5천 m^2 이상이므로 1급 소방안전관리대상물이다.

▣ 소방안전관리보조자 선임대상 및 선임기준

보조자선임대상 특정소방대상물	최소 선임기준
300세대 이상인 아파트	1명(300세대마다 1명 이상 추가)
연면적이 1만 5천 m^2 이상인 특정소방대상물(아파트 및 연립주택 제외)	1명(연면적 1만 5천 m^2마다 1명 이상 추가) 다만 특정소방대상물의 종합방재실에 자위소방대가 24시간 상시 근무하고, 소방자동차 중 소방펌프차, 소방물탱크차, 소방화학차, 무인방수차를 운용하는 경우 3000 m^2 초과마다 1명 추가 선임한다.

보조자선임대상 특정소방대상물	최소 선임기준
1) 공동주택 중 기숙사 2) 의료시설 3) 노유자시설 4) 수련시설 5) 숙박시설(숙박시설로 사용되는 바닥 면적의 합계가 1500 m^2 미만이고 관계인이 24시간 상시 근무하고 있는 숙박시설은 제외)	1명 다만 해당 특정소방대상물이 소재하는 지역을 관할하는 소방서장이 야간이나 휴일에 해당 특정소방대상물이 이용되지 않는다는 것을 확인한 경우에는 선임하지 않을 수 있다.

※ 연면적이 1만 5천 m^2 이상인 특정소방대상물이므로 소방안전관리보조자를 선임해야 한다.
이때 20000 ÷ 15000 = 1.33이며, 소수점을 절삭하여 1명의 소방안전관리보조자를 선임한다.

※ 소방공무원으로 근무한 경력이 7년 이상이어야 한다.

※ [02 ~ 03] 다음 보기를 보고 각 물음에 답하시오.

〈보기〉

- 특정소방대상물 : 모아영화상영관
- 연면적 : 3500 m^2
- 소방시설현황 : 스프링클러설비, 옥내소화전설비, 자동화재탐지설비, 소화기구, 비상조명등, 유도등, 제연설비, 누전경보기, 비상방송설비
- 완공일 : 2020년 4월 25일
- 사용승인일 : 2020년 5월 11일

02 모아영화상영관에 대한 설명으로 틀린 것을 고르시오.

① 작동점검 제외대상이다.
② 2024년 5월에 종합점검을 실시한다.
③ 2024년 11월에 작동점검을 실시한다.
④ 종합점검과 작동점검은 소방시설관리사 또는 소방안전관리자가 실시한다.

해설

▣ 작동점검 제외 대상

1) 위험물제조소등
2) 소방안전관리자를 선임하지 않은 대상
3) 특급 소방안전관리대상물

※ 스프링클러설비가 설치되어 있으므로 종합점검대상에 해당한다. 따라서 매년 사용승인일이 속한 5월에 실시하고 그로부터 6개월이 되는 달인 11월에 작동점검을 실시한다.

[작동점검]

작동점검 : 연 1회 이상 실시

(1) 종합점검 대상 : 종합점검(최초점검은 제외)을 받은 달부터 6개월이 되는 달에 실시
(2) 그 외 : 특정소방대상물의 사용승인일이 속하는 달의 말일까지 실시(다만 건축물관리대장 또는 건물 등기사항증명서 등에 기입된 날이 다른 경우에는 건축물관리대장에 기재되어 있는 날을 기준으로 점검)

정답

02 ①

03 모아영화상영관의 자체점검 시 필요한 점검 장비로 알맞은 것을 모두 고르시오.

㉠ 방수압력측정계	㉡ 음량계
㉢ 차압계	㉣ 조도계
㉤ 누전계	

① ㉠, ㉡, ㉢
② ㉡, ㉢, ㉤
③ ㉠, ㉡, ㉢, ㉣, ㉤
④ ㉢, ㉤

해설

▣ 자체점검장비

소방시설	점검 장비
모든 소방시설	방수압력측정계, 절연저항계(절연저항측정기), 전류전압측정계
소화기구	저울
옥내소화전설비 옥외소화전설비	소화전밸브압력계
스프링클러설비 포소화설비	헤드결합렌치(볼트, 너트, 나사 등을 죄거나 푸는 공구)
이산화탄소소화설비 분말소화설비 할론소화설비 할로겐화합물 및 불활성기체 소화설비	검량계, 기동관누설시험기, 그 밖에 소화약제의 저장량을 측정할 수 있는 점검기구
자동화재탐지설비 시각경보기	열감지기시험기, 연(煙)감지기시험기, 공기주입시험기, 감지기시험기연결막대, 음량계
누전경보기	누전계
무선통신보조설비	무선기
제연설비	풍속풍압계, 폐쇄력측정기, 차압계(압력차 측정기)
통로유도등 비상조명등	조도계(밝기 측정기)

정답
03 ③

04 다음의 설명을 보고 알맞은 밸브 명칭을 고르시오.

- 배관 내의 유체 흐름을 한 방향으로 흐르게 하는 기능
- 수평, 수직 어느 쪽 배관에도 사용 가능
- 주 급수배관이 아닌 유량이 적은 배관에 사용

① 스모렌스키 체크밸브
② 스윙체크밸브
③ 리프트 체크밸브
④ 풋밸브

해 설

▣ 체크밸브

배관 내 유체의 흐름을 한쪽 방향으로만 흐르게 하는 기능(역류방지 기능)이 있는 밸브를 체크밸브라고 하며, 현재 많이 사용하고 있는 체크밸브는 스모렌스키 체크밸브와 스윙체크밸브가 있다.

1) 스모렌스키 체크밸브 : 스프링이 내장된 리프트 체크밸브로서 평상시에는 체크밸브 기능을 하며, 수격이 발생할 수 있는 펌프 토출 측과 연결송수구 연결 배관등에 주로 설치된다.
2) 스윙체크밸브 : 주 급수배관이 아닌 물올림장치의 펌프 연결배관, 유수검지장치의 주변배관과 같은 유량이 적은 배관상에 사용된다.

[풋밸브]
수원이 펌프보다 아래에 설치된 경우 흡입 측 배관의 말단에 설치하며, 이물질을 제거하는 여과기능과 흡입배관 내의 물이 수조로 다시 빠져나가는 것을 막는 체크기능이 있다.

[개폐표시형 개폐밸브]
개폐표시형 개폐밸브는 외부에서도 밸브가 개방되었는지 폐쇄되었는지를 쉽게 알 수 있는 밸브를 말한다. 옥내소화전의 급수배관에 개폐밸브를 설치할 때는 개폐표시형을 설치하여야 하며, 주로 OS&Y밸브와 버터플라이밸브가 설치되나 버터플라이밸브는 마찰손실이 크므로 펌프 흡입 측에는 설치할 수 없다.

05 다음 원소 중 수소와의 결합력이 가장 큰 것은?

① F ② Cl
③ Br ④ I

해 설

▣ 할로겐화합물 소화약제

전기음성도 : 원자가 전자를 끌어당기는 정도
∴ F > Cl > Br > I

[부촉매 효과(소화능력 크기)]
활성화에너지를 높여서 반응을 억제시켜 연쇄반응 차단
∴ F < Cl < Br < I

정답
04 ② 05 ①

06 다음은 침대가 없는 숙박시설이다. 수용인원을 산정하시오.

객실 202호	객실 203호	객실 204호	객실 205호
복도 면적 $30m^2$			
객실 209호	객실 208호	객실 207호	객실 206호

- 모든 객실의 바닥면적은 150 m^2이다.
- 복도의 길이는 10 m이며, 면적은 30 m^2이다.
- 종사자수는 5명이다.

① 400명
② 405명
③ 420명
④ 500명

[수용인원 산정]
(1) 바닥면적 산정 시 복도, 계단 및 화장실은 바닥면적을 포함하지 않는다.
(2) 소수점 이하의 수는 반올림한다.

해설

▣ 수용인원산정

대상	용도	수용인원의 산정
숙박시설이 있는 대상물	침대가 있는 숙박시설	종사자 수 + 침대 수
	침대가 없는 숙박시설	종사자 수 + 바닥면적의 합계 $\left[\frac{m^2}{3m^2}\right]$
그 외 특정소방대상물	강의실 · 교무실 · 상담실 · 실습실 · 휴게실 용도	바닥면적의 합계 $\left[\frac{m^2}{1.9m^2}\right]$
	강당, 문화 및 집회시설, 운동시설, 종교시설	바닥면적의 합계 $\left[\frac{m^2}{4.6m^2}\right]$
		고정식 의자 수
		고정식 긴 의자 $\left[\frac{m}{4.5m}\right]$
	그 밖의 특정소방대상물	바닥면적의 합계 $\left[\frac{m^2}{3m^2}\right]$

※ 복도를 제외한 바닥면적은 총 150 × 8 = 1200 m^2이다.
따라서 1200 ÷ 3 = 400명이며, 종사자수 5명을 더해서 405명이다.

정답
06 ②

07 다음 그림과 설명을 보고 해당 건축물의 높이를 산정하시오.

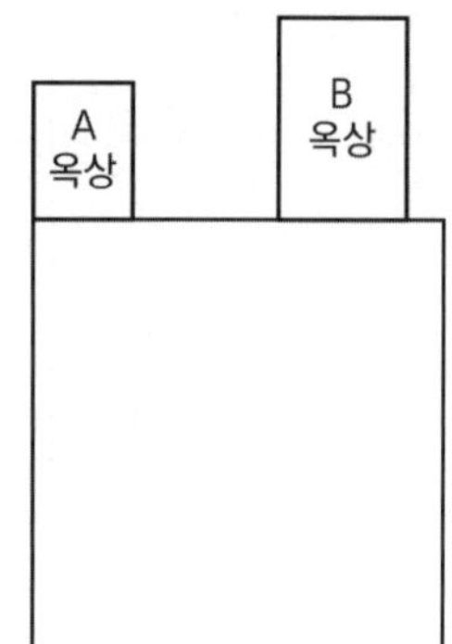

• 건축면적 : 1500 m^2 • A옥상의 수평투영면적 : 100 m^2 • B옥상의 수평투영면적 : 80 m^2 • A옥상의 높이 : 10 m • B옥상의 높이 : 22 m • 건축물 상단까지의 높이 : 70 m

① 70 m
② 80 m
③ 82 m
④ 88 m

해 설

▣ 건축물의 높이 산정에서 제외되는 부분

1) 옥상부분(건축물의 옥상에 설치되는 승강기탑·계단탑·망루·장식탑·옥탑 등)으로서 그 수평투영면적의 합계가 해당 건축물 건축면적의 1/8 이하(주택법에 따른 사업계획승인 대상 공동주택으로 세대별 전용면적이 85 m^2 이하인 경우 1/6 이하)인 경우로서 그 부분의 높이가 12 m를 넘는 경우에는 그 넘는 부분만 해당 건축물의 높이에 산입한다.
2) 옥상돌출물(지붕마루장식·굴뚝·방화벽·기타 이와 유사한 옥상돌출부)과 난간벽(그 벽면적의 1/2 이상이 공간으로 된 것에 한함)은 해당 건축물 높이에 산입하지 않는다.

※ A옥상과 B옥상의 수평투영면적의 합계는 180 m^2로써 건축면적 1500 m^2의 1/8 이하이다. 따라서 12 m를 넘는 경우의 부분만 산입하기 때문에 B옥상의 높이 22 m 중 12 m를 넘는 (22 - 12 = 10 m)를 건축물 상단까지의 높이 70 m에서 더해주면 70 + 10 = 80 m이다.

[건축물 층수 산정의 원칙]
(1) 건축물의 지상층만을 층수에 산입하며 건축물의 부분에 따라 층수를 달리하는 경우에는 그 중에서 가장 많은 층수를 그 건축물의 층수로 본다.
(2) 층의 구분이 명확하지 아니한 건축물은 높이 4 m마다 하나의 층으로 산정한다.

정답
07 ②

08 **다음 중 건축면적 산정에서 제외되는 부분으로 틀린 것을 고르시오.**

① 지표면으로부터 2 m 이하에 있는 부분

② 건축물 지상층에 일반인이나 차량이 통행할 수 있도록 설치한 차량통로

③ 지하주차장의 경사로

④ 건축물 지하층의 출입구 상부

해 설

■ 건축면적 산정에서 제외되는 부분

1) 지표면으로부터 1미터 이하에 있는 부분
2) 2004년 5월 29일 이전에 건축된 다중이용업소의 비상구에 설치한 폭 2미터 이하의 옥외피난계단
3) 건축물 지상층에 일반인이나 차량이 통행할 수 있도록 설치한 보행통로나 차량통로
4) 지하주차장의 경사로
5) 건축물 지하층의 출입구 상부
6) 생활폐기물 보관시설(음식물쓰레기, 의류 등의 수거시설)
7) 어린이집의 비상구에 연결하여 설치하는 폭 2미터 이하의 영유아용 대피용 미끄럼대 또는 비상계단
8) 장애인용 승강기, 장애인용 에스컬레이터, 휠체어리프트 또는 경사로
9) 소독설비를 갖추기 위하여 같은 호에 따른 가축사육시설에서 설치하는 시설
10) 현지보존 및 이전보존을 위하여 매장유산 보호 및 전시에 전용되는 부분
11) 가축분뇨의 관리 및 이용에 관한 법률 제12조에 따른 처리시설

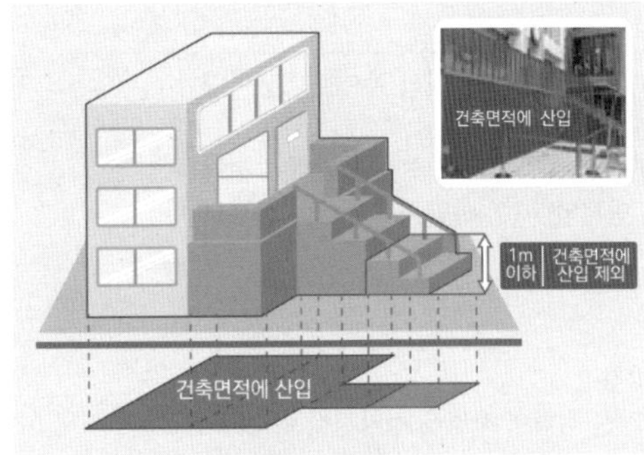

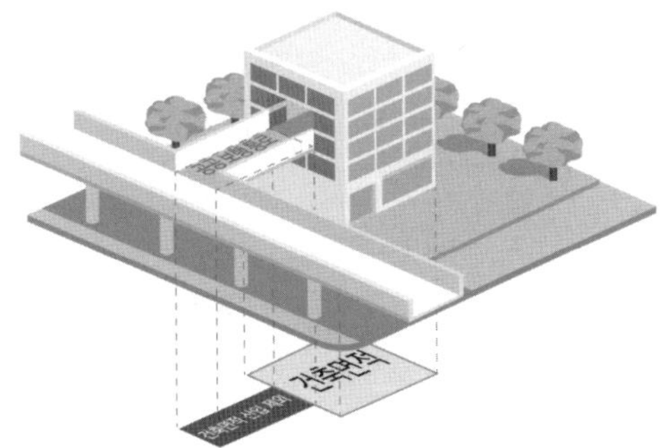

※ 출처 : 한국소방안전원

정답

08 ①

※ [09 ~ 10] 다음 소방안전관리대상물의 조건을 보고 물음에 답하시오.

용도	의료시설
규모	지상 13층, 지하 2층, 연면적 8000 m^2
소방안전관리자 현황	선임일자 : 2024년 1월 15일 강습 및 실무교육 : 이수이력 없음

09 소방안전관리자의 실무교육 이수기한을 고르시오.

① 2025년 1월 15일
② 2024년 7월 14일
③ 2025년 4월 15일
④ 2024년 4월 15일

해설

▣ 실무교육

강습 및 실무교육		내용
실시권자		소방청장(한국소방안전원장에게 위임)
대상자		1) 소방안전관리자 및 소방안전관리보조자 2) 소방안전관리 업무를 대행하는 자를 감독할 수 있는 소방안전관리자 3) 소방안전관리자의 자격을 인정받으려는 자
실무교육 통보		교육실시 30일 전
실무교육 주기		선임된 날부터 6개월 이내, 교육실시 후에는 2년마다 실시 다만 강습교육 또는 실무교육 수료 후 1년 이내에 선임 시, 6개월 교육은 면제된다(즉, 선임 후 2년마다 실무교육 실시).
실무교육 미이행 시	벌칙	과태료 50만 원
	자격정지	1) 처분권자 : 소방청장 2) 1년 이하의 기간을 정하여 자격을 정지시킬 수 있음 (1) 1차 : 경고(시정명령) (2) 2차 : 자격정지(3개월) (3) 3차 : 자격정지(6개월)

※ 선임된 날부터 6개월 이내이기 때문에 2024년 7월 14일이다.

Tip

[소방안전관리자 실무교육]

(1) 소방안전관리 강습교육 또는 실무교육을 받은 후 1년 이내에 소방안전관리자로 선임된 사람은 해당 강습교육을 수료하거나 실무교육을 이수한 날에 실무교육을 이수한 것으로 본다.

(2) 소방안전관리보조자의 경우 소방안전관리자 강습교육 또는 실무교육이나 소방안전관리보조자 실무교육을 받은 후 1년 이내에 소방안전관리보조자로 선임된 사람은 해당 강습교육을 수료하거나 실무교육을 이수한 날에 실무교육을 이수한 것으로 본다.

정답

09 ②

10 해당 소방안전관리대상물의 소방안전관리자로 선임될 수 있는 사람을 고르시오.

① 소방공무원으로 5년 근무한 경력이 있는 사람
② 위험물산업기사 자격증을 취득한 사람
③ 소방설비산업기사 자격증을 취득한 사람
④ 특급 소방안전관리자 강습교육을 수료한 사람

해설

▣ 소방안전관리대상물

<table>
<tr><th>특급 대상물</th><th>1급 대상물</th><th>2급 대상물</th></tr>
<tr><td>[아파트]
• 50층 이상
(지하층 제외)
• 높이 200 m 이상
(지상부터)</td><td>[아파트]
• 30층 이상(지하층 제외)
• 높이 120 m 이상
(지상부터)</td><td rowspan="3">• 지하구
• 공동주택
(옥내/SP설치)
• 보물·국보목조건축물
• 옥내소화전·스프링클러·간이스프링클러·물분무등 설치대상</td></tr>
<tr><td>[아파트 제외한 모든 건축물]
• 30층 이상
(지하층 포함)
• 높이 120 m 이상
(지상부터)</td><td>[아파트 제외한 모든 건축물]
• 11층 이상(지하층 제외)</td></tr>
<tr><td>[모든 건축물]
• 연면적 10만 m^2 이상
(아파트 제외)</td><td>[모든 건축물]
• 연면적 1만 5천 m^2 이상(아파트 및 연립주택 제외)</td></tr>
<tr><td>-</td><td>[가연성 가스]
1000 t 이상 저장·취급</td><td>[가연성 가스]
100 ~ 1000 t 저장·취급 가스제조설비 도시가스 허가시설</td></tr>
<tr><td colspan="2">[제외 장소]
• 지하구
• 위험물 저장·처리시설 중 위험물 제조소 등
• 철강 등 불연물품 저장·취급 창고
• 동·식물원</td><td>[제외 장소]
호스릴방식의 물분무 등만 설치한 경우</td></tr>
</table>

※11층 이상인 특정소방대상물이기 때문에 1급 대상물이다.

▣ 1급 소방안전관리자 자격

1) 소방설비기사 또는 소방설비산업기사 자격
2) 소방공무원 7년 이상 근무 경력
3) 특급 소방안전관리자 자격이 인정되는 사람
4) 1급 소방안전관리대상물의 소방안전관리에 관한 시험에 합격

정답

10 ③

※ [11 ~ 12] 다음 소방안전관리대상물 현황표를 보고 물음에 답하시오.

용도	아파트
규모	지상 30층 / 지하 3층 / 1600세대
소방안전관리자 현황	선임일자 : 2024년 4월 10일 강습 및 실무교육 : 이수이력 없음

11 해당 소방안전관리대상물의 등급을 고르시오.

① 특급 소방안전관리대상물
② 1급 소방안전관리대상물
③ 2급 소방안전관리대상물
④ 3급 소방안전관리대상물

해설

▣ 소방안전관리대상물

특급 대상물	1급 대상물	2급 대상물
[아파트] • 50층 이상 (지하층 제외) • 높이 200 m 이상 (지상부터)	[아파트] • 30층 이상(지하층 제외) • 높이 120 m 이상 (지상부터)	• 지하구 • 공동주택 (옥내/SP설치) • 보물·국보목조건축물 • 옥내소화전·스프링클러·간이스프링클러·물분무등 설치대상
[아파트 제외한 모든 건축물] • 30층 이상 (지하층 포함) • 높이 120 m 이상 (지상부터)	[아파트 제외한 모든 건축물] • 11층 이상(지하층 제외)	
[모든 건축물] • 연면적 10만 m^2 이상 (아파트 제외)	[모든 건축물] • 연면적 1만 5천 m^2 이상(아파트 및 연립주택 제외)	
-	[가연성 가스] 1000 t 이상 저장·취급	[가연성 가스] 100 ~ 1000 t 저장·취급 가스제조설비 도시가스 허가시설
[제외 장소] • 지하구 • 위험물 저장·처리시설 중 위험물 제조소 등 • 철강 등 불연물품 저장·취급 창고 • 동·식물원		[제외 장소] 호스릴방식의 물분무 등만 설치한 경우

※ 30층 이상인 아파트이므로 1급 대상물이다.

정답
11 ②

12 소방안전관리자와 소방안전관리보조자 선임인원을 고르시오.

① 소방안전관리자 1명, 소방안전관리보조자 1명
② 소방안전관리자 1명, 소방안전관리보조자 5명
③ 소방안전관리자 2명, 소방안전관리보조자 1명
④ 소방안전관리자 2명, 소방안전관리보조자 5명

해설

▣ 소방안전관리보조자 선임

보조자선임대상 특정소방대상물	최소 선임기준
300세대 이상인 아파트	1명(300세대마다 1명 이상 추가)
연면적이 1만 5천 m^2 이상인 특정소방대상물(아파트 및 연립주택 제외)	1명(연면적 1만 5천 m^2마다 1명 이상 추가) 다만 특정소방대상물의 종합방재실에 자위소방대가 24시간 상시 근무하고, 소방자동차 중 소방펌프차, 소방물탱크차, 소방화학차, 무인방수차를 운용하는 경우 3000 m^2 초과마다 1명 추가 선임한다.
1) 공동주택 중 기숙사 2) 의료시설 3) 노유자시설 4) 수련시설 5) 숙박시설(숙박시설로 사용되는 바닥면적의 합계가 1500 m^2 미만이고 관계인이 24시간 상시 근무하고 있는 숙박시설은 제외)	1명 다만 해당 특정소방대상물이 소재하는 지역을 관할하는 소방서장이 야간이나 휴일에 해당 특정소방대상물이 이용되지 않는다는 것을 확인한 경우에는 선임하지 않을 수 있다.

※ 소방안전관리자는 특정소방대상물의 등급에 맞게 1명을 선임하며, 아파트인 경우 소방안전관리보조자는 300세대 이상일 경우 선임한다.
이때 300세대를 초과할 때마다 소방안전관리보조자가 1명 추가되므로 1600 ÷ 300 = 5.33이며 소수점아래를 절삭하여 5명의 소방안전관리보조자를 선임한다.

정답

12 ②

13 화기취급작업 안전관리규정 중 화재위험작업 시 준수사항에 관한 내용으로 옳지 않은 것은?

① 통풍이나 환기가 충분하지 않은 장소에서 화재위험작업을 하는 경우에는 통풍 또는 환기를 위하여 산소를 사용해야 한다.

② 가연성 물질이 있는 장소에서 화재위험작업을 하는 경우에는 화재예방에 필요한 사항을 준수하여야 한다.

③ 작업시작 전에 화재예방에 필요한 사항을 확인하고 불꽃·불티 등의 비산을 방지하기 위한 조치 등 안전조치를 이행한 후 근로자에게 화재위험작업을 하도록 해야 한다.

④ 화재위험작업이 시작되는 시점부터 종료될 때까지 작업내용, 작업일시, 안전점검 및 조치에 관한 사항 등을 해당 작업장소에 서면으로 게시해야 한다.

해설

▣ 화재위험작업 시의 준수사항

1) 사업주는 통풍이나 환기가 충분하지 않은 장소에서 화재위험작업을 하는 경우에는 통풍 또는 환기를 위하여 산소를 사용해서는 아니 된다.
2) 사업주는 가연성 물질이 있는 장소에서 화재위험작업을 하는 경우에는 화재예방에 필요한 다음 각 호의 사항을 준수하여야 한다.
   (1) 작업 준비 및 작업 절차 수립
   (2) 작업장 내 위험물의 사용·보관 현황 파악
   (3) 화기작업에 따른 인근 가연성 물질에 대한 방호조치 및 소화기구 비치
   (4) 용접불티 비산방지덮개, 용접방화포 등 불꽃, 불티 등 비산방지조치
   (5) 인화성 액체의 증기 및 인화성 가스가 남아 있지 않도록 환기 등의 조치
   (6) 작업근로자에 대한 화재예방 및 피난교육 등 비상조치
3) 사업주는 작업시작 전에 제2항 각 호의 사항을 확인하고 불꽃·불티 등의 비산을 방지하기 위한 조치 등 안전조치를 이행한 후 근로자에게 화재위험작업을 하도록 해야 한다.
4) 사업주는 화재위험작업이 시작되는 시점부터 종료 될 때까지 작업내용, 작업일시, 안전점검 및 조치에 관한 사항 등을 해당 작업장소에 서면으로 게시해야 한다. 다만 같은 장소에서 상시·반복적으로 화재위험작업을 하는 경우에는 생략할 수 있다.

정답

13 ①

14 다음 물질 중 연소범위가 가장 넓은 것은?

① 아세틸렌
② 프로판(프로페인)
③ 메탄(메테인)
④ 수소

해설

▣ 연소범위(폭발범위)

가스	하한계vol%	상한계vol%
아세틸렌	2.5	81
수소	4	75
일산화탄소	12.5	74
에틸렌	2.1	32
암모니아	15	28
메탄(메테인)	5	15
에탄(에테인)	3	12.4
프로판(프로페인)	2.1	9.5
부탄(부테인)	1.8	8.4

[연소범위]

(1) 연소범위의 위험성 크기 비교
아세틸렌 > 수소 > 일산화탄소 > 에틸렌 > 메탄(메테인) > 에탄(에테인) > 프로판(프로페인) > 부탄(부테인)

(2) 연소범위가 넓을수록 위험도는 크다.

위험도 = $\frac{UFL - LFL}{LFL}$

15 인체 전기 감전 시 위험도를 결정하는 종류가 아닌 것을 고르시오.

① 통전전류의 크기
② 통전시간
③ 전압의 종별
④ 통전장소

해설

▣ 전기감전

전격에 의한 인체 반응 및 사망 한계는 인체실험이 어려울 뿐 아니라 어떠한 실험결과가 나와도 검증이 어렵다는 점과 인간의 다양성, 재해 당시 상황 등의 이유로 획일적으로 정하기는 어렵다.

다만 그 위험도는 아래에 의해 결정된다.

- 통전전류의 크기
- 통전시간
- 통전경로
- 전압의 종별

정답

14 ① 15 ④

16 건축물에 설치하는 방화구획의 기준에 관한 설명으로 옳지 않은 것은?

① 매 층마다 구획한다.
② 10층 이하의 층은 바닥면적 1000 m^2 이내마다 구획한다.
③ 11층 이상의 층은 바닥면적 200 m^2 이내마다 구획한다.
④ 스프링클러소화설비 설치 시 기준면적의 5배 이내마다 방화구획한다.

해설

▣ 방화구획 기준

구획의 종류	구획의 단위	구획의 구조
면적별 구획	① 10층 이하의 층은 바닥면적 1000 m^2 이내마다 구획 ② 11층 이상의 층은 바닥면적 200 m^2 이내마다 구획(불연재료 : 500 m^2) → 스프링클러 등 자동식 소화설비의 설치 부분은 위 면적의 3배 적용	① 내화구조 바닥, 벽 ② 60분+ 방화문 또는 60분 방화문 ③ 자동방화셔터
층별 구획	매층마다 구획(지하 1층에서 지상으로 직접 연결하는 경사로 부위 제외)	
용도별 구획	주요 구조부를 내화구조로 해야 하는 대상 부분과 기타 부분 사이의 구획	

※ 공동주택 중 아파트로서 4층 이상인 층에 대피공간을 설치하는 경우 그 대피공간과 실내의 다른 부분과 방화구획을 해야 함

17 ABC분말소화기로 소화가 가능한 것을 모두 고르시오.

ㄱ. 인화성 액체	ㄴ. 플라스틱
ㄷ. 전기기기	ㄹ. 식용유

① ㄱ, ㄴ, ㄹ
② ㄱ, ㄴ
③ ㄱ, ㄹ
④ ㄱ, ㄴ, ㄷ

정답
16 ④ 17 ④

해설

■ 화재의 구분

등급	화재	표시색	적응물질
A급 화재	일반화재	백색	목재, 섬유, 합성섬유
B급 화재	유류화재	황색	인화성 액체
C급 화재	전기화재	청색	통전 중인 전기설비, 기기화재
D급 화재	금속화재	무색	가연성 금속
K급 화재	주방화재	황색	식용유

식용유는 K급 화재이므로 해당사항 없음

18 연소 우려가 있는 건축물의 구조에 대한 기준 중 다음 보기 (㉠), (㉡) 에 들어갈 수치로 알맞은 것은?

> 건축물대장의 건축물 현황도에 표시된 대지경계선 안에 2 이상의 건축물이 있는 경우로서 각각의 건축물이 다른 건축물의 외벽으로부터 수평거리가 1층에 있어서는 (㉠) m 이하, 2층 이상의 층에 있어서는 (㉡) m 이하이고, 개구부가 다른 건축물을 향하여 설치된 구조를 말한다.

① ㉠ 5, ㉡ 10
② ㉠ 6, ㉡ 10
③ ㉠ 10, ㉡ 5
④ ㉠ 10, ㉡ 6

해설

■ 연소우려가 있는 건축물

1) 건축물대장의 건축물 현황도에 표시된 대지경계선 안에 둘 이상의 건축물이 있는 경우
2) 다른 건축물의 외벽으로부터 수평거리 : 1층은 6 m 이하, 2층 이상 10 m 이하
3) 개구부가 다른 건축물을 향하여 설치되어 있는 경우

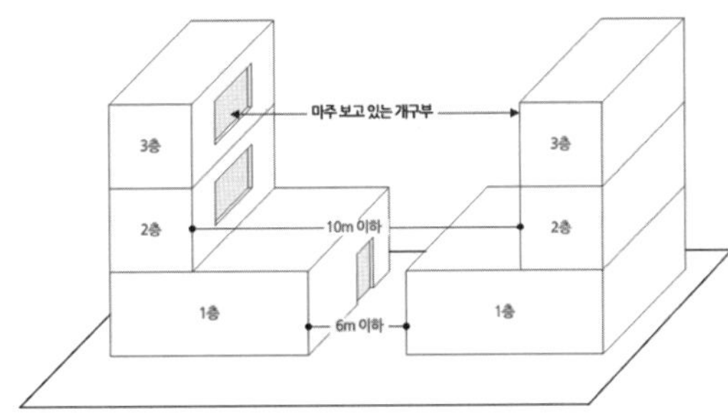

정답
18 ②

19 대형 피난구유도등의 설치장소가 아닌 것은?

① 위락시설
② 판매시설
③ 지하철 역사
④ 아파트

해설

▣ 용도별 설치해야 하는 유도등 및 유도표지

설치장소	유도등 및 유도표지의 종류
1. 공연장·집회장(종교집회장 포함)·관람장·운동시설	• 대형 피난구유도등 • 통로유도등 • 객석유도등
2. 유흥주점영업시설(유흥주점영업중 손님이 춤을 출 수 있는 무대가 설치된 카바레, 나이트클럽 등 영업시설만 해당)	
3. 위락시설·판매시설·운수시설·관광숙박업·의료시설·장례식장·방송통신시설·전시장·지하상가·지하철역사	• 대형 피난구유도등 • 통로유도등
4. 숙박시설(관광숙박업 외의 것)·오피스텔	• 중형 피난구유도등 • 통로유도등
5. 1~3 외 건축물로서 지하층·무창층 또는 층수가 11층 이상 특정소방대상물	
6. 1~3 외 건축물로서 근린생활시설·노유자시설·업무시설·발전시설·종교시설(집회장 용도로 사용하는 부분 제외)·교육연구시설·수련시설·공장·교정 및 군사시설(국방·군사시설 제외)·자동차정비공장·운전학원 및 정비학원·다중이용업소·복합건축물	• 소형 피난구유도등 • 통로유도등
7. 그 밖의 것	• 피난구유도표지 • 통로유도표지

※ 아파트에는 소형 피난구유도등을 설치한다.

[비고사항]
(1) 소방서장은 특정소방대상물의 위치·구조 및 설비의 상황을 판단하여 대형 피난구유도등을 설치하여야 할 장소에 중형 피난구유도등 또는 소형 피난구유도등을, 설치하게 할 수 있다.
(2) 복합건축물의 경우, 주택의 세대 내에는 유도등을 설치하지 아니할 수 있다.
(3) 공동주택에는 소형 피난구유도등을 설치한다.

20 40층의 소방대상물에 20층에서 화재가 발생하였다. 자동화재탐지설비의 음향장치의 출력이 나가야 하는 층은?

① 전층 경보
② 발화층, 그 직상 2개 층 경보
③ 발화층, 그 직상층 경보
④ 발화층, 그 직상 4개 층 경보

정답
19 ④ 20 ④

해설

▣ 경보방식

1) 일제경보방식 : 화재 시 전 층에 경보하는 방식(소규모)
2) 우선경보방식 : 층수가 11층(공동주택 16층) 이상의 특정소방대상물
   (1) 2층 이상의 층에서 발화 시 : 발화층 및 그 직상 4개 층에 경보할 것
   (2) 1층에서 발화 시 : 발화층·그 직상 4개 층 및 지하층에 경보할 것
   (3) 지하층에서 발화 시 : 발화층·그 직상층 및 그 밖의 지하층에 경보할 것

※ 11층 이상인 특정소방대상물이므로 우선경보방식이며, 2층 이상의 층에서 발화하였기 때문에 발화층 및 그 직상 4개 층에 경보가 울려야 한다.

21 소방안전관리자 선임에 대한 설명 중 옳은 것은?

소방안전관리대상물의 관계인이 소방안전관리자를 선임한 경우에는 행정안전부령으로 정하는 바에 따라 선임한 날부터 (㉠) 이내에 (㉡)에게 신고하여야 한다.

① ㉠ 14일 ㉡ 시·도지사
② ㉠ 14일 ㉡ 소방본부장이나 소방서장
③ ㉠ 30일 ㉡ 시·도지사
④ ㉠ 30일 ㉡ 소방본부장이나 소방서장

해설

▣ 소방안전관리자 선임

1) 신고 : 소방본부장 또는 소방서장
2) 기간 : 30일 이내
3) 미선임 시 : 300만 원 이하의 벌금

22 소방기본법령상 불꽃을 사용하는 용접·용단 기구의 용접 또는 용단 작업장에서 지켜야 하는 사항 중 다음 ( ) 안에 알맞은 것은?

• 용접 또는 용단 작업자로부터 반경 (㉠) m 이내에 소화기를 갖추어 둘 것 • 용접 또는 용단 작업장 주변 반경 (㉡) m 이내에는 가연물을 쌓아두거나 놓아두지 말 것. 다만 가연물의 제거가 곤란하여 방지포 등으로 방호조치를 한 경우는 제외한다.

① ㉠ 3, ㉡ 5 ② ㉠ 5, ㉡ 3
③ ㉠ 5, ㉡ 10 ④ ㉠ 10, ㉡ 5

정답
21 ② 22 ③

해설

▣ 불꽃을 사용하는 용접·용단기구

1) 용접·용단 작업장 주변 반경 5 m 이내 소화기 갖출 것
2) 용접·용단 작업장 주변 반경 10 m 이내에는 가연물을 쌓아 두거나 놓아두지 말 것

23 **대지면적이 900 m^2인 건축물의 구조가 다음과 같다. 용적률을 산정하시오.**

① 66.67 %　　② 108.98 %
③ 220.12 %　　④ 466.67 %

해설

▣ 용적률의 산정

대지면적에 대한 연면적(대지에 건축물이 둘 이상 있는 경우에는 이들 연면적의 합계로 한다)의 비율

※ 위의 그림상의 연면적 : 600 × 7 = 4200 m^2

따라서 $\frac{4200}{900} \times 100 = 466.67\%$

※ 지하 주차장, 정화조, 탱크는 제외한다.

[건폐율]
대지면적에 대한 건축면적(대지에 건축물이 둘 이상 있는 경우에는 이들 건축면적의 합계로 한다)의 비율
※ 용적률은 100 %를 초과할 수 있지만 건폐율을 초과 할 수 없다.

정답
23 ④

24 다음 중 소방안전관리자의 업무와 관계가 없는 것은?

① 건축물의 냉·난방설비의 운영
② 피난설비의 유지관리
③ 소방훈련 실시
④ 소방시설의 점검·정비

[소방안전관리자]
소방안전관리자만 할 수 있는 업무를 기억해둘 것

해설

▣ 관계인과 소방안전관리자의 업무

	업무사항	관계인	소방안전관리자
1	피난계획에 관한 사항과 소방계획서의 작성 및 시행		○
2	자위소방대 및 초기대응체계의 구성·운영·교육		○
3	소방훈련 및 교육		○
4	소방안전관리에 관한 업무수행에 관한 기록·관리 (월 1회 이상, 2년간 보관)		○
5	피난시설, 방화구획 및 방화시설의 관리 (업무대행 가능)	○	○
6	소방시설이나 그 밖의 소방 관련 시설의 관리 (업무대행 가능)	○	○
7	화기 취급의 감독	○	○
8	화재 발생 시 초기대응	○	○
9	그 밖에 소방안전관리에 필요한 업무	○	○

25 소방안전교육의 7원칙에 해당하지 않는 것은?

① 동기부여의 원칙
② 교육자 중심의 원칙
③ 경험의 원칙
④ 현실성의 원칙

해설

▣ 소방안전교육 7원칙

No	원칙	설명
1	학습자 중심의 원칙	• 학습자의 능력을 고려하여 학습 • 쉬운 것부터 어려운 것으로 교육 실시
2	동기부여의 원칙	• 교육의 중요성 전달 • 적절한 스케줄을 배정 • 교육은 시기적절하게 실시 • 교육의 재미를 부여 • 핵심사항에 교육의 포커스를 맞춤

정답
24 ① 25 ②

No	원칙	설명
3	목적 원칙	어떤 기술을 어느 정도까지 익혀야 되는지를 명확히 제시
4	현실성 원칙	학습자의 능력을 고려
5	실습 원칙	목적을 생각하고 적절한 방법으로 정확히 함
6	경험 원칙	사례를 들어 현실감 부여
7	관련성 원칙	실무적인 접목과 현장성이 필요

26 자위소방대의 유형별 중 TYPE - I의 편성대상은 무엇인가?

① 특급, 1급 소방대상물

② 2급(스프링클러, 물분무등소화설비) 또는 편성대원 10인 이상인 사업장

③ 2급으로 편성대원 10인 이상인 사업장

④ 2급 또는 3급(자탐, 수동식소화설비만 설치) 소방대상물, 편성대원 10인 미만 사업장

해설

■ 자위소방대 유형

구분	편성대상	편성기준	
TYPE - I	1) 특급 2) 1급(연면적 30000 m^2 이상 포함 - 공동주택 제외)	지휘통제	지휘통제팀
		현장대응 (본부대)	비상연락팀, 초기소화팀, 피난유도팀, 응급구조팀, 방호안전팀 * 필요시 팀 가감 편성
		현장대응 (지구대)	각 구역(Zone)별 현장대응팀 * 구역별 규모, 인력에 따라 편성
TYPE - II	1) 1급 * 연면적 30000 m^2 이상의 경우 TYPE - I 참고 및 적용(공동주택 제외) 2) 2급(상시 근무인원 50명 이상)	지휘통제	지휘통제팀
		현장대응	비상연락팀, 초기소화팀, 피난유도팀, 응급구조팀, 방호안전팀 * 필요시 팀 가감 편성

Tip

[TYPE - 1]

(1) Type-I의 대상물은 지휘조직인 지휘통제팀과 현장대응조직인 비상연락팀, 초기소화팀, 피난유도팀, 방호안전팀, 응급구조팀으로 구성

(2) Type-I 소방대상물은 대상물의 관리·이용형태 및 위험특성을 고려하여 둘 이상의 현장대응조직을 운영, 최초의 현장대응조직은 본부대가 되며 추가적인 편성조직은 지구대로 구분

(3) 본부대는 비상연락팀, 초기소화팀, 피난유도팀, 방호안전팀, 응급구조팀을 기본으로 편성하며, 지구대는 각 구역(Zone)별 규모, 편성대원 등 현장 운영여건에 따라 필요한 팀을 구성할 수 있다.

정답

26 ①

구분	편성대상	편성기준	
TYPE - Ⅲ	1) 2·3급 * 상시 근무인원 50명 이상의 경우 TYPE - Ⅱ 참고 및 적용	지휘통제	지휘통제팀
		현장대응	(10인 미만) 현장대응팀 * 개별 팀 구분 없음 (10인 이상) 비상연락팀, 초기소화팀, 피난유도팀 * 필요시 팀 가감 편성
초기대응 체계	상시 근무 또는 거주 인원	초기대응	초기대응팀 (휴일야간 포함)
비고	1) 지휘통제팀은 수신반, 종합방재실을 거점으로 화재상황의 모니터링, 지휘통제 임무 수행, 현장대응팀은 화재 등 재난현장에서 비상연락, 초기소화, 피난유도 등의 임무를 수행 2) 대원편성은 상시 근무 또는 거주 인원 중 자위소방활동이 가능한 인력을 기준으로 조직 구성 3) 초기대응체계는 특정소방대상물의 이용시간 동안 운영		

27 **액화천연가스(LNG)를 사용하는 주방에 가스탐지기의 설치위치로 옳은 것은?**

① 하단은 천장면의 하방 30 cm 이내
② 상단은 천장면의 하방 30 cm 이내
③ 하단은 바닥면의 상방 30 cm 이내
④ 상단은 바닥면의 상방 30 cm 이내

해설

▣ 연료가스의 특성

구분	액화석유가스(LPG)	액화천연가스(LNG)
주성분	프로판(프로페인, C_3H_8), 부탄(부테인, C_4H_{10})	메탄(메테인, CH_4)
증기비중	LPG는 공기보다 1.5 ~ 2배 무겁다.	LNG는 공기보다 0.55배(혹은 0.6배) 가볍다.
누출 시 특징	공기보다 무거워 낮은 곳에 체류	공기보다 가벼워 높은 곳에 체류
용도	가정용, 공업용, 자동차 연료	도시가스

정답

27 ①

28 무창층 여부를 판단하는 개구부로서 갖추어야 할 조건으로 옳은 것은?

① 개구부 크기가 지름 30 cm의 원이 통과할 수 있는 것
② 해당 층의 바닥면으로부터 개구부 밑부분까지의 높이가 1.5 m 인 것
③ 내부 또는 외부에서 쉽게 파괴 또는 개방할 수 있을 것
④ 창에 방범을 위하여 40 cm 간격으로 창살을 설치한 것

해설

▣ 개구부 기준(유효한 개구부 조건 : 모두 만족 조건임)

1) 크기 : 지름 50 cm 이상의 원이 통과할 수 있는 크기
2) 높이 : 해당 층의 바닥면으로부터 개구부 밑 부분까지 1.2 m 이내
3) 도로 또는 차량이 진입할 수 있는 빈터를 향할 것
4) 화재 시 건물로부터 쉽게 피난할 수 있도록 창살이나 그 밖의 장애물이 설치되지 않을 것
5) 내부 · 외부에서 쉽게 부수거나 열 수 있을 것

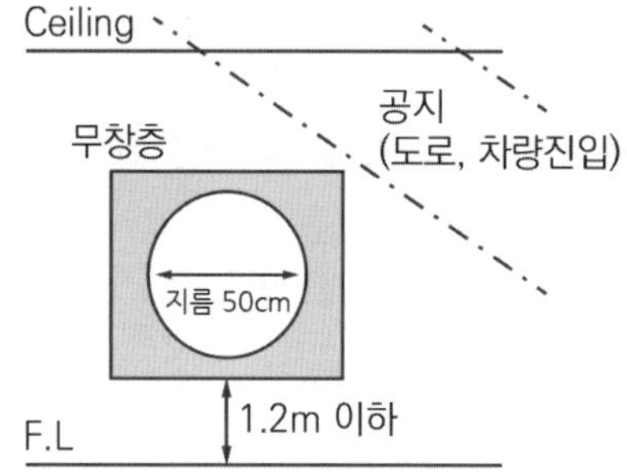

Tip

[무창층]
지상층 중 다음 요건을 모두 갖춘 개구부의 면적의 합계가 해당 층의 바닥면적 30분의 1 이하가 되는 층

[피난층]
곧바로 지상으로 갈 수 있는 출입구가 있는 층

29 건축물의 방재계획 중에서 공간적 대응계획에 해당되지 않는 것은?

① 도피성 대응　　② 대항성 대응
③ 회피성 대응　　④ 소방시설방재 대응

해설

▣ 건축물 방재계획

구분		내용
공간적 대응	대항성	방화구획, 방연구획, 내화재료 등을 사용하여 초기 소화에 대항성을 가지도록 하는 것
	회피성	불연화, 난연화 등의 내장재의 제한과 소방훈련 및 불조심 등 화재의 확대 가능성을 줄여 위험성을 낮추는 것
	도피성	화재 시 피난자가 위험에 빠지지 않도록 구조적으로 배려하는 것
설비적 대응		공간적 대응을 보완하는 것으로서 대항성에 대하여 스프링클러, 제연설비, 방화문, 방화셔터 등을, 도피성으로는 유도등, 피난설비 등을 설치하여 보조하는 것

정답
28 ③　29 ④

30 소방안전관리대상물의 소방계획서에 포함되어야 하는 사항이 아닌 것은?

① 예방규정을 정하는 제조소 등의 위험물 저장·취급에 관한 사항
② 소방시설·피난시설 및 방화시설의 점검·정비계획
③ 특정소방대상물의 근무자 및 거주자의 자위소방대 조직과 대원의 임무에 관한 사항
④ 방화구획, 제연구획, 건축물의 내부 마감 재료(불연재료·준불연재료 또는 난연재료로 사용된 것) 및 방염물품의 사용현황과 그 밖의 방화구조 및 설비의 유지·관리계획

해설

▣ 소방계획서 포함 사항

1) 소방안전관리대상물의 위치·구조·연면적·용도 및 수용인원 등 일반 현황
2) 소방안전관리대상물에 설치한 소방·방화·전기·가스·위험물 시설의 현황
3) 화재 예방을 위한 자체점검계획 및 진압대책
4) 소방시설·피난시설 및 방화시설의 점검·정비계획
5) 피난층 및 피난시설의 위치와 피난경로의 설정, 화재안전취약자의 피난계획 등을 포함한 피난계획
6) 방화구획, 제연구획, 건축물의 내부 마감재료 및 방염대상물품의 사용 현황과 그 밖의 방화구조 및 설비의 유지·관리계획
7) 관리의 권원이 분리된 특정소방대상물의 소방안전관리에 관한 사항
8) 소방훈련·교육에 관한 계획
9) 특정소방대상물의 근무자·거주자의 자위소방대 조직과 대원의 임무(화재안전취약자의 피난 보조 임무를 포함한다)에 관한 사항
10) 화기 취급 작업에 대한 사전 안전조치 및 감독 등 공사 중 소방안전관리에 관한 사항
11) 소화에 관한 사항과 연소 방지에 관한 사항
12) 위험물의 저장·취급에 관한 사항(「위험물안전관리법」 제17조에 따라 예방규정을 정하는 제조소등은 제외한다)
13) 소방안전관리에 대한 업무수행에 관한 기록 및 유지에 관한 사항
14) 화재발생 시 화재경보, 초기소화 및 피난유도 등 초기대응에 관한 사항
15) 그 밖에 소방본부장 또는 소방서장이 소방안전관리대상물의 위치·구조·설비 또는 관리 상황 등을 고려하여 소방안전관리에 필요하여 요청하는 사항

Tip

[소방계획서 작성 주요원리]

(1) 종합적 안전관리
  ① 모든 형태의 위험을 포괄
  ② 재난의 전 주기적(예방 → 대응 → 복구) 단계의 위험성평가
(2) 통합적 안전관리
  ① 외부 : 거버넌스(정부 – 대상처 – 전문기관) 및 안전관리 네트워크 구축
  ② 내부 : 협력 및 파트너십 구축, 전원 참여
(3) 지속적 발전모델
  PDCA CYCLE(계획, 이행, 모니터링, 개선)

정답

30 ①

31 **건축물 등의 신축·증축 동의요구를 소재지 관할 소방본부장 또는 소방서장에게 한 경우 소방본부장 또는 소방서장은 건축허가 등의 동의요구서류를 접수한 날부터 며칠 이내에 건축허가 등의 동의 여부를 회신하여야 하는가? (단, 허가 신청한 건축물이 연면적이 20만 m^2 특정소방대상물인 경우이다)**

① 5일 ② 7일
③ 10일 ④ 30일

해설

▣ 건축허가등의 동의요구
1) 소방본부장 또는 소방서장
2) 동의 회신기한 : 서류 접수한 날로부터 5일
3) 회신기한 10일인 경우(특급안전관리대상물)
(1) 50층 이상(지하층 제외)
(2) 지상으로부터 높이 200 m 이상인 아파트
(3) 30층 이상(지하층 포함)
(4) 지상으로부터 120 m 이상인 아파트
(5) **연면적** 10만 m^2 **이상**(아파트 제외)
※ 연면적 20만 m^2는 연면적 10만 m^2 이상이므로 특급 대상물에 해당한다.

[건축허가등의 동의요구 취소]
건축허가등의 동의를 요구한 기관이 그 건축허가등을 취소했을 때에는 취소한 날부터 7일 이내에 건축물등의 시공지 또는 소재지를 관할하는 소방본부장 또는 소방서장에게 그 사실을 통보해야 함

32 **소방청장·소방본부장 또는 소방서장은 소방업무를 전문적이고 효과적으로 수행하기 위하여 소방대원에게 필요한 교육·훈련을 실시하여야 하는데, 다음 설명 중 옳지 않은 것은?**

① 소방교육·훈련은 2년마다 1회 이상 실시하되, 교육·훈련기간은 2주 이상으로 한다.
② 법령에서 정한 것 이외의 소방교육·훈련의 실시에 관하여 필요한 사항은 소방방재청장이 정한다.
③ 교육·훈련의 종류는 화재진압훈련, 인명구조훈련, 응급처치훈련, 민방위훈련, 현장지휘훈련이 있다.
④ 현장지휘훈련은 지방소방위·지방소방경·지방소방령 및 지방소방정을 대상으로 한다.

정답
31 ③ 32 ③

해설

▣ 소방대원에게 실시할 교육·훈련의 종류 등

1) 교육·훈련의 종류, 교육·훈련 대상자

종류	교육·훈련을 받아야 할 대상자
화재진압훈련	① 소방공무원(화재진압 담당) ② 의무소방원 ③ 의용소방대원
인명구조훈련	① 소방공무원(구조업무 담당) ② 의무소방원 ③ 의용소방대원
응급처치훈련	① 소방공무원(구급업무 담당) ② 의무소방원 ③ 의용소방대원
인명대피훈련	① 소방공무원 ② 의무소방원 ③ 의용소방대원
현장지휘훈련	소방공무원 중 ① 지방소방정 ② 지방소방령 ③ 지방소방경 ④ 지방소방위

2) 교육·훈련 횟수 및 기간

횟수	기간
2년마다 1회	2주 이상

33 비상콘센트설비의 설치기준으로 옳지 않은 것은?

① 비상콘센트는 지하층 및 지상 8층 이상의 전 층에 설치할 것

② 비상콘센트는 바닥으로부터 높이 0.8 m 이상 1.5 m 이하의 위치에 설치할 것

③ 하나의 전원회로에 설치하는 비상콘센트는 10개 이하로 한다.

④ 전원으로부터 각층의 비상콘센트에 분기되는 경우에는 분기배선용 차단기를 보호함 안에 설치할 것

해설

▣ 설치대상

소방대상물	설치대상
층수가 11층 이상인 특정소방대상물	11층 이상의 층
지하층의 층수가 3층 이상이고, 지하층의 바닥면적의 합계가 1000 m^2 이상인 것	지하층의 모든 층
터널	길이 500 m 이상
위험물 저장 및 처리 시설 중 가스시설 또는 지하구는 제외	

정답

33 ①

▣ 전원회로 설치기준

1) 전원회로 : 단상교류는 220 V , 공급용량은 1.5 kVA 이상
2) 전원회로는 각 층에 2 이상이 되도록 설치, 다만 설치하여야 할 층의 비상콘센트가 1개인 때에는 하나의 회로로 할 수 있다.
3) 전원회로는 주배전반에서 전용회로로 할 것
4) 전원으로부터 각 층의 비상콘센트에 분기되는 경우에는 분기배선용 차단기를 보호함 안에 설치할 것
5) 콘센트마다 배선용 차단기를 설치하여야 하며, 충전부가 노출되지 아니하도록 할 것
6) 개폐기에는 "비상콘센트"라고 표시한 표지를 할 것
7) 비상콘센트용의 풀박스 등은 방청도장을 한 것으로서, 두께 1.6 mm 이상의 철판으로 할 것
8) 하나의 전용회로에 설치하는 비상콘센트는 10개 이하로 할 것, 이 경우 전선 용량은 각 비상콘센트(비상콘센트가 3개 이상인 경우에는 3개)의 공급용량을 합한 용량 이상의 것으로 하여야 한다.

34 다음 그림과 설명을 보고 알맞은 기계제연방식을 고르시오.

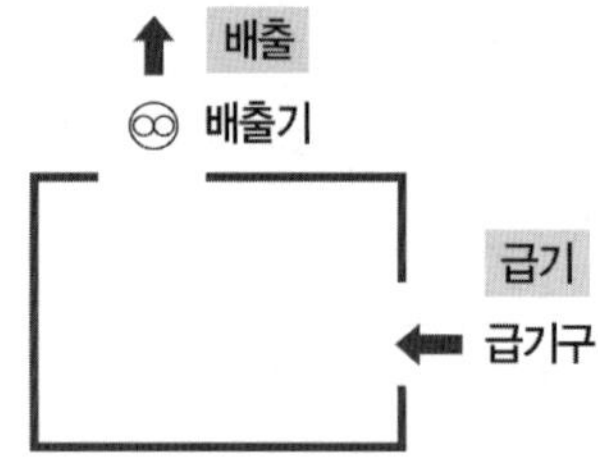

화재 시 배출기만 작동하여 화재장소의 내부압력을 낮추어 연기를 배출시키며 송풍기는 설치하지 않고 연기를 배출시킬 수 있으나 연기량이 많으면 배출이 완전하지 못한 설비로 화재 초기에 유리하다.

① 제1종 기계제연방식　② 제2종 기계제연방식
③ 제3종 기계제연방식　④ 스모크타워제연방식

해설

▣ 연기의 제연

- 제연방식
  - 밀폐제연방식
  - 자연제연방식
  - 스모크타워제연방식
  - 기계제연방식
    - 제1종 기계제연방식
    - 제2종 기계제연방식
    - 제3종 기계제연방식

Tip

[연기의 제어]
(1) 희석 : 신선한 공기를 공급하여 연기의 농도를 낮추는 것
(2) 배기 : 건물 내의 압력차에 의하여 연기를 외부로 배출시키는 것
(3) 차단 : 연기가 일정한 장소 내로 들어오지 못하도록 하는 것

[자연제연방식]
창문이나 배기구를 통해서 연기를 자연적으로 배출

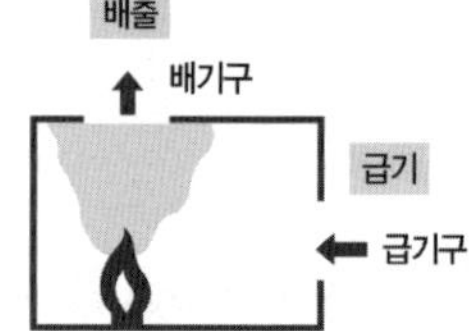

[스모크-타워방식]
천장에 루프모니터 등이 바람에 의해 작동되면서 흡인력을 이용하여 제연

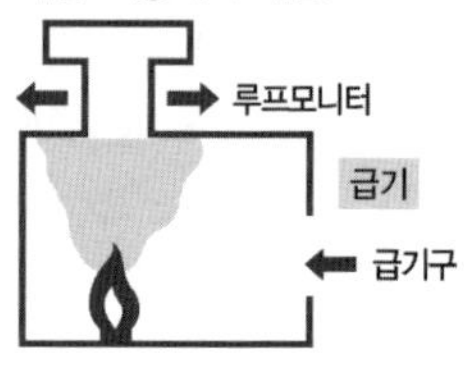

정답
34 ③

▣ 기계 제연방식(강제 제연방식)

1) 제1종 기계 제연방식 : 송풍기 + 배출기방식
2) 제2종 기계 제연방식 : 송풍기방식
3) 제3종 기계 제연방식 : 배출기방식

35 백화점의 7층에 적용되지 않는 피난기구는 다음 중 어느 것인가?

① 구조대　② 미끄럼대
③ 피난교　④ 완강기

[미끄럼대]
미끄럼대는 4층 이상부터는 적응성이 없음

해설

▣ 설치장소별 피난기구 적응성

구분	3층	4층 이상 10층 이하
그 밖의 것에 해당	미끄럼대 피난사다리 구조대 완강기 피난교 피난용 트랩 간이완강기 공기안전매트 다수인피난장비 승강식피난기	피난사다리 구조대 완강기 피난교 간이완강기 공기안전매트 다수인피난장비 승강식피난기

36 비상방송설비의 설치기준에 대한 설명으로 옳은 것은?

① 다른 전기회로에 따라 유도장애가 발생할 수 있을 것
② 다른 방송설비와 공용할 경우 화재 시 비상경보 외의 방송을 차단할 수 있을 것
③ 화재신고를 수신한 후 20초 이내에 방송이 자동으로 개시될 것
④ 음량조정기를 설치하는 경우 음량조정기의 배선은 2선식으로 할 것

[비상방송설비 전원 설치 기준]
(1) 상용전원
① 축전지, 교류전압의 옥내 간선, 전기저장장치
② 전원까지의 배선은 전용
③ 개폐기에는 "비상방송설비용"이라고 표시한 표지를 할 것
(2) 감시상태를 60분간 지속한 후 유효하게 10분 이상, 층수가 30층 이상은 30분 이상 경보할 수 있는 축전지설비(수신기 내장 포함)를 설치

해설

▣ 설치대상

소방대상물	설치대상
연면적 3500 m^2 이상	모든 층
층수가 11층 이상인 것	모든 층
지하층 층수가 3층 이상인 것	모든 층

정답
35 ②　36 ②

▣ 설치기준

1) 확성기
   (1) 음성입력 : 실외 3 W 이상, 실내 1 W 이상
   (2) 수평거리 : 층의 각 부분으로부터 하나의 확성기까지의 25 m 이하
   (3) 확성기는 각 층마다 설치, 당해 층의 각 부분에 유효하게 경보를 발하도록 설치
2) 음량조정기(ATT) : 음량조정기의 배선은 3선식으로 한다.
3) 조작부
   (1) 조작스위치 높이 : 바닥으로부터 0.8 m 이상 1.5 m 이하
   (2) 기동장치의 작동과 연동하여 당해 기동장치가 작동한 층 또는 구역을 표시
   (3) 조작부 및 증폭기 설치 장소 : 수위실 등 상시 사람이 근무, 점검이 편리, 방화상 유효한 곳
   (4) 2 이상 조작부 설치 시 설치장소 상호 간 동시통화 가능, 어느 조작부에서도 전구역 방송 가능
4) 층수가 11층(공동주택의 경우에는 16층)의 특정소방대상물은 다음과 같은 경보를 발할 수 있어야 한다.
   (1) 2층 이상의 층에서 발화한 때에는 발화층 및 그 직상 4개 층에 경보
   (2) 1층에서 발화한 때에는 발화층. 그 직상 4개 층 및 지하층에 경보
   (3) 지하층에서 발화한 때에는 발화층. 그 직상층 및 기타 지하층 경보
5) 기동장치에 따른 화재신고를 수신한 후 필요한 음량으로 화재 발생 상황 및 피난에 유효한 방송이 자동으로 개시될 때까지의 소요시간은 10초 이하로 할 것
6) 다른 방송설비와 공용할 경우 화재 시 비상경보 외의 방송을 차단할 수 있는 구조
7) 다른 전기회로에 따라 유도장애가 생기지 아니하도록 할 것
8) 음향장치의 구조 및 성능
   (1) 정격전압의 80 % 전압에서 음향을 발할 수 있는 것으로 할 것
   (2) 자동화재탐지설비의 작동과 연동하여 작동할 수 있는 것으로 할 것

37 발신기의 설치기준에 적합하지 않은 것은?

① 조작스위치는 바닥에서 0.5 m 이상 1.5 m 이하의 높이에 설치하여야 한다.
② 소방대상물의 각 부분으로부터 하나의 발신기까지의 수평거리가 25 m 이하가 되도록 한다.
③ 표시등은 함의 상부에 설치하되, 그 불빛은 부착면으로부터 15° 이상의 범위에서 부착지점으로부터 10 m 이내의 어느 곳에서도 쉽게 식별할 수 있는 적색등으로 한다.
④ 조작이 쉬운 장소에 설치한다.

해설

▣ 발신기의 설치기준

1) 조작이 쉬운 장소에 설치하고, 스위치는 바닥으로부터 0.8 m 이상 1.5 m 이하의 높이에 설치할 것
2) 특정소방대상물의 층마다 설치하되, 해당 특정소방대상물의 각 부분으로부터 하나의 발신기까지의 수평거리가 25 m 이하가 되도록 할 것. 다만 복도 또는 별도로 구획된 실로서 보행거리가 40 m 이상일 경우에는 추가로 설치하여야 한다.

[발신기 동작]
(1) 동작
   ① 발신기 누름버튼(작동스위치) 누름
   ② 수신기 동작(화재표시등, 지구표시등, 발신기등, 경보장치 동작)
   ③ 응답표시등 점등
(2) 복구
   ① 발신기 누름버튼(작동스위치) 원 위치로 복구
   ② 수신기 복구스위치를 누름
   ③ 응답표시등 소등, 수신기의 동작표시등 소등

정답
37 ①

3) 2) 기준을 초과하는 경우로서 기둥 또는 벽이 설치되지 아니한 대형 공간의 경우 발신기는 설치 대상 장소의 가장 가까운 장소의 벽 또는 기둥 등에 설치할 것
4) 발신기의 위치를 표시하는 표시등은 함의 상부에 설치하되, 그 불빛은 부착면으로부터 15° 이상의 범위 안에서 부착지점으로부터 10 m 이내의 어느 곳에서도 쉽게 식별할 수 있는 적색등으로 하여야 한다.

38 할론 소화약제의 특징으로 틀린 것을 고르시오.

① 부촉매작용으로 억제효과가 크다.
② 금속에 대해 부식성이 적고, 소화약제의 변질이 없다.
③ 비전도성으로 전기화재에 적응성이 있다.
④ 친환경적이다.

해설

▣ 할론 소화약제의 특징

장점	단점
부촉매작용으로 억제효과가 큼	가격이 비싸고, 독성이 있음
금속에 대해 부식성이 적고, 소화약제의 변질이 없음	오존파괴지수(ODP), 지구온난화지수(GWP)가 높아 환경에 악영향
비전도성으로 전기화재에 적응성	생산 중지

39 다음 설명을 보고 모아아파트의 최소 수원의 저수량을 계산하시오.

- 아파트의 층수는 8층이다.
- 각 층에 옥내소화전설비가 4개씩 설치되어 있다.
- 스프링클러설비가 설치되어 있다.

① 18.2 m^3　② 20.2 m^3
③ 21.2 m^3　④ 22.2 m^3

해설

▣ 옥내소화전의 수원의 저수량

수원량(m^3) = N × 2.6 m^3
= 2 × 2.6 m^3 = 5.2 m^3

N : 한 개 층 설치개수(최대개수 층 선정/최대 2개)

정답

38 ④　39 ③

■ 설치장소에 따른 헤드의 기준개수

수원량(Q) = N × 1.6 m^3 = 10개 × 1.6 m^3 = 16 m^3

<table>
<tr><th colspan="3">스프링클러설비 설치장소</th><th>기준개수</th></tr>
<tr><td rowspan="6">10층
이하
(지하층
제외)</td><td rowspan="2">공장</td><td>특수가연물 저장·취급</td><td>30</td></tr>
<tr><td>그 밖의 것</td><td>20</td></tr>
<tr><td rowspan="2">근린생활시설
판매시설
운수시설
복합건축물</td><td>판매시설 또는 복합건축물
(판매시설이 설치되는
복합건축물)</td><td>30</td></tr>
<tr><td>그 밖의 것</td><td>20</td></tr>
<tr><td rowspan="2">그 밖의 것</td><td>헤드 부착 높이가 8 m 이상</td><td>20</td></tr>
<tr><td>헤드 부착 높이가 8 m 미만</td><td>10</td></tr>
<tr><td colspan="3">아파트</td><td>10</td></tr>
<tr><td colspan="3">지하층을 제외한 층수가 11층 이상(아파트 제외),
지하상가 또는 지하역사</td><td>30</td></tr>
</table>

※ ∴ 16 + 5.2 = 21.2 m^3

※ 아파트는 기준개수 10개로 암기할 것!

40 특정소방대상물의 설치장소에 마른모래 50짜리 5포와 삽을 상비한 상태일 때 간이소화용구의 능력 단위는 얼마인가?

① 1.5단위　　② 2단위

③ 2.5단위　　④ 4단위

해 설

■ 간이소화용구의 능력단위

<table>
<tr><th colspan="2">간이소화용구</th><th>능력단위</th></tr>
<tr><td>마른모래</td><td>삽을 상비한
50 L 이상의 것 1포</td><td rowspan="2">0.5단위</td></tr>
<tr><td>팽창질석 또는
팽창진주암</td><td>삽을 상비한
80 L 이상의 것 1포</td></tr>
</table>

능력단위 계산 : 0.5단위 × 5포 = 2.5단위

정답

40 ③

41 **다음 중 분체 소화기에 대한 내용으로 틀린 것을 고르시오.**

① D급 소화기이다.
② 염화나트륨, 흑연, 구리 등을 주성분으로 하는 분말 또는 과립형태 물질의 소화약제를 사용한다.
③ 소화 가능한 가연성 금속재료의 종류 및 형태, 중량, 면적이 용기에 표시되어 있다.
④ A급 화재용으로도 사용 가능하다.

해설

▣ 분체소화기(D급 소화기)

염화나트륨, 흑연, 구리 등을 주성분으로 하는 분말 또는 과립형태 물질의 소화약제를 사용하는 것으로 D급 화재용으로만 사용되는 소화기이며 소화 가능한 가연성 금속재료의 종류 및 형태, 중량, 면적이 용기에 표시되어 있다.

42 **감시제어반의 스위치가 다음과 같은 경우, 동력제어반에서 점등되는 표시등을 옳게 나열한 것을 고르시오.**

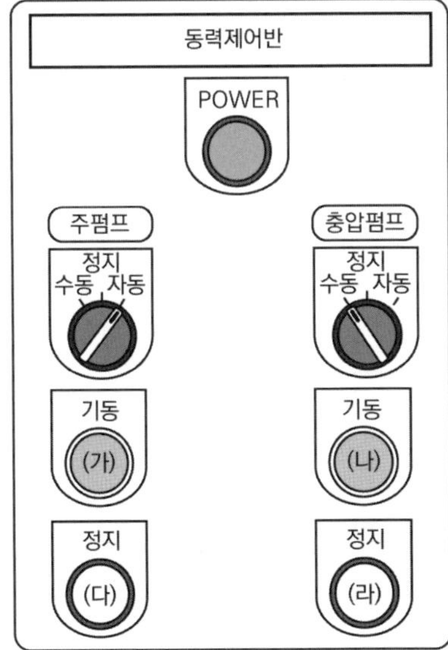

① 가, 나　　② 가, 다
③ 가, 라　　④ 다, 나

정답

41 ④　42 ③

해설

▣ 감시제어반과 동력제어반

감시제어반의 선택스위치를 수동으로 두고 주펌프와 충압펌프를 기동으로 둔 상태에서 동력제어반의 주펌프만 자동(충압펌프는 수동)이라면 자동에 있는 주펌프만 기동하며 수동위치인 충압펌프는 기동하지 않는다.

43 **옥내소화전의 방수압력을 측정하였다. 다음 중 방수압력측정계(피토게이지)의 측정값이 정상 범위[MPa]로 옳은 것을 고르시오.**

① 

② 

③ 

④ 

[옥내소화전설비]

소화수조 수원의 양

= 옥내소화전 설치 개수(최대 2개) × 2.6 m^3 이상

- 30 ~ 49층 설치 개수(최대 5개) × 5.2 m^3 이상
- 50층 이상 설치 개수(최대 5개) × 7.8 m 이상

해설

▣ 옥내소화전설비 수원

1) 방수량 : 130 L/min 이상
2) 방수압력 : 0.17 MPa 이상 0.7 MPa 이하
3) 펌프 토출량 : 130 L/min × 설치개수
4) 수원의 양 : 130 L/min × 설치개수 × 20분(40분, 60분)

정답

43 ②

44 **시험밸브함을 열어 밸브 개방 시 측정되는 압력의 정상 압력[MPa] 범위를 고르시오.**

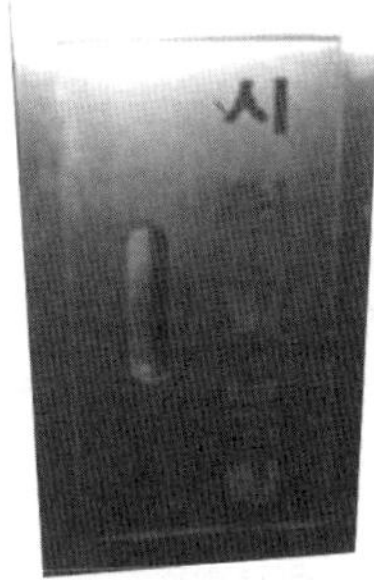

① 0.1 ~ 1.2　　② 0.17 ~ 0.7
③ 0.25 ~ 0.7　　④ 1.0 ~ 1.5

해설

▣ 습식 스프링클러설비의 유지관리

압력계 밑에 부착된 개폐밸브는 평상시에 개방하여 시험밸브 배관 내의 압력이 정상 압력(0.1 MPa 이상 1.2 MPa 이하)인지 여부를 확인해주어야 하며 가압수 배출을 위한 시험밸브는 평상시에 폐쇄 상태로 유지·관리되어야 한다.

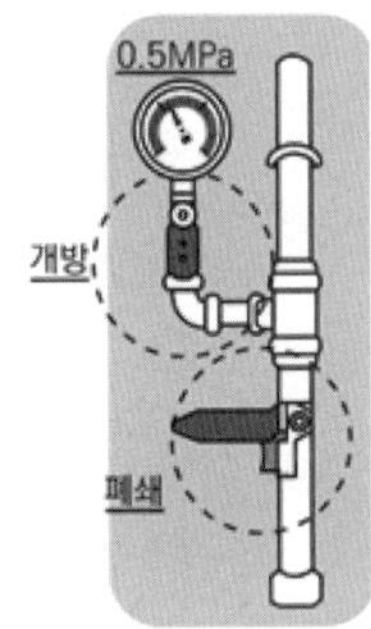

45 **준비작동식 스프링클러설비의 수동조작함(SVP)을 작동시켰을 때의 사항으로 틀린 것을 고르시오.**

① 감시제어반의 밸브개방 표시등 점등
② 사이렌과 경종 명동
③ 펌프 동작
④ 감지기 A 작동

정답
44 ①　45 ④

해설

▣ 준비작동식 스프링클러설비 작동순서

1) 화재발생
2) 교차회로 방식의 A or B 감지기 작동(경종 또는 사이렌 경보, 감시제어반의 화재표시등 점등)
3) A and B 감지기 모두 작동
4) 준비작동식 유수검지장치(준비작동식 밸브)의 전자밸브(솔레노이드밸브) 작동
5) 중간챔버에 채워져 있던 물이 배수되며(감압) 준비작동식 밸브 개방
6) 1차 측 가압수의 2차 측으로의 유수를 통해 준비작동식 밸브의 압력스위치 작동
7) 감시제어반의 밸브개방표시등 점등
8) 감열에 의한 폐쇄형 헤드 개방
9) 배관 내 압력저하로 기동용 수압개폐장치(압력챔버)의 압력스위치 작동
10) 펌프 기동

※ 수동으로 조작하였기 때문에 감지기작동과는 관련이 없음

46 다음과 같은 장소에 차동식 스포트형 감지기 2종을 설치하는 경우 감지기 최소 설치 개수를 산정하시오. (단, 내화구조이며 감지기 설치높이는 3.8 m이다)

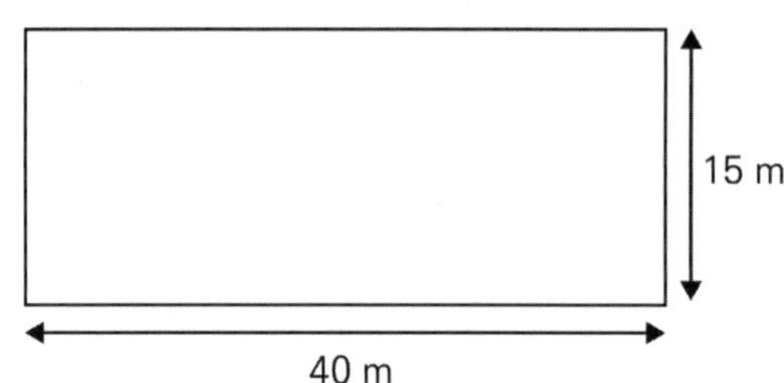

① 7개　　② 8개
③ 9개　　④ 12개

[계산팁]
(1) 감지기 설치 개수 : 계산 후 소수점은 절상한다.
(2) 소방안전관리보조자 선임인원 계산 : 계산 후 소수점은 절삭한다.
(3) 수용인원 산정 : 계산 후 반올림한다.

해설

▣ 감지기 개수 산정

부착 높이 및 특정소방대상물의 구분		감지기의 종류(단위 : m^2)						
		차동식 스포트형		보상식 스포트형		정온식 스포트형		
		1종	2종	1종	2종	특종	1종	2종
4 m 미만	내화구조	90	70	90	70	70	60	20
	기타구조	50	40	50	40	40	30	15
4 m 이상 8 m 미만	내화구조	45	35	45	35	35	30	
	기타구조	30	25	30	25	25	15	

$\frac{40 \times 15}{70} = 8.57$　∴ 절상해서 9개

정답
46 ③

47 **다음 수신기를 보고 틀린 설명을 고르시오.**

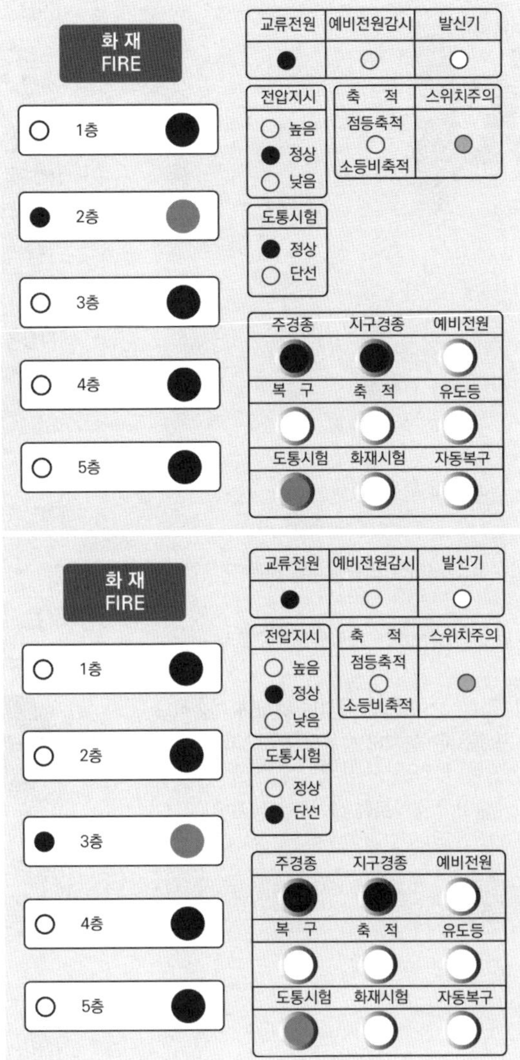

① 전압지시는 정상이다.
② 스위치주의표시등이 점등되었지만 정상이다.
③ 전원은 예비전원을 받고 있다.
④ 3층의 도통시험결과 단선이다.

해설

▣ 수신기

- 수신기의 도통시험스위치를 눌러서 3층의 도통시험을 하였더니 단선에 점등이 되었다. 따라서 도통시험결과 단선임을 알 수 있다.
- 스위치주의등이 점등되었는데 이는 도통시험을 위해 주경종과 지구경종스위치를 눌러둔 상태이므로 정상이다.
- 교류전원표시등에 점등이 되어 있으므로 전원은 교류전원을 받고 있다.

정답

47 ③

48 다음 그림의 유도등으로 옳은 것을 고르시오.

① 피난구유도등
② 복도통로유도등
③ 객석유도등
④ 계단통로유도등

해설

▣ 유도등

1) 피난구유도등(녹색 바탕에 백색문자)
피난구 또는 피난경로로 사용되는 출입구를 표시하여 피난을 유도하는 등

2) 통로유도등(백색 바탕에 녹색문자)
(1) 복도통로유도등 : 피난통로가 되는 복도에 설치하는 통로유도등으로서 피난구 방향을 명시하는 것
(2) 거실통로유도등 : 거주, 집무, 작업, 집회, 오락 등의 목적을 위하여 계속적으로 사용하는 거실, 주차장 등 개방된 통로에 설치하는 유도등으로 피난의 방향을 명시하는 것
(3) 계단통로유도등 : 피난통로가 되는 계단이나 경사로에 설치하는 통로유도등으로 바닥면 및 디딤 바닥면을 비추는 것

3) 객석유도등
객석의 통로, 바닥 또는 벽에 설치하는 유도등

[피난구유도등]

[복도통로유도등]

[거실통로유도등]

[계단통로유도등]

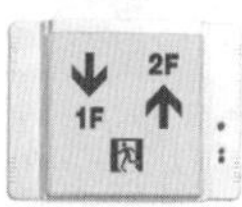

[객석유도등]

49 옥외소화전설비의 설명 중 틀린 것은?

① 옥외소화전설비의 수원은 옥외소화전의 설치개수(최대 2개)에 3.5 m^3를 곱한 양 이상이 되도록 한다.
② 노즐선단의 방수압은 0.25 MPa 이상 0.7 MPa 이하가 되도록 한다.
③ 호스접결구는 각 특정소방대상물로부터 하나의 호스접결구까지 수평거리가 40 m 이하이어야 한다.
④ 호스는 구경 65 mm의 것으로 한다.

[수원의 양]
(1) 옥외소화전 : N × 7 m^3
(2) 옥내소화전 : N × 2.6 m^3
(3) 스프링클러설비 : N × 1.6 m^3

정답
48 ① 49 ①

해설

▣ 옥외소화전 기준

1) 수원량[m^3] = N × 7 m^3(N : 기준개수, 최대 2개)
2) 방수압력 : 0.25 MPa 이상 0.7 MPa 이하
3) 방수량 : 350 L/min 이상
4) 호스 구경 : 65 mm
5) 호스접결구까지 수평거리 : 40 m 이하

50 화재 시 일반적인 피난행동으로 옳지 않은 것을 고르시오.

① 아파트의 경우 세대 밖으로 나가기 어려울 경우 세대 사이에 설치된 경량칸막이를 통해 옆 세대로 대피하거나 세대 내 대피공간으로 대피한다.

② 출입문을 열기 전 문손잡이가 뜨거우면 문을 열지 말고 다른 길을 찾는다.

③ 연기 발생 시 낮은 자세로 이동하고, 코와 입을 수건 등으로 막아 연기를 마시지 않도록 한다.

④ 계단보다는 엘리베이터를 이용하여 대피한다.

Tip

[피난실패 시 행동요령]

(1) 건물 밖으로 대피하지 못한 경우 밖으로 통하는 창문이 있는 방으로 들어가기
(2) 방안으로 연기가 들어오지 못하도록 문틈을 커튼 등으로 막고, 내부 물건 등을 활용하여 자신의 위치를 알리고 구조를 기다리기

해설

▣ 화재 시 일반적 피난행동

1) 엘리베이터는 절대 이용하지 않도록 하며 계단을 이용해 옥외로 대피
2) 아래층으로 대피가 불가능한 때에는 옥상으로 대피
3) 아파트의 경우 세대 밖으로 나가기 어려울 경우 세대 사이에 설치된 경량칸막이를 통해 옆 세대로 대피하거나 세대 내 대피공간으로 대피
4) 유도등, 유도표지를 따라 대피
5) 연기 발생 시 최대한 낮은 자세로 이동하고, 코와 입을 젖은 수건 등으로 막아 연기를 마시지 않도록 주의
6) 출입문을 열기 전 문손잡이가 뜨거우면 문을 열지 말고 다른 길 찾기
7) 옷에 불이 붙었을 때에는 눈과 입을 가리고 바닥에서 뒹굴기
8) 탈출한 경우에는 절대로 다시 화재 건물로 들어가지 않기

정답

50 ④

04회 실전모의고사

01 **다음 자동화재탐지설비의 수신기를 보고 알맞은 설명을 고르시오.**

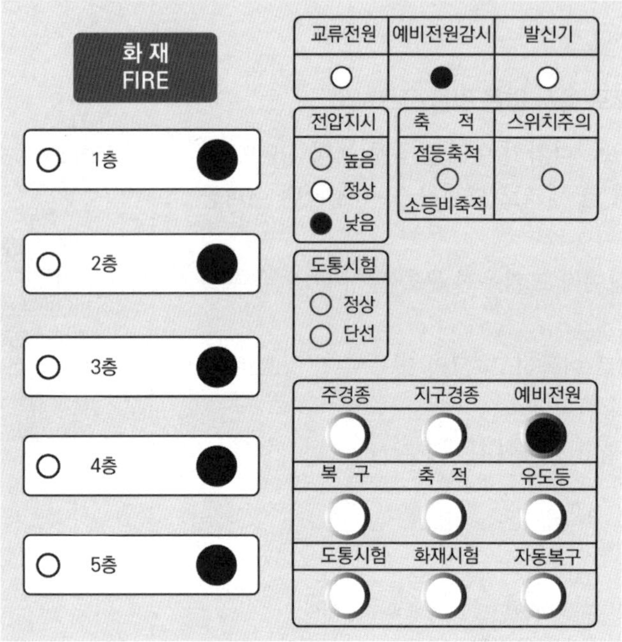

① 1층에서 화재가 발생하였다.
② 해당 수신기는 축적형 수신기이다.
③ 주경종스위치가 눌러져 있다.
④ 예비전원을 교체해야 한다.

해설

▣ 수신기

1) 화재표시등과 지구표시등이 점등하지 않은 상태이기 때문에 화재가 발생하지 않았다.
2) 수신기의 축적표시등이 소등상태이기 때문에 비축적이다.
3) 주경종스위치와 지구경종스위치는 눌러져 있지 않다.
4) 예비전원감시등이 점등되어 있어서 예비전원표시등을 눌러 예비전원시험을 하였다. 그 결과 전압지시가 낮음이 점등하였기 때문에 교체가 필요하다.

정답

01 ④

02 다음의 감시제어반을 보고 틀린 설명을 고르시오.

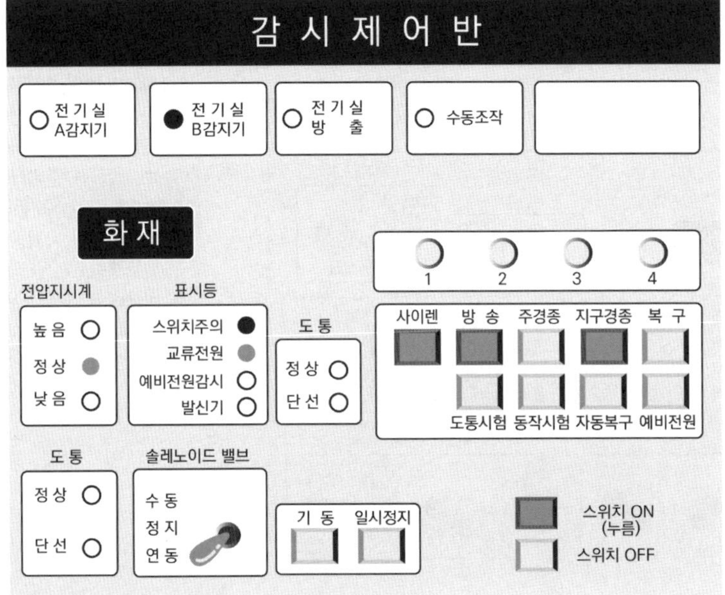

① 전기실의 B감지기가 작동하였다.
② 현재 교류전원을 받고 있다.
③ 지구경종이 명동하고 있다.
④ 스위치주의등이 점멸 중이므로 스위치를 확인해야 한다.

해 설

▣ 감시제어반

1) 전기실 B감지기가 점등되어 있으므로 전기실의 B감지기가 작동한 상태이다.
2) 교류전원표시등이 점등되어 있기 때문에 교류전원을 받고 있다.
3) 지구경종스위치가 눌려져 있기 때문에 지구경종은 명동하지 않는다.
4) 스위치주의등이 점멸하는 이유는 지구경종스위치, 사이렌, 방송스위치가 눌려져 있기 때문이다.

정답

02 ③

03 다음의 감시제어반을 보고 알맞은 설명을 고르시오.

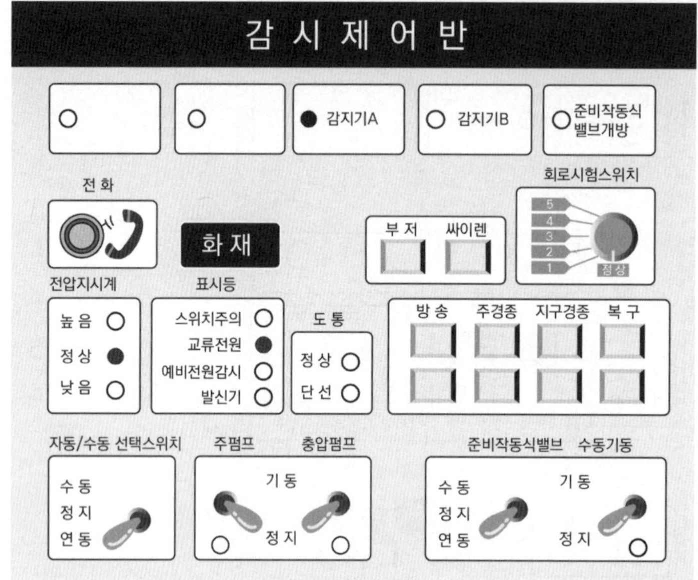

① 밸브 1차 측 물이 2차 측으로 넘어갔다.
② 방호구역 내 사이렌이 작동한다.
③ 헤드가 작동한다.
④ 펌프가 작동한다.

해설

▣ 감시제어반

1) 감지기 A만 작동하였기 때문에 1차 측 물이 2차 측으로 넘어가지 않았다.
2) 감지기 A 혹은 B 둘 중 하나가 작동하면 방호구역 내 사이렌이 작동한다.
3) 헤드는 감지기 A와 감지기 B 동시작동 시 작동한다.
4) 펌프는 감지기 A와 감지기 B 동시작동 시 작동한다.

04 준비작동식 스프링클러설비의 수동조작함(SVP) 누름버튼스위치를 누를 경우 다음의 감시제어반 표시등 중 점등되어야 하는 것으로 알맞은 것을 고르시오.

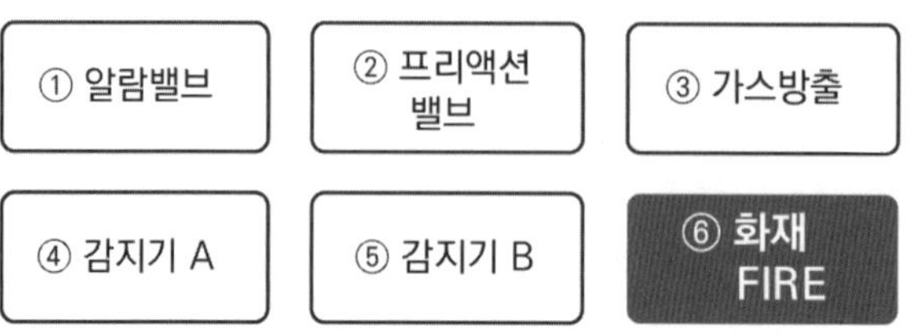

① 1, 2　　② 2, 6
③ 3, 4　　④ 4, 5

Tip

[준비작동식 스프링클러설비 작동순서]

화재발생 → 감지기 작동(사이렌 경보, 수신반의 화재표시등 점등) → 솔레노이드밸브 작동 → 준비작동식 밸브 개방 → 준비작동식 밸브의 압력스위치 작동(수신반의 밸브개방표시등 점등) → 압력챔버의 압력스위치 작동 → 펌프 기동

정답

03 ②　04 ②

해설

▣ SVP

준비작동식 스프링클러설비의 수동조작함 누름버튼스위치를 누르면 화재신호가 전송되므로 화재표시등과 준비작동식 스프링클러설비의 밸브(프리액션밸브)가 점등한다.

05 **펌프점검 완료 후 동력제어반의 상태가 다음과 같을 때의 복구순서로 알맞은 것을 고르시오.**

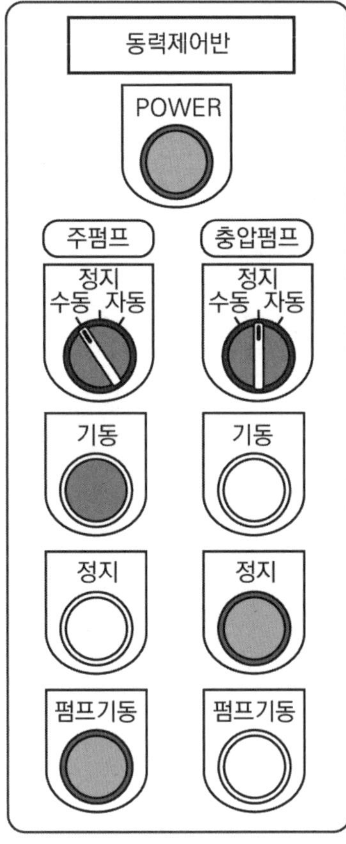

① 충압펌프 자동 → 주펌프 자동 → 주펌프 정지
② 주펌프 정지 → 충압펌프 자동 → 주펌프 자동
③ 주펌프 자동 → 주펌프 정지 → 충압펌프 자동
④ 주펌프 정지 → 주펌프 자동 → 충압펌프 자동

해설

▣ MCC

주펌프가 수동기동하고 있으니 주펌프를 먼저 정지위치에 둔 후 충압펌프와 주펌프를 자동으로 둔다.

[동력제어반]
주펌프를 수동기동한 후 복구할 때는 주펌프를 먼저 정지시킨 다음 선택스위치를 자동위치에 두어야 한다. 평상시에는 반드시 동력제어반의 주펌프와 충압펌프는 자동위치에 있어야 하며, 감시제어반의 선택스위치는 연동, 주펌프 충압펌프는 정지위치에 두어야 한다.

정답
05 ②

06 다음과 같은 동력제어반 상태와 동일한 감시제어반으로 옳은 것을 고르시오. (단, 현재 감시제어반에서 스위치를 수동으로 조작하고 있다)

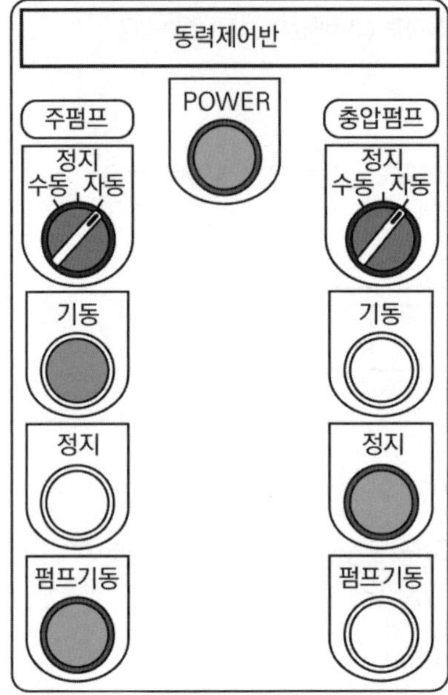

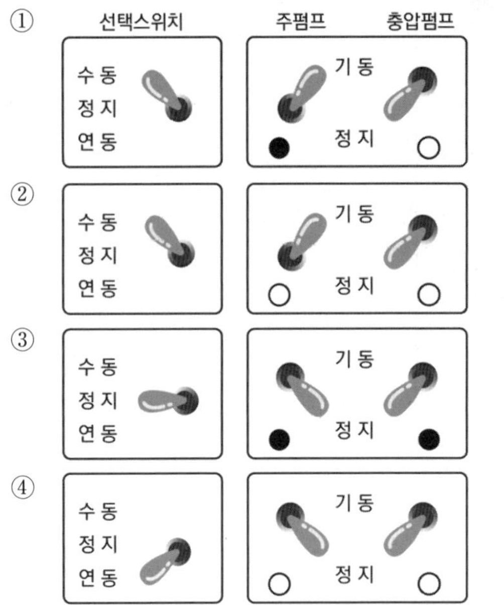

해설

▣ MCC

동력제어반의 주펌프 자동기동, 충압펌프 정지인 상태는 감시제어반의 선택스위치를 수동으로 둔 후 주펌프 기동, 충압펌프 정지에 두었을 때이다.

정답

06 ①

07 다음과 같이 감시제어반이 유지되고 있다. 이때 화재발생 시 주펌프를 수동기동하는 방법과 기동 시 작동되는 음향장치(㉣)를 올바르게 나열하시오.

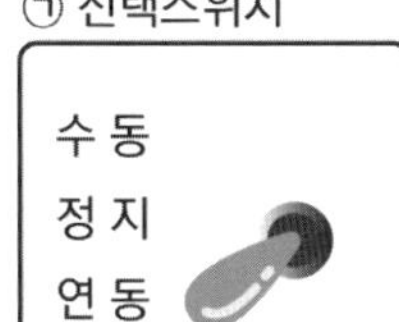

① ㉠ 수동 ㉡ 기동 ㉢ 정지 ㉣ 부저
② ㉠ 연동 ㉡ 기동 ㉢ 정지 ㉣ 부저
③ ㉠ 수동 ㉡ 기동 ㉢ 정지 ㉣ 사이렌
④ ㉠ 연동 ㉡ 기동 ㉢ 정지 ㉣ 사이렌

해설

▣ 감시제어반

화재발생 시 주펌프를 수동기동하는 방법은 선택스위치를 수동으로 둔 후 주펌프만 기동, 충압펌프는 정지에 두는 것이다. 이때 부저가 작동한다.

08 소방대상물의 관계인의 업무가 아닌 것은?

① 화기취급의 감독
② 소방훈련 및 교육
③ 소방시설 및 그 밖의 소방시설의 유지·관리
④ 피난시설, 방화구획 및 방화시설의 유지·관리

해설

▣ 관계인과 소방안전관리자 공통적인 업무

1) 피난시설, 방화구획, 방화시설의 유지관리
2) 소방시설의 유지관리
3) 화기취급의 감독
4) 기타 소방안전관리에 필요한 업무

※ 소방훈련 및 교육은 소방안전관리자의 업무이다.

[소방안전관리자 수행업무]

(1) 소방계획서의 작성
(2) 자위소방대 및 초기대응체계의 구성·운영·교육
(3) 피난 및 방화시설의 유지·관리
(4) 소방훈련 및 교육
(5) 소방시설의 유지·관리
(6) 화기취급의 감독 업무를 수행

정답

07 ① 08 ②

09 소방안전관리(보조)자의 실무교육 실시자는 누구인가?

① 한국소방안전원장　　② 시장 또는 군수
③ 관할 소방서장　　④ 행정안전부장관

해설

▣ 소방안전관리자 실무교육

강습 및 실무교육 이수내력이 없기 때문에 6개월 이내에 실무교육을 받는다.

강습 및 실무교육		내용
실시권자		소방청장(한국소방안전원장에게 위임)
대상자		1) 소방안전관리자 및 소방안전관리보조자 2) 소방안전관리 업무를 대행하는 자를 감독할 수 있는 소방안전관리자 3) 소방안전관리자의 자격을 인정받으려는 자
실무교육 통보		교육실시 30일 전
실무교육 주기		선임된 날부터 6개월 이내, 교육실시 후에는 2년마다 실시 다만 강습교육 또는 실무교육 수료 후 1년 이내에 선임 시, 6개월 교육은 면제된다(즉, 선임 후 2년마다 실무교육 실시).
실무 교육 미이행 시	벌칙	과태료 50만 원
	자격정지	1) 처분권자 : 소방청장 2) 1년 이하의 기간을 정하여 자격을 정지시킬 수 있음 (1) 1차 : 경고(시정명령) (2) 2차 : 자격정지(3개월) (3) 3차 : 자격정지(6개월)

Tip

[소방안전관리자 실무교육]

(1) 소방안전관리 강습교육 또는 실무교육을 받은 후 1년 이내에 소방안전관리자로 선임된 사람은 해당 강습교육을 수료하거나 실무교육을 이수한 날에 실무교육을 이수한 것으로 본다.

(2) 소방안전관리보조자의 경우 소방안전관리자 강습교육 또는 실무교육이나 소방안전관리보조자 실무교육을 받은 후 1년 이내에 소방안전관리보조자로 선임된 사람은 해당 강습교육을 수료하거나 실무교육을 이수한 날에 실무교육을 이수한 것으로 본다.

10 다음 조건을 참조하여 피난 계단수와 피난계단의 종류로 옳은 것을 고르시오.

> 1. 건물의 서측에 계단이 하나 설치되어 있다.
> 2. 피난 시 이동경로는 옥내 → 부속실 → 계단실 → 피난층이다.

① 계단수 : 1개, 옥외피난계단　　② 계단수 : 1개, 옥내피난계단
③ 계단수 : 1개, 특별피난계단　　④ 계단수 : 2개, 특별피난계단

해설

▣ 피난계단의 종류 및 피난 시 이동경로

종류	피난 시 이동경로
옥내피난계단	옥내 → 계단실 → 피난층
옥외피난계단	옥내 → 옥외계단 → 지상층
특별피난계단	옥내 → 부속실 → 계단실 → 피난층

서측에 계단이 하나 설치되어 있으므로 계단수 1개이다.

정답

09 ①　10 ③

11 다음 중 연소와 가장 관련이 있는 화학반응은?

① 산화반응 ② 환원반응
③ 치환반응 ④ 중화반응

해설

▣ 연소

1) 가연물이 공기 중의 산소와 결합하여 빛과 열을 수반하는 산화반응이다.
2) 연소는 발열반응한다.
3) 화학반응이 진행되기 위한 최소한의 활성화에너지가 필요하다.

[연소의 3요소]
(1) 연소가 시작할 수 있는 필수요소
(2) 가연물, 산소공급원, 점화원

[연소의 4요소]
(1) 연소가 지속될 수 있는 필수요소
(2) 연소의 3요소(가연물, 산소공급원, 점화원) + 연쇄반응

12 가연성 가스가 아닌 것은?

① 일산화탄소 ② 프로판
③ 수소 ④ 아르곤

해설

▣ 가연물이 될 수 없는 물질

구분	해당 물질	이유
산소와 결합하여 더 이상 산소와 반응하지 않는 물질	물(H_2O), 이산화탄소(CO_2), 산화알루미늄(Al_2O_3)	산소와 이미 결합되어 산화반응을 하지 않음 → 완전연소생성물 산소공급원
0족의 불활성 기체	헬륨(He), 네온(Ne), 아르곤(Ar), 크립톤(Kr), 크세논(Xe), 라돈(Rn)	최외곽 전자가 8개로 안정되어 더 이상 화학 반응을 하지 않음

[질소]
질소는 흡열반응 물질로 열을 흡수하여 주변을 냉각시켜서 화학 반응이 원활하지 않기 때문에 불연성 가스이다.

13 다음 중 연소속도와 가장 관계가 깊은 것은?

① 증발속도 ② 환원속도
③ 산화속도 ④ 혼합속도

해설

▣ 연소속도와 산화속도의 관계

연소속도 = 산화속도

[연소]
(1) 정상연소 : 연소 시 충분한 공기공급으로 열 발생속도와 확산속도가 균형 있게 연소한다.
(2) 비정상연소 : 발생열이 급격히 팽창하며 연소하거나, 균형을 취했을 때 연소되지 않는다(폭발, 폭굉, Blow off 등)

정답
11 ① 12 ④ 13 ③

14 다음 중 자연발화가 일어나기 쉬운 조건이 아닌 것은?

① 열전도율이 클 것
② 적당량의 수분이 존재할 것
③ 주위의 온도가 높을 것
④ 표면적이 넓을 것

해 설

▣ 자연발화가 쉬운 조건
1) 열전도율이 작을수록
2) 활성화에너지가 작을수록
3) 분자량이 클수록
4) 온도, 습도, 농도, 압력이 클수록
5) 표면적이 넓을수록
6) 공기와 접촉면적이 클수록

[이산화탄소 소화]
• 공기보다 무거운 무색, 무취인 가스이다.
• 다량 존재 시 산소 부족을 유발하여 질식효과가 있다.
• 완전연소 시 발생한다.
• 독성은 거의 없으나 호흡속도를 증가시켜 유해가스 흡입을 증가시킨다.

15 실내 화재 시 질식소화효과를 이용할 때 실내의 공기 중의 산소농도는 대략 얼마인가?

① 15 ~ 21 %　② 15 ~ 18 %
③ 10 ~ 15 %　④ 5 ~ 15 %

해 설

▣ 질식소화효과를 이용할 때 실내 공기 중의 산소농도
1) 평상시 산소농도 : 21 %
2) 화재구역 내 질식소화 시 산소농도 : 10 ~ 15 %

[연기의 유동 원인]
(1) 공조설비(HVAC) : 건축물 내부에 있는 냉·난방, 통풍, 공기조화설비의 영향
(2) 부력 : 화재실 내 온도가 상승하여 밀도차에 의한 연기 상승
(3) 바람 : 외부의 바람이 건물 내로 유입하여 압력차 발생
(4) 연돌효과(Stack Effect) : 건축물 내·외부공기의 온도차로 인한 압력차에 의해 공기가 이동
(5) 피스톤 효과 : 승강기 이동으로 인한 교란 발생
(6) 팽창력 : 화재 시 온도 상승으로 인한 가스의 팽창

16 고층건축물에서 연기의 제어 및 차단은 중요한 문제이다. 연기제어의 기본방법이 아닌 것은?

① 희석　② 차단
③ 배기　④ 복사

해 설

▣ 제연방법(연기의 제어방법)

방법	내용
희석	신선한 공기를 공급하여 연기의 농도를 낮추는 것
배기	건물 내의 압력차에 의하여 연기를 외부로 배출시키는 것
차단	연기가 일정한 장소 내로 들어오지 못하도록 하는 것

정답
14 ①　15 ③　16 ④

17 목재건축물의 화재진행과정을 순서대로 나열한 것은?

① 무염착화 → 발염착화 → 발화 → 최성기
② 무염착화 → 최성기 → 발염착화 → 발화
③ 발염착화 → 발화 → 최성기 → 무염착화
④ 발염착화 → 최성기 → 무염착화 → 발화

Tip

[내화건축물]
초기 → 성장기 → 최성기 → 감퇴기 → 진화

해설

▣ 목조건축물 화재의 진행과정
무염착화 → 발염착화 → 발화 → 최성기

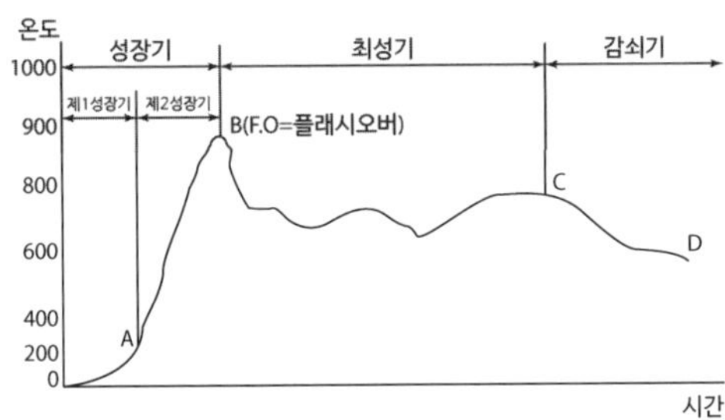

18 다음 중 제거소화방법과 무관한 것은?

① 산불의 확산방지를 위하여 산림의 일부를 벌채한다.
② 화학반응기의 화재 시 원료 공급관의 밸브를 잠근다.
③ 유류화재 시 가연물을 포(泡)로 덮는다.
④ 유류탱크 화재 시 주변에 있는 유류탱크의 유류를 다른 곳으로 이동시킨다.

Tip

가연물을 포로 덮는 것은 질식소화에 해당한다.

해설

▣ 제거소화
1) 가연물을 연소반응의 진행을 제거하여 소화
2) 방법

방법	내용
격리	바람을 불어서 촛불의 가연물과 불꽃을 격리시켜 소화
소멸	① 가스화재 시 가스밸브를 차단하여 가스공급 소멸 ② 질소폭탄을 투하하여 가연성 증기를 날려 보냄 ③ 유류 탱크 화재 시 드레인 밸브를 개방하여 기름을 배출 ④ 화재 시 가연물을 다른 지역으로 이동
파괴	산불 화재 시 맞불, 벌목을 하는 것
희석	수용성 알코올을 물로 희석

정답
17 ① 18 ③

19 다음 중 이산화탄소의 3중점에 가장 가까운 온도는?

① -48 ℃
② -57 ℃
③ -62 ℃
④ -75 ℃

[삼중점]
고체, 액체, 기체 세 상이 평형상태에서 함께 공존할 수 있는 온도와 압력

해설

▣ 이산화탄소(Carbon dioxide, CO_2) 물성

구분	물성	구분	물성
분자량	44	임계온도	31.35 ℃
비중	1.53	임계압력	75.2 kgf/cm^2
증발열	137 cal/g	융해열	45.2 cal/g
삼중점	-57 ℃	비점	-78 ℃

20 대형 소화기의 능력단위기준 및 보행거리 배치기준이 적절하게 표시된 항목은?

① A급 화재 : 10단위 이상
B급 화재 : 20단위 이상, 보행거리 : 30 m 이내
② A급 화재 : 20단위 이상
B급 화재 : 20단위 이상, 보행거리 : 30 m 이내
③ A급 화재 : 10단위 이상
B급 화재 : 20단위 이상, 보행거리 : 40 m 이내
④ A급 화재 : 20단위 이상
B급 화재 : 20단위 이상, 보행거리 : 40 m 이내

[소화기]
대형 소화기의 소화약제량 (소화기의 형식승인 및 제품검사 기술기준)

소화기 종류	약제량 (이상)
물	80 L
강화액	60 L
포	20 L
CO_2	50 kg
Halogen 화합물	30 kg
분말	20 kg

해설

▣ 소화기 능력단위 및 보행거리

구분	소형 소화기	대형 소화기
정의	• 능력단위가 1단위 이상 • 대형 소화기의 능력단위 미만인 것	• 화재 시 사람이 운반할 수 있도록 운반대와 바퀴가 설치 • A급 화재 : 10단위 이상 • B급 화재 : 20단위 이상
보행거리	20 m 이내	30 m 이내

정답
19 ② 20 ①

21 **아파트에 설치하는 주방용 자동소화장치의 설치기준 중 부적합한 것은?**

① 아파트의 각 세대별 주방에 설치한다.
② 소화약제 방출구는 환기구의 청소부분과 분리되어 있어야 한다.
③ 주방용 자동소화장치의 탐지부는 연료를 LPG로 사용할 경우 천정에서 30 cm 이내에 설치한다.
④ 주방용 자동소화장치의 탐지부는 수신부와 분리하여 설치하되, 공기보다 무거운 가스 사용 시 바닥에서 30 cm 이하에 위치한다.

[LPG]
LPG는 주성분인 프로판과 부탄(부테인)의 분자량이 각각 44, 58이므로 공기보다 무겁다.

해설

▣ 주방용 자동소화장치의 설치기준

1) 소화약제방출구는 환기구의 청소부분과 분리되어 있어야 하며, 형식승인을 받은 유효 설치높이 및 방호면적에 따라 설치할 것
2) 감지부는 형식승인 받은 유효한 높이 및 위치에 설치할 것
3) 차단장치는 상시 확인 및 점검이 가능하도록 설치할 것
4) 탐지부는 수신부와 분리하여 설치하되, 공기보다 가벼운 가스 : 천장면으로부터 30 cm 이하, 공기보다 무거운 가스 : 바닥면으로부터 30 cm 이하의 위치에 설치할 것
5) 수신부는 주위의 열기류 또는 습기 등과 주위온도에 영향을 받지 아니하고 사용자가 상시 볼 수 있는 장소에 설치할 것

22 **280 m^2의 발전실에 부속용도별로 추가하여야 할 적응성이 있는 소화기의 수량은 몇 개 이상이어야 하는가?**

① 2개 ② 4개
③ 6개 ④ 12개

[소화기구]
소화기의 수량은 절상한다.

해설

▣ 부속용도별로 추가할 소화기구

소화기 수량

$$= \frac{\text{바닥면적}[m^2]}{50[m^2]} = \frac{280}{50} = 5.6 \rightarrow \text{절상해서 6개}$$

용도별	소화기구의 능력단위
발전실·변전실·송전실·변압기실·배전반실·통신기기실·전산기기실 기타 이와 유사한 시설이 있는 장소. 다만, 제1호 다목의 장소를 제외한다.	해당 용도의 바닥면적 50 m^2마다 적응성이 있는 소화기 1개 이상 또는 유효설치방호체적 이내의 가스·분말·고체에어로졸 자동소화장치, 캐비닛형 자동소화장치(다만 통신기기실·전자기기실을 제외한 장소에 있어서는 교류 600 V 또는 직류 750 V 이상의 것에 한한다)

정답
21 ③ 22 ③

23 분말소화약제 중 A급, B급, C급 화재에 모두 사용할 수 있는 것은?

① Na_2CO_3
② $NH_4H_2PO_4$
③ $KHCO_3$
④ $NaHCO_3$

해설

■ 분말소화약제

종별	소화약제	약제색	적응화재
제1종	탄산수소나트륨 ($NaHCO_3$)	백색	BC급
제2종	탄산수소칼륨 ($KHCO_3$)	담자색 (담회색)	
제3종	제1인산암모늄 ($NH_4H_2PO_4$)	담홍색	ABC급
제4종	탄산수소칼륨 + 요소 ($KHCO_3+(NH_2)_2CO$)	회(백)색	BC급

Tip

[간이소화용구]

(1) 능력단위 1단위 미만의 소화용구 및 소화약제 외의 것을 이용한 소화용구
(2) 종류 : 에어로졸식 소화용구, 투척용 소화용구, 소공간용 소화용구, 팽창질석, 팽창진주암, 마른모래 등
(3) 소화약제 외의 것을 이용한 간이소화용구의 능력단위

간이소화용구	용량	능력단위
마른모래 (삽을 상비)	50 L 이상의 것 1포	0.5 단위
팽창질석 또는 팽창진주암 (삽을 상비)	80 L 이상의 것 1포	0.5 단위

(4) 소공간용 소화용구 : 분전반과 배전반 등 체적 0.36 m^3 미만인 소공간에 적용

24 다음 아래의 사진은 무엇을 의미하는가?

① 분말소화기　　② 소공간 가스 자동소화장치
③ 이산화탄소소화기　　④ 자동확산소화기

해설

■ 시공 시 주의사항

1) 천정면에서 0.3 m 이내 설치(감지부 기준)
2) 벽에 견고히 고정할 것
3) 동관의 연결 시 연결부 고정은 누기가 없도록 주의 시공
4) 1개의 소화기가 담당하는 면적에 따라 수량계산 필요

정답

23 ② 24 ②

25 **분말소화기의 사용기간은 얼마인가?**

① 1년
② 3년
③ 10년
④ 10년이 경과되어도 압력계 지시계의 위치가 녹색부분에 있을 때

해설

▣ 분말소화기 내용연수
소화기의 내용연수를 10년으로 하고 내용연수가 지난 제품은 교체 또는 성능검사에 합격한 소화기는 내용연수 등이 경과한 날의 다음 달부터 다음 기간 동안 사용
1) 내용연수 경과 후 10년 미만 : 3년
2) 내용연수 경과 후 10년 이상 : 1년

26 **국내 규정상 단위 옥내소화전설비 가압송수장치의 최소 시설기준으로 다음과 같은 항목을 맞게 열거한 것은? (단, 순서는 법정 최소 방사량(ℓ/min) – 법정 최소 방출압력(MPa) – 법정 최소 방출시간(분)이다)**

① 130 ℓ/min - 1.0 MPa - 30분
② 350 ℓ/min - 2.5 MPa - 30분
③ 130 ℓ/min - 0.17 MPa - 20분
④ 350 ℓ/min - 3.5 MPa - 20분

해설

▣ 옥내소화전의 방수압력
옥내소화전(최대 2개)을 동시에 사용할 경우
1) 방수압력 : 0.17 MPa 이상 0.7 MPa 이하
2) 방수량 : 130 ℓ/min 이상

Tip
[옥외소화전 기준]
(1) 수원량(m^3) = N × 7 m^3
= (N : 기준개수, 최대 2개)
(2) 방수압력 : 0.25 MPa 이상
0.7 MPa 이하
(3) 방수량 : 350 L/min 이상

정답
25 ③ 26 ③

※ [27 ~ 28] 다음 보기를 보고 각 물음에 답하시오.

〈보기〉

- 특정소방대상물 : 업무시설
- 규모 : 지상 8층, 지하 3층, 연면적 23000 m^2
- 소방시설현황 : 소화기, 옥내소화전설비, 스프링클러설비, 자동화재탐지설비, 비상조명등, 가스누설경보기, 누전경보기, 물분무소화설비
- 소방안전관리자현황 : 1급 소방안전관리자 취득자
- 사용승인일 : 2024년 3월 11일
- 최초점검 : 2024년 3월 28일

27 다음에 제시된 건축물의 일반현황을 참고하여 옳은 설명을 고르시오.

① 2급 소방안전관리대상물이다.

② 2025년 3월에 종합점검을 하며, 2025년 9월에는 작동점검을 실시한다.

③ 소방안전관리보조자를 선임하지 않아도 된다.

④ 소방공무원으로 근무한 경력이 5년 이상인 사람을 소방안전관리자로 선임한다.

해설

▣ 자체점검

- 연면적이 15000 m^2 이상이므로 1급 소방안전관리대상물이다.
- 스프링클러설비가 설치되어 있으므로 종합점검 대상이다. 이때 사용승인일을 받은 3월에 종합점검을 하며 그로부터 6개월이 되는 9월에 작동점검을 한다.
- 연면적이 15000 m^2 이상이므로 소방안전관리보조자를 선임해야 한다.
- 1급 소방안전관리대상물이므로 소방공무원으로 근무한 경력이 7년 이상인 사람을 소방안전관리자로 선임한다.

정답

27 ②

28 **소방안전관리자의 선임 기한을 고르시오.**

① 14일 이내 ② 30일 이내
③ 90일 이내 ④ 60일 이내

해 설

▣ 소방안전관리자 선임

1) 선임권자 : 관계인
2) 선임 : 30일 이내
3) 선임 신고 : 14일 이내 소방본부장, 소방서장에게 신고하고, 소방안전관리대상물의 출입자가 쉽게 알 수 있도록 소방안전관리자의 성명과 그 밖에 행정안전부령으로 정하는 사항을 게시하여야 함

29 **습식 스프링클러설비에서 시험배관을 설치하는 이유로서 가장 옳은 것은?**

① 정기적인 배관의 통수소제를 위해
② 배관 내 수압의 정상상태 여부를 수시로 확인하기 위해
③ 실제로 헤드를 개방하지 않고도 방수압력을 측정하기 위해
④ 유수검지장치의 기능을 점검하기 위해

해 설

▣ 시험배관의 설치목적

1) 유수검지장치의 기능(성능) 확인
2) 규정방수량 및 방수압 확인
3) 음향경보장치의 작동 확인
4) 제어반 화재표시등 및 밸브개방표시등의 점등 확인
5) 펌프의 자동기동 확인

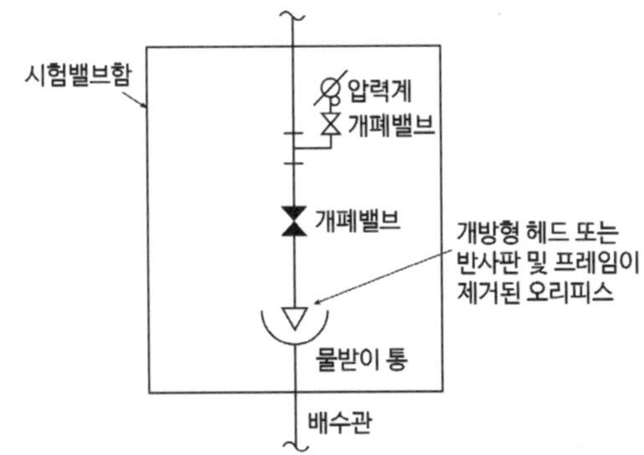

[시험배관의 설치기준]
(1) 습식, 부압식 : 유수검지장치 2차 측 배관에 연결할 것
(2) 건식 : 유수검지장치에서 가장 먼 가지배관의 끝으로부터 연결하여 설치할 것
(3) 구경 : 25 mm 이상이고, 그 끝에 개폐밸브 및 개방형 헤드를 설치할 것
(4) 시험배관 끝에 물받이통 및 배수관을 설치할 것

정답

28 ② 29 ④

30 이산화탄소소화약제의 저장용기 설치기준에 적합하지 않은 것은?

① 온도가 60 ℃ 이상인 장소
② 방호구역 외의 장소에 설치할 것
③ 직사광선 및 빗물이 침투할 우려가 없는 곳
④ 온도의 변화가 적은 곳에 설치할 것

해설

▣ 이산화탄소소화약제

이산화탄소소화약제의 저장용기는 온도가 높아지면 용기파열의 우려가 있기 때문에 40°C 이하인 장소에 설치한다.

31 소방대상물 각 부분에서 하나의 발신기까지의 수평거리는 몇 m이며, 복도 또는 별도로 구획된 실에 발신기를 설치하는 경우에는 보행거리를 몇 m로 해야 하는가?

① 수평거리 15 m 이하, 보행거리 30 m 이하
② 수평거리 25 m 이하, 보행거리 30 m 이하
③ 수평거리 15 m 이하, 보행거리 40 m 이하
④ 수평거리 25 m 이하, 보행거리 40 m 이하

해설

▣ 발신기의 설치기준

1) 조작이 쉬운 장소에 설치하고, 스위치는 바닥으로부터 0.8 m 이상 1.5 m 이하의 높이에 설치할 것
2) 특정소방대상물의 층마다 설치하되, 해당 특정소방대상물의 각 부분으로부터 하나의 발신기까지의 수평거리가 25 m 이하가 되도록 할 것. 다만 복도 또는 별도로 구획된 실로서 보행거리가 40 m 이상일 경우에는 추가로 설치하여야 한다.
3) 2) 기준을 초과하는 경우로서 기둥 또는 벽이 설치되지 아니한 대형공간의 경우 발신기는 설치 대상 장소의 가장 가까운 장소의 벽 또는 기둥 등에 설치할 것
4) 발신기의 위치를 표시하는 표시등은 함의 상부에 설치하되, 그 불빛은 부착면으로부터 15° 이상의 범위 안에서 부착지점으로부터 10 m 이내의 어느 곳에서도 쉽게 식별할 수 있는 적색등으로 하여야 한다.

정답

30 ① 31 ④

32 자동화재탐지설비의 경계구역 설정기준으로 옳은 것은?

① 하나의 경계구역이 3개 이상의 건축물에 미치지 아니할 것
② 하나의 경계구역의 면적은 400 m^2 이하로 하고 한 변의 길이는 60 m 이하로 할 것
③ 터널의 경우 하나의 경계구역 길이는 100 m 이하로 할 것
④ 하나의 경계구역이 4개 이상의 층에 미치지 아니할 것

[수직적 경계구역]
계단 · 경사로(에스컬레이터 경사로 포함) · 엘리베이터 승강로(권상기실이 있는 경우에는 권상기실) · 린넨슈트 · 파이프 피트 및 덕트 기타 이와 유사한 부분은 별도로 경계구역을 설정하되, 하나의 경계구역은 높이 45 m 이하(계단 및 경사로에 한한다)로 하고, 지하층의 계단 및 경사로(지하층의 층수가 한 개 층일 경우는 제외한다)는 별도로 하나의 경계구역으로 해야 한다.

해설

▣ 경계구역 산정 기준(수평적)

1) 2개 이상의 건축물에 미치지 아니하도록 할 것
2) 2개 이상의 층에 미치지 아니하도록 할 것
   다만 500 m^2 이하의 범위 안에서는 2개의 층을 하나의 경계구역으로 산정
3) 경계구역의 면적
   600 m^2 이하, 한 변 길이 : 50 m 이하로 할 것(주된 출입구에서 그 내부 전체가 보이는 것 면적 1000 m^2 이하, 한 변 길이 : 50 m 이하)
4) 터널 길이 : 100 m 이하

33 자동화재탐지설비의 수신기의 설치기준으로 옳지 않은 것은?

① 수위실 등 상시 사람이 근무하는 장소에 설치할 것
② 수신기가 설치된 장소에는 경계구역 일람도를 비치할 것
③ 하나의 경계구역은 하나의 표시등 또는 하나의 문자로 표시되도록 할 것
④ 수신기의 조작스위치는 바닥으로부터 높이 1.0 m 이상 1.8 m 이하에 설치할 것

[수신기 설치기준]
소방에 있어서 손으로 조작하는 것의 높이는 0.8 m 이상 1.5 m 이하 공통기준이다.

해설

▣ 수신기의 설치기준

1) 수신기가 설치된 장소에는 경계구역 일람도를 비치할 것
2) 수신기의 조작스위치 높이 : 바닥으로부터 0.8 m 이상 1.5 m 이하
3) 수위실 등 상시 사람이 근무하고 있는 장소에 설치
4) 하나의 경계구역은 하나의 표시등 또는 하나의 문자로 표시되도록 할 것

정답

32 ③ 33 ④

34 감지기의 설치기준 중 틀린 것은?

① 감지기는 천장 또는 반자의 옥내에 면하는 부분에 설치할 것
② 차동식 분포형의 것을 제외하고 감지기는 실내로의 공기유입구로부터 1.5 m 이상 떨어진 위치에 설치할 것
③ 정온식 감지기는 주방·보일러실 등으로서 다량의 화기를 취급하는 장소에 설치하되, 공칭작동온도가 주위온도보다 10 ℃ 이상 높은 것으로 설치할 것
④ 스포트형 감지기는 45° 이상 경사되지 아니하도록 부착할 것

해설

▣ 정온식 감지기의 설치기준

정온식 감지기는 주방·보일러실 등으로서 다량의 화기를 취급하는 장소에 설치하되, 공칭작동온도가 최고주위온도보다 20 ℃ 이상 높은 것으로 설치할 것

[차동식 감지기]
주위 온도가 일정 상승률 이상이 되는 경우 작동

35 차동식 감지기에 리크구멍을 이용하는 목적으로 가장 적합한 것은?

① 비화재보를 방지하기 위하여
② 완만한 온도 상승을 감지하기 위해서
③ 감지기의 강도를 예민하게 하기 위해서
④ 급격한 전류변화를 방지하기 위해서

해설

▣ 리크구멍

리크구멍은 감지기의 오동작 방지를 위함이다.

[차동식 스포트형 감지기 동작원리]
(1) 구조 : 감열실, 다이아프램, 리크구멍, 접점 등으로 구분
(2) 동작원리 : 화재 시 온도 상승 → 감열실 내의 공기가 팽창 → 다이아프램을 압박 → 접점이 붙어 화재 신호를 수신기에 보냄

36 청각장애인용 시각경보장치의 설치 높이로 알맞은 것은?

① 바닥으로부터 0.3 m 이상 0.8 m 이하의 장소
② 바닥으로부터 0.8 m 이상 1.2 m 이하의 장소
③ 바닥으로부터 2.0 m 이상 2.5 m 이하의 장소
④ 천장으로부터 0.15 m 이내의 장소

해설

▣ 청각장애인용 시각 경보장치 설치기준

1) 복도·통로·청각장애인용 객실 및 공용으로 사용하는 거실에 설치하며, 각 부분으로부터 유효하게 경보를 발할 수 있는 위치에 설치
2) 공연장·집회장·관람장 또는 이와 유사한 장소에 시선이 집중되는 무대부 부분에 설치
3) 설치높이 : 바닥으로부터 2 m 이상 2.5 m 이하(단, 천장의 높이가 2 m 이하인 경우에는 천장으로부터 0.15 m 이내)

[시각경보장치]
화재 시 광원에 의해 점멸 형태로 경보를 발하여 특정소방대상물 관계인 등 청각장애인에게 화재 발생을 통보하는 경보설비

정답

34 ③ 35 ① 36 ③

37 광전식 분리형 감지기의 설치기준으로 옳은 것은?

① 광축은 나란한 벽으로부터 1 m 이상 이격하여 설치할 것
② 광축의 높이는 천장 등 (천장의 실내에 면한 부분) 높이의 80 % 이상일 것
③ 감지기의 송광부와 수광부는 설치된 뒷벽으로부터 0.6 m 이내 위치에 설치할 것
④ 감지기의 수광면은 햇빛을 직접 받는 곳에 설치할 것

해설

▣ 광전식 분리형 감지기의 설치기준

1) 감지기 수광면은 햇빛을 직접 받지 않도록 설치
2) 광축(송광면과 수광면의 중심을 연결한 선)은 나란한 벽으로부터 0.6 m 이상 이격하여 설치
3) 감지기의 송광부와 수광부는 설치된 뒷벽으로부터 1 m 이내 위치에 설치
4) 광축의 높이는 천장 등 높이의 80 % 이상
5) 감지기의 광축의 길이 공칭감시거리 범위 이내

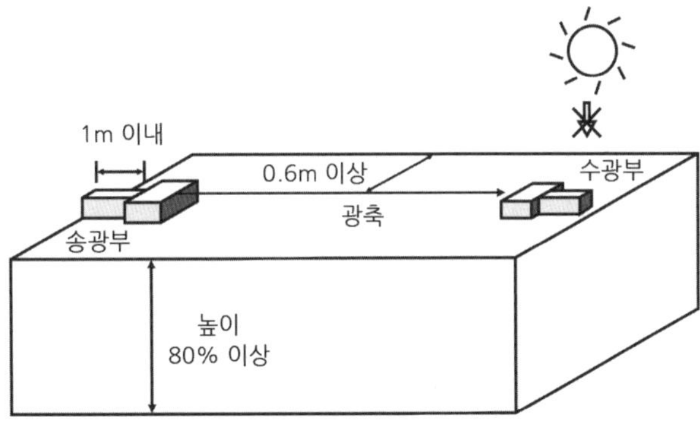

38 비상경보설비의 설치기준으로 옳은 것은?

① 음향장치는 정격전압의 90 % 이상의 전압에서 음향을 발할 수 있도록 할 것
② 음향장치의 음량은 부착된 음향장치의 중심으로부터 1 m 떨어진 위치에서 80 dB 이상이 되는 것으로 할 것
③ 발신기는 소방대상물의 층마다 설치하되 발신기의 수평거리가 15 m 이하가 되도록 할 것
④ 발신기는 조작이 쉬운 장소에 설치하고 조작스위치는 바닥으로부터 0.8 m 이상 1.5 m 이하의 높이에 설치할 것

[비상경보설비]
비상경보설비의 비상벨설비는 그 설비에 대한 감시상태를 60분간 지속한 후 유효하게 10분 이상 경보할 수 있는 축전지설비를 설치해야 한다.

정답

37 ② 38 ④

해설

▣ 비상경보설비의 설치기준

1) 음향장치는 정격전압의 80 % 전압에서 음향을 발할 수 있도록 하여야 한다.
2) 음향장치의 음량은 부착된 음향장치의 중심으로부터 1 m 떨어진 위치에서 90 dB 이상이 되는 것으로 하여야 한다.
3) 해당 특정소방대상물의 각 부분으로부터 하나의 발신기까지의 수평거리가 25 m 이하가 되도록 할 것

39 **가스계 소화설비에서 점검 전 안전조치에 대한 사항으로 옳지 않은 것은?**

① 기동용기에서 선택밸브에 연결된 조작동관 분리
② 기동용기에서 저장용기에 연결된 개방용 동관 분리
③ 제어반의 솔레노이드밸브 연동정지
④ 솔레노이드밸브 안전핀 제거 후 분리

해설

▣ 점검 전 안전조치

1) 기동용기에서 선택밸브에 연결된 조작동관 분리
2) 기동용기에서 저장용기에 연결된 개방용 동관 분리
3) 제어반의 솔레노이드밸브 연동정지
4) <u>솔레노이드밸브 안전핀 체결 후 분리</u>, 안전핀 제거 후 격발 준비

40 **비상방송설비 음향장치의 음량조정기를 설치하는 경우 음량조정기의 배선은?**

① 단선식　　② 2선식
③ 3선식　　④ 4선식

해설

▣ 비상방송설비의 음량조정기

음량조정기를 설치하는 경우 음량조정기의 배선은 3선식으로 할 것

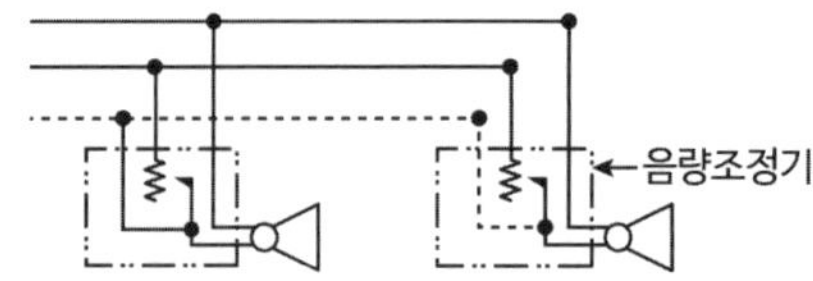

[비상방송설비]

(1) 확성기
① 음성입력 : 실외 3 W 이상, 실내 1 W 이상
② 수평거리 : 층의 각 부분으로부터 하나의 확성기까지의 25 m 이하
③ 확성기는 각 층마다 설치, 당해 층의 각 부분에 유효하게 경보를 발하도록 설치

(2) 음량조정기(ATT) : 음량조정기의 배선은 3선식으로 한다.

(3) 조작부
① 조작스위치 높이 : 바닥으로부터 0.8 m 이상 1.5 m 이하
② 기동장치의 작동과 연동하여 당해 기동장치가 작동한 층 또는 구역을 표시
③ 조작부 및 증폭기 설치장소 : 수위실 등 상시 사람이 근무, 점검이 편리, 방화상 유효한 곳
④ 2 이상 조작부 설치 시 설치장소 상호 간 동시통화 가능, 어느 조작부에서도 전 구역 방송 가능

정답

39 ④　40 ③

41 피난사다리의 점검에서 필요하지 않은 것은?

① 설치장소에 비상경보벨이 설치되어 있는가?
② 피난기구라는 뜻의 표시가 설치되어 있는가?
③ 설치장소 주변에 장애물이 놓여 있지 않은가?
④ 설치장소의 개구부는 쉽게 열릴 수 있는가?

해설

▣ 피난사다리의 점검
표지, 장애물 적재 유무, 그리고 개구부의 편리성을 고려해야 한다.

42 피난구유도등은 어떤 색상으로 표시하여야 하는가?

① 녹색바탕에 백색문자
② 백색바탕에 적색문자
③ 백색바탕에 녹색문자
④ 적색바탕에 백색문자

해설

▣ 피난유도표시 방법
- 피난구유도등 : 녹색바탕, 백색문자
- 통로유도등 : 백색바탕, 녹색문자

1) 복도통로유도등
피난통로가 되는 복도에 설치하는 통로유도등으로서 피난구 방향을 명시하는 것

2) 거실통로유도등
거주, 집무, 작업, 집회, 오락 등의 목적을 위하여 계속적으로 사용하는 거실, 주차장 등 개방된 통로에 설치하는 유도등으로 피난의 방향을 명시하는 것

3) 계단통로유도등
피난통로가 되는 계단이나 경사로에 설치하는 통로유도등으로 바닥면 및 디딤 바닥면을 비추는 것

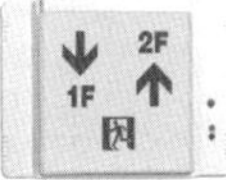

정답
41 ① 42 ①

43 **다중이용업소의 영업장 안에 통로 또는 복도가 있는 경우 피난유도선을 설치하여야 한다. 다음 중 피난유도선의 설명으로 옳은 것은?**

① 통로나 복도에 피난 시 활용하도록 홈이 있는 선을 그어 놓아 유사시 피난을 유도할 수 있는 시설을 말한다.

② 햇빛이나 전등불에 따라 축광하거나 전류에 따라 빛을 발하는 유도체로서 어두운 상태에서 피난을 유도할 수 있도록 띠 형태로 설치된 시설을 말한다.

③ 피난구가 되는 복도나 통로에 설치하는 유도등으로서 유사시 피난구의 방향을 명시하는 시설을 말한다.

④ 벽에 손잡이 등을 설치하여 유사시 어두운 상태에서 피난을 유도할 수 있는 시설을 말한다.

[피난유도선]
햇빛이나 전등불에 따라 축광(축광방식)하거나 전류에 따라 빛을 발하는(광원점등방식) 유도체로서 어두운 상태에서 피난을 유도할 수 있도록 띠 형태로 설치되는 피난유도시설

해설

▣ 피난유도선

1) 축광방식 피난유도선
   (1) 구획된 각 실로부터 주출입구 또는 비상구까지 설치할 것
   (2) 바닥으로부터 높이 50 cm 이하의 위치 또는 바닥면에 설치할 것
   (3) 피난유도 표시부는 50 cm 이내의 간격으로 연속되도록 설치
   (4) 부착대에 의하여 견고하게 설치할 것
   (5) 외광 또는 조명장치에 의하여 상시 조명이 제공되거나 비상조명등에 의한 조명이 제공되도록 설치할 것

[축광방식 피난유도선]

[광원점등방식 피난유도선]

2) 광원점등방식의 피난유도선 설치기준
   (1) 구획된 각 실로부터 주출입구 또는 비상구까지 설치할 것
   (2) 피난유도 표시부는 바닥으로부터 높이 1 m 이하의 위치 또는 바닥면에 설치할 것
   (3) 피난유도 표시부는 50 cm 이내의 간격으로 연속되도록 설치하되 실내장식물 등으로 설치가 곤란할 경우 1 m 이내로 설치할 것
   (4) 수신기로부터의 화재신호 및 수동조작에 의하여 광원이 점등되도록 설치할 것
   (5) 비상전원이 상시 충전상태를 유지하도록 설치할 것
   (6) 바닥에 설치되는 피난유도 표시부는 매립하는 방식을 사용할 것
   (7) 피난유도 제어부는 조작 및 관리가 용이하도록 바닥으로부터 0.8 m 이상 1.5 m 이하의 높이에 설치할 것

정답
43 ②

44 소방용수시설 중 소화전과 급수탑의 설치 기준으로 틀린 것은?

① 소화전은 상수도와 연결하여 지하식 또는 지상식의 구조로 할 것
② 소방용 호스와 연결하는 소화전의 연결금속구의 구경은 65 mm로 할 것
③ 급수탑 급수배관의 구경은 100 mm 이상으로 할 것
④ 급수탑의 개폐밸브는 지상에서 1.5 m 이상 1.8 m 이하의 위치에 설치할 것

해 설

▣ 소방용수시설의 설치기준

1) 소화전의 설치기준
상수도와 연결하여 지하식 또는 지상식의 구조로 하고, 소방용 호스와 연결하는 소화전의 연결금속구의 구경은 65 mm로 할 것

2) 급수탑의 설치기준
급수배관의 구경은 100 mm 이상으로 하고, **개폐밸브는 지상에서 1.5 m 이상** 1.7 m 이하의 위치에 설치하도록 할 것

[소방용수시설 및 지리조사]
(1) 소방용수시설 및 지리조사 기준
① 실시자 : 소방본부장·서장
② 횟수 및 보관 : 월 1회 이상 실시, 결과 2년 보관
(2) 소방용수시설 및 지리조사 내용
① 소방용수시설에 대한 조사
② 소방대상물에 인접한 도로의 폭·교통상황
③ 도로주변의 토지의 고저·건축물의 개황
④ 그 밖의 소방활동에 필요한 지리조사

45 피난층의 의미는?

① 직접 지상으로 갈 수 있는 출입구가 있는 층
② 지상 1층
③ 지상에 통하는 직통계단이 있는 층
④ 2층 이상으로 피난에 가능한 층

해 설

▣ 피난층
곧바로 지상으로 갈 수 있는 출입구가 있는 층

[무창층]
지상층 중 다음 각 목의 요건을 모두 갖춘 개구부의 면적의 합계가 해당 층의 바닥면적의 30분의 1 이하가 되는 층
(1) 크기는 지름 50 cm 이상의 원이 통과할 수 있는 크기일 것
(2) 해당 층의 바닥면으로부터 개구부 밑 부분까지의 높이가 1.2 m 이내일 것
(3) 도로 또는 차량이 진입할 수 있는 빈터를 향할 것
(4) 화재 시 건축물로부터 쉽게 피난할 수 있도록 창살이나 그 밖의 장애물이 설치되지 아니할 것
(5) 내부 또는 외부에서 쉽게 부수거나 열 수 있을 것

정답
44 ④ 45 ①

46 건축물의 주요 구조부에 해당되지 않는 것은?

① 내력벽　　② 기둥
③ 주계단　　④ 작은 보

해설

▣ 주요 구조부

1) 건축물의 구조 내력상의 주요한 부분
2) 주요 구조부의 종류
   (1) 벽　　(2) 보(작은 보 제외)
   (3) 기둥(사잇기둥 제외)　　(4) 바닥(최하층 바닥 제외)
   (5) 지붕틀(차양 제외)　　(6) 주계단(옥외계단 제외)

47 다음 중 건축과 관련한 용어의 설명으로 옳지 않은 것은?

① 바닥면적 : 건축물의 각층 또는 그 일부벽, 기둥 등 기타 유사한 구획의 중심선으로 둘러싸인 부분의 수평투영면적
② 용적률 : 연면적/대지면적
③ 연면적 : 하나의 건축물 각층의 바닥면적의 합계
④ 건폐율 : 대지면적에 대한 바닥면적의 비율

해설

▣ 건폐율

대지면적에 대한 건축면적으로 나눈 값

[대지면적]
대지의 수평투영면적으로 하되 다음에 해당하는 면적은 제외한다.
(1) 대지 안에 건축선이 정하여진 경우 그 건축선과 도로 사이의 대지면적
(2) 대지에 도시·군계획시설인 도로·공원등이 있는 경우 그 도시·군계획시설에 포함되는 대지면적

48 위험물의 제조소등을 설치하고자 하는 자는 누구의 허가를 받아야 하는가?

① 시·도지사
② 한국소방산업기술원장
③ 소방본부장 또는 소방서장
④ 행정안전부장관

해설

▣ 위험물의 제조소등

위험물의 제조소등을 설치하고자 할 때는 시·도지사의 허가를 받아야 한다.

정답

46 ④　47 ④　48 ①

49 심폐소생술을 할 때 성인의 경우 가슴압박의 분당 횟수는?

① 50 ~ 80회 ② 80 ~ 100회
③ 100 ~ 120회 ④ 40회 ~ 50회

해설

▣ 심폐소생술 시행방법

조치	내용	
반응 확인	환자에게 "여보세요, 괜찮으세요?"라고 물어보고 소리를 내거나 반응이 없으면 심정지 가능성 높음	
119신고	주변사람에게 119신고 요청	
호흡 확인	얼굴과 가슴을 10초 이내 관찰하고 호흡이 없으면 심정지 판단	
가슴압박 30회 시행	성인 분당 100 ~ 120회 속도로 환자의 가슴이 약 5 cm(소아 4 ~ 5 cm) 깊이로 강하게 눌리도록 체중을 실어 가슴압박	
인공호흡 2회 시행	1) 환자의 머리를 젖히고, 턱을 들어 올려 기도 개방 2) 엄지와 검지로 환자의 코를 잡아서 막고, 입을 크게 벌려 환자의 입을 완전히 막은 후 가슴이 올라올 정도로 1초에 걸쳐 숨을 불어 넣음 3) 숨을 불어넣은 후에는 입을 떼고 코도 놓아 공기 배출	
가슴 압박과 인공호흡 반복	심폐소생술 5주기 시행 30 : 2 가슴압박과 인공호흡 5회 반복	
회복자세	환자가 움직이거나 호흡이 회복되었는지 확인하고, 호흡이 회복된 경우 옆으로 눕혀 기도 개방	

[심폐소생술(CPR)]
(1) 심장의 기능이 정지하거나 호흡이 멈출 경우를 대비한 응급조치
(2) 호흡이 없으면 즉시 심폐소생술 실시
(3) 심정지 4 ~ 6분 경과 : 산소부족으로 뇌손상되어 회복되지 않음
(4) 기본순서 : 가슴압박 → 기도유지 → 인공호흡

정답
49 ③

50 **감지기동작시험을 하였으나 감지기의 LED등이 점등되지 않아 감지기 회로 전압을 측정한 결과 20.12 V가 측정되었다. 조치사항으로 맞는 것은?**

① 전압이 24 V 이하이므로 종단에 설치된 저항 제거
② 단선이므로 해당회로 보수
③ 감지기 불량이므로 교체 후 감지기 동작시험 재실시
④ 발신기가 눌린 상태이므로 발신기의 누름 버튼을 복구 후 감지기 동작 시험 재실시

해설

▣ 감지기 작동점검

1) 감지기 시험기, 연기스프레이 등을 이용하여 감지기 동작시험 실시
2) LED 미점등 시 감지기회로 전압 확인
  (1) 정격전압의 80 % 이상이면, 감지기가 불량이므로 감지기 교체
  (2) 감지기회로 전압이 0 V이면, 회로가 단선이므로 회로 보수
3) 감지기 동작시험 재실시

정답

50 ③

05회 실전모의고사

01 **다음의 건축물현황을 보고 법적으로 설치하지 않아도 되는 소방시설을 고르시오.**

가. 층수 : 지상 8층(지하층 없음) 나. 연면적 : 4000 m^2(층당 바닥면적 500 m^2) 다. 주용도 : 업무시설 라. 건축허가동의일자 : 2024년 2월 5일

① 옥외소화전설비 ② 자동화재탐지설비
③ 스프링클러설비 ④ 옥내소화전설비

해설

▣ 자동화재탐지설비

설치대상	기준
• 교육연구시설, 수련시설(기숙사·합숙소 포함, 숙박시설 제외) • 동·식물 관련 시설, 교정 및 군사시설 • 자원순환 관련 시설 • 교정 및 군사시설 • 묘지 관련 시설	연면적 2000 m^2 이상인 경우에는 모든 층
목욕장, 문화 및 집회시설, 종교시설, 판매시설, 운동시설, 업무시설, 창고시설, 공장, 지하상가, 위험물 저장 및 처리시설, 항공기 및 자동차 관련 시설, 교정 및 군사시설 중 국방·군사시설, 방송통신시설, 발전시설, 관광 휴게시설	연면적 1000 m^2 이상인 경우에는 모든 층
• 근린생활시설(목욕장 제외) • 의료시설(정신의료기관, 요양병원 제외) • 위락시설, 장례시설 및 복합건축물	연면적 600 m^2 이상인 경우에는 모든 층
정신의료기관, 의료재활시설	• 바닥면적 합계 300 m^2 이상 • 바닥면적 합계 300 m^2 미만, 창살 설치
터널	길이 1000 m 이상
공장 및 창고시설	500배 이상 특수가연물
요양병원, 지하구, 전통시장, 조산원, 산후조리원	-

정답
01 ①

설치대상	기준
전기저장시설, 노유자생활시설	-
공동주택 중 아파트등·기숙사, 숙박시설, 6층 이상인 건축물	-
노유자시설	연면적 400 m^2 이상인 경우에는 모든 층
숙박시설이 있는 수련시설	수용인원 100 명 이상인 경우에는 모든 층

■ 스프링클러설비

층수가 6층 이상인 경우 모든 층

■ 옥내소화전설비

설치대상	기준
특정소방대상물(위험물 저장 및 처리시설 중 가스시설, 스프링클러설비 또는 물분무 등 소화설비 원격 조정 가능한 업무시설 중 무인변전소 제외)	• 연면적 3000 m^2 이상(터널 제외) • 지하층·무장층(축사 제외)으로서 바닥면적 600 m^2 이상인 층이 있는 것 • 4층 이상인 것 중 바닥면적 600 m^2 이상인 층이 있는 것은 모든 층
• 근린생활시설, 판매시설, 운수시설, 의료시설, 노유자시설, 업무시설, 숙박시설, 위락시설, 공장, 창고시설, 항공기 및 자동차 관련 시설, 국방·군사시설, 방송 통신시설, 발전시설, 장례시설 • 복합건축물	• 연면적 1500 m^2 이상 • 지하층·무장층 또는 4층 이상인 층 중 모든 바닥면적 300 m^2 이상인 층이 있는 모든 층
옥상 설치 차고·주차장	차고·주차 용도 사용 부분 면적 200 m^2 이상 해당 부분
터널	• 길이 1000 m 이상 • 예상교통량, 경사도 등 터널의 특성을 고려하여 행정안전부령으로 정하는 터널
공장 또는 창고시설	750배 이상의 특수가연물 저장·취급

■ 옥외소화전설비

1) 지상 1층 및 2층의 바닥면적의 합계가 9000 m^2 이상인 것
2) 보물 또는 국보로 지정된 목조건축물
3) 공장 또는 창고시설로서 750배 이상의 특수가연물을 저장·취급하는 것

※ 1층과 2층의 바닥면적 합계가 1000 m^2이므로 옥외소화전설비는 설치대상이 아님

02 침대가 있는 숙박시설로서 종사자 수가 20명, 객실 수는 50실이다. 2인용 침대를 한 객실당 하나씩 설치할 경우 수용인원은 몇 명인가?

① 50명　　② 100명
③ 120명　　④ 150명

[수용인원 산정]
(1) 바닥면적 산정 시 복도, 계단 및 화장실은 바닥면적을 포함하지 않는다.
(2) 소수점 이하의 수는 반올림한다.

해 설

▣ 수용인원산정

대상	용도	수용인원의 산정
숙박시설이 있는 대상물	침대가 있는 숙박시설	종사자 수+침대 수
	침대가 없는 숙박시설	종사자 수+바닥면적의 합계 $\left[\frac{m^2}{3m^2}\right]$
그 외 특정소방대상물	강의실·교무실·상담실·실습실·휴게실 용도	바닥면적의 합계 $\left[\frac{m^2}{1.9m^2}\right]$
	강당, 문화 및 집회시설, 운동시설, 종교시설	바닥면적의 합계 $\left[\frac{m^2}{4.6m^2}\right]$
		고정식 의자 수
		고정식 긴 의자 $\left[\frac{m}{4.5m}\right]$
	그 밖의 특정소방대상물	바닥면적의 합계 $\left[\frac{m^2}{3m^2}\right]$

※ 종사자 수 + 침대 수 = 20 + (50 × 2) = 120명

03 다음에서 보여주는 소화기구로 알맞게 짝지어진 것을 고르시오.

(ㄱ)　(ㄴ)　(ㄷ)

※ 출처 : 한국소방안전원

① ㄱ : 간이소화용구, ㄴ : 자동확산소화기, ㄷ : 소화기
② ㄱ : 자동확산소화기, ㄴ : 자동확산소화기, ㄷ : 소화기
③ ㄱ : 소화기, ㄴ : 자동확산소화기, ㄷ : 간이소화용구
④ ㄱ : 소화기, ㄴ : 간이소화용구, ㄷ : 자동확산소화기

[자동확산소화기 점검방법]
(1) 설치장소는 적합한가?
(2) 고정상태는 견고한가?
(3) 외관은 깨끗하게 보관되는가?
(4) 지시압력계의 바늘은 정상에 있는가?
① 녹색 : 정상
② 황색 : 압력 부족
③ 적색 : 과압

정답
02 ③　03 ④

해 설

■ 소화기구

1) 소화기 : 소화약제를 압력에 따라 방사하는 기구로서 사람이 수동으로 조작하여 작동
2) 간이소화용구 : 능력단위 1단위 미만의 소화용구 및 소화약제 외의 것을 이용한 소화용구
3) 자동확산소화기 : 화재를 감지하여 자동으로 소화약제를 방출, 확산시켜 국소적으로 소화하는 소화기

04 재난유형별 대응체계 중 다음에 해당하는 것을 고르시오.

징후활동이 비교적 활발하고 국가위기로 발전할 수 있는 일정 수준의 경향성이 나타나는 상태

① 관심(Blule) / 징후활동 감시
② 주의(Yellow) / 대비계획 점검
③ 경계(Orange) / 즉각대응 태세 돌입
④ 심각(Red) / 대규모 인원 피난

해 설

■ 재난유형별 대응체계

단계	내용	비고
관심 (Blue)	징후가 있으나 그 활동이 낮으며 가까운 기간 내에 국가 위기로 발전할 가능성이 비교적 낮은 상태	징후활동 감시
주의 (Yellow)	징후활동이 비교적 활발하고 국가위기로 발전할 수 있는 일정 수준의 경향성이 나타나는 상태	대비계획 점검
경계 (Orange)	징후활동이 매우 활발하고 전개속도, 경향성 등이 현저한 수준으로서 국가위기로의 발전 가능성이 농후한 상태	즉각대응 태세 돌입
심각 (Red)	징후활동이 매우 활발하고 전개속도, 경향성 등이 심각한 수준으로서 확실시되는 상태	대규모 인원 피난

정답
04 ②

05 다음의 설명을 보고 알맞은 밸브 명칭을 고르시오.

> • 스프링이 내장된 리프트 체크밸브로서 평상시에는 체크밸브 기능을 한다.
> • 수격이 발생할 수 있는 펌프 토출 측과 연결송수구 연결 배관등에 주로 설치된다.

① 스모렌스키 체크밸브
② 스윙체크밸브
③ 리프트 체크밸브
④ 풋밸브

해설

▣ **체크밸브**

배관 내 유체의 흐름을 한쪽 방향으로만 흐르게 하는 기능(역류방지 기능)이 있는 밸브를 체크밸브라고 하며, 현재 많이 사용하고 있는 체크밸브는 스모렌스키 체크밸브와 스윙체크밸브가 있다.

* 스모렌스키 체크밸브 : 스프링이 내장된 리프트 체크밸브로서 평상시에는 체크밸브 기능을 하며, 수격이 발생할 수 있는 펌프 토출 측과 연결송수구 연결 배관등에 주로 설치된다.

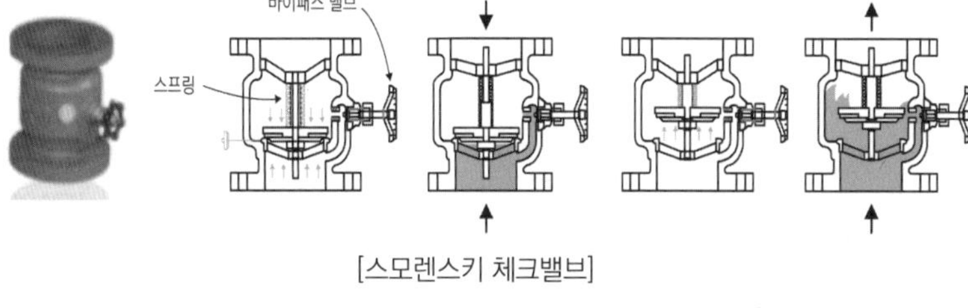

[스모렌스키 체크밸브]

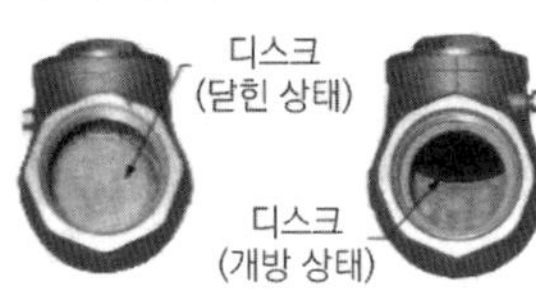

[스윙체크밸브]

06 다음 중 건축법에서 정하는 사항이 아닌 것을 고르시오.

① 피난통로 등의 구조 및 치수 규정
② 지하층
③ 연기의 확산 및 제어
④ 내화구조, 방화구조

해설

연기의 확산 및 제어는 소방법을 따른다.

Tip

[스윙체크밸브]
주 급수배관이 아닌 물올림 장치의 펌프 연결배관, 유수 검지장치의 주변배관과 같은 유량이 적은 배관상에 사용된다.

정답
05 ① 06 ③

※ **[07 ~ 09] 다음의 소방안전관리대상물 조건을 보고 물음에 답하시오.**

용도	아파트
규모	지상 25층, 지하 5층 건축물의 높이 : 120 m 연면적 : 80000 m^2, 1100세대
소방시설설치현황	소화기, 옥내소화전설비, 스프링클러설비, 자동화재탐지설비, 유도등, 연결송수관설비, 비상방송설비
소방안전관리자 선임일자	2024년 1월 12일

※ 상기조건을 제외한 나머지는 무시한다.

07 소방안전관리자의 선임 후 최초 실무교육 이수기한을 고르시오. (단, 소방안전관리자로 선임 전 1년 이내에 강습 및 실무교육의 이력이 없다)

① 2024년 7월 11일
② 2025년 1월 11일
③ 2026년 1월 12일
④ 2024년 1월 31일

해설

▣ 소방안전관리자 실무교육

강습 및 실무교육		내용
실시권자		소방청장(한국소방안전원장에게 위임)
대상자		1) 소방안전관리자 및 소방안전관리보조자 2) 소방안전관리 업무를 대행하는 자를 감독할 수 있는 소방안전관리자 3) 소방안전관리자의 자격을 인정받으려는 자
실무교육 통보		교육실시 30일 전
실무교육 주기		선임된 날부터 6개월 이내, 교육실시 후에는 2년마다 실시 다만 강습교육 또는 실무교육 수료 후 1년 이내에 선임 시, 6개월 교육은 면제된다(즉, 선임 후 2년마다 실무교육 실시).
실무교육 미이행 시	벌칙	과태료 50만 원
	자격정지	1) 처분권자 : 소방청장 2) 1년 이하의 기간을 정하여 자격을 정지시킬 수 있음 (1) 1차 : 경고(시정명령) (2) 2차 : 자격정지(3개월) (3) 3차 : 자격정지(6개월)

※ 강습교육 또는 실무교육의 이력이 없기 때문에 선임된 날로부터 6개월 이내인 7월 11일에 교육을 받는다.

Tip

[소방안전관리자]

(1) 소방안전관리 강습교육 또는 실무교육을 받은 후 1년 이내에 소방안전관리자로 선임된 사람은 해당 강습교육을 수료하거나 실무교육을 이수한 날에 실무교육을 이수한 것으로 본다.

(2) 소방안전관리보조자의 경우 소방안전관리자 강습교육 또는 실무교육이나 소방안전관리보조자 실무교육을 받은 후 1년 이내에 소방안전관리보조자로 선임된 사람은 해당 강습교육을 수료하거나 실무교육을 이수한 날에 실무교육을 이수한 것으로 본다.

정답

07 ①

08 위의 소방안전관래대상물 등급과 소방안전관리보조자 인원으로 알맞은 것을 고르시오.

① 건축물의 높이가 120 m이므로 1급 소방안전관리대상물이다.
② 스프링클러설비가 설치되어 있으므로 1급 소방안전관리대상물이다.
③ 지하층 포함 30층 이상이므로 특급 소방안전관리대상물이다.
④ 연면적이 80000 m^2이므로 소방안전관리보조자는 15000 m^2마다 선임하기 때문에 5명의 소방안전관리보조자가 필요하다.

Tip
해당 소방안전관리대상물이 아파트인지, 아파트가 아닌지 먼저 구분한 후 층수와 연면적을 본다.

해설

▣ 소방안전관리대상물 등급

<table>
<tr><th>특급 대상물</th><th>1급 대상물</th><th>2급 대상물</th><th>3급 대상물</th></tr>
<tr><td>[아파트]
• 50층 이상
(지하층 제외)
• 높이 200 m 이상
(지상부터)</td><td>[아파트]
• 30층 이상
(지하층 제외)
• 높이 120 m 이상
(지상부터)</td><td rowspan="3">• 지하구
• 공동주택
(의무관리)
• 보물 · 국보목조건축물
• 옥내 · 스프링클러 · 간이스프링클러 · 물분무등 설치대상
(호스릴 제외)</td><td rowspan="3">자동화재 탐지설비 설치된 특정소방 대상물</td></tr>
<tr><td>[아파트 제외한 모든 건축물]
• 30층 이상
(지하층 포함)
• 높이 120 m 이상
(지상부터)</td><td>[아파트 제외한 모든 건축물]
• 11층 이상
(지하층 제외)</td></tr>
<tr><td>[모든 건축물]
• 연면적 10만 m^2 이상</td><td>[모든 건축물]
• 연면적 1만 5천 m^2 이상</td></tr>
<tr><td>-</td><td>[가연성 가스]
1000 t 이상</td><td>[가연성 가스]
100 ~ 1000 t
가스제조설비
도시가스 허가시설</td><td></td></tr>
</table>

※ 지하층을 제외한 층수가 30층 이상은 아니지만 높이가 120 m 이상인 아파트이기 때문에 1급 소방안전관리대상물이다.

정답
08 ①

▣ 소방안전관리보조자 선임대상

보조자선임대상 특정소방대상물	최소 선임기준
300세대 이상인 아파트	1명(300세대마다 1명 이상 추가)
연면적이 1만 5천 m^2 이상인 특정소방대상물(아파트 및 연립주택 제외)	1명(연면적 1만 5천 m^2마다 1명 이상 추가) 다만 특정소방대상물의 종합방재실에 자위소방대가 24시간 상시 근무하고, 소방자동차 중 소방펌프차, 소방물탱크차, 소방화학차, 무인방수차를 운용하는 경우 3000 m^2 초과마다 1명 추가 선임한다.
1) 공동주택 중 기숙사 2) 의료시설 3) 노유자시설 4) 수련시설 5) 숙박시설(숙박시설로 사용되는 바닥면적의 합계가 1500 m^2 미만이고 관계인이 24시간 상시 근무하고 있는 숙박시설은 제외)	1명 다만 해당 특정소방대상물이 소재하는 지역을 관할하는 소방서장이 야간이나 휴일에 해당 특정소방대상물이 이용되지 않는다는 것을 확인한 경우에는 선임하지 않을 수 있다.

※ 300세대 이상인 아파트이므로 1명의 소방안전관리보조자가 필요하며, 300세대마다 1명 이상 추가하기 때문에 $\frac{1100}{300}=3.66$, 소수점은 버리므로 3명의 소방안전관리보조자를 선임한다.

09 소방안전관리자의 선임에 대한 설명으로 옳은 것을 고르시오.

① 소방안전관리자 선임신고 기한은 14일 이내이다.
② 소방안전공학 박사학위를 취득한 사람을 소방안전관리자로 선임할 수 있다.
③ 소방시설관리업자에게 업무를 대행하고 감독자를 선임할 수 있다.
④ 소방안전관리보조자 선임대상이 아니다.

Tip

[1급 소방안전관리자]
(1) 소방설비기사 또는 소방설비산업기사 자격
(2) 소방공무원 7년 이상 근무 경력
(3) 특급 소방안전관리자 자격이 인정되는 사람
(4) 1급 소방안전관리대상물의 소방안전관리에 관한 시험에 합격
※ 소방안전관리자 선임연기 신청 대상은 2급, 3급 및 소방안전관리보조자를 선임해야 하는 소방안전관리대상물이 해당한다.

해설

▣ 소방안전관리자 선임

1) 선임권자 : 관계인
2) 선임기한 : 30일 이내에 선임하고, 14일 이내에 소방본부장이나 소방서장에게 신고

정답
09 ①

선임기준	해당일
신축·증축·개축·재축·대수선 또는 용도변경 시 신규 선임	특정소방대상물의 사용승인일
증축 또는 용도변경	특정소방대상물의 사용승인일 또는 용도변경 사실을 건축물관리대장에 기재한 날
양수하거나 경매, 환가, 압류재산의 매각	• 해당 권리를 취득한 날 • 관할 소방서장으로부터 소방안전관리자 선임안내를 받은 날
공동 소방안전관리대상이 되는 경우	소방본부장 또는 소방서장이 공동 소방안전관리대상으로 지정한 날
소방안전관리자를 해임, 퇴직 등으로 업무가 종료된 경우	소방안전관리자를 해임, 퇴직 등 근무를 종료한 날
소방안전관리업무를 대행하는 자를 감독하는 자를 소방안전관리자로 선임한 경우로서 그 업무대행 계약이 해지 또는 종료된 경우	소방안전관리업무 대행이 끝난 날
소방안전관리자 자격이 정지 또는 취소된 경우	소방안전관리자 자격이 정지 또는 취소된 날

▣ 소방안전관리업무의 대행

대통령령으로 정하는 소방안전관리대상물의 관계인은 관리업자로 하여금 소방안전관리업무 중 대통령령으로 정하는 업무를 대행하게 할 수 있다. 이 경우 선임된 소방안전관리자는 관리업자의 대행업무 수행을 감독하고 대행업무 외의 소방안전관리업무는 직접 수행하여야 한다.

1) 소방안전관리업무 대행 대상(대통령령으로 정하는 소방안전관리대상물)
   (1) 지상의 층수가 11층 이상인 1급 소방안전관리대상물(연면적 15000 m^2 이상인 특정소방대상물과 아파트 제외)
   (2) 2급 소방안전관리대상물
   (3) 3급 소방안전관리대상물
2) 소방안전관리대행 업무(대통령령으로 정하는 업무)
   (1) 피난시설, 방화구획 및 방화시설의 관리
   (2) 소방시설이나 그 밖의 소방 관련 시설의 관리

※ 아파트인 1급 소방안전관리대상물이므로 소방안전관리업무 대행 대상이 아니다.
※ 300세대 이상인 아파트이므로 소방안전관리보조자 선임대상이다.

10 농연을 분출하며 파이어볼을 동반하는 화재와 가장 거리가 먼 것을 고르시오.

① 연기폭발이라고 한다.
② 출입문 개방 전 천장의 환기구를 개방하거나 유리창을 파손하여 폭발력을 억제한다.
③ 건물의 벽체 도괴 등이 일어난다.
④ 실내 화재 발생 시 화재가 서서히 진행하다가 실 전체가 일시에 화염에 휩싸이는 현상

해설

▣ 플래시오버
실내 화재 발생 시 화재가 서서히 진행하다가 실 전체가 일시에 화염에 휩싸이는 현상

11 옥외소화전의 배치거리로 적합한 것을 고르시오.

① 보행거리 25 m 이하
② 보행거리 40 m 이하
③ 수평거리 25 m 이하
④ 수평거리 40 m 이하

해설

▣ 옥외소화전 기준
1) 수원량[m^3] = N × 7 m^3 = (N : 기준개수, 최대 2개)
2) 방수압력 : 0.25 MPa 이상 0.7 MPa 이하
3) 방수량 : 350 L/min 이상
4) 호스 구경 : 65 mm
5) 호스접결구까지 수평거리 : 40 m 이하

Tip

[옥내소화전과 옥외소화전]

구분	옥내 소화전	옥외 소화전
호스 구경	40 mm	65 mm
노즐	13 mm	19 mm
수평 거리	25 m 이하	40 m 이하

정답
10 ④ 11 ④

12 화재대응 요령으로 옳지 않은 것을 고르시오.

① 불을 발견하면 "불이야" 하고 외쳐 다른 사람에게 알리고, 발신기 버튼을 누른다.

② 화재를 인지한 경우 침착하게 불이 난 사실과 현재 위치만을 빠르게 소방기관에 신고한다.

③ 화재가 접수되면 초기대응체계를 구축하여 신속하게 화재에 대응한다.

④ 담당 대원은 비상연락체계를 통해 유관기관, 협력업체 등에 화재사실을 전파하고 신속한 대응준비를 지시한다.

해설

▣ 화재대응 요령

1) 화재전파 및 접수 : 불을 발견하면 "불이야" 하고 외쳐 다른 사람에게 알리고, 화재경보장치(발신기)를 누름
2) 화재신고 : 화재를 인지/접수한 경우 침착하게 불이 난 사실과 현재 위치, 화재진행 상황 및 피해 현황 등을 소방기관(119)에 신고
3) 비상방송 : 담당 대원은 비상방송설비(일반방송설비 또는 확성기 등 장비)를 사용하여 신속하게 화재사실을 전파하며 필요한 경우 즉각적인 피난 개시명령
4) 대원소집 및 임무부여 : 화재가 접수되면 초기대응체계를 구축하여 신속하게 화재에 대응하고 이후 화재의 확대 여부 등을 고려하여 자위소방대장 또는 부대장은 자위소방대원을 소집하고 임무 부여
5) 관계기관 통보, 연락 : 소방안전관리자 또는 자위소방조직상 담당 대원은 비상연락체계를 통해 유관기관, 협력업체 등에 화재사실을 전파하고 신속한 대응준비 지시
6) 초기소화 : 화재를 인지한 경우 화재현장에서 소화기 또는 옥내소화전을 사용하여 신속한 초기소화 작업을 실시하고, 초기소화가 어려운 경우에는 열 또는 연기 확산 방지를 위해 출입문을 닫고 즉시 피난

[화재 시 일반적 피난행동]

(1) 엘리베이터는 절대 이용하지 않도록 하며 계단을 이용해 옥외로 대피
(2) 아래층으로 대피가 불가능한 때에는 옥상으로 대피
(3) 아파트의 경우 세대 밖으로 나가기 어려울 경우 세대 사이에 설치된 경량칸막이를 통해 옆 세대로 대피하거나 세대 내 대피공간으로 대피
(4) 유도등, 유도표지를 따라 대피
(5) 연기 발생 시 최대한 낮은 자세로 이동하고, 코와 입을 젖은 수건 등으로 막아 연기를 마시지 않도록 주의
(6) 출입문을 열기 전 문손잡이가 뜨거우면 문을 열지 말고 다른 길 찾기
(7) 옷에 불이 붙었을 때에는 눈과 입을 가리고 바닥에서 뒹굴기
(8) 탈출한 경우에는 절대로 다시 화재 건물로 들어가지 않기

정답

12 ②

13 옥내소화전설비에서 전원이 필요한 가압송수장치로 옳은 것은?

① 펌프방식
② 가압수조방식
③ 압력수조방식
④ 고가수조방식

해설

▣ 가압송수장치

구분	설치기준
펌프방식	일반적으로 많이 사용하는 방식
가압수조	별도의 가압원인 압축공기에 의해 소방용수를 가압하여 송수하는 방식, 전원 불필요
압력수조	압력수조 내 물이 압축된 공기에 의해 가압하는 방식, 탱크위치에 구애받지 않음
고가수조	최고층에 수조를 설치하여 높이에 따른 낙차압을 이용하는 방식

14 다음 중 화재위험작업의 관리감독 절차로 틀린 것을 고르시오.

① 화재안전 감독관은 예상되는 화기작업의 위치를 확정하고, 화기작업의 시작 전, 작업현장의 화재안전조치 상태 및 예방책을 확인한다.
② 작업현장의 준비상태가 확인되고, 화재안전 감시자가 현장에 배치된 후, 화재감시자는 서명을 하고 화기작업허가서를 발급한다.
③ 화기작업허가서는 작업구역 내 게시하여, 해당 작업현장 내의 작업자와 관리자가 화기 작업에 대한 사항 인지하도록 한다.
④ 작업완료 시 화재감시자는 해당작업구역 내에 30분 이상 더 상주하면서 발화 및 착화 발생 여부에 대한 감시(작업구역의 직상, 직하층에 대한 점검 병행) 후 허가서 확인란에 서명한다.

해설

▣ 화재위험작업의 관리감독

(1) 화재안전 감독관은 예상되는 화기작업의 위치를 확정하고, 화기작업의 시작 전, 작업현장의 화재안전조치 상태 및 예방책 확인
  * 주요 확인사항 : 소화기 및 방화수 배치, 불꽃방지포 설치, 작업현장 주변 가연물 및 위험물 이격상태, 전기를 이용한 화기작업 시 전기인입 상태 등
(2) 작업현장의 준비상태가 확인되고, 화재안전 감시자가 현장에 배치된 후, 화재안전 감독관은 서명을 하고 화기작업허가서 발급

Tip

[가압송수장치]

(1) 펌프
  ① 펌프에 의해 가압되는 방식으로서 일반적으로 가장 많이 사용하는 방식
  ② 별도의 전원공급원이 필요한 방식
(2) 고가수조의 자연 낙차
  ① 낙차를 이용하여 규정된 방사조건으로 물을 공급하는 방식
  ② 전원이 불필요한 신뢰도가 가장 높은 방식
  ③ 최고층의 소화전에 규정 방수압을 얻을 수 있는 높이에 수조를 설치하여야 하므로 일반 건물에 거의 사용되지 못함
(3) 가압수조
  ① 가압원인 압축공기 또는 불연성 고압기체에 따라 소방용수를 가압시키는 수조를 사용
  ② 전원이 필요 없는 방식으로, 신뢰도가 우수한 방식
  ③ 가압수조 및 가압원은 별도의 방화구획된 장소에 설치
(4) 압력수조
  ① 압력탱크 내에 물을 압입하고, 압력탱크 내의 압축된 공기압력에 의하여 송수하는 방식
  ② 전원이 필요 없는 방식으로 신뢰도가 우수

정답

13 ① 14 ②

(3) 화기작업허가서는 작업구역 내 게시하여, 해당 작업현장 내의 작업자와 관리자는 화기 작업에 대한 사항 인지
(4) 화기작업 중 화재감시자는 작업 중은 물론, 휴식시간 및 식사시간 등에도 해당 현장에 대한 감시활동을 진행하며, 화재발생 시 초동대처가 가능한 상태의 대응준비를 갖추어야 함
(5) 작업완료 시 화재감시자는 해당작업구역 내에 30분 이상 더 상주하면서 발화 및 착화 발생 여부에 대한 감시(작업구역의 직상, 직하층에 대한 점검 병행) 후 허가서 확인란에 서명
(6) 화재인전 감독관에게 작업 종료 통보(작업통보 이후 추가 3시간 이후까지는 순찰점검 등을 통한 현장 관찰 필요)
(7) 전체 작업 및 감시감독시간 완료 시 화재안전 감독관은 해당 구역에 대한 최종 점검 및 확인 후 허가서에 서명하여 작업완료 확인(확인날인된 허가서는 작업기록으로 보관)

15 건축법상 내화구조의 설명으로 옳은 것은?

① 화염에 견딜 수 있는 성능을 가진 철근콘크리트조·연와조 기타 이와 유사한 구조이다.
② 화재 시에 일정시간 동안 형태나 강도 등이 크게 변하지 않는다.
③ 화재 후에 재사용은 불가능하다.
④ 화재확산을 방지하기 위한 구조이다.

[방화구조]
화염의 확산을 막을 수 있는 성능을 가진 구조를 말하며, 연소확대를 방지할 수 있는 구조로서 〈방화구조의 기준〉에 정해진 기준에 적합한 것

해설

▣ 내화구조
1) 화재에 견딜 수 있는 성능을 가진 철근콘크리트조·연와조 혹은 기타 이와 유사한 구조
2) 화재 시에 일정시간 동안 형태나 강도 등이 크게 변하지 않는 구조
3) 화재 후에도 재사용이 가능한 정도의 구조

정답
15 ②

16 화기취급작업의 관리감독절차로 옳지 않은 것은?

① 화재안전 감독관은 예상되는 화기작업의 위치를 확정하고, 화기작업의 시작 전, 작업현장의 화재안전조치 상태 및 예방책을 확인한다.

② 화기작업허가서는 작업구역 내 게시하여, 해당 작업현장 내의 작업자와 관리자는 화기 작업에 대한 사항을 인지한다.

③ 작업완료 시 화재감시자는 해당 작업구역 내에 30분 이상 더 상주하면서 발화 및 착화 발생 여부에 대한 감시를 진행해야 한다.

④ 화재안전 감독관에게 작업 종료를 통보하고 이후 현장 관찰은 진행하지 않아도 된다.

해 설

▣ 화재위험작업의 관리감독 절차

1) 화재안전 감독관은 예상되는 화기작업의 위치를 확정하고, 화기작업의 시작 전, 작업현장의 화재안전조치 상태 및 예방책 확인
2) 작업현장의 준비상태가 확인되고, 화재안전 감시자가 현장에 배치된 후, 화재안전 감독관은 서명을 하고 화기작업허가서 발급
3) 화기작업허가서는 작업구역 내 게시하여, 해당 작업현장 내의 작업자와 관리자는 화기 작업에 대한 사항 인지
4) 화기작업 중 화재감시자는 작업 중은 물론, 휴식시간 및 식사시간 등에도 해당 현장에 대한 감시활동 진행하며, 화재발생 시 초동대처가 가능한 상태의 대응준비 갖추어야 함
5) 작업완료 시 화재감시자는 해당작업구역 내에 30분 이상 더 상주하면서 발화 및 착화 발생 여부에 대한 감시(작업구역의 직상, 직하층에 대한 점검 병행) 후 허가서 확인란에 서명
6) 화재안전 감독관에게 작업 종료 통보(작업통보 이후 추가 3시간 이후까지는 순찰점검 등을 통한 현장 관찰 필요)
7) 전체 작업 및 감시감독시간 완료 시 화재안전 감독관은 해당 구역에 대한 최종 점검 및 확인 후 허가서에 서명하여 작업완료 확인(확인 날인된 허가서는 작업기록으로 보관)

Tip

[화기취급작업 절차]

(1) 사전허가
- ① 처리절차 : 작업허가
- ② 업무내용
  - ㉠ 작업요청
  - ㉡ 승인검토 및 허가서 발급

(2) 안전조치
- ① 처리절차
  - ㉠ 화재예방조치
  - ㉡ 안전교육
- ② 업무내용
  - ㉠ 가연물 이동 및 보호조치
  - ㉡ 소방시설 작동 확인
  - ㉢ 용접·용단장비·보호구 점검
  - ㉣ 화재안전교육
  - ㉤ 비상시 행동요령 교육

(3) 작업·감독
- ① 처리절차
  - ㉠ 화재감시자 입회 및 감독
  - ㉡ 최종 작업 확인
- ② 업무내용
  - ㉠ 화재감시자 입회
  - ㉡ 화기취급 감독
  - ㉢ 현장상주 및 화재감시
  - ㉣ 작업종료 확인

정답

16 ④

17 종합방재실의 구축효과로 틀린 것을 고르시오.

① 신속한 화재탐지
② 재산피해의 최소화
③ 화재의 입체적 감시와 제어
④ 방재상 관리운영의 분리

해설

▣ 종합방재실 구축효과
(1) 화재피해 최소화
(2) 화재 시 신속한 대응
(3) 시스템 안전성 향상
(4) 유지관리 비용 절감

18 할론소화기(할로겐화합물 소화기)에 대한 설명으로 옳은 것은?

① 할론 1211 소화기는 할론 소화약제 중 가장 소화능력이 좋으며, 독성이 가장 적고 냄새가 없다.
② 할론 1301 소화기는 고압가스로서 가스 자체의 압력으로 방사하며, 지시 압력계의 녹색범위에서 사용하여야 한다.
③ 할론 소화기의 주된 소화효과는 부촉매와 냉각소화이다.
④ 2402 소화기는 용기 내 압력을 가리키는 지시압력계가 붙어 있어 사용 가능한 압력 범위가 녹색으로 되어 있다.

해설

▣ 할론소화기
1) 할론 1301 소화기 : 고압가스로서 가스 자체의 압력(증기압, 질소가스)으로 방사, 소화능력이 가장 좋고, 독성이 가장 적으며, 무취(지시압력계 ×)
2) 할론 1211 · 할론 2402 소화기 : 용기 내 압력을 가리키는 지시압력계가 붙어 있어 사용 가능한 압력 범위가 녹색으로 되어 있음
3) 할론소화기 소화효과 : 질식효과, 억제(부촉매)효과
※ 할론소화기가 현재 할로겐화합물 소화기로 개정되었음

정답
17 ④ 18 ④

19 **다음 그림은 감지기를 동작시험을 하였다. 감지기가 동작되어서 작동램프 동작 시 전압은 몇 V인가?**

① 24 V ② 22 V
③ 4 ~ 4.5 V ④ 0 V

해설

▣ 감지기 선로 전압 체크 시

1) 24 V인 경우 – 말단에 종단저항을 미설치한 경우
2) 22 V인 경우 – 선로의 평상시 정상전압
3) 4 ~ 4.5 V인 경우 – 감지기 동작 시 전압(작동LED을 점등시켜 주는 최소전압)
4) 0 V인 경우 – 감지기 선로의 단선

20 **출혈 시 응급조치 중 지혈대에 대한 내용으로 옳지 않은 것은?**

① 지혈대를 오랜 시간 장착하면 산소의 공급으로 조직괴사 유발되므로 관절부위에는 착용 금지
② 신체의 절단이나 과다출혈의 경우 최후의 수단으로 사용
③ 출혈부위에서 5 ~ 7 cm 하단부위 묶기
④ 출혈이 멈추는 지점에서 조임 정지

해설

▣ 지혈대

1) 신체의 절단이나 과다출혈의 경우 최후의 수단으로 사용
2) 지혈대를 오랜 시간 장착하면 산소의 공급으로 조직괴사 유발되므로 관절부위에는 착용 금지(5 cm 이상의 띠 사용)
3) 지혈대 사용법
 (1) 출혈부위에서 5 ~ 7 cm 상단부위 묶기
 (2) 출혈이 멈추는 지점에서 조임 정지
 (3) 지혈대가 풀리지 않도록 정리
 (4) 지혈대 착용시간 기록

[출혈 시 직접 압박법]
(1) 출혈부위를 압박붕대 및 솜 등으로 압박하여 지혈하는 방법
(2) 소독거즈로 출혈부위를 덮은 후 4 ~ 6인치 압박붕대로 출혈부위가 압박되게 감아줌
(3) 압박 후 출혈이 계속되면 소독된 거즈를 추가로 덮고 압박붕대를 한 번 더 감아 출혈부위를 심장보다 높여줌으로써 출혈량 감소

정답

19 ③ 20 ③

21 **소방안전관리대상물의 관계인은 관리업자로 하여금 소방안전관리업무 중 대통령령으로 정하는 업무를 대행하게 할 수 있다. 이때 관리업자가 대행할 수 있는 대통령령으로 정하는 업무를 모두 고르시오.**

가. 피난시설, 방화구획 및 방화시설의 관리 나. 소방시설이나 그 밖의 소방 관련 시설의 관리 다. 자위소방대 및 초기대응체계 구성·운영·교육 라. 피난계획 관련 사항과 대통령령으로 정하는 사항이 포함된 소방계획서 작성 및 시행

① 가, 나　　② 가, 나, 다
③ 가, 다　　④ 가, 나 다, 라

해설

▣ 소방안전관리자의 업무대행의 범위

1) 소방안전관리업무 대행 대상(대통령령으로 정하는 소방안전관리대상물)
 (1) 지상의 층수가 11층 이상인 1급 소방안전관리대상물(연면적 15000 m^2 이상인 특정소방대상물과 아파트 제외)
 (2) 2급 소방안전관리대상물
 (3) 3급 소방안전관리대상물
2) 소방안전관리대행 업무(대통령령으로 정하는 업무)
 (1) 피난시설, 방화구획 및 방화시설의 관리
 (2) 소방시설이나 그 밖의 소방 관련 시설의 관리

[건설현장 소방안전관리자 업무]
(1) 건설현장의 소방계획서의 작성
(2) 임시소방시설의 설치 및 관리에 대한 감독
(3) 공사진행 단계별 피난안전구역, 피난로 등의 확보와 관리
(4) 건설현장의 작업자에 대한 소방안전 교육 및 훈련
(5) 초기대응체계의 구성·운영 및 교육
(6) 화기취급의 감독, 화재위험작업의 허가 및 관리
(7) 그 밖에 건설현장의 소방안전관리와 관련하여 소방청장이 고시하는 업무

22 **다음 중 건설현장 소방안전관리자를 선임해야 하는 대상을 고르시오.**

① 증축을 하려는 부분의 연면적이 12000 m^2 이상인 건설현장
② 연면적이 6000 m^2이며 지하층의 층수가 2개 층 이상인 건설현장
③ 연면적이 6000 m^2이며 지상층의 층수가 10층 이상인 건설현장
④ 냉동창고

해설

▣ 건설현장 소방안전관리대상물(신축·증축·개축·재축·이전·용도 변경 또는 대수선을 하려는 부분으로)

1) 연면적 15000 m^2 이상
2) 연면적 5000 m^2 이상인 것으로서 다음 각 목의 어느 하나에 해당하는 것
 (1) 지하층의 층수가 2개 층 이상인 것
 (2) 지상층의 층수가 11층 이상인 것
 (3) 냉동창고, 냉장창고 또는 냉동·냉장창고

정답
21 ①　22 ②

23 소방안전관리대상물의 관계인은 피난계획의 수립 및 시행에 따른 피난유도 안내정보의 제공방법 중 1가지 방법을 선택하여 근무자 또는 거주자에게 정기적으로 제공하여야 한다. 다음 중 피난유도 안내정보를 제공할 수 있는 방법으로 알맞은 것을 모두 고르시오.

가. 연 1회 피난안내 교육을 실시하는 방법
나. 분기별 1회 이상 피난안내방송을 실시하는 방법
다. 피난안내도를 층마다 보기 쉬운 위치에 게시하는 방법
라. 엘리베이터, 출입구 등 시청이 용이한 지역에 피난안내영상을 제공하는 방법

① 가, 나
② 가, 나, 다
③ 가, 다, 라
④ 나, 다, 라

[피난계획 포함사항]
(1) 화재경보의 수단 및 방식
(2) 층별, 구역별 피난대상 인원의 현황
(3) 장애인, 노인, 임산부, 영유아 및 어린이 등 이동이 어려운 사람(재해약자)의 현황
(4) 각 거실에서 옥외(옥상 또는 피난안전구역을 포함)로 이르는 피난경로
(5) 재해약자 및 재해약자를 동반한 사람의 피난동선과 피난방법
(6) 피난시설, 방화구획, 그 밖에 피난에 영향을 줄 수 있는 제반 사항

해설

▣ 피난계획의 수립 및 시행에 따른 피난유도 안내정보의 제공
1) 연 2회 피난안내 교육을 실시하는 방법
2) 분기별 1회 이상 피난안내방송을 실시하는 방법
3) 피난안내도를 층마다 보기 쉬운 위치에 게시하는 방법
4) 엘리베이터, 출입구 등 시청이 용이한 지역에 피난안내영상을 제공하는 방법

24 다음은 소방안전관리자가 실무교육을 받지 않은 경우 행정처분기준에 관한 사항이다. 옳게 짝지어진 것을 고르시오.

위반사항	행정처분기준		
실무교육을 받지 아니한 경우	1차	2차	3차
	㉠	㉡	㉢

① ㉠ 경고(시정명령), ㉡ 자격정지(1개월), ㉢ 자격정지(3개월)
② ㉠ 경고(시정명령), ㉡ 자격정지(3개월), ㉢ 자격정지(6개월)
③ ㉠ 자격정지(1개월), ㉡ 자격정지(3개월), ㉢ 자격정지(6개월)
④ ㉠ 자격정지(1개월), ㉡ (자격정지 3개월), ㉢ 자격취소

정답
23 ④ 24 ②

해 설

■ 소방안전관리자 자격의 정지 및 취소 기준

위반사항	근거법령	행정처분기준		
		1차 위반	2차 위반	3차 이상 위반
가. 거짓이나 그 밖의 부정한 방법으로 소방안전관리자 자격증을 발급받은 경우	법 제31조 제1항 제1호	자격취소		
나. 법 제24조 제5항에 따른 소방안전관리업무를 게을리한 경우	법 제31조 제1항 제2호	경고 (시정 명령)	자격정지 (3개월)	자격정지 (6개월)
다. 법 제30조 제4항을 위반하여 소방안전관리자 자격증을 다른 사람에게 빌려준 경우	법 제31조 제1항 제3호	자격취소		
라. 제34조에 따른 실무교육을 받지 않는 경우	법 제31조 제1항 제4호	경고 (시정 명령)	자격정지 (3개월)	자격정지 (6개월)

25 **소방시설의 자체점검에 대한 설명으로 틀린 것을 고르시오.**

① 최초점검은 소방시설이 새로 설치되는 경우 건축물을 사용할 수 있게 된 날부터 60일 이내 점검한다.

② 종합점검이란 소방시설등의 작동점검을 포함하여 소방시설등의 설비별 주요 구성 부품의 구조기준이 화재안전기준과 건축법 등 관련 법령에서 정하는 기준에 적합한지 여부를 종합점검표에 따라 점검하는 것이다.

③ 간이스프링클러설비가 설치되어 있는 특정소방대상물은 종합점검대상이며 연 1회 이상 실시한다.

④ 종합점검 대상에 해당하는 것은 종합점검을 받은 달부터 6개월이 되는 달에 작동점검을 실시한다.

Tip

[자체점검]

(1) 작동점검 : 소방시설등을 인위적으로 조작하여 정상적으로 작동하는지를 작동점검표에 따라 점검하는 것

(2) 종합점검 : 소방시설등의 작동점검을 포함하여 소방시설등의 설비별 주요 구성 부품의 구조기준이 화재안전기준과 건축법 등 관련 법령에서 정하는 기준에 적합한지 여부를 종합점검표에 따라 점검하는 것

① 최초점검 : 소방시설이 새로 설치되는 경우 건축물을 사용할 수 있게 된 날부터 60일 이내 점검

② 그 밖의 종합점검 : 최초점검을 제외한 종합점검

정답

25 ③

해설

■ 종합점검 대상

대상	기준
가. 최초점검 대상물 나. 스프링클러설비가 설치된 특정소방대상물 다. 물분무등소화설비(호스릴 방식의 물분무등소화설비만을 설치한 경우는 제외)가 설치된 연면적 5000 m^2 이상인 특정소방대상물(위험물 제조소등은 제외) 라. 다중이용업의 영업장이 설치된 특정소방대상물로서 연면적이 2000 m^2 이상인 것(단란주점과 유흥주점, 영화상영관, 비디오물감상실업, 복합영상물제공업, 노래연습장, 산후조리원, 고시원, 안마시술소) 마. 제연설비가 설치된 터널 바. 공공기관 중 연면적(터널·지하구의 경우 그 길이와 평균폭을 곱하여 계산된 값)이 1000 m^2 이상인 것으로서 옥내소화전설비 또는 자동화재탐지설비가 설치된 것(소방대가 근무하는 공공기관은 제외)	가. 관리업에 등록된 소방시설관리사 나. 소방안전관리자로 선임된 소방시설관리사 또는 소방기술사

■ 자체점검 시기

점검 구분	점검 횟수 및 점검 시기 등
작동점검	작동점검 : 연 1회 이상 실시 1. 종합점검 대상 : 종합점검(최초점검은 제외)을 받은 달부터 6개월이 되는 달에 실시 2. 그 외 : 특정소방대상물의 사용승인일이 속하는 달의 말일까지 실시(다만 건축물관리대장 또는 건물 등기사항증명서 등에 기입된 날이 다른 경우에는 건축물관리대장에 기재되어 있는 날을 기준으로 점검)
종합점검	1. 점검 횟수 가. 연 1회 이상(특급 소방안전관리대상물은 반기에 1회 이상) 실시 나. 우수대상물 : 3년 범위 내 정한 기간 면제(면제기간 중 화재 발생 시 제외) 2. 점검 시기 가. 최초 점검 : 소방시설이 새로 설치되는 경우 건축물을 사용할 수 있게 된 날부터 60일 이내 실시 나. '가.'를 제외한 특정소방대상물 : 건축물의 사용승인일이 속하는 달에 연 1회 이상(특급은 반기에 1회 이상) 실시 학교 : 해당 건축물의 사용승인일이 1 ~ 6월 사이에 있는 경우 6월 30일까지 실시 다. 건축물 사용승인일 이후 다음 항목에 따라 종합점검 대상에 해당하게 된 경우에는 그 다음 해부터 실시 물분무등소화설비(호스릴 방식의 물분무등소화설비만을 설치한 경우는 제외])가 설치된 연면적 5000 m^2 이상인 특정소방대상물(제조소등은 제외) 라. 하나의 대지경계선 안에 2개 이상의 점검 대상 건축물등이 있는 경우에는 그 건축물 중 사용승인일이 가장 빠른 연도의 건축물의 사용승인일을 기준으로 점검할 수 있음

26 자체점검 결과 중대위반사항에 해당하는 경우를 모두 고르시오.

가. 소화펌프(가압송수장치를 포함한다. 이하 같다), 동력·감시 제어반 또는 소방시설용 전원(비상전원을 포함한다)의 고장으로 소방시설이 작동되지 않는 경우
나. 화재 수신기의 고장으로 화재경보음이 자동으로 울리지 않거나 화재 수신기와 연동된 소방시설의 작동이 불가능한 경우
다. 소화배관 등이 부식된 경우
라. 방화문 또는 자동방화셔터가 훼손되거나 철거되어 본래의 기능을 못하는 경우

① 가　　② 가, 나
③ 가, 나, 라　　④ 가, 나, 다, 라

관리업자 등은 자체점검 결과 중대위반사항을 발견한 경우 즉시 관계인에게 알려야 한다. 이 경우 관계인은 지체 없이 수리 등 필요한 조치를 하여야 함

해설

▣ 자체점검 결과 중대위반사항

1) 소화펌프(가압송수장치를 포함한다. 이하 같다), 동력·감시 제어반 또는 소방시설용 전원(비상전원을 포함한다)의 고장으로 소방시설이 작동되지 않는 경우
2) 화재 수신기의 고장으로 화재경보음이 자동으로 울리지 않거나 화재 수신기와 연동된 소방시설의 작동이 불가능한 경우
3) 소화배관 등이 폐쇄·차단되어 소화수(消火水) 또는 소화약제가 자동 방출되지 않는 경우
4) 방화문 또는 자동방화셔터가 훼손되거나 철거되어 본래의 기능을 못하는 경우

27 다음은 건축물 면적 산정에 관한 설명이다. 틀린 것을 고르시오.

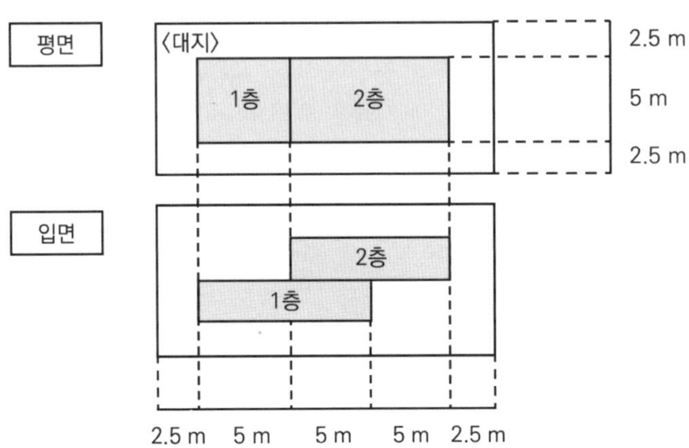

※ 출처 : 한국소방안전원

① 건축면적 : 15 m × 5 m = 75 m^2
② 연면적 : (15 m × 5 m) + (10 m × 5 m) = 125 m^2
③ 건폐율 : (75 m^2 ÷ 200 m^2) × 100 = 37.5 %
④ 용적률 : (100 m^2 ÷ 200 m^2) × 100 = 50 %

정답

26 ③　27 ②

해설

▣ 건축물 면적의 산정

1) 대지면적

대지의 수평투영면적으로 하되 다음에 해당하는 면적은 제외한다.

(1) 대지 안에 건축선이 정하여진 경우 그 건축선과 도로 사이의 대지면적

(2) 대지에 도시·군계획시설인 도로·공원 등이 있는 경우 그 도시·군계획시설에 포함되는 대지면적

2) 건축면적

건축물의 외벽(외벽이 없는 경우에는 외곽 부분의 기둥)의 중심선으로 둘러싸인 부분의 수평투영면적으로 한다.

3) 바닥면적

건축물의 각 층 또는 그 일부로서 벽·기둥 기타 이와 유사한 구획의 중심선으로 둘러싸인 부분의 수평투영면적으로 한다.

4) 연면적

하나의 건축물의 각 층의 바닥면적의 합계로 한다. 다만 용적률의 산정에 있어서는 지하층의 면적과 지상층의 주차용(해당 건축물의 부속용도인 경우만 해당)으로 사용되는 면적, 피난안전구역의 면적, 건축물의 경사지붕 아래 설치하는 대피공간의 면적은 산입하지 않는다.

5) 건폐율

대지면적에 대한 건축면적(대지에 건축물이 둘 이상 있는 경우에는 이들 건축면적의 합계로 한다)의 비율

6) 용적률

대지면적에 대한 연면적(대지에 건축물이 둘 이상 있는 경우에는 이들 연면적의 합계로 한다)의 비율

※ 문제 그림상의 연면적 : $(10\text{ m} \times 5\text{ m}) + (10\text{ m} \times 5\text{ m}) = 100\text{ m}^2$

28 방화구획의 설치기준 중 스프링클러설비, 기타 이와 유사한 자동식 소화설비를 설치한 10층 이하의 층은 몇 m^2마다 구획하는지 고르시오.

① 600 ② 1000

③ 1500 ④ 3000

공동주택 중 아파트로서 4층 이상인 층에 대피공간을 설치하는 경우 그 대피공간과 실내의 다른 부분과 방화구획을 해야 함

해설

▣ 방화구획의 기준

구획의 분류	구획단위
면적별	• 지상 10층 이하 : 바닥면적 1000 m^2 이내마다 구획 • 지상 11층 이상 : 바닥면적 200 m^2 이내마다 구획 • 지상 11층 이상 ⇨ 마감재가 불연재료 : 바닥면적 500 m^2 이내마다 구획 • 자동식 소화설비구역은 상기바닥면적 × 3배 이내마다 구획
층별	• 매 층마다 구획할 것 (단, 지하 1층에서 지상으로 직접 연결하는 경사로 부위는 제외)

정답

28 ④

구획의 분류	구획단위
용도별	• 필로티나 그 밖에 이와 비슷한 구조(벽면적의 2분의 1 이상이 그 층의 바닥면에서 위층 바닥 아래면까지 공간으로 된 것만 해당한다)의 부분을 주차장으로 사용하는 경우 그 부분은 건축물의 다른 부분과 구획할 것 • 주요 구조부를 내화구조로 하여야 하는 대상 부분과 기타 부분 사이
수직 관통부별	• 수직 관통 부분과 타 부분을 내화성능 벽이나 방화문으로 구획 • 계단실, 승강로, 린넨슈트, 에스컬레이터, 파이프 피트 등

※ 10층 이하의 층이기 때문에 바닥면적 1000 m^2 이내마다 구획하지만 자동식 소화설비를 설치하였으므로 × 3배인 3000 m^2 이내마다 구획한다.

29 **소화수조의 소요수량이 70 m^3일 때 채수구의 최소 설치 개수를 구하시오.**

① 1개 ② 2개
③ 3개 ④ 4개

해설

▣ 소화수조 채수구 설치기준

1) 소방용 호스 또는 소방용 흡수관에 구경 65 mm 이상의 나사식 결합금속구를 설치하여야 한다.

소요수량	20 m^3 이상 40 m^3 미만	40 m^3 이상 100 m^3 미만	100 m^3 이상
채수구의 수	1개	2개	3개

2) 지면으로부터의 높이가 0.5 m 이상, 1 m 이하의 위치에 설치하고 "채수구" 표지를 하여야 한다.

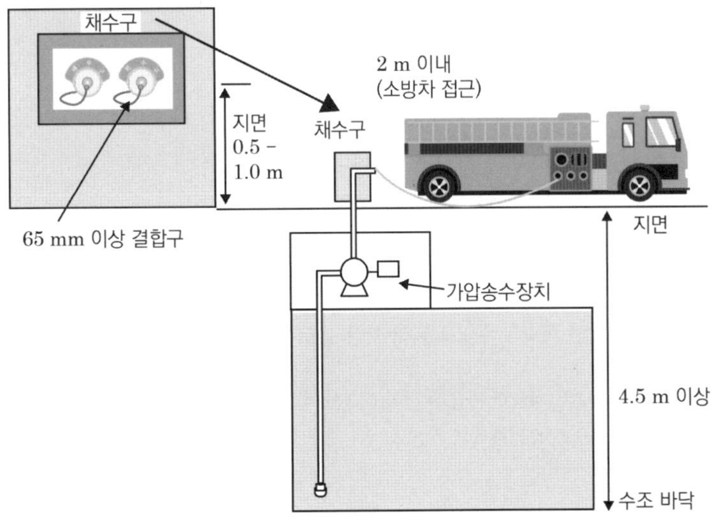

※ 출처 : 한국소방안전원

정답
29 ②

30 다음 ㉠과 ㉡에 들어갈 알맞은 용어를 고르시오.

> • (㉠)이란 접합하고자 하는 둘 이상의 물체(주로 금속)의 접합 부분에 존재하는 방해물질을 제거하여 결합시키는 과정으로, 주로 열을 통하여 두 금속을 용융시켜 물체(금속)을 접하는 것이다.
> • (㉡)이란 고체 금속을 절단하는 것을 말하며, 금속 절단 부분에 산화 반응 등을 일으켜 그 열로 재료를 녹여서 절단하는 것이다.

① ㉠ 용단, ㉡ 용접　　② ㉠ 용접, ㉡ 용단
③ ㉠ 절단, ㉡ 용단　　④ ㉠ 용단, ㉡ 절단

해설

▣ 화기취급작업

1) 용접 : 접합하고자 하는 둘 이상의 물체(주로 금속)의 접합 부분에 존재하는 방해물질을 제거하여 결합시키는 과정으로, 주로 열을 통하여 두 금속을 용융시켜 물체(금속)을 접하는 것
2) 용단 : 고체 금속을 절단하는 것을 말하며, 금속 절단 부분에 산화 반응 등을 일으켜 그 열로 재료를 녹여서 절단하는 것

31 소방계획의 작성원칙으로 옳지 않은 것은?

① 위험요인의 관리는 반드시 실현 가능한 계획으로 작성한다.
② 작성 → 검토 → 승인의 3단계의 구조화된 절차를 거치며 작성한다.
③ 방문자를 제외한 관계인, 재실자가 참여하도록 수립한다.
④ 소방계획에 맞는 교육훈련 및 평가 등 이행의 과정이 있어야 한다.

해설

▣ 소방계획의 작성원칙

1) 실현 가능한 계획 : 소방계획의 핵심은 위험관리이며, 대상물의 위험요인을 체계적으로 관리하기 위한 일련의 활동이기 때문에 위험요인의 관리는 반드시 실현 가능한 계획으로 구성
2) 관계인의 적극적 참여 : 소방계획의 수립 및 시행에 소방안전관리대상물의 관계인, 재실자 및 방문자 등 전원이 참여하도록 수립
3) 계획 수립의 구조화 : 체계적이고 전략적인 계획의 수립을 위해 작성 – 검토 – 승인의 3단계의 구조화된 절차를 거쳐야 함
4) 실행 우선 : 문서로 작성된 계획만으로는 소방계획의 완료로 보기 어려우며, 교육훈련 및 평가 등 이행의 과정이 있어야 비로소 소방계획의 완성

[아크용접]
(1) 전기회로에 있는 2개의 금속을 서로 접촉시켜 전류를 흐르게 하고 이를 조금 떼어 놓으면 청백색의 아크가 발생하여 고열이 발생
(2) 이 고열로 금속 부분이 일부 기화 되며 통전상태의 전류흐름은 계속해서 유지
(3) 고열은 금속을 용융시키는 것이 가능하고 금속을 용착시키는 용접을 아크용접이라고 함
(4) 아크 용접의 최고온도는 6000 ℃에 이르며 일반적으로 3500 ~ 5000 ℃ 정도의 고열 발생

[가스용접]
(1) 가연성 가스와 산소와의 반응에서 생기는 가스 연소열을 용접의 열원으로 사용하는 용접법
(2) 가연성 가스로는 주로 아세틸렌, 프로판(프로페인), 부탄(부테인), 수소 등이 사용
(3) 산소 – 아세틸렌은 화염의 온도가 높고 화염조절이 용이하여 일반적으로 사용

정답
30 ② 31 ③

32 **준비작동식 스프링클러설비의 감시제어반이 다음과 같은 상황일 때로 옳은 것은?**

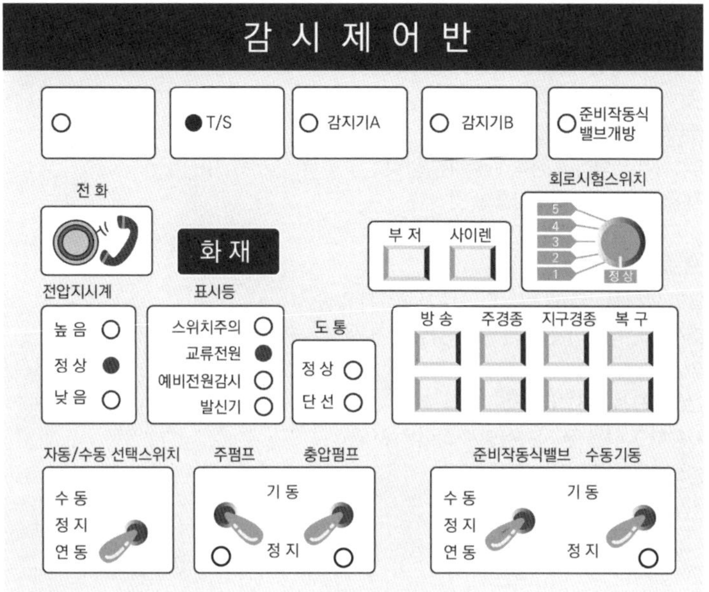

① 펌프가 작동하였다.
② 밸브가 폐쇄되었다.
③ 준비작동식 밸브가 작동하였다.
④ 감지기가 작동하였다.

해 설

▣ 탬퍼스위치

평상시 개방상태를 유지하어야 하는 밸브에 탬퍼스위치를 설치하여 밸브가 폐쇄되는 경우 수신반(감시제어반)에서 T/S등 점등 및 부저가 울림으로 폐쇄상태를 알려주는 역할을 하는 장치

33 **다음 중 전기화재의 예방을 위한 것으로 틀린 것을 고르시오.**

① 하나의 콘센트에 여러 가지 전기기구를 꽂아서 사용할 것
② 플러그를 뽑을 때는 선을 당기지 말고 몸체를 잡고 뽑을 것
③ 과전류 차단장치 설치할 것
④ 전선은 묶거나 꼬이지 않도록 주의할 것

정답

32 ② 33 ①

해설

▣ 전기화재 예방

1) 하나의 콘센트에 여러 가지 전기기구를 꽂아서 사용하지 않을 것
2) 사용하지 않는 기구는 전원을 끄고 플러그를 뽑아 둘 것
3) 플러그를 뽑을 때는 선을 당기지 말고 몸체를 잡고 뽑을 것
4) 과전류 차단장치를 설치할 것
5) 규격 퓨즈를 사용하고 끊어질 경우 그 원인을 해결할 것
6) 전기시설 설치 시 전문 면허업체에 의뢰하여 정확하게 시공할 것
7) 콘센트에 플러그는 흔들리지 않게 완전히 꽂아 사용할 것
8) 누전차단기를 설치하고 월 1 ~ 2회 동작 여부 확인할 것
9) 전선은 묶거나 꼬이지 않도록 주의할 것
10) 전기담요는 접힌 부분에 열이 발생하므로 밟거나 접어서 사용하지 않을 것
11) 비닐전선은 열에 약하므로 백열전등이나 전열기구 등 고열을 발생하는 기구에는 고무코드 전선을 사용할 것
12) 비닐장판이나 양탄자 밑으로는 전선이 지나지 않도록 할 것
13) 전기기구는 'KS' 제품을 사용하고 사용 전 사용설명서 읽어볼 것
14) 전선이 쇠붙이나 움직이는 물체와 접촉되지 않도록 할 것

34 다음 중 연소상한계가 가장 큰 물질은?

① 아세틸렌
② 수소
③ 메틸알코올
④ 암모니아

해설

▣ 연소범위(폭발범위)

가스	하한계 vol%	상한계 vol%
수소	4	75
아세틸렌	2.5	81
중유	1	5
등유	0.7	5
메틸알코올	6	36
암모니아	15	28
아세톤	2.5	12.8
휘발유	1.2	7.6

Tip

[연소범위]

(1) 연소범위의 위험성 크기 비교
아세틸렌 > 수소 > 일산화탄소 > 에틸렌 > 메탄(메테인) > 에탄(에테인) > 프로판(프로페인) > 부탄(부테인)

(2) 연소범위가 넓을수록 위험도는 크다.

위험도 = $\frac{UFL - LFL}{LFL}$

정답

34 ①

35 **다음 특정소방대상물 중 주거용 주방 자동소화장치를 설치하여야 하는 것은?**

① 아파트등 및 오피스텔
② 대규모점포에 입점해 있는 일반음식점
③ 지정문화재 및 가스시설
④ 항공기 격납고

해설

▣ 주거용 주방 자동소화장치 설치대상
아파트등 및 오피스텔의 모든 층

Tip
[상업용 주방자동소화장치 설치 대상]
(1) 판매시설 중 대규모 점포에 입점해 있는 일반음식점
(2) 집단 급식소

36 **다음은 소방관계법령을 위반한 사람들을 나타낸 것이다. 가장 높은 벌금에 해당하는 사람을 고르시오.**

① A : 정당한 사유 없이 소방용수시설을 사용한 자
② B : 정당한 사유 없이 소방대의 생활안전활동을 방해한 자
③ C : 피난명령을 위반한 자
④ D : 화재 또는 구조, 구급이 필요한 상황을 거짓으로 알린 자

해설

▣ 벌금
① A : 정당한 사유 없이 소방용수시설을 사용한 자
5년 이하의 징역 또는 5천만 원 이하의 벌금
② B : 정당한 사유 없이 소방대의 생활안전활동을 방해한 자
100만 원 이하의 벌금
③ C : 피난명령을 위반한 자
100만 원 이하의 벌금
④ D : 화재 또는 구조, 구급이 필요한 상황을 거짓으로 알린 자
500만 원 이하의 과태료

정답
35 ① 36 ①

37 방염처리된 제품의 사용을 권장할 수 있는 경우로 옳지 않은 경우는?

① 다중이용업소에서 사용하는 침구류
② 숙박시설 또는 장례식장에서 사용하는 소파 및 의자
③ 의료시설의 커튼류
④ 건축물 내부의 천장 또는 벽에 부착하거나 설치하는 가구류

해설

▣ 방염처리된 물품을 사용하도록 권장할 수 있는 경우

1) 다중이용업소, 의료시설, 노유자 시설, 숙박시설 또는 장례식장에서 사용하는 침구류·소파 및 의자
2) 건축물 내부의 천장 또는 벽에 부착하거나 설치하는 가구류

38 화재발생 시 옥내소화전을 사용하여 충압펌프가 작동하였다. 다음 그림을 보고 표시등(㉠ ~ ㉤) 중 점등되는 것을 모두 고르시오. (단, 설비는 정상상태이며 제시된 조건을 제외하고 나머지 조건은 무시한다)

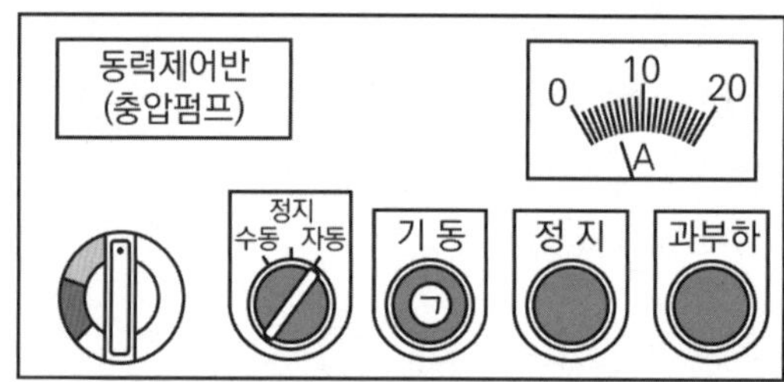

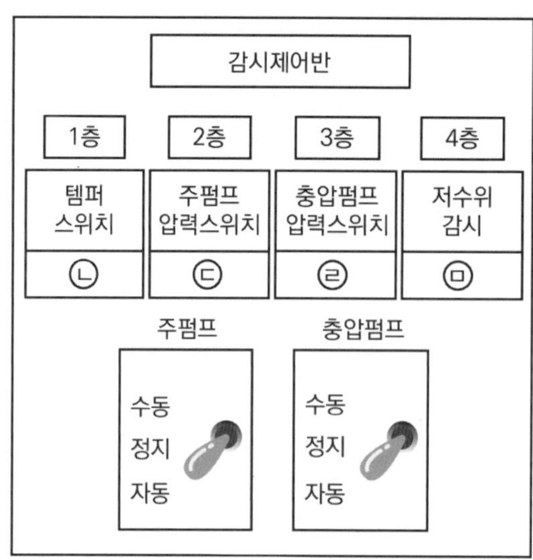

Tip

[방염성능기준 이상의 실내장식물 등을 설치해야 하는 특정소방대상물]

(1) 근린생활시설 중 의원, 조산원, 산후조리원, 체력단련장, 공연장 및 종교집회장, 치과의원, 한의원
(2) 건축물의 옥내에 있는 시설
 ① 문화 및 집회시설
 ② 종교시설
 ③ 운동시설(수영장 제외)
(3) 의료시설
(4) 교육연구시설 중 합숙소
(5) 노유자시설
(6) 숙박이 가능한 수련시설
(7) 숙박시설
(8) 방송통신시설 중 방송국 및 촬영소
(9) 다중이용업소
(10) 층수가 11층 이상인 것 (아파트 제외)

정답

37 ③ 38 ②

① ㉠, ㉡　　② ㉠, ㉣
③ ㉠, ㉡, ㉣　　④ ㉠, ㉡, ㉢

해설

▣ 옥내소화전설비

충압펌프가 작동하였으므로 동력제어반에서 기동표시등이 점등이 되며, 감시제어반에서 충압펌프 압력스위치가 점등됨

39 다음 중 자위소방조직의 수행업무가 아닌 것은?

① 화재 사실의 전파 및 신고
② 화재확산방지 및 위험시설의 제어
③ 화재 발생 시 최성기화재 진압 활동
④ 재실자 및 피난약자를 안전한 장소로 대피

해설

▣ 자위소방대 편성조직의 업무(자위소방활동)

편성조직	업무 내용
비상연락팀	화재사실의 전파 및 신고 업무
초기소화팀	화재 발생 시 초기화재 진압 활동
피난유도팀	재실자 및 장애인, 노인, 임산부, 영유아 및 어린이 등 이동이 어려운 사람(피난약자)을 안전한 장소로 대피시키는 업무
응급구조팀	인명 구조하고, 부상자에 대한 응급조치
방호안전팀	화재확산방지 및 위험시설의 제어 및 비상반출 등 방호안전업무

40 통로유도등의 설치기준 중 틀린 것은?

① 거실의 통로가 벽체 등으로 구획된 경우에는 거실통로유도등을 설치한다.
② 거실통로유도등은 거실통로에 기둥이 설치된 경우에는 기둥 부분의 바닥으로부터 높이 1.5 m 이하의 위치에 설치할 수 있다.
③ 복도통로유도등은 구부러진 모퉁이 및 보행거리 20 m마다 설치한다.
④ 계단통로유도등은 바닥으로부터 높이 1 m 이하의 위치에 설치한다.

[거실통로유도등]
거주, 집무, 작업, 집회, 오락 그 밖에 이와 유사한 목적을 위하여 계속적으로 사용하는 거실, 주차장 등 개방된 통로에 설치하는 유도등으로 피난의 방향을 명시하는 것
(1) 거실의 통로에 설치(거실의 통로가 벽체 등으로 구획 시 복도통로유도등 설치)
(2) 구부러진 모퉁이 및 보행거리 20 m마다 설치
(3) 바닥으로부터 높이 1.5 m 이상의 위치에 설치(거실 통로에 기둥 설치 시 기둥부분의 바닥으로부터 1.5 m 이하 위치에 설치 가능)

정답
39 ③ 40 ①

해 설

▣ 통로유도등의 설치기준

거실통로유도등은 거실의 통로에 설치
(다만 거실의 통로가 벽체 등으로 구획된 경우 복도통로유도등을 설치)

41 소방훈련을 목적으로 옥내소화전함의 앵글밸브를 열어서 방수를 시도했으나 펌프가 작동하지 않았다. 그 원인으로 틀린 것을 고르시오.

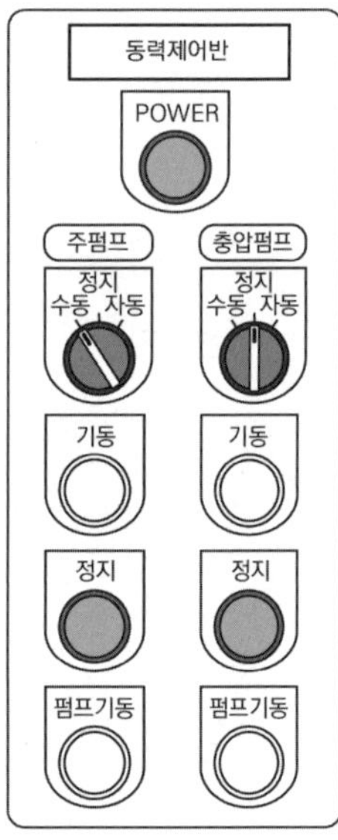

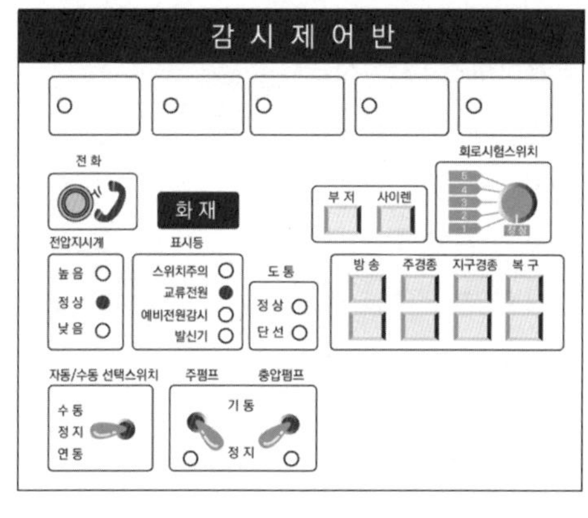

※ 출처 : 한국소방안전원

① 감시제어반의 자동/수동 선택스위치가 정지위치에 있다.
② 감시제어반의 주펌프, 충압펌프스위치가 정지위치에 있다.
③ 동력제어반의 주펌프 선택스위치가 수동위치에 있다.
④ 동력제어반의 충압펌프 선택스위치가 정지위치에 있다.

해 설

▣ 감시제어반

- 감시제어반의 주펌프, 충압펌프스위치 : 평상시 정지 위치
- 점검 시 : 자동/수동 선택스위치를 수동으로 전환 → 주펌프, 충압펌프스위치를 기동으로 전환하여 수동기동

평상시에 동력제어반의 선택스위치는 주펌프와 충압펌프 모두 자동위치에 두어야 하며, 감시제어반의 선택스위치는 연동에 두어야 한다.

정답

41 ②

42 방수압력시험장비를 이용하여 방수압력시험을 할 때 장비의 측정 모습으로 옳은 것을 고르시오.

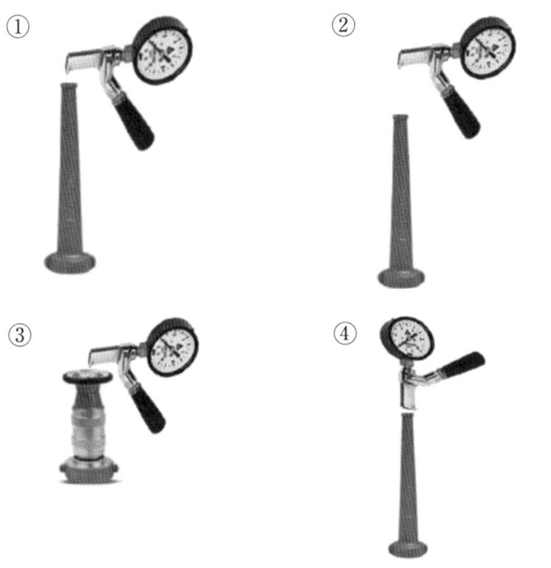
① ② ③ ④

※ 출처 : 한국소방안전원

Tip

방수압력과 방수량의 측정은 어느 층에 있어서도 2개 이상 설치된 경우에는 2개(설치개수가 1개인 경우에는 1개)를 개방시켜 놓고 측정

해설

▣ 방수압력 및 방수량 측정

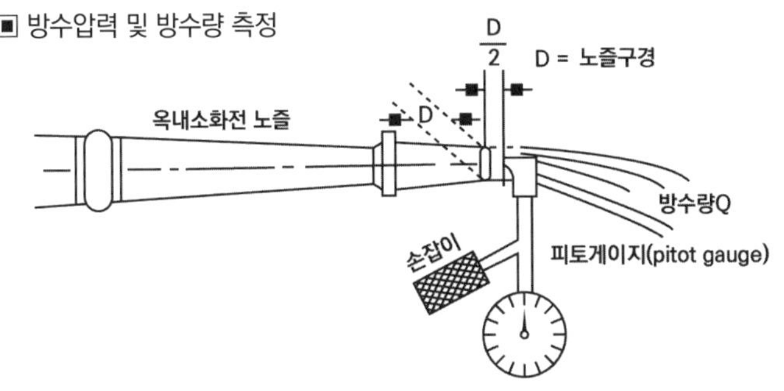

구분	측정
방수압력	방수구에 호스를 결속한 상태로 노즐의 선단에 방수압력측정계(피토게이지)를 근접(D/2)시켜서 측정하여 방수압력측정계(피토게이지)의 압력계상의 눈금 확인
방수량	$Q = 2.065 \times D^2 \times \sqrt{p}$ Q : 분당방수량[L/min] D : 관경 또는 노즐의 구경[mm] (옥내소화전 : 13 mm, 옥외소화전 : 19 mm) p : 방수입력[MPa]
주의사항	1) 반드시 직사형 관창을 이용하여 측정 2) 초기 방수 시 물속에 존재하는 이물질이나 공기 등이 완전히 배출된 후에 측정하여야 방수압력측정계(피토게이지)의 입구 구경이 작기 때문에 발생하는 막힘이나 고장 방지 가능 3) 방수입력측정계(피토게이지)는 봉상주수 상태에서 직각으로 측정

정답

42 ①

43 **옥내소화전 감시제어반의 스위치 상태가 다음과 같을 때 동력제어반에서 점등되는 표시등을 전부 고르시오.**

감시제어반

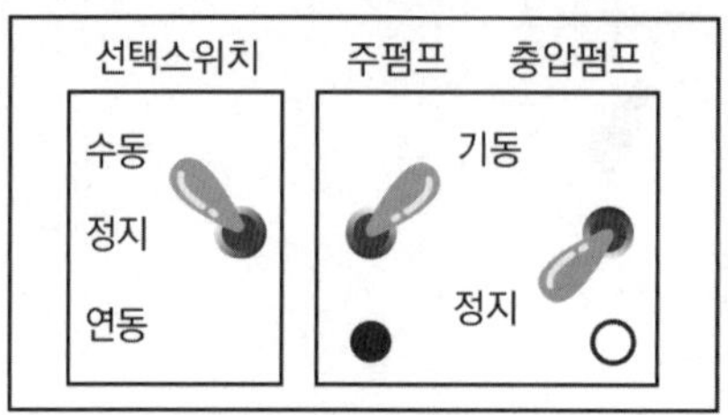

동력제어반

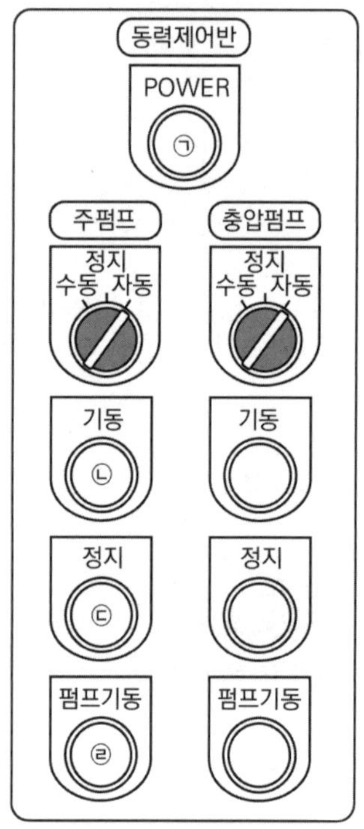

※ 출처 : 한국소방안전원

① ㉠ ② ㉠, ㉡
③ ㉠, ㉡, ㉢ ④ ㉠, ㉡, ㉣

해설

■ 감시제어반과 동력제어반

1) 감시제어반의 선택스위치가 수동위치에 있으며 주펌프는 기동, 충압펌프는 정지 위치에 있으므로 주펌프만 수동기동함
2) 동력제어반의 주펌프와 충압펌프의 선택스위치가 평상시 정상위치인 [자동]에 있기 때문에 주펌프는 수동기동함
3) POWER등은 상시 점등이 원칙임

Tip

평상시에 동력제어반의 선택스위치는 주펌프와 충압펌프 모두 자동위치에 두어야 하며, 감시제어반의 선택스위치는 연동에 두어야 한다.

정답

43 ④

44 다음의 옥내소화전함을 보고 동력제어반의 모습으로 옳은 것을 모두 고르시오. (단, 주펌프 자동기동 시 충압펌프는 정지한 상태이다)

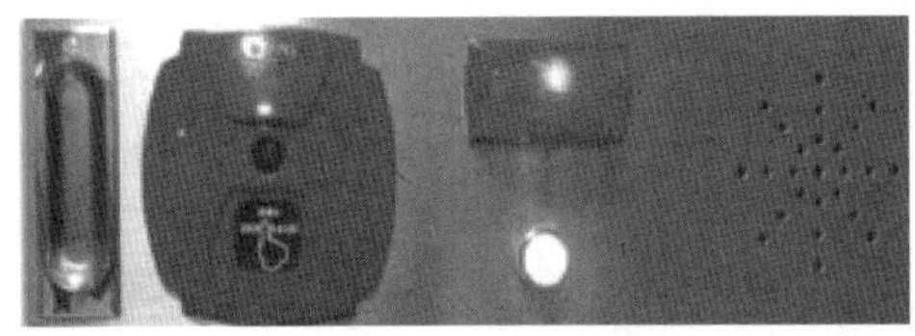

동력 제어반	충압펌프		
	기동표시등	정지표시등	펌프 기동표시등
㉠	소등	점등	소등
㉡	소등	소등	점등
㉢	점등	소등	점등
㉣	소등	점등	점등

동력 제어반	주펌프		
	기동표시등	정지표시등	펌프 기동표시등
㉤	점등	소등	소등
㉥	점등	소등	점등
㉦	점등	점등	소등
㉧	소등	점등	소등

① ㉠, ㉥　　② ㉡, ㉥
③ ㉣, ㉧　　④ ㉢, ㉦

해설

▣ 옥내소화전

1) 옥내소화전의 위치표시등은 상시 점등이며, 주펌프 기동표시등은 주펌프가 기동 시 점등된다.
2) 옥내소화전함의 주펌프 기동표시등이 점등된 상태이므로 주펌프가 기동 중이다. 또한 주펌프가 기동되면 충압펌프는 정지점에 도달하여 자동 정지한다.

정답

44 ①

45 다음은 옥내소화전설비의 동력제어반과 감시제어반을 나타낸 것이다. 옳지 않은 것을 고르시오.

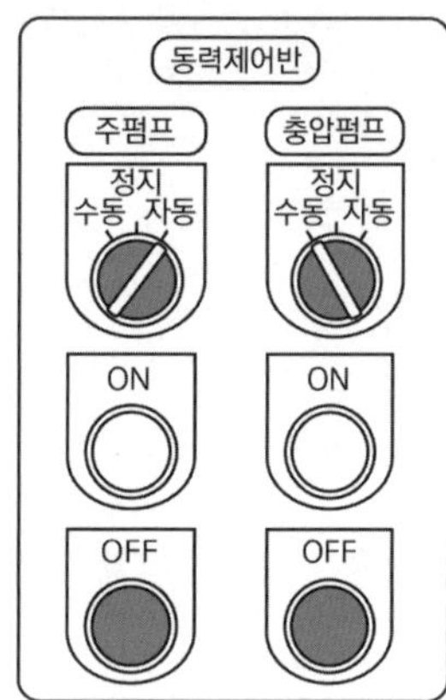

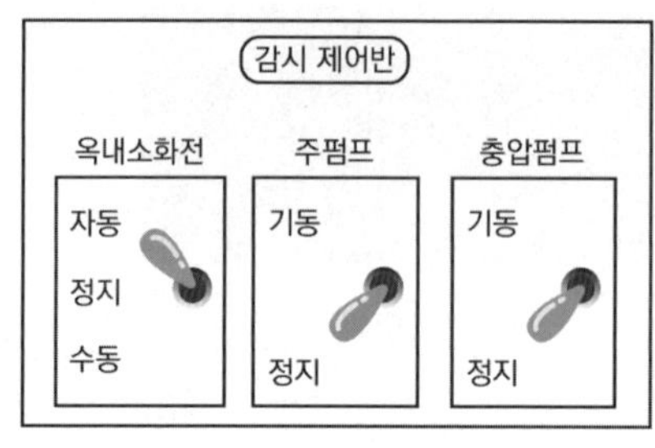

※ 출처 : 한국소방안전원

① 감시제어반은 정상상태로 유지관리되는 중이다.
② 감시제어반에서 주펌프스위치를 기동위치로 전환하면 주펌프는 기동한다.
③ 동력제어반에서 주펌프 ON을 눌러도 주펌프는 기동하지 않는다.
④ 동력제어반에서 충압펌프를 자동위치로 전환하면 모든 제어반은 정상상태로 된다.

해 설

▣ 동력제어반과 감시제어반

1) 동력제어반의 주펌프 선택스위치가 자동인 상태에서는 ON버튼을 눌러도 주펌프는 기동하지 않는다.
2) 감시제어반에서 주펌프를 수동기동하기 위해서는 감시제어반의 선택스위치를 수동으로 전환한 후 주펌프스위치를 기동으로 전환하여야 한다.

Tip

평상시에 감시제어반의 선택스위치는 자동위치에 두어야 하며 주펌프와 충압펌프는 정지에 있다.

정답

45 ②

46 **가스계 소화설비의 감시제어반이 다음과 같은 상태일 경우 전기실 화재로 인하여 B감지기가 동작하였다. 이때 발생할 수 있는 작동상황으로 옳은 것을 고르시오.**

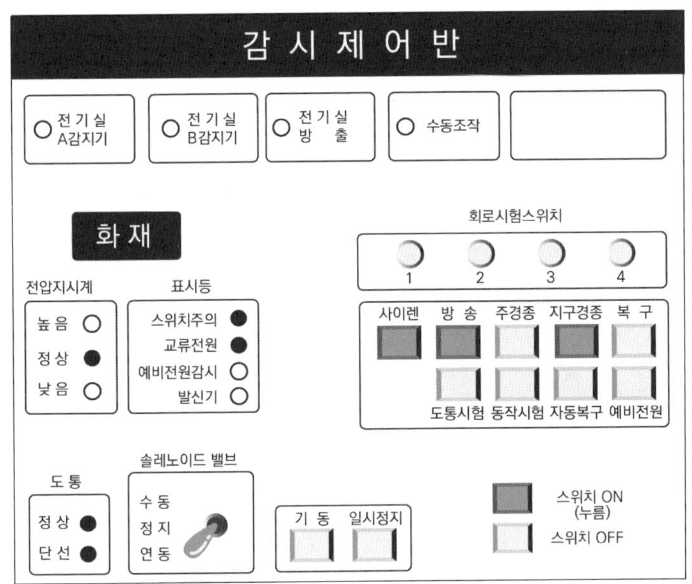

※ 출처 : 한국소방안전원

① 화재표시등이 점등된다.
② 사이렌의 경보가 울린다.
③ 방출표시등이 점등된다.
④ 솔레노이드밸브가 작동된다.

해설

▣ 가스계 소화설비 감시제어반

1) 솔레노이드밸브는 감지기 A, B 두 개의 회로가 모두 동작했을 때 격발한다.
2) B감지기만 동작한 경우 화재표시등과 B감지기 동작표시등이 점등한다.
3) 사이렌스위치가 눌러진 상태이므로 사이렌은 울리지 않는다.
4) 방출표시등은 솔레노이드밸브 격발 후 점등된다.

Tip

[가스계 소화설비 작동순서]

(1) 화재발생
(2) 감시제어반(수신반)에서 화재표시등 점등, 해당 방호구역 사이렌 경보, 환기팬 정지
① 자동 : 방호구역의 교차회로로 A and B 감지기 모두 작동
② 수동 : 방호구역의 출입구 인근 수동조작함의 수동조작버튼 누름
(3) 지연장치 동작(30초) : 방호구역 내 인명의 피난시간 부여
(4) 기동용기함 내의 솔레노이드밸브(전자밸브) 작동(격발)
(5) 기동용 가스용기 개방
(6) 선택밸브 개방 및 약제 저장용기 개방
(7) 소화약제 방출
① 소화약제 흐름 : 집합관 → 선택밸브 개방 → 배관 → 분사헤드
② 방출되는 약제 일부는 압력스위치를 동작시켜 방출표시등 점등 및 자동폐쇄장치(피스톤릴리저댐퍼) 동작으로 방호구역 완전 폐쇄

정답

46 ①

47 다음 조건을 참조하여 소방계획서 중 비상연락체계를 작성하였다. 이때 작성된 내용으로 틀린 것을 고르시오.

〈조건〉
연면적 5000 m^2이며 지하층을 제외한 층수가 13층인 업무시설이다.

구분	대응방법 및 절차
화재경보	화재경보방식(① ☑ 일제경보, □ 우선경보)
상황전파	화재상황 전파시 다음방법에 따라 상황 전파 ② ☑ 육성 ③ ☑ 비상방송설비 ④ ☑ 경종 ☑ 시각경보기

① 일제경보　② 육성
③ 비상방송설비　④ 경종

Tip
우선경보방식에 해당하는 경우는 층수만 보면 된다. 층수가 11층 이상일 때(공동주택일 경우 16층 이상) 우선경보방식을 적용한다.

해설

▣ 경보방식

1) 일제경보방식 : 화재 시 전 층에 경보하는 방식(소규모)
2) 우선경보방식 : 층수가 11층(공동주택 16층) 이상의 특정소방대상물
   (1) 2층 이상의 층에서 발화 시 : 발화층 및 그 직상 4개 층에 경보할 것
   (2) 1층에서 발화 시 : 발화층·그 직상 4개 층 및 지하층에 경보할 것
   (3) 지하층에서 발화 시 : 발화층·그 직상층 및 그 밖의 지하층에 경보할 것

48 아파트를 제외한 연면적 70000 m^2인 특정소방대상물에 선임해야 하는 소방안전관리보조자와 1700세대의 아파트에 선임해야 하는 소방안전관리보조자의 총 인원수를 구하시오.

① 6명　② 8명　③ 9명　④ 10명

해설

▣ 소방안전관리보조자 선임대상

보조자선임대상 특정소방대상물	최소 선임기준
300세대 이상인 아파트	1명(300세대마다 1명 이상 추가)
연면적이 1만 5천 m^2 이상인 특정소방대상물(아파트 및 연립주택 제외)	1명(연면적 1만 5천 m^2마다 1명 이상 추가) 다만 특정소방대상물의 종합방재실에 자위소방대가 24시간 상시 근무하고, 소방자동차 중 소방펌프차, 소방물탱크차, 소방화학차, 무인방수차를 운용하는 경우 3000 m^2 초과마다 1명 추가 선임한다.

정답
47 ①　48 ③

보조자선임대상 특정소방대상물	최소 선임기준
1) 공동주택 중 기숙사 2) 의료시설 3) 노유자시설 4) 수련시설 5) 숙박시설(숙박시설로 사용되는 바닥면적의 합계가 1500 m^2 미만이고 관계인이 24시간 상시 근무하고 있는 숙박시설은 제외)	1명 다만 해당 특정소방대상물이 소재하는 지역을 관할하는 소방서장이 야간이나 휴일에 해당 특정소방대상물이 이용되지 않는다는 것을 확인한 경우에는 선임하지 않을 수 있다.

- 1700세대의 아파트 : $\frac{1700}{300} = 5.67$ → 소수점 버림 5명
- 70000 m^2인 특정소방대상물 : $\frac{70,000}{15,000} = 4.67$ → 소수점 버림 4명

∴ 5 + 4 = 9명

49 다음과 같은 건축물의 용적률과 건폐율을 계산하시오.

바닥면적 700 m^2
바닥면적 700 m^2
바닥면적 700 m^2
대지면적 : 1500 m^2

① 용적률 : 140 %, 건폐율 : 47 %
② 용적률 : 47 %, 건폐율 : 150 %
③ 용적률 : 47 %, 건폐율 : 100 %
④ 용적률 : 140 %, 건폐율 : 100 %

Tip

용적률은 연면적이 계산식에 적용되기 때문에 100 % 초과가 가능하지만, 건폐율은 건축면적이 적용되기 때문에 100 % 이하의 값이다.

해 설

▣ 건축면적 산정

1) 건축면적 : 건축물의 외벽의 중심선으로 둘러싸인 부분의 수평투영면적으로 한다.
2) 바닥면적 : 건축물의 각층 또는 그 일부로서 벽, 기둥 기타 이와 유사한 구획의 중심선으로 둘러싸인 부분의 수평투영면적으로 한다.
3) 연면적 : 하나의 건축물 각층 바닥면적의 합계로 한다. 다만 용적률의 산정에 있어서는 지하층의 면적과 지상층의 주차용으로 사용되는 면적, 피난안전구역의 면적, 건축물의 경사지붕 아래 설치하는 대피공간의 면적은 산입하지 않는다.
4) 건폐율 : 대지면적에 대한 건축면적(대지에 2 이상의 건축물이 있는 경우에는 이들 건축면적의 합계로 한다)의 비율을 말한다.

※ $\frac{700}{1500} \times 100 = 47\%$

정답

49 ①

5) 용적률 : 대지면적에 대한 연면적(대지에 2 이상의 건축물이 있는 경우 이들 연면적의 합계로 한다)의 비율을 말한다.

※ $\frac{2100}{1500} \times 100 = 140\%$

50 소방계획의 작성원칙으로 옳지 않은 것은?

① 위험요인의 관리는 반드시 실현 가능한 계획으로 작성한다.
② 작성 → 검토 → 승인의 3단계의 구조화된 절차를 거치며 작성한다.
③ 방문자를 제외한 관계인, 재실자가 참여하도록 수립한다.
④ 소방계획에 맞는 교육훈련 및 평가 등 이행의 과정이 있어야 한다.

[소방계획의 수립시기]
(1) 소방안전관리자는 소방계획서를 매년 12월 31일까지 작성 및 시행
(2) 1 ~ 3분기 : 소방계획 내 수립된 이행계획 실시
(3) 3분기 : 교육훈련 및 자체평가 등을 통해 이행사항에 대한 측정 및 평가, 감독 실시 및 개선조치사항 파악
(4) 4분기 : 차기연도 소방계획서 작성(개선조치 요구사항 등은 위원회 등 의견수렴 체계를 거친 후 반영)

해설

▣ 소방계획의 작성원칙

1) 실현 가능한 계획 : 소방계획의 핵심은 위험관리이며, 대상물의 위험요인을 체계적으로 관리하기 위한 일련의 활동이기 때문에 위험요인의 관리는 반드시 실현 가능한 계획으로 구성
2) 관계인의 적극적 참여 : 소방계획의 수립 및 시행에 소방안전관리대상물의 관계인, 재실자 및 방문자 등 전원이 참여하도록 수립
3) 계획 수립의 구조화 : 체계적이고 전략적인 계획의 수립을 위해 작성 - 검토 - 승인의 3단계의 구조화된 절차를 거쳐야 함
4) 실행 우선 : 문서로 작성된 계획만으로는 소방계획의 완료로 보기 어려우며, 교육훈련 및 평가 등 이행의 과정이 있어야 비로소 소방계획의 완성

정답
50 ③

06회 실전모의고사

01 다음과 같은 소방대상물의 스프링클러설비를 점검하였다. 이때 스프링클러설비 설치기준에 적합하지 않은 것을 고르시오. (단, 옥상수조는 설치되어 있지 않다)

> 가. 층수 : 지상 8층(지하층 없음)
> 나. 주펌프 양정 : 80 m
> 다. 주용도 : 업무시설
> 라. 가장 높이 설치된 헤드로부터 펌프중심선까지의 낙차 : 30 m

① 주펌프 정지점은 양정 80 m를 압력으로 환산한 값이다.
② 충압펌프 압력스위치의 Range는 0.8 MPa, Diff는 0.4 MPa이다.
③ 주펌프 압력스위치의 Range는 0.8 MPa, Diff는 0.35 MPa이다.
④ 말단시험밸브 개방 시 화재표시등 점등, 밸브개방표시등 점등, 경보 발생, 소화펌프가 자동기동 되었다.

해설

▣ 펌프의 기동, 정지압력 세팅

> 가. Range : 펌프의 정지압력 표시
> 나. Diff : 펌프 정지점과 기동점과의 차이(= 정지압력 − 기동압력)

▣ 펌프의 기동점과 정지점

1) 주펌프 및 충압펌프의 기동점 : 자연 낙차압보다 커야 한다.
   ※ 이유 : 펌프양정이 건물높이보다 작은 경우 언제나 압력챔버 위치에서는 건물높이에 의한 자연 낙차압이 작용하므로 압력챔버 내의 압력이 펌프양정 이하로 내려갈 수 없기 때문에 절대로 자동기동이 될 수 없다.
2) 주펌프 기동점 : 자연 낙차압 + K(K는 옥내소화전 : 0.2 MPa, 스프링클러설비 : 0.15 MPa로 하며, 이는 옥내소화전의 방사압 0.17 MPa, 스프링클러의 방사압 0.1 MPa이므로 방사압력과 배관의 손실을 감안한 값이다)
3) 주펌프 정지점 : 자동으로 정지되지 않아야 한다.
4) 충압펌프 : 주펌프의 기동 및 정지점 범위 내에 있도록 설정
5) 주펌프와 충압펌프의 기동점 간격 : 최소 0.05 MPa 이상

Tip

[압력스위치]
(1) 기능 : 펌프의 기동·정지 압력을 압력스위치에 세팅하여 평상시 전 배관의 압력을 검지하고 있다가, 일정 압력의 변동이 있을 때 압력스위치가 작동하여 감시 제어반으로 신호를 보내어 설정된 제어순서에 의해 펌프를 자동기동 또는 정지시키게 된다.
(2) 압력세팅 : 압력스위치에는 Range와 Diff의 눈금이 있으며 압력스위치 상단부의 나사를 이용하여 현장상황에 맞도록 펌프의 기동·정지압력을 세팅한다.

정답

01 ②

■ 펌프 세팅

1) 주펌프의 기동점(옥상수조가 없는 경우 옥상 수조로부터 낙차압 무시)
   주펌프의 기동점 : 0.3 MPa(30 m) + 0.15 MPa(S/P K값) = 0.45 MPa
2) 충압펌프의 기동점 : 주펌프의 기동점보다 0.05 MPa 정도 높게 설정
   충압펌프 기동점 : 0.45 MPa + 0.05 MPa = 0.5 MPa
   ※ 스프링클러 개방 시 충압펌프가 먼저 기동(0.5 MPa)하고 계속 방수되어 배관 내의 압력이 저하되는 경우 주펌프가 기동(0.45 MPa)하게 된다.
3) 충압펌프의 Diff는 0.8 MPa - 0.5 MPa = 0.3 MPa
4) 주펌프의 Diff는 0.8 MPa - 0.45 MPa = 0.35 MPa

02 바닥면적이 3300 m^2인 노유자시설에 3단위 소화기를 설치할 때 최소설치 개수를 구하시오. (단, 주요 구조부는 일반구조이며, 벽 및 반자의 실내와 면하는 부분은 불연재료이다)

① 10개
② 11개
③ 15개
④ 20개

해설

■ 특정소방대상물별 소화기구 능력단위

특정소방대상물	소화기구 능력단위
위락시설	바닥면적 30 m^2마다 능력단위 1단위
공연장, 집회장, 관람장, 문화재, 장례식장 및 의료시설	바닥면적 50 m^2마다 능력단위 1단위
근린생활시설, 판매시설, 운수시설, 숙박시설, 노유자시설, 전시장, 공동주택, 업무시설, 방송통신시설, 공장, 창고시설, 항공기 및 자동차 관련 시설 및 관광휴게시설	바닥면적 100 m^2마다 능력단위 1단위
그 밖의 것	바닥면적 200 m^2마다 능력단위 1단위
주요 구조부가 내화구조이며, 벽 및 반자의 실내와 면하는 부분이 불연재료, 준불연재료, 난연재료인 경우 기준면적의 2배 적용하여 산출	

주요 구조부가 내화구조가 아닌 일반구조이기 때문에 노유자시설의 소화기구 능력단위는 바닥면적 100 m^2마다 능력단위 1단위이다. 따라서 $\frac{3300}{100}=33$단위 이상의 소화기가 필요하며, 능력단위 3단위의 소화기를 설치하므로 $\frac{33}{3}=11$개를 설치한다.

정답
02 ②

03 **주거용 주방자동소화장치의 그림 중 A에 해당하는 부분의 명칭을 고르시오.**

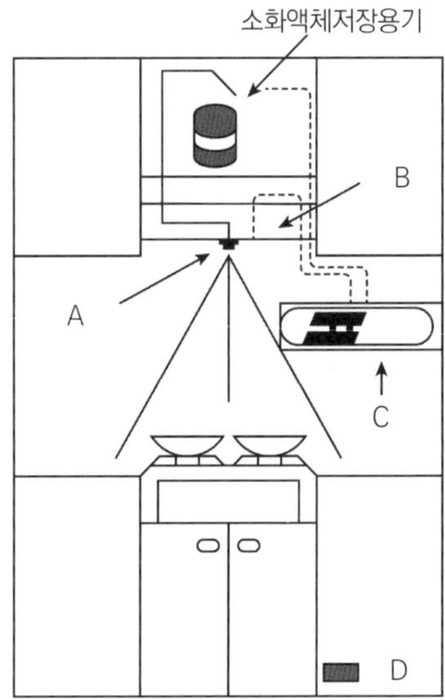

① 감지부 ② 수신부
③ 방출구 ④ 탐지부

해 설

▣ 주거용 주방자동소화장치

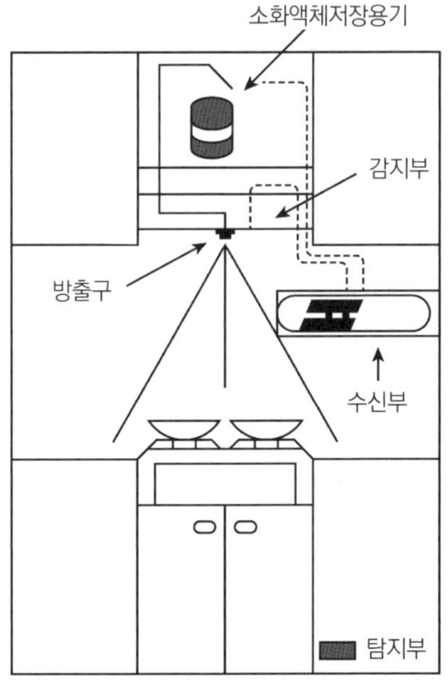

※ 출처 : 한국소방안전원

Tip

[주거용 주방자동소화장치 점검]

(1) 가스누설탐지부 점검
(2) 가스누설차단밸브 시험
(3) 예비전원시험 : 전원 플러그를 뽑은 상태에서 수신부의 예비전원 램프가 점등되면 정상
(4) 감지부시험
(5) 제어반(수신부) 점검
(6) 약제 저장용기 점검 : 지시압력계 점검(녹색 : 정상)

정답

03 ③

04 다음 중 주거용 주방자동소화장치 점검내용으로 옳지 않은 것을 고르시오.

① 제어반(수신부) 확인
② 알람밸브 확인
③ 가스누설탐지부 점검
④ 가스누설차단밸브 시험

해설

▣ 주거용 주방자동소화장치의 점검내용
1) 가스누설탐지부 점검
2) 가스누설차단밸브 점검
3) 예비전원시험
4) 감지부 점검
5) 제어반(수신부) 점검
6) 약제 저장용기 점검

Tip
[자동소화장치]
(1) 주거용 주방자동소화장치 설치 : 아파트 등 및 오피스텔의 모든 층
(2) 상업용 수방자동소화장치
① 판매시설 중 대규모 점포에 입점해 있는 일반음식점
② 집단 급식소
(3) 캐비닛형·가스·분말·고체에어로졸 자동소화장치 설치대상 : 화재안전기준에서 정하는 장소

05 다음은 어떤 점검을 하고 있는 것인지 알맞게 짝지어진 것을 고르시오.

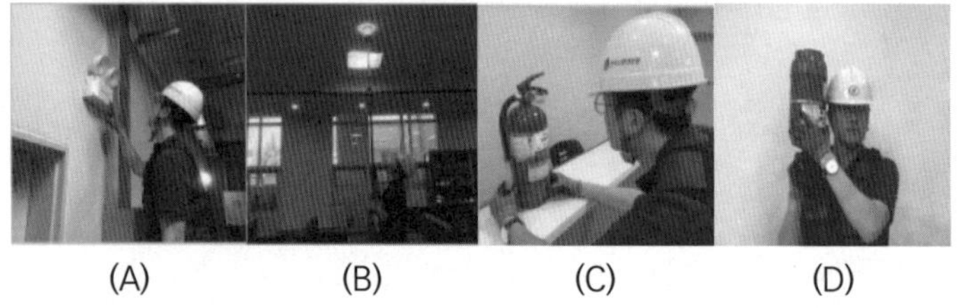
(A) (B) (C) (D)
※ 출처 : 한국소방안전원

① A : 소화기 약제상태 점검, B : 화재감지기 작동점검, C : 소화기 충압상태점검, D : 비상조명등 점검
② A : 비상조명등 점검, B : 화재감지기 작동점검, C : 소화기충압상태점검, D : 소화기 약제상태점검
③ A : 비상조명등 점검, B : 화재감지기 작동점검, C : 소화기 약제상태 점검, D : 소화기 충압상태점검
④ A : 화재감지기 작동점검, B : 비상조명등 점검, C : 소화기충압상태점검, D : 소화기 약제상태점검

정답
04 ② 05 ②

해설

▣ 점검사진

소화기 총압상태 점검

소화기 약제상태 점검

소화전함 점검

동력제어반 작동점검

소화전 방수시험 실시

화재수신기 작동점검

화재감지기 작동점검

피난구유도등 점검

비상조명등 점검

※ 출처 : 한국소방안전원

06 **옥외소화전이 53개 설치되어 있을 때 소화전함 설치 개수를 고르시오.**

① 15개　　② 16개

③ 18개　　④ 30개

해설

▣ 옥외소화전함의 설치개수

옥외소화전	옥외소화전함의 개수
10개 이하	옥외소화전마다 5 m 이내의 장소에 1개 이상 설치
11개 이상 30개 이하	11개 이상의 소화전함을 각각 분산하여 설치
31개 이상	옥외소화전 3개마다 1개 이상 설치

옥외소화전이 31개 이상 설치되어 있으므로 3개마다 1개 이상 설치하기 때문에 $\frac{53}{3} = 17.67$이며, 절상하여 18개 설치한다.

Tip

[옥외소화전]

(1) 호스접결구 : 지면으로부터 높이가 0.5 m 이상, 1 m 이하의 위치

(2) 수평거리 : 대상물의 각 부분으로부터 하나의 호스접결구까지 40 m 이하

(3) 옥외소화전함의 호스와 노즐

호스의 구경	65 mm
노즐의 구경	19 mm

정답

06 ③

※ [07 ~ 09] 다음의 옥내소화전설비 계통도를 보고 물음에 답하시오.

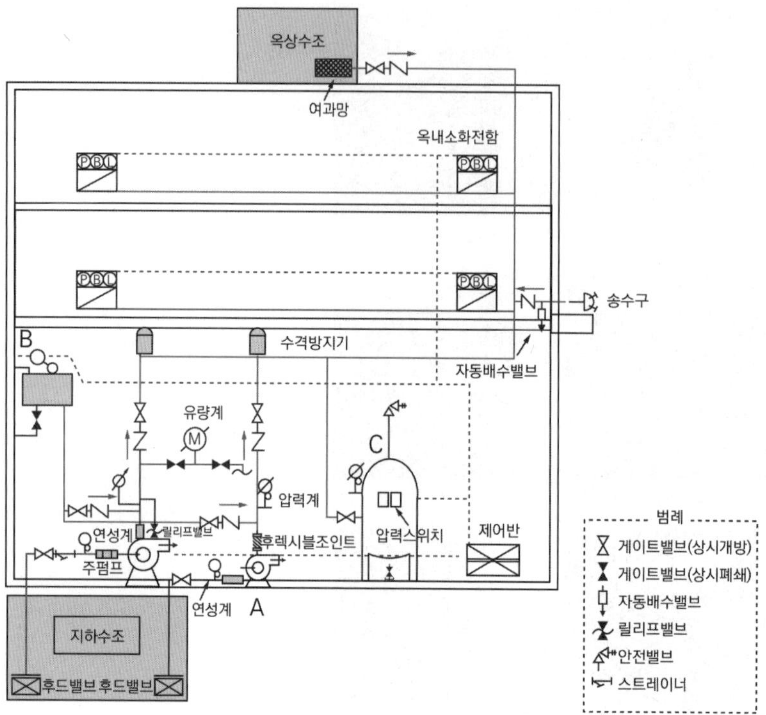

07 A의 명칭을 고르시오.

① 물올림탱크　　② 충압펌프

③ 주펌프　　④ 유량계

해설

▣ 소방펌프

구분	주펌프	충압펌프(보조펌프)
설치목적	화재 시 규정 방수압과 유량의 소화수 공급	배관 및 부속품의 연결부의 등에서 정상적인 누수가 발생했을 때 기동하여 배관 내 압력을 채움
성능시험배관	필요	불필요

※ 예비펌프 : 주펌프의 고장, 수리 등에 대비하여 주펌프와 동등 이상의 성능을 가진 펌프로 추가 설치

정답

07 ②

08 B의 명칭을 고르시오.

① 물올림탱크　② 충압펌프
③ 주펌프　④ 유량계

해설

▣ 물올림장치

1) 기능
수원의 위치가 펌프보다 낮은 경우에만 설치하며, 펌프 흡입 측 배관 및 펌프에 물이 없을 경우 펌프의 공회전을 방지하기 위해 보충수를 공급

2) 설치기준
(1) 물올림장치에는 전용의 탱크를 설치할 것
(2) 탱크의 유효수량은 100 L 이상으로 하되, 구경 15 mm 이상의 급수배관에 따라 해당 탱크에 물이 계속 보급되도록 할 것

09 C의 명칭을 고르시오.

① 순환배관　② 체크밸브
③ 압력챔버　④ 충압펌프

해설

▣ 옥내소화전설비

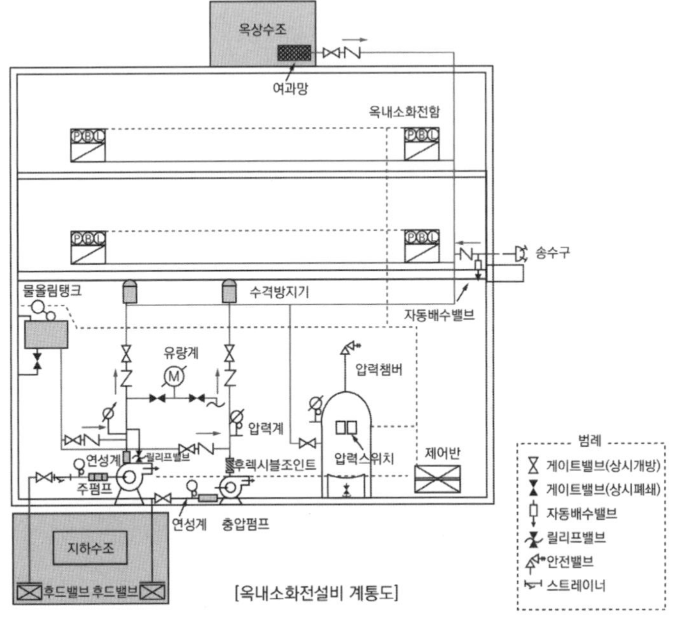

[옥내소화전설비 계통도]

※ 출처 : 한국소방안전원

Tip

[옥내소화전설비]
(1) 화재 발생 시 관계인 및 자체소방대원이 화재 발생 초기에 사용하는 소화설비
(2) 구성 : 수원, 가압송수장치, 배관, 방수구, 호스, 노즐 등

정답

08 ①　09 ③

10 건식 스프링클러설비의 작동순서로 옳은 것을 고르시오.

① 화재발생 → 열에 의해 폐쇄형 헤드 개방 및 방수 → 유수검지장치의 클래퍼 개방 → 압력스위치 작동 → 사이렌 경보와 감시제어반의 화재표시등 및 밸브개방표시등 점등 → 압력챔버의 압력스위치 작동 → 펌프 기동

② 화재발생 → 열에 의해 폐쇄형 헤드 개방 및 압축공기 방출 → 유수검지장치의 클래퍼 개방 → 압력스위치 작동 → 사이렌 경보와 감시제어반의 화재표시등 및 밸브개방표시등 점등 → 압력챔버의 압력스위치 작동 → 펌프 기동

③ 화재발생 → 교차회로 방식의 A or B 감지기 작동 → 경종 또는 사이렌 경보, 감시제어반의 화재표시등 점등 → A and B 감지기 모두 작동 → 전자밸브(솔레노이드밸브) 작동 → 중간챔버에 채워져 있던 물이 배수되며(감압) 밸브 개방 → 압력스위치 작동 → 감시제어반의 밸브개방표시등 점등 → 감열에 의한 폐쇄형 헤드 개방 → 압력챔버의 압력스위치 작동 → 펌프 기동

④ 화재발생 → 교차회로 방식의 A or B 감지기 작동 → 경종 또는 사이렌 경보, 감시제어반의 화재표시등 점등 → A and B 감지기 모두 작동 → 전자밸브(솔레노이드밸브) 작동 → 중간챔버에 채워져 있던 물이 배수되며(감압) 밸브 개방 → 압력스위치 작동 → 감시제어반의 밸브개방표시등 점등 → 모든 개방형 헤드에서 소화수 방출 → 압력챔버의 압력스위치 작동 → 펌프 기동

Tip

습식 스프링클러설비와 준비작동식 스프링클러설비가 가장 많이 출제되고 있다.

해설

▣ 스프링클러설비 작동순서

1) 습식 스프링클러설비 : 화재발생 → 열에 의해 폐쇄형 헤드 개방 및 방수 → 유수검지장치의 클래퍼 개방 → 압력스위치 작동 → 사이렌 경보와 감시제어반의 화재표시등 및 밸브개방표시등 점등 → 압력챔버의 압력스위치 작동 → 펌프 기동
2) 건식 스프링클러설비 : 화재발생 → 열에 의해 폐쇄형 헤드 개방 및 압축공기 방출 → 유수검지장치의 클래퍼 개방 → 압력스위치 작동 → 사이렌 경보와 감시제어반의 화재표시등 및 밸브개방표시등 점등 → 압력챔버의 압력스위치 작동 → 펌프 기동
3) 준비작동식 스프링클러설비 : 화재발생 → 교차회로 방식의 A or B 감지기 작동 → 경종 또는 사이렌 경보, 감시제어반의 화재표시등 점등 → A and B 감지기 모두 작동 → 전자밸브(솔레노이드밸브) 작동 → 중간챔버에 채워져 있던 물이 배수되며(감압) 밸브 개방 → 압력스위치 작동 → 감시제어반의 밸브개방표시등 점등 → 감열에 의한 폐쇄형 헤드 개방 → 압력챔버의 압력스위치 작동 → 펌프 기동
4) 일제살수식 스프링클러설비 : 화재발생 → 교차회로 방식의 A or B 감지기 작동 → 경종 또는 사이렌 경보, 감시제어반의 화재표시등 점등 → A and B 감지기 모두 작동 → 전자밸브(솔레노이드밸브) 작동 → 중간챔버에 채워져 있던 물이 배수되며(감압) 밸브 개방 → 압력스위치 작동 → 감시제어반의 밸브개방표시등 점등 → 모든 개방형 헤드에서 소화수 방출 → 압력챔버의 압력스위치 작동 → 펌프 기동

정답

10 ②

11 **다음은 습식 스프링클러설비의 유수검지장치 및 압력스위치의 모습이다. 그림과 같이 압력스위치가 작동했을 때 작동하지 않는 기기는 무엇인가?**

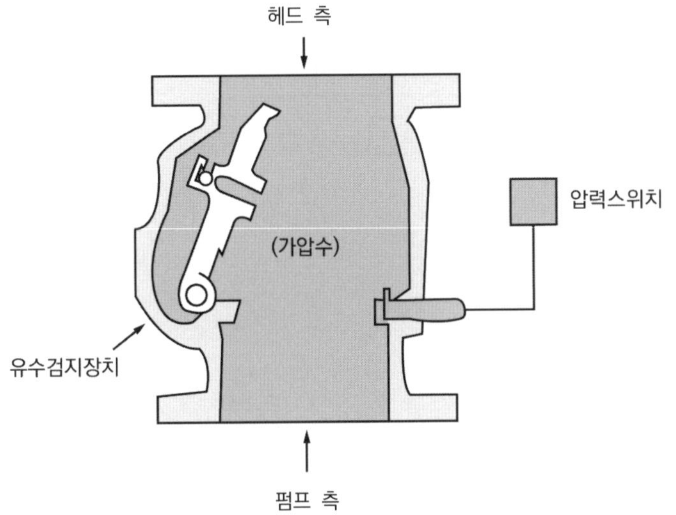

① 밸브개방표시등 점등 ② 화재표시등 점등
③ 화재감지기 점등 ④ 사이렌 동작

해설

▣ 습식 스프링클러설비

습식 스프링클러설비는 감지기가 없는 설비이다.

12 **정전기에 의한 발화과정으로 옳은 것은?**

① 방전 → 전하의 축적 → 전하의 발생 → 발화
② 전하의 발생 → 전하의 축적 → 방전 → 발화
③ 전하의 발생 → 방전 → 전하의 축적 → 발화
④ 전하의 축적 → 방전 → 전하의 발생 → 발화

해설

▣ 정전기 발생 메커니즘

1) 전하의 발생 → 전하의 축적 → 방전 → 발화
2) 정전기 발생 메커니즘의 설명
   (1) 전하의 발생 : 마찰, 충격 등으로 전하 발생
   (2) 전하의 축적 : 전하의 에너지가 물체에 축적
   (3) 방전 : 축적된 전하가 낮은 전위 쪽으로 방류
   (4) 발화 : 방류할 때 발생하는 스파크에 의해서 점화

Tip

[전기화재의 원인]
(1) 전류 : 줄의 법칙에 의해 발열
(2) 단락(합선) : 1000 A 이상의 단락전류
(3) 지락 : 단락전류가 목재, 금속체 등에 흐를 때 발화
(4) 누전 : 절연이 파괴되어 누설전류의 발열
(5) 접속부 과열 : 접촉저항 등 접촉상태가 불완전할 때 발열
(6) 스파크 : 스위치의 ON, OFF 시 스파크에 의한 발열
(7) 정전기 : 부도체의 마찰에 의해 전하가 축적되어 방전, 발화
(8) 열적경과 : 방열이 잘 되지 않는 장소에서의 열 축적
(9) 절연열화 또는 탄화 : 절연체 등이 시간경과에 의해 절연성이 저하되거나 탄화되어 발열
(10) 낙뢰 : 번개 등으로 순간적으로 수 만 A 이상의 전류가 발생

정답
11 ③ 12 ②

13 옥내소화전과 타 소화설비의 수원이 겸용인 경우 다음 그림에서 유효수량의 기준으로 알맞은 것은?

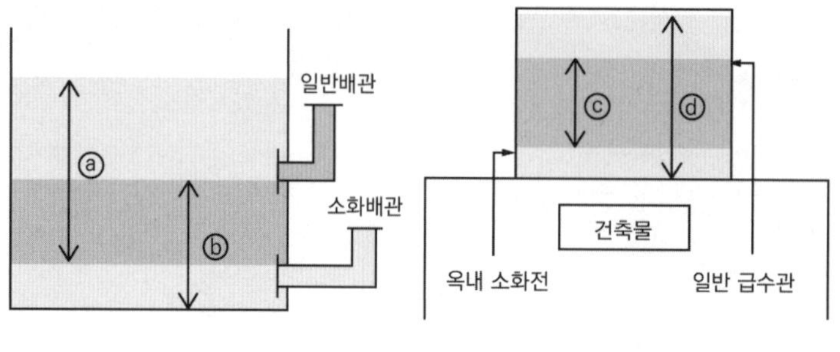

① ⓐ　　② ⓑ
③ ⓒ　　④ ⓓ

해설

▣ 옥내소화전과 타 소화설비 수원의 겸용

일반배관과 소화배관 사이가 유효수량이다.

14 다음 그림과 같이 도통시험을 용이하게 하기 위한 감지기회로의 배선 방식은?

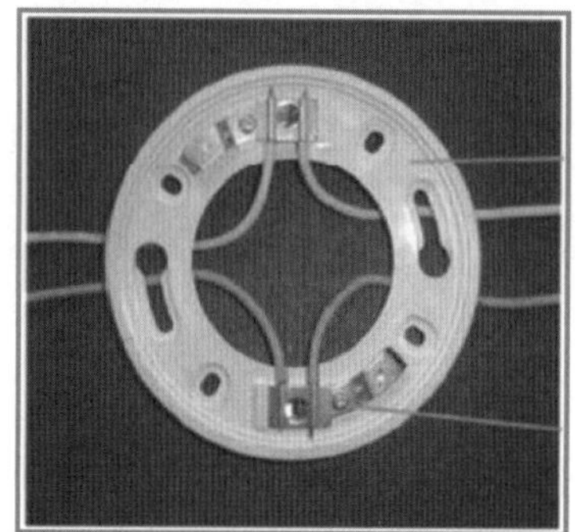

① 3선식 배선방식　　② 송배선방식
③ 교차회로방식　　④ 접지 배선방식

해설

▣ 감지기 송배선방식

도통시험을 원활하게 하기 위한 배선방식

[감지기회로 배선]

(1) 교차회로방식 : 설비의 오동작을 막기 위해 사용하는 방식(준비작동식 스프링클러설비, 가스계 소화설비 등)

(2) 송배선방식 : 도통시험을 하기 위해 사용하는 방식(자동화재탐지설비)

정답

13 ③　14 ②

15 **P형 수신기가 정상일 때 평상시 점등상태를 유지하여야 하는 표시등의 개소와 명칭을 고르시오.**

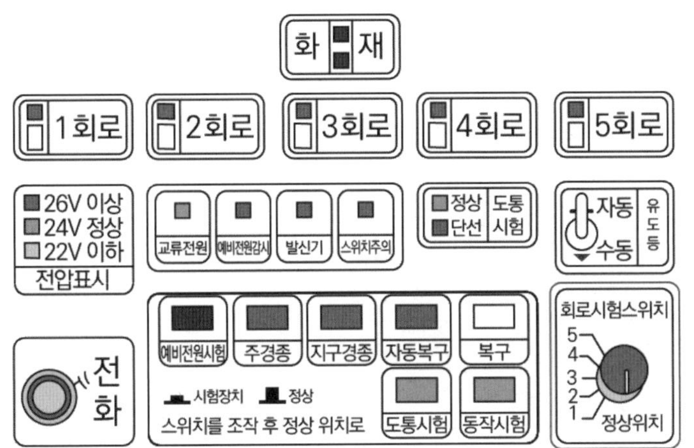

① 2개소 : 교류전원, 전압표시(24 V 정상)
② 2개소 : 교류전원, 도통시험(정상)
③ 3개소 : 교류전원, 전압표시(24 V 정상), 스위치주의등
④ 3개소 : 교류전원, 전압표시(24 V 정상), 예비전원감시

해 설

▣ P형 수신기 평상시
1) 교류전원
2) 전압표시(24 V 정상)

Tip

[P형수신기]
(1) 화재표시등은 화재가 발생하였을 때 점등된다.
(2) 지구표시등은 화재가 발생하였을 때 어디에서 발생했는지 나타내주는 표시등이다.
(3) 예비전원감시표시등은 예비전원이 충전되지 않은 상태이거나 단선되었을 때 점등된다.
(4) 발신기표시등은 화재신호가 발신기로부터 왔을 때 점등된다.
(5) 스위치주의등은 평상시 눌려 있으면 안 되는 표시등이 눌려 있을 때 점멸(점등)한다.

정답
15 ①

16 **수신기 점검 시 1층 발신기를 눌렀을 때 건물 어디에서도 경종이 울리지 않았다. 이때 수신기스위치 상태로 옳은 것을 고르시오.**

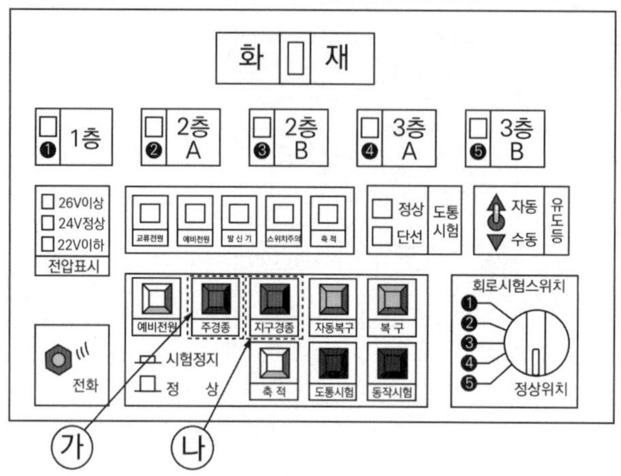

① "가" 스위치가 눌려 있다.

② "나" 스위치가 눌려 있다.

③ "가", "나" 스위치가 눌려 있다.

④ 스위치가 눌려 있지 않다.

해설

▣ P형 수신기

1) 주경종스위치가 눌려 있으면 감지기 또는 발신기가 동작하더라도 주경종이 울리지 않는다.

2) 지구경종스위치가 눌려 있으면 감지기 또는 발신기가 동작하더라도 지구경종이 울리지 않는다.

3) 따라서 1층 발신기를 눌렀을 때 주경종스위치"가"와 지구경종스위치 "나"가 눌려 있는 경우 건물 어디에서도 경종이 울리지 않는다.

Tip

이때 스위치주의등은 점멸상태이다.

정답

16 ③

17 화재 발생 시 건축물의 화재를 확대시키는 주요인이 아닌 것은?

① 비화　　② 복사열
③ 화염의 접촉(접염)　　④ 흡착열에 의한 발화

해설

▣ 비화

1) 화재장소에서 불티, 불꽃 등이 인근의 목재에 날아들어 착화되는 현상
2) 목재건축물의 화재 원인
   (1) 접염 : 화염의 접촉에 의해 불이 옮겨 붙음
   (2) 비화 : 불티, 불꽃 등에 의해 착화
   (3) 복사열 : 전자파에 의해 열이 이동

18 소화기구의 화재안전기준상 소화설비가 설치되지 아니한 특정소방대상물의 보일러실에 자동확산소화기를 설치하려 한다. 보일러실 바닥면적이 19 m^2면 자동확산소화기를 몇 개 설치하여야 하는가?

① 1개　　② 2개
③ 3개　　④ 4개

해설

▣ 자동확산소화기 설치개수

바닥면적 10 m^2 이하는 1개, 10 m^2 초과는 2개를 설치할 것

[자동확산소화기]
화재를 감지하여 자동으로 소화약제를 방출, 확산시켜 국소적으로 소화하는 소화기
(1) 방호대상물에 소화약제가 유효하게 방사될 수 있도록 설치할 것
(2) 작동에 지장이 없도록 견고하게 고정할 것

19 옥내소화전 감시제어반의 펌프 선택스위치는 수동, 주펌프는 기동, 충압펌프는 정지 위치에 있고, 동력제어반의 주펌프 및 충압펍프는 자동 위치에 있을 때 동력제어반에서 점등되는 표시등으로 옳은 것은?

① 주펌프 기동등, 주펌프 기동확인등
② 전원등, 주펌프 기동등, 주펌프 기동확인등, 충압펌프정지등
③ 전원등, 주펌프정지등, 충압펌프 기동등, 충압펌프 기동확인등
④ 주펌프 기동등, 충압펌프 기동등

해설

▣ 제어반 점검

1) 감시제어반의 선택스위치는 수동, 주펌프는 기동, 충압펌프는 정지 위치 → 주펌프에만 수동기동 신호를 보냄
2) 동력제어반의 주펌프 및 충압펌프는 자동 위치 → 주펌프 수동기동
3) 동력제어반 전원등(상시점등), 주펌프 기동등, 주펌프 기동확인등

[스프링클러설비의 화재안전성능·기술기준]
아파트(각 동이 주차장으로 서로 연결된 구조가 아닌 경우) : 기준개수 10개

[공동주택의 화재안전성능기준]
- 아파트등(폐쇄형 스프링클러헤드) : 기준개수 10개
- 아파트등의 각 동이 주차장으로 서로 연결된 구조인 경우 : 기준개수 30개

※ 아파트는 기준개수 10개로 암기할 것

정답
17 ④　18 ②　19 ②

20 층수가 10층인 일반창고에 습식의 폐쇄형 스프링클러헤드가 설치되어 있다면 이 설비에 필요한 수원의 양은 얼마 이상이어야 하는가? (단, 이 창고는 특수가연물을 저장·취급하지 않는 일반물품을 적용함)

① 16 m^3　　② 24 m^3
③ 32 m^3　　④ 48 m^3

해설

▣ 설치장소에 따른 헤드의 기준개수

수원량(Q) = N × 1.6 m^3 = 20개 × 1.6 m^3 = 32 m^3

스프링클러설비 설치장소			기준개수
10층 이하 (지하층 제외)	공장	특수가연물 저장·취급	30
		그 밖의 것	20
	근린생활시설 판매시설 운수시설 복합건축물	판매시설 또는 복합건축물 (판매시설이 설치되는 복합건축물)	30
		그 밖의 것	20
	그 밖의 것	헤드 부착 높이가 8 m 이상	20
		헤드 부착 높이가 8 m 미만	10
지하층을 제외한 층수가 11층 이상(아파트 제외), 지하상가 또는 지하역사			30

21 지하 2층, 지상 11층인 건물의 1층에서 화재가 발생된 경우 경보를 발하여야 하는 층을 모두 나열한 것은?

① 지하 2층, 지하 1층, 1층
② 지하 2층, 지하 1층, 1층, 2층, 3층, 4층, 5층
③ 지하 1층, 1층, 2층, 3층, 4층, 5층
④ 전 층

Tip

지상 11층으로써 11층 이상인 특정소방대상물이기 때문에 우선경보방식을 적용하며, 1층에서 화재가 발생하였으므로 발화층, 직상 4개의 층, 모든 지하층에 경보가 울려야 한다.

해설

▣ 우선경보방식

1) 대상 : 층수가 11층(공동주택 16층) 이상의 특정소방대상물

2) 경보방식

우선경보방식	
2층 이상	발화층 + 직상 4개 층
1층	발화층 + 직상 4개 층 + 지하층
지하층	발화층 + 직상층 + 기타 지하층

정답

20 ③　21 ②

22 특정소방대상물의 용도 및 장소별로 설치해야 할 인명구조기구의 기준으로 틀린 것은?

① 지하상가는 인공소생기를 층마다 2개 이상 비치할 것
② 판매시설 중 대규모 점포는 공기호흡기를 층마다 2개 이상 비치할 것
③ 지하층을 포함하는 층수가 7층 이상인 관광호텔은 방열복, 공기호흡기, 인공소생기를 각 2개 이상 비치할 것
④ 물분무등소화설비 중 이산화탄소 소화설비를 설치해야 하는 특정소방대상물은 공기호흡기를 이산화탄소 소화설비가 설치된 장소의 출입구 외부 인근에 1대 이상 비치할 것

지하상가에는 인공소생기가 아닌 공기호흡기를 설치한다.

해설

▣ 용도 및 장소별 인명구조기구

특정소방대상물	종류	설치수량
지하층을 포함하는 층수가 7층 이상인 관광호텔 및 5층 이상인 병원	방열복, 방화복 공기호흡기 인공소생기	각 2개 이상 (병원의 경우 인공소생기 설치 제외 가능)
수용인원 100명 이상의 영화상영관, 대규모 점포, 지하역사, 지하상가	공기호흡기	층마다 2개 이상
이산화탄소소화설비 설치대상	공기호흡기	이산화탄소소화설비가 설치된 장소의 출입구 외부 인근에 1대 이상

23 소방서 종합상황실의 실장이 서면·모사전송 또는 컴퓨터통신 등으로 소방 본부의 종합상황실에 지체 없이 보고하여야 하는 기준으로 틀린 것은?

① 사망자가 5인 이상 발생하거나 사상자가 10인 이상 발생한 화재
② 층수가 11층 이상인 건축물에서 발생한 화재
③ 이재민이 50인 이상 발생한 화재
④ 재산피해액이 50억 원 이상 발생한 화재

[암기법]
망상에 빠진 이재민의 재산은 5월 10배(100)인 50억이다.

해설

▣ 종합상황실 실장의 보고대상

1) 사망자가 5인, 사상자가 10인 이상 화재
2) 이재민이 100인 이상 화재
3) 재산피해 50억 원 이상 화재

정답
22 ① 23 ③

4) 관공서 · 학교 · 정부미도정공장 · 문화재 · 지하철, 지하구 화재
5) 관광호텔, 11층 이상 건축물, 지하상가, 시장, 백화점, 제조소 · 저장소 · 취급소 (3000배 이상)
6) 숙박시설(5층 또는 30실 이상), 종합 · 정신 · 한방병원, 요양소(병상 30개 이상)
7) 공장(연 15000 m^2 이상), 화재예방강화지구
8) 철도차량, 선박(항구에 매어 둔 1000 ton 이상), 항공기, 발전소, 변전소
9) 가스화약류 폭발에 의한 화재
10) 다중이용업소의 화재
11) 통제단장의 현장지휘가 필요한 재난상황
12) 언론에 보도된 재난상황

24 다음 중 소방안전관리 보조자를 두어야 하는 대상물을 고르시오.

① 220세대 이상의 아파트
② 연면적 10000 m^2 이상인 특정소방대상물
③ 의료시설, 수련시설, 노유자시설
④ 바닥면적의 합계가 1000 m^2이고 관계인이 24시간 상시 근무하는 숙박시설

Tip
공동주택 중 기숙사, 의료시설, 노유자시설, 수련시설, 숙박시설은 소방안전관리보조자 1명을 선임한다. 의료시설과 노유자시설이 자주 출제되니 반드시 암기할 것

해설

▣ 소방안전관리보조자 선임기준

보조자선임대상 특정소방대상물	최소 선임기준
300세대 이상인 아파트	1명(300세대마다 1명 이상 추가)
연면적이 1만 5천 m^2 이상인 특정소방대상물(아파트 및 연립주택 제외)	1명(연면적 1만 5천 m^2마다 1명 이상 추가) 다만 특정소방대상물의 종합방재실에 자위소방대가 24시간 상시 근무하고, 소방자동차 중 소방펌프차, 소방물탱크차, 소방화학차, 무인방수차를 운용하는 경우 3000 m^2 초과마다 1명 추가 선임한다.
1) 공동주택 중 기숙사 2) 의료시설 3) 노유자시설 4) 수련시설 5) 숙박시설(숙박시설로 사용되는 바닥면적의 합계가 1500 m^2 미만이고 관계인이 24시간 상시 근무하고 있는 숙박시설은 제외)	1명 다만 해당 특정소방대상물이 소재하는 지역을 관할하는 소방서장이 야간이나 휴일에 해당 특정소방대상물이 이용되지 않는다는 것을 확인한 경우에는 선임하지 않을 수 있다.

정답
24 ③

※ [25 ~ 27] 다음 소방안전관리대상물의 조건을 보고 각 물음에 답하시오.

용도	의료시설
규모	지상 14층 / 지하 2층, 연면적 12000 m^2
소방시설	소화기, 스프링클러설비, 옥내소화전설비, 자동화재탐지설비, 연결송수관설비, 유도등, 비상조명등
소방안전 관리자 현황	선임일자 : 2024년 5월 4일
	강습교육 : 2024년 4월 15일 이수

※ 상기 조건을 제외한 나머지 조건은 무시한다.

25 소방안전관리자의 선임신고 기한을 고르시오.

① 선임 후 10일 이내　② 선임 후 14일 이내
③ 선임 후 30일 이내　④ 선임 후 60일 이내

해설

▣ 소방안전관리자(보조자)선임

1) 선임권자 : 관계인
2) 선임기한 : 30일 이내에 선임하고, 14일 이내에 소방본부장이나 소방서장에게 신고

선임기준	해당일
신축·증축·개축·재축·대수선 또는 용도변경 시 신규 선임	특정소방대상물의 사용승인일
증축 또는 용도변경	특정소방대상물의 사용승인일 또는 용도변경 사실을 건축물관리대장에 기재한 날
양수하거나 경매, 환가, 압류재산의 매각	• 해당 권리를 취득한 날 • 관할 소방서장으로부터 소방안전관리자 선임안내를 받은 날
공동 소방안전관리대상이 되는 경우	소방본부장 또는 소방서장이 공동 소방안전관리대상으로 지정한 날
소방안전관리자를 해임, 퇴직 등으로 업무가 종료된 경우	소방안전관리자를 해임, 퇴직 등 근무를 종료한 날
소방안전관리업무를 대행하는 자를 감독하는 자를 소방안전관리자로 선임한 경우로서 그 업무대행 계약이 해지 또는 종료된 경우	소방안전관리업무 대행이 끝난 날
소방안전관리자 자격이 정지 또는 취소된 경우	소방안전관리자 자격이 정지 또는 취소된 날

정답
26 ②

26 소방안전관리자의 실무교육 이수기한을 고르시오.

① 2024년 10월 15일
② 2024년 11월 15일
③ 2026년 5월 1일
④ 2026년 4월 14일

Tip

강습교육 수료 후 1년 이내에 선임되었으므로 6개월 교육은 면제되며 2년마다 실무교육을 실시한다. 이때 기준은 강습교육 수료날이 기준이다. 따라서 강습교육 수료날인 2024년 4월 15일로부터 2년 이내인 2026년 4월 15일이다.

해설

▣ 소방안전관리자 실무교육

강습 및 실무교육		내용
실시권자		소방청장(한국소방안전원장에게 위임)
대상자		1) 소방안전관리자 및 소방안전관리보조자 2) 소방안전관리 업무를 대행하는 자를 감독할 수 있는 소방안전관리자 3) 소방안전관리자의 자격을 인정받으려는 자
실무교육 통보		교육실시 30일 전
실무교육 주기		선임된 날부터 6개월 이내, 교육실시 후에는 2년마다 실시 다만 강습교육 또는 실무교육 수료 후 1년 이내에 선임 시, 6개월 교육은 면제된다(즉, 선임 후 2년마다 실무교육 실시).
실무 교육 미이행 시	벌칙	과태료 50만 원
	자격정지	1) 처분권자 : 소방청장 2) 1년 이하의 기간을 정하여 자격을 정지시킬 수 있음 (1) 1차 : 경고(시정명령) (2) 2차 : 자격정지(3개월) (3) 3차 : 자격정지(6개월)

① 소방안전관리 강습교육 또는 실무교육을 받은 후 1년 이내에 소방안전관리자로 선임된 사람은 해당 강습교육을 수료하거나 실무교육을 이수한 날에 실무교육을 이수한 것으로 본다.
② 소방안전관리보조자의 경우 소방안전관리자 강습교육 또는 실무교육이나 소방안전관리보조자 실무교육을 받은 후 1년 이내에 소방안전관리보조자로 선임된 사람은 해당 강습교육을 수료하거나 실무교육을 이수한 날에 실무교육을 이수한 것으로 본다.

※ 강습교육 또는 실무교육 수료 후 1년 이내에 선임되었기 때문에 2년 이내에 실무교육을 실시하면 된다.

정답

26 ④

27 해당 소방안전관리대상물의 등급과 소방안전관리보조자 선임인원을 옳게 짝지은 것을 고르시오.

① 1급, 소방안전관리보조자 선임대상이 아님
② 1급, 1명
③ 2급, 소방안전관리보조자 선임대상이 아님
④ 2급, 1명

Tip
소방안전관리자는 특정소방대상물 등급에 따라 1명을 선임한다.

해설

▣ 소방안전관리대상물 등급

특급 대상물	1급 대상물	2급 대상물	3급 대상물
[아파트] • 50층 이상 (지하층 제외) • 높이 200 m 이상 (지상부터)	[아파트] • 30층 이상 (지하층 제외) • 높이 120 m 이상 (지상부터)	• 지하구 • 공동주택 (의무관리) • 보물 · 국보목조건축물 • 옥내 · 스프링클러 · 간이스프링클러 · 물분무등 설치대상 (호스릴 제외)	자동화재 탐지설비 설치된 특정소방 대상물
[아파트 제외한 모든 건축물] • 30층 이상 (지하층 포함) • 높이 120 m 이상 (지상부터)	[아파트 제외한 모든 건축물] • 11층 이상 (지하층 제외)		
[모든 건축물] • 연면적 10만 m^2 이상	[모든 건축물] • 연면적 1만 5천 m^2 이상		
-	[가연성 가스] 1000 t 이상	[가연성 가스] 100 ~ 1000 t 가스제조설비 도시가스 허가시설	

※ 11층 이상인 건축물이기 때문에 1급 대상물이다.

▣ 소방안전관리보조자 선임대상

보조자선임대상 특정소방대상물	최소 선임기준
300세대 이상인 아파트	1명(300세대마다 1명 이상 추가)
연면적이 1만 5천 m^2 이상인 특정소방대상물(아파트 및 연립주택 제외)	1명(연면적 1만 5천 m^2마다 1명 이상 추가) 다만 특정소방대상물의 종합방재실에 자위소방대가 24시간 상시 근무하고, 소방자동차 중 소방펌프차, 소방물탱크차, 소방화학차, 무인방수차를 운용하는 경우 3000 m^2 초과마다 1명 추가 선임한다.

정답
27 ②

보조자선임대상 특정소방대상물	최소 선임기준
1) 공동주택 중 기숙사 2) 의료시설 3) 노유자시설 4) 수련시설 5) 숙박시설(숙박시설로 사용되는 바닥면적의 합계가 1500 m^2 미만이고 관계인이 24시간 상시 근무하고 있는 숙박시설은 제외)	1명 다만 해당 특정소방대상물이 소재하는 지역을 관할하는 소방서장이 야간이나 휴일에 해당 특정소방대상물이 이용되지 않는다는 것을 확인한 경우에는 선임하지 않을 수 있다.

※ 의료시설이기 때문에 연면적이 1만 5천 m^2 이상인 특정소방대상물이 아니더라도 1명을 선임한다.

28 다음 그림에서 보여주는 장치로 알맞은 것을 고르시오.

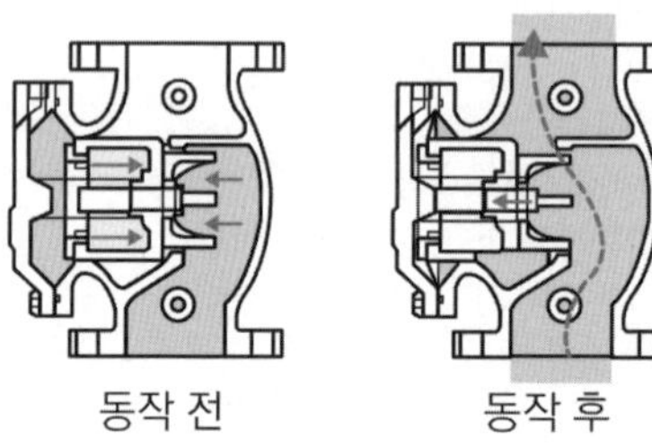

[다이어프램 방식]

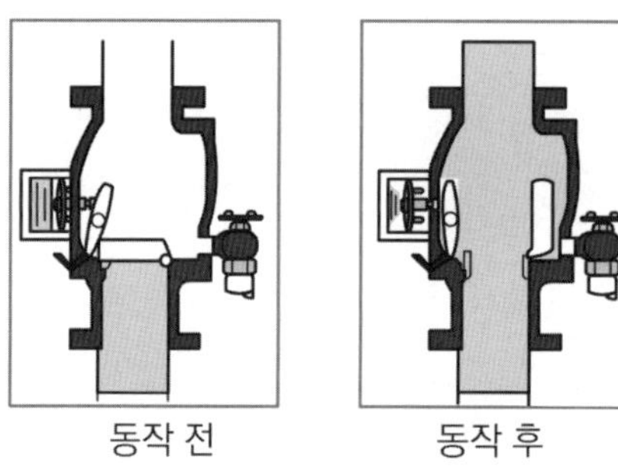

[클래퍼 방식]

① 준비작동식 스프링클러설비 유수검지장치(프리액션밸브)
② 건식밸브
③ 알람밸브
④ 가스계 소화설비의 솔레노이드밸브

해설

■ 준비작동식 스프링클러설비

준비작동식 스프링클러설비에는 솔레노이드밸브가 있음

정답

28 ①

29 **다음은 모아교육그룹(업무시설)의 도면이다. 모아교육그룹에 능력단위 2단위 소화기를 설치할 때 필요한 소화기 최소 수량을 계산하시오. (단, 주요구조부가 내화구조이며 실내재료는 불연재로 되어 있다)**

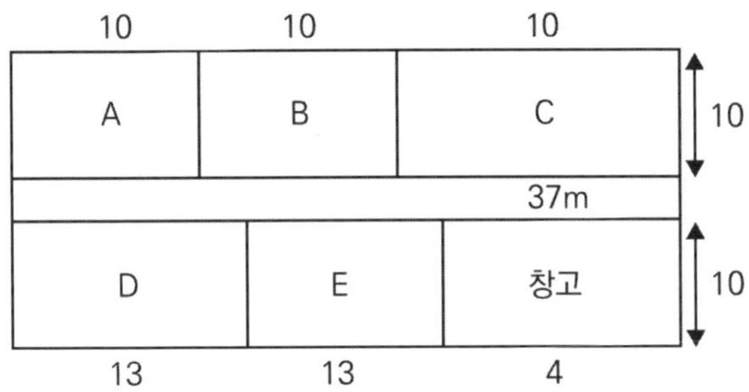

① 3개 ② 5개
③ 7개 ④ 10개

해설

▣ 소화기는 33 m^2 이상일 때 설치한다.

각각의 실로 구획된 경우 실마다 산정한다.

A, B, C실은 100 m^2 이며, D, E는 130 m^2, 창고는 40 m^2이므로 모든 실에 소화기를 설치한다.

업무시설은 100^2마다 1단위 이상이어야 한다. 이때 주요구조부가 내화구조이며 불연재이므로 100 m^2의 2배인 200m^2마다 1단위 소화기를 둔다. 또한 소화기를 2단위를 둔다고 하였으므로 2단위 소화기가 담당할 수 있는 면적은 200 m^2의 두 배인 400 m^2이다.

이때 각 실이 전부 400 m^2를 초과하지 않으므로 실당 한 개의 소화기를 설치하며, 복도에는 보행거리 20m 이내에 설치하므로 정중앙에 1개 설치한다.

특정소방대상물	소화기구의 능력단위(이상)
위락시설	바닥면적 30 m^2마다 1단위
공연장, 집회장, 관람장, 문화재, 장례식장 및 의료시설	바닥면적 50 m^2마다 1단위
근린생활시설, 판매시설, 운수시설, 숙박시설, 노유자시설, 전시장, 공동주택, 업무시설, 방송통신시설, 공장, 창고시설, 항공기 및 자동차 관련 시설 및 관광휴게시설	바닥면적 100 m^2마다 1단위
그 밖의 것	바닥면적 200 m^2마다 1단위
소화기구의 능력단위를 산출함에 있어서 건축물의 주요 구조부가 내화구조이고, 벽 및 반자의 실내에 면하는 부분이 불연재료·준불연재료 또는 난연재료로 된 특정소방대상물에 있어서는 위 표의 기준면적의 2배를 해당 특정소방대상물의 기준면적으로 한다.	

정답

29 ③

30 다음 중 방염의 필요성이 아닌 것을 고르시오.

① 긴급한 화재발생 신고 가능
② 인명 및 재산피해 감소
③ 화재 시 연소확대 방지와 지연
④ 피난자에게 피난시간 확보

해설

▣ 방염

불에 잘 타지 않거나 불이 붙어 번지지 않도록 가연물을 처리하는 것

▣ 방염성능기준 이상의 실내장식물 등을 설치해야 하는 특정소방대상물

1) 근린생활시설 중 의원, 조산원, 산후조리원, 체력단련장, 공연장 및 종교집회장, 치과의원, 한의원
2) 건축물의 옥내에 있는 시설
   (1) 문화 및 집회시설
   (2) 종교시설
   (3) 운동시설(수영장 제외)
3) 의료시설
4) 교육연구시설 중 합숙소
5) 노유자시설
6) 숙박이 가능한 수련시설
7) 숙박시설
8) 방송통신시설 중 방송국 및 촬영소
9) 다중이용업소
10) 층수가 11층 이상인 것(아파트 제외)

Tip

(1) 제조·가공 공정에서 방염처리한 물품(선처리)에 대한 방염성능검사는 소방청장이 실시한다.
(2) 건축물 내부의 천장이나 벽에 부착하거나 설치하는 것(후처리)에 대한 방염성능검사는 시·도지사가 실시한다.

31 고층건물의 방화계획 시 고려해야 할 사항이 아닌 것은?

① 발화요인을 줄인다.
② 화재 확대 방지를 위해 구획한다.
③ 자동소화장치를 설치한다.
④ 복도 끝에는 계단보다 엘리베이터를 집중 배치한다.

해설

▣ 고층건물의 방화계획 시 고려할 사항

- 고층건축물의 복도 끝에는 계단을 배치한다.
- 화재 시 엘리베이터는 굴뚝현상에 의한 매우 빠른 화재 확산으로 인해 위험성이 매우 높다.

정답

30 ① 31 ④

32 응급처치의 원칙으로 옳지 않은 것은?

① 긴박한 상황에서도 구조자는 응급환자의 안전을 최우선으로 할 것
② 당황하거나 흥분하지 말고 침착하게 사고의 정도와 환자의 모든 상태 확인
③ 환자상태를 관찰하며 모든 손상을 발견하여 처치하되 불확실한 처치 금지
④ 응급처치 시 사전에 보호자 또는 당사자의 이해와 동의를 얻어 실시

해설

▣ 응급처치 일반원칙

1) 긴박한 상황에서도 구조자는 자신의 안전을 최우선으로 할 것
2) 응급처치 시 사전에 보호자 또는 당사자의 이해와 동의를 얻어 실시
3) 당황하거나 흥분하지 말고 침착하게 사고의 정도와 환자의 모든 상태 확인
4) 응급처치와 동시에 119 구조·구급대, 경찰, 병원 등에 응급구조 요청
5) 환자상태를 관찰하며 모든 손상을 발견하여 처치하되 불확실한 처치 금지
6) 119구급차 이용에 따른 비용징수 문제

Tip

[응급처치 기본사항]
(1) 기도 확보(유지)
① 구강 내 이물질 제거하기 위해 기침 유도, 기침이 어려울 시 하임리히(복부 밀어내기)법 실시(이물질 함부로 제거 금지)
② 구토를 하는 경우 머리를 옆으로 돌려 구토물의 흡입으로 인한 질식 예방
③ 이물질 제거 후 머리를 뒤로 젖히고, 턱을 위로 들어 올려 기도 개방
(2) 지혈
출혈부위 지압으로 저산소 출혈성 쇼크 방지
(3) 상처 보호
상처 부위에 소독거즈로 응급처치하고 붕대로 드레싱하되, 1차 사용한 거즈 등으로 상처를 닦는 것은 금하고 청결하게 소독된 거즈 사용

33 자동심장충격기 사용방법에 대한 내용으로 옳지 않은 것은?

① 심장충격이 필요한 경우에만 심장충격 버튼이 깜박이기 시작한다.
② 심장충격기의 충전은 수 초 이상 소요되므로 가능한 가슴압박을 시행한다.
③ "분석 중"이라는 음성 지시가 나오면, 심폐소생술을 시작한다.
④ 2개의 패드 중 패드 1은 오른쪽 빗장뼈 아래, 패드 2는 왼쪽 젖꼭지 아래 중간겨드랑선에 부착한다.

해설

▣ 자동심장충격기 사용방법(심장리듬 분석)

1) "분석 중"이라는 음성 지시가 나오면, 심폐소생술을 멈추고 환자에게서 손을 뗀다.
2) "심장충격이 필요합니다"라는 음성 지시와 함께 스스로 설정된 에너지 충전을 시작한다.
3) 심장충격기의 충전은 수 초 이상 소요되므로 가능한 가슴압박을 시행한다.
4) 심장충격이 필요 없는 경우에는 "환자의 상태를 확인하고, 심폐소생술을 계속 하십시오"라는 음성 지시가 나오며, 이 경우에는 즉시 심폐소생술을 시작한다.

정답

32 ① 33 ③

34 소방안전관리대상물에서 화재 등 재난발생 시 비상연락, 초기소화, 피난유도 및 인명·재산피해의 최소화를 위해 편성된 자율안전관리 조직으로 옳은 것은?

① 자체소방대 ② 자위소방대
③ 의용소방대 ④ 의무소방대

Tip
자위소방대는 소방안전관리대상물의 화재 시 초기소화, 조기피난 및 응급처치 등에 필요한 골든타임(화재 시 5분, CPR은 4 ~ 6분 이내) 확보를 위해 필수적임

해설

■ 자위소방대
소방안전관리대상물에서 화재 등 재난발생 시 비상연락, 초기소화, 피난유도 및 인명·재산피해의 최소화를 위해 편성된 자율안전관리 조직으로, 관계인과 소방안전관리대상물의 소방안전관리자로 하여금 구성·운영

35 다음 금속화재의 특성 중 틀린 설명을 고르시오.

① 금속화재는 D급 화재이다.
② 칼륨, 나트륨, 마그네슘, 알루미늄 등이 있으며, 금속덩어리일 때보다 분말일 때 가연성이 증가한다.
③ 화재 시 물로 소화한다.
④ 표시색은 무색이다.

해설

■ 화재 특성

등급	화재	표시색	적응물질
A급 화재	일반 화재	백색	목재, 섬유, 합성섬유
B급 화재	유류 화재	황색	인화성 액체
C급 화재	전기 화재	청색	통전 중인 전기설비, 기기화재
D급 화재	금속 화재	무색	가연성 금속
K급 화재	식용유 화재	황색	식용유

화재 시 건조사로 질식소화를 한다.

정답
34 ② 35 ③

36 다음 그림은 소화펌프에 설치된 기동용 수압개폐장치이다. 기동압력과 정지압력은 얼마인가?

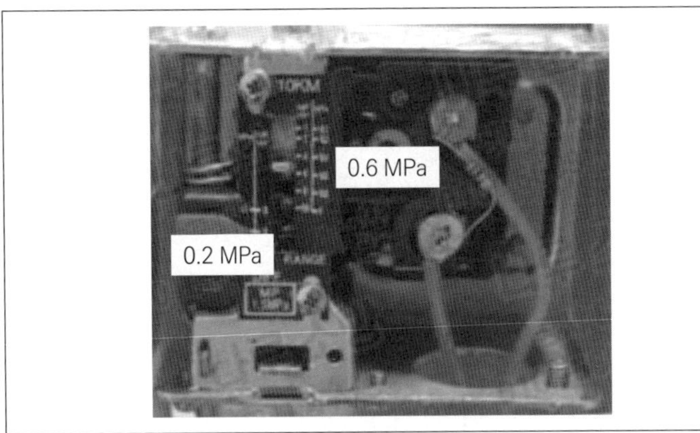

	기동압력(MPa)	정지압력(MPa)
①	0.3	0.5
②	0.4	0.6
③	0.2	0.7
④	0.5	0.8

해 설

▣ 압력스위치

가. Range : 펌프의 정지압력 표시 (우측눈금)
나. Diff : 펌프 정지점과 기동점과의 차이 (= 정지압력 − 기동압력) (좌측눈금)

※ 풀이
정지압력 = 0.6 MPa
기동압력 = 0.6(Range) − 0.2(Diff) = 0.4 MPa

Tip

[압력스위치]

(1) 주펌프 및 충압펌프의 기동점 : 자연 낙차압보다 커야 한다.

※ 이유 : 펌프양정이 건물높이보다 작은 경우 언제나 압력챔버 위치에서는 건물높이에 의한 자연 낙차압이 작용하므로 압력챔버 내의 압력이 펌프양정 이하로 내려갈 수 없기 때문에 절대로 자동기동이 될 수 없다.

(2) 주펌프 기동점 : 자연 낙차압 + K(K는 옥내소화전 : 0.2 MPa, 스프링클러설비 : 0.15 MPa로 하며, 이는 옥내소화전의 방사압 0.17 MPa, 스프링클러의 방사압 0.1 MPa이므로 방사압력과 배관의 손실을 감안한 값이다)

(3) 주펌프 정지점 : 자동으로 정지되지 않아야 한다.

(4) 충압펌프 : 주펌프의 기동 및 정지점 범위 내에 있도록 설정

(5) 주펌프와 충압펌프의 기동점 간격 : 최소 0.05 MPa 이상

정답

36 ②

37 특정소방대상물의 지하주차장에 준비작동식 밸브가 설치되어 있다. 아래 수신반에 "감지기B"가 동작 시 발생되는 현상으로 옳은 것은?

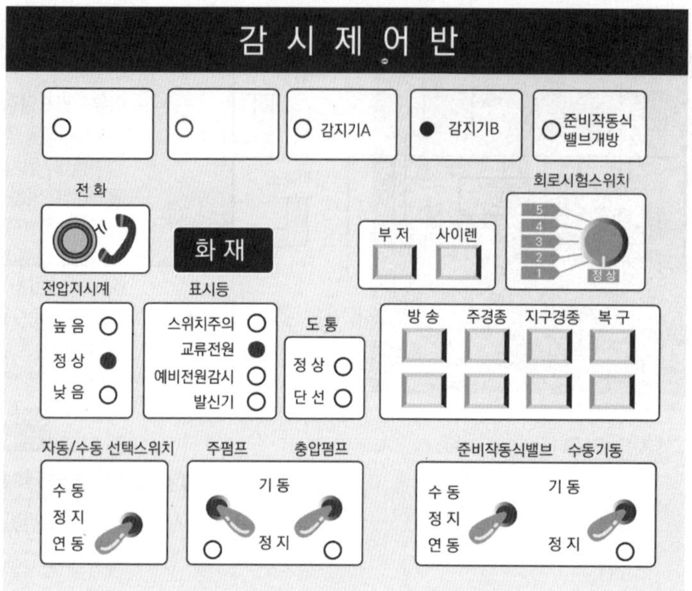

① 준비작동식 밸브가 동작되었다.
② 소화펌프가 작동되었다.
③ 방화구역 내 음향장치가 작동되고 있다.
④ 밸브 2차 측으로 물이 넘어갔다.

해설

▣ 준비작동식 밸브 동작시스템

1) 교차회로 중 1개 회로 감지기 동작 시 방호구역 내 음향장치가 작동한다.
2) 2개 회로의 감지기가 동시 동작 시 준비작동식 밸브의 전자개방밸브가 동작되어 2차 측으로 물이 넘어간다.
3) 이후 폐쇄형 헤드가 감열되어 소화수가 방출된다.
4) 소화수 방출 후 배관 내 압력 감소로 소화펌프가 작동된다.

정답
37 ③

38 그림과 같이 감지기 점검 시 점등되는 표시등으로 옳은 것을 고르시오.

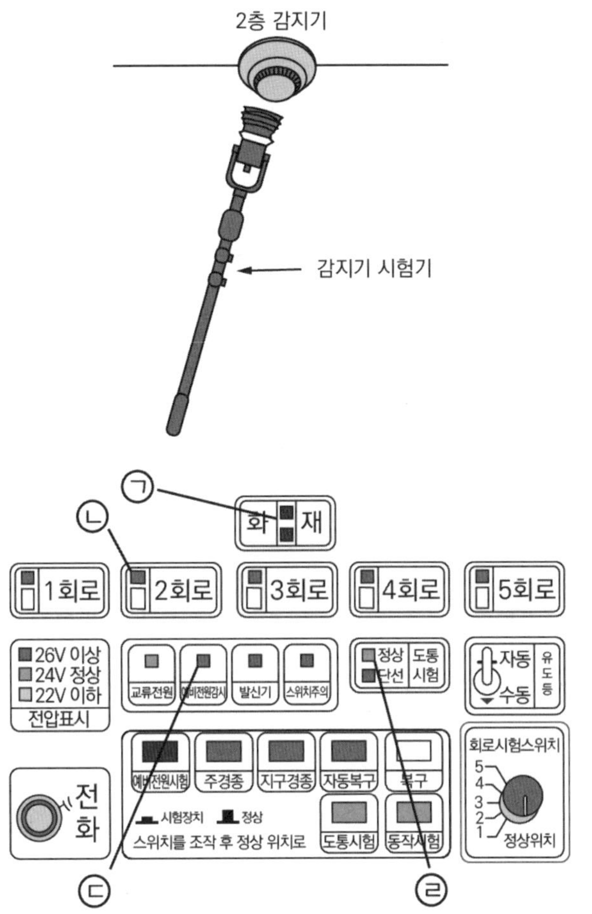

① ㉠, ㉢
② ㉡, ㉢
③ ㉠, ㉡
④ ㉢, ㉣

해설

▣ 감지기 점검

2층 감지기가 동작하면 화재표시등 '㉠'과 지구표시등 '㉡'이 점등된다.

Tip

[감지기 점검]

(1) 예비전원감시표시등은 예비전원이 불량일 경우 점등된다.

(2) ㉣ 표시등은 도통시험 시 정상일 때 점등된다.

정답

38 ③

39 준비작동식 스프링클러설비 수동조작함(SVP) 스위치를 누를 때 다음 감시제어반의 표시등 중 점등되어야 하는 것으로 올바르게 짝지어진 것을 고르시오. (단, 주어지지 않은 조건은 무시한다)

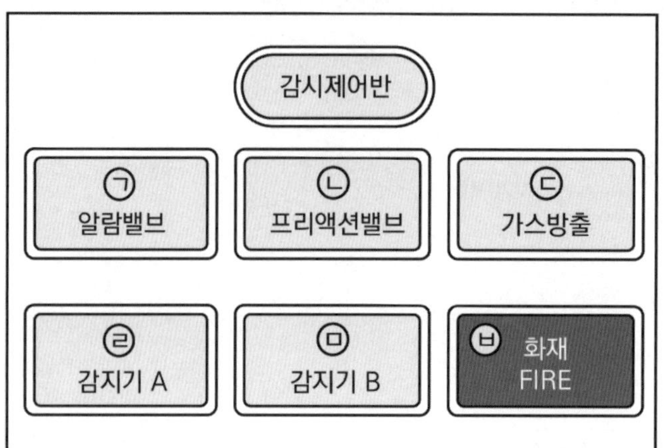

① ㉠, ㉢
② ㉡, ㉣
③ ㉡, ㉥
④ ㉣, ㉤

해설

▣ 준비작동식 스프링클러설비

1) 알람밸브는 습식 스프링클러설비이기 때문에 점등되지 않음
2) 가스방출은 가스계 소화설비에 적용되므로 점등되지 않음
3) 감지기는 감지기에 의해 자동으로 작동되는 준비작동식 스프링클러설비이므로 수동작동과는 무관

※ 준비작동식 수동조작함 스위치를 누를 때 프리액션밸브와 화재표시등이 점등됨

Tip

[준비작동식 스프링클러설비]

(1) 준비작동식 스프링클러설비의 밸브 명칭은 프리액션밸브이다.
(2) 준비작동식 스프링클러설비의 수동조작함 스위치를 눌렀기 때문에 화재발생상황을 수동으로 감시제어반에 보내준 것이다. 따라서 화재표시등이 점등된다.

정답

39 ③

40 다음의 분말소화기를 보고 틀린 설명을 고르시오.

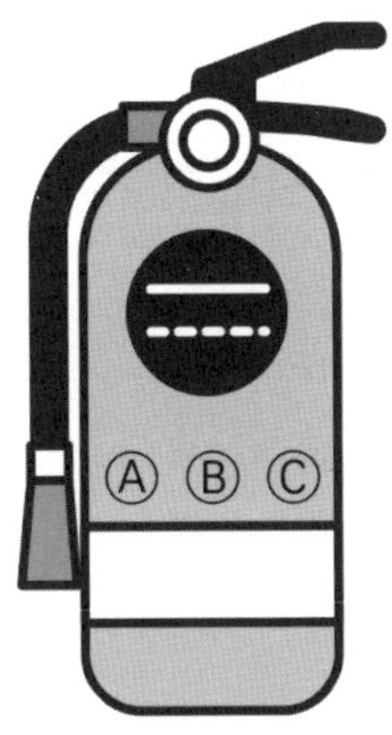

① 일반화재, 유류화재, 전기화재에 적응성이 있다.
② 약제의 주성분은 제1인산암모늄이다.
③ 약제의 색상은 흑색이다.
④ 주요 소화효과는 질식소화, 부촉매효과이다.

해설

▣ 분말소화기

1) 소화약제 및 적응화재

적응화재	소화약제	소화효과
ABC급	제1인산암모늄($NH_4H_2PO_4$)	질식효과, 억제(부촉매) 효과
BC급	탄산수소나트륨(Na_2HCO_3)	
	탄산수소칼륨($KHCO_3$)	
	탄산수소칼륨 + 요소($KHCO_3$ + $(NH_2)_2CO$)	

※ 제1인산암모늄 분말소화약제는 담홍색이다.

2) 가압방식에 의한 분류

구분	축압식 소화기	가압식 소화기
정의	용기 내 축압가스(질소)로 가압하여 소화약제 방출	별도의 가압용기의 압력에 의해 약제가 방출
압력계	설치(0.7 ~ 0.98 MPa 유지)	불필요

Tip

[화재의 구분]

등급	화재
A급 화재	일반화재
B급 화재	유류화재
C급 화재	전기화재
D급 화재	금속화재
K급 화재	식용유화재

정답

40 ③

41 다음은 R형 수신기의 표시등 현황이다. 각 표시등별 점등원인으로 틀리게 짝지어진 것을 고르시오.

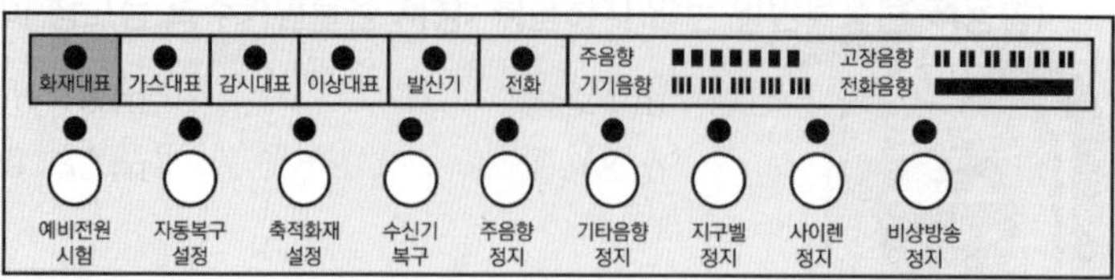

① 화재대표 - 스프링클러설비작동, 발신기동작, 화재발생
② 가스대표 - 전류누설
③ 감시대표 - 스프링클러설비작동
④ 이상대표 - 감지기회로선 단선

해설

▣ R형 수신기
가스대표 : 가스누설 시 점등된다.

Tip
[발신기]
화재신호가 발신기를 통해 왔을 때 점등

42 다음 그림을 보고 옥내소화전설비의 사용방법을 순서대로 고르시오.

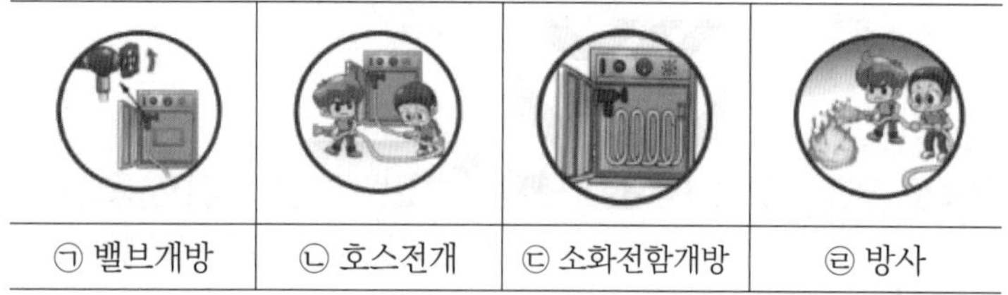

㉠ 밸브개방	㉡ 호스전개	㉢ 소화전함개방	㉣ 방사

※ 출처 : 한국소방안전원

① ㉠, ㉡, ㉢, ㉣
② ㉠, ㉢, ㉣, ㉡
③ ㉢, ㉡, ㉠, ㉣
④ ㉢, ㉠, ㉡, ㉣

해설

▣ 옥내소화전 사용방법
소화전함 개방 - 호스전개 - 밸브개방 - 방사

정답
41 ② 42 ③

43 펌프 점검완료 후 동력제어반과 감시제어반의 상태가 다음과 같을 때 복구에 대한 설명으로 틀린 것을 고르시오.

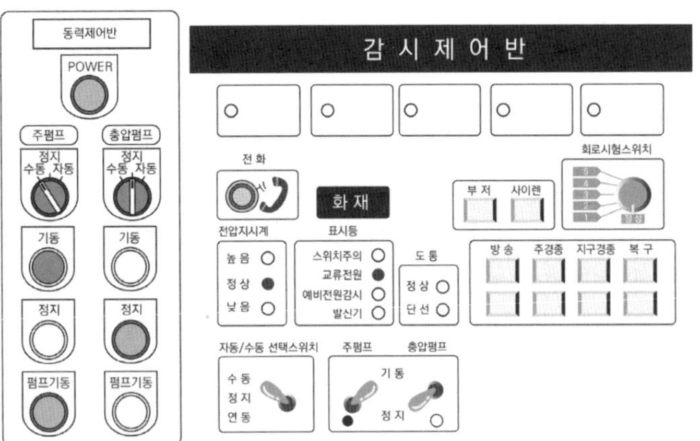

※ 출처 : 한국소방안전원

① 주펌프가 수동기동상태에 있으니, 동력제어반의 주펌프를 정지시킨다.
② 그 후 주펌프와 충압펌프의 선택스위치를 자동에 위치시킨다.
③ 감시제어반의 자동/수동 선택스위치를 연동으로 둔다.
④ 감시제어반의 주펌프스위치는 기동에 그대로 둔다.

해설

■ 감시제어반과 동력제어반

평상시 정상상태일 때는 동력제어반과 감시제어반 전부 자동과 연동으로 두며, 펌프는 정지일 때이다.

주펌프를 수동기동한 후 복구할 때는 주펌프를 먼저 정지시킨 다음 선택스위치를 자동위치에 두어야 한다. 평상시에는 반드시 동력제어반의 주펌프와 충압펌프는 자동위치에 있어야 하며, 감시제어반의 선택스위치는 연동, 주펌프 충압펌프는 정지위치에 두어야 한다.

44 무창층의 개구부 기준으로 틀린 것을 고르시오.

① 크기는 지름 50 cm 이상의 원이 통과할 수 있는 크기일 것
② 해당 층의 바닥면으로부터 개구부 밑 부분까지의 높이가 1.5 m 이내일 것
③ 내부 또는 외부에서 쉽게 부수거나 열 수 있을 것
④ 도로 또는 차량이 진입할 수 있는 빈터를 향할 것

해설

■ 무창층 개구부 기준

1) 크기는 지름 50 cm 이상의 원이 통과할 수 있는 크기일 것
2) 해당 층의 바닥면으로부터 개구부 밑 부분까지의 높이가 1.2 m 이내일 것
3) 도로 또는 차량이 진입할 수 있는 빈터를 향할 것

[무창층]
지상층 중 다음 요건을 모두 갖춘 개구부의 면적의 합계가 해당 층의 바닥면적 30분의 1 이하가 되는 층

[피난층]
곧바로 지상으로 갈 수 있는 출입구가 있는 층

정답

43 ④ 44 ②

4) 화재 시 건축물로부터 쉽게 피난할 수 있도록 창살이나 그 밖의 장애물이 설치되지 아니할 것
5) 내부 또는 외부에서 쉽게 부수거나 열 수 있을 것

45 다음과 같은 소방대상물의 소화수조 최소 저수량을 계산하시오.

2층 바닥면적 : 15000 m^2
1층 바닥면적 : 20000 m^2

① 28 m^3 ② 56 m^3
③ 60 m^3 ④ 100 m^3

해설

▣ 소화수조

1) 소방차가 2 m 이내의 지점까지 접근할 수 있는 위치에 설치하여야 한다.
2) 소화수조 또는 저수조의 저수량은 특정소방대상물의 연면적을 기준면적으로 나누어 얻은 수(소수점 이하의 수 : 1)에 20 m^3를 곱한 양 이상이어야 한다.

구분	기준면적
1층 및 2층의 바닥면적 합계가 15000 m^2 이상	7500 m^2
그 밖의 소방대상물	12500 m^2

1층과 2층의 바닥면적 합계가 35000 m^2이므로, 7500 m^2로 나누면

$\frac{35000}{7500} = 4.66 \rightarrow$ 절상해서 5

따라서 $5 \times 20 = 100m^3$

46 다음 중 스프링클러설비의 배관에 대한 설명으로 옳지 않은 것을 고르시오.

① 한쪽 가지배관에 설치하는 헤드 개수는 8개 이하로 한다.
② 교차배관은 가지배관과 수평 또는 밑에 설치한다.
③ 가지배관은 토너먼트방식으로 설치한다.
④ 교차배관 끝에는 청소구를 설치하고 캡으로 마감한다.

Tip
[유수검지장치]
배관 내의 유수현상을 자동 검지하여 신호 또는 경보를 발하는 장치로 습식, 건식, 준비작동식으로 구분된다.

해설

▣ 배관

1) 가지배관 : 스프링클러설비가 설치되어 있는 배관
(1) 토너먼트방식이 아닐 것
(2) 교차배관에서 분기되는 지점을 기준으로 한쪽 가지배관에 설치되는 헤드의 개수 : 8개 이하

정답
45 ④ 46 ③

2) 교차배관 : 직접 또는 수직배관을 통하여 가지배관에 급수하는 배관
  (1) 위치 : 가지배관과 수평 또는 밑에 설치
  (2) 교차배관 끝에 청소구를 설치하고 나사보호용의 캡으로 마감
3) 배관부속품, 물올림장치, 순환배관, 펌프성능시험배관은 옥내소화전설비 준용

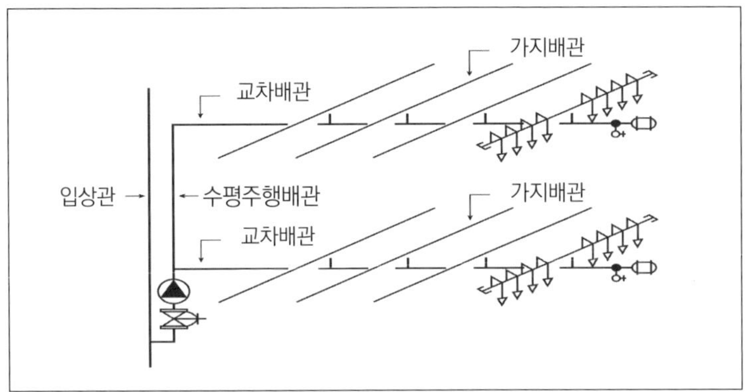

47 **같은 장소에서 취급하는 위험물의 양이 휘발유 150 L, 중유 3500 L 일 때 총 지정수량 배수를 계산하시오.**

① 1　　② 1.5
③ 2.5　　④ 3

해 설

▣ 지정수량 배수 계산

$$\frac{150}{200} + \frac{3500}{2000} = 2.5$$

휘발유	등유, 경유	중유	알코올류	황	질산
200 L	1000 L	2000 L	400 L	100 kg	300 kg

정답
47 ③

48 다음 중 위험물 제조소등의 정기점검대상으로 틀린 것을 고르시오.

① 지정수량 10배 이상의 위험물을 취급하는 제조소
② 지정수량 50배 이상의 위험물을 저장하는 옥외저장소
③ 지정수량 150배 이상의 위험물을 저장하는 옥내저장소
④ 지정수량 200배 이상의 위험물을 저장하는 옥외탱크저장소

해설

■ 위험물 제조소등의 점검대상

(1) 지정수량 10배 이상의 위험물을 취급하는 제조소
(2) 지정수량 100배 이상의 위험물을 저장하는 옥외저장소
(3) 지정수량 150배 이상의 위험물을 저장하는 옥내저장소
(4) 지정수량 200배 이상의 위험물을 저장하는 옥외탱크저장소
(5) 암반탱크저장소
(6) 이송취급소
(7) 지정수량 10배 이상의 위험물을 취급하는 일반취급소(제4류 위험물만 지정수량 50배 이하로 취급하는 일반취급소)
(8) 지하탱크저장소
(9) 이동탱크저장소
(10) 위험물 취급 탱크로서 지하에 매설된 탱크가 있는 제조소·주유취급소·일반취급소

49 280 m^2의 발전실에 부속용도별로 추가하여야 할 적응성이 있는 소화기의 수량은 몇 개 이상이어야 하는가?

① 2개　　② 4개　　③ 6개　　④ 12개

해설

■ 부속용도별로 추가할 소화기구

소화기 수량

$= \dfrac{\text{바닥면적}[m^2]}{50[m^2]} = \dfrac{280}{50} = 5.6$ → 절상해서 6개

용도별	소화기구의 능력단위
• 보일러실(아파트 경우 방화구획된 것 제외)·건조실·세탁소 • 음식점·다중이용업소·호텔·기숙사·노유자 시설·의료시설·업무시설·공장·장례식장 주방 • 관리자의 출입이 곤란한 변전실·송전실 • 지하구의 제어반 또는 분전반	1) 해당 용도의 바닥면적 25 m^2마다 능력단위 1단위 이상의 소화기로 하고, 그 외에 자동확산소화기를 바닥면적 • 10 m^2 이하는 1개 • 10 m^2 초과는 2개를 설치할 것 2) 주방의 경우 1개 이상은 주방화재용 소화기(K급)를 설치
• 발전실·변전실·송전실 • 변압기실·배전반실·통신기기실·전산기기실	해당 용도의 바닥면적 50 m^2마다 적응성이 있는 소화기 1개 이상 또는 유효설치 방호체적 이내의 가스·말·고체에어로졸 자동소화장치, 캐비닛형 자동소화장치

정답
48 ② 49 ③

50 방화구조의 기준을 옳게 나타낸 것은?

① 철망모르타르로서 그 바름두께가 2 cm 이상인 것
② 시멘트모르타르 위에 타일을 붙인 것으로서 그 두께의 합계가 1.5 cm 이하인 것
③ 두께 1.5 cm 이상의 암면보온판 위에 석면시멘트판을 붙인 것
④ 두께 1.2 cm 미만의 석고판 위에 석면시멘트판을 붙인 것

해 설

▣ 방화구조

1) 화염의 확산을 막을 수 있는 성능을 가진 구조로서 건축법령이 정하는 구조
2) 방화구조의 기준

구조	두께
철망모르타르	2 cm 이상
석고판 위에 시멘트모르타르를 바른 것 석고판 위에 회반죽을 바른 것 시멘트모르타르 위에 타일을 붙인 것	2.5 cm 이상
심벽에 흙으로 맞벽치기를 한 것	모두 해당
산업표준화법에 의한 한국산업규격이 정하는 바에 의하여 시험한 결과 방화 2급 이상 해당	

Tip

[방화구조 적용 대상]
연면적이 1000 m^2 이상인 목조의 건축물은 그 외벽 및 처마 밑의 연소할 우려가 있는 부분을 방화구조로 하되, 그 지붕은 불연재료로 하여야 한다.

[내화구조]
화재에 견딜 수 있는 성능을 가진 구조를 말하며, 대체로 화재 후에도 재사용이 가능한 정도의 구조이다.
※ 방화구조와 내화구조를 비교할 것

정답
50 ①

07회 실전모의고사

01 다음과 같은 소화기 불량사항을 바르게 연결한 것을 고르시오.

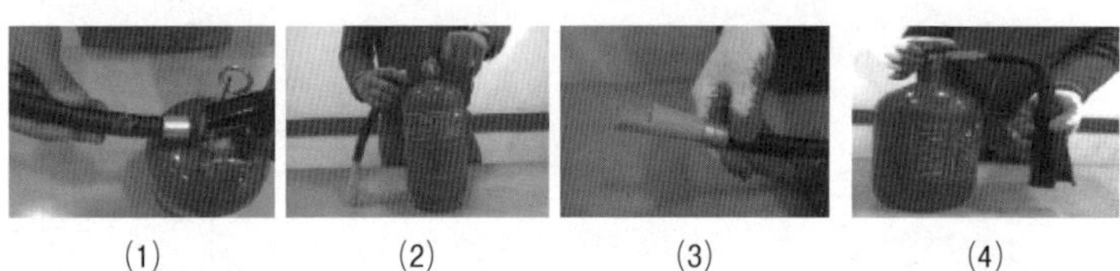

(1) (2) (3) (4)

※ 출처 : 한국소방안전원

① (1) 노즐파손 (2) 호스파손 (3) 호스탈락 (4) 혼 파손
② (1) 호스파손 (2) 호스탈락 (3) 노즐파손 (4) 혼 파손
③ (1) 호스파손 (2) 호스탈락 (3) 노즐탈락 (4) 혼 파손
④ (1) 노즐파손 (2) 호스탈락 (3) 호스파손 (4) 혼 파손

해설

▣ 소화기 불량사항

(1) : 호스파손 (2) : 호스탈락
(3) : 노즐파손 (4) : 혼 파손

02 옥내소화전설비의 방수압력이 0.2 MPa일 때 방수량을 구하고 정상 여부를 고르시오.

① 130 L/min, 정상 ② 155 L/min, 정상
③ 170 L/min, 정상 ④ 350 L/min, 정상

해설

▣ 방수압력 및 방수량 측정

1) 반드시 직사형 관창을 이용하여 측정
2) 초기 방수 시 물속에 존재하는 이물질이나 공기 등이 완전히 배출된 후에 측정하여야 방수압력측정계(피토게이지)의 입구 구경이 작기 때문에 발생하는 막힘이나 고장 방지 가능
3) 방수압력측정계(피토게이지)는 봉상주수 상태에서 직각으로 측정
4) 노즐선단에 방수압력측정계(피토게이지)를 노즐구경 절반(D/2)에 위치
5) 방수량 : $Q = 2.065 \times D^2 \times \sqrt{p}$
   Q : 분당방수량[L/min]
   D : 관경 또는 노즐의 구경[mm](옥내소화전 : 13 mm, 옥외소화전 : 19 mm)
   p : 방수입력[MPa]

정답

01 ② 02 ②

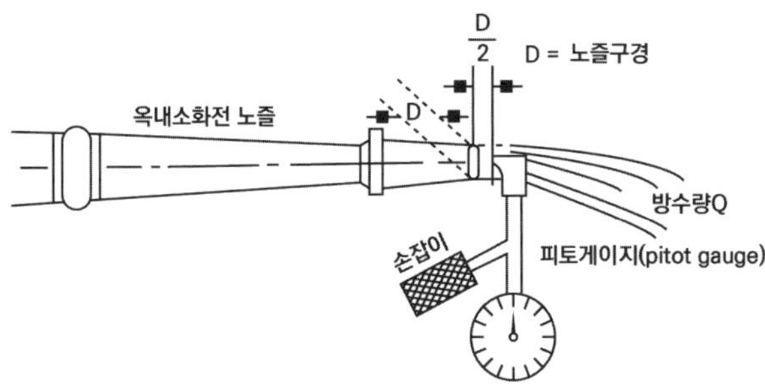

$$\therefore Q = 2.065 \times D^2 \times \sqrt{p} = 2.065 \times 13^2 \times \sqrt{0.2} = 155L/\min$$

03 다음과 같은 장소에 설치해야 하는 소화기 능력단위와 적정 소화기 개수를 산정하시오.

1. 바닥면적은 1000 m^2이다.
2. 근린생활시설이다.
3. 건축물은 내화구조이며 불연재로 내장하였다.
4. 3단위 소화기를 설치한다.

① 1개　　② 2개
③ 3개　　④ 5개

[소화기구]
소화약제를 압력에 따라 방사하는 기구로서 사람이 수동으로 조작하여 소화

[설치대상]
(1) 연면적 33 m^2 이상
(2) 위에 해당하지 않는 국가유산 및 가스시설, 전기저장시설
(3) 터널, 지하구

해설

▣ 소화기 개수산정

특정소방대상물	소화기구 능력단위
위락시설	바닥면적 30 m^2마다 능력단위 1단위
공연장, 집회장, 관람장, 문화재, 장례식장 및 의료시설	바닥면적 50 m^2마다 능력단위 1단위
근린생활시설, 판매시설, 운수시설, 숙박시설, 노유자시설, 전시장, 공동주택, 업무시설, 방송통신시설, 공장, 창고시설, 항공기 및 자동차 관련 시설 및 관광휴게시설	**바닥면적 100 m^2마다 능력단위 1단위**
그 밖의 것	바닥면적 200 m^2마다 능력단위 1단위
주요 구조부가 내화구조이며, 벽 및 반자의 실내와 면하는 부분이 불연재료, 준불연재료, 난연재료인 경우 기준면적의 2배 적용하여 산출	

1) 주요 구조부가 내화구조이고, 벽 및 반자의 실내와 면하는 부분이 불연재료로 된 근린생활시설 바닥면적 기준 : 100 m^2 × 2배 = 200 m^2
2) 1000 m^2 ÷ 200 m^2 = 5단위(절상)
3) 5단위 ÷ 3단위 = 1.66 ≒ 2개(절상)

정답
03 ②

04 다음 수신기를 보고 틀린 설명을 고르시오.

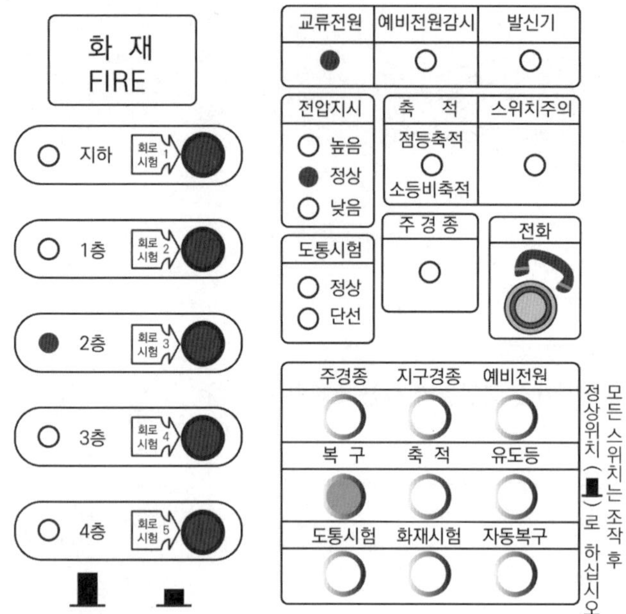

① 화재가 발생하였으며, 그 장소는 2층이다.
② 화재통보는 발신기로부터 온 것이다.
③ 화재진압 후 수신기의 복구스위치를 눌러서 복구한다.
④ 지구경종과 주경종이 명동하고 있다.

해설

▣ P형 수신기

1) 현재 2층에서 화재가 발생하였다.
2) 발신기표시등이 소등되어 있으므로 화재신호는 감지기로부터 온 것이다.
3) 수신기 복구는 수동복구이다.
4) 주경종스위치와 지구경종스위치가 눌려진 상태가 아니므로 명동하고 있다.

05 소방안전관리자 오소방 씨가 계단에 설치되어 있는 감지기에 대해 작동점검을 하였을 때 틀린 설명을 고르시오.

※ (1) ~ (6)은 회로번호임

※ 출처 : 한국소방안전원

Tip

[자체점검자]
(1) 관계인
(2) 관리업자
(3) 소방안전관리자로 선임된 소방시설관리사 및 소방기술사

[자체점검 결과의 조치]
(1) 관리업자 또는 소방안전관리자로 선임된 소방시설관리사 및 소방기술사가 자체점검 시, 점검이 끝난 날로부터 10일 이내에 관계인에게 보고
(2) 보고서를 제출받은 관계인 또는 스스로 자체점검을 실시한 관계인은 자체점검이 끝난 날로부터 15일 이내에 소방본·서장에게 서면이나 소방청장이 지정하는 전산망을 통하여 보고하고 2년간 자체 보관
(3) 소방본·서장은 이행계획의 완료 기간을 정하여 관계인에게 통보
(4) 관계인은 이행을 완료한 날로부터 10일 이내에 이행보고서를 소방본·서장에게 보고
(5) 보고를 마친 관계인은 보고한 날로부터 10일 이내에 관련 사항을 특정소방대상물의 출입자가 쉽게 볼 수 있는 장소에 30일 이상 게시

정답

04 ② 05 ④

① 연기감지기(연기스프레이)로 점검을 한다.
② 감지기 작동점검 시 수신기에는 화재표시등과 계단지구표시등이 점등되어야 한다.
③ 관계인은 점검 결과보고서는 점검이 끝난 날로부터 15일 이내에 소방본부장과 소방서장에게 제출한다.
④ 점검결과보고서는 3년간 보관한다.

해설

■ 감지기 작동점검

1) 계단에 설치하는 감지기는 연기감지기이므로 연기스프레이로 점검을 한다.
2) 감지기 작동점검 시 수신기에는 화재표시등과, 계단의 감지기를 점검한 것이므로 계단지구표시등이 점등되어야 한다.
3) 보고서를 제출받은 관계인 또는 스스로 자체점검을 실시한 관계인은 자체점검이 끝난 날로부터 15일 이내에 소방본·서장에게 서면이나 소방청장이 지정하는 전산망을 통하여 보고하고 2년간 자체 보관한다.

06 **공기의 요동이 심하면 불꽃이 노즐에 정착하지 못하고 떨어지게 되어 꺼지는 현상을 무엇이라 하는가?**

① 역화 ② 블로우오프
③ 불완전연소 ④ 플래시오버

해설

■ 연소 시 이상현상

이상현상	내용
불완전연소	연소 요소가 부적합하여 완전연소되지 못하여 가연물 일부가 미연소되는 현상
리프팅(Lifting)	• 연료가스의 분출속도 > 연소속도 • 버너의 염공이 작거나 막힌 경우 • 1차공기가 많아 공급가스 압력이 높은 경우
역화(Back Fire)	• 분출속도 < 연소속도 • 1차공기가 적거나 가스압력이 낮을 때 • 염공의 부식
황염(Yellow Tip)	불완전연소의 일종으로 노란 그을음
블로우오프(Blow Off)	• 분출속도 > 연소속도 • 공기의 움직임 등에 의해 불꽃이 꺼지는 현상

정답
06 ②

07 다음은 R형 수신기의 운영기록이다. 틀린 설명을 고르시오.

운영기록		BC빌딩				
시작일자 : 2024.01.01.			종료일자 : 2024.06.20			
NO	일시	수신기	회선 정보	회선 설명	동작 구분	메세지
1	24/06/07 17:24:18	1	002 - 정지	SP 주펌프 - 정지	MCC	기동 정지
2	24/06/07 15:12:14	1	001		수신기	주경종 정지 ON
중략						
5	24/06/05 17:14:40	1	001	전기실 가스계 소화 설비	감시	CO_2 방출
6	24/06/05 17:14:10	1	001	전기실 감지기 A	화재	화재 발생
7	24/06/05 17:13:31	1			수신기	사이렌 출력
8	24/06/05 17:13:29	1	001	1층 지구 경종	출력	중계기 출력
9	24/06/05 17:13:28	1			수신기	주음향 출력
10	24/06/05 17:13:28	1	001	전기실 감지기 B	화재	화재 발생
중략						
11	24/06/01 10:30:19	1	001		시스템 고장	예비 전원 고장 발생

정답

07 ③

① 6월 1일에 예비전원 고장발생이 생겼다.
② 6월 5일에는 전기실에서 화재가 발생하였으며, 감지기 A, B가 동작하여 음향장치 주경종, 지구경종, 사이렌이 출력되었다.
③ 6월 5일 발생한 화재는 스프링클러소화설비로 소화되었다.
④ BC빌딩은 현재 스프링클러 주펌프와 주경종이 정지되어 있는 상태이며, 5년 5천만 원 이하의 벌금에 처할 우려가 있다.

해설

▣ R형 수신기
06/05 전기실에서 발생한 화재는 전기실화재이므로 스프링클러소화설비가 아닌 가스계 소화설비로 소화한다.

08 **0 ℃ 얼음 10 kg이 100 ℃ 수증기로 변할 때 필요한 총 열량[kcal]을 계산하시오.**

① 3595 ② 7190
③ 8270 ④ 9750

해설

▣ 잠열
융해잠열 : 80 kcal/kg
증발잠열 : 539 kcal/kg

소요 열량
0 ℃ → 0 ℃ → 100 ℃ → 100 ℃
얼음 → 물 → 물 → 증기
현열 $Q_S = GC\Delta T$
잠열 $Q_L = G \cdot r$

$Q_L = 10 \times 80 = 800kcal$
$Q_S = 10 \times 1 \times (100-0) = 1000kcal$
$Q_L = 10 \times 539 = 5390kcal$
$\therefore 800 + 1000 + 5390 = 7190kcal$

Tip
[현열과 잠열]
(1) 잠열(Latent Heat)
온도변화 없이 상태변화에만 필요한 열량
(2) 현열(Sensible Heat)
물질의 상의 변화는 없고, 온도 변화만 있을 때 필요한 열량

정답
08 ②

09 다음 중 비열이 가장 큰 것은?

① 물　　② 금
③ 수은　　④ 철

해설

▣ 비열(Specific Heat)

1) 물은 비열이 커서 냉각효과가 뛰어나다.

물질	온도	비열
물(얼음)	0 ℃	1.009
물	20 ℃	1.000
금	20 ℃	0.031
수은	20 ℃	0.033
철	20 ℃	0.107

2) 어떤 물질 1 kg의 온도를 1 ℃ 올리는 데 필요한 열량(J/kg · K 또는 kcal/kg · ℃)

10 소방안전관리자로 근무도중 수신기에서 다음과 같은 현상이 발생하여서 4층으로 올라가 확인을 해보았더니 어린아이들이 장난으로 발신기를 누른 것을 확인하였다. 틀린 설명을 고르시오.

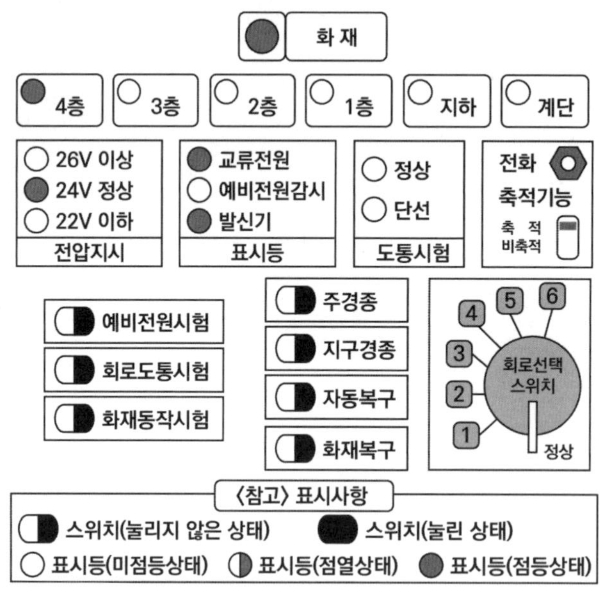

① 현재 지구경종과 주경종이 명동 중이다.
② 4층의 발신기를 복구한다.
③ 수신기에서는 화재복구스위치를 누른다.
④ 수신기에서는 주경종과 지구경종을 멈추기 위해 주경종스위치와 지구경종스위치를 누른다.

정답
09 ①　10 ④

해설

▣ 수신기

1) 4층 지구표시등에 점등되어 있기 때문에 4층에서 화재가 발생한 것이다.
2) 이때 발신기표시등에도 점등이 되어 있으므로 화재신호는 발신기로부터 온 것이다.
3) 어린아이들이 장난으로 발신기를 눌렀기 때문에 4층의 발신기를 복구한다.
4) 지구경종과 주경종은 눌려 있는 상황이 아니므로 명동하고 있다.
5) 수신기에서는 주경종과 지구경종을 멈추기 위해 화재복구스위치를 누른다.

11 다음은 평상시의 동력제어반과 감시제어반의 상태를 나타낸 것이다. 틀린 것을 고르시오.

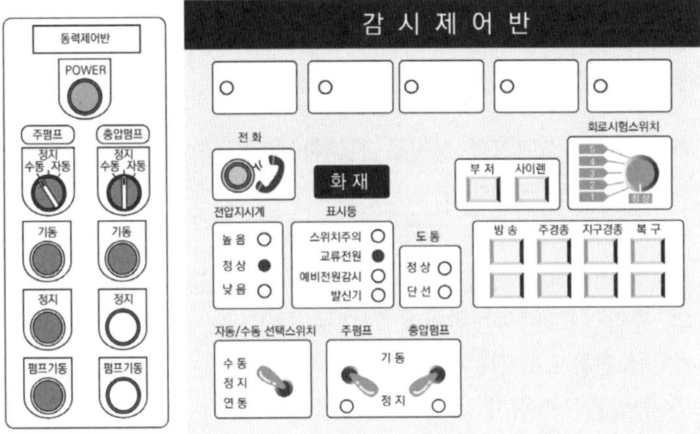

① 동력제어반의 주펌프와 충압펌프스위치는 자동으로 절환해야 한다.
② 평상시이기 때문에 주펌프는 정지표시등이 점등되어야 하며, 충압펌프 또한 정지표시등만 점등되어야 한다. 펌프 기동표시등은 소등되어야 한다.
③ 평상시이기 때문에 감시제어반의 화재표시등이 소등되어야 한다.
④ 감시제어반의 자동/수동 선택스위치를 정지상태로 두어야 한다.

해설

▣ 동력제어반과 감시제어반

1) 동력제어반의 주펌프와 충압펌프스위치는 평상시 자동위치에 두어야 한다.
2) 감시제어반의 자동/수동 선택스위치 또한 평상시에는 연동위치에 두어야 하며 주펌프와 충압펌프는 정지위치에 두어야 한다.

정답

11 ④

12 옥내소화전함 내의 앵글밸브를 열어 방수를 시도하였으나 펌프가 작동되지 않았다. 동력제어반과 감시제어반의 상태가 다음과 같을 때 펌프를 동작시키기 위한 방안을 고르시오.

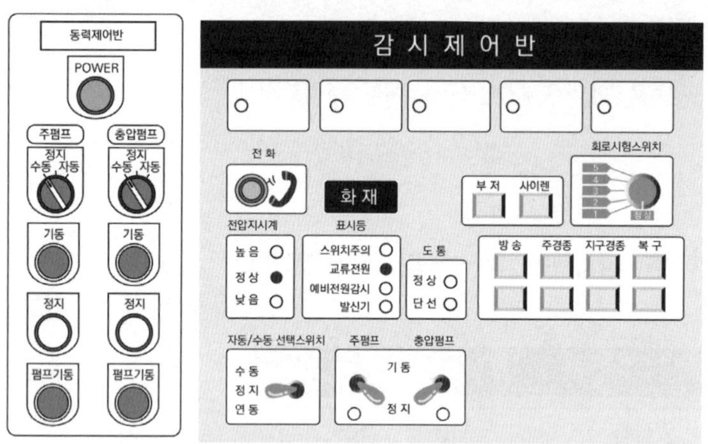

① 동력제어반의 주펌프와 충압펌프스위치를 정지로 전환하고 감시제어반의 선택스위치를 수동으로 전환한다.
② 동력제어반의 주펌프와 충압펌프스위치를 자동으로 전환하고 감시제어반의 선택스위치를 연동으로 전환한다.
③ 동력제어반의 주펌프와 충압펌프는 수동위치에 그대로 두고, 감시제어반의 선택스위치를 연동으로 전환한다.
④ 동력제어반의 주펌프와 충압펌프스위치 그리고 감시제어반의 선택스위치를 전부 정지로 전환한다.

해 설

▣ 동력제어반과 감시제어반

펌프를 동작시키기 위해 동력제어반의 주펌프와 충압펌프스위치를 자동으로 전환하고, 감시제어반의 선택스위치 또한 연동으로 전환하여야 한다.

Tip

평상시 정상상태로 유지관리되기 위해서는 감시제어반의 선택스위치가 자동과 주펌프 충압펌프가 정지상태에 있어야 한다. 동력제어반 또한 마찬가지로 주펌프와 충압펌프 선택스위치가 자동위치에 있어야 한다.

정답

12 ②

13 **습식 스프링클러설비의 점검을 위해 시험밸브함을 열었더니 다음과 같은 상태였다. 문제점으로 알맞은 것을 고르시오.**

① 펌프 내의 가압수가 없다.
② 말단시험밸브가 부식되었다.
③ 펌프 내의 가압수가 과압상태이다.
④ 말단시험밸브가 잘못 설치되어 있다.

해설

▣ 습식 스프링클러설비
압력계의 지침이 '0'이기 때문에 가압수가 없는 상태이다.

Tip

[스프링클러설비]
(1) 방수압 : 0.1 MPa 이상 1.2 MPa 이하
(2) 방수량 : 80 L/min 이상

정답

13 ①

14 **준비작동식 스프링클러설비의 감시제어반이 다음과 같은 상황일 때 틀린 설명을 고르시오.**

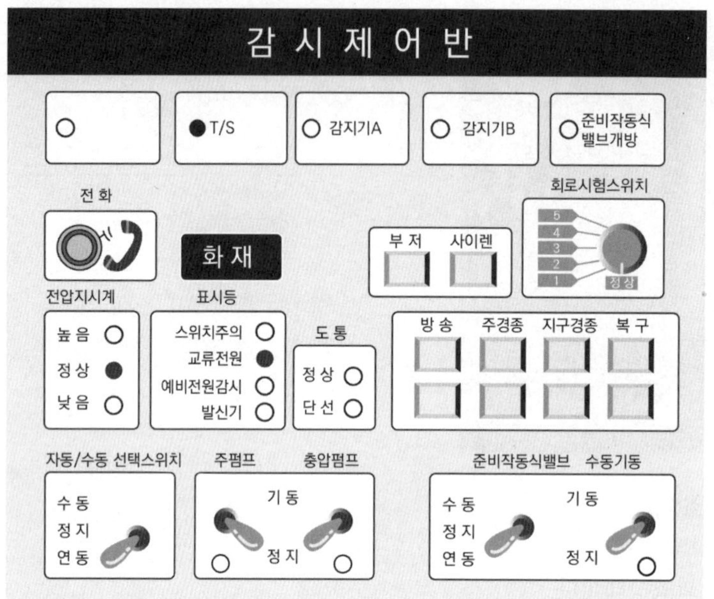

① 전원은 교류전원을 받고 있으며, 전압은 정상상태이다.

② 준비작동식 스프링클러설비가 동작하지 않은 상태이다.

③ 화재가 발생한다면 경종이 명동하지 않을 것이다.

④ 탬퍼스위치표시등이 점등되어 있으므로 밸브가 폐쇄되어 있다.

해 설

▣ 준비작동식 스프링클러설비 감시제어반

1) 교류전원표시등이 점등되어 있으므로 전원은 교류전원을 받고 있다. 또한 전압지시계가 정상이 점등되어 있기 때문에 전압은 정상상태이다.

2) 준비작동식 밸브개방표시등이 소등상태이기 때문에 준비작동식 스프링클러설비가 동작하지 않은 상태이다.

3) 주경종과 지구경종스위치가 눌려져 있지 않기 때문에 화재가 발생하면 경종이 명동한다.

4) 평상시 폐쇄되어 있으면 안 되는 밸브가 폐쇄된다면 탬퍼스위치표시등이 점등된다.

정답

14 ③

15 **다음은 가스계 소화설비의 감시제어반이다. 틀린 설명을 고르시오.**

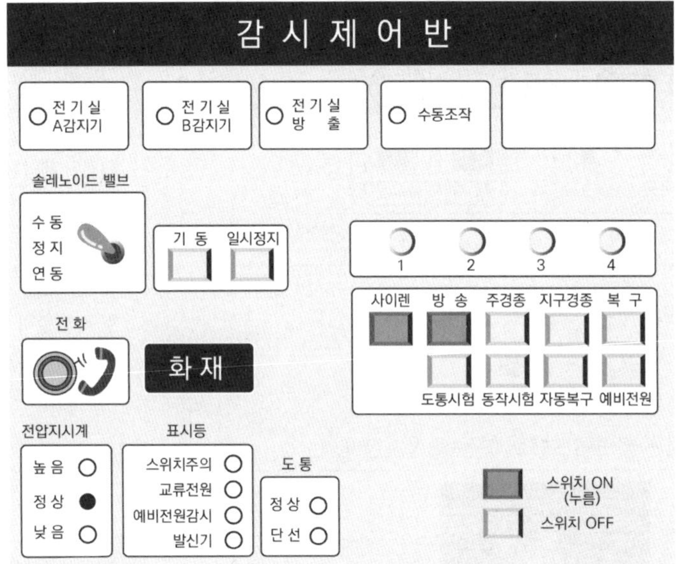

① 현재 교류전원 표시등이 소등되어진 상태이므로, 예비전원을 받고 있다.

② 사이렌스위치가 ON되어 있기 때문에 화재가 발생하면 사이렌이 명동하지 않는다.

③ 솔레노이드밸브가 수동위치에 있기 때문에 감지기가 동작 시 솔레노이드밸브는 잘 격발한다.

④ 화재가 발생한다면 주경종은 명동할 것이다.

해설

▣ 가스계 소화설비 감시제어반

1) 평상시 교류전원을 받으며, 상용전원이 끊겼을 때 예비전원을 받는다. 교류전원 표시등이 소등상태이므로 예비전원을 받고 있다.
2) 사이렌스위치가 눌려져 있으면 화재가 발생하더라도 사이렌이 명동하지 않는다.
3) 솔레노이드밸브가 연동위치에 있어야 감지기 동작 시 솔레노이드밸브가 격발한다.
4) 주경종은 눌려 있지 않기 때문에 화재발생 시 명동할 것이며, 지구경종은 눌린 상태이므로 화재발생 시 명동하지 않는다.

정답

15 ③

16 **안전관리자 오소방 씨가 가스계 소화설비의 점검을 하였다. 이때 복구 순서로 알맞은 것을 고르시오.**

가	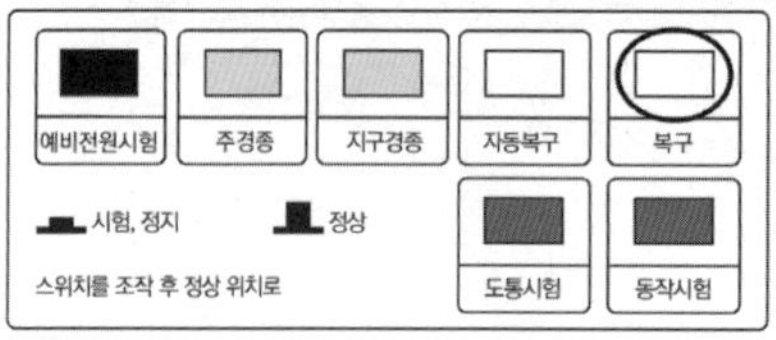 제어반의 복구스위치를 누른다.
나	 제어반의 솔레노이드밸브 연동을 정지한다.
다	 솔레노이드밸브의 안전핀을 제거한다.
라	 안전핀 체결 후 기동용기를 결합한다.
마	 솔레노이드밸브를 복구한다.
바	 조작동관을 결합한다.

① 가 - 나 - 마 - 라 - 다 - 바
② 가 - 나 - 라 - 마 - 다 - 바
③ 가 - 나 - 다 - 바 - 라 - 마
④ 가 - 나 - 라 - 다 - 마 - 바

Tip

[가스계 소화설비 점검 전 안전조치]

(1) 기동용기에서 선택밸브에 연결된 조작동관 분리
(2) 기동용기에서 저장용기에 연결된 개방용 동관 분리
(3) 제어반의 솔레노이드밸브 연동정지
(4) 솔레노이드밸브 안전핀 체결 후 분리, 안전핀 제거 후 격발 준비

정답

16 ①

해 설

■ 가스계 소화설비 복구순서

1) 1단계 : 제어반의 복구스위치 복구
2) 2단계 : 제어반의 솔레노이드밸브 연동정지
3) 3단계 : 솔레노이드밸브 복구
4) 4단계 : 솔레노이드밸브에 안전핀 체결 후 기동용기에 결합
5) 5단계 : 제어반의 스위치를 연동상태 확인 후 솔레노이드밸브에서 안전핀 분리
6) 6단계 : 점검 전 분리했던 조작동관 결합

17 화기취급작업 안전관리규정 중 화재위험작업 시 준수사항에 관한 내용으로 옳지 않은 것은?

① 통풍이나 환기가 충분하지 않은 장소에서 화재위험작업을 하는 경우에는 통풍 또는 환기를 위하여 산소를 사용해야 한다.
② 가연성 물질이 있는 장소에서 화재위험작업을 하는 경우에는 화재예방에 필요한 사항을 준수하여야 한다.
③ 작업시작 전에 화재예방에 필요한 사항을 확인하고 불꽃·불티 등의 비산을 방지하기 위한 조치 등 안전조치를 이행한 후 근로자에게 화재위험작업을 하도록 해야 한다.
④ 화재위험작업이 시작되는 시점부터 종료될 때까지 작업내용, 작업일시, 안전점검 및 조치에 관한 사항 등을 해당 작업장소에 서면으로 게시해야 한다.

해 설

■ 화재위험작업 시의 준수사항

1) 사업주는 통풍이나 환기가 충분하지 않은 장소에서 화재위험작업을 하는 경우에는 통풍 또는 환기를 위하여 산소를 사용해서는 아니 된다.
2) 사업주는 가연성 물질이 있는 장소에서 화재위험작업을 하는 경우에는 화재예방에 필요한 다음 각 호의 사항을 준수하여야 한다.
   1. 작업 준비 및 작업 절차 수립
   2. 작업장 내 위험물의 사용·보관 현황 파악
   3. 화기작업에 따른 인근 가연성 물질에 대한 방호조치 및 소화기구 비치
   4. 용접불티 비산방지덮개, 용접방화포 등 불꽃, 불티 등 비산방지조치
   5. 인화성 액체의 증기 및 인화성 가스가 남아 있지 않도록 환기 등의 조치
   6. 작업근로자에 대한 화재예방 및 피난교육 등 비상조치
3) 사업주는 작업시작 전에 제2항 각 호의 사항을 확인하고 불꽃·불티 등의 비산을 방지하기 위한 조치 등 안전조치를 이행한 후 근로자에게 화재위험작업을 하도록 해야 한다.
4) 사업주는 화재위험작업이 시작되는 시점부터 종료 될 때까지 작업내용, 작업일시, 안전점검 및 조치에 관한 사항 등을 해당 작업장소에 서면으로 게시해야 한다. 다만 같은 장소에서 상시·반복적으로 화재위험작업을 하는 경우에는 생략할 수 있다.

정답

17 ①

18 **관계인이 자체점검을 2024.03.10에 완료하였다. 이때, 관계인은 언제까지 소방시설등 자체점검 실시결과 보고서를 소방본부장 또는 소방서장에게 보고해야 하는지 고르시오.**

일	월	화	수	목	금	토
			1	2	3	4
5	6	7	8	9	10	11
12	13	14	15	16	17	18
19	20	21	22	23	24	25
26	27	28	29	30	31	

① 2024.03.31　　② 2024.03.15
③ 2024.03.27　　④ 2024.03.24

해설

▣ 자체점검 결과의 조치

(1) 관리업자 또는 소방안전관리자로 선임된 소방시설관리사 및 소방기술사가 자체점검 시, 점검이 끝난 날로부터 10일 이내에 관계인에게 보고

(2) 보고서를 제출받은 관계인 또는 스스로 자체점검을 실시한 관계인은 자체점검이 끝난 날로부터 15일 이내에 소방본·서장에게 서면이나 소방청장이 지정하는 전산망을 통하여 보고하고 2년간 자체 보관

(3) 소방본·서장은 이행계획의 완료 기간을 정하여 관계인에게 통보

(4) 관계인은 이행을 완료한 날로부터 10일 이내에 이행보고서를 소방본·서장에게 보고

(5) 보고를 마친 관계인은 보고한 날로부터 10일 이내에 관련 사항을 특정소방대상물의 출입자가 쉽게 볼 수 있는 장소에 30일 이상 게시

※ 날짜계산 시 주말과 공휴일은 산입하지 않는다.

19 **소화기구의 화재안전기준상 소화설비가 설치되지 아니한 특정소방대상물 중 다음과 같은 장소에 자동확산소화기를 설치하려 한다. 설치해야 하는 개수를 고르시오.**

> 1. 보일러실이다.
> 2. 자동확산소화장치를 설치하려한다.
> 3. 보일러실의 바닥면적은 19 m^2이다.

① 1개　　② 2개
③ 3개　　④ 4개

정답

18 ①　19 ②

해설

▣ 부속용도별로 추가할 소화기구

용도별	소화기구의 능력단위
• 보일러실(아파트 경우 방화구획된 것 제외)·건조실·세탁소 • 음식점·다중이용업소·호텔·기숙사·노유자 시설·의료시설·업무시설·공장·장례식장 주방 • 관리자의 출입이 곤란한 변전실·송전실 • 지하구의 제어반 또는 분전반	1) 해당 용도의 바닥면적 25 m^2마다 능력단위 1단위 이상의 소화기로 하고, 그 외에 자동확산소화기를 바닥면적 • 10 m^2 이하는 1개 • 10 m^2 초과는 2개를 설치할 것 2) 주방의 경우 1개 이상은 주방화재용 소화기(K급)를 설치
• 발전실·변전실·송전실 • 변압기실·배전반실·통신기기실·전산기기실	해당 용도의 바닥면적 50 m^2마다 적응성이 있는 소화기 1개 이상 또는 유효설치 방호체적 이내의 가스·말·고체에어로졸 자동소화장치, 캐비닛형자동소화장치

따라서 보일러실의 10 m^2 초과이기 때문에 2개 설치

[건설현장 소방안전관리자의 업무]
(1) 건설현장의 소방계획서 작성
(2) 임시소방시설의 설치 및 관리에 대한 감독
(3) 공사진행 단계별 피난안전구역, 피난로 등의 확보와 관리
(4) 건설현장의 작업자에 대한 소방안전 교육 및 훈련
(5) 초기대응체계의 구성·운영 및 교육
(6) 화기취급의 감독, 화재위험작업의 허가 및 관리
(7) 그 밖에 건설현장의 소방안전관리와 관련하여 소방청장이 고시하는 업무

20 **다음 중 건설현장 소방안전관리자 선임 대상물은?**

① 연면적 5000 m^2 이상, 지하층의 층수가 2개 층 이상인 신축 건설현장
② 신축을 하려는 연면적 10000 m^2 이상인 건설현장
③ 연면적 5000 m^2 이상, 지상층의 층수가 10층 이상인 증축인 건설현장
④ 연면적 3000 m^2 이상, 냉동창고 건설현장

해설

▣ 건설현장 소방안전관리대상물

1) 신축·증축·개축·재축·이전·용도변경 또는 대수선을 하려는 부분의 연면적 15000 m^2 이상인 것
2) 신축·증축·개축·재축·이전·용도변경 또는 대수선을 하려는 부분의 연면적 5000 m^2 이상인 것으로서 다음 어느 하나에 해당하는 것
   (1) 지하층의 층수가 2개 층 이상인 것
   (2) 지상층의 층수가 11층 이상인 것
   (3) 냉동창고, 냉장창고 또는 냉동·냉장창고

정답

20 ①

21 간이소화용구 중 삽을 상비한 80 ℓ 의 팽창질석 1포의 능력단위는?

① 0.5단위 ② 1단위
③ 1.5단위 ④ 2단위

해 설

▣ 간이소화용구의 능력단위

간이소화용구		능력단위
마른모래	삽을 상비한 50 ℓ 이상의 것 1포	0.5단위
팽창질석 또는 팽창진주암	삽을 상비한 80 ℓ 이상의 것 1포	

22 분말소화기에 표시된 A, B, C 중 A, B의 의미는 무엇인가?

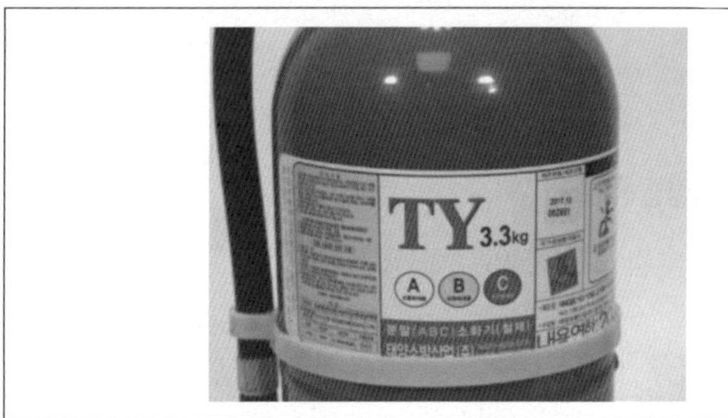

① A급 - 일반화재, B급 화재 - 유류화재
② A급 - 전기화재, B급 화재 - 유류화재
③ A급 - 금속화재, B급 화재 - 유류화재
④ A급 - 주방화재, B급 화재 - 유류화재

해 설

▣ 화재의 종류에 따른 분류

등급	화재 종류	표시색
A급	일반화재	백색
B급	유류화재	황색
C급	전기화재	청색
D급	금속화재	무색
K급	주방화재	황색

[구획실 화재]

(1) 발화 : 가연물이 공기 중에서 산소와 반응해 열과 빛을 내는 초기단계
(2) 성장기 : 성장 초기 백색 연기가 발생하며, 화재 중기에 플래시오버가 발생하여 검은 연기를 분출한다.
(3) 최성기 : 실내온도가 급격히 상승하여 화재가 순간적으로 실내 전체에 확산
(4) 감쇠기 : 산소 소진으로 화세가 부분적으로 소멸되고, 연기 발생이 정지

정답

21 ① 22 ①

23 건축물의 화재성상 중 내화건축물의 화재성상으로 옳은 것은?

① 저온장기형　　② 고온단기형
③ 고온장기형　　④ 저온단기형

해설

▣ 화재 온도 – 시간곡선의 비교

구분	목조건축물	내화건축물
화재성상	고온, 단기형	저온, 장기형
최성기 온도	1100 ~ 1300 ℃	800 ~ 1000 ℃
그래프	온도(℃) 시간(min) 목조건물	온도(℃) 시간(min) 내화구조건물

24 다음과 같이 옥내소화전설비가 설치가 되어 있을 때, 옥내소화전설비를 위한 최소 수원의 양을 고르시오.

1. 1층에는 옥내소화전설비가 4개 설치되어 있다.
2. 2층에는 옥내소화전설비가 3개 설치되어 있다.
3. 3층에는 옥내소화전설비가 2개 설치되어 있다.

① $2.6\ m^3$　　② $5.2\ m^3$
③ $13\ m^3$　　④ $26\ m^3$

해설

▣ 옥내소화전설비 수원의 양

소화수조

소화수조 수원의 양 = 옥내소화전 설치 개수(최대 2개) × 2.6 m^3 이상
- 30 ~ 49층 : 설치 개수(최대 5개) × 5.2 m^3 이상
- 50층 이상 : 설치 개수(최대 5개) × 7.8 m 이상

1) 방수량 : 130 L/min 이상
2) 방수압력 : 0.17 MPa 이상 0.7 MPa 이하
3) 펌프 토출량 : 130 L/min × 설치개수
4) 수원의 양 : 130 L/min × 설치개수 × 20분(40분, 60분)
   옥내소화전설비가 한 층에 2개, 3개, 4개 설치되어 있더라도 최대 2개까지 수원의 양을 산정하므로 2개× 2.6 m^3 = 5.2 m^3

[옥내소화전설비]
(1) 화재 발생 시 관계인 및 자체소방대원이 화재 발생 초기에 사용하는 소화설비
(2) 구성 : 수원, 가압송수장치, 배관, 방수구, 호스, 노즐 등

정답

23 ①　24 ②

25 다음의 동력제어반 상태를 확인하고, 감시제어반의 예상되는 모습으로 옳은 것을 고르시오. (단, 현재 감시제어반에서 펌프를 수동 조작하고 있다)

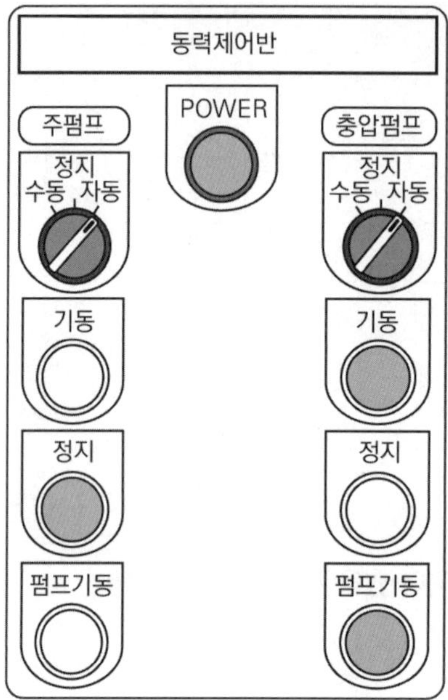

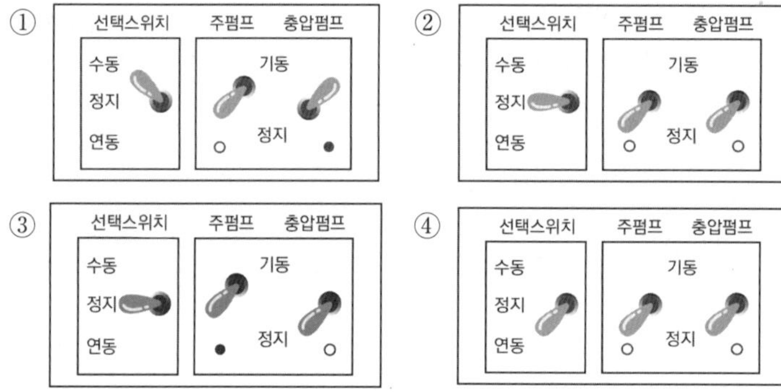

해설

▣ 제어반

동력제어반의 주펌프, 충압펌프 선택스위치가 자동위치에 있으며 충압펌프만 기동인 상태이므로 감시제어반의 선택스위치를 수동으로 전환 후 충압펌프를 기동한 ① 번이 정답이다.

정답

25 ①

26 다음은 옥내소화전함의 표시등에 대한 설명이다. 가장 적합한 것은?

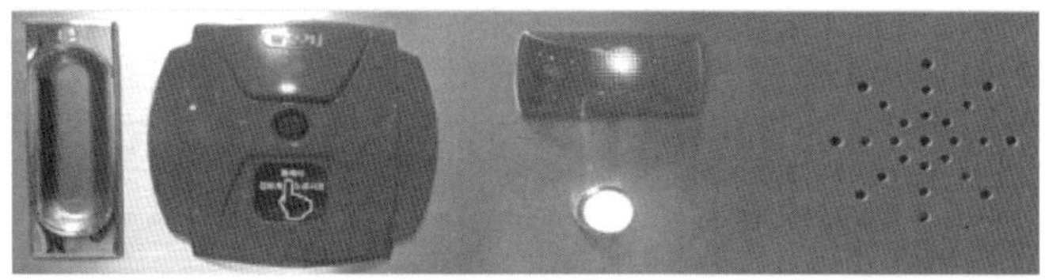

① 위치표시등은 평상시 불이 켜지지 않은 상태로 있어야 한다.
② 기동표시등은 평상시 불이 켜지지 않은 상태로 있어야 한다.
③ 위치표시등 및 기동표시등은 평상시 불이 켜진 상태로 있어야 한다.
④ 위치표시등 및 기동표시등은 평상시 불이 안 켜진 상태로 있어야 한다.

Tip
옥내소화전함의 펌프 기동 표시등은 주펌프 기동표시등이다.

해설

▣ 옥내소화전함의 표시등
1) 옥내소화전의 위치표시등은 상시 점등이며, 주펌프 기동표시등은 주펌프가 기동시 점등된다.
2) 옥내소화전함의 주펌프 기동표시등이 점등된 상태이므로 주펌프가 기동 중이다. 또한 주펌프가 기동되면 충압펌프는 정지점에 도달하여 자동 정지한다.

27 화기취급작업 안전관리규정 중 화재위험작업 시 준수사항에 관한 내용으로 옳지 않은 것은?

① 통풍이나 환기가 충분하지 않은 장소에서 화재위험작업을 하는 경우에는 통풍 또는 환기를 위하여 산소를 사용해야 한다.
② 가연성 물질이 있는 장소에서 화재위험작업을 하는 경우에는 화재예방에 필요한 사항을 준수하여야 한다.
③ 작업시작 전에 화재예방에 필요한 사항을 확인하고 불꽃·불티 등의 비산을 방지하기 위한 조치 등 안전조치를 이행한 후 근로자에게 화재위험작업을 하도록 해야 한다.
④ 화재위험작업이 시작되는 시점부터 종료될 때까지 작업내용, 작업일시, 안전점검 및 조치에 관한 사항 등을 해당 작업장소에 서면으로 게시해야 한다.

정답
26 ② 27 ①

해 설

▣ 화재위험작업 시의 준수사항

1) 사업주는 통풍이나 환기가 충분하지 않은 장소에서 화재위험작업을 하는 경우에는 통풍 또는 환기를 위하여 산소를 사용해서는 아니 된다.
2) 사업주는 가연성 물질이 있는 장소에서 화재위험작업을 하는 경우에는 화재예방에 필요한 다음 각 호의 사항을 준수하여야 한다.
   (1) 작업 준비 및 작업 절차 수립
   (2) 작업장 내 위험물의 사용·보관 현황 파악
   (3) 화기작업에 따른 인근 가연성 물질에 대한 방호조치 및 소화기구 비치
   (4) 용접불티 비산방지덮개, 용접방화포 등 불꽃, 불티 등 비산방지조치
   (5) 인화성 액체의 증기 및 인화성 가스가 남아 있지 않도록 환기 등의 조치
   (6) 작업근로자에 대한 화재예방 및 피난교육 등 비상조치
3) 사업주는 작업시작 전에 제2항 각 호의 사항을 확인하고 불꽃·불티 등의 비산을 방지하기 위한 조치 등 안전조치를 이행한 후 근로자에게 화재위험작업을 하도록 해야 한다.
4) 사업주는 화재위험작업이 시작되는 시점부터 종료 될 때까지 작업내용, 작업일시, 안전점검 및 조치에 관한 사항 등을 해당 작업장소에 서면으로 게시해야 한다. 다만 같은 장소에서 상시·반복적으로 화재위험작업을 하는 경우에는 생략할 수 있다.

28 배관 내에 헤드까지 물이 항상 차 있어 가압된 상태에 있는 스프링클러설비는?

① 폐쇄형 습식　　② 폐쇄형 건식
③ 개방형 습식　　④ 개방형 건식

[습식 스프링클러설비]
(1) 감지기가 없는 설비로서 구조가 간단하고, 공사비 저렴하여 가장 많이 사용
(2) 소화가 빠르고 유지관리 용이
(3) 동결 우려 장소 사용 제한
(4) 헤드 오동작 시 수손피해 및 배관 부식 우려

해 설

▣ 스프링클러설비 종류

구분	1차 측 (밸브 기준)	2차 측 (밸브 기준)	헤드 종류	밸브의 종류(명칭)	감지기 설치
습식	가압수	가압수	폐쇄형	습식 유수검지장치	×
건식	가압수	압축공기 또는 질소	폐쇄형	건식 유수검지장치	×
준비작동식	가압수	대기압	폐쇄형	준비작동식 유수검지장치	○
일제살수식	가압수	대기압	개방형	일제개방밸브 (델류지밸브)	○
부압식	가압수 (정압)	소화수 (부압)	폐쇄형	준비작동식 유수검지장치	○

정답
28 ①

29 **화재 시 스프링클러설비 동작으로 압력스위치 동작 시 발생되는 일이 아닌 것은?**

① 소화펌프의 기동
② 수신반 화재표시등 점등, 경종명동
③ 소화펌프 2차 측 압력챔버 압력스위치 동작
④ 헤드 개방

해설

▣ 습식 스프링클러의 작동순서
화재 발생 → 헤드 개방 → 방수 2차 측 배관 내 수압 감소 → 클래퍼 개방 → 압력스위치 동작 → 수신반 신호입력 → 사이렌 출력 → 소화펌프 기동

30 **준비작동식 스프링클러설비에 필요한 기기로만 열거된 것은?**

① 준비작동밸브, 비상전원, 가압송수장치, 수원, 개폐밸브
② 준비작동밸브, 수원, 개방형 스프링클러, 원격조정장치
③ 준비작동밸브, 컴프레셔, 비상전원, 수원, 드라이밸브
④ 드라이밸브, 수원, 리타딩챔버, 가압송수장치, 에어 알람스위치

해설

▣ 준비작동식 밸브(Preaction Valve)
1) 1차 측 : 가압수, 2차 측 : 대기압
화재 시 감지기의 작동으로 유수검지장치를 작동하여 송수되어 헤드 개방
2) 구성기기 : 준비작동밸브, 비상전원, 가압송수장치, 수원, 개폐밸브

Tip
[준비작동식 스프링클러설비 작동순서]
준비작동식 스프링클러설비 : 화재발생 → 교차회로 방식의 A or B 감지기 작동 → 경종 또는 사이렌 경보, 감시제어반의 화재표시등 점등 → A and B 감지기 모두 작동 → 전자밸브(솔레노이드밸브) 작동 → 중간챔버에 채워져 있던 물이 배수되며(감압) 밸브 개방 → 압력스위치 작동 → 감시제어반의 밸브개방표시등 점등 → 감열에 의한 폐쇄형 헤드 개방 → 압력챔버의 압력스위치 작동 → 펌프 기동

31 **이산화탄소소화설비에 사용되는 고압식 이산화탄소소화약제 저장용기의 충전비는 얼마인가?**

① 1.5 이상 1.9 이하　② 1.2 이상 1.5 이하
③ 1.0 이상 1.3 이하　④ 0.8 이상 1.0 이하

해설

▣ 이산화탄소소화설비의 충전비

구분	충전비
고압식	1.5 ~ 1.9
저압식	1.1 ~ 1.4

정답
29 ④　30 ①　31 ①

32 모아건축물에 화재가 발생하여 소방대장은 이 건물을 소방활동구역으로 정하였다. 다음 중 소방대장이 출입을 제한할 수 있는 사람은?

① 갑 : "저는 이 건물의 소방안전관리자입니다."
② 을 : "저는 신문기자입니다. 화재현장을 취재하러 왔습니다."
③ 병 : "저는 변호사입니다. 건물주의 변호를 위해 왔습니다."
④ 정 : "저는 의사입니다. 환자를 치료하기 위해 왔습니다."

해설

▣ 소방활동구역 출입자

1) 소방활동구역 안에 있는 소방대상물의 소유자·관리자·점유자
2) 전기·가스·수도·통신·교통의 업무 종사자로서 소방활동을 위해 필요한 사람
3) 의사·간호사 그 밖의 구조·구급업무 종사자
4) 취재인력 등 보도업무 종사자
5) 수사업무 종사자
6) 그 밖에 소방대장이 소방활동을 위해 출입을 허가한 사람

Tip

[소방활동구역 설정]

(1) 설정권자 : 소방대장
(2) 소방활동구역을 정하여 소방활동에 필요한 사람으로서 대통령령으로 정하는 사람 외에는 그 구역에 출입하는 것을 제한
(3) 경찰공무원은 소방대가 소방활동구역에 있지 않거나, 소방대장의 요청이 있을 때에는 출입제한 조치를 할 수 있음

33 다음은 유도등을 나타낸 그림이다. 잘못 설명하고 있는 것은?

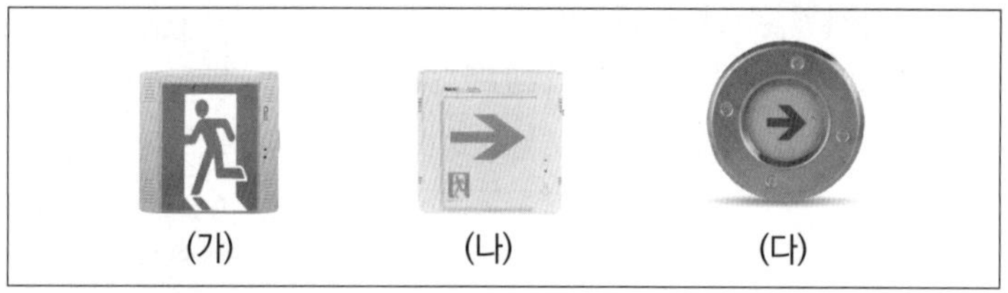

(가) (나) (다)

① (가)는 바닥으로부터 높이 1.5 m 이상의 위치에 설치하여야 한다.
② (나)는 각각 복도, 거실 및 계단 통로유도등으로 구분된다.
③ (다)는 객석통로의 직선부분의 길이가 30 m이면 6개를 설치하여야 한다.
④ (가)는 피난구유도등, (나)는 통로유도등, (다)는 객석유도등이다.

해설

▣ 유도등

1) 피난구유도등 : 바닥으로부터 1.5 m 이상 높이에 설치
2) 통로유도등 : 복도, 거실, 계단으로 구분
3) 객석유도등

$$설치개수 = \frac{객석\ 통로\ 직선부분길이}{4} - 1$$

$$= \frac{30}{4} - 1 = 6.5 = 7개$$

Tip

복도통로유도등과 거실통로유도등은 보행거리 20 m마다 설치한다.

정답

32 ③ 33 ③

34 출혈 시 응급조치 중 직접 압박법에 대한 내용으로 옳은 것은?

① 출혈부위를 압박붕대 및 솜 등으로 압박하여 지혈하는 방법
② 소독거즈로 출혈부위를 덮은 후 2 ~ 3인치 압박붕대로 출혈부위가 압박되게 감아줌
③ 압박 후 출혈이 계속되면 소독된 거즈를 추가로 덮고 압박붕대를 한 번 더 감아 출혈부위를 심장보다 낮춰 줌으로써 출혈량 감소
④ 신체의 절단이나 과다출혈의 경우 최후의 수단으로 사용

신체의 절단이나 과다출혈의 경우 최후의 수단으로 사용하는 것은 지혈대다.

해설

▣ 직접 압박법

1) 출혈부위를 압박붕대 및 솜 등으로 압박하여 지혈하는 방법
2) 소독거즈로 출혈부위를 덮은 후 4 ~ 6인치 압박붕대로 출혈부위가 압박되게 감아줌
3) 압박 후 출혈이 계속되면 소독된 거즈를 추가로 덮고 압박붕대를 한 번 더 감아 출혈부위를 심장보다 높여 줌으로써 출혈량 감소

35 어떤 건축물의 바닥면적이 각각 1층 1500 m^2, 2층 800 m^2, 3층 300 m^2, 4층 100 m^2이다. 경계구역의 개수를 산정하시오.

① 5　　② 6
③ 7　　④ 8

하나의 경계구역은 면적 600 m^2를 초과하지 못하며, 각 층마다 산정한다.

해설

▣ 경계구역 산정

1) 1층 : 1500 ÷ 600 = 2.5 ≒ 3개(절상)
2) 1층 : 800 ÷ 600 = 1.333 ≒ 2개(절상)
3) 3층 + 4층 : 1개(2개 층의 바닥면적 합계가 500 m^2 이하인 경우에는 하나의 경계구역으로 설정 가능)
4) 3 + 2 + 1 = 6

36 광전식 분리형 감지기의 설치기준으로 옳은 것은?

① 광축은 나란한 벽으로부터 1 m 이상 이격하여 설치할 것
② 광축의 높이는 천장 등 (천장의 실내에 면한 부분) 높이의 80 % 이상일 것
③ 감지기의 송광부와 수광부는 설치된 뒷벽으로부터 0.6 m 이내 위치에 설치할 것
④ 감지기의 수광면은 햇빛을 직접 받는 곳에 설치할 것

정답

34 ①　35 ②　36 ②

해설

▣ 광전식 분리형 감지기의 설치기준

1) 감지기 수광면은 햇빛을 직접 받지 않도록 설치
2) 광축(송광면과 수광면의 중심을 연결한 선)은 나란한 벽으로부터 0.6 m 이상 이격하여 설치
3) 감지기의 송광부와 수광부는 설치된 뒷벽으로부터 1 m 이내 위치에 설치
4) 광축의 높이는 천장 등 높이의 80 % 이상
5) 감지기의 광축의 길이 공칭감시거리 범위 이내

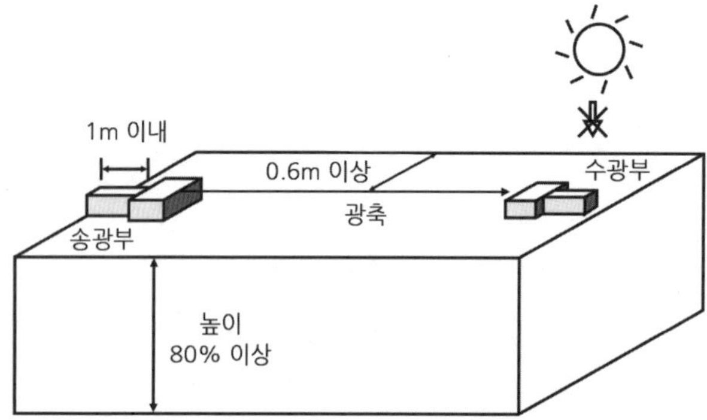

37 근린생활시설로서 13층(지하층은 제외한다)의 소방대상물 5층에서 발화한 경우 비상방송설비 우선경보 해당 층의 기준으로 옳은 것은?

① 발화층, 그 직상층
② 발화층, 그 직하층
③ 발화층 및 그 직상 4개 층
④ 발화층, 그 직상층 및 기타의 지하층

해설

▣ 경보방식

1) 일제경보방식 : 화재 시 전 층에 경보하는 방식(소규모)
2) 우선경보방식 : 층수가 11층(공동주택 16층) 이상의 특정소방대상물
   (1) 2층 이상의 층에서 발화 시 : 발화층 및 그 직상 4개 층에 경보할 것
   (2) 1층에서 발화 시 : 발화층·그 직상 4개 층 및 지하층에 경보할 것
   (3) 지하층에서 발화 시 : 발화층·그 직상층 및 그 밖의 지하층에 경보할 것

※ 11층 이상인 특정소방대상물이므로 우선경보방식이며, 2층 이상의 층에서 발화하였기 때문에 발화층 및 그 직상 4개 층에 경보가 울려야 한다.

정답
37 ③

38 정전기의 발생을 억제하기 위한 방법으로 틀린 것은?

① 접지 및 본딩을 한다.
② 상대습도를 50 % 이상으로 한다.
③ 공기를 이온화한다.
④ 대전 방지제를 사용한다.

[정전기 발생원인]
(1) 부도체와의 마찰
(2) 자동차를 장시간 주행
(3) 옥외탱크에 석유 주입
(4) 인체에서의 대전

해설

▣ 부도체의 정전기 발생

1) 부도체의 경우에는 정전기를 이동시키지 못하고, 지속적으로 축적을 해서 정전기 발생을 증대시킨다.
2) 정전기 방지 옷은 섬유에 도체(철, 카본) 성분이 포함되어 있다.

▣ 정전기 방지 대책

1) 배관 내 유속의 제한(1 m/s 이하)
2) 접지 및 본딩을 한다.
3) 가습(상대습도 70 % 이상)
4) 대전 방지제 사용
5) 공기의 이온화
6) 제전기 사용

39 다음 중 인명구조기구가 아닌 것은?

① 방열복 ② 인공소생기
③ 방화복 ④ 자동제세동기(AED)

해설

▣ 인명구조기구의 종류

종류	정의	그림
방열복	고온의 복사열에 가까이 접근하여 소방활동을 수행할 수 있는 내열피복	
공기 호흡기	소화활동 시 화재로 인하여 발생하는 각종 유독가스 중에서 일정 시간 사용할 수 있도록 제조된 압축공기식 개인 호흡장비(보조마스크 포함)	
인공 소생기	호흡 부전 상태인 사람에게 인공호흡을 시켜 환자를 보호, 구급하는 기구	

정답
38 ② 39 ④

종류	정의	그림
방화복	화재진압 등의 소방활동을 수행할 수 있는 피복	

40 **객석 내의 통로의 직선부분의 길이가 85 m이다. 객석유도등을 몇 개 설치하여야 하는가?**

① 17개 ② 19개
③ 21개 ④ 22개

Tip
객석유도등은 객석의 통로, 바닥 또는 벽에 설치한다.

해설

▣ 객석유도등의 설치수량

$$\text{설치개수} = \frac{\text{객석통로의 직선부분 길이(m)}}{4} - 1$$

= 85/4 - 1
= 20.25
= 21개

41 **유도표지의 설치기준 중 틀린 것은?**

① 계단에 설치하는 것을 제외하고는 각층마다 복도 및 통로의 각 부분으로부터 하나의 유도 표지까지의 보행거리가 15 m 이하가 되는 곳에 설치한다.
② 피난구유도표지는 출입구 상단에 설치한다.
③ 통로유도표지는 바닥으로부터 높이 1.5 m 이하의 위치에 설치한다.
④ 주위에는 이와 유사한 등화·광고물·게시물 등을 설치하지 않는다.

Tip
[유도표지]
(1) 피난구유도표지 : 피난구 또는 피난경로로 사용되는 출입구를 표시하여 피난을 유도하는 표지
(2) 통로유도표지 : 피난통로가 되는 복도, 계단 등에 설치하는 것으로서 피난구의 방향을 표시하는 유도표지

해설

▣ 유도표지의 설치기준

1) 계단에 설치하는 것을 제외하고는 각 층마다 복도 및 통로의 각 부분으로부터 하나의 유도표지까지의 보행거리가 15 m 이하가 되는 곳과 구부러진 모퉁이의 벽에 설치
2) 주위에는 이와 유사한 등화·광고물·게시물 등을 설치하지 아니할 것
3) 유도표지는 부착판 등을 사용하여 쉽게 떨어지지 아니하도록 설치

정답
40 ③ 41 ③

42 교차배관에서 분기되는 지점을 기준으로 한쪽의 가지배관에 설치되는 하향식 스프링클러헤드는 몇 개 이하로 설치하는가? (단, 수리역학적 배관방식의 경우는 제외)

① 8개 ② 10개 ③ 12개 ④ 16개

해설

▣ 스프링클러설비의 배관

1) 가지배관 : 스프링클러설비가 설치되어 있는 배관
  (1) 토너먼트방식이 아닐 것
  (2) 교차배관에서 분기되는 지점을 기준으로 한쪽 가지배관에 설치되는 헤드의 개수 : 8개 이하
2) 교차배관 : 직접 또는 수직배관을 통하여 가지배관에 급수하는 배관
  (1) 위치 : 가지배관과 수평 또는 밑에 설치
  (2) 교차배관 끝에 청소구를 설치하고 나사보호용의 캡으로 마감
3) 배관부속품, 물올림장치, 순환배관, 펌프성능시험배관은 옥내소화전설비 준용

43 중형 피난구유도등의 설치장소인 것은?

① 관광숙박업 외의 숙박시설 ② 공연장
③ 지하철 역사 ④ 운전학원

아파트에는 소형 피난구유도등을 설치한다.

해설

▣ 용도별 설치해야 하는 유도등 및 유도표지

설치장소	유도등 및 유도표지의 종류
1. 공연장·집회장(종교집회장 포함)·관람장·운동시설 2. 유흥주점영업시설(유흥주점영업 중 손님이 춤을 출 수 있는 무대가 설치된 카바레, 나이트클럽 등 영업시설만 해당)	• 대형 피난구유도등 • 통로유도등 • 객석유도등
3. 위락시설·판매시설·운수시설·관광숙박업·의료시설·장례식장·방송통신시설·전시장·지하상가·지하철역사	• 대형 피난구유도등 • 통로유도등
4. 숙박시설(관광숙박업 외의 것)·오피스텔 5. 1 ~ 3 외 건축물로서 지하층·무창층 또는 층수가 11층 이상 특정소방대상물	• 중형 피난구유도등 • 통로유도등
6. 1 ~ 3 외 건축물로서 근린생활시설·노유자시설·업무시설·발전시설·종교시설(집회장 용도로 사용하는 부분 제외)·교육연구시설·수련시설·공장·교정 및 군사시설 (국방·군사시설 제외)·자동차정비공장·운전학원 및 정비학원·다중이용업소·복합건축물	• 소형 피난구유도등 • 통로유도등
7. 그 밖의 것	• 피난구유도표지 • 통로유도표지

정답

42 ① 43 ①

44 소방용수시설의 저수조에 대한 설치기준으로 옳지 않은 것은?

① 지면으로부터의 낙차가 4.5 m 이하일 것
② 흡수부분의 수심이 0.3 m 이상일 것
③ 흡수관의 투입구가 사각형의 경우에는 한 변의 길이가 60 cm 이상일 것
④ 흡수관의 투입구가 원형의 경우에는 지름이 60 cm 이상일 것

해설

▣ 저수조의 설치기준

1) 지면으로부터의 낙차가 4.5 m 이하일 것
2) 흡수부분의 수심이 0.5 m 이상일 것
3) 소방펌프자동차가 쉽게 접근할 수 있도록 할 것
4) 흡수에 지장이 없도록 토사 및 쓰레기 등을 제거할 수 있는 설비를 갖출 것
5) 흡수관의 투입구가 사각형의 경우에는 한 변의 길이가 60 cm 이상, 원형의 경우에는 지름이 60 cm 이상일 것

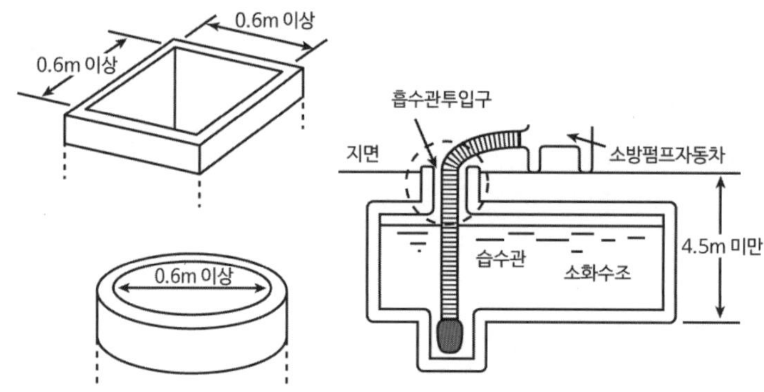

[내화구조 바닥기준]

구조	두께
철근 콘크리트조 또는 철골철근 콘크리트조	10 cm 이상
철재로 보강된 콘크리트블록조, 벽돌조 또는 석조로서 철재에 덮은 콘크리트블록	5 cm 이상
철재의 양면을 철망모르타르 또는 콘크리트로 덮은 것	5 cm 이상

45 건축법상 내화구조의 설명으로 옳지 않은 것은?

① 내화구조란 화재에 견딜 수 있는 성능을 가진 구조
② 화재 후에도 재사용이 가능한 정도의 구조
③ 화재 시 일정한 시간 동안 형태나 강도 등이 크게 변하지 않는 구조
④ 화염의 확산을 막을 수 있는 성능을 가진 구조

해설

▣ 내화구조, 방화구조 정의

내화구조 : 화재를 견딜 수 있는 구조
방화구조 : 화염의 확산을 막는 구조
(내화구조 ≫ 방화구조)

정답
44 ② 45 ④

46 다음 중 방화셔터의 구성방식에 대한 설명으로 알맞은 것은?

방화셔터는 화재 발생 시 (㉠)감지기에 의해 일부폐쇄, (㉡)감지기 동작 시 완전폐쇄가 이루어질 수 있는 구조를 가질 것

① ㉠ 연기, ㉡ 열
② ㉠ 연기, ㉡ 불꽃
③ ㉠ 열, ㉡ 연기
④ ㉠ 열, ㉡ 불꽃

[방화문]
화재의 확대, 연소를 방지하기 위해 방화구획의 개구부에 설치하는 문이다.

해설

▣ 자동방화셔터

방화구획의 용도로, 내화구조로 된 벽을 설치하지 못하는 경우 화재 시 연기 및 열을 감지하여 자동 폐쇄되는 것

1) 자동방화셔터의 설치기준 및 구조
 (1) 피난이 가능한 60분+ 방화문 또는 60분 방화문으로부터 3 m 이내에 별도로 설치할 것
 (2) 전동방식이나 수동방식으로 개폐할 수 있을 것
 (3) 불꽃감지기 또는 연기감지기 중 하나와 열감지기를 설치할 것
 (4) 불꽃이나 연기를 감지한 경우 일부 폐쇄되는 구조일 것
 (5) 열을 감지한 경우 완전 폐쇄되는 구조일 것

2) 자동방화셔터 성능기준 및 구성
 (1) 자동방화셔터는 상기 1)에 따른 구조를 가진 것이어야 하나, 수직방향으로 폐쇄되는 구조가 아닌 경우는 불꽃, 연기 및 열감지에 의해 완전폐쇄가 될 수 있는 구조여야 한다.
 (2) 자동방화셔터의 상부는 상층 바닥에 직접 닿도록 하여야 하며, 그렇지 않은 경우 방화구획 처리를 하여 연기와 화염의 이동통로가 되지 않도록 하여야 한다.

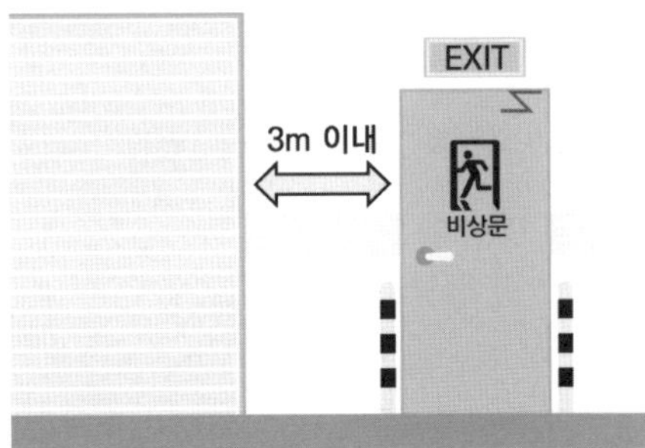

정답

46 ①

47 침대가 없는 숙박시설로서 종사자의 수는 10명이고, 바닥면적이 1500 m^2일 때 수용인원은?

① 500명 ② 510명
③ 520명 ④ 530명

해설

▣ 수용인원 산정방법

구분	조건	수용인원 산정방법
숙박시설	침대 있음	종사자 수 + 침대 수(2인용 : 2인)
	침대 없음	종사자 수 + 바닥면적 합계 / 3 m^2

1) 바닥면적 산정 시 복도, 계단 및 화장실은 바닥면적을 포함하지 않는다.
2) 소수점 이하의 수는 반올림한다.

$\therefore$ 종사자수$+\frac{\text{바닥면적 합계}}{3m^2}=10+\frac{1500}{3}=510$명

Tip
[숙박시설 이외일 경우 수용인원 산정]
- 강의실 · 교무실 · 상담실 · 실습실 · 휴게실용도로 쓰이는 특정소방대상물 : 바닥면적 합계 / 1.9 m^2
- 강당 · 문화 및 집회시설 · 운동시설 · 종교시설 : 바닥면적 합계 / 4.6 m^2
- 관람석에 고정식 의자가 있는 경우 : 의자 수
- 관람석에 긴 의자가 있는 경우 : 바닥면적 합계 / 3 m^2

48 주거용 주방자동소화장치 중 다음 사진에 해당하는 부분은?

※ 출처 : 한국소방안전원

① 가스누설탐지부 ② 가스누설차단밸브
③ 제어반 ④ 수신부

해설

▣ 주거용 주방자동소화장치

[감지센서 및 약제방출구]

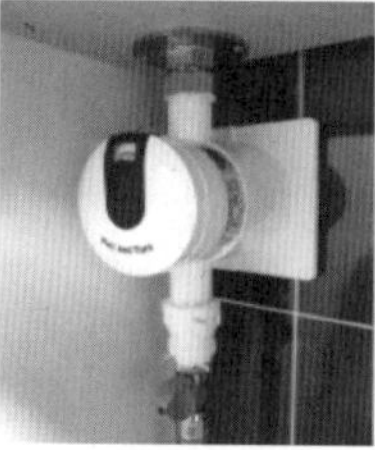

[가스누설차단밸브]

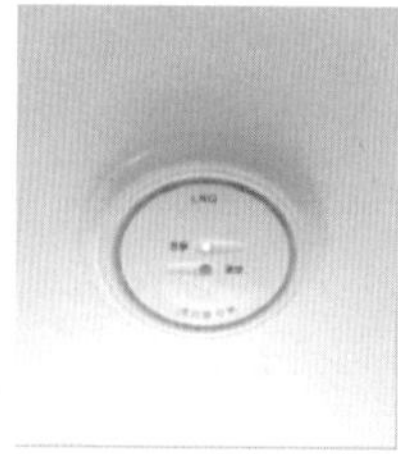

[탐지부]

※ 출처 : 한국소방안전원

정답
47 ② 48 ②

49 **소방시설 설치 및 관리에 관한 법률상 특정소방대상물의 관계인이 소방시설에 폐쇄(잠금을 포함)·차단 등의 행위를 하여서 사람을 상해에 이르게 한 때에 대한 벌칙기준으로 옳은 것은?**

① 10년 이하의 징역 또는 1억 원 이하의 벌금
② 7년 이하의 징역 또는 7천만 원 이하의 벌금
③ 5년 이하의 징역 또는 5천만 원 이하의 벌금
④ 3년 이하의 징역 또는 3천만 원 이하의 벌금

해설

▣ 소방시설의 폐쇄·차단행위 벌칙
1) 10년 이하의 징역 또는 1억 원 이하의 벌금
소방시설에 폐쇄, 차단 등의 행위에 따른, 사망에 이르게 한 때
2) 7년 이하의 징역 또는 7천만 원 이하의 벌금
소방시설에 폐쇄, 차단 등의 행위에 따른, 사람에게 상해를 이르게 한 때
3) 5년 이하의 징역 또는 5천만 원 이하의 벌금
소방시설에 폐쇄·차단 등의 행위를 한 때

50 **다음 중 벌금이 다른 하나를 고르시오.**

① 강제처분을 방해한 자 또는 정당한 사유 없이 그 처분에 따르지 아니한 자
② 화재안전조사 결과에 따른 조치명령을 정당한 사유 없이 위반한 자
③ 소방시설 자체점검 결과에 따른 이행계획을 완료하지 않아 필요한 조치의 이행을 명하였으나, 이에 따른 명령을 정당한 사유 없이 위반한 자
④ 위험물제조소등의 설치허가를 받지 않고 제조소등을 설치한 자

[벌칙 및 과태료]
종합적으로 출제가 되고 있으니 모든 법의 벌금과 과태료는 눈에 익혀둘 것

해설

▣ 벌금
1) 강제처분을 방해한 자 또는 정당한 사유 없이 그 처분에 따르지 아니한 자 : 소방기본법 3년 3000만 원 이하의 벌금
2) 화재안전조사 결과에 따른 조치명령을 정당한 사유 없이 위반한 자 : 화재예방법 3년 3000만 원 이하의 벌금
3) 소방시설 자체점검 결과에 따른 이행계획을 완료하지 않아 필요한 조치의 이행을 명하였으나, 이에 따른 명령을 정당한 사유 없이 위반한 자 : 소방시설법 3년 3000만 원 이하의 벌금
4) 위험물제조소등의 설치허가를 받지 않고 제조소등을 설치한 자 : 위험물안전관리법 5년 1억 원 이하의 벌금

정답
49 ② 50 ④

08회 실전모의고사

01 **다음은 펌프성능시험측정 결과표이다. 틀린 것을 고르시오.**

구분		체절운전	정격운전 (100 %)	정격유량의 150 % 운전
토출량 (L/min)	주	0	2000	3000
	예비	-	-	-
토출압 (MPa)	주	1.4	1.1	0.85
	예비	-	-	-

〈적정 여부〉
1. 체절운전 시 토출압은 정격토출압의 140 % 이하일 것 (○)
2. 정격운전 시 토출량과 토출압이 규정치 이상일 것 (○)
3. 정격토출량의 150 %에서 토출압은 정격토출압의 65 % 이상일 것 (○)
※ 릴리프밸브의 작동압력은 1.3 MPa이다.

① 예비펌프는 없기 때문에 성능시험측정을 하지 않았다.
② 주펌프의 정격양정은 100 m이다.
③ 릴리프밸브의 작동압력이 적정하다.
④ 주펌프의 정격토출량은 2000 L/min이다.

해설

▣ 펌프성능시험

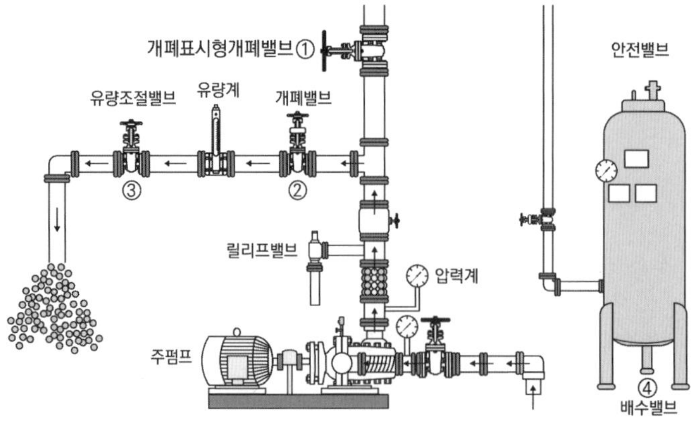

※ 출처 : 한국소방안전원

[펌프성능시험]

성능시험	유량	압력
체절 운전	0	140 % 이하
정격 운전	100 %	100 % 이상
최대 운전	150 %	65 % 이상

정답
01 ②

1) 체절운전

(1) 펌프토출 측 밸브[①]와 성능시험배관상의 유량조절밸브[③] 폐쇄 상태, 즉 토출량이 '0'인 상태에서 펌프 기동

(2) 이때의 압력(체절압력)을 확인하여 정격토출압력의 140 % 이하인지 확인

(3) 정격토출압력이 140 %를 초과하는 경우 순환배관상의 릴리프밸브를 개방(조절볼트 반시계방향으로 돌림)하여 정격토출압력의 140 % 이하로 조절

2) 정격부하운전

(1) 펌프토출 측 밸브[①] 폐쇄 상태, 성능시험배관상의 개폐밸브[②] 완전 개방, 유량조절밸브[③] 서서히 개방하여 유량계의 지침이 정격토출량의 100 %를 가리킬 때까지 개방

(2) 압력계상의 압력을 확인하여 정격토출압력의 100 % 이상인지 확인

3) 최대운전

(1) 펌프토출 측 밸브[①] 폐쇄 상태, 성능시험배관상의 개폐밸브[②] 완전 개방, 유량조절밸브[③] 더욱 개방하여 유량계의 지침이 정격토출량의 150 %를 가리킬 때까지 개방

(2) 압력계상의 압력을 확인하여 정격토출압력의 65 % 이상인지 확인

※ 예비펌프가 없으므로 펌프성능시험결과표에 작성하지 않는다.

※ 주펌프의 정격양정은 펌프성능시험결과표에서는 알 수 없다(펌프명판에 표시).

※ 릴리프밸브의 작동압력은 정격압력인 1.1 MPa보다 크고 체절압력인 1.4 MPa보다 작기 때문에 적정하다.

※ 주펌프의 정격운전은 정격토출량인 2000 L/min에서의 압력을 측정

02 옥내소화전설비의 방수압력 및 방수량 측정에 관한 내용으로 틀린 것을 고르시오.

① 방수구에 호스를 결속한 상태로 노즐의 선단에 방수압력측정계(피토게이지)를 근접(D/2)시켜서 측정하여 방수압력측정계(피토게이지)의 압력계상의 눈금 확인한다.

② 직사형 관창을 이용하여 측정한다.

③ 방수량 산정식은 $Q = 2.065 \times D^2 \times \sqrt{p}$ 이다.

④ 방수압력측정계(피토게이지)는 봉상주수 상태에서 평행하게 측정

Tip

[방수압력]
방수구에 호스를 결속한 상태로 노즐의 선단에 방수압력측정계(피토게이지)를 근접(D/2)시켜서 측정하여 방수압력측정계(피토게이지)의 압력계상의 눈금 확인

해 설

■ 방수압력 및 방수량 측정

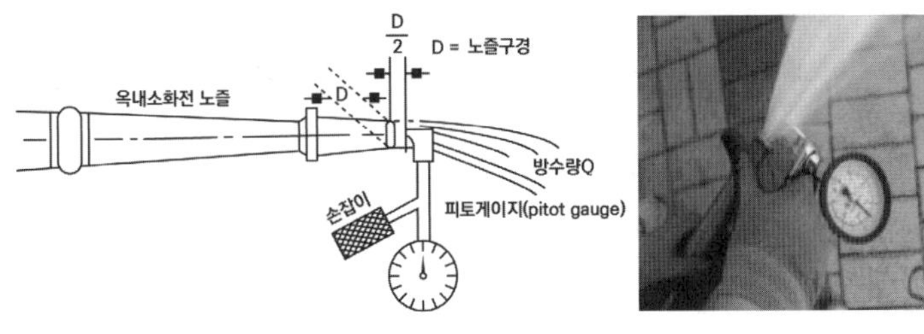

정답
02 ④

구분	측정
방수량	$Q=2.065\times D^2\times\sqrt{p}$ Q : 분당방수량[L/min] D : 관경 또는 노즐의 구경[mm] (옥내소화전 : 13 mm, 옥외소화전 : 19 mm) p : 방수압력[MPa]
주의사항	1) 반드시 직사형 관창을 이용하여 측정 2) 초기 방수 시 물속에 존재하는 이물질이나 공기 등이 완전히 배출된 후에 측정하여야 방수압력측정계(피토게이지)의 입구 구경이 작기 때문에 발생하는 막힘이나 고장 방지 가능 3) 방수압력측정계(피토게이지)는 봉상주수 상태에서 직각으로 측정

03 **다음은 감지기 설치유효면적에 대한 설명이다. 도표에 들어갈 알맞은 숫자를 고르시오.**

[암기팁]
구질구질칠랭이
나누기2
플러스5
나누기2플러스5

부착 높이 및 특정소방대상물의 구분		감지기의 종류(단위 : m²)						
		차동식 스포트형		보상식 스포트형		정온식 스포트형		
		1종	2종	1종	2종	특종	1종	2종
4 m 미만	내화구조	90	㉠	90	70	㉢	60	20
	기타구조	50	40	50	40	40	30	15
4 m 이상 8 m 미만	내화구조	45	35	45	㉡	35	30	
	기타구조	30	25	30	25	25	15	

① ㉠ : 70, ㉡ : 60, ㉢ : 40
② ㉠ : 70, ㉡ : 30, ㉢ : 45
③ ㉠ : 70, ㉡ : 35, ㉢ : 70
④ ㉠ : 80, ㉡ : 70, ㉢ : 60

해설

▣ 열감지기 설치유효면적

부착 높이 및 특정소방대상물의 구분		감지기의 종류(단위 : m²)						
		차동식 스포트형		보상식 스포트형		정온식 스포트형		
		1종	2종	1종	2종	특종	1종	2종
4 m 미만	내화구조	90	70	90	70	70	60	20
	기타구조	50	40	50	40	40	30	15
4 m 이상 8 m 미만	내화구조	45	35	45	35	35	30	
	기타구조	30	25	30	25	25	15	

정답
03 ③

04 다음 조건을 보고 설치하여야 하는 감지기 개수를 구하시오.

- 바닥면적 120 m^2이다.
- 감지기 설치높이는 4 m이다.
- 내화구조로 되어 있다.
- 차동식 스포트형 감지기 1종을 설치한다.

① 2개
② 3개
③ 5개
④ 6개

Tip
4 m는 미만에 속하지 않으며 이상에 속한다.

해설

▣ 감지기 수량산정

부착 높이 및 특정소방대상물의 구분		감지기의 종류(단위 : m^2)						
		차동식 스포트형		보상식 스포트형		정온식 스포트형		
		1종	2종	1종	2종	특종	1종	2종
4 m 미만	내화구조	90	70	90	70	70	60	20
	기타구조	50	40	50	40	40	30	15
4 m 이상 8 m 미만	내화구조	45	35	45	35	35	30	
	기타구조	30	25	30	25	25	15	

$\frac{120}{45} = 2.67$ → 절상해서 3개

정답
04 ②

05 다음은 수신기를 나타내는 그림이다. 수신기 점검 중 회로별 감지기의 배선 정상 여부를 확인하고자 할 때 수신기스위치 중 어느 것을 눌러야 하는지 고르시오.

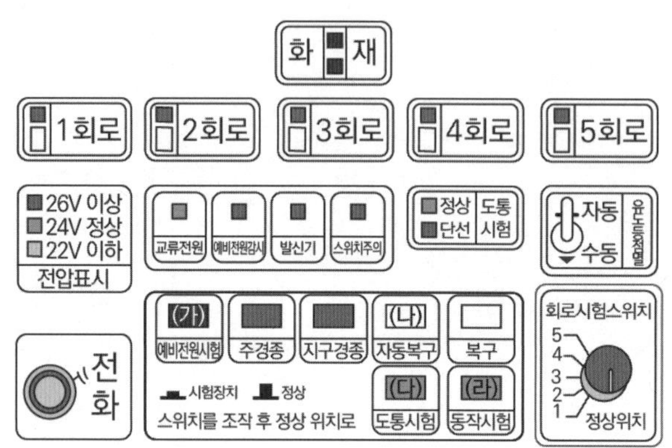

※ 출처 : 한국소방안전원

① (가) ② (나)
③ (다) ④ (라)

Tip

[수신기시험]

(1) 동작시험 : 수신기에 화재신호를 수동으로 입력하여 수신기가 정상적으로 동작되는지를 확인하기 위한 시험

(2) 예비전원시험 : 상용전원(AC 220 V)이 사고 등으로 정전된 경우 자동적으로 예비전원(DC 24 V)으로 절환이 되며, 복구 시 자동적으로 상용전원으로 절환되는지의 여부와 상용전원이 정전되었을 때 수신기가 정상적으로 동작할 수 있는 전압을 가지고 있는지를 확인하는 시험

해 설

▣ 수신기 회로도통시험

수신기에서 감지기 사이 회로의 단선 유무와 기기 등의 접속 상황을 확인하기 위한 시험

1) 시험순서
   (1) 도통시험스위치를 누름
   (2) 로터리 방식 : 회로선택스위치를 차례로 회전시켜 시험
       버튼 방식 : 각 경계구역별 동작버튼을 누른 후 시험
2) 적부 판정방법
   (1) 전압계 방식 : 정상(4 ~ 8 V), 단선(0 V)
   (2) 도통시험 확인등 : 정상 확인등 점등(녹색), 단선 확인등 점등(적색)
3) 복구방법
   (1) 회로선택스위치를 초기(정상) 위치로 복구(로터리 방식만 해당)
   (2) 도통시험스위치 복구

정답

05 ③

06 **1층과 2층의 바닥면적 합계가 13000 m^2인 건축물의 저수량을 고르시오.**

① 10 m^3 ② 20 m^3
③ 30 m^3 ④ 40 m^3

Tip
건축물의 저수량 산정 시 소수점은 절상한다.

해설

■ 소화수조 저수량

1) 소방차가 2 m 이내의 지점까지 접근할 수 있는 위치에 설치하여야 한다.
2) 소화수조 또는 저수조의 저수량은 특정소방대상물의 연면적을 기준면적으로 나누어 얻은 수(소수점 이하의 수 : 1)에 20 m^3를 곱한 양 이상이어야 한다.

구분	기준면적
1층 및 2층의 바닥면적 합계가 15000 m^2 이상	7500 m^2
그 밖의 소방대상물	12500 m^2

※ 1층과 2층의 바닥면적합계가 13000 m^2이므로 기준면적인 12500 m^2로 나눈다. $\frac{13000}{12500} = 1.04$ → 소수점 이하의 수는 1로 보기 때문에 2이며, 2에 20를 곱한 40 m^3이 정답이다.

※ [07 ~ 09] 다음의 소방안전관리대상물 조건을 보고 물음에 답하시오.

1. 모아터널
2. 길이 : 1200 m
3. 완공일 : 2017년 10월 3일
4. 사용승인일 : 2017년 11월 1일
5. 설치된 소방시설현황 : 옥내소화전설비, 자동화재탐지설비, 옥외소화전설비, 제연설비

07 **종합점검 실시 날짜로 알맞은 것을 고르시오.**

① 2025년 4월 12일
② 2025년 5월 14일
③ 2025년 10월 11일
④ 2025년 11월 17일

해설

■ 자체점검

작동점검과 종합점검은 건축물 사용승인 후 다음 연도부터 실시한다.

정답

06 ① 07 ④

구분	작동점검	종합점검
정의	소방시설등을 인위적 조작하여 정상적 작동하는지 점검	작동점검 + 소방설비의 주요부품의 구조기준이 화재안전기준과 건축법 등에 적합한지 여부 점검 1) 최초점검 : 해당 특정소방대상물의 소방시설등이 신설된 경우 건축물을 사용할 수 있게 된 날부터 60일 이내 점검 2) 그 밖의 종합점검 : 최초점검을 제외한 종합점검
점검 대상 및 점검자	1) 간이스프링클러설비 또는 자동화재탐지설비가 설치된 특정소방대상물(3급 소방안전관리대상물) ▶ 점검자 • 관계인 • 소방안전관리자 • 소방시설관리업자 • 특급점검자(특급점검자에 관한 규정 : 24.12.1부터 적용) 2) "1"에 해당하지 아니하는 특정소방대상물("3)"에 해당하는 특정소방대상물은 제외한다) ▶ 점검자 • 소방안전관리자로 선임된 소방시설관리사 및 소방기술사 • 소방시설관리업자 3) 작동점검 제외 대상 (1) 위험물제조소등 (2) 소방안전관리자를 선임하지 않은 대상 (3) 특급소방안전관리대상물	1) 최초점검 대상물 2) 스프링클러설비가 설치된 특정소방대상물 3) 물분무등소화설비[호스릴 방식의 물분무등소화설비만을 설치한 경우는 제외]가 설치된 연면적 5000 m^2 이상인 특정소방대상물(위험물 제조소등은 제외) 4) 다중이용업의 영업장이 설치된 특정소방대상물로서 연면적이 2000 m^2 이상인 것(단란주점, 유흥주점, 노래연습장, 산후조리원, 고시원, 안마시술소, 영화상영관, 비디오물감상실업, 복합영상물제공업) 5) 제연설비가 설치된 터널 6) 공공기관 중 연면적(터널·지하구의 경우 그 길이와 평균폭을 곱하여 계산된 값)이 1000 m^2 이상인 것으로서 옥내소화전설비 또는 자동화재탐지설비가 설치된 것(소방대가 근무하는 공공기관은 제외) ▶ 점검자 1) 소방시설관리업자 2) 소방안전관리자로 선임된 소방관리사·기술사
점검자	• 관계인 • 소방안전관리자 • 소방시설관리업자	1) 소방시설관리업자 2) 소방안전관리자로 선임된 소방관리사·기술사
점검 횟수	연 1회 이상	1) 연 1회 이상 - 특급소방대상물 : 반기에 1회 이상 - 우수대상물 : 3년 이하 기간 면제(화재 시 제외)

구분	작동점검	종합점검
점검 시기	1) 종합점검 대상 : 종합점검(최초 점검은 제외한다)을 받은 달부터 6개월이 되는 달에 실시 2) 1)에 해당하지 않는 특정소방대상물 : 특정소방대상물의 사용승인일이 속하는 달의 말일까지 실시	1) 최초점검 : 건축물의 사용승인을 받은 날 또는 소방시설완공검사증명서(일반용)을 받은 날로부터 60일 이내 2) 그 외 : 건축물의 사용승인일이 속하는 달에 실시 3) 건축물 사용승인일 이후 다음 항목에 따라 종합점검대상에 해당하게 된 경우에는 그 다음 해부터 실시 - 물분무등소화설비[호스릴 방식의 물분무등소화설비만을 설치한 경우는 제외]가 설치된 연면적 5000 m^2 이상인 특정소방대상물(제조소등은 제외) 4) 하나의 대지경계선 안에 2개 이상의 점검 대상 건축물 등이 있는 경우에는 그 건축물 중 사용승인일이 가장 빠른 연도의 건축물의 사용승인일을 기준으로 점검할 수 있음 5) 학교 : 해당 건축물의 사용승인일이 1 ~ 6월 사이에 있는 경우 6월 30일까지 실시

08 종합점검인력으로 틀린 것을 고르시오.

① 소방시설관리업자
② 소방안전관리자로 선임된 소방시설관리사
③ 소방안전관리자로 선임된 소방기술사
④ 관계인

해설

▣ 점검자

(1) 소방시설관리업자
(2) 소방안전관리자로 선임된 소방관리사 · 기술사

정답
08 ④

09 위의 소방대상물의 소방안전관리자 선임기한을 고르시오.

① 완공일로부터 14일 이내
② 완공일로부터 30일 이내
③ 사용승인일로부터 14일 이내
④ 사용승인일로부터 30일 이내

해설

▣ 선임

30일 이내에 선임하고 14일 이내에 소방본부장/소방서장에게 보고한다.

10 소방안전관리대상물에 게시하는 소방안전관리자 현황표 사항이 아닌 것을 고르시오.

① 소방안전관리자 성명
② 소방안전관리자 선임일자
③ 소방안전관리자 연락처
④ 소방안전관리자 근무 요일

해설

▣ 소방안전관리자 현황표

소방안전관리자 현황표 (대상명 :)

이 건축물의 소방안전관리자는 다음과 같습니다.

□ 소방안전관리자 :

(선임일자 : 년 월 일)

□ 소방안전관리대상물 등급 : 급

□ 소방안전관리자 근무 위치(화재 수신기 위치) :

「화재의 예방 및 안전관리에 관한 법률」 제26조 제1항에 따라 이 표지를 붙입니다.

소방안전관리자 연락처 :

정답

09 ④ 10 ④

11 영화관에 객석통로의 직선부분의 길이가 40 m일 때 객석유도등은 몇 개를 설치해야 하는가?

① 5개 ② 6개
③ 8개 ④ 9개

객석유도등은 객석의 통로, 바닥 또는 벽에 설치한다.

해 설

▣ 객석유도등의 설치수량

$$설치개수 = \frac{객석통로의\ 직선부분\ 길이(m)}{4} - 1$$

$= 40/4 - 1 = 9개$

12 다음 특정소방대상물의 감지기 수량을 산정하시오.

1. A실은 차동식 1종을, B실은 정온식 1종을 설치한다.
2. 내화구조이다.

A실 $210m^2$ 층고 5m	B실 $180m^2$ 층고 3m

① A실 : 5개, B실 : 3개 ② A실 : 4개, B실 : 3개
③ A실 : 6개, B실 : 2개 ④ A실 : 7개, B실 : 2개

[감지기 설치]
부착 높이가 높을수록 더 많은 감지기를 설치해야 한다. 또한 감지기 설치 수량을 계산 시 소수점이 나오면 절상한다.

해 설

▣ 감지기 설치수량

부착 높이 및 특정소방대상물의 구분		감지기의 종류				
		차동식/보상식 스포트		정온식 스포트		
		1종	2종	특종	1종	2종
4 [m] 미만	내화구조	90	70	70	60	20
	기타구조	50	40	40	30	15
4 [m] 이상 8 [m] 미만	내화구조	45	35	35	30	-
	기타구조	30	25	25	15	-

- A실 : 45 m^2마다 감지기를 설치한다. 따라서 210/45 = 4.67이므로 절상해서 5개를 설치한다.
- B실 : 60 m^2마다 감지기를 설치한다. 따라서 180/60 = 3개를 설치한다.

정답

11 ④ 12 ①

13 자동화재탐지설비의 회로도통시험을 하고자 한다. 적부판정으로 옳지 않은 것은?

① 도통시험결과 전압계가 있는 경우 4 ~ 8 V를 가리키면 정상이다.
② 도통시험결과 전압계가 있는 경우 24 V를 가리키면 정상이다.
③ 도통시험확인등이 정상인 경우 녹색으로 점등된다.
④ 토통시험확인등이 단선인 경우 적색으로 점등된다.

해설

▣ 회로도통시험

수신기에서 감지기 사이 회로의 단선 유무와 기기 등의 접속 상황 확인

1) 시험순서
   (1) 도통시험스위치를 누름
   (2) 회로선택스위치를 차례로 회전
2) 적부 판정방법
   (1) 전압계 방식 : 정상(4 ~ 8 V), 단선(0 V)
   (2) 도통시험확인등 : 정상확인등 점등(녹색), 단선확인등 점등(적색)

[복구방법]
(1) 회로선택스위치를 초기(정상) 위치로 복구(로터리 방식만 해당)
(2) 도통시험스위치 복구

14 분말소화기 내용연수 및 폐기방법에 대한 설명으로 옳지 않은 것은?

① 소화기의 내용연수는 10년이다.
② 분말소화기는 폐기물관리법에 따라 생활폐기물로 구분한다.
③ 분말소화기는 신고필증(스티커)을 구매, 부착하여 지정된 장소에 배출하여야 한다.
④ 폐기방법은 모두 동일하다.

해설

▣ 분말소화기의 내용연수 및 폐기방법

1) 분말소화기의 내용연수
   소화기의 내용연수를 10년으로 하고 내용연수가 지난 제품은 교체 또는 성능검사에 합격한 소화기는 내용연수 등이 경과한 날의 다음 달부터 다음 기간 동안 사용
   (1) 내용연수 경과 후 10년 미만 : 3년
   (2) 내용연수 경과 후 10년 이상 : 1년
2) 분말소화기의 폐기방법
   폐기물관리법에 따라 생활폐기물 신고필증을 구매·부착하여 지정된 장소에 배출(지방자치단체 조례에 따라 폐기방법이 다를 수 있음)

[축압식 소화기]
(1) 용기 내 축압가스(질소)로 가압하여 소화약제 방출
(2) 압력계를 설치하며 0.7 ~ 0.98 MPa를 유지한다.

[가압식 소화기]
(1) 별도의 가압용기의 압력에 의해 약제가 방출
(2) 압력계가 불필요하다.

정답
13 ② 14 ④

15 차동식 스포트형 감지기의 동작원리 순서로 옳은 것은?

① 화재 시 온도상승 → 감열실 내의 공기가 수축 → 다이아프램을 압박 → 접접이 붙어 화재신호를 수신기에 보냄
② 화재 시 온도상승 → 감열실 내의 공기가 팽창 → 다이아프램을 압박 → 접접이 붙어 화재신호를 수신기에 보냄
③ 화재 시 온도상승 → 감열실 내의 공기가 팽창 → 접점을 압박 → 다이어프램이 올라가 화재신호를 수신기에 보냄
④ 화재 시 온도상승 → 감열실 외의 공기가 팽창 → 다이아프램을 압박 → 접접이 붙어 화재신호를 중계기에 보냄

해설

▣ 차동식 스포트형 감지기 동작원리

1) 구조 : 감열실, 다이아프램, 리크구멍, 접점 등으로 구분
2) 동작원리 : 화재 시 온도상승 → 감열실 내의 공기가 팽창 → 다이아프램을 압박 → 접접이 붙어 화재신호를 수신기에 보냄

16 다음 중 직통계단 보행거리 기준으로 틀린 것을 고르시오.

① 일반기준 30 m 이하이다.
② 건축물의 주요구조부가 내화구조 또는 불연재료일 경우 50 m 이하이다.
③ 건축물의 주요구조부가 내화구조 또는 불연재료이며 층수가 16층 이상인 공동주택의 경우 16층 이상의 층은 60 m 이하이다.
④ 반도체 및 디스플레이 패널 제조공장으로 자동화생산시설에 자동식 소화설비를 설치한 경우 75 m 이하이다.

해설

▣ 직통계단 설치기준

피난층 외의 층에서 거실의 각 부분으로부터 가장 가까운 거리에 있는 1개소의 계단에 이르는 보행거리가 다음과 같은 값 이하가 되도록 설치할 것

구분	보행거리
일반기준	30 m 이하
건축물의 주요구조부 : 내화구조 또는 불연재료	• 50 m 이하 • 층수가 16층 이상인 공동주택의 경우 16층 이상의 층 : 40 m 이하

[피난계단]
건축물의 내부 다른 부분과 방화구획된 구조로 계단실로 화염 및 연기유입을 차단한 직통계단이며 옥내 → 계단실 → 피난층의 동선이다.

[특별피난계단]
건축물의 내부 다른 부분과 방화구획 및 계단실과 옥내 사이에 노대 또는 부속실을 설치한 직통계단으로 피난계단보다 높은 피난 안전성을 확보한 것이며 옥내 → 노대 또는 부속실 → 계단실 → 피난층의 동선이다.

정답
15 ② 16 ③

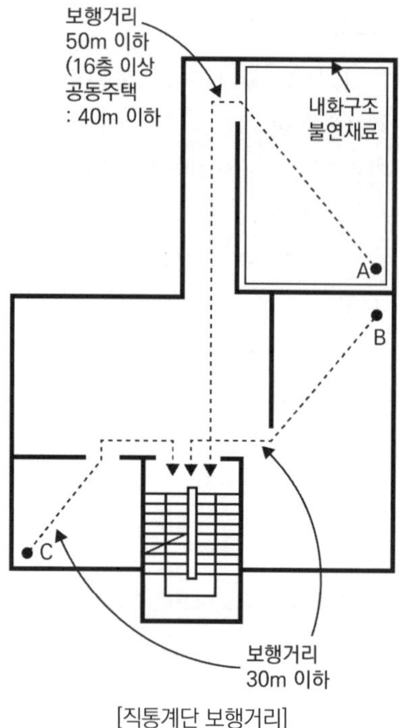

[직통계단 보행거리]

17 피난시설, 방화구획 및 방화시설의 불법행위 중 폐쇄행위에 해당하지 않은 것은?

① 비상구 등에 잠금장치를 설치하여 누구나 쉽게 열 수 없도록 하는 행위
② 계단 등에 방범철책 등을 설치하여 화재 시 피난할 수 없도록 하는 행위
③ 방화문에 고임장치 등 설치 또는 자동폐쇄장치를 제거하여 그 기능을 저해하는 행위
④ 쇠창살, 석고보드 또는 합판으로 비상탈출구의 개방이 불가능하도록 하는 행위

해설

▣ 피난시설, 방화구획 및 방화시설의 폐쇄(잠금 포함)행위

1) 피난·방화시설을 화재 시 사용할 수 없도록 폐쇄하는 행위
2) 계단, 복도 등에 방범철책(창) 등을 설치하여 화재 시 피난할 수 없도록 하는 행위
3) 비상구 등에 잠금장치(고정식 잠금장치 등)를 설치하여 누구나 쉽게 열 수 없도록 하는 행위
4) 용접, 조적, 쇠창살, 석고보드 또는 합판 등으로 비상(탈출)구의 개방이 불가능하도록 하는 행위
5) 기타 객관적인 판단하에 누구라도 폐쇄라고 볼 수 있는 행위

정답

17 ③

18 소방시설 자체점검에서 종합점검 대상이 아닌 것은?

① 스프링클러가 설치된 모든 소방대상물
② 물분무등소화설비가 설치된 연면적 5000 m^2 이상인 소방대상물(호스릴방식의 물분무등소화설비만 설치된 경우는 제외)
③ 연면적 1000 m^2 이상인 다중이용업소
④ 제연설비가 설치된 터널

해설

▣ 종합점검 대상물
1) 소방시설등이 신설된 특정소방대상물
2) 스프링클러가 설치된 모든 소방대상물
3) 물분무등소화설비가 설치된 연면적 5000 m^2 이상인 소방대상물(호스릴방식의 물분무등소화설비만 설치된 경우는 제외)
4) 제연설비가 설치된 터널
5) 다중이용업의 영업장이 설치된 소방대상물로서 연면적 2000 m^2 이상인 소방대상물
6) 공공기관 중 연면적 1000 m^2 이상인 것으로 옥내소화전 또는 자동화재탐지설비가 설치된 것(소방대가 근무하는 공공기관은 제외)
※ 다중이용업의 범위 : 단란주점영업, 유흥주점영업, 영화상영관, 비디오물감상실업, 복합영상물제공업, 노래연습장, 산후조리원, 고시원업, 안마시술소 등

19 다음 중 화상에 관한 응급처치법으로 가장 적절한 설명이 아닌 것은?

① 이송 시 화상부위가 상부로 오도록 조치하고, 손상되지 않도록 유의한다.
② 1, 2도 화상은 15 ~ 30분 동안 흐르는 물에 화상부위의 열을 식혀준다.
③ 의복이 화상부위에 붙어 있을 경우 옷을 잘라내지 말고 다른 물질들과 접촉을 금지한다.
④ 2도 화상의 경우 수포가 발생할 시 터뜨려서 2차 후유증을 방지한다.

해설

▣ 화상의 응급처치
1) 의복이 화상부위에 붙어 있을 경우 옷을 잘라내지 말고 다른 물질들과 접촉 금지
2) 1, 2도 화상은 15 ~ 30분 동안 흐르는 물에 화상부위 열 식혀줄 것, 3도 화상은 물에 적신 천을 대어 열기가 심부로 전달되는 것 방지
3) 화상부위 오염 우려 시 소독거즈 있을 경우 화상부위 덮어주기(골절환자의 경우 무리한 드레싱 금지)
4) 2도 화상의 경우 수포 상태의 감염우려가 있으니 터뜨리지 말 것
5) 이송 : 화상부위가 상부로 오도록 조치하고, 손상되지 않도록 유의할 것

[작동점검]
소방시설등을 인위적으로 조작하여 정상적으로 작동하는지를 작동점검표에 따라 점검하는 것

[종합점검]
소방시설등의 작동점검을 포함하여 소방시설등의 설비별 주요 구성 부품의 구조기준이 화재안전기준과 건축법 등 관련 법령에서 정하는 기준에 적합한지 여부를 종합점검표에 따라 점검하는 것
(1) 최초점검 : 소방시설이 새로 설치되는 경우 건축물을 사용할 수 있게 된 날부터 60일 이내 점검
(2) 그 밖의 종합점검 : 최초점검을 제외한 종합점검

[응급처치 기본사항]
(1) 기도 확보(유지)
① 구강 내 이물질 제거하기 위해 기침 유도, 기침이 어려울 시 하임리히법(복부 밀어내기) 실시(이물질 함부로 제거 금지)
② 구토를 하는 경우 머리를 옆으로 돌려 구토물의 흡입으로 인한 질식 예방
③ 이물질 제거 후 머리를 뒤로 젖히고, 턱을 위로 들어 올려 기도 개방
(2) 지혈
출혈부위 지압으로 저산소 출혈성 쇼크 방지
(3) 상처 보호
상처 부위에 소독거즈로 응급처치하고 붕대로 드레싱하되, 1차 사용한 거즈 등으로 상처를 닦는 것은 금하고 청결하게 소독된 거즈 사용

정답
18 ③ 19 ④

20 **7층의 근린생활시설 중 판매시설에 습식 폐쇄형 스프링클러헤드가 설치되어 있다면 이 설비에 필요한 수원의 양은 얼마 이상이어야 하는가?**

① 16 m^3　　② 24 m^3
③ 32 m^3　　④ 48 m^3

해설

▣ 설치장소에 따른 헤드의 기준개수

수원량(Q) = N × 1.6 m^3 = 30개 × 1.6 m^3 = 48 m^3

<table>
<tr><th colspan="3">스프링클러설비 설치장소</th><th>기준개수</th></tr>
<tr><td rowspan="6">10층 이하 (지하층 제외)</td><td rowspan="2">공장</td><td>특수가연물 저장·취급</td><td>30</td></tr>
<tr><td>그 밖의 것</td><td>20</td></tr>
<tr><td rowspan="2">근린생활시설 판매시설 운수시설 복합건축물</td><td>판매시설 또는 복합건축물 (판매시설이 설치되는 복합건축물)</td><td>30</td></tr>
<tr><td>그 밖의 것</td><td>20</td></tr>
<tr><td rowspan="2">그 밖의 것</td><td>헤드 부착 높이가 8 m 이상</td><td>20</td></tr>
<tr><td>헤드 부착 높이가 8 m 미만</td><td>10</td></tr>
<tr><td colspan="3">지하층을 제외한 층수가 11층 이상(아파트 제외), 지하상가 또는 지하역사</td><td>30</td></tr>
</table>

21 **건축물의 주요 구조부가 내화구조이고, 벽 및 반자의 실내에 면하는 부분이 불연재료로 된 바닥면적 2000 m^2인 업무시설에 필요한 소화기구의 능력단위와, 3단위 소화기를 설치할 경우에 최소 설치개수는?**

① 40단위, 14개　　② 20단위, 7개
③ 10단위, 4개　　④ 5단위, 2개

해설

▣ 특정소방대상물별 소화기구 능력단위

특정소방대상물	소화기구 능력단위
위락시설	바닥면적 30 m^2마다 능력단위 1단위
공연장, 집회장, 관람장, 문화재, 장례식장 및 의료시설	바닥면적 50 m^2마다 능력단위 1단위
근린생활시설, 판매시설, 운수시설, 숙박시설, 노유자시설, 전시장, 공동주택, 업무시설, 방송통신시설, 공장, 창고시설, 항공기 및 자동차 관련 시설 및 관광휴게시설	**바닥면적 100 m^2마다 능력단위 1단위**

정답
20 ④　21 ③

특정소방대상물	소화기구 능력단위
그 밖의 것	바닥면적 200 m^2마다 능력단위 1단위
주요 구조부가 내화구조이며, 벽 및 반자의 실내와 면하는 부분이 불연재료, 준불연재료, 난연재료인 경우 기준면적의 2배 적용하여 산출	

1) 주요 구조부가 내화구조이고, 벽 및 반자의 실내와 면하는 부분이 불연재료로 된 근린생활시설 바닥면적 기준 : 100 m^2 × 2배 = 200 m^2
2) 2000 m^2 ÷ 200 m^2 = 10단위
3) 10단위 ÷ 3단위 = 3.33 → 절상하여 4개

22 스프링클러설비가 설치되어 있는 15층 건축물의 경우 방화구획은 바닥면적 몇 m^2 이내마다 구획하여야 하는가? (단, 건축물이 내화구조로 되어 있고, 내장재는 불연재료이다)

① 500 m^2
② 1000 m^2
③ 1500 m^2
④ 3000 m^2

Tip
15층 건축물이기 때문에 11층 이상에 해당하며 불연재료이기 때문에 500 m^2마다 구획한다. 이때 스프링클러설비가 설치되어 있으니 500 m^2에 3배를 해서 1500 m^2이다.

해설

▣ 방화구획

1) 화재 발생 시 인접구역의 화염 확산을 방지하기 위해 구획하는 것(면적별, 층별, 용도별 구획)
2) 방화구획의 기준

구획의 종류	구획의 단위	구획의 구조
면적별 구획	① 10층 이하의 층은 바닥면적 1000 m^2 이내마다 구획 ② 11층 이상의 층은 바닥면적 200 m^2 이내마다 구획(불연재료 : 500 m^2) → 스프링클러 등 자동식 소화설비의 설치 부분은 위 면적의 3배 적용	① 내화구조 바닥, 벽 ② 60분+ 방화문 또는 60분 방화문 ③ 자동방화셔터
층별 구획	매층마다 구획(지하 1층에서 지상으로 직접 연결하는 경사로 부위 제외)	
용도별 구획	주요 구조부를 내화구조로 해야 하는 대상 부분과 기타 부분 사이의 구획	

정답
22 ③

23 다음 중 대수선의 기준에 해당하지 않는 것은?

① 보를 증설 또는 해체하거나 세 개 이상 수선 또는 변경하는 것
② 내력벽을 증설 또는 해체하거나 그 벽면적을 50제곱미터 이상 수선 또는 변경하는 것
③ 방화벽 또는 방화구획을 위한 바닥 또는 벽을 증설 또는 해체하거나 수선 또는 변경하는 것
④ 건축물의 외벽에 사용하는 마감재료를 증설 또는 해체하거나 벽면적 30제곱미터 이상 수선 또는 변경하는 것

[리모델링]
건축물의 노후화를 억제하거나 기능 향상 등을 위하여 대수선하거나 건축물의 일부를 증축 또는 개축하는 행위

해설

▣ 대수선

건축물의 기둥, 보, 내력벽, 주계단 등의 구조나 외부 형태를 수선·변경하거나 증설하는 것으로서 대통령령으로 정하는 다음 어느 하나에 해당하는 것으로서 증축·개축 또는 재축에 해당하지 아니하는 것

1) 내력벽을 증설 또는 해체하거나 그 벽면적을 30제곱미터 이상 수선 또는 변경하는 것
2) 기둥을 증설 또는 해체하거나 세 개 이상 수선 또는 변경하는 것
3) 보를 증설 또는 해체하거나 세 개 이상 수선 또는 변경하는 것
4) 지붕틀(한옥의 경우에는 지붕틀의 범위에서 서까래는 제외한다)을 증설 또는 해체하거나 세 개 이상 수선 또는 변경하는 것
5) 방화벽 또는 방화구획을 위한 바닥 또는 벽을 증설 또는 해체하거나 수선 또는 변경하는 것
6) 주계단·피난계단 또는 특별피난계단을 증설 또는 해체하거나 수선 또는 변경하는 것
7) 다가구주택의 가구 간 경계벽 또는 다세대주택의 세대 간 경계벽을 증설 또는 해체하거나 수선 또는 변경하는 것
8) 건축물의 외벽에 사용하는 마감재료를 증설 또는 해체하거나 벽면적 30제곱미터 이상 수선 또는 변경하는 것

정답
23 ②

24 다음 중 건축법상 도로에 대한 정의로 알맞은 것을 고르시오.

① 보행과 자동차 통행이 가능한 너비 5 m 이상의 도로
② 보행과 자동차 통행이 가능한 너비 3 m 이상의 도로
③ 보행과 자동차 통행이 가능한 너비 4 m 이상의 도로
④ 보행과 자동차 통행이 가능한 너비 2 m 이상의 도로

[도로]
보행과 자동차 통행이 가능한 너비 4미터 이상의 도로

해설

▣ 도로

1) 「국토의 계획 및 이용에 관한 법률」, 「도로법」, 「사도법」, 그 밖의 관계 법령에 따라 신설 또는 변경에 관한 고시가 된 도로
2) 건축허가 또는 신고 시에 특별시장·광역시장·특별자치시장·도지사·특별자치도지사(이하 "시·도지사"라 한다) 또는 시장·군수·구청장(자치구의 구청장을 말한다. 이하 같다)이 위치를 지정하여 공고한 도로
3) 대지와 도로의 관계 : 건축물의 대지는 2 m 이상이 도로(자동차만의 통행에 사용되는 도로는 제외)에 접하여야 한다. 다만 다음의 어느 하나에 해당하면 그러하지 아니하다.
   (1) 해당 건축물의 출입에 지장이 없다고 인정되는 경우
   (2) 건축물의 주변에 대통령령으로 정하는 공지가 있는 경우
   (3) 농막을 건축하는 경우

막다른 도로의 길이	도로의 너비
10 m 미만	2 m
10 m 이상 35 m 미만	3 m
35m 이상	6 m(도시지역이 아닌 읍·면지역은 4 m)

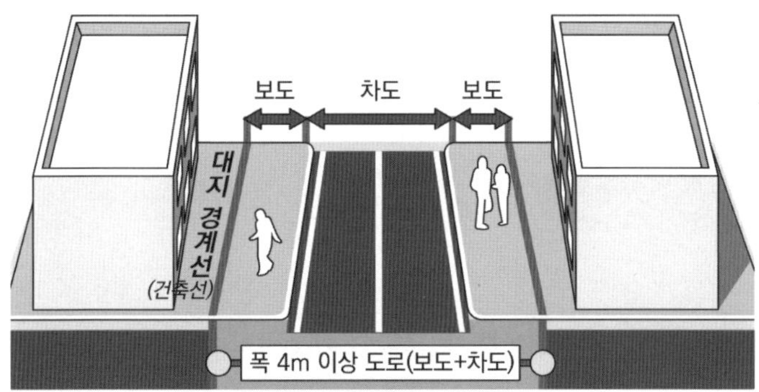

정답
24 ③

25 방열복, 방화복, 공기호흡기, 인공소생기를 각 2개 이상 비치해야 하는 특정소방대상물은?

① 지하층을 포함하는 층수가 5층 이상인 관광호텔
② 지하층을 포함하는 층수가 7층 이상인 관광호텔
③ 지하층을 포함하는 층수가 5층 이상인 병원
④ 지하층을 포함하는 층수가 7층 이상인 병원

[인명구조기구]
화재 시 발생하는 열과 연기로부터 인명의 안전한 피난을 위한 기구

해설

▣ 용도 및 장소별 인명구조기구

특정소방대상물	종류	설치 수량
지하층을 포함하는 층수가 7층 이상인 관광호텔 및 5층 이상인 병원	방열복, 방화복 공기호흡기 인공소생기	각 2개 이상 (병원의 경우 인공소생기 설치 제외 가능)
수용인원 100명 이상의 영화상영관, 대규모 점포, 지하역사, 지하상가	공기호흡기	층마다 2개 이상
이산화탄소소화설비 설치대상	공기호흡기	이산화탄소소화설비가 설치된 장소의 출입구 외부 인근에 1대 이상

26 옥내소화전 동력제어반에서 주펌프를 수동으로 기동시키기 위하여 보기에서 조작해야 할 스위치로 옳은 것은?

〈감시제어반〉
펌프선택스위치 - 연동, 주펌프 및 충압펌프 - 정지

〈동력제어반〉
주펌프 및 충압펌프 - 자동

① 동력제어반 주펌프를 "수동" 위치로 전환한 후 주펌프 기동버튼을 누른다.
② 감시제어반 및 동력제어반 펌프선택스위치를 "수동" 위치로 전환한 후 주펌프를 "기동" 위치로 전환한다.
③ 동력제어반 주펌프 및 충압펌프를 "수동" 위치로 전환한다.
④ 감시제어반 펌프선택스위치를 "수동" 위치로 전환한 후 주펌프를 "기동" 위치로 전환한다.

정답
25 ② 26 ①

해설

■ 제어반 점검

주펌프 수동 기동시키는 방법

1) 감시제어반 펌프선택스위치를 "수동" 위치로 전환한 후 주펌프를 "기동" 위치로 전환
2) 동력제어반 주펌프를 "수동" 위치로 전환한 후 주펌프 기동버튼 누름

※ 문제에서 동력제어반에서 주펌프 수동 기동시키는 방법을 물어보았으므로 2)가 정답에 해당되는 내용임

27 무색·무취·무미의 환원성이 강한 가스로서 상온에서 염소와 작용하여 유독성 가스인 포스겐을 생성하기도 하며 인체 내의 헤모글로빈과 결합하여 산소의 운반기능을 약화시켜 질식하게 하는 연소생성물은?

① 일산화탄소 ② 이산화탄소
③ 황화수소 ④ 암모니아

Tip
일산화탄소는 상온에서 염소와 반응하여 포스겐을 생성한다.
$CO + Cl_2 \rightarrow COCl_2$

해설

■ 연소 시 주요 생성가스

연소가스	특징
일산화탄소 (CO)	• 불완전연소 시 발생 • 유독성 • 흡입 시 COHb(Carboxy Hemoglo Bin)을 형성하여 산소운반 방해(질식사망)
이산화탄소 (CO_2)	• 연소가스 중 가장 많은 양 발생 • 다량 흡입 시 호흡속도 증가 • 완전연소 시 발생
암모니아 (NH_3)	• 눈, 코, 폐 등에 매우 자극성이 큰 가연성 가스 • 질소함유물인 수지류, 나무 등 연소 시 발생
포스겐 ($COCl_2$)	• 염소가 함유된 가연물 연소 시 발생 • PVC, 수지류 등의 연소 시 발생 • 맹독성(0.1 ppm)가스

정답
27 ①

28 아래의 P형 수신기 상태로 옳지 않은 것은?

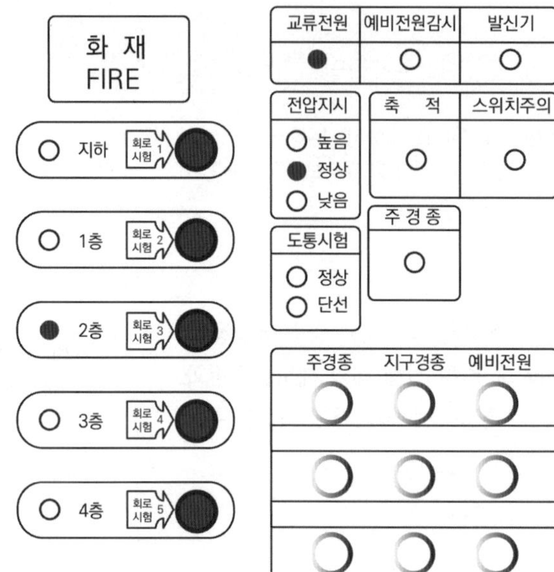

① 경종이 울리고 있다.
② 화재 신호기기는 발신기이다.
③ 2층에서 화재가 발생하였다.
④ 화재 신호기기는 감지기이다.

해 설

▣ 수신기 점검

1) 화재표시등과 2층 지구표시등이 점등되어 있는데, 발신기등은 점등되지 않은 상태이므로 현재 2층에서 온 화재 신호기기는 발신기가 아닌 감지기이다.
2) 화재신호가 수신기에 오면 음향장치가 명동한다.

정답

28 ②

29 소방계획의 수립절차 4단계 순서로 옳은 것은?

① 사전기획 - 위험환경 분석 - 시행 및 유지관리 - 설계 및 개발
② 사전기획 - 위험환경 분석 - 설계 및 개발 - 시행 및 유지관리
③ 위험환경 분석 - 사전기획 - 시행 및 유지관리 - 설계 및 개발
④ 사전기획 - 시행 및 유지관리 - 위험환경 분석 - 설계 및 개발

해설

▣ 소방계획의 수립절차

절차	주요 내용
1. 사전 기획	소방계획 수립을 위한 임시조직을 구성하거나 위원회 등을 개최하여 법적 요구사항은 물론 이해관계자의 의견을 수렴하고 세부 작성계획 수립
2. 위험환경 분석	대상물 내 물리적 및 인적 위험요인 등에 대한 위험요인을 식별하고, 이에 대한 분석 및 평가를 실시한 후 대책 수립
3. 설계 및 개발	소방계획수립의 목표와 전략을 수립하고 세부 실행계획 수립
4. 시행 및 유지관리	구체적인 소방계획을 수립하고 이해관계자의 검토를 거쳐 최종 승인을 받은 후 소방계획 이행 및 개선

[소방계획의 작성원칙]

(1) 실현 가능한 계획 : 소방계획의 핵심은 위험관리이며, 대상물의 위험요인을 체계적으로 관리하기 위한 일련의 활동이기 때문에 위험요인의 관리는 반드시 실현 가능한 계획으로 구성
(2) 관계인의 적극적 참여 : 소방계획의 수립 및 시행에 소방안전관리대상물의 관계인, 재실자 및 방문자 등 전원이 참여하도록 수립
(3) 계획 수립의 구조화 : 체계적이고 전략적인 계획의 수립을 위해 작성 - 검토 - 승인의 3단계의 구조화된 절차를 거쳐야 함
(4) 실행 우선 : 문서로 작성된 계획만으로는 소방계획의 완료로 보기 어려우며, 교육훈련 및 평가 등 이행의 과정이 있어야 비로소 소방계획의 완성

30 소방기본법상 과태료 부과기준이 틀린 것은?

① 소방자동차 출동에 지장을 준 자 - 200만 원 이하의 과태료
② 허가 없이 소방활동구역을 출입한 자 - 200만 원 이하의 과태료
③ 화재 또는 구조·구급이 필요한 상황을 거짓으로 알린 자 - 100만 원 이하의 과태료
④ 소방자동차 전용구역에 주차하거나 전용구역에의 진입을 가로막는 등의 방해행위를 한 자 - 100만 원 이하의 과태료

해설

▣ 소방기본법 과태료

1) 500만 원 이하
화재 또는 구조·구급이 필요한 상황을 거짓으로 알린 자
2) 200만 원 이하
(1) 소방자동차 출동에 지장을 준 자
(2) 허가 없이 소방활동구역을 출입한 자
3) 100만 원 이하
소방자동차 전용구역에 주차하거나 전용구역에의 진입을 가로막는 등의 방해행위를 한 자

정답
29 ② 30 ③

31 **연면적 5500 m^2, 10층인 스프링클러설비가 설치된 아파트의 종합점검 실시 횟수를 고르시오.**

① 월 1회 이상
② 분기별 1회 이상
③ 반기별 1회 이상
④ 연 1회 이상

[종합점검]
종합점검은 건축물의 사용승인일이 속하는 달마다 연 1회 이상 실시한다.

해설

▣ 자체점검의 횟수·시기

점검구분	점검 횟수 및 점검 시기 등
작동점검	작동점검 : 연 1회 이상 실시 1. 종합점검 대상 : 종합점검(최초점검은 제외)을 받은 달부터 6개월이 되는 달에 실시 2. 그 외 : 특정소방대상물의 사용승인일이 속하는 달의 말일까지 실시(다만 건축물관리대장 또는 건물 등기사항증명서 등에 기입된 날이 다른 경우에는 건축물관리대장에 기재되어 있는 날을 기준으로 점검)
종합점검	1. 점검 횟수 가. 연 1회 이상(특급 소방안전관리대상물은 반기에 1회 이상) 실시 나. 우수대상물 : 3년 범위 내 정한 기간 면제(면제기간 중 화재 발생 시 제외) 2. 점검 시기 가. 최초 점검 : 소방시설이 새로 설치되는 경우 건축물을 사용할 수 있게 된 날부터 60일 이내 실시 나. '가.'를 제외한 특정소방대상물 : 건축물의 사용승인일이 속하는 달에 연 1회 이상(특급은 반기에 1회 이상) 실시 학교 : 해당 건축물의 사용승인일이 1 ~ 6월 사이에 있는 경우 6월 30일까지 실시 다. 건축물 사용승인일 이후 다음 항목에 따라 종합점검 대상에 해당하게 된 경우에는 그 다음 해부터 실시 물분무등소화설비(호스릴 방식의 물분무등소화설비만을 설치한 경우는 제외)가 설치된 연면적 5000 m^2 이상인 특정소방대상물(제조소등은 제외) 라. 하나의 대지경계선 안에 2개 이상의 점검 대상 건축물등이 있는 경우에는 그 건축물 중 사용승인일이 가장 빠른 연도의 건축물의 사용승인일을 기준으로 점검할 수 있음

정답

31 ④

32 방화구획의 구조에 대한 설명으로 틀린 것을 고르시오.

① 60분+ 방화문은 연기 및 불꽃을 차단할 수 있는 시간이 60분 이상이고, 열을 차단할 수 있는 시간이 30분 이상인 방화문이다.
② 외벽과 바닥 사이에 틈이 생긴 때나 급수관·배전관 그 밖의 관이 방화구획으로 되어 있는 부분을 관통하는 경우 그로 인하여 방화구획에 틈이 생긴 때에는 그 틈을 내화시간 이상 견딜 수 있는 내열채움성능이 인정된 구조로 메워야 한다.
③ 환기·난방 또는 냉방시설의 풍도가 방화구획을 관통하는 경우 그 관통부 또는 이에 근접한 부분에 기준에 적합한 댐퍼를 설치하여야 한다.
④ 댐퍼는 화재로 인한 연기 또는 불꽃을 감지하여 자동적으로 닫히는 구조로 한다.

해설

■ 방화구획 구조

외벽과 바닥 사이에 틈이 생긴 때나 급수관·배전관 그 밖의 관이 방화구획으로 되어 있는 부분을 관통하는 경우 그로 인하여 방화구획에 틈이 생긴 때에는 그 틈을 내화시간 이상 견딜 수 있는 내화채움성능이 인정된 구조로 메워야 한다.

[방화구획]
(1) 방화구획은 화재 발생 시 일정 공간 내로 화재를 국한시켜, 화재확산을 방지하는 구조로서 인접구역 재실자의 거주가능시간을 연장하는 데 도움을 줄 수 있음
(2) 내화구조 바닥·벽·방화문 등으로 조합하여 화재에 일정시간 견디는 구조로 구성됨
(3) 고층 건축물, 규모가 큰 일반 건축물이나 공장 등에서의 화재 발생 시 연기 및 화연의 확산 방지를 위한 구획
(4) 방화구획설치대상은 주요구조부가 내화구조 또는 불연재료로 된 건축물로서 연면적이 1000 m^2를 넘는 것(건축법 시행령 제46조). 단, 주요 구조부가 내화구조 또는 불연재료가 아닌 건축물 중 연면적 1000 m^2 이상인 건축물은 방화벽으로 구획함

33 다음은 연소의 3요소 중 가연물이 될 수 없는 조건과 물질이다. 조건과 물질이 옳게 짝지어진 것을 고르시오.

조건	물질
가. 불활성기체 나. 산소와 화합하여 흡열반응하는 물질 다. 자체가 연소하지 않는 물질 라. 산소와 화학반응을 일으킬 수 없는 물질	㉠ 질소 ㉡ 물, 이산화탄소 ㉢ 일산화탄소 ㉣ 돌, 흙 ㉤ 헬륨, 네온

① 가 - ㉠, 나 - ㉡, 다 - ㉢, 라 - ㉣
② 가 - ㉡, 나 - ㉤, 다 - ㉢, 라 - ㉣
③ 가 - ㉤, 나 - ㉠, 다 - ㉣, 라 - ㉡
④ 가 - ㉤, 나 - ㉡, 다 - ㉢, 라 - ㉣

[연기의 유동 원인]
(1) 공조설비 : 건축물 내부에 있는 냉·난방, 통풍, 공기조화설비의 영향
(2) 부력 : 화재실 내 온도가 상승하여 밀도차에 의한 연기 상승
(3) 바람 : 외부의 바람이 건물 내로 유입하여 압력차 발생
(4) 연돌효과 : 건축물 내·외부공기의 온도차로 인한 압력차에 의해 공기가 이동
(5) 피스톤 효과 : 승강기 이동으로 인한 교란 발생
(6) 팽창력 : 화재 시 온도 상승으로 인한 가스의 팽창

정답

32 ② 33 ③

해설

▣ 연소

1) 불활성기체 : 헬륨, 네온, 아르곤 등
2) 산소와 화합하여 흡열반응하는 물질 : 질소, 질소산화물 등
3) 자체가 연소하지 않는 물질 : 돌, 흙 등
4) 산소와 화학반응을 일으킬 수 없는 물질 : 물, 이산화탄소 등
※ 일산화탄소 : 가연물질

34 건물 내에서 연기의 수평방향 이동속도는 약 몇 m/s인가?

① 0.1 ~ 0.2
② 0.5 ~ 1.0
③ 2 ~ 3
④ 3 ~ 5

해설

▣ 연기의 이동 속도

이동방향	이동속도
수평 방향	0.5 ~ 1.0 m/s
계단실 등 수직 방향(화재 초기)	2 ~ 3 m/s
농연	3 ~ 5 m/s

35 다음 중 위험물 종류별 지정수량으로 맞게 짝지어진 것을 고르시오.

ㄱ. 휘발유 : 200 L
ㄴ. 등유, 경유 : 1000 L
ㄷ. 중유 : 1000 L
ㄹ. 질산 : 300 kg

① ㄱ
② ㄱ, ㄴ
③ ㄱ, ㄴ, ㄹ
④ ㄷ, ㄹ

해설

▣ 지정수량

1) 휘발유 : 200 L
2) 등유, 경유 : 1000 L
3) 중유 : 2000 L
4) 알코올류 : 400 L
5) 질산 : 300 kg

정답
34 ② 35 ③

36 아파트에 설치하는 주방용 자동소화장치의 설치기준 중 부적합한 것은?

① 아파트의 각 세대별 주방에 설치한다.
② 소화약제 방출구는 환기구의 청소부분과 분리되어 있어야 한다.
③ 주방용 자동소화장치의 탐지부는 연료를 LPG로 사용할 경우 천정에서 30 cm 이내에 설치한다.
④ 주방용 자동소화장치의 탐지부는 수신부와 분리하여 설치하되, 공기보다 무거운 가스 사용 시 바닥에서 30 cm 이하에 위치한다.

해설

▣ 주방용 자동소화장치의 설치기준

1) 소화약제방출구는 환기구의 청소부분과 분리되어 있어야 하며, 형식승인을 받은 유효 설치높이 및 방호면적에 따라 설치할 것
2) 감지부는 형식승인 받은 유효한 높이 및 위치에 설치할 것
3) 차단장치는 상시 확인 및 점검이 가능하도록 설치할 것
4) 탐지부는 수신부와 분리하여 설치하되, 공기보다 가벼운 가스 : 천장면으로부터 30 cm 이하, 공기보다 무거운 가스 : 바닥면으로부터 30 cm 이하의 위치에 설치할 것
5) 수신부는 주위의 열기류 또는 습기 등과 주위온도에 영향을 받지 아니하고 사용자가 상시 볼 수 있는 장소에 설치할 것

구분	액화석유가스(LPG)	액화천연가스(LNG)
주성분	프로판(프로페인, C_3H_8), 부탄(부테인, C_4H_{10})	메탄(메테인, CH_4)
증기비중	LPG는 공기보다 1.5 ~ 2배 무겁다.	LNG는 공기보다 0.55배(혹은 0.6배) 가볍다.
누출 시 특징	공기보다 무거워 낮은 곳에 체류	공기보다 가벼워 높은 곳에 체류
용도	가정용, 공업용, 자동차 연료	도시가스

37 방염처리된 제품의 사용을 권장할 수 있는 경우로 옳지 않은 경우는?

① 다중이용업소에서 사용하는 침구류
② 숙박시설 또는 장례식장에서 사용하는 소파 및 의자
③ 노래연습장업에서 사용하는 섬유류 또는 합성수지류 등을 원료로 하여 제작된 소파·의자
④ 건축물 내부의 천장 또는 벽에 부착하거나 설치하는 가구류

LPG는 주성분인 프로판(프로페인)과 부탄(부테인)의 분자량이 각각 44, 58이므로 공기보다 무겁다.

[방염성능기준 이상의 실내장식물 등을 설치해야 하는 특정소방대상물]

(1) 근린생활시설 중 의원, 조산원, 산후조리원, 체력단련장, 공연장 및 종교집회장, 치과의원, 한의원
(2) 건축물의 옥내에 있는 시설
  ① 문화 및 집회시설
  ② 종교시설
  ③ 운동시설 (수영장 제외)
(3) 의료시설
(4) 교육연구시설 중 합숙소
(5) 노유자시설
(6) 숙박이 가능한 수련시설
(7) 숙박시설
(8) 방송통신시설 중 방송국 및 촬영소
(9) 다중이용업소
(10) 층수가 11층 이상인 것(아파트 제외)

정답

36 ③ 37 ③

해설

▣ 방염처리된 물품을 사용하도록 권장할 수 있는 경우

1) 다중이용업소, 의료시설, 노유자 시설, 숙박시설 또는 장례식장에서 사용하는 침구류·소파 및 의자
2) 건축물 내부의 천장 또는 벽에 부착하거나 설치하는 가구류

※ 다중이용업소의 섬유류 또는 합성수지류 등을 원료로 하여 제작된 소파와 의자는 권장이 아닌 의무이다.

38 **특정소방대상물의 용도 및 장소별로 설치해야 할 인명구조기구의 기준으로 틀린 것은?**

① 지하상가는 인공소생기를 층마다 2개 이상 비치할 것
② 판매시설 중 대규모 점포는 공기호흡기를 층마다 2개 이상 비치할 것
③ 지하층을 포함하는 층수가 7층 이상인 관광호텔은 방열복, 공기호흡기, 인공소생기를 각 2개 이상 비치할 것
④ 물분무등소화설비 중 이산화탄소 소화설비를 설치해야 하는 특정소방대상물은 공기호흡기를 이산화탄소 소화설비가 설치된 장소의 출입구 외부 인근에 1대 이상 비치할 것

해설

▣ 용도 및 장소별 인명구조기구

특정소방대상물	종류	설치 수량
지하층을 포함하는 층수가 7층 이상인 관광호텔 및 5층 이상인 병원	방열복, 방화복 공기호흡기 인공소생기	각 2개 이상 (병원의 경우 인공소생기 설치 제외 가능)
수용인원 100명 이상의 영화상영관, 대규모 점포, 지하역사, 지하상가	공기호흡기	층마다 2개 이상
이산화탄소소화설비 설치대상	공기호흡기	이산화탄소소화설비가 설치된 장소의 출입구 외부 인근에 1대 이상

정답

38 ①

39 다음 중 자위소방조직의 수행업무가 아닌 것은?

① 화재 사실의 전파 및 신고
② 화재확산방지 및 위험시설의 제어
③ 화재 발생 시 최성기화재 진압 활동
④ 재실자 및 피난약자를 안전한 장소로 대피

해설

▣ 자위소방대 편성조직의 업무(자위소방활동)

편성조직	업무 내용
비상연락팀	화재사실의 전파 및 신고 업무
초기소화팀	화재 발생 시 초기화재 진압 활동
피난유도팀	재실자 및 장애인, 노인, 임산부, 영유아 및 어린이 등 이동이 어려운 사람(피난약자)을 안전한 장소로 대피시키는 업무
응급구조팀	인명 구조하고, 부상자에 대한 응급조치
방호안전팀	화재확산방지 및 위험시설의 제어 및 비상반출 등 방호안전업무

[자위소방대]
(1) 소방안전관리대상물에서 화재 등 재난발생 시 비상연락, 초기소화, 피난유도 및 인명·재산피해의 최소화를 위해 편성된 자율안전관리 조직으로, 관계인과 소방안전관리대상물의 소방안전관리자로 하여금 구성·운영
(2) 자위소방대는 소방안전관리대상물의 화재 시 초기소화, 조기피난 및 응급처치 등에 필요한 골든타임(화재 시 5분, CPR은 4 ~ 6분 이내) 확보를 위해 필수적

40 다음에서 보여주는 단면도는 어떤 형식의 스프링클러설비 유수검지장치인지 고르시오.

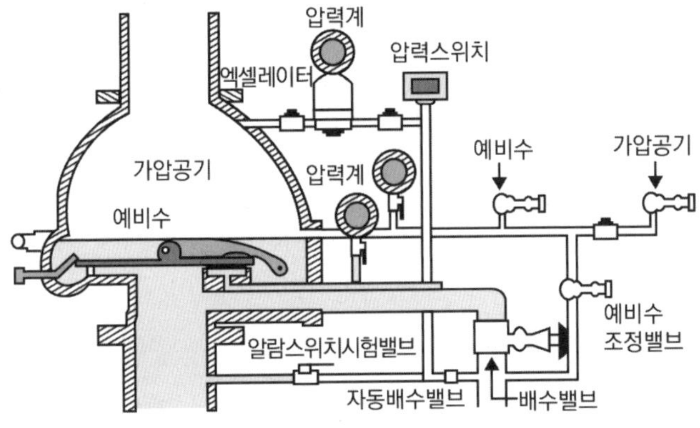

※ 출처 : 한국소방안전원

① 습식 ② 건식
③ 준비작동식 ④ 일제살수식

해설

▣ 건식스프링클러설비

건식 밸브 기준으로 1차 측 배관은 가압수, 2차 측 배관은 압축공기 또는 축압된 질소 등의 기체상태로 유지

[건식 스프링클러설비 특징]
(1) 동결 우려 장소 및 옥외 사용 가능
(2) 살수개시 시간 지연 및 복잡한 구조
(3) 화재 초기 압축공기에 의한 화재 확대 우려
(4) 일반헤드인 경우 상향형으로 시공

정답
39 ③ 40 ②

41 소방훈련을 목적으로 옥내소화전함의 앵글밸브를 열어서 방수를 시도했으나 펌프가 작동하지 않았다. 그 원인으로 틀린 것을 고르시오.

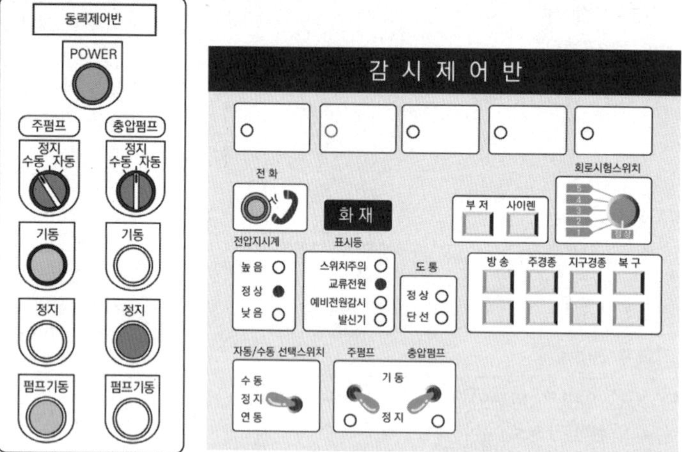

※ 출처 : 한국소방안전원

① 감시제어반의 자동/수동 선택스위치가 정지위치에 있다.
② 감시제어반의 주펌프, 충압펌프스위치가 정지위치에 있다.
③ 동력제어반의 주펌프 선택스위치가 수동위치에 있다.
④ 동력제어반의 충압펌프 선택스위치가 수동위치에 있다.

해설

▣ 감시제어반

- 감시제어반의 주펌프, 충압펌프스위치 : 평상시 정지 위치
- 점검 시 : 자동/수동 선택스위치를 수동으로 전환 → 주펌프, 충압펌프스위치를 기동으로 전환하여 수동기동

감시제어반의 선택스위치가 정지위치에 있으면 펌프가 작동하지 않는다.

42 방수압력시험장비를 이용하여 방수압력시험을 할 때 장비의 측정 모습으로 옳은 것을 고르시오.

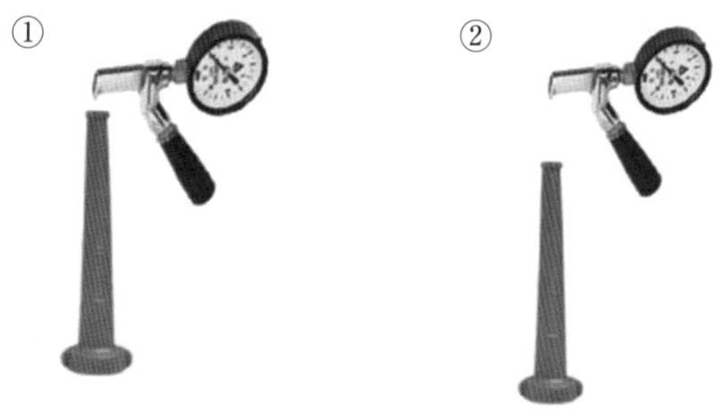

[방수압력]
방수구에 호스를 결속한 상태로 노즐의 선단에 방수압력측정계(피토게이지)를 근접(D/2)시켜서 측정하여 방수압력측정계(피토게이지)의 압력계상의 눈금 확인

정답

41 ② 42 ①

③ ④

※ 출처 : 한국소방안전원

해 설

■ 방수압력 및 방수량 측정

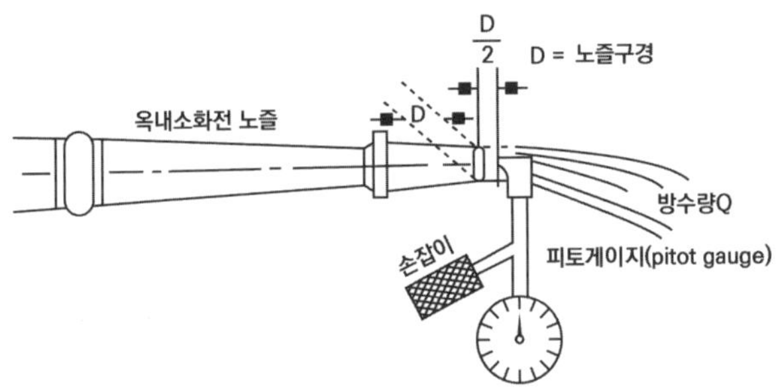

방수압력과 방수량의 측정은 어느 층에 있어서도 2개 이상 설치된 경우에는 2개(설치개수가 1개인 경우에는 1개)를 개방시켜 놓고 측정

구분	측정
방수량	$Q = 2.065 \times D^2 \times \sqrt{p}$ Q : 분당방수량[L/min] D : 관경 또는 노즐의 구경[mm] (옥내소화전 : 13 mm, 옥외소화전 : 19 mm) p : 방수입력[MPa]
주의사항	1) 반드시 직사형 관창을 이용하여 측정 2) 초기 방수 시 물속에 존재하는 이물질이나 공기 등이 완전히 배출된 후에 측정하여야 방수압력측정계(피토게이지)의 입구 구경이 작기 때문에 발생하는 막힘이나 고장 방지 가능 3) 방수입력측정계(피토게이지)는 봉상주수 상태에서 직각으로 측정

43 옥내소화전 감시제어반의 스위치 상태가 다음과 같을 때 동력제어반에서 점등되는 표시등을 전부 고르시오.

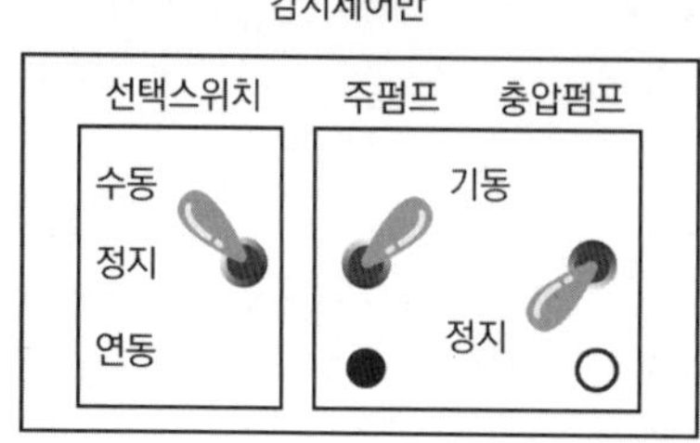

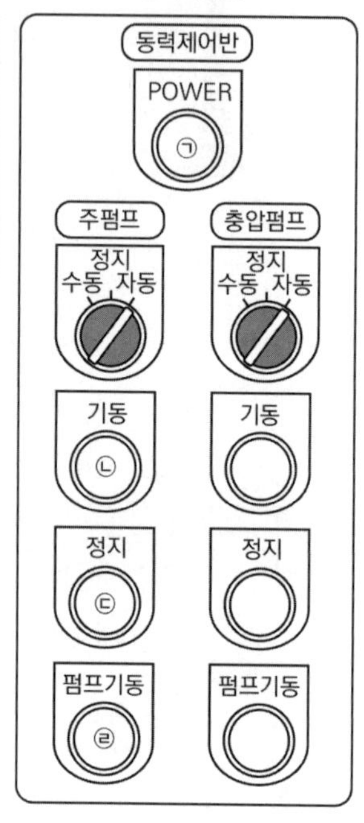

※ 출처 : 한국소방안전원

① ㉠　　② ㉠, ㉡
③ ㉠, ㉡, ㉢　　④ ㉠, ㉡, ㉣

해설

▣ 감시제어반과 동력제어반

1) 감시제어반의 선택스위치가 수동위치에 있으며 주펌프는 기동, 충압펌프는 정지위치에 있으므로 주펌프만 수동기동함
2) 동력제어반의 주펌프와 충압펌프의 선택스위치가 평상시 정상위치인 [자동]에 있기 때문에 주펌프는 수동기동함
3) POWER등은 상시 점등이 원칙임

정답
43 ④

44 다음 그림을 보고 알맞은 제연방식을 고르시오.

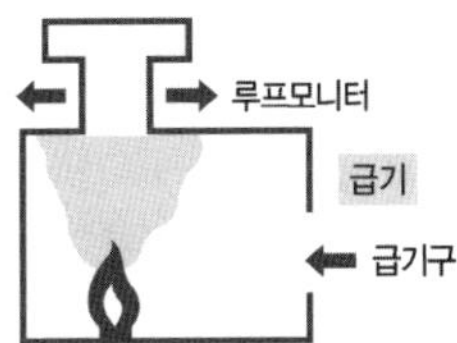

① 제1종 기계제연방식
② 제2종 기계제연방식
③ 제3종 기계제연방식
④ 스모크타워제연방식

천장에 루프모니터 등이 바람에 의해 작동되면서 흡인력을 이용하여 제연

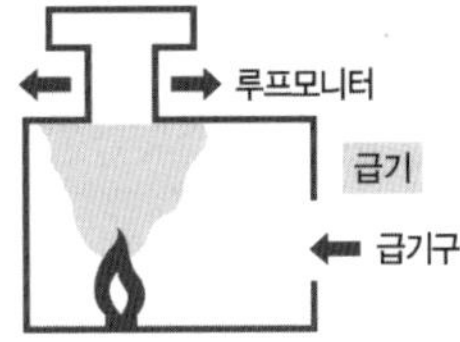

정답

44 ④

45 **다음은 옥내소화전설비의 동력제어반과 감시제어반을 나타낸 것이다. 옳지 않은 것을 고르시오.**

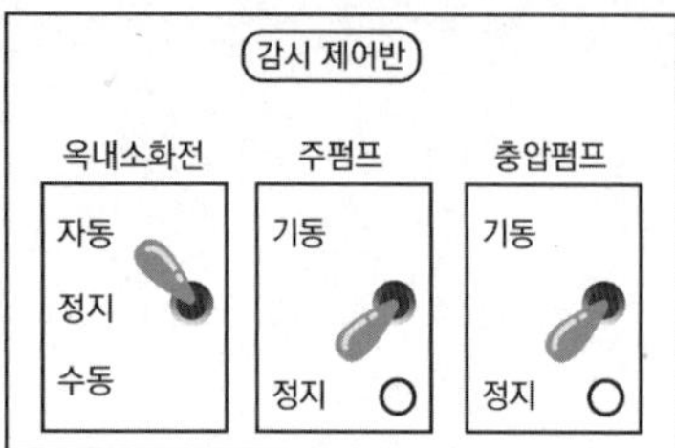

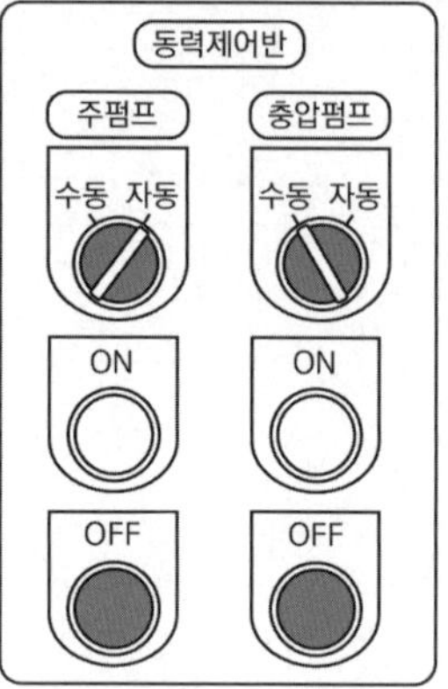

※ 출처 : 한국소방안전원

① 감시제어반은 정상상태로 유지관리되는 중이다.
② 감시제어반에서 주펌프스위치를 기동위치로 전환하면 주펌프는 기동한다.
③ 동력제어반에서 주펌프 ON을 눌러도 주펌프는 기동하지 않는다.
④ 동력제어반에서 충압펌프를 자동위치로 전환하면 모든 제어반은 정상상태로 된다.

해 설

▣ 동력제어반과 감시제어반

1) 동력제어반의 주펌프 선택스위치가 자동인 상태에서는 ON버튼을 눌러도 주펌프는 기동하지 않는다.
2) 감시제어반에서 주펌프를 수동기동하기 위해서는 감시제어반의 선택스위치를 수동으로 전환한 후 주펌프스위치를 기동으로 전환하여야 한다.

Tip

평상시 정상상태로 유지관리되기 위해서는 감시제어반의 선택스위치가 자동과 주펌프 충압펌프가 정지상태에 있어야 한다. 동력제어반 또한 마찬가지로 주펌프와 충압펌프 선택스위치가 자동위치에 있어야 한다.

정답

45 ②

46 다음은 옥내소화전설비 중 앵글밸브를 나타낸 것이다. 개방 시와 폐쇄 시 밸브 회전방향으로 알맞은 것을 고르시오.

※ 출처 : 한국소방안전원

① 개방 시 : 시계방향 폐쇄 시 : 반시계방향
② 개방 시 : 반시계 방향 폐쇄 시 : 반시계방향
③ 개방 시 : 반시계방향 폐쇄 시 : 시계방향
④ 개방 시 : 시계방향 폐쇄 시 : 시계방향

해설

▣ 앵글밸브

개방 : 반시계방향
폐쇄 : 시계방향

47 다음 중 각 물질의 인화점으로 틀린 것을 고르시오.

① 아세톤 : -18 ℃ ② 가솔린 : -43 ℃
③ 톨루엔 : -20 ℃ ④ 등유 : 43 ~ 72 ℃

해설

▣ 물질의 인화점

물질	인화점	물질	인화점
프로필렌	-107 ℃	톨루엔	4.4 ℃
가솔린	-43 ℃	에틸알코올	13 ℃
이황화탄소	-30 ℃	등유	43 ~ 72 ℃
아세톤	-18 ℃	경유	50 ~ 70 ℃

정답
46 ③ 47 ③

48 **아파트를 제외한 연면적 70000 m^2인 특정소방대상물에 선임해야 하는 소방안전관리보조자와 1700세대의 아파트에 선임해야 하는 소방안전관리보조자의 총 인원수를 구하시오.**

① 6명
② 8명
③ 9명
④ 10명

Tip
소방안전관리보조자 선임 시에는 소수점은 절삭한다.

해설

▣ 소방안전관리보조자 선임대상

보조자선임대상 특정소방대상물	최소 선임기준
300세대 이상인 아파트	1명(300세대마다 1명 이상 추가)
연면적이 1만 5천 m^2 이상인 특정소방대상물(아파트 및 연립주택 제외)	1명(연면적 1만 5천 m^2마다 1명 이상 추가) 다만 특정소방대상물의 종합방재실에 자위소방대가 24시간 상시 근무하고, 소방자동차 중 소방펌프차, 소방물탱크차, 소방화학차, 무인방수차를 운용하는 경우 3000 m^2 초과마다 1명 추가 선임한다.
1) 공동주택 중 기숙사 2) 의료시설 3) 노유자시설 4) 수련시설 5) 숙박시설(숙박시설로 사용되는 바닥면적의 합계가 1500 m^2 미만이고 관계인이 24시간 상시 근무하고 있는 숙박시설은 제외)	1명 다만 해당 특정소방대상물이 소재하는 지역을 관할하는 소방서장이 야간이나 휴일에 해당 특정소방대상물이 이용되지 않는다는 것을 확인한 경우에는 선임하지 않을 수 있다.

※ 1700세대의 아파트 : $\frac{1700}{300} = 5.67$ → 소수점 버림 5명

※ 70000 m^2인 특정소방대상물 : $\frac{70000}{15000} = 4.67$ → 소수정 버림 4명

∴ 5명 + 4명 = 9명

정답
48 ③

49 소방안전관리자 오소방 씨가 습식 스프링클러설비 말단시험밸브를 개방하여 점검 중이다. 이후 확인사항에 대해 틀린 것을 고르시오.

① 사이렌 경보 상태 확인
② 화재표시등과 프리액션밸브 개방표시등 점등 확인
③ 펌프 작동 여부 확인
④ 경보 부저 작동 여부 확인

해설

■ 습식스프링클러설비 말단시험밸브

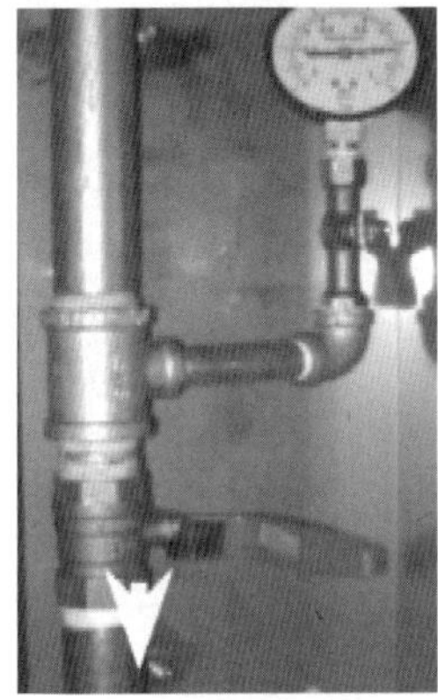

* 습식 스프링클러설비는 알람밸브이므로 2번 프리액션밸브와는 관련이 없음

Tip

[습식 스프링클러설비]
(1) 감지기가 없는 설비로서 구조가 간단하고, 공사비 저렴하여 가장 많이 사용
(2) 소화가 빠르고 유지관리 용이
(3) 동결 우려 장소 사용 제한
(4) 헤드 오작동 시 수손피해 및 배관 부식 우려

50 무창층 기준 해석으로 틀린 것을 고르시오.

① 지름 50 cm 이상의 원이 통과할 수 있는 개구부의 상단이 바닥으로부터 1.2 m 이내에 있어야 함
② 쉽게 파괴가 불가능한 개구부는 문이 열리는 부분(공간)이 지름 50 cm 이상의 원이 통과할 수 있는 경우에만 개구부로 인정
③ 일반 유리창은 바닥으로부터 1.2 m 이내에 파괴가 가능하거나 문이 열리는 부분(공간)이 지름 50 cm 이상의 원이 내접할 수 있는 경우에만 개구부로 인정
④ 쉽게 부술 수 있는 일반유리는 두께 6 mm 이하

Tip

[도로 폭에 대한 기준]
일반도로 : 4 m
막다른 도로 : 2 m

정답

49 ② 50 ①

해설

■ 무창층 기준 해석

[지름 50 cm 이상의 원이 통과할 수 있을 것 관련 개구부 크기 기준]

1) 쉽게 파괴가 불가능한 개구부
   문이 열리는 부분(공간)이 지름 50 cm 이상의 원이 통과할 수 있는 경우에만 개구부로 인정
2) 쉽게 파괴가 가능한 개구부
   유리를 일부 파괴하고 내·외부로부터 개방할 수 있는 부분이 지름 50 cm 이상의 원이 통과할 수 있는 경우에만 개구부로 인정
   ※ 지름산정 시 창틀은 포함하지 않으며 파괴가 가능한 유리부분의 지름만을 인정
3) 일반 유리창
   바닥으로부터 1.2 m 이내에 파괴가 가능하거나 문이 열리는 부분(공간)이 지름 50 cm 이상의 원이 내접할 수 있는 경우에만 개구부로 인정
4) 프로젝트창
   하부창이 바닥으로부터 1.2 m 이내에 파괴가 가능하거나 문이 열리는 부분(공간)이 지름 50 cm 이상의 원이 통과할 수 있는 경우로서 상부창이 쉽게 부술 수 있는 유리의 종류"에 해당하고 지름 50 cm 이상의 원이 통과할 수 있는 경우에는 상·하부창 모두를 인정

['바닥면으로부터 개구부 밑 부분까지의 높이가 1.2 m 이내일 것' 관련 개구부의 밑 부분에 대한 해석]

지름 50 cm 이상의 원이 통과할 수 있는 개구부의 하단이 바닥으로부터 1.2 m 이내에 있어야 함

['쉽게 파괴 또는 개방할 수 있을 것'으로 볼 수 있는 경우]

• 쉽게 부술 수 있는 유리의 종류
  ① 일반유리 : 두께 6 mm 이하
  ② 강화유리 : 두께 5 mm 이하
  ③ 복층유리
   - 일반유리 두께 6 mm 이하 + 공기층 + 일반유리 두께 6 mm 이하
   - 강화유리 두께 5 mm 이하 + 공기층 + 강화유리 두께 5 mm 이하
  ④ 기타 소방서장이 쉽게 파괴할 수 있다고 판단되는 것

09회 실전모의고사

※ [01 ~ 03] 다음은 분말소화기 방식 중 하나를 그림으로 나타낸 것이다. 각 물음에 답하시오.

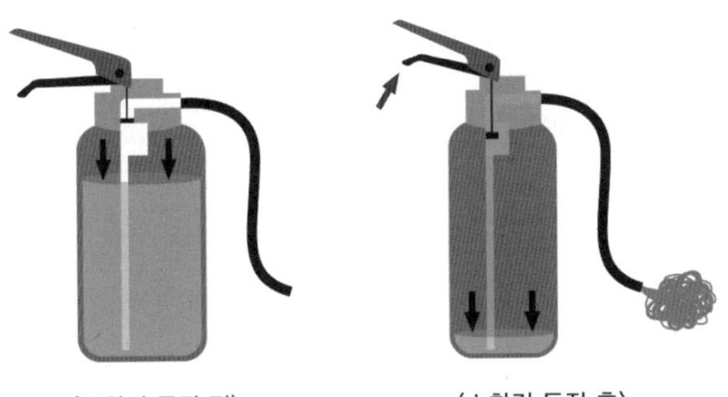

〈소화기 동작 전〉 〈소화기 동작 후〉

※ 출처 : 한국소방안전원

[분말소화기 내용연수]

소화기의 내용연수를 10년으로 하고 내용연수가 지난 제품은 교체 또는 성능검사에 합격한 소화기는 내용연수 등이 경과한 날의 다음 달부터 다음 기간 동안 사용

(1) 내용연수 경과 후 10년 미만 : 3년

(2) 내용연수 경과 후 10년 이상 : 1년

01 소화기의 종류로 알맞은 것을 고르시오.

① 가압식 소화기 ② 축압식 소화기

③ 버너식 소화기 ④ 용기식 소화기

해설

▣ 가압방식에 의한 분류

구분	축압식 소화기	가압식 소화기
정의	용기 내 축압가스(질소)로 가압하여 소화약제 방출	별도의 가압용기의 압력에 의해 약제가 방출
압력계	설치(0.7 ~ 0.98 MPa 유지)	불필요

02 용기 내 충전가스의 종류를 고르시오.

① 수소 ② 산소

③ 질소 ④ 부탄

해설

01번 문제 해설 참조

정답

01 ② 02 ③

03 용기 내의 정상 가압범위를 고르시오.

① 0.1 ~ 1.2 MPa
② 0.17 ~ 0.7 MPa
③ 0.7 ~ 0.98 MPa
④ 0.9 ~ 1.2 MPa

해설

01번 문제 해설 참조

04 다음 중 소방안전관리자를 30일 이내에 선임해야 하는 경우로 적합하지 않은 것은?

① 신축·증축·대수선 또는 용도변경 시 신규 선임하는 경우 사용승인일
② 증축 또는 용도변경의 경우는 사용승인일 또는 용도변경 사실을 건축물관리대장에 기재한 날
③ 공동 소방안전관리대상이 되는 경우 소방본부장 또는 소방서장이 공동소방안전관리대상으로 지정한 날
④ 양수하거나 경매, 환가, 압류재산의 매각하는 경우는 해당 권리를 취득한 날 또는 관할 시·도지사로부터 소방안전관리자 선임 안내를 받은 날

해설

▣ 소방안전관리자(보조자) 선임

1) 선임권자 : 관계인
2) 선임기한 : 30일 이내에 선임하고, 14일 이내에 소방본부장이나 소방서장에게 신고

선임기준	해당일로부터 30일 이내
신축·증축·개축·재축·대수선 또는 용도변경 시 신규 선임	사용승인일
증축 또는 용도변경	사용승인일 또는 용도변경 사실을 건축물관리대장에 기재한 날
양수하거나 경매, 환가, 압류재산의 매각	1) 해당권리를 취득한 날 2) 관할 소방서장으로부터 소방안전관리자 선임안내를 받은 날
공동소방안전관리대상이 되는 경우	소방본부장 또는 소방서장이 공동 소방안전관리대상으로 지정한 날
소방안전관리자를 해임한 경우	소방안전관리자를 해임한 날

정답
03 ③ 04 ④

선임기준	해당일로부터 30일 이내
소방안전관리업무를 대행하는 자를 감독하는 자를 소방안전관리자로 선임한 경우로서 그 업무대행 계약이 해지 또는 종료된 경우	소방안전관리업무 대행이 끝난 날

05 **바닥면적이 900 m^2인 근린생활시설에 3단위 소화기의 최소 설치 개수로 옳은 것은? (단, 주요 구조부는 내화구조이고, 벽 및 반자의 실내와 면하는 부분이 불연재료이다)**

① 1개　　② 2개
③ 3개　　④ 4개

Tip

[소화기구]
소화약제를 압력에 따라 방사하는 기구로서 사람이 수동으로 조작하여 소화

[설치대상]
(1) 연면적 33 m^2 이상
(2) 위에 해당하지 않는 국가유산 및 가스시설, 전기저장시설
(3) 터널, 지하구

해 설

▣ 특정소방대상물별 소화기구 능력단위

특정소방대상물	소화기구 능력단위
위락시설	바닥면적 30 m^2마다 능력단위 1단위
공연장, 집회장, 관람장, 문화재, 장례식장 및 의료시설	바닥면적 50 m^2마다 능력단위 1단위
근린생활시설, 판매시설, 운수시설, 숙박시설, 노유자시설, 전시장, 공동주택, 업무시설, 방송통신시설, 공장, 창고시설, 항공기 및 자동차 관련 시설 및 관광휴게시설	**바닥면적 100 m^2마다 능력단위 1단위**
그 밖의 것	바닥면적 200 m^2마다 능력단위 1단위
주요 구조부가 내화구조이며, 벽 및 반자의 실내와 면하는 부분이 불연재료, 준불연재료, 난연재료인 경우 기준면적의 2배 적용하여 산출	

1) 주요 구조부가 내화구조이고, 벽 및 반자의 실내와 면하는 부분이 불연재료로 된 근린생활시설 바닥면적 기준 : 100 m^2× 2배 = 200 m^2
2) 900 m^2 ÷ 200 m^2= 4.4 → 절상하여 5단위
3) 5단위 ÷ 3단위 = 1.66 → 절상하여 2개

정답
05 ②

06 할론소화기의 소화약제 종류와 분자식으로 알맞게 연결된 것을 고르시오.

① 할론 1211 : CClBr
② 할론 1301 : CFBr
③ 할론 2402 : $C_2F_2Br_2$
④ 할론 2402 : $C_2F_4Br_2$

해설

▣ 할론 소화설비의 종류

종류	분자식	상온·상압
브로모클로로디플루오로메탄 : 할론 1211	CF_2ClBr	기체
브로모트리플루오로메탄 : 할론 1301	CF_3Br	기체
할론 1011	CH_2ClBr	액체
할론 2402	$C_2F_4Br_2$	액체

[할로겐(Halogen)족 원소]
(1) 주기율표 17족 원소로 F, Cl, Br, I 등이 있다.
(2) 비금속 원소이며, 강한 산화작용을 한다.
(3) 전기음성도 : 원자가 전자를 끌어당기는 정도
F > Cl > Br > I
(4) 부촉매 효과 : 활성화에너지를 높여 반응 억제로 연쇄반응 차단
F < Cl < Br < I

07 다음은 건축 행위에 관한 내용이다. ㄱ, ㄴ에 알맞은 것은?

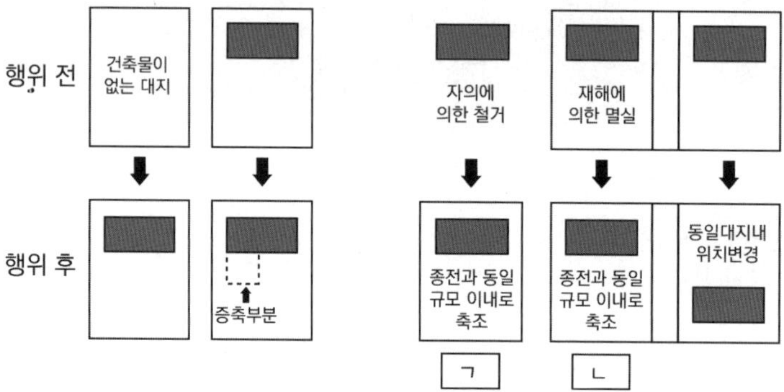

① ㄱ : 증축, ㄴ : 신축
② ㄱ : 개축, ㄴ : 신축
③ ㄱ : 개축, ㄴ : 재축
④ ㄱ : 재건축, ㄴ : 신축

[리모델링]
건축물의 노후화를 억제하거나 기능 향상 등을 위하여 대수선하거나 건축물의 일부를 증축 또는 개축하는 행위

정답
06 ④ 07 ③

해설

▣ 건축

건축물을 신축·증축·개축·재축(再築)하거나 건축물을 이전하는 것을 말한다.

1) 신축 : 건축물이 없는 대지(기존 건축물이 해체되거나 멸실된 대지를 포함한다)에 새로 건축물을 축조하는 것(부속건축물만 있는 대지에 새로 주된 건축물을 축조하는 것을 포함하되, 개축 또는 재축하는 것은 제외한다)
2) 증축 : 기존 건축물이 있는 대지에서 건축물의 건축면적, 연면적, 층수 또는 높이를 늘리는 것
3) 개축 : 기존 건축물의 전부 또는 일부(내력벽·기둥·보·지붕틀 중 셋 이상이 포함되는 경우를 말한다)를 해체하고 그 대지에 종전과 같은 규모의 범위에서 건축물을 다시 축조하는 것
4) 재축 : 건축물이 천재지변이나 그 밖의 재해(災害)로 멸실된 경우 그 대지에 다음의 요건을 모두 갖추어 다시 축조하는 것
5) 이전 : 건축물의 주요 구조부를 해체하지 아니하고 같은 대지의 다른 위치로 옮기는 것

08 다음 중 자연발화가 일어나기 쉬운 조건이 아닌 것은?

① 열전도율이 클 것
② 적당량의 수분이 존재할 것
③ 주위의 온도가 높을 것
④ 표면적이 넓을 것

[자연발화]
외부의 열원이 없어도 물질 자체적으로 열을 축적하여 공기 중에서 스스로 발화하는 현상

해설

▣ 자연발화가 쉬운 조건

1) 열전도율이 작을수록
2) 활성화에너지가 작을수록
3) 분자량이 클수록
4) 온도, 습도, 농도, 압력이 클수록
5) 표면적이 넓을수록
6) 공기와 접촉면적이 클수록

09 발화점에 대한 설명으로 옳은 것은?

① 외부의 직접적인 점화원 없이 가열된 열의 축적에 의해 발화에 이르는 최저온도
② 발화점이 높을수록 위험하다.
③ 인화점은 발화점보다 높다.
④ 가연성 물질을 공기 중에서 가열함으로써 발화되는 최고온도

[인화점 < 연소점 < 발화점]
(1) 인화점 : 점화원을 가했을 때 연소가 시작되는 최저온도
(2) 연소점 : 외부 점화원에 의해 발화 후 연소를 지속시킬 수 있는 최저온도

정답

08 ① 09 ①

해설

■ 발화점

1) 외부의 직접적인 점화원 없이 가열된 열의 축적에 의해 발화에 이르는 최저온도
2) 발화점이 낮을수록 위험하다.
3) 발화점은 인화점보다 수백 도 정도 높다.
4) 가연성 물질을 공기 중에서 가열함으로써 발화되는 최저온도
5) 발화점 = 착화점 = 착화온도

10 메탄(메테인)이 완전연소할 때의 연소생성물을 옳게 나열한 것은?

① H_2O, HCl ② SO_2, CO_2
③ SO_2, HCl ④ CO_2, H_2O

해설

■ 메탄(메테인)의 완전연소방정식

$CH_4 + 2O_2 \rightarrow \underline{CO_2 + 2H_2O}$(연소 생성물)

[연소생성물]
(1) 연소에 의해서 생성되는 물질
(2) 연소가스 + 불꽃(화염) + 연기 + 열 = 연소생성물

11 다음 중 내화구조에 해당되는 것은?

① 두께 1.2 cm 이상의 석고판 위에 석면시멘트판을 붙인 것
② 철근콘크리트의 벽으로서 두께가 10 cm 이상인 것
③ 철망모르타르로서 그 바름두께가 2 cm 이상인 것
④ 심벽에 흙으로 맞벽치기 한 것

해설

■ 내화구조

1) 일정시간 동안 화재에 견딜 수 있는 성능을 가진 구조로서 간단한 수리로 재사용 가능
2) 내화구조의 벽 기준

구조	두께
철골 콘크리트조 또는 철골철근 콘크리트조	10 cm 이상
골구를 철골조로 하고, 그 양면에 철망모르타르	4 cm 이상
골구를 철골조로 하고 그 양면에 콘크리트 블록,벽돌 또는 석재	5 cm 이상
철재로 보강된 콘크리트블록조, 벽돌조 또는 석조	5 cm 이상
벽돌조	19 cm 이상
고온·고압의 증기로 양생된 경량기포 콘크리트패널 또는 경량기포 콘크리트 블록조	10 cm 이상

[내화구조 바닥기준]
(1) 철근 콘크리트조 또는 철골철근 콘크리트조 : 10 cm 이상
(2) 철재로 보강된 콘크리트 블록조, 벽돌조 또는 석조로서 철재에 덮은 콘크리트블록 : 5 cm 이상
(3) 철재의 양면을 철망모르타르 또는 콘크리트로 덮은 것 : 5 cm 이상

정답
10 ④ 11 ②

12 전기화재의 원인으로 가장 관계가 없는 것은?

① 단락
② 과전류
③ 누전
④ 절연과다

해설

▣ 전기화재의 원인

1) 절연과다가 되면 더욱 더 안전해진다.
2) 전기화재의 원인
   (1) 과전류 : 줄의 법칙에 의해 발열
   (2) 단락(합선) : 1000 A 이상의 단락전류
   (3) 지락 : 단락전류가 목재, 금속체 등에 흐를 때 발화
   (4) 누전 : 절연이 파괴되어 누설전류의 발열
   (5) 접촉 불량 : 접촉저항 등 접촉상태가 불완전할 때 발열
   (6) 스파크 : 스위치의 ON, OFF 시 스파크에 의한 발열
   (7) 절연열화(탄화) : 절연체 등이 시간경과에 의해 절연성이 저하되거나 탄화되어 발열
   (8) 열적경과 : 방열이 잘 되지 않는 장소에서의 열 축적
   (9) 정전기 : 부도체의 마찰에 의해 전하가 축적되어 방전, 발화
   (10) 낙뢰 : 번개 등으로 순간적으로 수 만 A 이상의 전류가 발생
   (11) 아크 : 전극에 전위차가 발생하여 생김
   (12) 전기불꽃 : 급격한 전기방전

13 플래시오버(Flash Over) 대책으로 옳지 않은 것은?

① 내장재의 불연화, 난연화
② 가연물의 양 제한
③ 카펫이나 커튼은 일반제품을 사용
④ 제연설비나 배출설비를 설치

해설

▣ 플래시오버(Flash Over) 대책

1) 내장재의 불연화, 난연화
2) 가연물의 양 제한
3) 카펫이나 커튼은 방염물품을 사용
4) 제연설비나 배출설비를 설치

[플래시오버]
(1) 화재로 인하여 실내의 온도가 급격히 상승하여 화재가 순간적으로 실내 전체에 확산되는 현상
(2) 특징
   혼합연소, 비정상연소
(3) 발생 시기
   성장기 ~ 최성기
(4) 실내온도
   약 800 ~ 900 ℃

정답

12 ④ 13 ③

14 백 드래프트(Back Draft)에 대한 설명 중 옳지 않은 것은?

① 화재 초기에 대부분 발생되어 화재 확대의 원인이 된다.
② 가연성 가스량이 많고, 산소량이 적을 때 공기의 갑작스러운 유입으로 화재 확대가 된다.
③ 밀폐된 공간에서 대부분 화재 감쇠기에서 많이 발생된다.
④ 공기의 공급이 원활한 경우에는 발생하지 않는다.

해설

▣ 백 드래프트(Back Draft)

1) 밀폐된 공간에서 화재 시 산소 부족으로 불꽃을 내지 못하고, 가연성 가스만 축적하고 있다가 출입문 또는 창문 개방 시 화재의 확대가 되는 현상
2) 발생 시기 : 감쇠기
3) 소방관의 소방활동 시 인명피해가 많이 발생되는 시기

[백 드래프트의 대책]

(1) 폭발력 억제 : 문을 조금만 열어 다량의 공기 유입을 방지하여 폭발력 억제
(2) 환기 : 출입문 개방 전에 환기구를 개방
(3) 소화 : 방수를 하여 실내 온도를 저하
(4) 격리 : 실을 밀폐상태로 두어 온도를 자연적으로 저하

15 다음 중 초고층건축물의 관리주체로 틀린 것을 고르시오.

① 소유자
② 관리자
③ 점유자
④ 그 건축물등의 소유자와 관리계약 등에 따라 관리책임을 진 자

해설

▣ 관리주체

초고층 건축물등 또는 일반건축물등의 소유자 또는 관리자(그 건축물등의 소유자와 관리계약 등에 따라 관리책임을 진 자를 포함한다)

[관계인]

해당 초고층 건축물등 또는 일반건축물등의 소유자·관리자 또는 점유자

정답

14 ① 15 ③

16 **축압식 분말소화기의 점검결과 중 불량내용과 관련이 없는 것을 고르시오.**

① 
② 

③ 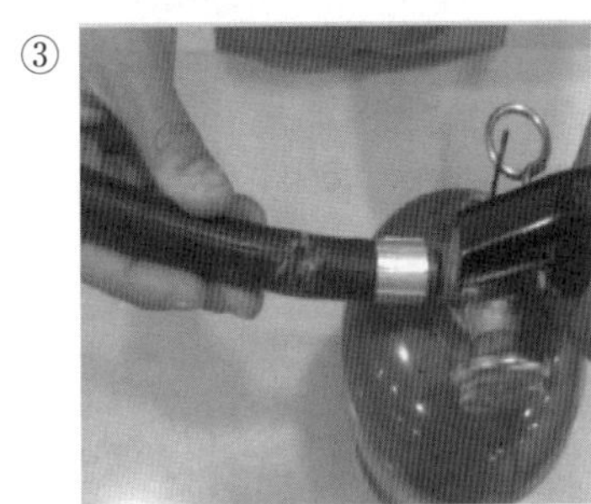
④ 

※ 출처 : 한국소방안전원

해설

▣ 축압식 분말소화기 점검

② : 호스 탈락

③ : 호스 파손

④ : 압력계 지시불량

※ 이산화탄소소화설비 · 할론소화설비인 ①은 축압식 소화기와는 관련 없음

정답

16 ①

17 다음의 시험밸브함을 열어 밸브 개방 시 측정되어야 할 정상압력[MPa] 범위로 옳은 것은?

① 0.1 MPa 이상 1.2 MPa 이하
② 0.7 MPa 이상 0.98 MPa 이하
③ 0.17 MPa 이상 0.7 MPa 이하
④ 0.25 MPa 이상 0.7 MPa 이하

해설

▣ 스프링클러설비

1) 방수압 : 0.1 MPa 이상 1.2 MPa 이하
2) 방수량 : 80 L/min 이상

Tip

[준비]

(1) 알람밸브 작동 시 경보로 인한 혼란 방지를 위해 사전 통보 후 점검 실시
(2) 수신반에서 경보스위치를 정지시킨 후 시험 실시

[작동]

(1) 시험밸브 개방하여 가압수 배출
(2) 알람밸브 2차 측 압력이 저하되어 클래퍼 개방
(3) 시트링홀에 가압수가 유입되어 지연장치에 의해 설정시간 지연 후 압력스위지 작동

18 다음 중 이산화탄소의 3중점에 가장 가까운 온도는?

① -48 ℃
② -57 ℃
③ -62 ℃
④ -75 ℃

해설

▣ 이산화탄소(Carbon dioxide, CO_2) 물성

구분	물성	구분	물성
분자량	44	임계온도	31.35 ℃
비중	1.53	임계압력	75.2 kgf/cm^2
증발열	137 cal/g	융해열	45.2 cal/g
삼중점	-57 ℃	비점	-78 ℃

Tip

[삼중점]

고체, 액체, 기체 세 상이 평형상태에서 함께 공존할 수 있는 온도와 압력

정답

17 ① 18 ②

19 소화기의 설치장소별 적응성에서 통신기기실에 적응성이 없는 소화기는?

① 이산화탄소소화기
② 할로겐화합물(할로젠화합물)소화기(1301)
③ 액체소화기
④ 할로겐화합물 및 불활성기체 소화약제소화기

해설

▣ 가스계 소화기 적응성

1) 이산화탄소, 할로겐화합물(할로젠화합물), 할로겐화합물 및 불활성기체 소화약제 소화기로서 방사 후 이물질로 인한 피해 방지
2) 적응 장소
   - 전기설비
   - 케이블실
   - 전산실
   - 통신기기실
   - 서고
   - 박물관

20 주거용 주방자동소화장치의 점검내용으로 옳지 않은 것은?

① 제어반(수신부) 점검
② 가스누설탐지부 점검
③ 알람밸브 확인
④ 가스누설차단밸브 시험

해설

▣ 주거용 주방자동소화장치 점검

1) 가스누설탐지부 점검
2) 가스누설차단밸브 시험
3) 예비전원시험 : 전원 플러그를 뽑은 상태에서 수신부의 예비전원 램프가 점등되면 정상
4) 감지부시험
5) 제어반(수신부) 점검
6) 약제 저장용기 점검 : 지시압력계 점검(녹색 : 정상)

※ 알람밸브는 습식 스프링클러설비에 해당한다.

[자동소화장치 설치]
(1) 주거용 주방자동소화장치 설치 : 아파트 등 및 오피스텔의 모든 층
(2) 상업용 수방자동소화장치
   ① 판매시설 중 대규모 점포에 입점해 있는 일반음식점
   ② 집단 급식소
(3) 캐비닛형 · 가스 · 분말 · 고체에어로졸 자동소화장치 설치대상 : 화재안전기준에서 정하는 장소

정답

19 ③ 20 ③

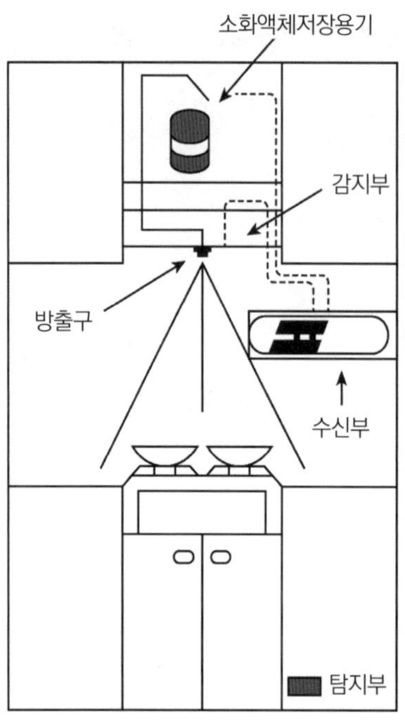

21 **옥내소화전설비에서 옥내소화전 2개 설치 시 최소유량은 260 L/min 이다. 펌프성능시험에서 다음 ( )에 들어갈 것으로 옳은 것은?**

구분	체절 운전 시	정격토출량 100 % 운전 시	정격토출량 150 % 운전 시
펌프 토출량	(ㄱ) L/min	260 L/min	390 L/min
펌프 토출압	1.4 MPa	1 MPa	(ㄴ) MPa 이상

① ㉠ : 0 ㉡ : 0.65
② ㉠ : 0 ㉡ : 1.5
③ ㉠ : 130 ㉡ : 0.65
④ ㉠ : 130 ㉡ : 1.5

정답
21 ①

해 설

▣ 소화펌프 성능시험

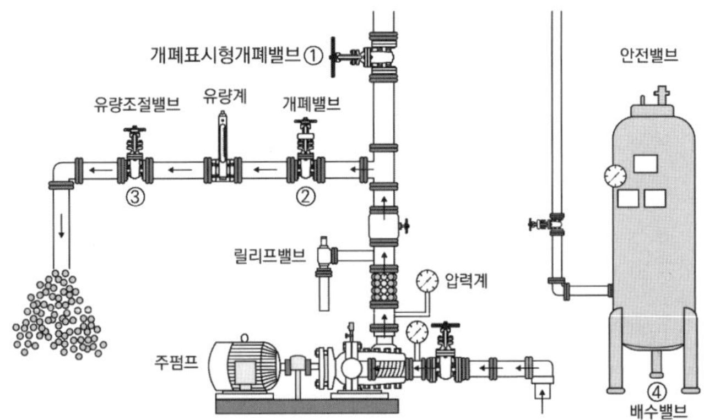

1) 체절운전
   (1) 펌프토출 측 밸브[①]와 성능시험배관상의 유량조절밸브[③] 폐쇄 상태, 즉 토출량이 '0'인 상태에서 펌프 기동
   (2) 이때의 압력(체절압력)을 확인하여 정격토출압력의 140 % 이하인지 확인
   (3) 정격토출압력이 140 %를 초과하는 경우 순환배관상의 릴리프밸브를 개방(조절볼트 반시계방향으로 돌림)하여 정격토출압력의 140 % 이하로 조절
2) 정격부하운전
   (1) 펌프토출 측 밸브[①] 폐쇄 상태, 성능시험배관상의 개폐밸브[②] 완전 개방, 유량조절밸브[③] 서서히 개방하여 유량계의 지침이 정격토출량의 100 %를 가리킬 때까지 개방
   (2) 압력계상의 압력을 확인하여 정격토출압력의 100 % 이상인지 확인
3) 최대운전
   (1) 펌프토출 측 밸브[①] 폐쇄 상태, 성능시험배관상의 개폐밸브[②] 완전 개방, 유량조절밸브[③] 더욱 개방하여 유량계의 지침이 정격토출량의 150 %를 가리킬 때까지 개방
   (2) 압력계상의 압력을 확인하여 정격토출압력의 65 % 이상인지 확인

※ 체절운전 시 토출량이 0이므로 ㉠ : 0이며 최대운전(정격토출량150 % 운전 시) 정격토출압력의 65 % 이상이므로, ㉡ : 0.65

22 소방훈련·교육 실시 결과 기록부의 기재사항으로 틀린 것을 고르시오.

① 일시/장소
② 훈련참석 인원(명)
③ 소방시설물 설치현황
④ 문제점/개선계획

해설

▣ 소방훈련·교육 실시 결과 기록부

<table>
<tr><td colspan="5">소방훈련 결과</td></tr>
<tr><td>일시/장소</td><td colspan="2"></td><td>[ ] 자체훈련</td><td>[ ] 합동훈련</td></tr>
<tr><td rowspan="2">참석결과</td><td>훈련교관</td><td>참석대상(명)</td><td>참석(명)</td><td>미참석(명)</td></tr>
<tr><td></td><td></td><td></td><td></td></tr>
<tr><td>훈련보조
재료</td><td colspan="4"></td></tr>
<tr><td rowspan="2">훈련내용</td><td>소화훈련</td><td colspan="2">통보훈련</td><td>피난훈련</td></tr>
<tr><td></td><td colspan="2"></td><td></td></tr>
<tr><td>훈련성과</td><td colspan="4"></td></tr>
<tr><td>문제점</td><td colspan="4"></td></tr>
<tr><td>개선계획</td><td colspan="4"></td></tr>
</table>

정답
22 ③

※ [23 ~ 25] 다음 그림을 보고 답하시오.

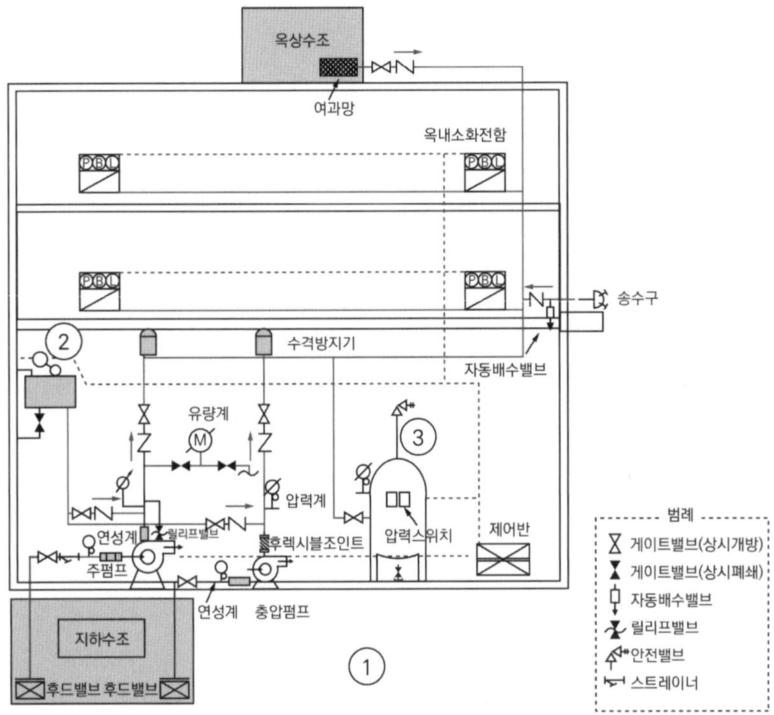

23 앞의 그림에서 ①번은 무엇인가?

① 습식 스프링클러설비 계통도
② 옥내소화전설비 계통도
③ 준비작동식 스프링클러설비 계통도
④ 건식 스프링클러설비 계통도

Tip

해당 도면은 발신기세트함과 같이 설치된 옥내소화전설비 계통도이다.

24 앞의 그림에서 ②번은 무엇인가?

① 드라이밸브
② 물올림탱크
③ 프리액션밸브
④ 알람밸브

해설

▣ 물올림장치

1) 기능

수원의 위치가 펌프보다 낮은 경우에만 설치하며, 펌프 흡입 측 배관 및 펌프에 물이 없을 경우 펌프의 공회전을 방지하기 위해 보충수를 공급

정답

23 ② 24 ②

2) 설치기준

(1) 물올림장치에는 전용의 탱크를 설치할 것

(2) 탱크의 유효수량은 100 L 이상으로 하되, 구경 15 mm 이상의 급수배관에 따라 해당 탱크에 물이 계속 보급되도록 할 것

25 앞의 그림에서 ③번은 무엇인가?

① 압력챔버

② 개폐밸브

③ 체크밸브

④ 순환배관

해설

▣ 옥내소화전설비 계통도

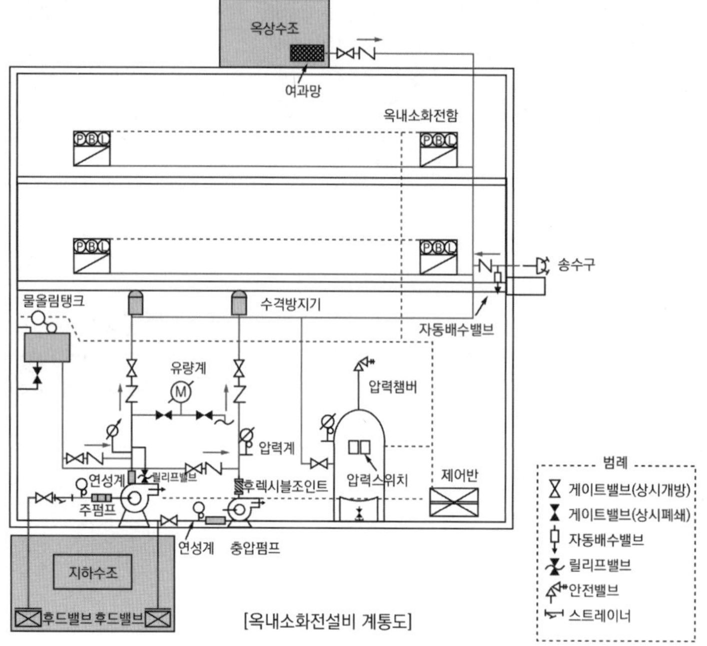

[옥내소화전설비 계통도]

[압력챔버]

(1) 배관 내 압력 변동을 검지하여 자동적으로 펌프를 기동 및 정지

(2) 압력챔버 상부의 공기가 완충작용을 하여 급격한 압력변화를 방지 → 배관 내 수격 방지 및 설비 보호

정답

25 ①

26 **그림을 보고 각 내용에 맞게 ○ 또는 ×가 올바르지 않은 것을 고르시오.**

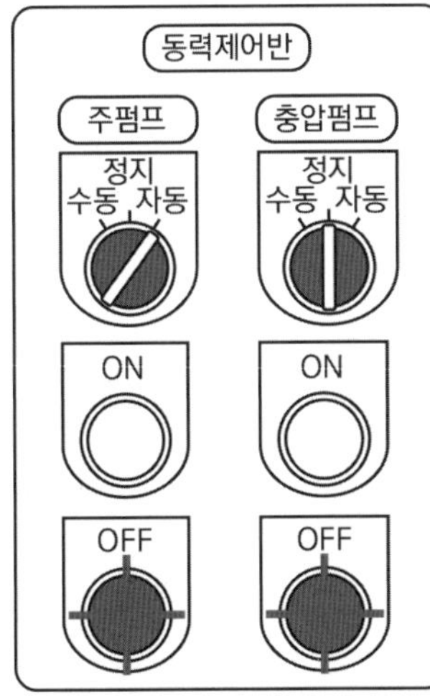

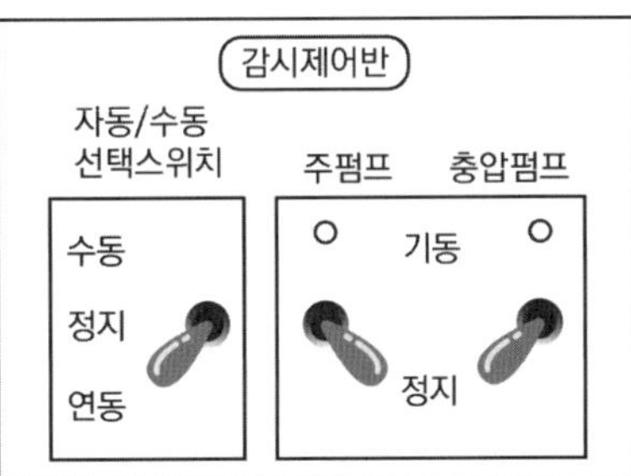

① 감시제어반은 정상상태로 유지·관리되고 있다. (○)

② 동력제어반에서 충압펌프를 자동위치로 돌리면 모든 제어반은 정상상태가 된다. (○)

③ 감시제어반에서 주펌프스위치를 기동위치로 올리면 주펌프는 기동한다. (○)

④ 동력제어반에서 주펌프 ON버튼을 누르면 주펌프는 기동하지 않는다. (○)

해설

▣ 동력제어반과 감시제어반

감시제어반에서 선택스위치를 수동으로 두고 주펌프를 기동으로 두어야 주펌프가 기동한다. 따라서 주펌프스위치를 연동으로 두고 기동위치로 올린다고 하더라도 기동하지 않는다.

정답

26 ③

27 소방계획의 작성원칙으로 옳지 않은 것은?

① 실현 가능한 계획으로 작성한다.
② 작성 → 검토 2단계의 구조화된 절차를 거치며 작성한다.
③ 관계인, 재실자 및 방문자 등 전원이 참여하도록 수립한다.
④ 소방계획에 맞는 교육훈련 및 평가 등 이행의 과정이 있어야 한다.

해설

▣ 소방계획의 작성원칙

1) 실현 가능한 계획 : 소방계획의 핵심은 위험관리이며, 대상물의 위험요인을 체계적으로 관리하기 위한 일련의 활동이기 때문에 위험요인의 관리는 반드시 실현 가능한 계획으로 구성
2) 관계인의 적극적 참여 : 소방계획의 수립 및 시행에 소방안전관리대상물의 관계인, 재실자 및 방문자 등 전원이 참여하도록 수립
3) 계획 수립의 구조화 : 체계적이고 전략적인 계획의 수립을 위해 작성 → 검토 → 승인의 3단계의 구조화된 절차 거쳐야 함
4) 실행 우선 : 문서로 작성된 계획만으로는 소방계획의 완료로 보기 어려우며, 교육훈련 및 평가 등 이행의 과정이 있어야 비로소 소방계획의 완성

Tip

[소방계획 수립절차]

(1) 사전 기획 : 소방계획 수립을 위한 임시조직을 구성하거나 위원회 등을 개최하여 법적 요구사항은 물론 이해관계자의 의견을 수렴하고 세부 작성계획 수립
(2) 위험환경 분석 : 대상물 내 물리적 및 인적 위험요인 등에 대한 위험요인을 식별하고, 이에 대한 분석 및 평가를 실시한 후 대책 수립
(3) 설계 및 개발 : 소방계획수립의 목표와 전략을 수립하고 세부 실행계획 수립
(4) 시행 및 유지관리 : 구체적인 소방계획을 수립하고 이해관계자의 검토를 거쳐 최종 승인을 받은 후 소방계획 이행 및 개선

28 특정소방대상물 중 공동소방안전관리를 의무적으로 하여야 하는 것은?

① 층수가 11층 이상인 복합건축물
② 연면적 3천 m^2 이상의 복합건축물
③ 층수가 6층 이상인 아파트
④ 위험물을 저장하는 건축물

해설

▣ 공동 소방안전관리자 선임대상 특정소방대상물

1) 판매시설 중 도매시장 및 소매시장
2) 소방본부장 또는 소방서장이 지정하는 것
3) 지하상가
4) 복합건축물(지하층을 제외한 11층 이상 또는 연면적 3만 제곱미터 이상인 건축물)

Tip

[관리의 권원이 분리된 특정소방대상물]

선임된 소방안전관리자 및 총괄소방안전관리자는 공동소방안전관리협의회를 구성하고, 해당 특정소방대상물에 대한 소방안전관리를 공동으로 수행하여야 한다. 이 경우 공동소방안전관리협의회의 구성·운영 및 공동소방안전관리의 수행 등에 필요한 사항은 대통령령으로 정한다.

정답

27 ② 28 ①

29 방열복, 방화복, 공기호흡기, 인공소생기를 각 2개 이상 비치해야 하는 특정소방대상물은?

① 지하층을 포함하는 층수가 5층 이상인 관광호텔
② 지하층을 포함하는 층수가 7층 이상인 관광호텔
③ 지하층을 포함하는 층수가 5층 이상인 병원
④ 지하층을 포함하는 층수가 7층 이상인 병원

해설

▣ 용도 및 장소별 인명구조기구

특정소방대상물	종류	설치 수량
지하층을 포함하는 층수가 7층 이상인 관광호텔 및 5층 이상인 병원	방열복, 방화복 공기호흡기 인공소생기	각 2개 이상 (병원의 경우 인공소생기 설치 제외 가능)
수용인원 100명 이상의 영화상영관, 대규모 점포, 지하역사, 지하상가	공기호흡기	층마다 2개 이상
이산화탄소소화설비 설치대상	공기호흡기	이산화탄소소화설비가 설치된 장소의 출입구 외부 인근에 1대 이상

30 가연성 가스이면서도 독성 가스인 것은?

① 질소
② 수소
③ 메탄(메테인)
④ 황화수소

해설

▣ 가연성 독성 가스
1) 암모니아(NH_3)
2) 황화수소(H_2S)

[가스]
(1) 질소 : 불연성 가스
(2) 수소 : 가연성 가스
(3) 메탄(메테인) : 가연성 가스

31 화재에서 휘적색의 불꽃온도는 섭씨 몇 도 정도인가?

① 325 ℃
② 550 ℃
③ 950 ℃
④ 1300 ℃

[연소 색상]
연소의 색이 어두울수록 불꽃 온도는 낮으며, 연소의 색이 밝을수록 불꽃 온도가 높다.

정답
29 ② 30 ④ 31 ③

해 설

■ 연소 시 불꽃의 색과 온도

연소의 색	온도
암적색	700 ~ 750 ℃
적색	850 ℃
휘적색	900 ~ 950 ℃
황적색	1100 ℃
백색	1200 ~ 1300 ℃
휘백색	1500 ℃

32 다음 중 열에너지가 물질을 매개로 하지 않고 전자파의 형태로 옮겨지는 현상은 어느 것인가?

① 복사
② 대류
③ 승화
④ 전도

열전달의 종류로 알맞지 않은 것을 고르라는 문제도 출제된다.

해 설

■ 열전달(전열 : Heat Transmission)

구분	내용
전도	고체 간의 열전달 현상으로 고온체와 저온체의 직접적인 접촉에 의해 열이 이동
대류	유체의 흐름에 의하여 열이 이동
복사	열전달 매질이 없이 전자파의 형태로 열이 이동

33 화재의 일반적 특성이 아닌 것은?

① 확대성
② 정형성
③ 우발성
④ 불안정성

해 설

■ 화재의 일반적 특성
우발성, 확대성, 불안정성

정답
32 ① 33 ②

34 다음 중 임시소방시설의 종류를 모두 고르시오.

a. 자동화재탐지설비	b. 비상경보장치
c. 방화포	d. 간이소화장치
e. 누전경보기	f. 비상콘센트설비

① a, b, c, d, e, f　② b, c, d, e, f
③ b, c, d, f　④ b, c, d

해설

▣ 임시소방시설

종류		공사의 규모와 종류
소화기	-	화재위험작업현장에 설치
간이 소화장치	물을 방사하여 화재를 진화할 수 있는 장치로서 소방청장이 정하는 성능을 갖추고 있을 것	다음 어느 하나에 해당하는 작업현장 ① 연면적 3000 m^2 이상 ② 지하층·무창층·4층 이상의 층(이 경우 해당 층의 바닥면적이 600 m^2 이상인 경우만 해당)
비상 경보장치	화재가 발생한 경우 주변에 있는 작업자에게 화재사실을 알릴 수 있는 장치로서 소방청장이 정하는 성능을 갖추고 있을 것	다음 어느 하나에 해당하는 작업현장 ① 연면적 400 m^2 이상 ② 지하층·무창층(이 경우 해당 층의 바닥면적이 150 m^2 이상인 경우만 해당)
간이 피난 유도선	화재가 발생한 경우 피난구 방향을 안내할 수 있는 장치로서 소방청장이 정하는 성능을 갖추고 있을 것	바닥면적이 150 m^2 이상인 지하층·무창층의 작업현장에 설치
가스 누설 경보기	가연성 가스가 누설 또는 발생된 경우 탐지하여 경보하는 장치로서 소방청장이 실시하는 형식승인 및 제품검사를 받은 것	바닥면적이 150 m^2 이상인 지하층·무창층의 작업현장에 설치
비상 조명등	화재 발생 시 안전하고 원활한 피난활동을 할 수 있도록 거실 및 피난통로 등에 설치하여 자동 점등되는 조명장치로서 소방청장이 정하는 성능을 갖추고 있을 것	바닥면적이 150 m^2 이상인 지하층·무창층의 작업현장에 설치
방화포	용접·용단 등 작업 시 발생하는 금속성 불티로부터 가연물이 점화되는 것을 방지해주는 천 또는 불연성 물품으로서 소방청장이 정하는 성능을 갖추고 있을 것	용접·용단 작업이 진행되는 작업장에 설치

정답
34 ④

35 일반적으로 공기 중 산소농도를 몇 vol% 이하로 감소시키면 연소상태의 중지 및 질식소화가 가능하겠는가?

① 15 ② 21
③ 25 ④ 31

해설

▣ 질식소화

구분	소화	내용
물리적 소화	냉각 소화	• 점화원을 냉각하여 소화 • 주수로 물의 증발잠열(기화잠열)을 이용 • CO_2 소화설비 : 줄-톰슨효과에 의한 냉각 • 적용 : 스프링클러설비, 옥내·옥외소화전, 포소화설비 등
	질식 소화	• 산소농도를 15 % 이하로 희박하게 하여 소화 • 유류화재에서의 포소화설비 • CO_2 소화설비 : 피복을 입혀 소화 • 적용 : 마른모래, 팽창질석, 팽창진주암
	제거 소화	• 가연물을 이동·제거하여 소화 • 적용 : 산림벌목, 촛불 끄기

Tip

[화학적 소화 = 부촉매소화]
- 연쇄반응 차단에 의한 소화
- 적용 : 할론소화설비, 청정할로겐 강화액 및 분말소화설비 등

36 P형 수신기의 도통시험 순서로 알맞은 것을 고르시오.

① 각 경계구역의 동작버튼 누름 → 도통시험스위치 누름 → 각 경계구역별 도통시험 정상 확인등 점등(녹색)시 정상
② 도통시험스위치 누름 → 각 경계구역의 동작버튼 누름 → 각 경계구역별 도통시험 정상 확인등 점등(녹색)시 정상
③ 각 경계구역의 동작버튼 누름 → 도통시험스위치 누름 → 각 경계구역별 도통시험 정상 확인등 점등(적색)시 정상
④ 도통시험스위치 누름 → 각 경계구역의 동작버튼 누름 → 각 경계구역별 도통시험 정상 확인등 점등(적색)시 정상

해설

▣ 회로도통시험

수신기에서 감지기 사이 회로의 단선 유무와 기기 등의 접속 상황을 확인하기 위한 시험

1) 시험순서
 (1) 도통시험스위치를 누름
 (2) 로터리 방식 : 회로선택스위치를 차례로 회전시켜 시험
  버튼 방식 : 각 경계구역별 동작버튼을 누른 후 시험

정답
35 ① 36 ②

2) 적부 판정방법
  (1) 전압계 방식 : 정상(4 ~ 8 V), 단선(0 V)
  (2) 도통시험 확인등 : 정상 확인등 점등(녹색), 단선 확인등 점등(적색)
3) 복구방법
  (1) 회로선택스위치를 초기(정상) 위치로 복구(로터리 방식만 해당)
  (2) 도통시험스위치 복구

37 옥내소화전과 타 소화설비의 수원이 겸용인 경우 다음 그림에서 유효수량의 기준으로 알맞은 것은?

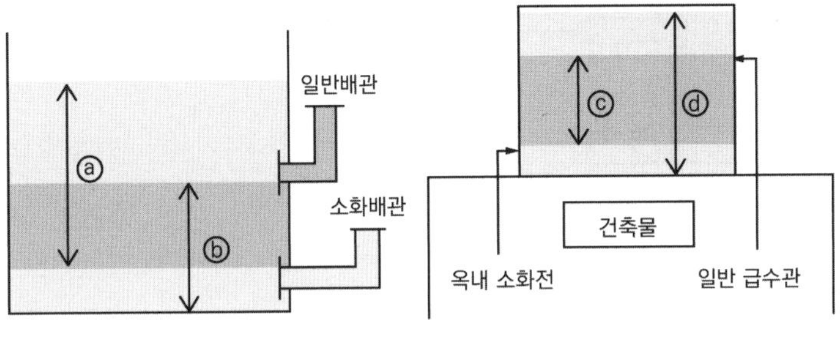

① ⓐ ② ⓑ
③ ⓒ ④ ⓓ

Tip
타 소화설비와 수원이 겸용인 경우 각각의 소화설비 유효수량을 가산한 양 이상으로 한다.

해 설

▣ 유효수량

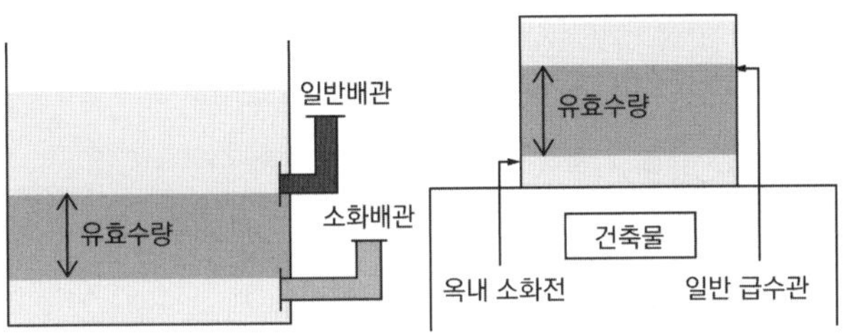

※ 출처 : 한국소방안전원

정답
37 ③

38 **다음은 습식 스프링클러설비의 유수검지장치 및 압력스위치의 모습이다. 그림과 같이 압력스위치가 작동했을 때 작동하지 않는 기기는 무엇인가?**

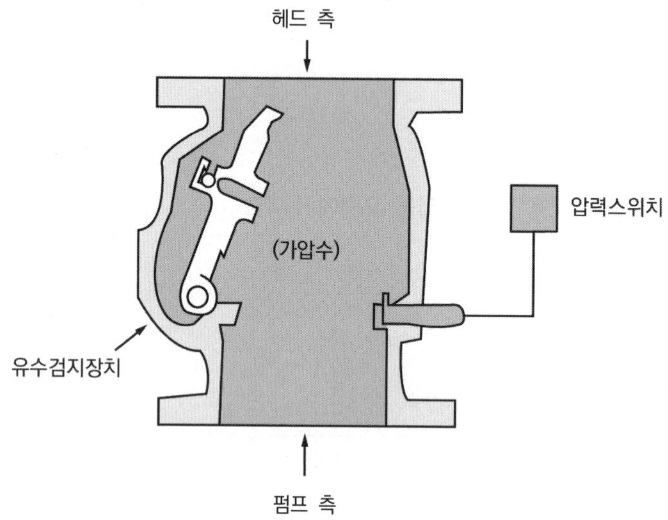

① 밸브개방표시등 점등　② 화재표시등 점등
③ 화재감지기 점등　④ 사이렌 동작

해설

▣ 습식 스프링클러설비 압력스위치 작동 시

1) 감시제어반 밸브개방표시등 점등
2) 화재표시등 점등
3) 음향장치 작동
4) 펌프 작동

※ 습식 스프링클러설비와 건식 스프링클러설비는 감지기를 사용하지 않으므로 화재감지기 점등과는 무관하다(감지기는 준비작동식 스프링클러설비와 일제살수식 스프링클러설비에 있다).

Tip

[습식 스프링클러설비 특징]

(1) 감지기가 없는 설비로서 구조가 간단하고, 공사비 저렴하여 가장 많이 사용
(2) 소화가 빠르고 유지관리 용이
(3) 동결 우려 장소 사용 제한
(4) 헤드 오동작 시 수손피해 및 배관 부식 우려

정답

38 ③

39 다음 중 옥내소화전설비의 방수압력 측정조건 및 방법으로 옳은 것을 고르시오.

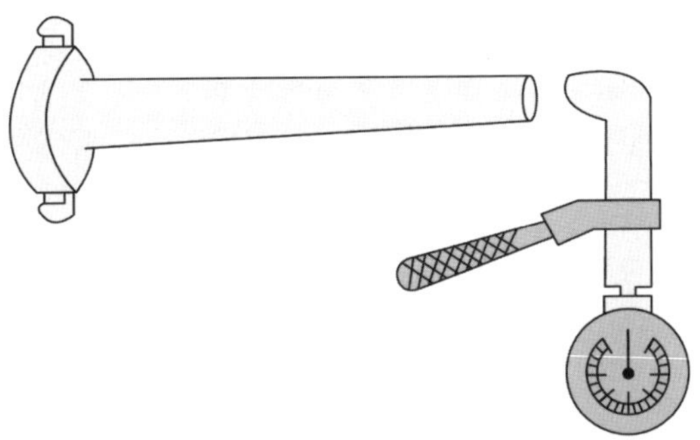

① 방수압력 측정 시 정상압력은 0.15 MPa 이하로 측정되어야 한다.
② 반드시 방사형 관창을 이용하여 측정해야 한다.
③ 방수압력측정계는 노즐의 선단에서 근접(노즐 구경의 1/2)하여 측정한다.
④ 방수압력측정계로 측정할 경우 물이 나가는 방향과 방수압력측정계의 각도는 상관없다.

해 설

■ 옥내소화전설비의 방수압력 및 방수량 측정

구분	측정
방수압력	방수구에 호스를 결속한 상태로 노즐의 선단에 방수압력측정계(피토게이지)를 근접(D/2)시켜서 측정하여 방수압력측정계(피토게이지)의 압력계상의 눈금 확인
방수량	$Q=2.065\times D^2\times\sqrt{p}$ Q : 분당방수량[L/min] D : 관경 또는 노즐의 구경[mm] (옥내소화전 : 13 mm, 옥외소화전 : 19 mm) p : 방수입력[MPa]

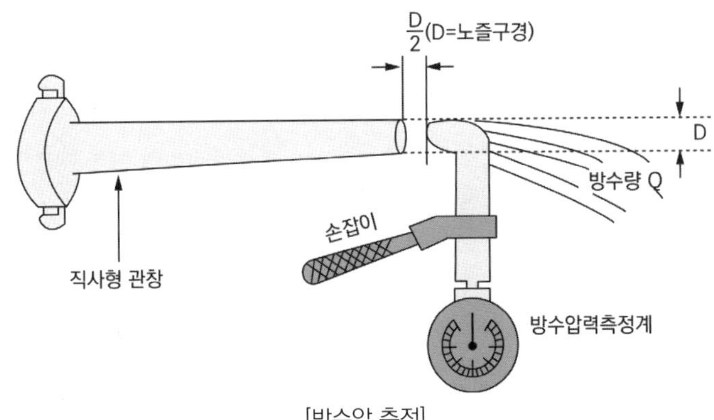

[방수압 측정]

Tip

[옥내소화전설비 수원의 양]
(1) 방수량 : 130 L/min 이상
(2) 방수압력 : 0.17 MPa 이상 0.7 MPa 이하
(3) 펌프 토출량 : 130 L/min × 설치개수
(4) 수원의 양 : 130 L/min × 설치개수 × 20분(40분, 60분)

정답

39 ③

40 옥내소화전설비의 화재안전기준상 수조의 설치기준으로 옳지 않은 것은?

① 수조가 실내에 설치된 때에는 그 실내에 조명설비를 설치할 것
② 동결방지조치를 하거나 동결의 우려가 없는 장소에 설치할 것
③ 수조의 밑 부분에는 청소용 배수밸브 또는 배수관을 설치할 것
④ 수조의 상단이 바닥보다 높은 때에는 수조의 외측에 이동식사다리를 설치할 것

해설

▣ 옥내소화전 수조

1) 점검에 편리한 곳에 설치할 것
2) 동결방지조치를 하거나 동결의 우려가 없는 장소에 설치할 것
3) 수조의 외측에 수위계를 설치할 것. 다만 구조상 불가피한 경우에는 수조의 맨홀 등을 통하여 수조 안의 물의 양을 쉽게 확인할 수 있도록 할 것
4) 수조의 상단이 바닥보다 높은 때에는 수조의 외측에 고정식사다리를 설치할 것
5) 수조가 실내에 설치된 때에는 그 실내에 조명설비를 설치할 것
6) 수조의 밑 부분에는 청소용 배수밸브 또는 배수관을 설치할 것
7) 수조의 외측의 보기 쉬운 곳에 "옥내소화전설비용 수조"라고 표시한 표지를 할 것. 이 경우 그 수조를 다른 설비와 겸용하는 때에는 그 겸용되는 설비의 이름을 표시한 표지를 함께 할 것

[옥상수조의 설치 제외]
(1) 지하층만 있는 건축물
(2) 고가수조를 가압송수장치로 설치한 옥내소화전설비
(3) 수원이 건축물의 최상층에 설치된 방수구보다 높은 위치에 설치된 경우
(4) 건축물의 높이가 지표면으로부터 10 m 이하인 경우
(5) 주펌프와 동등 이상의 성능이 있는 별도의 펌프로서, 내연기관의 기동과 연동하여 작동되거나 비상전원을 연결하여 설치한 경우
(6) 가압수조를 가압송수장치로 설치한 옥내소화전설비

41 소화펌프의 토출 측에 설치하여야 하는 것이 아닌 것은?

① 성능시험배관　　② 릴리프밸브(수온상승방지)
③ 체크밸브　　④ 연성계

해설

▣ 소화펌프 토출 측에 설치하는 부품

1) 수조가 펌프보다 낮게 설치된 경우 – 물올림탱크
2) 성능시험배관
3) 압력계
4) 릴리프밸브(수온상승방지용 순환배관)

※ 연성계 : 소화수조가 소화펌프보다 낮을 때 흡입 측 배관에 설치

42 옥외소화전설비의 법적 설치대상으로 지상 1, 2층의 바닥면적 합계가 몇 m^2 이상이어야 하는가?

① 5000 m^2　　② 7000 m^2
③ 8000 m^2　　④ 9000 m^2

정답

40 ④　41 ④　42 ④

해 설

▣ 옥외소화전의 설치대상

1) 목조건축물로서 국보 또는 보물인 경우
2) 지상 1, 2층의 바닥면적의 합계가 9000 m^2 이상인 경우
3) 특수가연물을 지정수량 750배 이상을 저장 또는 취급하는 공장

43 **동력제어반과 감시제어반의 각종 표시등과 스위치가 정상상태일 때 옥내소화전을 사용하여 펌프를 작동시켰다. 현 상황에 알맞은 동력제어반의 표시등 작동 상태로 틀린 것을 고르시오.**

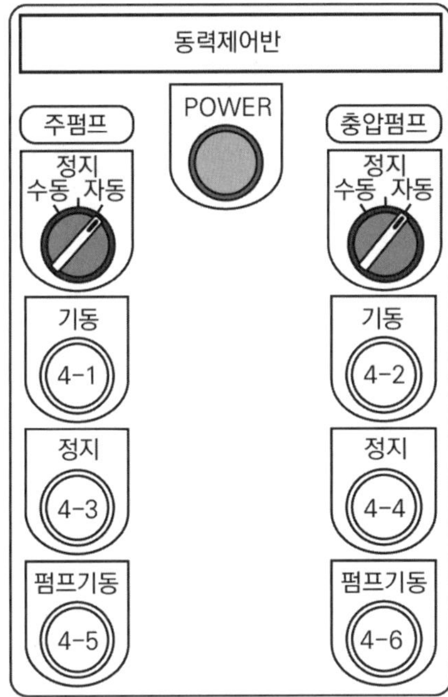

일련번호	설비명칭	작동 여부
4-1, 4-5	주펌프 기동표시등	소등
4-2, 4-6	충압펌프 기동표시등	점등
4-3	주펌프 정지표시등	소등
4-4	충압펌프 정지표시등	소등

① 4-1, 4-5　　② 4-2, 4-6
③ 4-3　　④ 4-4

해 설

▣ 제어반

모든 제어반이 정상상태일 때 옥내소화전을 사용하여 펌프를 작동하면 충압펌프와 주펌프가 기동한다(충압펌프가 먼저 기동한 후 주펌프 기동).

정답

43 ①

44 **차고 또는 주차장과 같이 동절기 동파 우려가 있는 장소에 설치할 수 없는 스프링클러설비 방식은?**

① 습식　　② 건식
③ 준비작동식　　④ 일제살수식

해설

▣ 차고 또는 주차장 스프링클러설비
1) 건식, 준비작동식, 일제살수식
2) 습식은 동파의 우려가 있어 사용 안함

Tip
습식은 1차 측 배관과 2차 측 배관이 전부 가압수로 차 있기 때문에 물이 얼어서 배관이 파열될 수도 있음

45 **습식 스프링클러설비 시험밸브 개방 시, 감시제어반의 표시등이 점등되어야 할 것으로 올바르게 짝지어진 것은?**

① 화재표시등, 밸브개방표시등
② 위치표시등, 화재표시등
③ 위치표시등, 밸브개방표시등
④ 밸브개방표시등, 밸브주의표시등

해설

▣ 습식 스프링클러설비 점검 시 확인사항
1) 감시제어반(수신반) 화재표시등 및 해당구역 밸브개방표시등 점등 확인
2) 해당 방호구역의 경보(사이렌) 상태 확인
3) 소화펌프 자동기동 여부 확인

Tip
[습식 스프링클러설비 점검]
(1) 시험밸브 개방하여 가압수 배출
(2) 알람밸브 2차 측 압력이 저하되어 클래퍼 개방(작동)
(3) 시트링홀에 가압수가 유입되어 지연장치에 의해 설정시간 지연 후 압력스위치 작동

46 **스프링클러 설비 중 1차 측은 소화수로 2차 측은 대기압 상태로 유지되어 있다가 화재발생 시 감지기 작동으로 배관 내의 유수가 발생하여 방수구역의 모든 개방형 헤드에서 소화수가 방출되는 방식은?**

① 건식　　② 습식
③ 준비작동식　　④ 일제살수식

해설

▣ 일제살수식 스프링클러설비
일제개방밸브를 중심으로 1차 측은 가압수, 2차 측은 대기압 상태로 유지되어 있다가 감지기 동작에 의하여 일제개방밸브가 개방되면 2차 측에 설치된 모든 개방형 헤드에서 소화수가 방출된다.

Tip
[일제살수식 스프링클러설비 특징]
(1) 초기화재에 신속 대처 용이
(2) 층고가 높은 장소에서도 소화 가능
(3) 대량 살수로 수손 피해 우려
(4) 감지장치로 교차회로 감지기 별도 시공 필요

정답
44 ① 45 ① 46 ④

47 다음 중 한계산소지수에 대한 설명으로 틀린 것을 고르시오.

① 가연성물질과 산소와의 양론적인 면을 고찰할 때 가연성물질이 연소할 수 있는 공기 중의 최저산소농도를 말한다.
② 한계산소농도라고 한다.
③ 물질에 따라 농도가 다르지만 일반적인 가연물의 경우 22 ~ 25 vol% 정도이다.
④ 일반적인 건물에서 공기 중의 산소농도를 해당 농도 이하로 유지하면 화재는 소멸된다.

해설

▣ 한계산소지수
물질에 따라 농도가 다르지만 일반적인 가연물의 경우 14 ~ 15 vol% 정도이다.

Tip

[습식 스프링클러설비 작동순서]
화재발생 → 열에 의해 폐쇄형 헤드 개방 및 방수 → 유수검지장치의 클래퍼 개방 → 압력스위치 작동 → 사이렌 경보와 감시제어반의 화재표시등 및 밸브개방표시등 점등 → 압력챔버의 압력스위치 작동 → 펌프 기동

[준비작동식 스프링클러설비 작동순서]
화재발생 → 교차회로 방식의 A or B 감지기 작동(경종 또는 사이렌 경보, 감시제어반의 화재표시등 점등) → A and B 감지기 모두 작동 → 준비작동식 유수검지장치(준비작동식 밸브)의 전자밸브(솔레노이드밸브) 작동 → 중간챔버에 채워져 있던 물이 배수되며(감압) 준비작동식 밸브 개방 → 1차 측 가압수의 2차 측으로의 유수를 통해 준비작동식 밸브의 압력스위치 작동 → 감시제어반의 밸브개방표시등 점등 → 감열에 의한 폐쇄형 헤드 개방 → 배관 내 압력저하로 기동용 수압개폐장치(압력챔버)의 압력스위치 작동 → 펌프 기동

48 다음 중 건식 스프링클러설비의 작동순서를 올바르게 나열한 것은?

① 화재 발생 → 헤드 개방 → 압축공기 방출 → 2차 측 공기압 저하 → 클래퍼 개방 → 1차 측 물이 2차 측으로 유수 → 배관 내 압력 저하로 압력스위치 작동 → 펌프 기동
② 화재 발생 → 헤드 개방 → 압축공기 방출 → 배관 내 압력 저하로 압력스위치 작동 → 2차 측 공기압 저하 → 클래퍼 개방 → 1차 측 물이 2차 측으로 유수 → 펌프 기동
③ 화재 발생 → 클래퍼 개방 → 헤드 개방 → 압축공기 방출 → 2차 측 공기압 저하 → 1차 측 물이 2차 측으로 유수 → 배관 내 압력 저하로 압력스위치 작동 → 펌프 기동
④ 화재 발생 → 클래퍼 개방 → 헤드 개방 → 압축공기 방출 → 2차 측 공기압 저하 → 배관 내 압력 저하로 압력스위치 작동 → 1차 측 물이 2차 측으로 유수 → 펌프 기동

정답
47 ③ 48 ①

해설

▣ 건식 스프링클러설비의 작동순서

1) 화재발생
2) 열에 의해 폐쇄형 헤드 개방 및 압축공기 방출
3) 2차 측 배관 압력 저하
4) 1차 측 압력에 의해 건식 유수검지장치(건식 밸브)의 클래퍼 개방
5) 1차 측 가압수의 2차 측으로의 유수를 통해 헤드로 방출 및 건식 밸브의 압력스위치 작동
6) 사이렌 경보, 감시제어반의 화재표시등 및 밸브개방표시등 점등
7) 배관 내 압력저하로 기동용 수압개폐장치(압력챔버)의 압력스위치 작동
8) 펌프 기동

49 **준비작동식 스프링클러설비의 프리액션밸브를 작동시키는 방법이 아닌 것은?**

① 해당 방호구역 감지기 A, B동작
② 수동조작함의 수동기동스위치 동작
③ 수신반에서 수동기동 시
④ 스프링클러헤드가 개방될 경우

해설

▣ 준비작동식 밸브(프리액션밸브) 작동방법

1) 해당 방호구역의 교차회로 감지기 2개 회로 작동
2) 수동조작함(SVP)의 수동조작스위치 작동
3) 밸브 자체에 부착된 수동기동밸브 개방
4) 감시제어반(수신반) 측의 준비작동식 유수검지장치 수동기동스위치 작동
5) 감시제어반(수신반)에서 동작시험스위치 및 회로선택스위치로 해당 방호구역의 교차회로 감지기 2개 회로 작동

50 **이산화탄소소화설비에 사용되는 저압식 이산화탄소소화약제 저장용기의 충전비는 얼마인가?**

① 1.1 이상, 1.4 이하　② 1.2 이상, 1.5 이하
③ 1.0 이상, 1.3 이하　④ 0.8 이상, 1.0 이하

Tip

고압식 이산화탄소소화약제 저장용기 충전비가 저압식보다 높다.

해설

▣ 이산화탄소소화설비의 충전비

구분	충전비
고압식	1.5 ~ 1.9
저압식	1.1 ~ 1.4

정답

49 ④　50 ①

10회 실전모의고사

01 **가스계 소화설비의 방출표시등 작동시험방법 중 압력스위치 테스트 버튼을 당길 때 점등되는 것으로 옳지 않은 것은?**

① 방호구역 출입구 상단에 설치된 방출표시등
② 감시제어반 방출표시등
③ 방호구역 내에 설치된 방출표시등
④ 수동조작함 방출등

해설

▣ 방출표시등 작동시험방법

1) 압력스위치 테스트 버튼을 당김
2) 방출표시등 작동 확인
  (1) 방호구역 출입문 상단 방출표시등 점등 확인
  (2) 수동조작함 방출등(적색) 점등 확인
  (3) 감시제어반(수신반) 방출표시등 점등 확인
3) 테스트 버튼 다시 눌러 복구
  방호구역 안으로 거주자의 진입 방지를 위해 설치하기 때문에 방호구역 출입문 상단에 설치

Tip

[솔레노이드밸브 격발 시험방법]

(1) 수동조작버튼 작동 : 솔레노이드밸브에 부착된 안전핀 제거 후 버튼 누르면 즉시 격발
(2) 수동조작함 작동 : 방호구역 출입문 인근에 있는 수동조작함의 기동스위치를 누르면 30초 지연시간 이후 격발
(3) 교차회로 감지기 동작 : 30초 지연시간 이후 격발
(4) 감시제어반(수신반)에서 수동조작스위치 동작 : 솔레노이드밸브 선택스위치를 수동위치로 전환 후 정지에서 기동위치로 전환하여 동작시키면 30초 지연시간 이후 격발

[동작사항 확인]

(1) 감시제어반(수신반)에서 화재표시 확인
(2) 경보(사이렌)발령 여부 확인
(3) 지연장치의 지연시간(30초) 체크 확인
(4) 솔레노이드밸브 작동 여부 확인
(5) 자동폐쇄장치 작동 및 환기장치 정지 여부 확인

정답

01 ③

02 다음 그림은 P형 수신기이다. 회로 동작시험을 하는 순서로 옳은 것은?

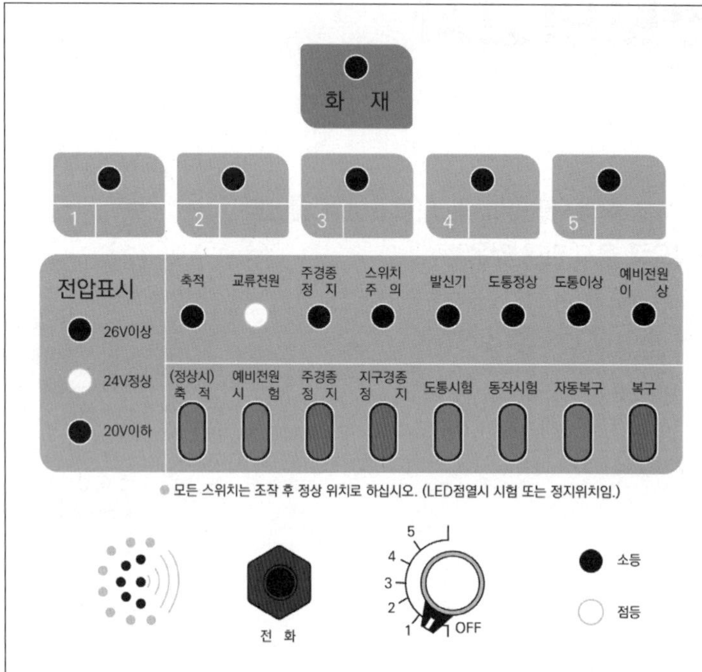

a : 동작시험스위치를 누름 b : 회로선택스위치를 돌려서 시험 c : 자동복구스위치를 누름 d : 표시등, 음향장치 등이 작동되는지 확인 e : 복구

① a → b → c → d → e

② a → c → b → d → e

③ b → c → a → d → e

④ c → b → a → d → e

해설

▣ P형 수신기 회로동작시험 순서

1) 동작시험스위치를 누름
2) 자동복구스위치를 누름
3) 회로선택스위치를 돌려서 시험
4) 표시등, 음향장치 등이 작동되는지 확인
5) 복구

Tip

[적부 판정방법]

(1) 화재표시등, 지구(경계구역)표시등, 기타 표시장치의 점등, 음향장치의 작동 확인, 감지기회로 또는 부속기기 회로와의 연결접속 정상 여부 확인
(2) 동작시험 결과 위와 같은 기능이 작동하지 못하는 회로는 즉시 수리

정답

02 ②

03 준비작동식 스프링클러설비 제어반이 다음과 같은 상황일 때 옳은 것은?

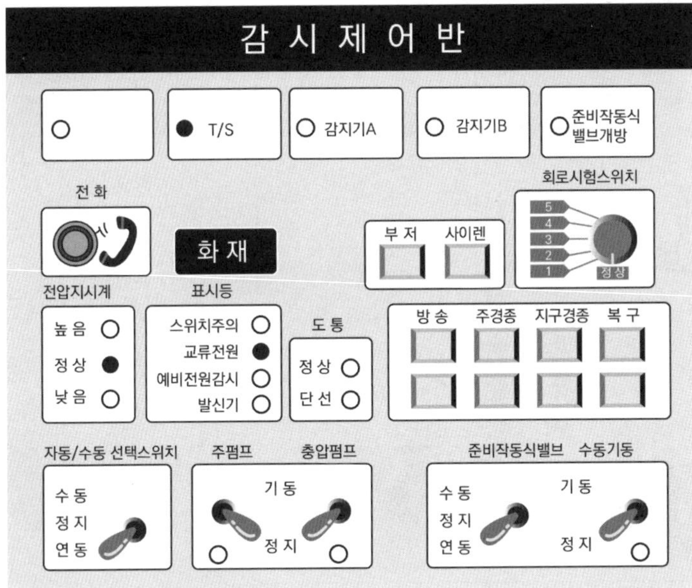

① 감지기가 작동하였다.
② 밸브가 폐쇄되었다.
③ 펌프가 작동하였다.
④ 준비작동식 밸브가 작동하였다.

해 설

▣ 탬퍼스위치

평상시 개방상태를 유지해야 하는 밸브에 탬퍼스위치를 설치하여 밸브가 폐쇄되는 경우 수신반(감시제어반)에서 T/S등이 점등되며 부저가 울림으로써 폐쇄상태를 알려주는 역할을 하는 장치

정답

03 ②

04 다음 그림은 소화펌프 토출 측 성능시험배관이다. 유량계를 중심으로 한 밸브의 용도로 옳은 것은?

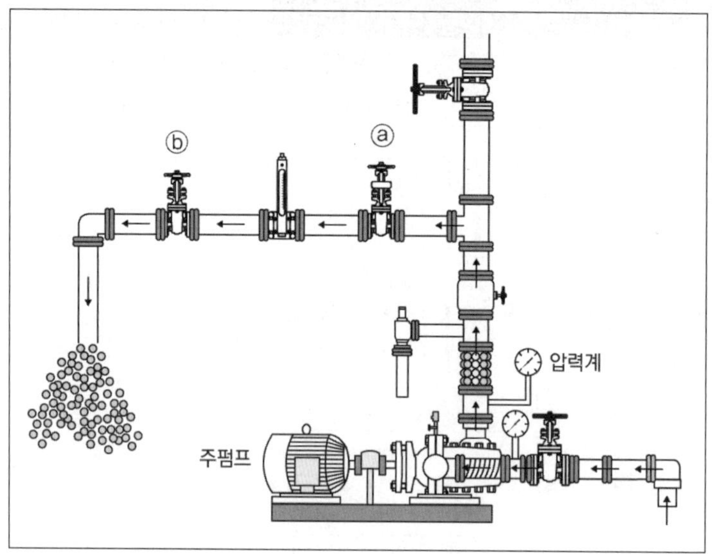

	ⓐ	ⓑ
①	개폐밸브	유량조절밸브
②	개폐밸브	개폐밸브
③	유량조절밸브	개폐밸브
④	유량조절밸브	유량조절밸브

해설

▣ 성능시험

1) 1차 측(ⓐ) – 개폐밸브(성능시험 시 100 % 개방)

2) 2차 측(ⓑ) – 유량조절밸브(성능시험 시 유량에 따른 압력을 확인하면서 조절)

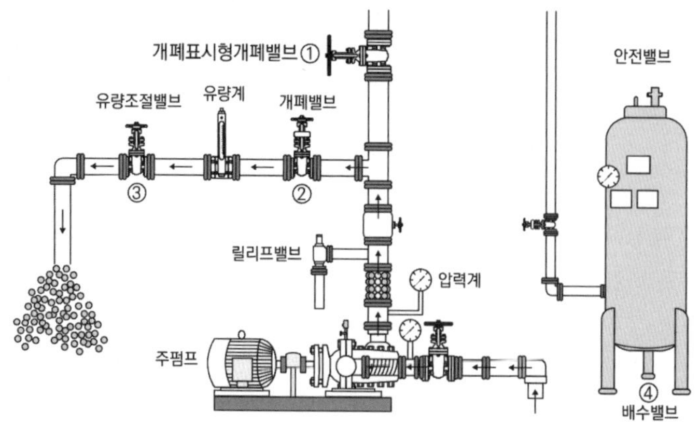

※ 출처 : 한국소방안전원

Tip

[펌프성능시험]

성능시험	유량	압력
체절운전	0	140 % 이하
정격운전	100 %	100 % 이상
최대운전	150 %	65 % 이상

정답

04 ①

3) 체절운전

(1) 펌프토출 측 밸브[①]와 성능시험배관상의 유량조절밸브[③] 폐쇄 상태, 즉 토출량이 '0'인 상태에서 펌프 기동

(2) 이때의 압력(체절압력)을 확인하여 정격토출압력의 140 % 이하인지 확인

(3) 정격토출압력이 140 %를 초과하는 경우 순환배관상의 릴리프밸브를 개방(조절볼트 반시계방향으로 돌림)하여 정격토출압력의 140 % 이하로 조절

4) 정격부하운전

(1) 펌프토출 측 밸브[①] 폐쇄 상태, 성능시험배관상의 개폐밸브[②] 완전 개방, 유량조절밸브[③] 서서히 개방하여 유량계의 지침이 정격토출량의 100 %를 가리킬 때까지 개방

(2) 압력계상의 압력을 확인하여 정격토출압력의 100 % 이상인지 확인

5) 최대운전

(1) 펌프토출 측 밸브[①] 폐쇄 상태, 성능시험배관상의 개폐밸브[②] 완전 개방, 유량조절밸브[③] 더욱 개방하여 유량계의 지침이 정격토출량의 150 %를 가리킬 때까지 개방

(2) 압력계상의 압력을 확인하여 정격토출압력의 65 % 이상인지 확인

05 **P형 수신기 예비전원시험(전압계 방식)을 하기 위해 예비전원버튼을 눌렀을 때 전압계가 다음과 같이 지시하였다. 옳은 것을 고르시오.**

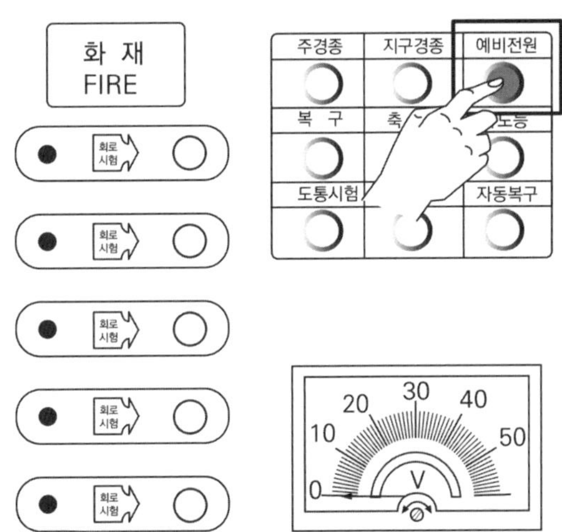

① 예비전원이 정상이다.

② 예비전원이 불량이다.

③ 예비전원전압이 과도하게 높다.

④ 교류전원을 점검하여야 한다.

Tip

[예비전원시험]

상용전원(AC 220 V)이 사고 등으로 정전된 경우 자동적으로 예비전원(DC 24 V)으로 절환이 되며, 복구 시 자동적으로 상용전원으로 절환되는지의 여부와 상용전원이 정전되었을 때 수신기가 정상적으로 동작할 수 있는 전압을 가지고 있는지를 확인하는 시험

해설

▣ 예비전원시험

① : 예비전원이 0 V를 가리키므로 불량이다.

③ : 예비전원전압이 낮다(0 V).

④ : 예비전원을 점검하여야 한다.

정답

05 ②

■ 예비전원시험 시 정상인 경우

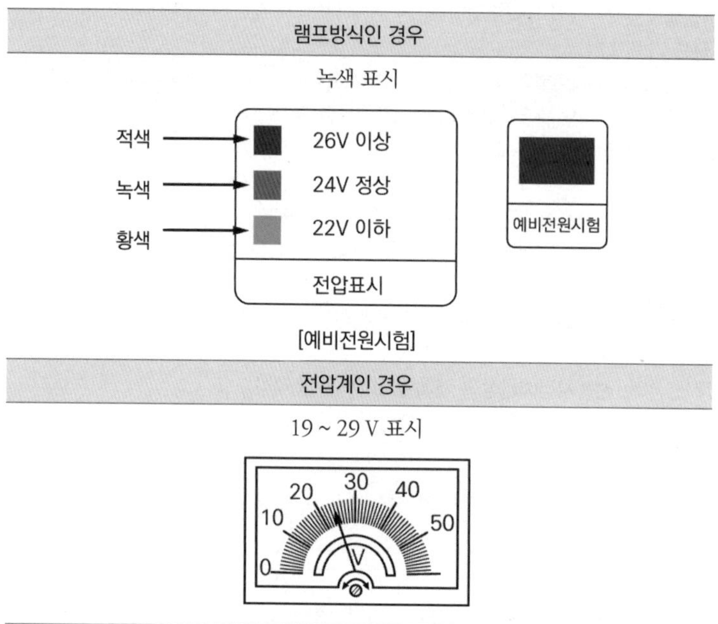

06 건축물의 방재계획 중에서 공간적 대응계획에 해당되지 않는 것은?

① 도피성 대응
② 대항성 대응
③ 회피성 대응
④ 소방시설방재 대응

해설

■ 건축물의 방재계획

구분		내용
공간적 대응	대항성	방화구획, 방연구획, 내화재료 등을 사용하여 초기 소화에 대항성을 가지도록 하는 것
	회피성	불연화, 난연화 등의 내장재의 제한과 소방훈련 및 불조심 등 화재의 확대 가능성을 줄여 위험성을 낮추는 것
	도피성	화재 시 피난자가 위험에 빠지지 않도록 구조적으로 배려하는 것
설비적 대응		공간적 대응을 보완하는 것으로서 대항성에 대하여 스프링클러, 제연설비, 방화문, 방화셔터 등을, 도피성으로는 유도등, 피난설비 등을 설치하여 보조하는 것

정답
06 ④

07 자동화재탐지설비의 경계구역 설정기준으로 옳은 것은?

① 하나의 경계구역이 3개 이상의 건축물에 미치지 아니할 것
② 하나의 경계구역의 면적은 400 m^2 이하로 하고 한 변의 길이는 60 m 이하로 할 것
③ 하나의 경계구역의 면적은 600 m^2 이하로 하고 한 변의 길이는 50 m 이하로 할 것
④ 하나의 경계구역이 4개 이상의 층에 미치지 아니할 것

해설

▣ 경계구역 산정 기준(수평적)

1) 2개 이상의 건축물에 미치지 아니하도록 할 것
2) 2개 이상의 층에 미치지 아니하도록 할 것. 다만 500 m^2 이하의 범위 안에서는 2개의 층을 하나의 경계구역으로 산정
3) 경계구역의 면적
600 m^2 이하, 한 변 길이 : 50 m 이하로 할 것(주된 출입구에서 그 내부 전체가 보이는 것 면적 1000 m^2 이하, 한 변 길이 : 50 m 이하)
4) 터널 길이 : 100 m 이하

Tip

[수직적 경계구역]
계단 · 경사로(에스컬레이터 경사로 포함) · 엘리베이터 승강로(권상기실이 있는 경우에는 권상기실) · 린넨슈트 · 파이프 피트 및 덕트 기타 이와 유사한 부분은 별도로 경계구역을 설정하되, 하나의 경계구역은 높이 45 m 이하(계단 및 경사로에 한한다)로 하고, 지하층의 계단 및 경사로(지하층의 층수가 한 개 층일 경우는 제외한다)는 별도로 하나의 경계구역으로 해야 한다.

08 옥외소화전설비의 소화전함 표면에 일반적으로 부착되는 것이 아닌 것은?

① 비상전원확인등
② 펌프 기동표시등
③ 위치표시등
④ 옥외소화전 표지

해설

▣ 옥외소화전함 표시

1) 소화전함 표면에는 "옥외소화전"이라고 표시한 표지를 한다.
2) 표시등 설치
⑴ 위치표시하는 표시등을 함 상부에 설치
⑵ 가압송수장치 기동 표시조작부 또는 그 부근에 기동을 명시하는 적색등 설치

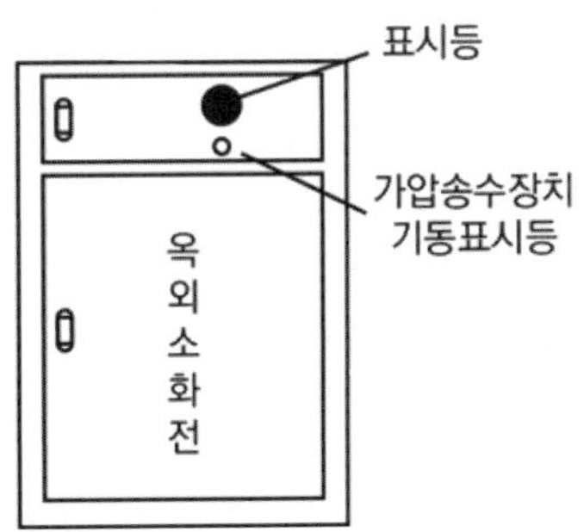

정답
07 ③ 08 ①

09 소방안전관리자 오소방 씨가 제어반 점검을 위해 습식 스프링클러설비의 말단시험밸브를 개방하여 가압수를 배출시켰다. 이후 확인사항에 대해 틀린 것을 고르시오.

① 화재표시등, 알람밸브 개방표시등 점등 확인
② 사이렌 경보 상태 확인
③ 펌프 작동 여부 확인
④ 프리액션밸브 개방표시등 점등 확인

해설

▣ 제어반 점검

습식 스프링클러설비 시험 시 감시제어반에서는 화재표시등과 알람밸브 개방표시등 점등을 확인한다. 또한 해당 방호구역의 사이렌 경보상태를 확인하고 동력제어반의 펌프 작동 여부를 확인한다.
프리액션밸브는 준비작동식 스프링클러설비이므로 해당사항 없다.

10 건축물의 내화구조 바닥이 철근 콘크리트조 또는 철골철근콘크리트조인 경우 두께가 몇 cm 이상이어야 하는가?

① 4
② 5
③ 7
④ 10

해설

▣ 내화구조의 바닥 기준

구조	두께
철근콘크리트조 또는 철골철근콘크리트조	10 cm 이상
철재로 보강된 콘크리트 블록조, 벽돌조 또는 석조로서 철재에 덮은 콘크리트블록	5 cm 이상
철재의 양면을 철망모르타르 또는 콘크리트로 덮은 것	5 cm 이상

정답
09 ④ 10 ④

11 심폐소생술 가슴압박의 위치로 옳은 것을 고르시오.

①
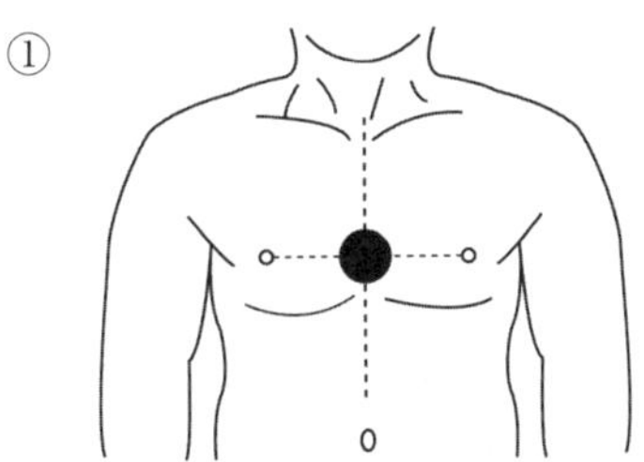

②
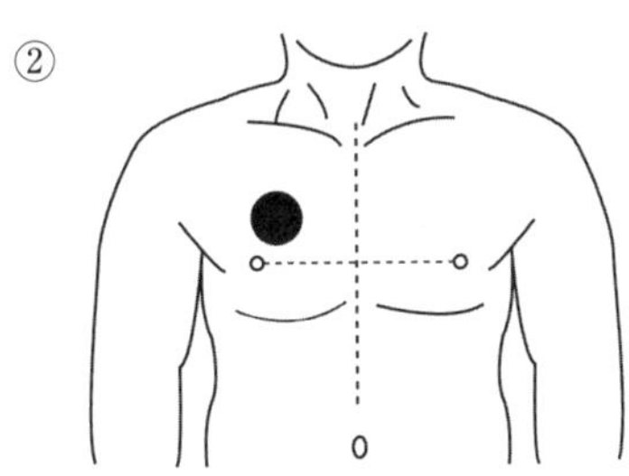

③
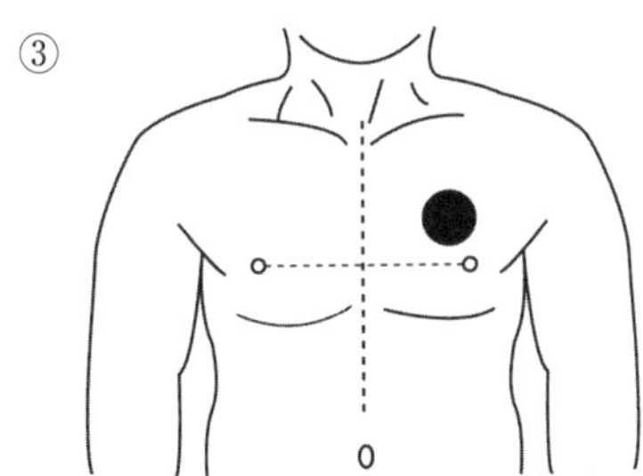

④
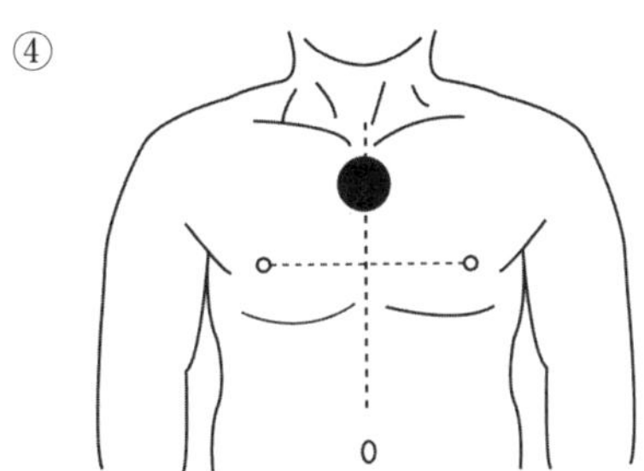

해 설

■ 심폐소생술

1) 심장의 기능이 정지하거나 호흡이 멈출 경우를 대비한 응급조치
2) 호흡이 없으면 즉시 심폐소생술 실시
3) 심정지 4 ~ 6분 경과 : 산소부족으로 뇌가 손상되어 회복되지 않음
4) 기본순서 : 가슴압박 → 기도유지 → 인공호흡

[심폐소생술]

(1) 호흡확인은 10초 이내로 실시
(2) 30회의 가슴압박과 2회의 인공호흡을 5주기로 실시
(3) 심폐소생술을 실시하던 중 환자가 자발적으로 움직이거나 호흡을 시작하면, 심폐소생술을 중단하고 환자의 상태 확인

정답

11 ①

12 **옥내소화전 감시제어반의 스위치 상태가 다음과 같을 때, 보기의 동력제어반 ㉠ ~ ㉣ 중에서 점등되는 표시등을 있는 대로 고르시오. (단, 설비는 정상상태이며 제시된 조건을 제외하고 나머지 조건은 무시한다)**

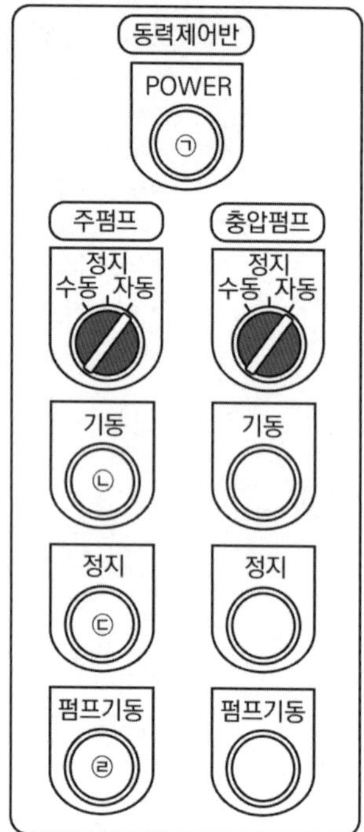

[동력제어반 스위치]

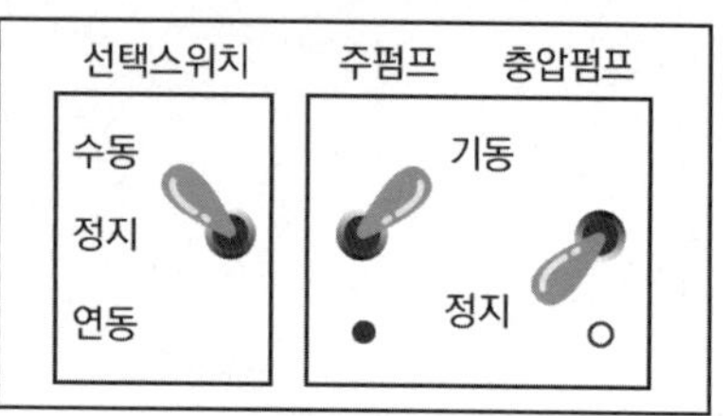

[감시제어반 스위치]

① ㉠, ㉢
② ㉠, ㉢, ㉣
③ ㉠, ㉡, ㉢, ㉣
④ ㉠, ㉡, ㉣

해 설

▣ 옥내소화전 감시제어반

1) 선택스위치가 수동이며, 주펌프가 기동일 때
 (1) POWER 점등
 (2) 주펌프 기동표시등 점등
 (3) 주펌프 펌프 기동표시등 점등

2) 선택스위치가 수동이며, 충압펌프가 기동일 때
 (1) POWER 점등
 (2) 충압펌프 기동표시등 점등
 (3) 충압펌프 펌프 기동표시등 점등

Tip

감시제어반의 선택스위치가 수동이고 주펌프만 기동시켰기 때문에 동력제어반의 주펌프만 기동한다. 이때 기동과 펌프 기동표시등이 점등하며, POWER는 상시 점등이다.

정답

12 ④

13 유수검지장치 중 프리액션밸브의 점검 시 전자개방밸브의 작동방법으로 잘못된 것은?

① 해당 방호구역의 감지기 2개 회로를 작동시킨다.
② 수동조작함의 기동스위치를 작동시킨다.
③ 프리액션밸브에 부착된 수동기동밸브를 개방하여 작동시킨다.
④ 말단시험배관의 볼밸브를 작동시킨다.

해설

▣ 프리액션밸브 전자개방밸브 작동방법
1) 해당 방호구역의 감지기 2개 회로를 작동시킨다.
2) 수동조작함의 기동스위치를 작동시킨다.
3) 프리액션밸브에 부착된 수동기동밸브를 개방하여 작동시킨다.
4) 감시제어반의 프리액션밸브를 수동으로 작동시킨다.
5) 감시제어반의 동작시험을 통해 감지기 2회로를 동시 동작시켜 작동시킨다.
※ 말단시험배관의 볼밸브를 작동시켜 동작시험하는 유수검지장치는 알람밸브, 건식 밸브이다.

14 모아빌딩의 전기실에 화재가 발생하여 감지기 A, B가 동작하였지만 가스계 소화설비가 작동하지 않았다. 감시제어반과 솔레노이드밸브, 수동조작함이 다음과 같은 상태일 때 가스계 소화설비가 동작하지 않은 원인을 고르시오.

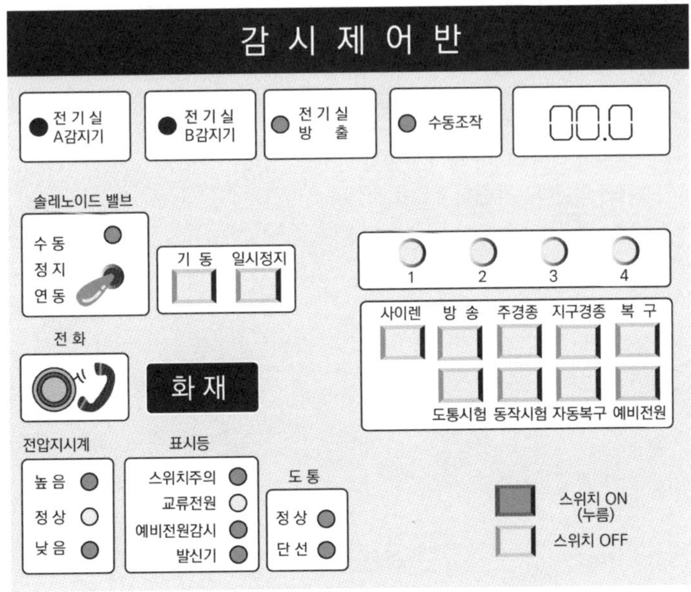

정답
13 ④ 14 ③

수동조작함(소화약제)

전원 방출

화재 시

1. 뚜껑을 연 다음
2. 버튼을 강하게 누르시오.

※ 주의 : 화재 시에는 절대 사용을 금함

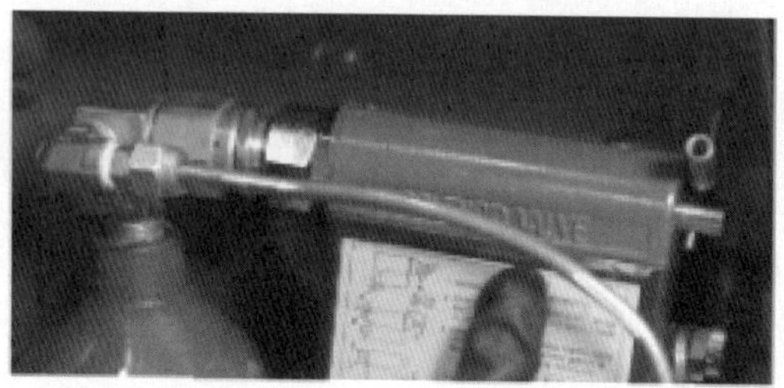

※ 출처 : 한국소방안전원

① 감시제어반의 솔레노이드밸브 선택스위치가 정지위치에 있다.
② 수동조작함의 전원이 공급되지 않고 있다.
③ 솔레노이드 밸브 안전핀 체결로 인해 미격발이 일어났다.
④ 감시제어반의 전원이 공급되지 않고 있다.

해 설

■ 가스계 소화설비

감지기 A, B가 동작하면 솔레노이드밸브가 격발되어야 하지만 현재 안전핀 체결로 인해 미격발이 일어났기 때문에 가스계 소화설비가 작동하지 않은 것이다.

15 주된 연소형태가 표면연소인 가연물로만 나열된 것은?

① 숯, 목탄
② 석탄, 종이
③ 나프탈렌, 파라핀
④ 니트로셀룰로오스(나이트로셀룰로오스), 질화면

해설

▣ 고체의 연소

구분	내용	종류
표면연소 (작열연소)	고체의 표면에서 불꽃을 내지 않고 연소	숯, 코크스, 목탄, 금속분
분해연소	고체 가연물이 온도 상승 시 열분해를 통해 발생하는 가연성 가스가 연소	종이, 목재, 플라스틱, 섬유
증발연소	열분해를 일으키지 않고 그대로 증발하여 연소	유황(황), 나프탈렌, 파라핀
자기연소	물질 내부에 산소를 함유하고 있어 외부의 산소 공급 없이 연소	니트로셀룰로오스(나이트로셀룰로오스), 니트로글리세린(나이트로글리세린), 질산에스테르류(질산에스터류)

[기체의 연소]

구분	내용
확산연소	가연성 기체가 공기 중으로 확산되며, 공기와 혼합기체를 형성하여 연소[메탄(메테인), 에탄(에테인), 수소]
예혼합연소	가연물과 공기가 미리 혼합된 상태로 점화원에 의해 연소되거나 스스로 연소하는 것(가솔린엔진, 버너)

16 연소점은 인화점보다 대략 몇 도 정도 높은 온도에서 얼마의 시간을 유지할 수 있는 온도를 말하는가?

① 온도 : -5 ~ 10 ℃, 시간 : 5초
② 온도 : 5 ~ 10 ℃, 시간 : 5초
③ 온도 : 10 ~ 15 ℃, 시간 : 5초
④ 온도 : 10 ~ 15 ℃, 시간 : 10초

해설

▣ 인화점, 연소점, 발화점

인화점 < 연소점 < 발화점

인화점	점화원을 가했을 때 연소가 시작되는 최저온도
연소점	• 외부 점화원에 의해 발화 후 연소를 지속시킬 수 있는 최저온도 • 인화점보다 5 ~ 10 ℃ 높고, 불꽃이 최소 5초 이상 지속되는 온도
발화점	가연성 물질에 불꽃을 접하지 아니하였을 때 연소가 가능한 최저온도

정답
15 ① 16 ②

17 고층 건축물 내 연기거동 중 굴뚝효과에 영향을 미치는 요소가 아닌 것은?

① 건물 내·외의 온도차 ② 화재실의 온도
③ 건물의 높이 ④ 층의 면적

해 설

▣ 굴뚝효과의 영향요소
1) 화재실온도
2) 건축물 내·외부온도차
3) 건축물 높이

[굴뚝효과(= 연돌효과)]
건축물 내·외부공기의 온도차로 인한 압력차에 의해 공기가 이동

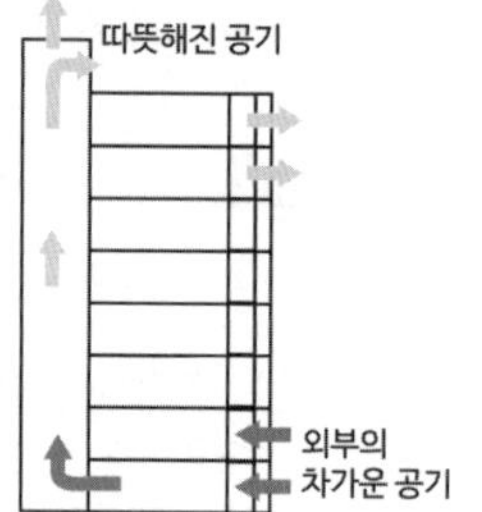

18 목조건축물에서 발생하는 옥내출화시기를 나타낸 것으로 옳지 않은 것은?

① 천장 속, 벽 속 등에서 발염 착화할 때
② 창, 출입구 등에 발염 착화할 때
③ 가옥 구조에는 천장 면에 발염 착화할 때
④ 불연 벽체나 불연 천장인 경우 실내의 그 뒷면에 발염 착화할 때

해 설

▣ 옥내출화와 옥외출화

분류	내용
옥내출화	• 건축물 실내의 천장 속, 벽 내부에서 발염 착화 • 준불연성, 난연성으로 피복된 내부의 목재에 착화
옥외출화	• 건축물 외부의 가연물질에 발염 착화 • 창, 출입구 등의 개구부 등에 착화

[목조건축물의 화재진행단계]
무염착화 → 발염착화 → 출화(옥내·외 출화) → 최성기 → 연소낙하(지붕, 벽 붕괴)

19 다음 중 제4류 위험물에 적응성이 있는 것은?

① 옥내소화전설비
② 옥외소화전설비
③ 봉상수소화기
④ 물분무소화설비

정답
17 ④ 18 ② 19 ④

해설

▣ 물 소화약제의 주수형태

주수형태	내용
봉상주수	• 막대모양의 물줄기로 주수 • 냉각효과 및 파괴효과 • 옥내소화전, 옥외소화전
적상주수	• 물방울 형태로 주수 • 냉각효과 • 스프링클러설비, 연결살수설비
무상주수	• 안개 같은 분무상태로 주수 • 공기, 전기가 통하지 않아 BC급 화재에 적용 • 물분무소화설비

※ 물분무소화설비는 기름표면에 분무하면 유화층을 형성하여 유면을 덮는 에멀젼 효과와 수용성 액체에 분무하면 희석효과까지 기대할 수 있다.

20 간이소화용구 중 삽을 상비한 80 L의 팽창질석 1포의 능력단위는?

① 0.5단위 ② 1단위
③ 1.5단위 ④ 2단위

[간이소화용구]
능력단위 1단위 미만의 소화용구 및 소화약제 외의 것을 이용한 소화용구(종류 : 에어로졸식 소화용구, 투척용 소화용구, 소공간용 소화용구, 팽창질석, 팽창진주암, 마른모래 등)

해설

▣ 간이소화용구의 능력단위

간이소화용구		능력단위
마른모래	삽을 상비한 50 L 이상의 것 1포	0.5단위
팽창질석 또는 팽창진주암	삽을 상비한 80 L 이상의 것 1포	

21 분말소화기에 대한 설명으로 옳은 것을 모두 고른 것은?

> ㉠ ABC급 분말소화기의 주성분은 제1인산암모늄이다.
> ㉡ 축압식 소화기에는 질소가스가 충전되어 있고, 용기 내 압력은 0.7 ~ 0.98 MPa이다.
> ㉢ 분말소화기의 내용연수는 10년이다.
> ㉣ 분말소화기는 폐기물관리법에 따라 재활용 분리수거를 하여야 한다.

① ㉠, ㉡ ② ㉠, ㉢
③ ㉠, ㉡, ㉢ ④ ㉠, ㉡, ㉢, ㉣

[분말소화기의 폐기방법]
폐기물관리법에 따라 생활폐기물 신고필증을 구매·부착하여 지정된 장소에 배출(지방자치단체 조례에 따라 폐기방법이 다를 수 있음)

정답
20 ① 21 ③

해설

▣ 분말소화기

구분	축압식 소화기	가압식 소화기
정의	용기 내 축압가스(질소)로 가압하여 소화약제 방출	별도의 가압용기의 압력에 의해 약제가 방출
압력계	설치(0.7 ~ 0.98 MPa 유지)	불필요

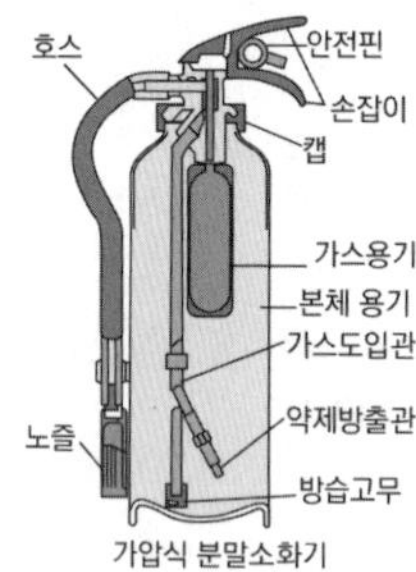

가압식 분말소화기

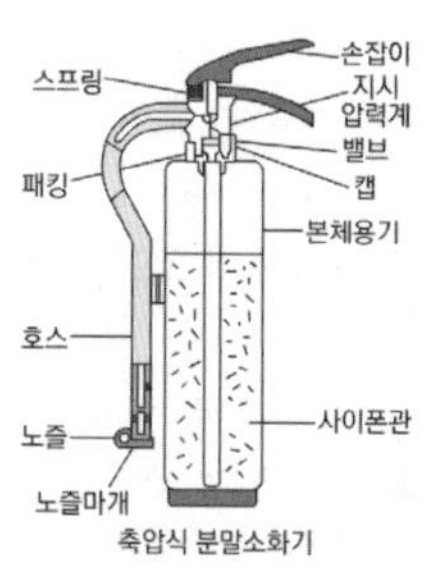

축압식 분말소화기

22 **바닥면적이 900 m^2인 근린생활시설에 3단위 소화기의 최소 설치 개수로 옳은 것은? (단, 주요 구조부는 내화구조이고, 벽 및 반자의 실내와 면하는 부분이 불연재료이다)**

① 1개　　② 2개
③ 3개　　④ 4개

[소화기구]
소화약제를 압력에 따라 방사하는 기구로서 사람이 수동으로 조작하여 소화

[설치대상]
(1) 연면적 33 m^2 이상
(2) 위에 해당하지 않는 국가유산 및 가스시설, 전기저장시설
(3) 터널, 지하구

해설

▣ 특정소방대상물별 소화기구 능력단위

특정소방대상물	소화기구 능력단위
위락시설	바닥면적 30 m^2마다 능력단위 1단위
공연장, 집회장, 관람장, 문화재, 장례식장 및 의료시설	바닥면적 50 m^2마다 능력단위 1단위
근린생활시설, 판매시설, 운수시설, 숙박시설, 노유자시설, 전시장, 공동주택, 업무시설, 방송통신시설, 공장, 창고시설, 항공기 및 자동차 관련 시설 및 관광휴게시설	**바닥면적 100 m^2마다 능력단위 1단위**
그 밖의 것	바닥면적 200 m^2마다 능력단위 1단위
주요 구조부가 내화구조이며, 벽 및 반자의 실내와 면하는 부분이 불연재료, 준불연재료, 난연재료인 경우 기준면적의 2배 적용하여 산출	

1) 주요 구조부가 내화구조이고, 벽 및 반자의 실내와 면하는 부분이 불연재료로 된 근린생활시설 바닥면적 기준 : 100 m^2 × 2배 = 200 m^2
2) 900 m^2 ÷ 200 m^2 = 4.5 → 절상하여 5단위
3) 5단위 ÷ 3단위 = 1.66 → 절상하여 2개

정답
22 ②

23 **옥내소화전설비의 가압송수장치에서 체절운전 시 수온상승을 방지하기 위하여 설치하는 것은?**

① 수압개폐장치　　② 물올림장치
③ 시험배관　　④ 순환배관

해설

▣ 순환배관

1) 설치목적 : 체절운전 시 수온이 상승하여 펌프에 무리가 발생하므로 순환배관상의 릴리프밸브를 통해 과압을 방출하여 수온 상승과 그로 인한 캐비테이션(공동현상) 방지
2) 분기위치 : 펌프토출 측 체크밸브 이전
3) 구경 : 20 mm 이상
4) 릴리프밸브의 작동압력 : 체절압력 미만에서 개방

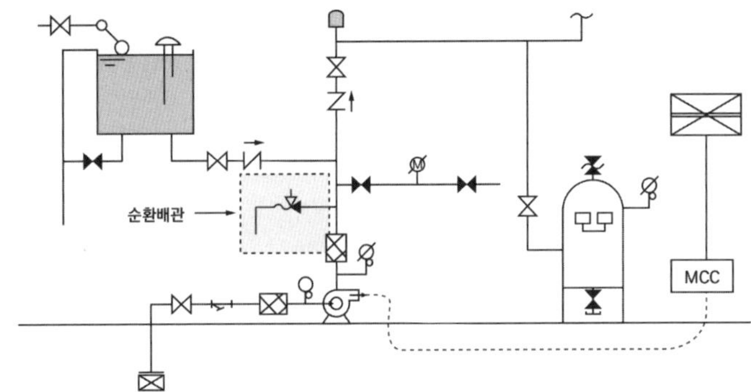

24 **다음 중 소방안전 특별관리시설물로 틀린 것을 고르시오.**

① 공항시설
② 철도시설
③ 지정문화유산 및 천연기념물인 시설
④ 수용인원 100명 이상인 영화상영관

해설

▣ 소방안전 특별관리시설물

1) 공항시설
2) 철도시설·도시철도시설
3) 항만시설
4) 지정문화유산 및 천연기념물인 시설
5) 산업기술단지·산업단지
6) 초고층 건축물·지하연계 복합건축물
7) 수용인원 1000명 이상 영화상영관
8) 전력용·통신용 지하구

정답
23 ④　24 ④

9) 석유비축시설
10) 천연가스 인수기지 및 공급망
11) 대통령령으로 정하는 점포가 500개 이상인 전통시장
12) 그 밖의 대통령령으로 정하는 시설물
(1) 발전소
(2) 물류창고로서 연면적 10만 m^2 이상
(3) 가스공급시설

25 옥내소화전설비의 방수압력 측정방법으로 옳지 않은 것은?

① 직사형 관창을 이용하여 측정하여야 한다.
② 물속에 존재하는 이물질이나 공기 등이 완전히 배출된 후에 측정하여야 한다.
③ 피토게이지는 무상주수 상태에서 직각으로 측정하여야 한다.
④ 노즐의 선단에 피토게이지를 근접(D/2)시켜서 측정하여야 한다.

[방수압력]
방수구에 호스를 결속한 상태로 노즐의 선단에 방수압력측정계(피토게이지)를 근접(D/2)시켜서 측정하여 방수압력측정계(피토게이지)의 압력계상의 눈금 확인

해설

▣ 방수압력 및 방수량 측정

방수량	$Q=2.065\times D^2\times\sqrt{p}$ Q : 분당방수량[L/min] D : 관경 또는 노즐의 구경[mm] (옥내소화전 : 13 mm, 옥외소화전 : 19 mm) p : 방수압력[MPa]
주의사항	1) 반드시 직사형 관창을 이용하여 측정 2) 초기 방수 시 물속에 존재하는 이물질이나 공기 등이 완전히 배출된 후에 측정하여야 방수압력측정계(피토게이지)의 입구 구경이 작기 때문에 발생하는 막힘이나 고장 방지 가능 3) 방수압력측정계(피토게이지)는 봉상주수 상태에서 직각으로 측정

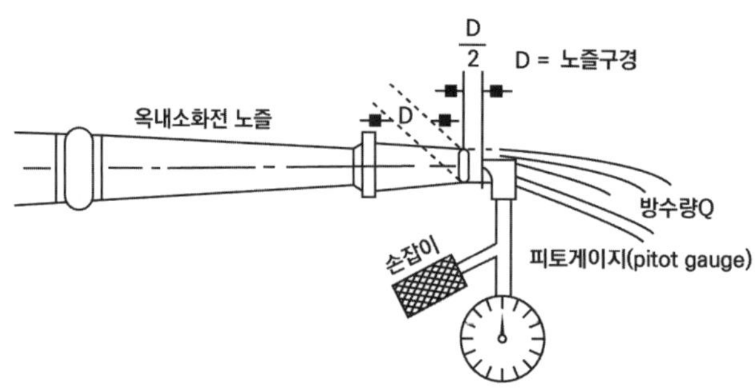

정답
25 ③

26 **가스계 소화설비 기동용기함의 솔레노이드밸브 점검 전 상태를 참고하여 안전조치의 순서로 옳은 것을 고르시오.**

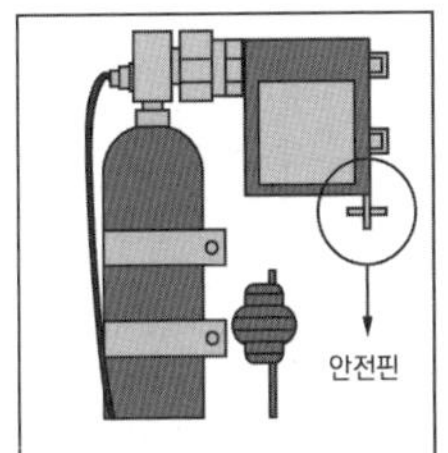

솔레노이드밸브 점검 전

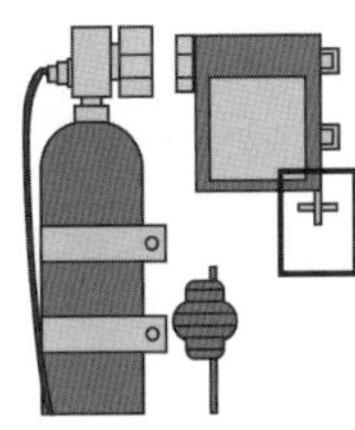

㉠ 안전핀 제거

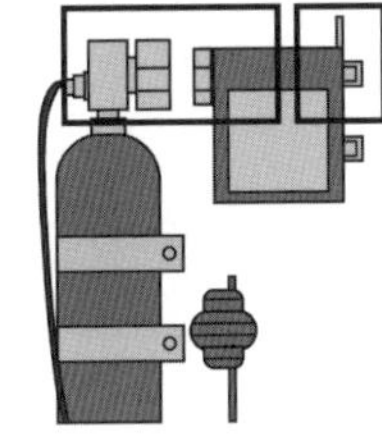

㉡ 솔레노이드 분리

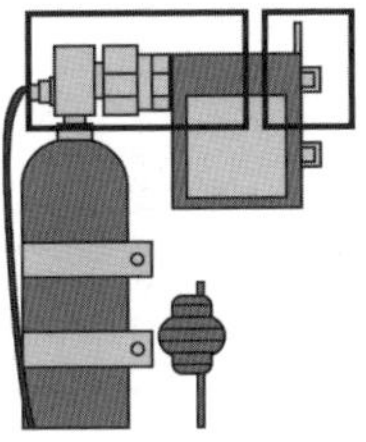

㉢ 안전핀 체결

① ㉠ - ㉡ - ㉢
② ㉡ - ㉢ - ㉠
③ ㉢ - ㉡ - ㉠
④ ㉠ - ㉢ - ㉡

해설

■ 기동용기함의 솔레노이드밸브 점검 전 안전조치
안전핀 체결 – 솔레노이드 분리 – 안전핀 제거

정답
26 ③

27 **다음 중 가슴압박의 자세로 알맞은 것을 고르시오.**

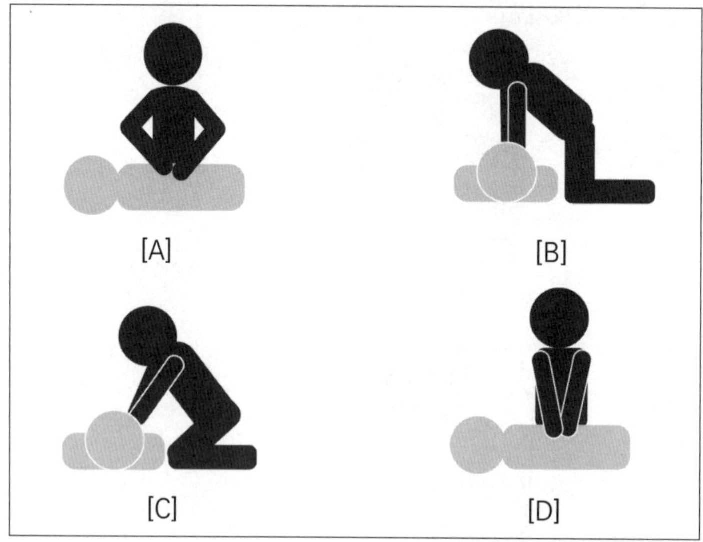

① A　　② A, B
③ A, C　　④ B, D

해설

▣ 가슴압박

환자를 바닥이 단단하고 평평한 곳에 눕힌 뒤 가슴뼈의 아래쪽 절반 부위에 깍지를 낀 두 손의 손바닥 뒤꿈치를 댄다.
양팔을 쭉 편 상태로 체중을 실어 환자의 몸과 수직이 되도록 압박한다.
압박된 가슴은 완전히 이완되도록 한다.

28 **지하층을 제외한 층수가 10층인 병원건물에 습식 스프링클러설비가 설치되어 있다면 스프링클러설비에 필요한 수원의 양은 얼마 이상이어야 하는가? (단, 헤드의 부착 높이는 8 m 미만이다)**

① 16 m^3　　② 24 m^3
③ 32 m^3　　④ 48 m^3

해설

▣ 설치장소에 따른 헤드의 기준개수

수원량(Q) = N × 1.6 m^3 = 10개 × 1.6 m^3 = 16 m^3

Tip

[스프링클러설비의 화재안전성능·기술기준]
아파트(각 동이 주차장으로 서로 연결된 구조가 아닌 경우) : 기준개수 10개

[공동주택의 화재안전성능기준]
- 아파트등(폐쇄형 스프링클러헤드) : 기준개수 10개
- 아파트등의 각 동이 주차장으로 서로 연결된 구조인 경우 : 기준개수 30개

※ 아파트는 기준개수 10개로 암기할 것

정답
27 ④　28 ①

스프링클러설비 설치장소			기준개수
10층 이하 (지하층 제외)	공장	특수가연물 저장·취급	30
		그 밖의 것	20
	근린생활시설 판매시설 운수시설 복합건축물	판매시설 또는 복합건축물 (판매시설이 설치되는 복합건축물)	30
		그 밖의 것	20
	그 밖의 것	헤드 부착 높이가 8 m 이상	20
		헤드 부착 높이가 8 m 미만	10
지하층을 제외한 층수가 11층 이상(아파트 제외), 지하상가 또는 지하역사			30

29 스프링클러설비 또는 옥내소화전설비에 사용되는 밸브에 대한 설명으로 옳지 않은 것은?

① 펌프의 토출 측 체크밸브는 배관 내 압력이 가압송수장치로 역류되는 것을 방지한다.

② 가압송수장치의 후드밸브는 펌프의 위치가 수원의 수위보다 높을 때 설치한다.

③ 입상관에 사용하는 스윙체크밸브는 아래에서 위로 송수하는 경우에만 사용된다.

④ 펌프의 흡입 측 배관에는 버터플라이밸브의 개폐표시형 밸브를 설치한다.

Tip

[체크밸브]

(1) 스모렌스키 체크밸브 : 스프링이 내장된 리프트 체크밸브로서 평상시에는 체크밸브 기능을 하며, 수격이 발생할 수 있는 펌프 토출 측과 연결송수구 연결배관등에 주로 설치된다.

(2) 스윙체크밸브 : 주 급수배관이 아닌 물올림장치의 펌프 연결배관, 유수검지장치의 주변배관과 같은 유량이 적은 배관상에 사용된다.

해설

▣ 개폐표시형 밸브 설치기준

1) 스프링클러설비 급수배관에 급수를 차단할 수 있는 개폐 밸브는 개폐표시형으로 하여야 한다.
2) 이 경우 펌프의 흡입 측 배관에는 버터플라이밸브 외의 개폐표시형 밸브를 설치하여야 한다.
3) 버터플라이 밸브 : 밸브 개폐조작이 순간적으로 이루어져 수격의 우려가 있다.
4) 현장에서는 OS & Y 개폐표시형 밸브를 사용한다.

정답

29 ④

30 **펌프성능시험 중 체절운전에 관한 사항에서 펌프 토출량을 얼마인 상태로 하여 펌프를 가동하고 정격토출 압력이 몇 % 이하가 되어야 하는가?**

① 0인 상태, 65 % 이하
② 65인 상태, 100 % 이하
③ 0인 상태, 140 % 이하
④ 0인 상태, 100 % 이하

해설

▣ 펌프성능시험

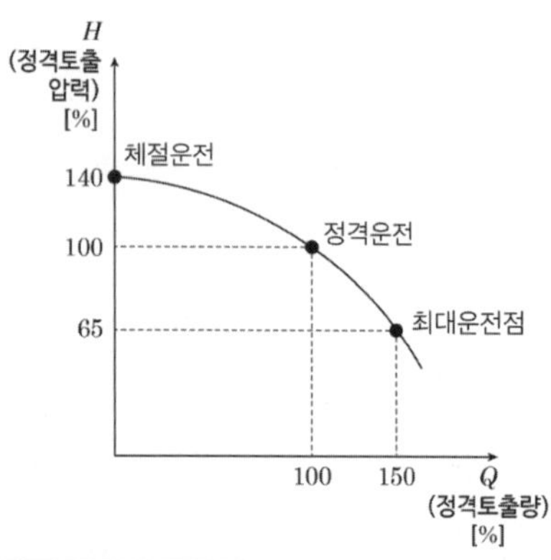

성능시험	유량	압력
체절운전	0	140 % 초과 금지
정격운전	100 %	100 % 이상
최대운전	150 %	65 % 이상

정답
30 ③

31 **고정식 소화약제 공급장치에 배관 및 분사헤드를 설치하여 직접 화점에 소화약제를 방출하는 설비로 일부 방호대상에만 소화약제를 방출하도록 설치하는 방식으로 옳은 것은?**

① 국소방출방식
② 전역방출방식
③ 확산방출방식
④ 호스릴방식

해설

▣ 약제방출방식에 의한 분류

1) 전역방출방식
고정식 이산화탄소 공급장치에 배관 및 분사헤드를 고정 설치하여, 밀폐 방호구역 내에 이산화탄소를 방출하는 설비

2) 국소방출방식
고정식 이산화탄소 공급장치에 배관 및 분사헤드를 설치하여, 직접 화점에 이산화탄소를 방출하는 설비로 화재 발생 부분에만 집중적으로 소화약제를 방출하도록 설치하는 방식

3) 호스릴방식
분사헤드가 배관에 고정되어 있지 않고 소화약제 저장용기에 호스를 연결하여, 사람이 직접 화점에 소화약제를 방출하는 이동식 소화설비

32 **주요 구조부를 내화구조로 한 소방대상물에서 부착 높이가 높이 4 m 이상인 경우 1종 차동식 스포트형의 유효면적은 몇 m^2인가?**

① 90 m^2　② 70 m^2
③ 45 m^2　④ 30 m^2

열감지기의 바닥면적 기준을 암기하고 몇 개를 설치해야 하는지 구하는 문제도 출제된다.

해설

▣ 열감지기 설치 바닥면적

부착 높이 및 특정소방대상물의 구분		감지기의 종류(단위 : m^2)				
		차동식 스포트형		정온식 스포트형		
		1종	2종	특종	1종	2종
4 m 미만	내화구조	90	70	70	60	20
	기타구조	50	40	40	30	15
4 m 이상 8 m 미만	내화구조	45	35	35	30	
	기타구조	30	25	25	15	

[암기팁]
구질구질칠랭이
나누기2
플러스5
나누기2플러스5

정답
31 ① 32 ③

33 바닥면적이 280 m^2고 높이가 3 m이며, 주요 구조부가 내화구조로 된 소방대상물에 차동식 스포트형 2종 감지기를 설치할 경우 최소 몇 개를 설치하여야 하는가?

① 3개　② 4개
③ 5개　④ 6개

해설

▣ 감지기 설치 개수

부착 높이 및 특정소방대상물의 구분		감지기의 종류(단위 : m^2)				
		차동식 스포트형		정온식 스포트형		
		1종	2종	특종	1종	2종
4 m 미만	내화구조	90	70	70	60	20
	기타구조	50	40	40	30	15
4 m 이상 8 m 미만	내화구조	45	35	35	30	
	기타구조	30	25	25	15	

∴ 280 ÷ 70 = 4

34 15층의 근린생활시설로서 13층에서 발화한 경우 비상방송설비 우선 경보 해당층의 기준으로 옳은 것은?

① 발화층, 그 직상층
② 발화층, 그 직하층
③ 발화층 및 그 직상 4개 층
④ 발화층, 그 직상층 및 기타의 지하층

층수가 15층으로써 11층 이상인 특정소방대상물이므로 우선경보방식을 적용한다.

해설

▣ 우선경보방식

1) 대상 : 층수가 11층(공동주택 16층) 이상의 특정소방대상물
2) 경보방식

우선경보방식	
2층 이상	발화층 + 직상 4개 층
1층	발화층 + 직상 4개 층 + 지하층
지하층	발화층 + 직상층 + 기타 지하층

정답
33 ②　34 ③

35 **다음은 P형 수신기이다. 이 수신기 상태 설명으로 잘못된 것을 고르시오.**

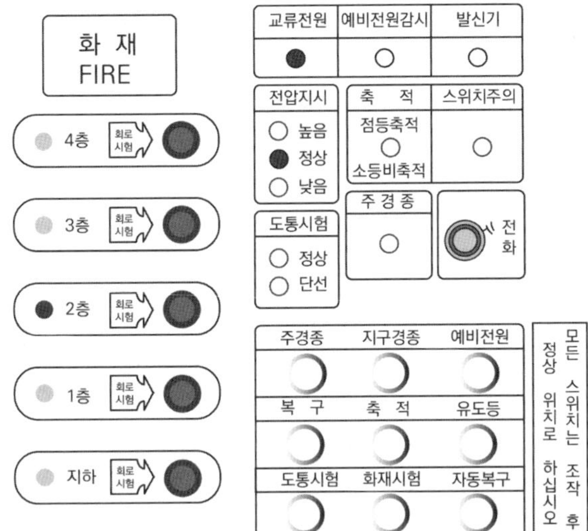

① 화재신호 통보기기는 2층 발신기이다.
② 화재 장소는 2층이다.
③ 화재 진압 후 복구방법은 복구스위치를 누르는 것이다.
④ 2층을 제외한 나머지는 화재가 발생하지 않았다.

해설

▣ P형 수신기

2층에서 화재가 발생했는데 현재 발신기에는 점등되지 않은 상태이므로 화재신호는 2층의 발신기가 아닌 감지기에서 온 것이다.

36 **다음에 해당하는 피난기구를 고르시오.**

※ 출처 : 한국소방안전원

① 구조대 ② 미끄럼대
③ 완강기 ④ 피난사다리

정답

35 ① 36 ①

해 설

▣ 피난기구

② 미끄럼대

③ 완강기

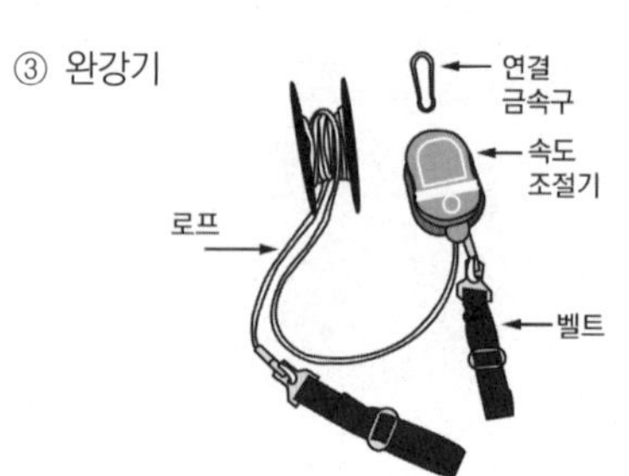

④ 피난사다리

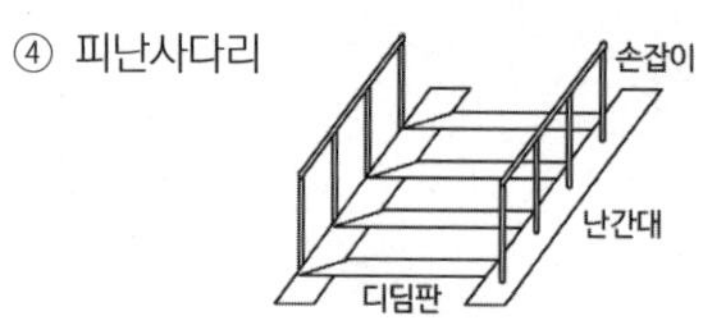

37 완강기의 구성부품이 아닌 것을 고르시오.

① 로프

② 벨트

③ 조속기

④ 포대

해 설

▣ 완강기

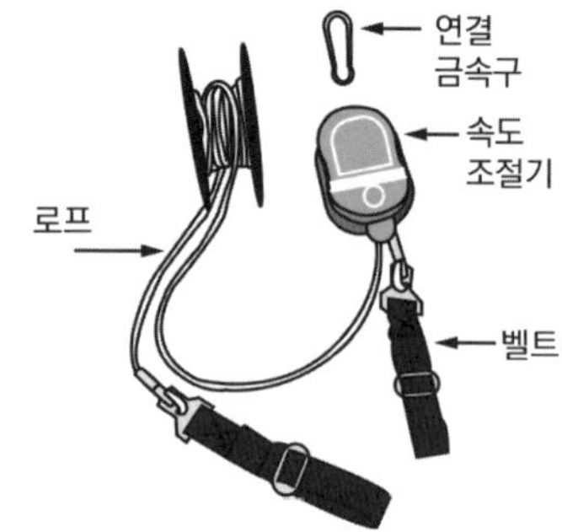

※ 출처 : 한국소방안전원

[완강기]
사용자의 몸무게에 의하여 자동적으로 내려올 수 있는 기구 중 사용자가 연속적으로 사용할 수 있는 것을 말하며, 속도조절기, 속도조절기의 연결부, 로프, 연결금속구, 벨트로 구성되어 있다. 이때 속도조절기는 조속기라고 한다.

정답

37 ④

38 **지하층을 제외한 층수가 11층 이상의 층에서 피난층에 이르는 부분의 소방시설에 있어 비상전원을 60분 이상 유효하게 작동시킬 수 있는 용량으로 하여야 하는 설비들로 옳게 나열한 것은?**

① 비상조명등설비, 유도등설비
② 비상조명등설비, 비상경보설비
③ 비상방송설비, 유도등설비
④ 비상방송설비, 비상경보설비

Tip
유도등과 비상조명등의 비상 전원용량은 20분 이상이다. 다만 38번의 해설과 같은 경우엔 60분 이상이어야 한다.

해설

▣ 유도등 및 비상조명등 비상전원

60분 이상 유효하게 작동시킬 수 있는 용량

- 지하층을 제외한 층수가 11층 이상의 층
- 지하층 또는 무창층으로서 용도가 도매시장 · 소매시장 · 여객자동차터미널 · 지하역사 · 지하상가

39 **복도통로유도등의 설치기준으로 틀린 것은?**

① 바닥으로부터 높이 1.5 m 이하의 높이에 설치할 것
② 구부러진 모퉁이 및 보행거리 20 m마다 설치할 것
③ 지하역사, 지하상가인 경우에는 복도 · 통로 중앙부분의 바닥에 설치할 것
④ 바닥에 설치하는 통로유도등은 하중에 따라 파괴되지 아니하는 강도의 것으로 할 것

Tip
[복도통로유도등]
피난통로가 되는 복도에 설치하는 통로유도등으로서 피난구의 방향을 명시하는 것

해설

▣ 복도통로유도등의 설치 기준

1) 복도에 설치
2) 구부러진 모퉁이 및 보행거리 20 m마다 설치
3) 바닥으로부터 높이 1 m 이하의 위치에 설치(다만 지하층 또는 무창층으로서 용도 도매시장 · 소매시장 · 여객자동차터미널 · 지하역사 또는 지하상가인 경우에는 복도 · 통로 중앙부분의 바닥 설치 가능)
4) 바닥에 설치하는 통로유도등은 하중에 따라 파괴되지 아니하는 강도의 것으로 할 것

정답

38 ① 39 ①

40 소방기본법에 의하여 5년 이하의 징역 또는 5천만 원 이하의 벌금에 해당하는 위반사항이 아닌 것은?

① 불이 번질 우려가 있는 소방대상물 및 토지를 일시적으로 사용하거나 그 사용의 제한 또는 소방활동에 필요한 처분을 방해하는 자

② 정당한 사유 없이 소방용수시설을 사용하거나 소방용수시설의 효용을 해하거나 그 정당한 사용을 방해한 자

③ 화재현장에서 사람을 구출하는 일 또는 불을 끄거나 불이 번지지 아니하도록 하는 일을 방해한 자

④ 화재진압을 위하여 출동하는 소방자동차의 출동을 방해한 자

해설

▣ 5년 이하의 징역 또는 5천만 원 이하의 벌금

1) 위력을 사용하여 출동한 소방대의 화재진압·인명구조 또는 구급활동을 방해하는 행위
2) 소방대가 화재진압·인명구조 또는 구급활동을 위하여 현장에 출동하거나 현장에 출입하는 것을 고의로 방해하는 행위
3) 출동한 소방대원에게 폭행 또는 협박을 행사하여 화재진압·인명구조 또는 구급활동을 방해하는 행위(음주 또는 약물로 인한 심신장애 상태에서 위반 시 형법의 감경 미적용)
4) 출동한 소방대의 소방장비를 파손하거나 그 효용을 해하여 화재진압·인명구조 또는 구급활동을 방해하는 행위
5) 소방자동차의 출동을 방해한 사람
6) 사람을 구출하는 일 또는 불을 끄거나 불이 번지지 아니하도록 하는 일을 방해한 사람
7) 정당한 사유 없이 소방용수시설 또는 비상소화장치를 사용하거나 소방용수시설 또는 비상소화장치의 효용을 해치거나 그 정당한 사용을 방해한 사람

[소방기본법 과태료]

(1) 500만 원 이하의 과태료
① 화재 또는 구조·구급이 필요한 상황을 거짓으로 알린 사람
② 정당한 사유 없이 화재, 재난·재해, 그 밖의 위급한 상황을 소방본부, 소방서 또는 관계 행정기관에 알리지 아니한 관계인

(2) 200만 원 이하의 과태료
① 소방자동차의 출동에 지장을 준 자
② 소방활동구역을 출입한 사람
③ 한국119청소년단, 한국소방안전원 또는 이와 유사한 명칭을 사용한 자

41 물분무등소화설비에 해당되지 않는 것은?

① 옥내소화전설비 ② 물분무소화설비
③ 미분무소화설비 ④ 분말소화설비

해설

▣ 물분무등소화설비의 종류

1) 물분무소화설비 2) 미분무소화설비
3) 포소화설비 4) 이산화탄소소화설비
5) 할론소화설비 6) 할로겐화합물 및 불활성기체소화설비
7) 분말소화설비 8) 강화액소화설비 등

[스프링클러설비등]

(1) 스프링클러설비
(2) 간이스프링클러설비(캐비닛형 포함)
(3) 화재조기진압용 스프링클러설비

정답

40 ① 41 ①

42 방염대상물품에 해당하지 않는 것은?

① 창문에 설치하는 블라인드
② 두께가 2 mm 미만인 종이벽지
③ 카펫
④ 전시용 합판 또는 섬유판

해설

▣ 방염대상물품 및 방염성능기준

1) 방염대상물품(제조 또는 가공 공정에서 방염)
 (1) 창문에 설치하는 커튼류(블라인드를 포함)
 (2) 벽지류(두께가 2 mm 미만인 종이벽지류는 제외)
 (3) 전시용 합판목재 또는 섬유판, 무대용 합판목재 또는 섬유판
 (4) 암막·무대막(영화상영관과 골프연습장 스크린 포함)
 (5) 섬유류 또는 합성수지류 등을 원료로 하여 제작된 소파·의자(단란주점, 유흥주점 및 노래연습장의 영업장에 설치하는 것만 해당)
2) 합판·목재류는 설치현장에서 방염처리

[방염처리된 물품을 사용하도록 권장할 수 있는 경우]
(1) 다중이용업소, 의료시설, 노유자 시설, 숙박시설 또는 장례식장에서 사용하는 침구류·소파 및 의자
(2) 건축물 내부의 천장 또는 벽에 부착하거나 설치하는 가구류

43 피난계단의 종류 및 피난 이동경로로 틀린 것은?

① 옥내피난계단 : 옥내 → 계단실 → 피난층
② 옥외피난계단 : 옥내 → 옥외계단 → 지상층
③ 특별피난계단 : 옥내 → 계단실 → 피난층
④ 특별피난계단 : 옥내 → 부속실 → 계단실 → 피난층

해설

▣ 피난계단의 종류 및 피난 시 이동경로

종류	피난 시 이동경로
옥내피난계단	옥내 → 계단실 → 피난층
옥외피난계단	옥내 → 옥외계단 → 지상층
특별피난계단	옥내 → 부속실 → 계단실 → 피난층

[피난시설]
계단(직통계단·피난계단 등), 복도, 출입구(비상구 포함), 그 밖의 피난시설(옥상광장, 피난안전구역, 피난용 승강기 및 승강장 등)

[방화시설]
방화구획(방화문, 자동방화셔터, 내화구조의 바닥·벽), 방화벽 및 내화성능을 갖춘 내부마감재 등

정답
42 ② 43 ③

44 다음 중 건축물의 높이 및 층수 산정에 관한 설명으로 틀린 것은?

① 옥상부분의 옥탑, 망루 등으로서 수평투영면적의 합계가 해당 건축물의 1/8 이하인 경우로서 그 부분의 높이가 12 m를 넘는 부분만 높이에 산입한다.

② 건축물의 높이는 지표면으로부터 해당 건축물의 상단까지의 높이로 한다.

③ 층수 산정의 원칙은 지하층을 포함하여 층수를 산입하되, 층수를 달리하는 경우 그중 가장 많은 층수로 한다.

④ 층의 구분이 명확하지 않은 경우 높이 4 m마다 하나의 층으로 산정한다.

Tip

문제가 좀 더 어렵게 출제된다면 그림과 설명을 주고 해당 건축물의 높이를 산정하라고 한다(실전모의고사 3회 07번 참조).

해설

▣ 건축물의 높이 및 층수 산정

1) ①, ②, ④

2) 층수 산정의 원칙은 지하층을 제외하되, 층수를 달리하는 경우 그 중 가장 많은 층수로 한다.

45 다음은 수신기의 일부이다. 옳은 설명을 고르시오.

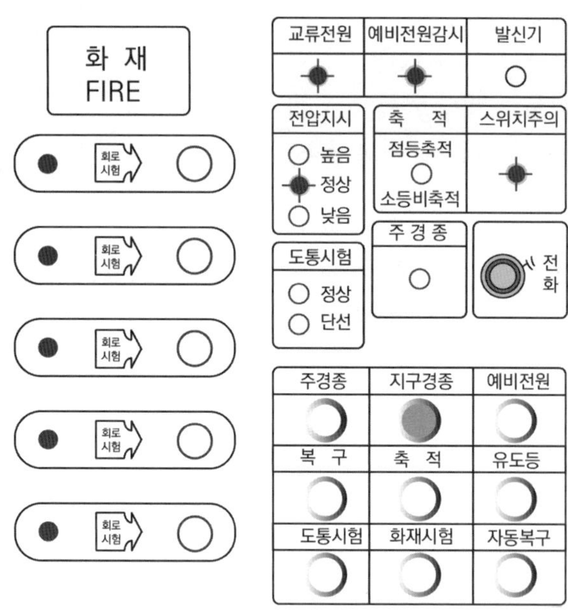

① 수신기 교류전원에 문제가 발생하였다.

② 예비전원이 정상상태임을 표시하고 있다.

③ 예비전원을 확인하여 교체하여야 한다.

④ 수신기스위치 상태는 정상이다.

정답

44 ③ 45 ③

해설

▣ P형 수신기

1) 수신기 교류전원표시등이 점등, 전압지시 표시등이 정상표시이므로 교류전원에는 문제없음
2) 수신기 예비전원감시표시등이 점등되어 있으므로 예비전원은 불량
3) 예비전원 감시표시등이 점등되어 있으므로 예비전원이 현재 불량이며, 확인 후 교체하여야 한다.
4) 스위치주의등이 현재 점멸상태이므로 수신기스위치 중 어느 하나가 눌려 있는 것이다. 이때 지구경종스위치가 눌려 있으며 이 때문에 스위치주의등이 점멸상태인 것이다.

46 **화기취급작업 안전관리규정 중 화재위험작업 시 준수사항에 관한 내용으로 옳지 않은 것은?**

① 통풍이나 환기가 충분하지 않은 장소에서 화재위험작업을 하는 경우에는 통풍 또는 환기를 위하여 산소를 사용해야 한다.
② 가연성물질이 있는 장소에서 화재위험작업을 하는 경우에는 화재예방에 필요한 사항을 준수하여야 한다.
③ 작업시작 전에 화재예방에 필요한 사항을 확인하고 불꽃·불티 등의 비산을 방지하기 위한 조치 등 안전조치를 이행한 후 근로자에게 화재위험작업을 하도록 해야 한다.
④ 화재위험작업이 시작되는 시점부터 종료될 때까지 작업내용, 작업일시, 안전점검 및 조치에 관한 사항 등을 해당 작업장소에 서면으로 게시해야 한다.

[화기취급작업]
화기취급 작업은 용접, 용단, 연마, 땜, 드릴 등 화염 또는 불꽃(스파크)을 발생시키는 작업 또는 가연성 물질의 점화원이 될 수 있는 모든 기기를 사용하는 작업

해설

▣ 화재위험작업 시의 준수사항

1) 사업주는 통풍이나 환기가 충분하지 않은 장소에서 화재위험작업을 하는 경우에는 통풍 또는 환기를 위하여 산소를 사용해서는 아니 된다.
2) 사업주는 가연성물질이 있는 장소에서 화재위험작업을 하는 경우에는 화재예방에 필요한 다음 각 호의 사항을 준수하여야 한다.
   (1) 작업 준비 및 작업 절차 수립
   (2) 작업장 내 위험물의 사용·보관 현황 파악
   (3) 화기작업에 따른 인근 가연성물질에 대한 방호조치 및 소화기구 비치
   (4) 용접불티 비산방지덮개, 용접방화포 등 불꽃, 불티 등 비산방지조치
   (5) 인화성 액체의 증기 및 인화성 가스가 남아 있지 않도록 환기 등의 조치
   (6) 작업근로자에 대한 화재예방 및 피난교육 등 비상조치
3) 사업주는 작업시작 전에 제2항 각 호의 사항을 확인하고 불꽃·불티 등의 비산을 방지하기 위한 조치 등 안전조치를 이행한 후 근로자에게 화재위험작업을 하도록 해야 한다.

정답

46 ①

4) 사업주는 화재위험작업이 시작되는 시점부터 종료될 때까지 작업내용, 작업일시, 안전점검 및 조치에 관한 사항 등을 해당 작업장소에 서면으로 게시해야 한다. 다만 같은 장소에서 상시·반복적으로 화재위험작업을 하는 경우에는 생략할 수 있다.

47 **용접·용단 작업자의 주요 재해발생원인과 대책으로 알맞게 연결된 것은?**

① 역화 : 정비되지 않은 토치와 호스 사용
② 열을 받은 용접부분의 뒷면에 있는 가연물 : 용접부 앞면 점검
③ 불꽃 비산 : 불꽃받이나 방염시트 사용
④ 토치나 호스에서 가스누설 : 좁은 구역에서 작업 시 휴게시간에 토치를 공기의 유통이 없는 장소에 보관

[용접]
접합하고자 하는 둘 이상의 물체(주로 금속)의 접합 부분에 존재하는 방해물질을 제거하여 결합시키는 과정으로 주로 열을 통하여 두 금속을 용융시켜 물체(금속)을 접하는 것

[용단]
고체 금속을 절단하는 것을 말하며, 금속 절단 부분에 산화 반응 등을 일으켜 그 열로 재료를 녹여서 절단하는 것

해설

■ 용접·용단 작업자의 주요 재해발생원인 및 대책

원인	대책
불꽃 비산	① 불꽃받이나 방염시트 사용 ② 불꽃비산구역 내 가연물 제거하고 정리정돈 ③ 소화기 비치
열을 받은 용접부분의 뒷면에 있는 가연물	① 용접부 뒷면 점검 ② 작업종료 후 점검
토치나 호스에서 가스누설	① 가스누설이 없는 토치나 호스 사용 ② 좁은 구역에서 작업 시 휴게시간에 토치를 공기의 유통이 좋은 장소에 보관 ③ 호스 접속 시 실수 없도록 호스에 명찰부착
드럼통이나 탱크를 용접, 절단 시 잔류 가연성 가스 증기의 폭발	내부에 가스나 증기가 없는 것을 확인
역화	① 정비된 토치와 호스 사용 ② 역화방지기 설치
토치나 호스에서 산소 누설	산소누설이 없는 호스 사용
산소를 공기대신으로 환기나 압력시험용으로 사용	① 산소의 위험성 교육 실시 ② 소화기 비치

정답
47 ③

48 응급처치에 대한 내용으로 옳지 않은 것은?

① 응급환자는 기도확보가 중요하나 눈에 보이는 이물질이라도 함부로 제거하면 안 된다.
② 구토를 하는 경우 환자를 똑바로 눕혀 구토물의 흡입으로 인한 질식을 예방한다.
③ 출혈부위를 지압하여 저산소 출혈성 쇼크를 방지한다.
④ 상처 부위에 소독거즈로 응급처치하고 붕대로 드레싱하되, 1차 사용한 거즈 등으로 상처를 닦는 것은 금하고 청결하게 소독된 거즈를 사용한다.

해 설

▣ 응급처치 기본사항

1) 기도 확보(유지)
 (1) 구강 내 이물질 제거하기 위해 기침 유도, 기침이 어려울 시 하임리히법(복부 밀어내기) 실시(이물질 함부로 제거 금지)
 (2) 구토를 하는 경우 머리를 옆으로 돌려 구토물의 흡입으로 인한 질식 예방
 (3) 이물질 제거 후 머리를 뒤로 젖히고, 턱을 위로 들어 올려 기도 개방

2) 지혈
 출혈부위 지압으로 저산소 출혈성 쇼크 방지

3) 상처 보호
 상처 부위에 소독거즈로 응급처치하고 붕대로 드레싱하되, 1차 사용한 거즈 등으로 상처를 닦는 것은 금하고 청결하게 소독된 거즈 사용

49 성인에게 심폐소생술(CPR)을 실시할 경우 적절하지 않은 것은?

① 호흡확인은 10초 이내로 한다.
② 30회의 가슴압박과 2회의 인공호흡을 5주기로 실시한다.
③ 압박깊이는 5 cm, 100회/1분의 속도로 실시한다.
④ 의식이 돌아와도 5회 정도 더 실시하는 것이 좋다.

해 설

▣ 심폐소생술 시행방법

1) 호흡확인은 10초 이내로 실시
2) 30회의 가슴압박과 2회의 인공호흡을 5주기로 실시
3) 심폐소생술을 실시하던 중 환자가 자발적으로 움직이거나 호흡을 시작하면, 심폐소생술을 중단하고 환자의 상태 확인

[심폐소생술]
(1) 심장의 기능이 정지하거나 호흡이 멈출 경우를 대비한 응급조치
(2) 호흡이 없으면 즉시 심폐소생술 실시
(3) 심정지 4 ~ 6분 경과 : 산소부족으로 뇌손상되어 회복되지 않음
(4) 기본순서 : 가슴압박 → 기도유지 → 인공호흡

정답

48 ② 49 ④

50 다음 중 장애유형별 피난 시 손전등 및 전등을 활용하거나 메모를 이용한 대화가 효과적인 유형은?

① 시각장애인
② 청각장애인
③ 지적장애인
④ 거동이 어려운 장애인

해 설

■ 장애유형별 피난보조

<table>
<tr><td rowspan="3">지체 장애인</td><td colspan="2">불가피한 경우를 제외하고는 2인 이상이 1조가 되어 피난을 보조하고 장애 정도에 따라 보조기구를 적극 활용하며 계단 및 경사로에서의 균형에 주의를 요함</td></tr>
<tr><td>일반적</td><td>① 소아 및 장애인의 몸무게가 보조자에 비해 가벼울 때 장애 정도에 따라 업거나 한 손은 다리를 다른 한 손은 등을 받치고 안아 이동
② 장애인의 몸무게가 보조자에 비해 비슷하거나 무거울 때 앉은 자세에서 장애인 옆에 위치하여 팔을 어깨에 걸쳐 부축하거나, 2인이 장애인 등 뒤로 팔목을 맞잡고 다른 한 손은 무릎 뒤쪽으로 하여 손을 잡은 후 서로 기대어 장애인을 고정시키고 셋을 센 후 일어나 들어서 대피(들것이나 담요 활용)</td></tr>
<tr><td>휠체어 사용자</td><td>평지보다 계단에서 주의가 필요하며, 많은 사람들이 보조할수록 상대적으로 쉬운 대피가 가능
① 일반휠체어 : 뒤쪽으로 기울여 손잡이를 잡고 뒷바퀴보다 한 계단 아래에서 무게중심을 잡고 이동한다. 2인이 보조 시 다른 1인은 장애인을 마주보며 손잡이를 잡고 동일한 방법으로 이동
② 전동휠체어 사용자 : 전동휠체어에 탑승한 상태에서 계단 이동 시에는 일반 휠체어와 동일한 요령으로 보조할 수도 있으나 휠체어의 무게가 무거워 많은 인원과 공간이 필요하므로 전원을 끈 후 업거나 안아서 피난을 보조하는 것이 가장 효과적</td></tr>
<tr><td>청각 장애인</td><td colspan="2">시각적인 전달을 위해 표정이나 제스처를 사용하고 조명(손전등 및 전등)을 적극 활용하며 메모를 이용한 대화도 효과적</td></tr>
<tr><td>시각 장애인</td><td colspan="2">① 지팡이를 이용하여 피난하고, 피난보조자는 팔과 어깨에 살며시 기대도록 하여 안내하며 계단, 장애물 등을 미리 알려줌
② 피난유도 시 여기, 저기 등 애매한 표현보다는 좌측 1 m, 왼쪽 2 m 같이 명확하게 표현하고 여러 명의 시각장애인이 동시 대피하는 경우 서로 손을 잡고 질서 있게 피난</td></tr>
<tr><td>지적 장애인</td><td colspan="2">공황상태에 빠질 수 있으므로 차분하고 느린 어조로 도움을 주러 왔음을 밝히고 피난을 보조하며, 인격을 고려한 친절한 말투 사용</td></tr>
</table>

Tip

[노약자]

(1) 노인은 지병이 있는 경우가 많으므로 구조대가 알기 쉽게 지병을 표시하고, 인솔자나 보조자 외 어린이의 경우 성장이 빠른 1인, 기타는 장애정도가 적은 1인의 유도자를 지정하여 줄서서 피난하는 것이 바람직하며, 환자 및 임산부는 상태를 쉽게 알 수 있는 표식을 부착하는 등 배려

(2) 병원의 경우 환자 상태에 따른 의료진의 피난보조 능력에 따라 인명피해의 규모가 좌우될 수 있으므로 정기적인 소방교육 및 훈련이 절대적으로 필요

정답

50 ②

PART 02

계산문제 마스터

MOAG

CHAPTER 01 펌프압력세팅

[예제]

가장 높이 설치된 방수구로부터 펌프 중심선까지의 낙차가 80 m일 때 옥내소화전설비 충압펌프의 기동점을 구하시오.

[핵심이론]

펌프의 기동, 정지압력 세팅

1) 압력스위치

(1) 기능 : 펌프의 기동·정지압력을 압력스위치에 세팅하여 평상시 전 배관의 압력을 검지하고 있다가, 일정 압력의 변동이 있을 때 압력스위치가 작동하여 감시 제어반으로 신호를 보내어 설정된 제어순서에 의해 펌프를 자동기동 또는 정지시키게 된다.

(2) 압력세팅 : 압력스위치에는 Range와 Diff의 눈금이 있으며 압력스위치 상단부의 나사를 이용하여 현장상황에 맞도록 펌프의 기동·정지압력을 세팅한다.

가. Range : 펌프의 정지압력 표시
나. Diff : 펌프 정지점과 기동점과의 차이(= 정지압력 - 기동압력)

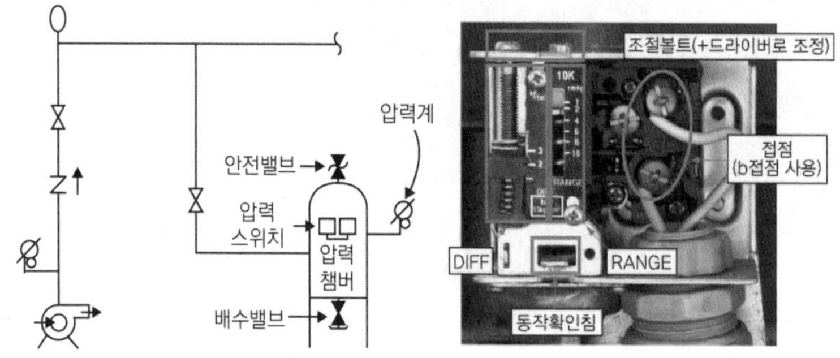

[기동용 수압개폐장치(압력챔버)와 압력스위치]

2) 펌프의 기동점과 정지점

(1) 주펌프 및 충압펌프의 기동점 : 자연 낙차압보다 커야 한다.

※ 이유 : 펌프양정이 건물높이보다 작은 경우 언제나 압력챔버 위치에서는 건물높이에 의한 자연 낙차압이 작용하므로 압력챔버 내의 압력이 펌프양정 이하로 내려갈 수 없기 때문에 절대로 자동기동이 될 수 없다.

(2) 주펌프 기동점 : 자연 낙차압 + K(K는 옥내소화전 : 0.2 MPa, 스프링클러설비 : 0.15 MPa로 하며, 이는 옥내소화전의 방사압 0.17 MPa, 스프링클러의 방사압 0.1 MPa이므로 방사압력과 배관의 손실을 감안한 값이다)

3) 주펌프 정지점 : 자동으로 정지되지 않아야 한다.

4) 충압펌프 : 주펌프의 기동 및 정지점 범위 내에 있도록 설정

5) 주펌프와 충압펌프의 기동점 간격 : 최소 0.05 MPa 이상

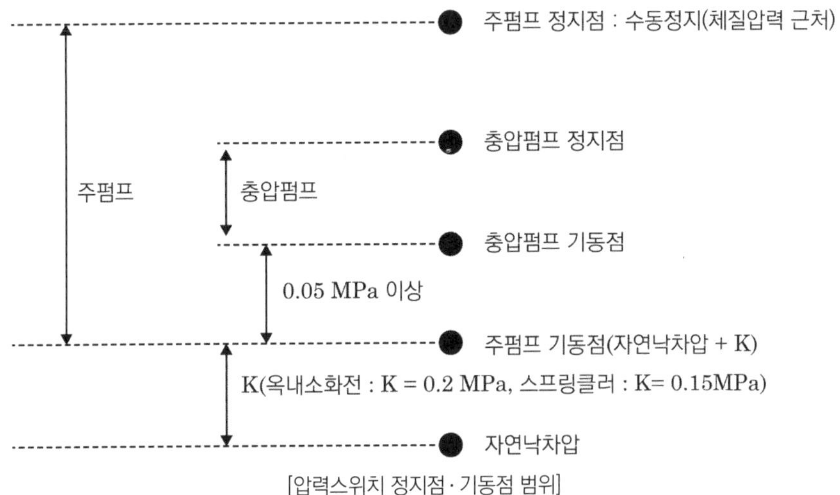

[압력스위치 정지점 · 기동점 범위]

6) 압력스위치 세팅방법 예시

(1) 감시제어반의 주펌프, 충압펌프를 정지시킨다.

(2) 주펌프, 충압펌프의 압력스위치를 확인하기 위해 2개 중 하나의 압력스위치의 동작확인침을 내려 접점을 붙인다.

(3) 감시제어반의 압력스위치 표시등이 점등되는 것을 확인하여 주펌프인지 충압펌프인지 확인한다(만약 주펌프가 기동하여 자동으로 정지하지 않으면 동력 제어반에서 주펌프를 정지로 놓는다)

(4) 주펌프와 충압펌프 압력스위치가 확인되면, 주펌프의 압력스위치 Range 눈금 위에 설치된 조절볼트를 드라이버로 조정하여 Range 눈금을 앞에서 계산한 주펌프의 정지점으로 세팅한다.

(5) 주펌프의 압력스위치 Diff 눈금 위에 설치된 조절볼트를 드라이버로 조정하여 Diff의 눈금을 앞에서 계산한 주펌프의 정지점과 기동점의 차이값으로 세팅한다.

(6) 충압펌프의 압력스위치 Range 눈금 위에 설치된 조절볼트를 드라이버로 조정하여 Range의 눈금을 앞에서 계산한 충압펌프의 정지점으로 세팅한다.

(7) 충압펌프의 압력스위치 Diff 눈금 위에 설치된 조절볼트를 드라이버로 조정하여 Diff의 눈금을 앞에서 계산한 충압펌프의 정지점과 기동점의 차이값으로 세팅한다.

(8) 동력제어반, 감시제어반에서 주펌프, 충압펌프를 모두 자동으로 전환한다.

(9) 압력챔버의 배수밸브를 열거나, 옥내소화전 방수, 스프링클러설비의 시험장치 개폐밸브(시험밸브)를 개방하여 충압펌프, 주펌프의 기동압력이 정확히 세팅되었는지 확인한다.

⑽ 개방한 밸브를 폐쇄하여 충압펌프, 주펌프의 정지압력이 정확히 세팅되었는지 확인한다.

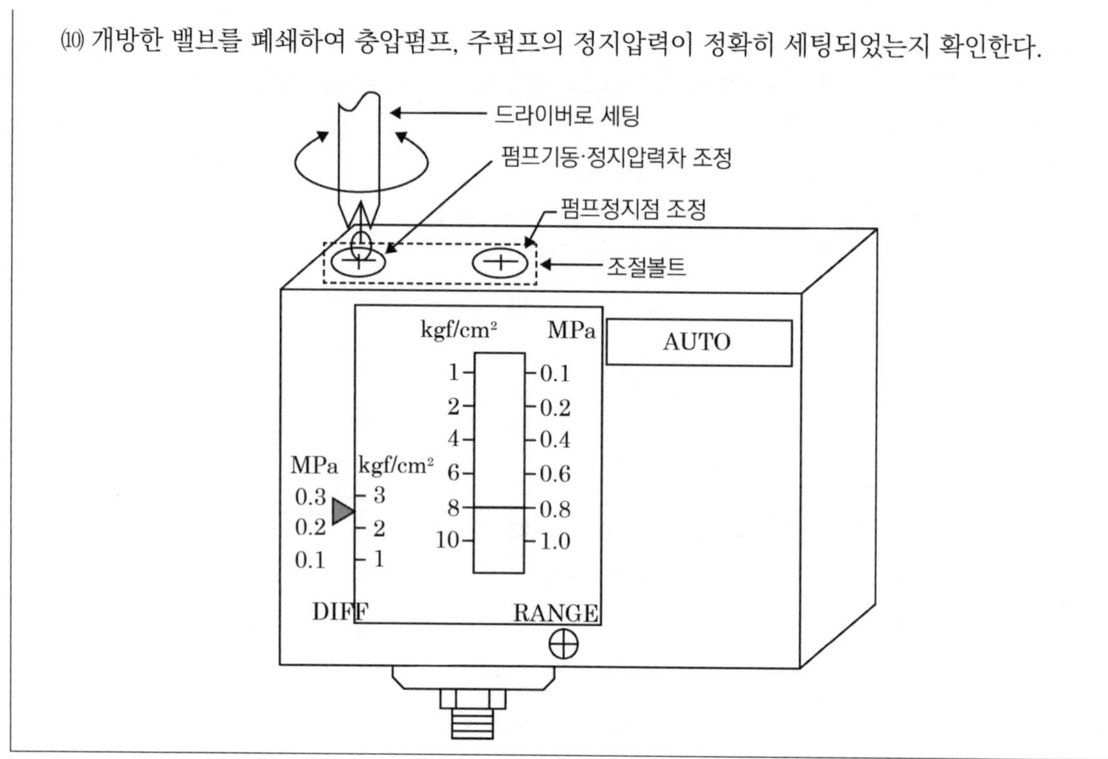

문제풀이

옥상수조가 없는 경우에는 옥상 수조로부터의 낙차압을 무시하므로 주펌프의 기동점은 0.8 MPa(80 m) + 0.2 MPa(옥내소화전 K값) = 1.0 MPa이다. 따라서 충압펌프의 기동점은 주펌프의 기동점보다 0.05 MPa정도 높게 설정하므로, 1.0 MPa + 0.05 MPa = 1.05 MPa이다.

※ 옥내소화전 개방 시 충압펌프가 먼저 기동(1.05 MPa)하고 계속 방수되어 배관 내의 압력이 저하되면 주펌프가 기동(1.0 MPa)하게 된다.

정답 1.05 MPa

[예제]

옥내소화전설비의 충압펌프 정지점을 0.8 MPa로 하고, 가장 높이 설치된 방수구로부터 펌프의 중심점까지의 낙차가 25 m일 때 옥내소화전설비의 충압펌프의 압력스위치 Diff값과 Range값을 구하시오.

문제풀이

※ 충압펌프의 정지점 : 0.8 MPa

주펌프의 기동점은 옥상수조가 없는 경우 옥상 수조로부터 낙차압을 무시하므로, 0.25 MPa(25 m) + 0.2 MPa(옥내소화전 K값) = 0.45 MPa이다.

충압펌프의 기동점은 주펌프의 기동점보다 0.05 MPa 높게 설정하므로, 0.45 MPa + 0.05 MPa = 0.5 MPa이다.

따라서 Range(충압펌프의 정지점) : 0.8 MPa이며

Diff값은 정지점 - 기동점 = 0.8 MPa - 0.5 MPa = 0.3 MPa이다.

정답 Diff - 0.3 MPa, Range - 0.8 MPa

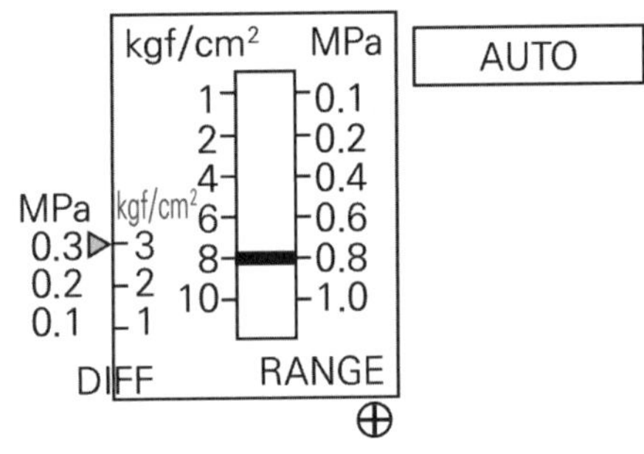

CHAPTER 02 소화기 설치 개수

[예제]

바닥면적이 800 m^2인 근린생활시설에 3단위 소화기를 설치하려고 한다. 소화기의 최소 설치 개수를 구하시오. (단, 주요 구조부는 내화구조이며, 벽 및 반자의 실내와 면하는 부분은 불연재료이다)

[핵심이론]

특정소방대상물별 소화기구 능력단위기준

특정소방대상물	소화기구(이상)
위락시설	바닥면적 30 m^2마다 1단위
공연장, 집회장, 관람장, 문화재, 장례식장 및 의료시설	바닥면적 50 m^2마다 1단위
근린생활시설, 판매시설, 운수시설, 숙박시설, 노유자시설, 전시장, 공동주택, 업무시설, 방송통신시설, 공장, 창고시설, 항공기 및 자동차 관련 시설 및 관광휴게시설	바닥면적 100 m^2마다 1단위
그 밖의 것	바닥면적 200 m^2마다 1단위

소화기구의 능력단위를 산출함에 있어서 건축물의 주요 구조부가 내화구조이고, 벽 및 반자의 실내에 면하는 부분이 불연재료·준불연재료 또는 난연재료로 된 특정소방대상물에 있어서는 위 표의 기준면적의 2배를 해당 특정소방대상물의 기준면적으로 한다.

문제풀이

주요 구조부가 내화구조이며, 벽 및 반자의 실내와 면하는 부분이 불연재료로 된 근린생활시설이기 때문에 기준 바닥면적은 근린생활시설 100 m^2 준면적의 2배를 적용한 200 m^2이다. 따라서 $\frac{800}{200} = 4\text{단위}$ 이상의 소화기가 필요하며, 능력단위가 3단위인 소화기를 설치하므로 소화기는 $\frac{4\text{단위}}{3\text{단위}} = 1.33$ → 절상해서 2개의 소화기를 설치한다.

정답 2개

CHAPTER 03 경계구역 산정

[예제]

다음과 같은 건축물의 수평적 경계구역 개수를 구하시오. (단, 한 변의 길이는 모두 50 m 이하이며, 최소 개수를 산정하시오)

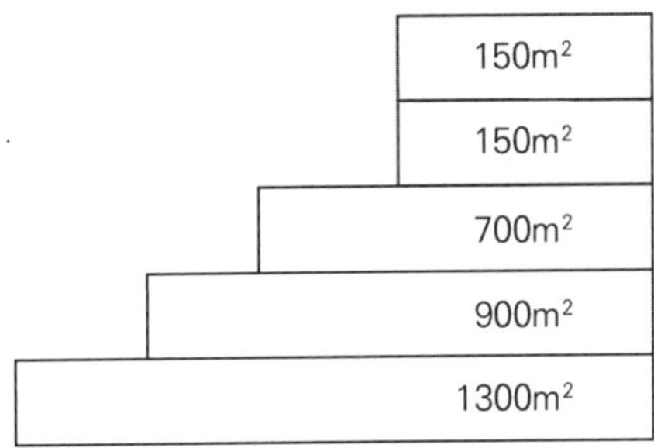

[핵심이론]

자동화재탐지설비 수평적 경계구역

특정소방대상물 중 화재신호를 발신하고 그 신호를 수신 및 유효하게 제어할 수 있는 구역

1) 하나의 경계구역이 2개 이상의 건축물 및 각 층에 미치지 아니하도록 할 것
   (단, 500 m^2 이하 범위 안에서는 2개 층을 하나의 경계구역으로 산정)
2) 하나의 경계구역의 면적은 600 m^2 이하, 한 변의 길이는 50 m 이하로 할 것
   (단, 주된 출입구에서 그 내부 전체가 보이는 것에 있어서는 한 변의 길이가 50 m의 범위 내에서 1000 m^2 이하)

문제풀이

자동화재탐지설비의 경계구역 산정은 면적기준과 길이기준을 전부 만족해야 한다.
이때 길이는 모두 50 m 이하라고 주어져 있으므로 면적기준만 만족하면 된다.

1) 1층 : 1300 ÷ 600 → 3개(절상)
2) 2층 : 900 ÷ 600 → 2개(절상)
3) 3층 : 700 ÷ 600 → 2개(절상)
4) 4층 + 5층 : 1개(2개 층의 바닥면적 합계가 500 m^2 이하인 경우에는 하나의 경계구역으로 설정 가능)
5) 3 + 2 + 2 + 1 = 8

※ 경계구역 산정 시 소수점은 절상한다.

정답 8개

소방안전관리자와 소방안전 관리보조자 선임 인원 산정

[예제]

다음 표를 보고 소방안전관리보조자 선임인원을 구하시오.

용도	아파트
층수	지상 47층
세대수	2200세대
소방안전관리자 현황	선임일자 : 2024년 3월 11일
	강습 및 실무교육 : 이수이력 없음

※ 상기 조건을 제외한 나머지 조건은 무시한다.

[핵심이론]

소방안전관리보조자, 소방안전관리보조관리자 선임대상

보조자선임대상 특정소방대상물	최소 선임기준
300세대 이상인 아파트	1명(300세대마다 1명 이상 추가)
연면적이 1만 5천 m^2 이상인 특정소방대상물 (아파트 및 연립주택 제외)	1명(연면적 1만 5천 m^2마다 1명 이상 추가) 다만 특정소방대상물의 종합방재실에 자위소방대가 24시간 상시 근무하고, 소방자동차 중 소방펌프차, 소방물탱크차, 소방화학차, 무인방수차를 운용하는 경우 3000 m^2 초과마다 1명을 추가 선임한다.
1) 공동주택 중 기숙사 2) 의료시설 3) 노유자시설 4) 수련시설 5) 숙박시설(숙박시설로 사용되는 바닥면적의 합계가 1500 m^2 미만이고 관계인이 24시간 상시 근무하고 있는 숙박시설은 제외)	1명 다만 해당 특정소방대상물이 소재하는 지역을 관할하는 소방서장이 야간이나 휴일에 해당 특정소방대상물이 이용되지 않는다는 것을 확인한 경우에는 선임하지 않을 수 있다.

문제풀이

소방안전관리사는 급수에 맞는 인원 1명을 선임하며, 소방안전관리보조자는 아파트인 경우 300세대마다 1명 이상 추가 선임한다.

따라서 전체 세대수를 300세대로 나누어서 계산하면 $\frac{2200}{300} = 7.33$이며 7명을 선임한다.

※ 이때 중요한 것은 소방안전관리보조자 계산 후 소수점은 절삭(버림)한다.

정답 7명

CHAPTER 05 감지기 최소수량 산정

[예제]

주요 구조부가 일반구조이며 다음 그림과 같은 크기의 실이 있는 건축물에 차동식 스포트형 감지기 2종을 설치할 때 필요한 감지기 최소 수량을 고르시오. (단, 감지기 부착 높이는 4.1 m이다)

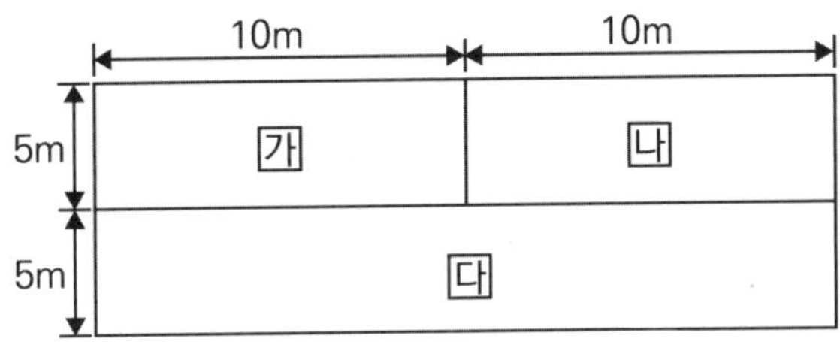

[핵심이론]

열감지기 설치유효면적

부착 높이 및 특정소방대상물의 구분		감지기의 종류(단위 m^2)						
		차동식 스포트형		보상식 스포트형		정온식 스포트형		
		1종	2종	1종	2종	특종	1종	2종
4 m 미만	내화구조	90	70	90	70	70	60	20
	기타구조	50	40	50	40	40	30	15
4 m 이상 8 m 미만	내화구조	45	35	45	35	35	30	
	기타구조	30	25	30	25	25	15	

문제풀이

주요 구조부가 일반구조이므로 내화구조가 아닌 기타구조에 해당되며, 차동식 스포트형 2종을 설치하며, 감지기 부착 높이가 4.1 m로 4 m 이상 8 m 미만에 해당되기 때문에 감지기는 바닥면적 25 m^2마다 설치한다.

가 : $\frac{10\times5}{25}=2$ 　　나 : $\frac{10\times5}{25}=2$ 　　다 : $\frac{20\times5}{25}=4$

※ 감지기 설치개수를 산정할 때 만약 소수점이 나오면 감지기는 절상한다(예를 들어 계산결과 2.2가 나왔으면 절상해서 3개의 감지기를 설치하면 된다. 단, 소방안전관리보조자 계산과 다름을 주의한다!).

정답 8개

수용인원 산정

[예제]

다음 도면과 조건을 보고 수용인원을 산정하시오.

301호	302호	303호
복도 $50m^2$		
304호	305호	

- 모든 객실에는 침대가 없으며 301호, 302호, 303호 각각의 바닥면적은 40 m^2로 동일하다.
- 304호, 305호의 바닥면적은 각각 60 m^2로 동일하다.
- 복도의 길이는 10 m이며, 면적은 50 m^2이다.
- 종사자수는 5명이다.

[핵심이론]

수용인원의 산정

대상	용도	수용인원의 산정
숙박시설이 있는 대상물	침대가 있는 숙박시설	종사자 수+침대 수
	침대가 없는 숙박시설	종사자 수+바닥면적의 합계 $\left[\frac{m^2}{3m^2}\right]$
그 외 특정소방대상물	강의실·교무실·상담실·실습실·휴게실 용도	바닥면적의 합계 $\left[\frac{m^2}{1.9m^2}\right]$
	강당, 문화 및 집회시설, 운동시설, 종교시설	바닥면적의 합계 $\left[\frac{m^2}{4.6m^2}\right]$
		고정식 의자 수
		고정식 긴 의자 $\left[\frac{m}{4.5m}\right]$
	그 밖의 특정소방대상물	바닥면적의 합계 $\left[\frac{m^2}{3m^2}\right]$

1) 바닥면적 산정 시 복도, 계단 및 화장실은 바닥면적을 포함하지 않는다.
2) 소수점 이하의 수는 반올림한다.

문제풀이

침대가 없는 숙박시설이기 때문에 총 바닥면적의 합계를 3 m^2로 나눈다.

$$\frac{(40\times3)+(60\times2)}{3}=80$$

여기에 종사자 수 5명을 더하면 85명이다.

※ 가장 중요한 것은, 핵심이론에도 명시되어 있듯 바닥면적 산정 시 복도, 계단, 화장실은 포함하지 않는다. 복도가 도면에 주어져 있지만 복도는 제외하고 바닥면적을 산정한다.

※ 수용인원산정은 소수점 이하의 수는 반올림한다. 예를 들어, 80.3이라는 계산값이 나왔으면 반올림해서 80명이며, 80.7이라는 계산값이 나왔으면 반올림하여 81명이다.

※ 침대가 있는 숙박시설인 경우, 침대가 2인용 침대이면 침대 수 × 2를 한다.

정답 85명

건축물 높이 산정

[예제]

다음 그림과 설명을 보고 해당 건축물의 높이를 산정하시오.

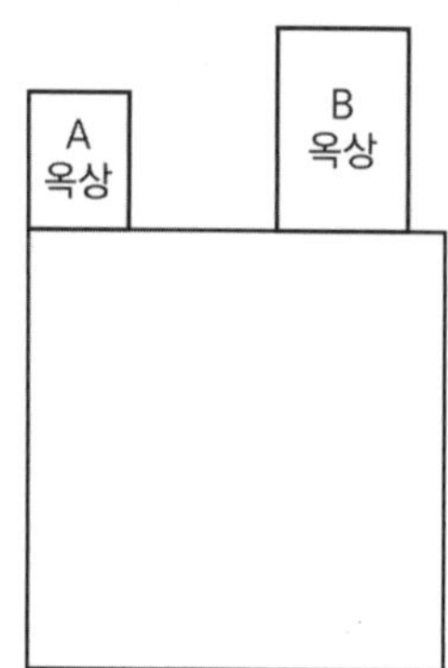

- 건축면적 : 1,800 m^2
- A옥상의 수평투영면적 : 120 m^2
- B옥상의 수평투영면적 : 100 m^2
- A옥상의 높이 : 11 m
- B옥상의 높이 : 25 m
- 건축물 상단까지의 높이 : 90 m

[핵심이론]

1) 건축물 높이의 산정 및 제한

(1) 원칙

건축물의 높이는 지표면으로부터 해당 건축물 상단까지의 높이로 한다.

(2) 건축물의 높이 산정에서 제외되는 부분

① 옥상부분(건축물의 옥상에 설치되는 승강기탑·계단탑·망루·장식탑·옥탑 등)으로서 그 수평투영면적의 합계가 해당 건축물 건축면적의 1/8 이하(주택법에 따른 사업계획승인 대상 공동주택으로 세대별 전용면적이 85 m^2 이하인 경우 1/6 이하)인 경우로서 그 부분의 높이가 12 m를 넘는 경우에는 그 넘는 부분만 해당 건축물의 높이에 산입한다.

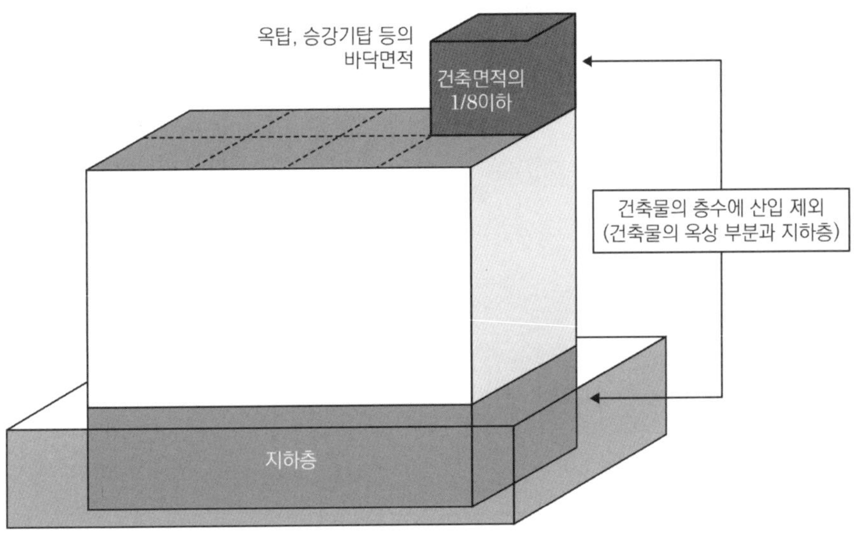

② 옥상돌출물(지붕마루장식 · 굴뚝 · 방화벽 · 기타 이와 유사한 옥상돌출부)과 난간벽(그 벽면적의 1/2 이상이 공간으로 된 것에 한함)은 해당 건축물 높이에 산입하지 않는다.

2) 건축물 층수의 산정 및 제한

(1) 원칙

① 건축물의 지상층만을 층수에 산입하며 건축물의 부분에 따라 층수를 달리하는 경우에는 그 중에서 가장 많은 층수를 그 건축물의 층수로 본다.

② 층의 구분이 명확하지 아니한 건축물은 높이 4 m마다 하나의 층으로 산정한다.

(2) 건축물 층수 산정에서 제외되는 부분

① 지하층

② 건축물의 옥상부분(건축물의 옥상에 설치되는 승강기탑 · 계단탑 · 망루 · 장식탑 · 옥탑 등)으로서 수평투영면적의 합계가 건축물의 건축면적의 1/8 이하(주택법에 따른 사업계획승인 대상 공동주택으로 세대별 전용면적이 85 m^2 이하인 경우 1/6 이하)인 것

문제풀이

A옥상과 B옥상의 수평투영면적의 합계는 220 m^2로써 건축면적 1800 m^2의 1/8(225 m^2) 이하이다. 따라서 12 m를 넘는 경우의 부분만 산입하기 때문에 B옥상의 높이 25 m 중 12 m를 넘는 (25 - 12 = 13 m)를 건축물 상단까지의 높이 90 m에서 더해주면 90 + 13 = 103 m이다.

※ 옥상부분으로서 그 수평투영면적의 합계가 해당 건축물 건축면적의 1/8을 초과하면 건축물의 높이산정에 포함한다.

정답 103 m

MOAG
MOA education Group

PART 03

OMR

소방안전관리자 1급 답안지

응시 분야	
감독 확인	

수험 번호	고유번호

생년월일	
년 월 일	

성별	
남	ⓞ
여	ⓞ

※ OMR카드 작성요령

1. 감독관 지시에 따라 응답지를 작성할 것
2. 반드시 컴퓨터용사인펜을 사용할 것
3. 인적사항은 좌측부터, 성명은 복모음에 유의하여 작성할 것

성 명

답 안 표 기 란

번호					번호					번호				
1	①	②	③	④	21	①	②	③	④	41	①	②	③	④
2	①	②	③	④	22	①	②	③	④	42	①	②	③	④
3	①	②	③	④	23	①	②	③	④	43	①	②	③	④
4	①	②	③	④	24	①	②	③	④	44	①	②	③	④
5	①	②	③	④	25	①	②	③	④	45	①	②	③	④
6	①	②	③	④	26	①	②	③	④	46	①	②	③	④
7	①	②	③	④	27	①	②	③	④	47	①	②	③	④
8	①	②	③	④	28	①	②	③	④	48	①	②	③	④
9	①	②	③	④	29	①	②	③	④	49	①	②	③	④
10	①	②	③	④	30	①	②	③	④	50	①	②	③	④
11	①	②	③	④	31	①	②	③	④					
12	①	②	③	④	32	①	②	③	④					
13	①	②	③	④	33	①	②	③	④					
14	①	②	③	④	34	①	②	③	④					
15	①	②	③	④	35	①	②	③	④					
16	①	②	③	④	36	①	②	③	④					
17	①	②	③	④	37	①	②	③	④					
18	①	②	③	④	38	①	②	③	④					
19	①	②	③	④	39	①	②	③	④					
20	①	②	③	④	40	①	②	③	④					

* 연습용 답안지

소방안전관리자 1급 답안지

응시 분야	

감독 확인	

수험번호							
⓪	⓪	⓪	⓪	⓪	⓪	⓪	⓪
①	①	①	①	①	①	①	①
②	②	②	②	②	②	②	②
③	③	③	③	③	③	③	③
④	④	④	④	④	④	④	④
⑤	⑤	⑤	⑤	⑤	⑤	⑤	⑤
⑥	⑥	⑥	⑥	⑥	⑥	⑥	⑥
⑧	⑧	⑧	⑧	⑧	⑧	⑧	⑧
⑨	⑨	⑨	⑨	⑨	⑨	⑨	⑨

고유번호			
⓪	⓪	⓪	⓪
①	①	①	①
②	②	②	②
③	③	③	③
④	④	④	④
⑤	⑤	⑤	⑤
⑥	⑥	⑥	⑥
⑧	⑧	⑧	⑧
⑨	⑨	⑨	⑨

생년월일							
		년		월			일
⓪	⓪	⓪	⓪	⓪	⓪	⓪	⓪
①	①	①	①	①	①	①	①
②	②	②	②	②	②	②	②
③	③	③	③	③	③	③	③
④	④	④	④	④	④	④	④
⑤	⑤	⑤	⑤	⑤	⑤	⑤	⑤
⑥	⑥	⑥	⑥	⑥	⑥	⑥	⑥
⑦	⑦	⑦	⑦	⑦	⑦	⑦	⑦
⑧	⑧	⑧	⑧	⑧	⑧	⑧	⑧

성별	
남	⓪
여	⓪

※ OMR카드 작성요령

1. 감독관 지시에 따라 응답지를 작성할 것
2. 반드시 컴퓨터용사인펜을 사용할 것
3. 인적사항은 좌측부터, 성명은 복모음에 유의하여 작성할 것

성명			

ㄱ	ㅏ	ㄱ	ㄱ	ㅏ	ㄱ	ㄱ	ㅏ	ㄱ	ㄱ	ㅏ	ㄱ
ㄲ	ㅐ	ㄲ	ㄲ	ㅐ	ㄲ	ㄲ	ㅐ	ㄲ	ㄲ	ㅐ	ㄲ
ㄴ	ㅑ	ㄴ	ㄴ	ㅑ	ㄴ	ㄴ	ㅑ	ㄴ	ㄴ	ㅑ	ㄴ
ㄷ	ㅒ	ㄷ	ㄷ	ㅒ	ㄷ	ㄷ	ㅒ	ㄷ	ㄷ	ㅒ	ㄷ
ㄸ	ㅓ	ㄸ	ㄸ	ㅓ	ㄸ	ㄸ	ㅓ	ㄸ	ㄸ	ㅓ	ㄸ
ㄹ	ㅔ	ㄹ	ㄹ	ㅔ	ㄹ	ㄹ	ㅔ	ㄹ	ㄹ	ㅔ	ㄹ
ㅁ	ㅕ	ㅁ	ㅁ	ㅕ	ㅁ	ㅁ	ㅕ	ㅁ	ㅁ	ㅕ	ㅁ
ㅂ	ㅖ	ㅂ	ㅂ	ㅖ	ㅂ	ㅂ	ㅖ	ㅂ	ㅂ	ㅖ	ㅂ
ㅃ	ㅗ	ㅃ	ㅃ	ㅗ	ㅃ	ㅃ	ㅗ	ㅃ	ㅃ	ㅗ	ㅃ
ㅅ	ㅘ	ㅅ	ㅅ	ㅘ	ㅅ	ㅅ	ㅘ	ㅅ	ㅅ	ㅘ	ㅅ
ㅆ	ㅙ	ㅆ	ㅆ	ㅙ	ㅆ	ㅆ	ㅙ	ㅆ	ㅆ	ㅙ	ㅆ
ㅇ	ㅚ	ㅇ	ㅇ	ㅚ	ㅇ	ㅇ	ㅚ	ㅇ	ㅇ	ㅚ	ㅇ
ㅈ	ㅛ	ㅈ	ㅈ	ㅛ	ㅈ	ㅈ	ㅛ	ㅈ	ㅈ	ㅛ	ㅈ
ㅉ	ㅜ	ㅉ	ㅉ	ㅜ	ㅉ	ㅉ	ㅜ	ㅉ	ㅉ	ㅜ	ㅉ
ㅊ	ㅝ	ㅊ	ㅊ	ㅝ	ㅊ	ㅊ	ㅝ	ㅊ	ㅊ	ㅝ	ㅊ
ㅋ	ㅞ	ㅋ	ㅋ	ㅞ	ㅋ	ㅋ	ㅞ	ㅋ	ㅋ	ㅞ	ㅋ
ㅌ	ㅟ	ㅌ	ㅌ	ㅟ	ㅌ	ㅌ	ㅟ	ㅌ	ㅌ	ㅟ	ㅌ
ㅍ	ㅠ	ㅍ	ㅍ	ㅠ	ㅍ	ㅍ	ㅠ	ㅍ	ㅍ	ㅠ	ㅍ
ㅎ	ㅡ	ㅎ	ㅎ	ㅡ	ㅎ	ㅎ	ㅡ	ㅎ	ㅎ	ㅡ	ㅎ
	ㅢ			ㅢ			ㅢ			ㅢ	
	ㅣ			ㅣ			ㅣ			ㅣ	

답안표기란														
1	①	②	③	④	21	①	②	③	④	41	①	②	③	④
2	①	②	③	④	22	①	②	③	④	42	①	②	③	④
3	①	②	③	④	23	①	②	③	④	43	①	②	③	④
4	①	②	③	④	24	①	②	③	④	44	①	②	③	④
5	①	②	③	④	**25**	①	②	③	④	**45**	①	②	③	④
6	①	②	③	④	26	①	②	③	④	46	①	②	③	④
7	①	②	③	④	27	①	②	③	④	47	①	②	③	④
8	①	②	③	④	28	①	②	③	④	48	①	②	③	④
9	①	②	③	④	29	①	②	③	④	49	①	②	③	④
10	①	②	③	④	**30**	①	②	③	④	**50**	①	②	③	④
11	①	②	③	④	31	①	②	③	④					
12	①	②	③	④	32	①	②	③	④					
13	①	②	③	④	33	①	②	③	④					
14	①	②	③	④	34	①	②	③	④					
15	①	②	③	④	**35**	①	②	③	④					
16	①	②	③	④	36	①	②	③	④					
17	①	②	③	④	37	①	②	③	④					
18	①	②	③	④	38	①	②	③	④					
19	①	②	③	④	39	①	②	③	④					
20	①	②	③	④	**40**	①	②	③	④					

* 연습용 답안지

소방안전관리자 1급 답안지

응 시 분 야	

감 독 확 인	

수 험 번 호 (8자리)

⓪ ① ② ③ ④ ⑤ ⑥ ⑧ ⑨

고유번호 (4자리)

⓪ ① ② ③ ④ ⑤ ⑥ ⑧ ⑨

생 년 월 일

년 월 일

⓪ ① ② ③ ④ ⑤ ⑥ ⑦ ⑧

성 별	
남	ⓞ
여	ⓞ

※ OMR카드 작성요령

1. 감독관 지시에 따라 응답지를 작성할 것
2. 반드시 컴퓨터용사인펜을 사용할 것
3. 인적사항은 좌측부터, 성명은 복모음에 유의하여 작성할 것

성 명

㉠ ㉲ ㉡ ㉢ ㉳ ㉣ ㉤ ㉥ ㉦ ㉧ ㉨ ㉩ ㉪ ㉫ ㉬ ㉭

ㅏ ㅐ ㅑ ㅒ ㅓ ㅔ ㅕ ㅖ ㅗ ㅘ ㅙ ㅚ ㅛ ㅜ ㅝ ㅞ ㅟ ㅠ ㅡ ㅢ ㅣ

답 안 표 기 란

1	①	②	③	④	21	①	②	③	④	41	①	②	③	④
2	①	②	③	④	22	①	②	③	④	42	①	②	③	④
3	①	②	③	④	23	①	②	③	④	43	①	②	③	④
4	①	②	③	④	24	①	②	③	④	44	①	②	③	④
5	①	②	③	④	**25**	①	②	③	④	**45**	①	②	③	④
6	①	②	③	④	26	①	②	③	④	46	①	②	③	④
7	①	②	③	④	27	①	②	③	④	47	①	②	③	④
8	①	②	③	④	28	①	②	③	④	48	①	②	③	④
9	①	②	③	④	29	①	②	③	④	49	①	②	③	④
10	①	②	③	④	**30**	①	②	③	④	**50**	①	②	③	④
11	①	②	③	④	31	①	②	③	④					
12	①	②	③	④	32	①	②	③	④					
13	①	②	③	④	33	①	②	③	④					
14	①	②	③	④	34	①	②	③	④					
15	①	②	③	④	**35**	①	②	③	④					
16	①	②	③	④	36	①	②	③	④					
17	①	②	③	④	37	①	②	③	④					
18	①	②	③	④	38	①	②	③	④					
19	①	②	③	④	39	①	②	③	④					
20	①	②	③	④	**40**	①	②	③	④					

* 연습용 답안지

소방안전관리자 1급 답안지

응시 분야	
감독 확인	

수험번호

ⓞ	ⓞ	ⓞ	ⓞ	ⓞ	ⓞ	ⓞ	ⓞ
①	①	①	①	①	①	①	①
②	②	②	②	②	②	②	②
③	③	③	③	③	③	③	③
④	④	④	④	④	④	④	④
⑤	⑤	⑤	⑤	⑤	⑤	⑤	⑤
⑥	⑥	⑥	⑥	⑥	⑥	⑥	⑥
⑧	⑧	⑧	⑧	⑧	⑧	⑧	⑧
⑨	⑨	⑨	⑨	⑨	⑨	⑨	⑨

고유번호

ⓞ	ⓞ	ⓞ	ⓞ
①	①	①	①
②	②	②	②
③	③	③	③
④	④	④	④
⑤	⑤	⑤	⑤
⑥	⑥	⑥	⑥
⑧	⑧	⑧	⑧
⑨	⑨	⑨	⑨

생년월일

년				월		일	
ⓞ	ⓞ	ⓞ	ⓞ	ⓞ	ⓞ	ⓞ	ⓞ
①	①	①	①	①	①	①	①
②	②	②	②	②	②	②	②
③	③	③	③	③	③	③	③
④	④	④	④	④	④	④	④
⑤	⑤	⑤	⑤	⑤	⑤	⑤	⑤
⑥	⑥	⑥	⑥	⑥	⑥	⑥	⑥
⑦	⑦	⑦	⑦	⑦	⑦	⑦	⑦
⑧	⑧	⑧	⑧	⑧	⑧	⑧	⑧

성별

남	ⓞ
여	ⓞ

※ OMR카드 작성요령

1. 감독관 지시에 따라 응답지를 작성할 것
2. 반드시 컴퓨터용사인펜을 사용할 것
3. 인적사항은 좌측부터, 성명은 복모음에 유의하여 작성할 것

성명

초성	중성	종성
㉠ ㉡ ㉢ ㉣ ㉤ ㉥ ㉦ ㉧ ㉨ ㉩ ㉪ ㉫ ㉬ ㉭ ㉮ ㉯ ㉰ ㉱ ㉲	ㅏ ㅐ ㅑ ㅒ ㅓ ㅔ ㅕ ㅖ ㅗ ㅘ ㅙ ㅚ ㅛ ㅜ ㅝ ㅞ ㅟ ㅠ ㅡ ㅢ ㅣ	㉠ ㉡ ㉢ ㉣ ㉤ ㉥ ㉦ ㉧ ㉨ ㉩ ㉪ ㉫ ㉬ ㉭ ㉮ ㉯ ㉰ ㉱ ㉲

답안표기란

번호					번호					번호				
1	①	②	③	④	21	①	②	③	④	41	①	②	③	④
2	①	②	③	④	22	①	②	③	④	42	①	②	③	④
3	①	②	③	④	23	①	②	③	④	43	①	②	③	④
4	①	②	③	④	24	①	②	③	④	44	①	②	③	④
5	①	②	③	④	**25**	①	②	③	④	**45**	①	②	③	④
6	①	②	③	④	26	①	②	③	④	46	①	②	③	④
7	①	②	③	④	27	①	②	③	④	47	①	②	③	④
8	①	②	③	④	28	①	②	③	④	48	①	②	③	④
9	①	②	③	④	29	①	②	③	④	49	①	②	③	④
10	①	②	③	④	**30**	①	②	③	④	**50**	①	②	③	④
11	①	②	③	④	31	①	②	③	④					
12	①	②	③	④	32	①	②	③	④					
13	①	②	③	④	33	①	②	③	④					
14	①	②	③	④	34	①	②	③	④					
15	①	②	③	④	**35**	①	②	③	④					
16	①	②	③	④	36	①	②	③	④					
17	①	②	③	④	37	①	②	③	④					
18	①	②	③	④	38	①	②	③	④					
19	①	②	③	④	39	①	②	③	④					
20	①	②	③	④	**40**	①	②	③	④					

* 연습용 답안지

소방안전관리자 1급 답안지

응 시 분 야	

감 독 확 인	

수 험 번 호							
⓪	⓪	⓪	⓪	⓪	⓪	⓪	⓪
①	①	①	①	①	①	①	①
②	②	②	②	②	②	②	②
③	③	③	③	③	③	③	③
④	④	④	④	④	④	④	④
⑤	⑤	⑤	⑤	⑤	⑤	⑤	⑤
⑥	⑥	⑥	⑥	⑥	⑥	⑥	⑥
⑧	⑧	⑧	⑧	⑧	⑧	⑧	⑧
⑨	⑨	⑨	⑨	⑨	⑨	⑨	⑨

고유번호			
⓪	⓪	⓪	⓪
①	①	①	①
②	②	②	②
③	③	③	③
④	④	④	④
⑤	⑤	⑤	⑤
⑥	⑥	⑥	⑥
⑧	⑧	⑧	⑧
⑨	⑨	⑨	⑨

생 년 월 일							
	년		월		일		
⓪	⓪	⓪	⓪	⓪	⓪	⓪	⓪
①	①	①	①	①	①	①	①
②	②	②	②	②	②	②	②
③	③	③	③	③	③	③	③
④	④	④	④	④	④	④	④
⑤	⑤	⑤	⑤	⑤	⑤	⑤	⑤
⑥	⑥	⑥	⑥	⑥	⑥	⑥	⑥
⑦	⑦	⑦	⑦	⑦	⑦	⑦	⑦
⑧	⑧	⑧	⑧	⑧	⑧	⑧	⑧

성 별	
남	ⓞ
여	ⓞ

※ OMR카드 작성요령

1. 감독관 지시에 따라 응답지를 작성할 것
2. 반드시 컴퓨터용사인펜을 사용할 것
3. 인적사항은 좌측부터, 성명은 복모음에 유의하여 작성할 것

성 명			

㉠	ㅏ	㉠	㉠	ㅏ	㉠	㉠	ㅏ	㉠	㉠	ㅏ	㉠
ㄲ	ㅐ	ㄲ	ㄲ	ㅐ	ㄲ	ㄲ	ㅐ	ㄲ	ㄲ	ㅐ	ㄲ
㉡	ㅑ	㉡	㉡	ㅑ	㉡	㉡	ㅑ	㉡	㉡	ㅑ	㉡
㉢	ㅒ	㉢	㉢	ㅒ	㉢	㉢	ㅒ	㉢	㉢	ㅒ	㉢
ㄸ	ㅓ	ㄸ	ㄸ	ㅓ	ㄸ	ㄸ	ㅓ	ㄸ	ㄸ	ㅓ	ㄸ
㉣	ㅔ	㉣	㉣	ㅔ	㉣	㉣	ㅔ	㉣	㉣	ㅔ	㉣
㉤	ㅕ	㉤	㉤	ㅕ	㉤	㉤	ㅕ	㉤	㉤	ㅕ	㉤
㉥	ㅖ	㉥	㉥	ㅖ	㉥	㉥	ㅖ	㉥	㉥	ㅖ	㉥
ㅃ	ㅗ	ㅃ	ㅃ	ㅗ	ㅃ	ㅃ	ㅗ	ㅃ	ㅃ	ㅗ	ㅃ
㉦	ㅘ	㉦	㉦	ㅘ	㉦	㉦	ㅘ	㉦	㉦	ㅘ	㉦
ㅆ	ㅙ	ㅆ	ㅆ	ㅙ	ㅆ	ㅆ	ㅙ	ㅆ	ㅆ	ㅙ	ㅆ
㉧	ㅚ	㉧	㉧	ㅚ	㉧	㉧	ㅚ	㉧	㉧	ㅚ	㉧
㉨	ㅛ	㉨	㉨	ㅛ	㉨	㉨	ㅛ	㉨	㉨	ㅛ	㉨
ㅉ	ㅜ	ㅉ	ㅉ	ㅜ	ㅉ	ㅉ	ㅜ	ㅉ	ㅉ	ㅜ	ㅉ
㉩	ㅝ	㉩	㉩	ㅝ	㉩	㉩	ㅝ	㉩	㉩	ㅝ	㉩
㉪	ㅞ	㉪	㉪	ㅞ	㉪	㉪	ㅞ	㉪	㉪	ㅞ	㉪
㉫	ㅟ	㉫	㉫	ㅟ	㉫	㉫	ㅟ	㉫	㉫	ㅟ	㉫
㉬	ㅠ	㉬	㉬	ㅠ	㉬	㉬	ㅠ	㉬	㉬	ㅠ	㉬
㉭	ㅡ	㉭	㉭	ㅡ	㉭	㉭	ㅡ	㉭	㉭	ㅡ	㉭
	ㅢ			ㅢ			ㅢ			ㅢ	
	ㅣ			ㅣ			ㅣ			ㅣ	

답 안 표 기 란														
1	①	②	③	④	21	①	②	③	④	41	①	②	③	④
2	①	②	③	④	22	①	②	③	④	42	①	②	③	④
3	①	②	③	④	23	①	②	③	④	43	①	②	③	④
4	①	②	③	④	24	①	②	③	④	44	①	②	③	④
5	①	②	③	④	**25**	①	②	③	④	**45**	①	②	③	④
6	①	②	③	④	26	①	②	③	④	46	①	②	③	④
7	①	②	③	④	27	①	②	③	④	47	①	②	③	④
8	①	②	③	④	28	①	②	③	④	48	①	②	③	④
9	①	②	③	④	29	①	②	③	④	49	①	②	③	④
10	①	②	③	④	**30**	①	②	③	④	**50**	①	②	③	④
11	①	②	③	④	31	①	②	③	④					
12	①	②	③	④	32	①	②	③	④					
13	①	②	③	④	33	①	②	③	④					
14	①	②	③	④	34	①	②	③	④					
15	①	②	③	④	**35**	①	②	③	④					
16	①	②	③	④	36	①	②	③	④					
17	①	②	③	④	37	①	②	③	④					
18	①	②	③	④	38	①	②	③	④					
19	①	②	③	④	39	①	②	③	④					
20	①	②	③	④	**40**	①	②	③	④					

* 연습용 답안지

소방안전관리자 1급 답안지

응시 분야	
감독 확인	

수 험 번 호

고유번호

생 년 월 일 (년 월 일)

성 별	
남	ⓞ
여	ⓞ

※ OMR카드 작성요령

1. 감독관 지시에 따라 응답지를 작성할 것
2. 반드시 컴퓨터용사인펜을 사용할 것
3. 인적사항은 좌측부터, 성명은 복모음에 유의하여 작성할 것

성 명

답 안 표 기 란

번호					번호					번호				
1	①	②	③	④	21	①	②	③	④	41	①	②	③	④
2	①	②	③	④	22	①	②	③	④	42	①	②	③	④
3	①	②	③	④	23	①	②	③	④	43	①	②	③	④
4	①	②	③	④	24	①	②	③	④	44	①	②	③	④
5	①	②	③	④	25	①	②	③	④	45	①	②	③	④
6	①	②	③	④	26	①	②	③	④	46	①	②	③	④
7	①	②	③	④	27	①	②	③	④	47	①	②	③	④
8	①	②	③	④	28	①	②	③	④	48	①	②	③	④
9	①	②	③	④	29	①	②	③	④	49	①	②	③	④
10	①	②	③	④	30	①	②	③	④	50	①	②	③	④
11	①	②	③	④	31	①	②	③	④					
12	①	②	③	④	32	①	②	③	④					
13	①	②	③	④	33	①	②	③	④					
14	①	②	③	④	34	①	②	③	④					
15	①	②	③	④	35	①	②	③	④					
16	①	②	③	④	36	①	②	③	④					
17	①	②	③	④	37	①	②	③	④					
18	①	②	③	④	38	①	②	③	④					
19	①	②	③	④	39	①	②	③	④					
20	①	②	③	④	40	①	②	③	④					

* 연습용 답안지

소방안전관리자 1급 답안지

응 시 분 야	
감 독 확 인	

수 험 번 호 (8자리): ⓪ ① ② ③ ④ ⑤ ⑥ ⑧ ⑨

고유번호 (4자리): ⓪ ① ② ③ ④ ⑤ ⑥ ⑧ ⑨

생 년 월 일 (년 월 일, 8자리): ⓪ ① ② ③ ④ ⑤ ⑥ ⑦ ⑧

성 별	
남	ⓞ
여	ⓞ

※ OMR카드 작성요령

1. 감독관 지시에 따라 응답지를 작성할 것
2. 반드시 컴퓨터용사인펜을 사용할 것
3. 인적사항은 좌측부터, 성명은 복모음에 유의하여 작성할 것

성 명

답 안 표 기 란														
1	①	②	③	④	21	①	②	③	④	41	①	②	③	④
2	①	②	③	④	22	①	②	③	④	42	①	②	③	④
3	①	②	③	④	23	①	②	③	④	43	①	②	③	④
4	①	②	③	④	24	①	②	③	④	44	①	②	③	④
5	①	②	③	④	**25**	①	②	③	④	**45**	①	②	③	④
6	①	②	③	④	26	①	②	③	④	46	①	②	③	④
7	①	②	③	④	27	①	②	③	④	47	①	②	③	④
8	①	②	③	④	28	①	②	③	④	48	①	②	③	④
9	①	②	③	④	29	①	②	③	④	49	①	②	③	④
10	①	②	③	④	**30**	①	②	③	④	**50**	①	②	③	④
11	①	②	③	④	31	①	②	③	④					
12	①	②	③	④	32	①	②	③	④					
13	①	②	③	④	33	①	②	③	④					
14	①	②	③	④	34	①	②	③	④					
15	①	②	③	④	**35**	①	②	③	④					
16	①	②	③	④	36	①	②	③	④					
17	①	②	③	④	37	①	②	③	④					
18	①	②	③	④	38	①	②	③	④					
19	①	②	③	④	39	①	②	③	④					
20	①	②	③	④	**40**	①	②	③	④					

* 연습용 답안지

소방안전관리자 1급 답안지

응시 분야	
감독 확인	

수험번호

⓪①②③④⑤⑥⑧⑨	⓪①②③④⑤⑥⑧⑨	⓪①②③④⑤⑥⑧⑨	⓪①②③④⑤⑥⑧⑨	⓪①②③④⑤⑥⑧⑨	⓪①②③④⑤⑥⑧⑨	⓪①②③④⑤⑥⑧⑨	⓪①②③④⑤⑥⑧⑨

고유번호

⓪①②③④⑤⑥⑧⑨	⓪①②③④⑤⑥⑧⑨	⓪①②③④⑤⑥⑧⑨	⓪①②③④⑤⑥⑧⑨

생년월일

년		월		일			
⓪①②③④⑤⑥⑦⑧	⓪①②③④⑤⑥⑦⑧	⓪①②③④⑤⑥⑦⑧	⓪①②③④⑤⑥⑦⑧	⓪①②③④⑤⑥⑦⑧	⓪①②③④⑤⑥⑦⑧	⓪①②③④⑤⑥⑦⑧	⓪①②③④⑤⑥⑦⑧

성별

남	ⓞ
여	ⓞ

※ OMR카드 작성요령

1. 감독관 지시에 따라 응답지를 작성할 것
2. 반드시 컴퓨터용사인펜을 사용할 것
3. 인적사항은 좌측부터, 성명은 복모음에 유의하여 작성할 것

성 명

답 안 표 기 란

번호	답	번호	답	번호	답
1	① ② ③ ④	21	① ② ③ ④	41	① ② ③ ④
2	① ② ③ ④	22	① ② ③ ④	42	① ② ③ ④
3	① ② ③ ④	23	① ② ③ ④	43	① ② ③ ④
4	① ② ③ ④	24	① ② ③ ④	44	① ② ③ ④
5	① ② ③ ④	**25**	① ② ③ ④	**45**	① ② ③ ④
6	① ② ③ ④	26	① ② ③ ④	46	① ② ③ ④
7	① ② ③ ④	27	① ② ③ ④	47	① ② ③ ④
8	① ② ③ ④	28	① ② ③ ④	48	① ② ③ ④
9	① ② ③ ④	29	① ② ③ ④	49	① ② ③ ④
10	① ② ③ ④	**30**	① ② ③ ④	**50**	① ② ③ ④
11	① ② ③ ④	31	① ② ③ ④		
12	① ② ③ ④	32	① ② ③ ④		
13	① ② ③ ④	33	① ② ③ ④		
14	① ② ③ ④	34	① ② ③ ④		
15	① ② ③ ④	**35**	① ② ③ ④		
16	① ② ③ ④	36	① ② ③ ④		
17	① ② ③ ④	37	① ② ③ ④		
18	① ② ③ ④	38	① ② ③ ④		
19	① ② ③ ④	39	① ② ③ ④		
20	① ② ③ ④	**40**	① ② ③ ④		

* 연습용 답안지

소방안전관리자 1급 답안지

응시 분야	
감독 확인	

수험번호

고유번호

생년월일 (년 월 일)

성별: 남 ⓞ / 여 ⓞ

※ OMR카드 작성요령

1. 감독관 지시에 따라 응답지를 작성할 것
2. 반드시 컴퓨터용사인펜을 사용할 것
3. 인적사항은 좌측부터, 성명은 복모음에 유의하여 작성할 것

성명

답안표기란

1	①	②	③	④	21	①	②	③	④	41	①	②	③	④
2	①	②	③	④	22	①	②	③	④	42	①	②	③	④
3	①	②	③	④	23	①	②	③	④	43	①	②	③	④
4	①	②	③	④	24	①	②	③	④	44	①	②	③	④
5	①	②	③	④	25	①	②	③	④	45	①	②	③	④
6	①	②	③	④	26	①	②	③	④	46	①	②	③	④
7	①	②	③	④	27	①	②	③	④	47	①	②	③	④
8	①	②	③	④	28	①	②	③	④	48	①	②	③	④
9	①	②	③	④	29	①	②	③	④	49	①	②	③	④
10	①	②	③	④	30	①	②	③	④	50	①	②	③	④
11	①	②	③	④	31	①	②	③	④					
12	①	②	③	④	32	①	②	③	④					
13	①	②	③	④	33	①	②	③	④					
14	①	②	③	④	34	①	②	③	④					
15	①	②	③	④	35	①	②	③	④					
16	①	②	③	④	36	①	②	③	④					
17	①	②	③	④	37	①	②	③	④					
18	①	②	③	④	38	①	②	③	④					
19	①	②	③	④	39	①	②	③	④					
20	①	②	③	④	40	①	②	③	④					

* 연습용 답안지

소방안전관리자 1급 답안지

응시 분야	
감독 확인	

수험번호 / 고유번호

생년월일 (년 월 일)

성별: 남 ⓞ / 여 ⓞ

※ OMR카드 작성요령

1. 감독관 지시에 따라 응답지를 작성할 것
2. 반드시 컴퓨터용사인펜을 사용할 것
3. 인적사항은 좌측부터, 성명은 복모음에 유의하여 작성할 것

성명

답 안 표 기 란

번호	답	번호	답	번호	답
1	① ② ③ ④	21	① ② ③ ④	41	① ② ③ ④
2	① ② ③ ④	22	① ② ③ ④	42	① ② ③ ④
3	① ② ③ ④	23	① ② ③ ④	43	① ② ③ ④
4	① ② ③ ④	24	① ② ③ ④	44	① ② ③ ④
5	① ② ③ ④	**25**	① ② ③ ④	**45**	① ② ③ ④
6	① ② ③ ④	26	① ② ③ ④	46	① ② ③ ④
7	① ② ③ ④	27	① ② ③ ④	47	① ② ③ ④
8	① ② ③ ④	28	① ② ③ ④	48	① ② ③ ④
9	① ② ③ ④	29	① ② ③ ④	49	① ② ③ ④
10	① ② ③ ④	**30**	① ② ③ ④	**50**	① ② ③ ④
11	① ② ③ ④	31	① ② ③ ④		
12	① ② ③ ④	32	① ② ③ ④		
13	① ② ③ ④	33	① ② ③ ④		
14	① ② ③ ④	34	① ② ③ ④		
15	① ② ③ ④	**35**	① ② ③ ④		
16	① ② ③ ④	36	① ② ③ ④		
17	① ② ③ ④	37	① ② ③ ④		
18	① ② ③ ④	38	① ② ③ ④		
19	① ② ③ ④	39	① ② ③ ④		
20	① ② ③ ④	**40**	① ② ③ ④		

* 연습용 답안지

소방안전관리자 1급 답안지

응시 분야	
감독 확인	

수 험 번 호

⓪	⓪	⓪	⓪	⓪	⓪	⓪	⓪
①	①	①	①	①	①	①	①
②	②	②	②	②	②	②	②
③	③	③	③	③	③	③	③
④	④	④	④	④	④	④	④
⑤	⑤	⑤	⑤	⑤	⑤	⑤	⑤
⑥	⑥	⑥	⑥	⑥	⑥	⑥	⑥
⑧	⑧	⑧	⑧	⑧	⑧	⑧	⑧
⑨	⑨	⑨	⑨	⑨	⑨	⑨	⑨

고유번호

⓪	⓪	⓪	⓪
①	①	①	①
②	②	②	②
③	③	③	③
④	④	④	④
⑤	⑤	⑤	⑤
⑥	⑥	⑥	⑥
⑧	⑧	⑧	⑧
⑨	⑨	⑨	⑨

생 년 월 일

년				월		일	
⓪	⓪	⓪	⓪	⓪	⓪	⓪	⓪
①	①	①	①	①	①	①	①
②	②	②	②	②	②	②	②
③	③	③	③	③	③	③	③
④	④	④	④	④	④	④	④
⑤	⑤	⑤	⑤	⑤	⑤	⑤	⑤
⑥	⑥	⑥	⑥	⑥	⑥	⑥	⑥
⑦	⑦	⑦	⑦	⑦	⑦	⑦	⑦
⑧	⑧	⑧	⑧	⑧	⑧	⑧	⑧

성 별	
남	ⓞ
여	ⓞ

※ OMR카드 작성요령

1. 감독관 지시에 따라 응답지를 작성할 것
2. 반드시 컴퓨터용사인펜을 사용할 것
3. 인적사항은 좌측부터, 성명은 복모음에 유의하여 작성할 것

성 명

초성/종성 칸: ㉠ ㄲ ㉡ ㉢ ㄸ ㉣ ㉤ ㉥ ㅃ ㉦ ㅆ ㉧ ㉨ ㅉ ㉩ ㉪ ㉫ ㉬ ㉭

중성 칸: ㅏ ㅐ ㅑ ㅒ ㅓ ㅔ ㅕ ㅖ ㅗ ㅘ ㅙ ㅚ ㅛ ㅜ ㅝ ㅞ ㅟ ㅠ ㅡ ㅢ ㅣ

답 안 표 기 란

1	①	②	③	④	21	①	②	③	④	41	①	②	③	④
2	①	②	③	④	22	①	②	③	④	42	①	②	③	④
3	①	②	③	④	23	①	②	③	④	43	①	②	③	④
4	①	②	③	④	24	①	②	③	④	44	①	②	③	④
5	①	②	③	④	**25**	①	②	③	④	**45**	①	②	③	④
6	①	②	③	④	26	①	②	③	④	46	①	②	③	④
7	①	②	③	④	27	①	②	③	④	47	①	②	③	④
8	①	②	③	④	28	①	②	③	④	48	①	②	③	④
9	①	②	③	④	29	①	②	③	④	49	①	②	③	④
10	①	②	③	④	**30**	①	②	③	④	**50**	①	②	③	④
11	①	②	③	④	31	①	②	③	④					
12	①	②	③	④	32	①	②	③	④					
13	①	②	③	④	33	①	②	③	④					
14	①	②	③	④	34	①	②	③	④					
15	①	②	③	④	**35**	①	②	③	④					
16	①	②	③	④	36	①	②	③	④					
17	①	②	③	④	37	①	②	③	④					
18	①	②	③	④	38	①	②	③	④					
19	①	②	③	④	39	①	②	③	④					
20	①	②	③	④	**40**	①	②	③	④					

* 연습용 답안지

소방안전관리자 1급 답안지

응시 분야	
감독 확인	

※ OMR카드 작성요령

1. 감독관 지시에 따라 응답지를 작성할 것
2. 반드시 컴퓨터용사인펜을 사용할 것
3. 인적사항은 좌측부터, 성명은 복모음에 유의하여 작성할 것

수험번호							
⓪	⓪	⓪	⓪	⓪	⓪	⓪	⓪
①	①	①	①	①	①	①	①
②	②	②	②	②	②	②	②
③	③	③	③	③	③	③	③
④	④	④	④	④	④	④	④
⑤	⑤	⑤	⑤	⑤	⑤	⑤	⑤
⑥	⑥	⑥	⑥	⑥	⑥	⑥	⑥
⑧	⑧	⑧	⑧	⑧	⑧	⑧	⑧
⑨	⑨	⑨	⑨	⑨	⑨	⑨	⑨

고유번호			
⓪	⓪	⓪	⓪
①	①	①	①
②	②	②	②
③	③	③	③
④	④	④	④
⑤	⑤	⑤	⑤
⑥	⑥	⑥	⑥
⑧	⑧	⑧	⑧
⑨	⑨	⑨	⑨

생년월일							
		년		월		일	
⓪	⓪	⓪	⓪	⓪	⓪	⓪	⓪
①	①	①	①	①	①	①	①
②	②	②	②	②	②	②	②
③	③	③	③	③	③	③	③
④	④	④	④	④	④	④	④
⑤	⑤	⑤	⑤	⑤	⑤	⑤	⑤
⑥	⑥	⑥	⑥	⑥	⑥	⑥	⑥
⑦	⑦	⑦	⑦	⑦	⑦	⑦	⑦
⑧	⑧	⑧	⑧	⑧	⑧	⑧	⑧

성별	
남	⓪
여	⓪

성명			

㉠	ㅏ	㉠	㉠	ㅏ	㉠	㉠	ㅏ	㉠	㉠	ㅏ	㉠
ㄲ	ㅐ	ㄲ	ㄲ	ㅐ	ㄲ	ㄲ	ㅐ	ㄲ	ㄲ	ㅐ	ㄲ
㉡	ㅑ	㉡	㉡	ㅑ	㉡	㉡	ㅑ	㉡	㉡	ㅑ	㉡
㉢	ㅒ	㉢	㉢	ㅒ	㉢	㉢	ㅒ	㉢	㉢	ㅒ	㉢
ㄸ	ㅓ	ㄸ	ㄸ	ㅓ	ㄸ	ㄸ	ㅓ	ㄸ	ㄸ	ㅓ	ㄸ
㉣	ㅔ	㉣	㉣	ㅔ	㉣	㉣	ㅔ	㉣	㉣	ㅔ	㉣
㉤	ㅕ	㉤	㉤	ㅕ	㉤	㉤	ㅕ	㉤	㉤	ㅕ	㉤
㉥	ㅖ	㉥	㉥	ㅖ	㉥	㉥	ㅖ	㉥	㉥	ㅖ	㉥
ㅃ	ㅗ	ㅃ	ㅃ	ㅗ	ㅃ	ㅃ	ㅗ	ㅃ	ㅃ	ㅗ	ㅃ
㉦	ㅘ	㉦	㉦	ㅘ	㉦	㉦	ㅘ	㉦	㉦	ㅘ	㉦
ㅆ	ㅙ	ㅆ	ㅆ	ㅙ	ㅆ	ㅆ	ㅙ	ㅆ	ㅆ	ㅙ	ㅆ
㉧	ㅚ	㉧	㉧	ㅚ	㉧	㉧	ㅚ	㉧	㉧	ㅚ	㉧
㉨	ㅛ	㉨	㉨	ㅛ	㉨	㉨	ㅛ	㉨	㉨	ㅛ	㉨
ㅉ	ㅜ	ㅉ	ㅉ	ㅜ	ㅉ	ㅉ	ㅜ	ㅉ	ㅉ	ㅜ	ㅉ
㉩	ㅝ	㉩	㉩	ㅝ	㉩	㉩	ㅝ	㉩	㉩	ㅝ	㉩
㉪	ㅞ	㉪	㉪	ㅞ	㉪	㉪	ㅞ	㉪	㉪	ㅞ	㉪
㉫	ㅟ	㉫	㉫	ㅟ	㉫	㉫	ㅟ	㉫	㉫	ㅟ	㉫
㉬	ㅠ	㉬	㉬	ㅠ	㉬	㉬	ㅠ	㉬	㉬	ㅠ	㉬
㉭	ㅡ	㉭	㉭	ㅡ	㉭	㉭	ㅡ	㉭	㉭	ㅡ	㉭
	ㅢ			ㅢ			ㅢ			ㅢ	
	ㅣ			ㅣ			ㅣ			ㅣ	

답 안 표 기 란

번호					번호					번호				
1	①	②	③	④	21	①	②	③	④	41	①	②	③	④
2	①	②	③	④	22	①	②	③	④	42	①	②	③	④
3	①	②	③	④	23	①	②	③	④	43	①	②	③	④
4	①	②	③	④	24	①	②	③	④	44	①	②	③	④
5	①	②	③	④	**25**	①	②	③	④	**45**	①	②	③	④
6	①	②	③	④	26	①	②	③	④	46	①	②	③	④
7	①	②	③	④	27	①	②	③	④	47	①	②	③	④
8	①	②	③	④	28	①	②	③	④	48	①	②	③	④
9	①	②	③	④	29	①	②	③	④	49	①	②	③	④
10	①	②	③	④	**30**	①	②	③	④	**50**	①	②	③	④
11	①	②	③	④	31	①	②	③	④					
12	①	②	③	④	32	①	②	③	④					
13	①	②	③	④	33	①	②	③	④					
14	①	②	③	④	34	①	②	③	④					
15	①	②	③	④	**35**	①	②	③	④					
16	①	②	③	④	36	①	②	③	④					
17	①	②	③	④	37	①	②	③	④					
18	①	②	③	④	38	①	②	③	④					
19	①	②	③	④	39	①	②	③	④					
20	①	②	③	④	**40**	①	②	③	④					

* 연습용 답안지

소방안전관리자 1급 답안지

응시 분야	
감독 확인	

※ OMR카드 작성요령

1. 감독관 지시에 따라 응답지를 작성할 것
2. 반드시 컴퓨터용사인펜을 사용할 것
3. 인적사항은 좌측부터, 성명은 복모음에 유의하여 작성할 것

수 험 번 호

고유번호

성 명

생 년 월 일

년 월 일

성 별

남 ⓪

여 ⓪

답 안 표 기 란

1	①	②	③	④	21	①	②	③	④	41	①	②	③	④
2	①	②	③	④	22	①	②	③	④	42	①	②	③	④
3	①	②	③	④	23	①	②	③	④	43	①	②	③	④
4	①	②	③	④	24	①	②	③	④	44	①	②	③	④
5	①	②	③	④	25	①	②	③	④	45	①	②	③	④
6	①	②	③	④	26	①	②	③	④	46	①	②	③	④
7	①	②	③	④	27	①	②	③	④	47	①	②	③	④
8	①	②	③	④	28	①	②	③	④	48	①	②	③	④
9	①	②	③	④	29	①	②	③	④	49	①	②	③	④
10	①	②	③	④	30	①	②	③	④	50	①	②	③	④
11	①	②	③	④	31	①	②	③	④					
12	①	②	③	④	32	①	②	③	④					
13	①	②	③	④	33	①	②	③	④					
14	①	②	③	④	34	①	②	③	④					
15	①	②	③	④	35	①	②	③	④					
16	①	②	③	④	36	①	②	③	④					
17	①	②	③	④	37	①	②	③	④					
18	①	②	③	④	38	①	②	③	④					
19	①	②	③	④	39	①	②	③	④					
20	①	②	③	④	40	①	②	③	④					

* 연습용 답안지

소방안전관리자 1급 답안지

응시 분야	
감독 확인	

※ OMR카드 작성요령

1. 감독관 지시에 따라 응답지를 작성할 것
2. 반드시 컴퓨터용사인펜을 사용할 것
3. 인적사항은 좌측부터, 성명은 복모음에 유의하여 작성할 것

수 험 번 호 / 고유번호 / 성 명 / 생 년 월 일 (년 월 일) / 성 별 (남 ⓞ, 여 ⓞ)

답 안 표 기 란

1	①	②	③	④	21	①	②	③	④	41	①	②	③	④
2	①	②	③	④	22	①	②	③	④	42	①	②	③	④
3	①	②	③	④	23	①	②	③	④	43	①	②	③	④
4	①	②	③	④	24	①	②	③	④	44	①	②	③	④
5	①	②	③	④	25	①	②	③	④	45	①	②	③	④
6	①	②	③	④	26	①	②	③	④	46	①	②	③	④
7	①	②	③	④	27	①	②	③	④	47	①	②	③	④
8	①	②	③	④	28	①	②	③	④	48	①	②	③	④
9	①	②	③	④	29	①	②	③	④	49	①	②	③	④
10	①	②	③	④	30	①	②	③	④	50	①	②	③	④
11	①	②	③	④	31	①	②	③	④					
12	①	②	③	④	32	①	②	③	④					
13	①	②	③	④	33	①	②	③	④					
14	①	②	③	④	34	①	②	③	④					
15	①	②	③	④	35	①	②	③	④					
16	①	②	③	④	36	①	②	③	④					
17	①	②	③	④	37	①	②	③	④					
18	①	②	③	④	38	①	②	③	④					
19	①	②	③	④	39	①	②	③	④					
20	①	②	③	④	40	①	②	③	④					

* 연습용 답안지

소방안전관리자 1급 답안지

응시 분야	
감독 확인	

수험번호							
⓪	⓪	⓪	⓪	⓪	⓪	⓪	⓪
①	①	①	①	①	①	①	①
②	②	②	②	②	②	②	②
③	③	③	③	③	③	③	③
④	④	④	④	④	④	④	④
⑤	⑤	⑤	⑤	⑤	⑤	⑤	⑤
⑥	⑥	⑥	⑥	⑥	⑥	⑥	⑥
⑧	⑧	⑧	⑧	⑧	⑧	⑧	⑧
⑨	⑨	⑨	⑨	⑨	⑨	⑨	⑨

고유번호			
⓪	⓪	⓪	⓪
①	①	①	①
②	②	②	②
③	③	③	③
④	④	④	④
⑤	⑤	⑤	⑤
⑥	⑥	⑥	⑥
⑧	⑧	⑧	⑧
⑨	⑨	⑨	⑨

생년월일							
년				월		일	
⓪	⓪	⓪	⓪	⓪	⓪	⓪	⓪
①	①	①	①	①	①	①	①
②	②	②	②	②	②	②	②
③	③	③	③	③	③	③	③
④	④	④	④	④	④	④	④
⑤	⑤	⑤	⑤	⑤	⑤	⑤	⑤
⑥	⑥	⑥	⑥	⑥	⑥	⑥	⑥
⑦	⑦	⑦	⑦	⑦	⑦	⑦	⑦
⑧	⑧	⑧	⑧	⑧	⑧	⑧	⑧

성별	
남	⓪
여	⓪

※ OMR카드 작성요령

1. 감독관 지시에 따라 응답지를 작성할 것
2. 반드시 컴퓨터용사인펜을 사용할 것
3. 인적사항은 좌측부터, 성명은 복모음에 유의하여 작성할 것

성명			

답안표기란														
1	①	②	③	④	21	①	②	③	④	41	①	②	③	④
2	①	②	③	④	22	①	②	③	④	42	①	②	③	④
3	①	②	③	④	23	①	②	③	④	43	①	②	③	④
4	①	②	③	④	24	①	②	③	④	44	①	②	③	④
5	①	②	③	④	**25**	①	②	③	④	**45**	①	②	③	④
6	①	②	③	④	26	①	②	③	④	46	①	②	③	④
7	①	②	③	④	27	①	②	③	④	47	①	②	③	④
8	①	②	③	④	28	①	②	③	④	48	①	②	③	④
9	①	②	③	④	29	①	②	③	④	49	①	②	③	④
10	①	②	③	④	**30**	①	②	③	④	**50**	①	②	③	④
11	①	②	③	④	31	①	②	③	④					
12	①	②	③	④	32	①	②	③	④					
13	①	②	③	④	33	①	②	③	④					
14	①	②	③	④	34	①	②	③	④					
15	①	②	③	④	**35**	①	②	③	④					
16	①	②	③	④	36	①	②	③	④					
17	①	②	③	④	37	①	②	③	④					
18	①	②	③	④	38	①	②	③	④					
19	①	②	③	④	39	①	②	③	④					
20	①	②	③	④	**40**	①	②	③	④					

* 연습용 답안지

소방안전관리자 1급 답안지

응시 분야	
감독 확인	

수험번호	고유번호
⓪①②③④⑤⑥⑧⑨ (×8)	⓪①②③④⑤⑥⑧⑨ (×4)

생년월일	성별
년 월 일 ⓪①②③④⑤⑥⑦⑧ (×8)	남 ⓪ / 여 ⓪

※ OMR카드 작성요령

1. 감독관 지시에 따라 응답지를 작성할 것
2. 반드시 컴퓨터용사인펜을 사용할 것
3. 인적사항은 좌측부터, 성명은 복모음에 유의하여 작성할 것

성 명

답 안 표 기 란

1	①	②	③	④	21	①	②	③	④	41	①	②	③	④
2	①	②	③	④	22	①	②	③	④	42	①	②	③	④
3	①	②	③	④	23	①	②	③	④	43	①	②	③	④
4	①	②	③	④	24	①	②	③	④	44	①	②	③	④
5	①	②	③	④	**25**	①	②	③	④	**45**	①	②	③	④
6	①	②	③	④	26	①	②	③	④	46	①	②	③	④
7	①	②	③	④	27	①	②	③	④	47	①	②	③	④
8	①	②	③	④	28	①	②	③	④	48	①	②	③	④
9	①	②	③	④	29	①	②	③	④	49	①	②	③	④
10	①	②	③	④	**30**	①	②	③	④	**50**	①	②	③	④
11	①	②	③	④	31	①	②	③	④					
12	①	②	③	④	32	①	②	③	④					
13	①	②	③	④	33	①	②	③	④					
14	①	②	③	④	34	①	②	③	④					
15	①	②	③	④	**35**	①	②	③	④					
16	①	②	③	④	36	①	②	③	④					
17	①	②	③	④	37	①	②	③	④					
18	①	②	③	④	38	①	②	③	④					
19	①	②	③	④	39	①	②	③	④					
20	①	②	③	④	**40**	①	②	③	④					

* 연습용 답안지

모아 소방안전관리자 1급(핵심이론 + 실전모의고사)

발행일 2025년 5월 30일 초판 1쇄
지은이 오민정
발행인 황모아
발행처 (주)모아교육그룹
주 소 서울특별시 영등포구 영신로 32길 29 세화빌딩 2층
전 화 02-2068-2393(출판, 주문)
등 록 제2015-000006호 (2015.1.16.)
이메일 moagbooks@naver.com
ISBN 979-11-6804-430-2 (13500)

이 책의 가격은 뒤표지에 있습니다.

소방안전관리자 1급 합격!

여러분의 합격은 모아의 보람입니다.

끊임없이 변화를
추구하는 교육기업

모아를 선택해주신 여러분께 감사드립니다.

✔ 모아는 혁신적인 교육을 통해 인간의 사고(思考)를 확장 및 변화시킬 수 있다고 믿고 있습니다.

✔ 모아는 미래를 교육으로 변화시킬 수 있다고 믿고 있습니다.

✔ 모아는 청년부터 장년, 중년, 노년까지의 성인교육에 중점을 두고 사업을 진행하고 있습니다.

초고령화, 불확실성의 시대

모아는 당신의 미래를 함께 하는 혁신적인 교육 플랫폼이 되겠습니다.